高职高专"十二五"规划教材

炼铁工艺及设备

郑金星　主编

北　京
冶 金 工 业 出 版 社
2023

内 容 提 要

本教材根据炼铁工业的发展，按高炉炼铁工艺系统分别介绍了高炉炼铁的原料及燃料、高炉冶炼的基本原理、高炉炼铁设备、工艺操作、炼铁技术新进展等方面的知识，力求反映现代高炉炼铁的新技术、新设备、新水平。教材内容是根据炼铁生产的实际情况和各岗位技能要求确定，注重职业技术教育的特点，强调了理论联系实际和现场的应用，便于学生对炼铁生产工艺及设备基本知识的掌握。

本书除作为高等职业技术院校冶金专业的教材外，也可供从事高炉炼铁生产的技术人员、管理人员及技术工人参考。

图书在版编目(CIP)数据

炼铁工艺及设备/郑金星主编．—北京：冶金工业出版社，2011.1
(2023.1 重印)
高职高专“十二五”规划教材
ISBN 978-7-5024-5420-3

Ⅰ.①炼… Ⅱ.①郑… Ⅲ.①高炉炼铁—生产工艺—高等学校：技术学校—教材 ②高炉炼铁—炼铁设备—高等学校：技术学校—教材 Ⅳ.①TF53 ②TF57

中国版本图书馆 CIP 数据核字(2010)第 209947 号

炼铁工艺及设备

出版发行 冶金工业出版社 **电 话** (010)64027926
地 址 北京市东城区嵩祝院北巷 39 号 **邮 编** 100009
网 址 www.mip1953.com **电子信箱** service@mip1953.com

责任编辑 高 娜 美术编辑 彭子赫 版式设计 葛新霞
责任校对 王贺兰 责任印制 窦 唯
三河市双峰印刷装订有限公司印刷
2011 年 1 月第 1 版，2023 年 1 月第 8 次印刷
787mm×1092mm 1/16；25.5 印张；618 千字；395 页
定价 49.00 元

投稿电话 (010)64027932 投稿信箱 tougao@cnmip.com.cn
营销中心电话 (010)64044283
冶金工业出版社天猫旗舰店 yjgycbs.tmall.com
(本书如有印装质量问题，本社营销中心负责退换)

前言

本书是为了适应高等职业教育发展的需要,按照教育部高职高专人才培养目标和规格应具有的知识结构、能力结构和素质要求,根据高职高专冶金技术专业的教学需要,在总结近年来的教学经验并征求相关企业工程技术人员意见的基础上编写而成的。在编写过程中,吸收了国内外先进的技术成果和生产经验,充实了必要的基础知识和基本操作技能;叙述上由浅入深,理论联系实践,内容充实,实用性强。

进入21世纪以来,我国钢铁生产持续快速发展。全国粗钢产量从2000年的1.28亿吨,增加到2009年的5.67亿吨;占全球钢产量的比例也从2000年的15.2%,增加到占2009年的46.54%。钢铁行业的发展迫切需要大批冶金专业人才。

本书根据炼铁技术的发展要求,按照生产流程的各系统,针对高职学生的特点,深入浅出地讲述高炉冶炼的基本原理,将原理、设备、生产工艺三者紧密结合,强调了理论联系实际和现场的应用,便于学生掌握炼铁生产技术。

本书由山东工业职业学院郑金星主编;第1、3章由山东工业职业学院王禄编写;第2、13章由山东工业职业学院刘杰编写;第4、10章由山东工业职业学院常升编写;第5、8、9、11章由山东工业职业学院张娜编写;第6章由山东工业职业学院王振光和刘杰共同编写;第7、12章由山东工业职业学院吴洋编写。编写过程中,参阅了有关炼铁方面的相关文献,在此向有关作者、出版社表示衷心感谢。由于时间仓促和编者水平所限,本书不足之处,诚望读者批评指正。

编　者

2010年9月

目　录

1 高炉炼铁生产概述

1.1 高炉炼铁生产工艺流程

自高炉炼铁技术发明以来，就淘汰了原始古老的炼铁方法（例如地坑法），炼铁生产获得巨大发展，炼铁技术不断进步。至今，世界上绝大多数炼铁厂一直沿用高炉冶炼工艺，虽然作为现代技术的直接还原、熔融还原等冶炼新工艺也在不断进步，但它还不能取代高炉炼铁。

1.1.1 高炉炼铁生产工艺流程

高炉冶炼生铁的本质就是从铁矿石中将铁还原出来并熔化成铁水流出炉外。还原铁矿石需要的还原剂和热量由燃料燃烧产生。炼铁的主要燃料是焦炭，为了节省焦炭，可喷吹煤粉、天然气等辅助燃料。为了使高炉生产获得较好的生产效果，现代高炉几乎全部采用了人造富矿（烧结矿、球团矿）作为含铁原料。因炉料的特性不同，有的高炉在冶炼时还需加入适量的熔剂（石灰石、白云石等）。现代高炉炼铁生产工艺流程如图 1-1 所示。

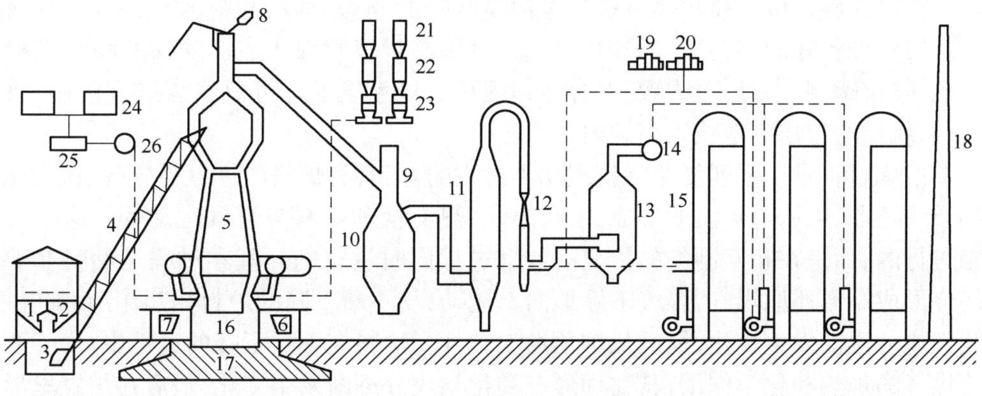

图 1-1　高炉炼铁生产工艺流程

1—贮矿槽；2—焦仓；3—料车；4—斜桥；5—高炉本体；6—铁水罐；7—渣罐；8—放散阀；9—切断阀；10—除尘器；11—洗涤塔；12—文氏管；13—脱水器；14—净煤气总管；15—热风炉（三座）；16—炉基基墩；17—炉基基座；18—烟囱；19—蒸汽透平；20—鼓风机；21—煤粉收集罐；22—贮煤罐；23—喷吹罐；24—贮油罐；25—过滤器；26—加油泵

高炉生产工艺流程包括以下几个系统：

（1）高炉本体。高炉本体是炼铁生产的核心部分，是一个近似于竖直的圆筒形设备，包括高炉的基础、炉壳（钢板焊接而成）、炉衬（耐火砖砌筑而成）、炉型（内型）、冷却设备、立柱和炉体框架等。高炉的内部空间称为炉型，从上到下分为 5 段，即炉喉、炉身、炉腰、炉腹、炉缸，如图 1–2 所示。整个冶炼过程是在高炉内完成的。

(2) 上料设备系统。上料设备系统包括贮矿场、贮矿槽、槽下漏斗、槽下筛分、称量和运料设备、向炉顶供料设备（有皮带运输上料机和料车上料机之分）。其任务是将高炉所需原燃料，按比例通过上料设备运送到炉顶的受料漏斗中。

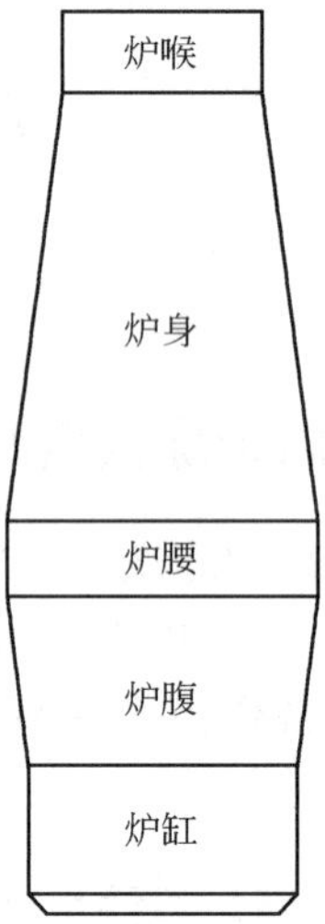

图 1–2　高炉内型图

(3) 装料设备系统。装料设备系统一般分为钟式、钟阀式、无钟式三类，我国多数高炉采用钟式装料设备系统，技术先进的高炉多采用无钟式装料设备系统。钟式装料设备系统包括受料漏斗、料钟、料斗等。它的任务是将上料系统运来的炉料，均匀地装入炉内，并使其在炉内合理分布，同时又起到密封炉顶、回收煤气的作用。

(4) 送风设备系统。送风设备系统包括鼓风机、热风炉、冷风管道、热风管道、热风围管等。其任务是将鼓风机送来的冷风经热风炉预热之后送入高炉。

(5) 煤气净化设备系统。煤气净化设备系统包括煤气导出管、上升管、下降管、重力除尘器、洗涤塔、文氏管、脱水器及高压阀组等，有的高炉也用布袋除尘器进行干法除尘。其任务是对高炉冶炼产生的含尘量很高的荒煤气进行净化处理，以获得合格的气体燃料。

(6) 渣铁处理系统。渣铁处理系统包括出铁场、泥炮、开口机、炉前吊车、铁水罐、铸铁机、堵渣机、水渣池及炉前水力冲渣设施。其任务是将炉内放出的渣、铁，按要求进行处理。

(7) 喷吹燃料系统。喷吹燃料系统包括喷吹物的制备、运输和喷入设备等。其任务是将按一定要求准备好的燃料喷入炉内。目前，我国高炉以喷煤为主。喷煤的喷吹燃料系统有磨煤机、收集罐、贮存罐、喷吹罐、混合器和喷枪。该系统的任务是将煤进行磨制、收集和计量后，从风口均匀稳定地喷入高炉内。

高炉冶炼过程是一系列复杂的物理化学过程的总和，有炉料的挥发与分解、铁氧化物和其他物质的还原、生铁与炉渣的形成、燃料燃烧、热交换和炉料与煤气运动等。这些过程不是单独进行的，而是在相互制约的情况下数个过程同时进行的。基本过程是燃料在炉缸风口前燃烧形成高温还原煤气，煤气不停地向上运动，与不断下降的炉料相互作用，其温度、数量和化学成分逐渐发生变化，最后从炉顶逸出炉外。炉料在不断下降的过程中，由于受到高温还原煤气的加热和化学作用，其物理形态和化学成分逐渐发生变化，最后在炉缸里形成液态渣铁，从渣铁口排出炉外。

1.1.2　高炉炼铁生产特点

高炉炼铁生产的特点是：

(1) 长期连续生产。高炉从开炉投产到停炉，一代炉龄一般达 10 年左右（中间可能进行一次中修）。在此期间是不间断地连续生产的，仅在设备检修或发生事故时才能临时停止生产（称为休风）。任何一个环节出了问题，都将影响整个高炉的冶炼过程，甚至停产，给企业带来巨大损失。

(2) 机械化、自动化程度高。高炉生产的大规模化及连续性，必须靠较高的机械化和自动化水平来保证。为了准确连续地完成每日上万吨乃至数万吨原料及几千吨乃至上万吨产品的装入和排出，为了改善职工的劳动条件，保证安全，提高劳动生产率，目前上料系统多采用皮带上料，电子计算机、工业电视等均已装备在高炉生产的各个系统中，机械化、自动化程度越来越高。

(3)生产规模大型化。近年来高炉向大型化方向发展，目前世界上已有数座5000 m^3 以上容积的高炉在生产。我国也已经有5000 m^3 的高炉投入生产，日产生铁1万吨以上，日消耗矿石等近2万吨、焦炭等燃料5千吨。

(4) 高炉生产是钢铁联合企业中的重要环节。现代化的钢铁联合企业，都以生产规模相匹配的生产流程为基本形式，高炉处于中间环节，起着承上启下的重要作用。因此，高炉操作人员应努力防止各种事故的发生，保证联合企业生产的顺利进行。

1.2 高炉炼铁的原料、燃料与熔剂

1.2.1 铁矿石

1.2.1.1 铁矿石的分类及主要特性

铁矿石可分为天然铁矿石和人造富矿两种。天然铁矿石种类较多，在自然界中已发现有300多种含铁矿物。目前世界上常见的天然铁矿石主要有以下四大类：

(1) 磁铁矿。磁铁矿的化学式为 Fe_3O_4，具有强磁性，结构致密，晶粒细小，颜色及条痕均为黑色，脉石主要是石英及硅酸盐。磁铁矿中含有 TiO_2 及 V_2O_5 等组成的复合矿，称为钛磁铁矿或钒钛磁铁矿。自然界中纯磁铁矿很少，由于地表氧化作用，部分磁铁矿氧化为赤铁矿，但仍残留着磁铁矿的晶格及外形，故又称之为假象磁铁矿。

(2) 赤铁矿。赤铁矿的化学式为 Fe_2O_3，颜色为暗红色，具有弱磁性，含硫、磷较少，易破碎，易还原，脉石多为硅酸盐。

(3) 褐铁矿。褐铁矿是含结晶水的铁氧化物，化学式为 $n Fe_2O_3 \cdot m H_2O$ ($n = 1 \sim 3, m = 1 \sim 4$)。褐铁矿中绝大部分含铁矿物是以 $2Fe_2O_3 \cdot 3H_2O$ 的形式存在的。

(4) 菱铁矿。菱铁矿的化学式为 $FeCO_3$，颜色为灰色带黄褐色。菱铁矿经过焙烧，分解出 CO_2 气体，含铁量即可得到提高，而且也变得疏松多孔，易破碎，还原性好。

常见天然铁矿石的分类及主要特性列于表1-1。

表1-1 常见天然铁矿石的分类及主要特性

矿石名称	化学式	理论含铁量/%	密度/t·m^{-3}	颜色	实际富矿含铁量/%	有害杂质	强度及还原性
磁铁矿	Fe_3O_4	72.4	4.9~5.2	黑色	40~70	硫、磷高	坚硬、致密，难还原
赤铁矿	Fe_2O_3	70.0	4.9~5.3	暗红色	55~60	硫、磷低	软、易破碎，易还原
褐铁矿	水赤铁矿 $2Fe_2O_3 \cdot H_2O$	66.1	4.0~5.0	黄褐色、暗褐色至绒黑色	37~55	硫低、磷高低不等	疏松，易还原

续表 1-1

矿石名称	化学式	理论含铁量/%	密度/$t \cdot m^{-3}$	颜色	实际富矿含铁量/%	有害杂质	强度及还原性
褐铁矿	针赤铁矿 $Fe_2O_3 \cdot H_2O$	62.9	4.0～4.5	黄褐色、暗褐色至绒黑色	37～55	硫低、磷高低不等	疏松，易还原
	水针赤铁矿 $3Fe_2O_3 \cdot 4H_2O$	60.9	3.0～4.4				
	褐铁矿 $2Fe_2O_3 \cdot 3H_2O$	60.0	3.0～4.2				
	黄针赤铁矿 $Fe_2O_3 \cdot 2H_2O$	57.2	3.0～4.0				
	黄赭石 $Fe_2O_3 \cdot 3H_2O$	55.2	2.5～4.0				
菱铁矿		48.2	3.8	灰色带黄褐色	30～40	硫低、磷较高	易破碎，焙烧后易还原

1.2.1.2 高炉冶炼对铁矿石的要求

铁矿石是高炉冶炼的主要原料，其质量的优劣，与冶炼进程及技术经济指标有极为密切的关系。决定铁矿石质量优劣的主要因素是：化学成分、物理性质及其冶金性能。高炉冶炼对铁矿石的要求是：含铁量高，脉石少，有害杂质少，化学成分稳定，粒度均匀，具有良好的还原性及一定的机械强度。

A 铁矿石品位（含铁量）

铁矿石的品位即指铁矿石的含铁量，以 TFe（%）表示。品位是评价铁矿石质量的主要指标。铁矿石有无开采价值，开采后能否直接入炉冶炼及其冶炼价值如何，均取决于矿石的含铁量。

铁矿石含铁量高，有利于降低焦比（耗焦量与出铁量之比）和提高产量。经验表明：矿石含铁量每增加 1%，焦比将降低 2%，产量可提高 3%。因为随着矿石品位的提高，脉石含量减少，熔剂用量和渣量减少，既节省热量消耗，又有利于炉况顺行。从矿山开采出来的矿石，含铁量一般在 30%～60% 之间。品位较高，经破碎筛分后可直接入炉冶炼的，称为富矿。一般当实际含铁量高于理论含铁量的 70%～90% 时方可直接入炉。而品位较低，不能直接入炉的称为贫矿。贫矿必须经过选矿和造块后才能入炉冶炼。

B 脉石成分

铁矿石的脉石成分主要是 SiO_2、Al_2O_3、CaO 和 MgO。以 SiO_2 为主的脉石称为酸性脉石，以 CaO 和 MgO 为主的脉石称为碱性脉石。

现有的铁矿资源中，脉石绝大多数为酸性脉石，SiO_2 含量较高。因为 SiO_2 和 Al_2O_3 这类酸性氧化物熔点很高，所以，在现代高炉冶炼条件下，为了得到一定碱度的低熔点炉渣，就必须在炉料中配加一定数量的碱性熔剂（石灰石）与 SiO_2 作用造渣。矿石中 SiO_2 含量愈高，需要加入的石灰石也愈多，生成的渣量也愈多，这样将使焦比升高，产量下降。所以要求

铁矿石中含 SiO_2 愈少愈好。

脉石中含碱性氧化物（CaO、MgO）较多的矿石，冶炼时可少加或不加石灰石，对降低焦比有利，具有较高的冶炼价值。这种冶炼时不加熔剂的矿石，称为自熔性矿石。

显然，矿石中 SiO_2 含量高，碱性氧化物含量低，矿石冶炼价值较低；矿石中 SiO_2 含量低，碱性氧化物含量较高，矿石冶炼价值较高。

C 有害杂质和有益元素的含量

a 有害杂质

矿石中的有害杂质是指那些对冶炼有妨碍或使矿石冶炼时不易获得优质产品的元素，主要有硫、磷、铅、锌、砷、钾、钠等。高炉冶炼要求矿石中的有害元素含量愈少愈好。我国规定入炉矿石中的有害元素含量界限见表1-2。

表1-2 入炉矿石中有害元素含量的界限

元素名称与符号	硫(S)	磷(P)	铅(Pb)	锌(Zn)	砷(As)
允许含量/%	≤0.3	≤0.06～0.3	≤0.1	≤0.1～0.2	≤0.7

（1）硫。硫在矿物中主要以硫化物状态存在。硫的危害主要表现在：

1）钢中的含硫量超过一定量时，会使钢材具有热脆性。这是由于 FeS 和铁结合成低熔点（985℃）合金，冷却时最后凝固成薄膜状，并分布于晶粒之间。当钢材被加热到 1150～1200℃时，硫化物首先熔化，使钢材沿晶粒界面形成裂纹。

2）对铸造生铁，会降低铁水的流动性，阻止 Fe_3C 分解，使铸件产生气孔，难以切削并降低韧性。

3）会显著降低钢材的焊接性、抗腐蚀性和耐磨性。

在高炉冶炼过程中，可以除去90%以上的硫，但脱硫时要求提高炉渣碱度，这必然导致焦比升高产量下降。铁矿石中含硫较高时，应通过选矿、焙烧、烧结等方法处理以后再入炉冶炼，以降低铁矿石中的含硫量。

（2）磷。磷也是钢中的有害成分，它以 Fe_2P、Fe_3P 的形态熔于铁水中。因为磷化物是脆性物质，冷凝时聚集于钢的晶界周围，减弱晶粒间的结合力，使钢材在冷却时产生很大的脆性，从而造成钢的冷脆现象。磷在选矿和烧结过程中不易除去，高炉冶炼过程中磷全部还原进入生铁。因此控制生铁含磷的唯一途径就是控制入炉原料的含磷量。

（3）铅和锌。铅在矿石中一般以方铅矿（PbS）形态存在。它在高炉中是易还原元素，但铅不熔于生铁且密度大于生铁，因此沉入炉底，渗入砖缝，破坏炉底砌砖，甚至使炉底砌砖浮起。铅又极易挥发，在高炉上部被氧化成 PbO，黏结于炉墙，易引起结瘤。一般要求矿石中的含铅量低于0.1%。

锌在矿石中多以闪锌矿（ZnS）状态存在。锌沸点低（905℃），不熔于铁水，但很容易挥发，在炉内又被氧化成 ZnO。部分 ZnO 沉积在炉身上部炉墙上，形成炉瘤；部分渗入炉衬的孔隙和砖缝中，引起炉衬膨胀而破坏炉衬。矿石中的含锌量应低于0.1%。

（4）砷。砷在矿石中常以硫化物形态存在。与磷相似，砷在高炉冶炼过程中全部还原进入生铁，钢中含砷量大于0.1%时也会产生“冷脆”现象，并降低钢材的焊接性能。矿石中的含砷量要低于0.07%。

（5）碱金属。碱金属主要指钾和钠，一般以硅酸盐形式存在于矿石中。冶炼过程中，在高炉下部高温区的碱金属被直接还原生成大量碱蒸气，随煤气上升到低温区又被氧化成碳酸盐沉积在炉料和炉墙上，部分随炉料下降，从而反复循环积累。其危害主要为：与炉衬作用生成钾霞石（$K_2O \cdot Al_2O_3 \cdot 2SiO_2$），体积膨胀40%而损坏炉衬；与炉衬作用生成低熔点化合物，黏结在炉墙上，易结瘤；与焦炭中的碳作用生成插入式化合物（CKCN），体积膨胀很大，破坏焦炭高温强度，从而影响高炉下部料柱的透气性。因此，要限制矿石中碱金属的含量。

（6）铜。铜是贵重的有色金属，铜在钢中的含量不超过0.3%时，能增强金属的抗腐蚀性能；但当含铜量超过0.3%时，钢的焊接性能降低，并产生热脆。为使钢中含铜量不超过0.3%，要求矿石中含铜量小于0.2%。

b　有益元素

许多铁矿石中常伴有锰、铬、钒、钛、镍等元素，形成多金属的共生矿。这些金属能改善钢材的性能，是重要的合金元素，故称之为有益元素。

（1）锰。铁矿石中几乎都含有锰，但一般含量都不超过5%。锰能增加钢材的强度和硬度。它在高炉中的还原率为40%～60%。生铁中含有一定量的锰，能降低生铁的含硫量。含锰的矿粉在烧结时可以改善烧结矿的质量。

（2）铬。铬是很贵重的合金元素，它能提高钢的耐腐蚀能力和强度，是冶炼不锈钢的重要合金元素。铬在矿石中常以铬铁矿（$FeO \cdot Cr_2O_3$）的形态存在，在高炉中的还原率为80%～85%。

（3）镍。镍能提高钢的强度，也是冶炼不锈钢的重要合金元素。它在铁矿石中含量很少，常存在于褐铁矿中，高炉冶炼时全部进入生铁。

（4）钒。钒是非常宝贵的合金元素，它能提高钢的耐疲劳强度。钒存在于钒钛磁铁矿中，少量存在于褐铁矿中。高炉冶炼时，钒的还原率为70%～90%。

（5）钛。含有钛的合金钢，具有耐高温、抗腐蚀的良好性能，是近代制造飞机、火箭、航天器的高温合金。钛在钒钛磁铁矿中以$FeO \cdot TiO_2$的形态存在。钛化物进入炉渣后，使炉渣变得黏稠，高炉不易操作。

D　铁矿石的还原性和软化性

a　铁矿石的还原性

铁矿石的还原性是指铁矿石中与铁结合的氧被气体还原剂（CO、H_2）夺取的难易程度。铁矿石还原性好，有利于降低焦比。影响铁矿石还原性的主要因素有：矿物组成、矿物结构的致密程度、粒度和孔隙度等。孔隙度大的矿石透气性好，气体还原剂与矿石的接触面增加，加速铁矿石的还原。磁铁矿因结构致密，最难还原；赤铁矿有中等孔隙度，比较容易还原；褐铁矿和菱铁矿失去结晶水和CO_2后，孔隙度增加，容易还原；烧结矿和球团矿的孔隙度高，其还原性一般比天然富矿还要好。

b　铁矿石的软化性

铁矿石的软化性（高温性能）包括铁矿石软化温度和软化温度区间两个方面。软化温度是指铁矿石在一定的荷重下受热开始变形的温度；软化温度区间是指铁矿石开始软化到软化终了的温度范围。高炉冶炼要求铁矿石软化温度高、软化温度区间要窄，这有利于高炉稳定顺行和降低焦比。

E　铁矿石的粒度、孔隙度和机械强度

a　铁矿石的粒度

铁矿石的粒度是指矿石颗粒的直径。它直接影响着炉料的透气性和传热、传质条件。粒度太小，会影响炉内料柱的透气性，使煤气上升的阻力增大。粒度过大，又使矿石的加热和还原速度降低。近年来，有降低矿石粒度上限的趋势，同时采用分级入炉。通常，入炉矿石粒度在5~35 mm之间，小于5 mm的粉末是不能直接入炉的。

b　铁矿石的孔隙度

铁矿石的孔隙度有体积孔隙度和面积孔隙度两种表示法。体积孔隙度是矿石孔隙占总体积的百分比；面积孔隙度是单位体积内孔隙表面积的绝对值。孔隙有开口孔隙和闭口孔隙两种。高炉冶炼要求矿石的开口孔隙要大，烧结矿和球团矿等人造富矿能满足这一要求。

c　铁矿石的机械强度

铁矿石的机械强度是指铁矿石耐冲击、耐摩擦、抗挤压的强弱程度。强度差的矿石，在炉内下降过程中很容易产生粉末，恶化料柱的透气性。高炉冶炼要求矿石具有较高的机械强度。但矿石在常温下的机械强度并不能反映高炉内的实际情况。近年来，国内外日益重视高炉原料在高温条件下的机械强度的研究工作。

F　铁矿石各项指标的稳定性

要保证高炉的正常生产和最大限度地发挥生产效率，必须有一个相对稳定的冶炼条件，要求铁矿石的各项理化指标应符合要求并保持相对稳定。在前述各项指标中，矿石的品位、脉石成分与数量、有害杂质含量的稳定性尤为重要。高炉冶炼要求成分波动范围为：$w(\mathrm{TFe}) < \pm(0.5\% \sim 1.0\%)$；$w(\mathrm{SiO_2}) \pm (0.2\% \sim 0.3\%)$；烧结矿的碱度0.03~0.1。

1.2.2　铁矿石入炉前的准备处理

1.2.2.1　概述

从矿山开采出来的铁矿石，其含铁量及其他化学成分波动很大，粒度大小相差悬殊，有的大到几百毫米，有的则成粉末，并伴有多种金属共生物。从物理和化学性质来看，大部分矿石都不能满足高炉冶炼的要求，入炉前必须经过一系列的加工处理，其处理工艺流程如图1-3所示。

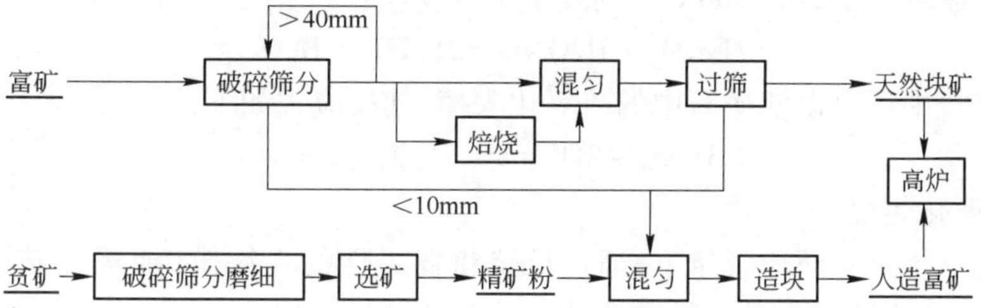

图1-3　铁矿石入炉前准备处理的一般流程

A　矿石破碎筛分

矿石破碎筛分的目的是：按高炉冶炼要求提供适宜粒度以及满足贫矿选分处理对粒度

的需要。

根据对产品粒度要求的不同，我们可以将产品的破碎分为粗碎、中碎、细碎、粗磨及细磨等几个级别。粗碎：从1000 mm破碎到400 mm；中碎：从400 mm破碎到100 mm；细碎：从100 mm破碎到25 mm；粗磨：从25 mm破碎到1 mm以下；细磨：从1 mm破碎到0.3 mm以下。

筛分是将物料按粒度分成两种或多种级别的作业。筛分设备主要有固定条筛、圆筒滚筛和振动筛等。筛分的效果工业上用筛分效率表示。所谓筛分效率，是指实际筛下物的重量与筛分物料中粒度小于筛孔的物料总量之比，常用百分数表示。筛孔的大小（筛分尺寸）用毫米表示。对于粉碎很细的物料用网目表示，简称目。网目是指筛子表面25.4 mm（1英寸）长度上所具有的大小相同的筛孔数。根据国际标准筛制：200目的粒度为0.075 mm；100目的粒度为0.15 mm；16目的粒度为1 mm。

B　*矿石混匀*

混匀也称为中和，目的在于稳定入炉矿石的化学成分。常用方法是平铺直取，即将矿石一层一层地铺在地上，达到一定高度后，沿垂直断面截取（直取）。由于截取多层矿石，从而达到混匀的目的。混匀的机械设备有门形抓斗起重机、电铲抓斗、电铲垂直取矿机等。混匀后要求矿石品位波动小于±1%。

C　*焙烧*

焙烧是在专门的设备中控制适宜的气氛（还原或氧化气氛），将铁矿石加热到低于软化温度200～300℃，使铁矿石在固态下发生一系列可更好地满足高炉炼铁要求的物理化学变化。焙烧的目的是改变矿石的化学组成和内部结构，除去部分有害杂质，回收有用元素，同时还可以使矿石组织变得疏松，提高铁矿石的还原性。焙烧的方法有氧化焙烧、还原磁化焙烧和氯化焙烧等。

a　氧化焙烧

氧化焙烧是指铁矿石在氧化性气氛条件下焙烧，主要用于去除菱铁矿中的CO_2和褐铁矿中的结晶水，并提高品位，改善还原性，同时还减少了菱铁矿和褐铁矿结晶水在高炉内分解的热量消耗。

菱铁矿的氧化焙烧是在500～900℃之间进行的，它按下式进行分解：

$$4FeCO_3 + O_2 = 2Fe_2O_3 + 4CO_2$$

褐铁矿的脱水，在250～500℃之间发生下列反应：

$$2Fe_2O_3 \cdot H_2O = 2Fe_2O_3 + H_2O$$

在氧化焙烧中还可以使矿石中的硫氧化去掉，其反应式如下：

$$3FeS_2 + 8O_2 = Fe_3O_4 + 6SO_2$$

b　还原磁化焙烧

还原磁化焙烧是在还原气氛下，通过焙烧将弱磁性的赤铁矿（或褐铁矿、菱铁矿）及非磁性的黄铁矿，还原转变为具有强磁性的磁铁矿，以便磁选。

c　氯化焙烧

对于含有一定量有色金属铜、铅、锌等的铁矿粉（如硫酸渣），可以采用氯化焙烧的方法进行处理，使原料中的金属氧化物与加入的氯或氯化物作用生成金属氯化物。在焙烧过程中，金属氯化物便从矿石中分离出来，进入烟气，然后再进行回收。

氯化焙烧的基本原理是利用许多金属氯化物具有沸点低（如 $CuCl_2$ 为 655℃；$PbCl_2$ 为 954℃；$ZnCl_2$ 为 732℃）、易挥发的特点，达到使这些金属与铁氧化物分离的目的。在氯化焙烧中常用的氯化物有氯气（Cl_2）、盐酸（HCl）和固体食盐（NaCl）、氯化钙（$CaCl_2$）及氯化镁（$MgCl_2$）等。氯化焙烧多在竖炉和回转窑等设备中进行。

在用硫酸渣制造球团矿的生产中，为了回收硫酸渣中的有色金属，造球时用 $CaCl_2$ 溶液代替水。生球在竖炉或回转窑中焙烧时，有色金属与氯作用变成氯化物进入废气中，然后再从废气中回收有色金属，而含铁的球团矿供高炉使用。

黄铁矿中的铜是以 Cu_2S 状态存在的，在焙烧过程中它与氯发生如下反应：

$$2Cu_2S + 4Cl_2 = 4CuCl_2 + S_2$$

反应中，$CuCl_2$ 在 655℃时升华进入烟气，然后再从烟气中回收铜。

氯化焙烧虽然可以回收多种有用金属。但费用高，操作严格，其收尘处理及设备材料的防腐蚀和环境保护等问题，都有待进一步研究解决。

D 选矿

选矿的目的主要是为了提高矿石品位。矿石经过选别可得到三种产品：精矿、中矿和尾矿。

精矿是指选矿后得到的含有用矿物含量较高的产品；中矿为选矿过程的中间产品，需进一步选矿处理；尾矿是经选矿后留下的废弃物。

对于铁矿石，常用的选矿方法有重力选矿法、磁力选矿法和浮游选矿法三种。

a 重力选矿法

重力选矿法简称重选，是利用不同密度或粒度的矿粒在选矿介质中具有不同沉降速度的特性，将在介质中运动的矿粒混合物进行选别，从而达到使被选矿物与脉石分离的目的。一般铁矿物的相对密度为 4 ~5，而脉石矿物的相对密度为 2 ~3。重力选矿法在处理粗粒物料时具有处理量大、成本低、指标好的优点。

重力选矿生产中所用的分选介质有水、空气、重介质（密度大于水的重液和悬浮液）。矿粒群在静止介质中不易松散，不同密度（或粒度）的矿粒难以互相转移，所以实际生产中重力选矿过程都必须在运动的介质中进行，并且运动介质可以使不同密度（或粒度）的矿粒在分选机的不同部位连续地排出以满足生产要求。

b 磁力选矿法

磁力选矿法简称磁选法。磁选法是利用矿物和脉石的磁性差异，在不均匀的磁场中，磁性矿物被磁选机的磁极吸引，而非磁性矿物则被磁极排斥，从而达到选别的目的。磁选法是分选黑色金属矿石，特别是磁铁矿石和锰矿石的主要选矿方法。

国内外生产的磁选机种类很多，除按磁场强弱不同分类外，在生产中也常常按照其选别方式的不同，将磁选机分为干式磁选机和湿式磁选机；或者按照产生磁场的方法的不同，将磁选机分为电磁磁选机和永磁磁选机；也可按照结构的不同，将磁选机分为筒式、盘式、辊式、环式、转鼓式、转笼式和带式磁选机等等。

c 浮游选矿法

浮游选矿法简称浮选法。浮选法是利用矿物表面不同的亲水性，选择性地将疏水性强的矿物用泡沫浮到矿浆表面，而亲水性矿物则留在矿浆中，从而实现有用矿物与脉石的分离。一般的浮选都是将有用矿物浮入泡沫产物中，使脉石矿物留在矿浆中的浮选，称为正浮选;而将脉石矿物浮入泡沫产物中,使有用矿物留在矿浆中的浮选,称为反浮选。

E　造块

天然富矿开采和处理过程中产生的富矿粉以及贫矿选矿后得到的精矿粉,都不能直接入炉,为了满足冶炼要求,必须将其制成具有一定粒度的块矿。此外,冶金工业生产中产生的大量粉尘和烟尘等,为了保护环境和回收利用这些含铁粉料,也需进行造块处理。

粉矿造块方法很多,应用最广泛的是烧结法造块和球团法造块。烧结法生产出来的烧结矿呈块状,粒度并不均匀;而球团法生产出来的球团矿则呈球状,粒度非常均匀。

粉矿经造块后获得的烧结矿和球团矿,统称为人造富矿或熟料,具有优于天然富矿的冶金性能,如还原性好,有适合的强度和较高的软熔温度;造块生产中配加一定量的熔剂,可制成有足够碱度的人造富矿,高炉冶炼过程可不加或少加熔剂,避免了熔剂分解吸热而消耗焦炭;造块过程中还可以除去矿石中某些有害杂质,如硫、砷、锌、钾、钠等,减少其对高炉的危害。

归纳起来,粉矿造块的作用主要是:(1)通过造块可以有效地利用铁矿资源,例如,能回收钢铁工业或化工企业中产生的大量副产品和废弃的燃料;(2)通过造块,高炉使用烧结矿和球团矿可提高生铁质量;(3)通过造块,高炉使用烧结矿和球团矿有利于强化冶炼,提高产量,降低焦比。高炉生产实践证明,使用质量良好的人造富矿(烧结矿和球团矿),可使高炉冶炼各项技术经济指标得到大幅度提高,因而粉矿造块已经成为冶金工业中不可缺少的一个重要生产工序。

我国的烧结矿和球团矿生产发展极为迅速。现在全国主要钢铁企业的熟料比都在95%以上,相当一部分高炉已达100%;中小企业也都建起了人造富矿的生产体系,直接用天然富矿入炉生产的高炉已极少。

1.2.2.2　烧结法造块

A　烧结法造块工艺流程

烧结法是重要的造块方法之一。烧结法生产烧结矿,是将各种粉状含铁原料,配入适量的燃料和熔剂,加入适量的水,经混合后在烧结设备上进行烧结的过程。在此过程中,借助燃料燃烧产生的高温,物料发生一系列的物理化学变化,并产生一定数量的液相。当物料冷却时,液相将矿粉颗粒黏结成块,即烧结矿。

目前生产上广泛采用带式抽风烧结机生产烧结矿,其他还有回转烧结、悬浮烧结、抽风或鼓风盘式烧结等。烧结生产的工艺流程如图1-4所示,主要包括烧结料的准备、配料与混合、烧结和产品处理等工序。

B　烧结矿的分类及特点

烧结矿按碱度($w(CaO)/w(SiO_2)$)的不同,可分为以下4类:

(1) 酸性烧结矿(普通烧结矿),其碱度小于1.0。这种烧结矿强度好,但还原性较差,高炉使用它时还需加入较多的熔剂,对提高产量和降低焦比不利。

(2) 自熔性烧结矿,其碱度为1.0~1.5。这种烧结矿还原性较好,高炉使用这种烧结矿一般可不加或少加熔剂,对提高产量和降低焦比有利,但它的强度较差,对高炉顺行不利。

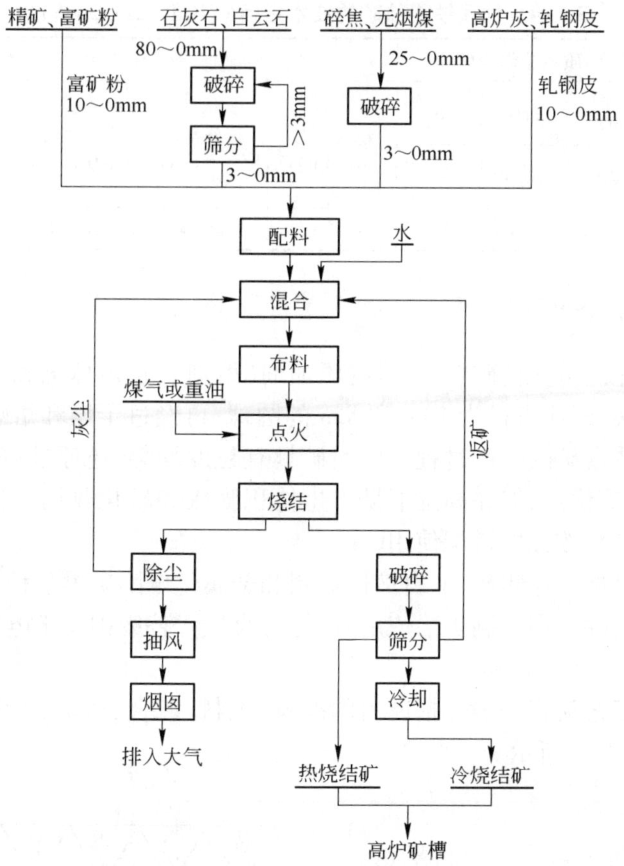

图1-4　烧结工艺流程示意图

(3) 高碱度烧结矿，其碱度为1.5～3.5。这种烧结矿的强度和还原性都较好，而且高炉冶炼时可不加熔剂，所以对高炉提高产量和降低焦比以及顺行均有好处。当前普遍生产的是高碱度烧结矿，它在高炉配矿比中占80%～90%以上。

(4) 超高碱度烧结矿，其碱度大于3.5。

C　烧结矿的技术指标

烧结矿的技术指标主要有品位、强度、化学成分、还原性、碱度、粒度、有害杂质含量及高温冶金性能等。我国规定的烧结矿技术指标见表1-3和表1-4。

表1-3　普通铁烧结矿的技术指标(YB/T 421—2005)

项目名称		化学成分(质量分数)/%				物理性能/%			冶金性能/%	
碱　度	品级	TFe	$\frac{CaO}{SiO_2}$	FeO	S	转鼓指数(+6.3mm)	筛分指数(-5mm)	抗磨指数(-0.5mm)	低温还原粉化指数RDI(+3.15mm)	还原度指数(RI)
		允许波动范围		不大于						
1.50～2.50	一级	±0.50	±0.08	11.00	0.060	≥68.00	≤7.00	≤7.00	≥72.00	≥78.00
	二级	±1.00	±0.12	12.00	0.080	≥65.00	≤9.00	≤8.00	≥70.00	≥75.00
1.00～1.50	一级	±0.50	±0.05	12.00	0.040	≥64.00	≤9.00	≤8.00	≥74.00	≥74.00
	二级	±1.00	±0.10	13.00	0.060	≥61.00	≤11.00	≤9.00	≥72.00	≥72.00

表 1-4　优质铁烧结矿的技术指标(YB/T 421—2005)

项目名称	化学成分(质量分数)/%				物理性能/%			冶金性能/%	
	TFe	$\frac{CaO}{SiO_2}$	FeO	S	转鼓指数(+6.3 mm)	筛分指数(-5 mm)	抗磨指数(-0.5 mm)	低温还原粉化指数 RDI(+3.15 mm)	还原度指数(RI)
允许波动范围	±0.40	±0.05	±0.50	—					
指　标	≥57.00	≥1.70	≤9.00	≤0.030	≥72.00	≤6.00	≤7.00	≥72.00	≥78.00

1.2.2.3　球团法造块

球团法造块是把润湿的精矿粉、少量的添加剂(熔剂粒)、造球剂和燃料粉等混合后,用挤压和滚动的方法滚、压成直径为 10 ~ 30 mm 的圆球,再经过干燥和焙烧,使生球固结成为适合高炉使用的人造富矿的生产过程。球团矿具有粒度均匀、还原性好、品位高、冶炼效果好、便于运输和贮存等优点,但在高温下易产生体积膨胀和软化收缩。目前,国内外大多习惯于把球团矿和烧结矿按比例搭配使用。

球团矿可分为自熔性球团矿、非自熔性球团和金属化球团矿等几种,金属化球团又称为预还原球团。球团矿除了用于高炉冶炼之外,还可直接代替废钢用于电炉、转炉炼钢。

A　球团矿的生产工艺流程

球团矿的生产工艺流程一般包括原料的准备、配料、混合、造球、干燥和焙烧、成品和返矿处理等步骤,如图 1-5 所示。

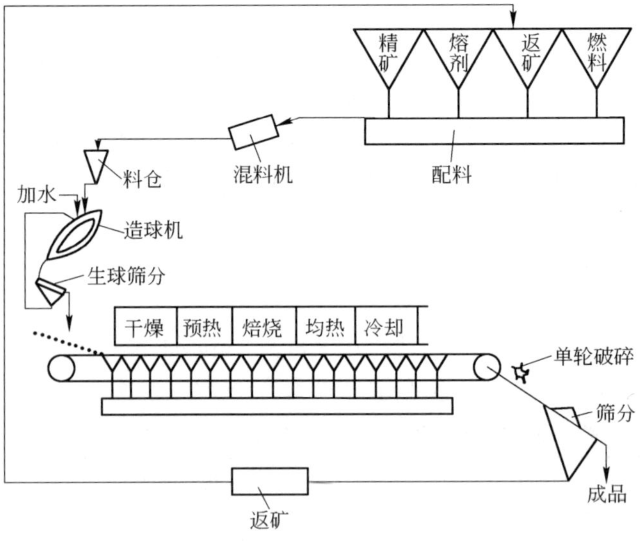

图 1-5　球团矿生产工艺流程图

造球过程中常用的熔剂有消石灰($Ca(OH)_2$)、石灰石粉($CaCO_3$)、生石灰粉(CaO),加入石灰石粉及消石灰、生石灰粉,还能提高生球强度和提高碎裂温度。氯化钙($CaCl_2$)是作为氯化剂加到球团料中的,它能与铜、铅、锌等起化学反应生成氯化物,在焙烧过程中从球团中除去,并加以回收。

采用固体燃料焙烧球团时,通常加入的是煤粉和焦粉。如果将煤粉混入精矿粉中造球,会因煤粉的亲水性比矿粉小而大大降低生球强度和成球速度，所以常采用在合适的生球表面上加一层煤粉或焦粉的添加方法。

焙烧设备主要有带式球团焙烧机、链箅机－回转窑和竖炉等。目前广泛采用的是竖炉。

B 球团矿的特点

球团矿为较多微孔的球状物，与烧结矿相比有以下特点：

(1) 可以用品位很高的细精矿来生产，其酸性球团的品位可达68.0%，SiO_2 含量仅1.15%。

(2) 孔隙度低，最低可达19.7%，且全部为微气孔；体积密度大，可达3.8 g/cm^3；堆积密度大，可达2.27 t/m^3。

(3) 矿物主要为赤铁矿，FeO 含量很低(1%左右)，主要依靠固相固结(即铁晶桥固结)；硅酸盐渣相量少，只有碱度较高的石灰熔剂球团矿才有较多的铁酸盐。

(4) 冷强度好，运输性能好，ISO 转鼓指数(+6.3 mm)可高达95%；粒度均匀，8～16 mm粒级达90%以上。

(5) 自然堆角小，仅24°～27°，而烧结矿自然堆角为31°～35°。

(6) 还原性能好。但酸性球团矿的还原软熔温度一般较低。个别品种的球团矿在还原时会出现异常膨胀或还原迟滞现象。

1.2.3 熔剂

1.2.3.1 熔剂在高炉冶炼中的作用

为了保证高炉能冶炼出合格的生铁，在高炉冶炼过程中还需加入一定量的熔剂。熔剂一般在烧结矿和球团矿中加入，高炉直接加入熔剂的情况很少。高炉冶炼过程中加入熔剂的作用主要是：

(1) 使渣铁分离。高炉冶炼加入熔剂能与铁矿石中高熔点的脉石和焦炭中高熔点的灰分结合，生成熔化温度较低的炉渣，使其能顺利地从炉缸中流出来，并同铁水分离，保证高炉生产的顺利进行。

(2) 改善生铁质量获得合格生铁。加入适量的熔剂，获得具有一定化学成分和物理性能的炉渣，以增加其脱硫能力，并控制硅锰等元素的还原，有利于改善生铁质量。

1.2.3.2 熔剂的分类

根据矿石中脉石的成分和焦炭中灰分成分的不同，高炉冶炼使用的熔剂可分为碱性、酸性和中性三种熔剂。在确定熔剂的添加量时，应考虑燃料灰分是高酸性物质的影响。

(1) 碱性熔剂。当铁矿石中的脉石为酸性氧化物时，需加入碱性熔剂。常用的碱性熔剂有石灰石($CaCO_3$)、白云石($MgCO_3$)等。

(2) 酸性熔剂。当使用含碱性脉石的矿石冶炼时，可加入酸性熔剂，如石英(SiO_2)等。但由于铁矿石中的脉石绝大部分是酸性氧化物，所以高炉生产中很少使用酸性熔剂，就是有一部分碱性脉石的铁矿石，通常也是和含酸性脉石的铁矿石搭配使用而不另外配加石英。只有在生产中遇到炉渣 Al_2O_3 含量过高(大于18%～20%)，导致高炉冶炼过程失常时，才使用石英来改善造渣，调节炉况。

(3) 中性熔剂(高铝熔剂)。当矿石中脉石与焦炭灰分中含 Al_2O_3 很低时,由于渣中 Al_2O_3 低,炉渣的流动性会非常不好,这时需加一些含 Al_2O_3 高的中性熔剂,如铁矾土、黏土叶岩等。在实际生产中很少使用中性熔剂。若遇渣中 Al_2O_3 低时,最合理的还是加入一些含 Al_2O_3 较高的铁矿石,以增加渣中 Al_2O_3 含量,而不是单独加入中性熔剂。由于铁矿石中的脉石绝大多数呈酸性,所以高炉冶炼使用的熔剂绝大多数是碱性的,且主要是石灰石。

1.2.3.3　高炉冶炼对碱性熔剂的质量要求

高炉冶炼对碱性熔剂的质量要求是:

(1) 碱性氧化物含量要高。由于高炉冶炼使用的熔剂主要是石灰石,所以对作为碱性熔剂加入炉内的石灰石,就要求它的碱性氧化物($CaO + MgO$)含量要高,酸性氧化物($SiO_2 + Al_2O_3$)含量要低。石灰石中 CaO 的理论含量为56%,但自然界中石灰石都含有一定的杂质,CaO 的实际含量要比理论含量低一些,一般要求 CaO 含量不低于 50%,SiO_2 和 Al_2O_3 的含量不应超过 3.5%。

对于石灰石,仅考虑它的 CaO 含量是不够的,实际生产中评价它的质量指标是石灰石的有效熔剂性。石灰石的有效熔剂性是指熔剂按炉渣碱度的要求,除去自身酸性氧化物含量所消耗的碱性氧化物外,剩余部分的碱性氧化物含量。它是评价熔剂最重要的质量指标,可用下式表示:

$$\text{石灰石的有效熔剂性} = w(CaO)_{熔剂} + w(MgO)_{熔剂} - w(SiO_2)_{熔剂}\frac{w(CaO)_{炉渣} + w(MgO)_{炉渣}}{w(SiO_2)_{炉渣}}$$

当石灰石与炉渣中的 MgO 含量很少时,为了计算简便,在工厂多用 $w(CaO)/w(SiO_2)$ 来表示炉渣碱度,则其有效熔剂性计算式可简化为:

$$\text{石灰石的有效熔剂性} = w(CaO)_{熔剂} + w(MgO)_{熔剂} - w(SiO_2)_{熔剂}\frac{w(CaO_{炉渣})}{w(SiO_{2炉渣})}$$

高炉生产要求石灰石的有效熔剂性愈高愈好。

(2) 硫、磷含量要少。高炉生产要求熔剂中的有害杂质硫、磷含量愈少愈好。石灰石中一般含硫:0.01% ~0.08%,含磷:0.001% ~0.03%。

(3) 石灰石应有一定的强度和均匀的块度。除方解石在加热过程中很易破碎产生粉末外,其他石灰石的强度都是足够的。石灰石的粒度不能过大,过大的块度在炉内分解慢,会增加炉内高温区的热量消耗,使炉缸温度降低。目前的石灰石粒度,大中型高炉为 25 ~75 mm,最好不超过 25 ~50 mm;小型高炉为 10 ~30 mm,有的把石灰石的粒度降低到与矿石相同。表 1-5 列出了石灰石的技术条件。

表 1-5　石灰石的技术条件

级　别	化学成分/%				
	CaO	MgO	$SiO_2 + Al_2O_3$	P_2O_5	SO_3
Ⅰ	≥52	≤3.5	≤2.0	≤0.02	≤0.25
Ⅱ	≥50	≤3.5	≤3.0	≤0.04	≤0.25
Ⅲ	≥49	≤3.5	≤3.5	≤0.06	≤0.35
白云石化石灰石	35 ~44	6 ~10	≤5		

1.2.4 燃料

燃料是高炉冶炼不可缺少的基本炉料之一。高炉冶炼早期以木炭为燃料，而后使用了无烟煤，再到后来的高炉几乎都使用焦炭作燃料，并应用了喷吹技术。从风口喷吹的燃料已占全部燃料用量的10%～30%，有的达40%，用作喷吹的燃料主要有无烟煤和天然气等。

1.2.4.1 焦炭

A 焦炭在高炉冶炼中的作用

(1) 作发热剂。焦炭在风口前燃烧放出热量而产生高温，它使高炉内各种化学反应得以进行，并使渣、铁熔化。高炉冶炼所消耗的热量70%～80%是由焦炭燃烧来提供的。

(2) 作还原剂。焦炭中的固定碳(C)和它燃烧后产生的CO、H_2与铁矿石中的各级氧化物反应后，将铁还原出来。铁矿石还原所需要的还原剂几乎全部由燃料所供给。

(3) 作料柱骨架。高炉内的铁矿石和熔剂下降到高温区时，全部软化并熔化成液体，而焦炭则既不软化也不熔化，所以它可以作为高炉内料柱的骨架来支承上部的炉料。焦炭在高炉料柱中约占整个体积的1/3～1/2；焦炭又是多孔的固体，又起着改善料柱透气性的作用。

(4)生铁渗碳。

B 焦炭的物理性质

焦炭的物理性质包括机械强度、筛分组成和孔隙度等，其中最主要的是机械强度。

a 机械强度

焦炭的机械强度主要是指焦炭的耐磨性和抗冲击的能力，其次是抗压强度。它是一个重要的质量指标。焦炭的机械强度对高炉冶炼十分重要，若机械强度不好，在焦炭运转的过程中和在炉内下降的过程中，由于炉料与炉料之间、炉料与炉墙之间互相摩擦挤压，会导致焦炭破裂而产生大量的粉末。在高炉冶炼过程中，这些粉末将渗入初渣中，增加初渣的黏度，降低初渣的流动性，增加煤气通过软熔带上升的阻力，最终会造成炉况不顺、炉缸堆积、风口烧坏等事故。

目前我国各厂测定焦炭机械强度的方法是转鼓试验。转鼓的测定有两种：大转鼓和小转鼓。大、小转鼓的测定，以小转鼓为好。小转鼓是由钢板制成的无穿心轴的密封圆筒转鼓，鼓内径和鼓内宽皆为1000 mm，鼓壁厚6～8 mm，内壁每隔90°焊角钢(100 mm×50 mm×10 mm)一块，共焊4块。试验时取50 kg大于60 mm的焦炭试样装入鼓内，以25 r/min的转速转100 r(转)。转完后用ϕ40 mm和ϕ10 mm的圆孔筛筛分，以大于40 mm的焦炭占焦炭试样的质量百分数(用M_{40}表示)作为破碎强度指标，以小于10 mm的焦炭占焦炭试样的质量百分数(用M_{10}表示)作为耐磨强度指标。对于中型高炉用焦炭M_{40}在60%～70%，大型高炉M_{40}在75%以上。M_{10}均应小于9.0%。

焦炭的抗压强度一般在9.81～14.71 MPa，而高炉炉缸的实际压力只有0.294～0.490 MPa，但焦炭在炉内高温作用下，强度会有明显的降低并产生碎裂。

由于焦炭的强度指标是在常温、无化学作用的情况下测得的，所以它不能真正代表焦炭在高炉内的实际强度。因此鉴定焦炭的强度(特别是高温下的强度)的合理方法尚待进一步研究。

b 筛分组成

焦炭的筛分组成是用筛分试验的方法来测定焦炭的粒度组成，计算各级粒度焦炭重量与焦炭总量的百分率。

高炉大量使用熔剂性烧结矿以来，矿石的粒度普遍降低，使焦炭和烧结矿之间的粒度差别扩大，这很不利于料柱透气性的改善。实践证明，在大、中型高炉上使用25～40 mm的中块焦炭是可行的。从炼焦生产方面来看，在焦炭产品中，25～40 mm的中块焦炭仅占14%～15%，所以适当降低入炉焦炭的粒度，对于合理利用焦炭也是一项有意义的措施。

c　孔隙度

焦炭的孔隙度表示在全部焦炭体积中孔隙所占的体积百分数，它可按以下关系式计算：

$$孔隙度 = 1 - \frac{假密度}{真密度} \times 100\%$$

焦炭的真密度为除去全部孔隙后单位体积焦炭的重量，一般约为1.85～1.9 t/m^3，假密度约为0.85～1.0 t/m^3。高炉冶炼用焦炭的孔隙度大约在45%～53%之间。孔隙度高可以改善焦炭的反应性能，但过高时孔隙壁薄，会影响焦炭的强度。目前对冶金焦炭的孔隙度还没有具体要求。

C　焦炭的化学成分

焦炭的化学成分通常是以焦炭的工业分析来表示的。工业分析的内容包括：固定碳、灰分、硫分、挥发分和水分的含量，除水分外其他组成均以干焦为基础来计算。

a　固定碳和灰分

焦炭中固定碳含量应尽量高，灰分含量应尽量低。这是因为焦炭中的固定碳含量愈高，焦炭的发热量愈大，还原剂愈多，愈有利于高炉降低焦比。焦炭中固定碳含量的高低，主要影响来自灰分。固定碳的含量一般是通过计算方法求得的：

$$w(C)_{固} = 1 - w(灰分 + 挥发分 + 有机物)$$

由上式可以看出：要提高 $w(C)_{固}$，必须设法降低其他杂质，特别是灰分的含量。

焦炭中的灰分不仅对 $w(C)_{固}$ 影响很大，而且会导致焦炭的耐磨强度降低，粉末增加。灰分的主要成分是酸性的 SiO_2 和 Al_2O_3，它们约占灰分总量的80%以上，灰分增加势必导致熔剂耗量和渣量的增加，使焦比升高，产量下降。表1-6为某厂焦炭的灰分分析。

表1-6　某厂焦炭的灰分分析

成　分	SiO_2	Al_2O_3	CaO	MgO	Fe_2O_3	Na_2O，K_2O
含量/%	45.12	39.24	5.32	1.04	7.04	≤1.0

b　硫和磷

在高炉冶炼中，有80%左右的硫是由焦炭带入的，因此降低焦炭中的含硫量对降低生铁含硫起着很大的作用。控制煤的含硫量，采用合适的配煤比，是控制焦炭含硫量的基本途径。焦炭中一般含磷较少。

c　挥发分

挥发分是炼焦过程中未分解挥发完的有机物质，主要是碳、氢、氧及少量的硫和氮。当焦炭进入高炉再次加热到850～900℃以上时，这些有机物质就以 H_2、CH_4、N_2 等气体的形式挥发出来。挥发分本身对高炉冶炼并无影响，却是一个表示焦炭成熟程度的指标。正常情况下，挥发分的含量一般在0.7%～1.2%。含量过高焦炭不够成熟，夹生焦（黑头焦）多，这种焦炭强度差，进入高炉后易碎裂产生粉末，影响料柱透气性；而含量过低则表示结焦过大，这种焦炭裂纹多，极脆，对高炉冶炼不利。表1–7为某厂焦炭的挥发分数据。

表1–7　某厂焦炭的挥发分数据

成　分	CO_2	CO	CH_4	H_2	N_2
含量/%	35	35	4	6	18

d　水分

焦炭中的水分是在打水熄焦时渗入的，通常为2%～6%。焦炭中的水分在高炉上部即可蒸发完毕，对高炉冶炼没有影响。但要求焦炭中的水分含量要稳定，因为焦炭都是按重量入炉的，水分的波动必定会引起干焦量的波动，最终导致炉缸热制度的波动。

D　焦炭的化学性质

焦炭的化学性质包括焦炭的燃烧性和反应性两个方面：

(1) 焦炭的燃烧性是指焦炭与氧在一定的温度条件下反应生成 CO_2 的速度，也即燃烧速度，其反应式为：

$$C + O_2 = CO_2$$

(2) 焦炭的反应性是指焦炭在一定的温度下和 CO_2 作用，生成CO的反应速度，其反应式为：

$$C + CO_2 = 2CO$$

在一定温度下，这两个反应速度愈快，则表示焦炭的燃烧性和反应性愈好，它们对高炉冶炼的影响还有待于进一步研究。现在有观点认为，焦炭反应性好对高炉冶炼不利，应适当抑制。一般来说，焦炭的燃烧性和反应性主要取决于焦炭的结构、块度和孔隙度，而焦炭的结构基本上是由原煤成分、炼焦工艺所决定的。块度大、孔隙度低、堆密度大和灰分高的焦炭燃烧性和反应性较差；相反，如果焦炭的块度小而合适、孔隙度高、堆密度不大而含水量、灰分又低的焦炭，其燃烧性和反应性都较好。

E　焦炭的生产流程

现代焦炭生产过程分为：洗煤、配煤、炼焦、熄焦及煤气和化工产品回收处理等工序，生产工艺流程图见图1–6。

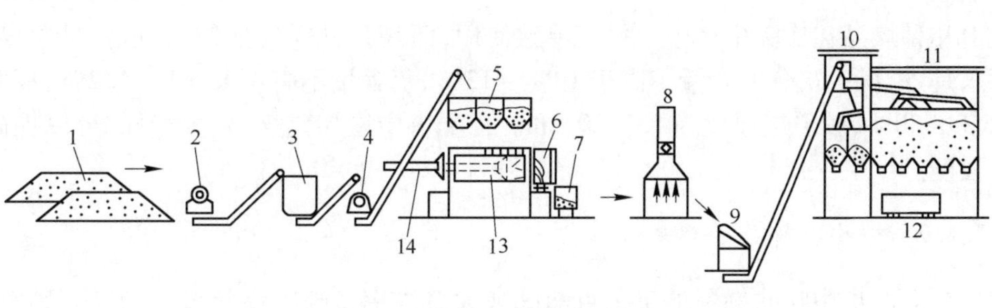

图1–6　炼焦生产工艺流程图

1—煤堆；2—破碎机；3—配煤槽；4—粉碎；5—触媒塔；6—拦焦机；7—熄焦车；8—熄焦塔；9—晾焦台；10—筛分机；11—焦槽；12—装焦车；13—炼焦炉；14—推焦机

洗煤就是将原煤在炼焦之前先进行洗选的过程，目的是降低煤中所含的灰分和洗除煤中的其他杂质。

配煤是将各种结焦性能不同的煤经过洗选后，按一定比例配合进行炼焦，目的是在保证焦炭质量的前提下，扩大炼焦煤的使用范围，合理利用国家资源，并尽可能多地得到一些化工产品。

炼焦是将配合好的煤粉装入炼焦炉的炭化室，在隔绝空气的条件下通过两侧的燃烧室加热干馏，再经过一定的时间最后获得质量合格的冶金焦。

焦炭产品处理是将由炉内推出的炽热的焦炭经喷水熄火或干熄火后，进行筛分分级，获得不同粒度的焦炭产品，分别送往高炉和烧结等用户。

F　炼焦用煤种类

煤按其生成的地质年代的长短可分成：泥煤、褐煤、烟煤及无烟煤 4 种。用于炼焦的主要是烟煤。烟煤根据地质年代的长短和变质程度的高低，可以分为以下 6 种：

(1) 长焰煤。长焰煤的结焦性很差，无法在现代焦炉中成焦，如在配煤中配入量较多，炭的耐磨强度就会很差。

(2) 气煤。气煤在加热时可得到较多的胶质体，但此类胶质体的热稳定性差，易分解。由半焦转成焦炭时，会产生大量的挥发分，因此生产出来的焦炭收缩大，裂纹多，块度小且易碎。在配煤中适当增加气煤，可提高炼焦化学副产品的产量，增加焦炭收缩，有利于推焦。

(3) 焦煤。焦煤具有中等胶质层和中等可燃基挥发分，加热时可生成热稳定性好的胶质体。多数焦煤在单独炼焦时，都可以获得块度大、裂纹少、耐磨性好的焦炭。但单独炼焦时，推焦困难，不利于对炉墙的保护，并且由于焦煤资源不多，从提高焦炭的强度和节约焦煤的角度出发，只能在配煤中适当加入焦煤。

(4) 肥煤。肥煤在加热时能产生大量的胶质。单独使用这种煤炼焦时，生产出来的焦炭熔融性好，但容易产生较多的横向裂纹，易碎，生成小焦块等。由于它具有很强的黏结性，可黏结一部分弱黏结性煤，所以是配煤中的重要成分。

(5) 瘦煤。瘦煤的变质程度较高，挥发分低，加热时胶质体数量少。一般瘦煤能结焦，但块度大、裂纹少、不耐磨。配煤中加入少量瘦煤可以提高焦炭的块度。

(6) 贫煤。贫煤的变质程度较瘦煤高，有挥发分而无胶质和黏结性，配入少量贫煤可以作瘦化剂。

以上几种煤品在实际生产中一般不单独使用，而是几种煤搭配使用，这就是配煤炼焦。一般要求是：配煤中灰分的含量不高于 10% ~12%，硫含量不高于 1.0% ~1.2%，挥发分含量在 25% ~30%，胶质层厚度为 15 ~20 mm。在配煤中增加焦煤、减少气煤，可以提高焦炭的转鼓强度。

1.2.4.2　喷吹燃料

从风口向高炉中喷吹燃料的工艺目前已被大量采用。喷吹燃料可分为气体燃料、液体燃料和固体燃料三种，气体燃料有天然气、焦炉煤气等，液体燃料有重油、焦油等，固体燃料以无烟煤和烟煤为主。各国的燃料资源不同，喷吹的燃料也不同，我国的喷吹燃料以无烟煤为主，也有喷吹天然气的，或采用以无烟煤为主配加少量烟煤进行喷吹的。各种喷吹燃料的理化性能见表 1-8 和表 1-9。

表 1-8 气体燃料的理化性能

类别	成分/%							发热值/kJ · m^{-3}
	CH_4	C_2H_4	C_mH_n	H_2	N_2	CO_2	CO	
辽宁天然气	94.31	1.76	0.78		0.66	3.15	0.10	33930
四川天然气	97.40	0.40			1.60	0.40		39867
焦炉煤气	28.4	6.00	2.40	55.60	0.90	2.90	5.80	19368

表 1-9 固体燃料(无烟煤)的理化性能

指标 / 品名	工业分析/%				元素分析/%					低发热值/kJ · m^{-3}
	全水	灰分	挥发分	S	固定碳	C	H	N	O	
阳泉 1	0.81	18.93	9.17	0.84	71.90	90.77	4.24	1.20	2.70	34290
阳泉 2	0.68	14.03	11	0.40	76.80		3.87	1.21	1.54	

1.2.4.3 焦炭代用品

为了保证焦炭的质量,炼焦使用的煤要求有一定的黏结性。由前面的介绍可知,肥煤和焦煤能满足这一要求,所以炼焦时要求配有一定量的肥煤和焦煤。但这些煤的储量并不丰富且分布不均匀,给钢铁工业的发展带来很大影响。对此冶金工作者进行了多方的努力,从"开源节流"着手,首先是大量降低高炉的焦比,节约焦炭及炼焦煤的消耗量;其次是开发使用焦炭的代用品如热压型焦、冷压型焦、铁焦等其他炼铁燃料。

A 热压型焦

热压型焦生产的主要特点是快速加热、热压成形。将挥发分高的弱黏结性煤(如气煤和长焰煤)在热气流中快速悬浮加热(约为450℃),以增加胶质体的数量和提高其流动性,使挥发性气体在胶质体形成时大量放出,造成适当的膨胀压力,以利于煤柱的黏结;同时施以一定的外压(0.1961 ~0.2942 MPa),促使煤质的黏结,从而获得一定形状和尺寸的半焦产品。为了防止焦炭在形成过程中产生大量的裂纹而影响强度和块度,从半焦转变成焦炭时,要以1.5 ~2℃/min 的速度缓慢加热。

这种生产工艺主要由三部分组成,即煤的干燥、快速加热和维持温度以及热压成形。

B 冷压型焦

冷压型焦的生产,根据所用煤料的性质及压型情况可分为两种:一种是对于高挥发分的煤料(如长焰煤等),先炼成半焦,然后配加一定数量的黏结剂(如煤焦油、沥青等)冷压成形;另一种是在挥发分不高的煤料(如瘦煤或不黏结的煤)中加入一定数量的黏结剂,加压成形后在高温条件下炭化结焦。加入的沥青等在煤中可以起胶质液相的作用。

C 铁焦

铁焦的生产是在炼焦配煤中加入一部分高炉炉尘、精矿粉或富矿粉等含铁原料,在炼焦炉内干馏后得到一种强度大的块状含铁焦炭的过程。这种生产方式可以节省一部分矿粉造块的设备投资,同时因铁焦中已生成一部分金属铁,从而有利于降低焦比。特别是在铁焦生产时,配煤中可以加入相当数量的结焦性差的高挥发分的气煤和肥煤,节约了主焦煤,扩大了冶金焦用煤的来源。但目前铁焦生产还存在着焦炉生产率下降和对焦炉炉衬的寿命有影响等问题,有待于进一步研究解决。

1.3 高炉炼铁的产品

高炉炼铁的主要产品是生铁,副产品有炉渣、煤气和炉尘。

1.3.1 生铁

生铁、钢和熟铁都是铁碳合金,它们的主要区别是含碳量不同,含碳量低于 0.2% 的为熟铁,含碳量在 0.2% ~1.7% 范围内的为钢,含碳量在 1.7% 以上的为生铁。

高炉冶炼生铁的含碳量一般为 2.5% ~4.5% ,并有少量的硅、锰、磷、硫等元素。生铁质硬而脆,缺乏韧性,不能压延成形,机械加工性能及焊接性能不好,但含硅量高的生铁(灰口铁)的铸造及切削性能良好。

生铁按用途可分普通生铁和合金生铁两种(普通生铁占生铁产量的 98% 以上)。

合金生铁主要是锰铁和硅铁。合金生铁作为炼钢的辅助材料,如脱氧剂、合金元素添加剂。它们的主要区别是含硅量不同。

普通生铁分为炼钢生铁和铸造生铁两种(炼钢生铁占普通生铁产量的 80% 以上)。

炼钢生铁和铸造生铁按照含硅量的不同,可分别分为 3 个和 6 个牌号,各种牌号的炼钢生铁和铸造生铁的成分要求分别见表 1-10 和表 1-11。

表 1-10 炼钢生铁的成分(GB/T717—1998)

铁种			炼钢生铁		
铁号	牌号		炼 04	炼 08	炼 10
	代号		L04	L08	L10
化学成分/%	C		≥3.50		
	Si		≤0.45	0.45 ~0.85	0.85 ~1.25
	硫	特类	≤0.020		
		一类	0.02 ~0.03		
		二类	0.03 ~0.05		
		三类	0.05 ~0.07		
	锰	一组	≤0.40		
		二组	0.40 ~1.00		
		三组	1.00 ~2.00		
	磷	特级	≤0.100		
		一级	0.100 ~0.150		
		二级	0.150 ~0.250		
		三级	0.250 ~0.400		

表 1-11 铸造生铁的成分(GB/T718—2005)

牌号			Z14	Z18	Z22	Z26	Z30	Z34
化学成分(质量分数)/%	C		>3.30					
	Si		≥1.25~1.60	>1.60~2.00	>2.00~2.40	>2.40~2.80	>2.80~3.20	>3.20~3.60
	锰	1组	≤0.50					
		2组	>0.50~0.90					
		3组	>0.90~1.30					
	磷	1级	≤0.060					
		2级	>0.060~0.100					
		3级	>0.100~0.200					
		4级	>0.200~0.400					
		5级	>0.400~0.900					
	硫	1类	≤0.03					
		2类	≤0.04					
		3类	≤0.05					

1.3.2 炉渣、煤气和炉尘

A 炉渣

炉渣是高炉炼铁的副产品。矿石中的脉石、熔剂中的各种氧化物和燃料中的灰分等熔化后组成炉渣,其主要成分为 CaO、MgO、SiO_2、Al_2O_3 及少量的 MnO、FeO、S 等。炉渣有许多用途,常用做水泥及隔热、建材、铺路等材料。

高炉炉渣有水渣、渣棉和干渣之分。水渣是液态炉渣用高压水急冷粒化形成的,是良好的制砖和制作水泥的原料;渣棉是液态炉渣用高压蒸汽或高压压缩空气吹成的纤维状的渣,可作为绝热材料;干渣是液态炉渣自然冷凝后形成的渣,经处理后可用于铺路和生产水泥,还可以制成建筑材料。

B 煤气

高炉每冶炼 1 t 生铁大约能产生 1700~2500 m^3 的煤气,其化学成分包括 CO(20%~30%)、CO_2(15%~20%)、H_2(1%~3%)、N_2(56%~58%)和少量的 CH_4。煤气经除尘脱水后可作为燃料,其发热值约为 2900~3800 kJ/m^3(随着高炉能量利用系数的改善而降低),热风炉、烧结、炼钢、炼焦和轧钢等用户均可使用。

高炉煤气是一种无色无味的透明气体,由于含 CO 较高,会使人中毒致死。当煤气与空气混合,煤气含量达到 46%~62%、温度达到着火点(650℃)时,就会发生爆炸。因此,在煤气区域工作时,要特别注意防火防爆,并避免煤气中毒事故的发生。

C 炉尘(瓦斯灰)

炉尘是随高速上升的煤气带出高炉外的细颗粒炉料,在除尘系统与煤气分离。炉尘中含铁量为 30%~45%,含碳量为 8%~20%,每冶炼 1 t 生铁约产生 10~150 kg 的炉尘。炉尘回收后可作为烧结原料加以利用。

1.4　高炉炼铁技术经济指标

对高炉生产的技术水平和经济效益的总要求是高产、优质、低耗、长寿和安全。

A　高炉有效容积利用系数

高炉有效容积利用系数是衡量高炉生产强化程度的指标，按下式计算：

$$\eta_V = P/V_u$$

式中　η_V——高炉有效容积利用系数（每立方米高炉有效容积在一昼夜生产的生铁吨数），t/(m^3·d)；

P——高炉一昼夜生产的合格生铁量，t/d；

V_u——高炉有效容积，m^3。

η_V 值越高，高炉生产率越高，每天所产生铁越多。目前我国的高炉有效容积利用系数一般为 1.8～2.3 t/(m^3·d)，高的可达 3.0 t/(m^3·d) 以上。

B　焦比（干焦比）、综合焦比、煤比、燃料比（综合燃料比）

（1）焦比 K（指冶炼 1 t 生铁所消耗的干焦量）按下式计算：

$$K = Q/P$$

式中　K——干焦比，简称焦比，kg/t；

Q——高炉一昼夜消耗的干焦量，kg/d。

（2）煤比 y（指冶炼 1 t 生铁所喷吹的煤粉量）按下式计算：

$$y = Q_y/P$$

式中　y——煤比，kg/t；

Q_y——高炉一昼夜消耗的煤粉量，kg/d。

（3）综合焦比 $K_{综}$ 按下式计算：

$$K_{综} = (Q_y R + Q)/P$$

式中　$K_{综}$——综合焦比（指冶炼 1 t 生铁所喷吹的煤粉量乘上置换比折算成干焦炭的量，再与冶炼 1 t 生铁所消耗的干焦炭量相加即为综合焦比），kg/t；

R——粉煤的置换比（某一数量的喷吹粉煤所能代替的焦炭量），kg/kg，一般 R = 0.7～0.9 kg/kg，如粉煤置换比为 0.8，相当于喷吹 1 kg 粉煤可代替 0.8 kg 焦炭。

（4）综合燃料比 K_f 按下式计算

$$K_f = (Q_y + Q)/P$$

式中　K_f——综合燃料比（指冶炼 1 t 生铁所消耗的干焦炭的量与煤粉量之和）。

以上 4 个指标是衡量高炉能量消耗高低的重要指标。

C　冶炼强度

冶炼强度分为干焦冶炼强度和综合冶炼强度。

干焦冶炼强度 I（指每昼夜每立方米高炉有效容积燃烧的焦炭量）按下式计算：

$$I = Q/V_u$$

式中　I——干焦冶炼强度，t/(m^3·d)。

综合冶炼强度 $I_{综}$（指每昼夜每立方米高炉有效容积燃烧的燃料量）按下式计算：

$$I_{综} = (Q + Q_y + \cdots)/V_u$$

式中　$I_{综}$——综合冶炼强度，t/(m^3·d)。

以上两个指标是衡量高炉强化冶炼程度的重要指标。

D 休风率

休风率按下式计算：

休风率 = 休风时间/规定日历作业时间

休风率是指高炉休风停产时间占规定日历作业时间(日历时间减去计划大、中修时间和封炉时间)的百分数。它是衡量高炉设备管理水平、维护水平和操作水平的重要指标。降低休风率是高炉增产节焦的重要途径,我国先进高炉的休风率已降到1%以下。

E 生铁合格率

化学成分符合国家标准的生铁为合格生铁。合格生铁产量占高炉总产铁量的百分数为生铁合格率,即：

生铁合格率 = 合格生铁量/生铁总产量 ×100%

我国一些企业高炉生产合格率已达100%。

F 生铁成本

生铁成本是冶炼1 t生铁所需要的全部费用,它包括原料、燃料、动力、工资及管理等费用。生铁成本是评价高炉经济效益好坏的一个重要指标。

G 炉龄

高炉从开炉到停炉大修之间的时间,为一代高炉的炉龄。延长一代炉龄是高炉工作者的重要任务,也是提高高炉总体经济效益的重大课题,大高炉炉龄要求达到10年以上,国外大型高炉炉龄最长已达20年。

复习思考题

1-1 简述高炉炼铁生产工艺流程和各系统的作用。

1-2 高炉生产有何特点?

1-3 常用的铁矿石有哪几类,基本特性是什么?

1-4 什么叫贫矿,什么叫富矿,适宜于高炉冶炼的铁矿石应具备哪些标准?

1-5 矿石中的有害杂质有哪些,对钢铁的性能和高炉冶炼有什么影响?

1-6 矿石中的有益元素有哪些,对钢铁的性能有什么影响?

1-7 矿石的高温性能包括哪些内容,高炉冶炼需要的矿石应具有何种高温性能?

1-8 在入炉冶炼前,为什么要对铁矿石进行炼前准备处理,炼前准备处理方法有哪些?

1-9 焙烧的目的是什么?

1-10 叙述选矿的目的及常用的选矿方法。

1-11 烧结生产具有什么意义和作用?

1-12 什么是烧结,烧结矿一般分成哪几种?

1-13 什么是球团矿,它有什么特点?

1-14 高炉冶炼为什么要加入熔剂?

1-15 高炉使用的石灰石应具备哪些质量要求?

1-16 有某一种石灰石,CaO含量为52.3%,SiO_2含量为2.5%,炉渣碱度为1.10。试计算石灰石的有效熔剂性。

1-17　焦炭在高炉冶炼中起什么作用?

1-18　焦炭的工业分析主要有哪几项内容?

1-19　焦炭的物理性质包括哪几项?

1-20　焦炭的化学性质有哪几项?

1-21　喷吹用燃料的种类有哪些?

1-22　型焦生产有哪几种方法?

1-23　什么是生铁,什么是钢,什么是熟铁?

1-24　高炉冶炼的主副产品各有哪些,各有什么用途?

1-25　高炉冶炼技术经济指标有哪些? 结合工厂高炉实际,进行高炉主要技术经济指标计算。

2 高炉冶炼的基本原理

2.1 高炉内氧化物还原的基本理论

炉料中的铁氧化物还原为金属铁,是高炉内主要的化学反应之一,除铁的还原外,还有硅、锰、磷、钛、钒、铬、铜、铅、锌等非铁元素的还原。在高炉冶炼中,铁、磷、锌几乎能全部被还原,硅、锰、钛、钒、铬、铜、铅只能部分被还原,而镁、钙、铝则完全不能被还原。

2.1.1 铁氧化物还原的热力学

金属氧化物的稳定性可以用该氧化物的自由能来表示。以 Me 代表金属,则生成反应的化学通式为:

$$2Me + O_2 = 2MeO \tag{2-1}$$

反应的自由能 ΔG 和标准自由能 $\Delta G^{\ominus}$ 为

$$\Delta G = \Delta G^{\ominus} + RT\ln\frac{1}{p'_{O_2}} \tag{2-2}$$

$$\Delta G^{\ominus} = -RT\ln\frac{1}{p_{O_2}} \tag{2-3}$$

式中 p_{O_2}, p'_{O_2}——分别为反应式 2-1 在一定温度和压力条件下氧气的平衡分压和实际分压。

当 $\Delta G<0$ 时,反应向着生成 MeO 的方向进行;当 $\Delta G>0$ 时,反应向着 MeO 分解的方向进行;当 $\Delta G=0$ 时,反应达到平衡。所以,ΔG 值越小(负的绝对值越大),金属与氧生成金属氧化物的趋势越大,表明金属与氧的亲和力越强,该金属氧化物的稳定性越高,还原就越难;反之,ΔG 值越大(负的绝对值越小),金属与氧生成金属氧化物的趋势越小,金属与氧的亲和力越弱,表明该金属氧化物的稳定性越低,还原就越容易。

金属氧化物的稳定性也可以用该氧化物的分解压力来表示。以 Me 代表金属,则分解反应的化学通式为:

$$2MeO = 2Me + O_2 \tag{2-4}$$

分解反应的平衡常数为

$$K_p = p_{O_2} \tag{2-5}$$

氧化物的分解压越大,说明该金属与氧的亲和力越小,该氧化物 MeO 越不稳定,越容易分解和还原;反之,MeO 越稳定,越不易分解和还原。

若用 B 表示还原剂,则还原反应的通式可表示为:

$$MeO + B = Me + BO \tag{2-6}$$

还原反应进行的条件是:

$$\Delta G_{BO} < \Delta G_{MeO} \quad 或 \quad p_{O_2,BO} < p_{O_2,MeO}$$

凡是对氧的亲和力大于金属与氧的亲和力的物质(B)均可作为还原剂。常用的还原剂有 CO、H_2、固定碳、铝、镁、硅等。

各种氧化物的标准自由能与温度的关系,见图 2-1。由图可以看出,某氧化物的 $\Delta G^{\ominus}$ 曲线愈高,表明该氧化物中的元素与氧的亲和力越小,该氧化合物越不稳定,越容易被还原;反之,该氧化合物越稳定,越不容易被还原。例如,在 1100K 时,各种氧化物被还原的难易程度顺序依次为:Cu_2O、NiO、FeO、Cr_2O_3、MnO、SiO_2、TiO_2、Al_2O_3、MgO、CaO。由此可得出结论:铜、镍比铁容易还原,而锰、硅则比铁难还原。同时,与氧亲和力大的元素可以作还原剂,用于还原与氧亲和力小的元素的氧化物。例如铝就可作为还原钛的还原剂。而生成自由能越小的氧化物中的元素,作为还原剂时其还原能力越强。随着温度的升高,各种氧化物的标准生成自由能变大,即各种元素与氧的亲和力变小,则有利于元素的还原。

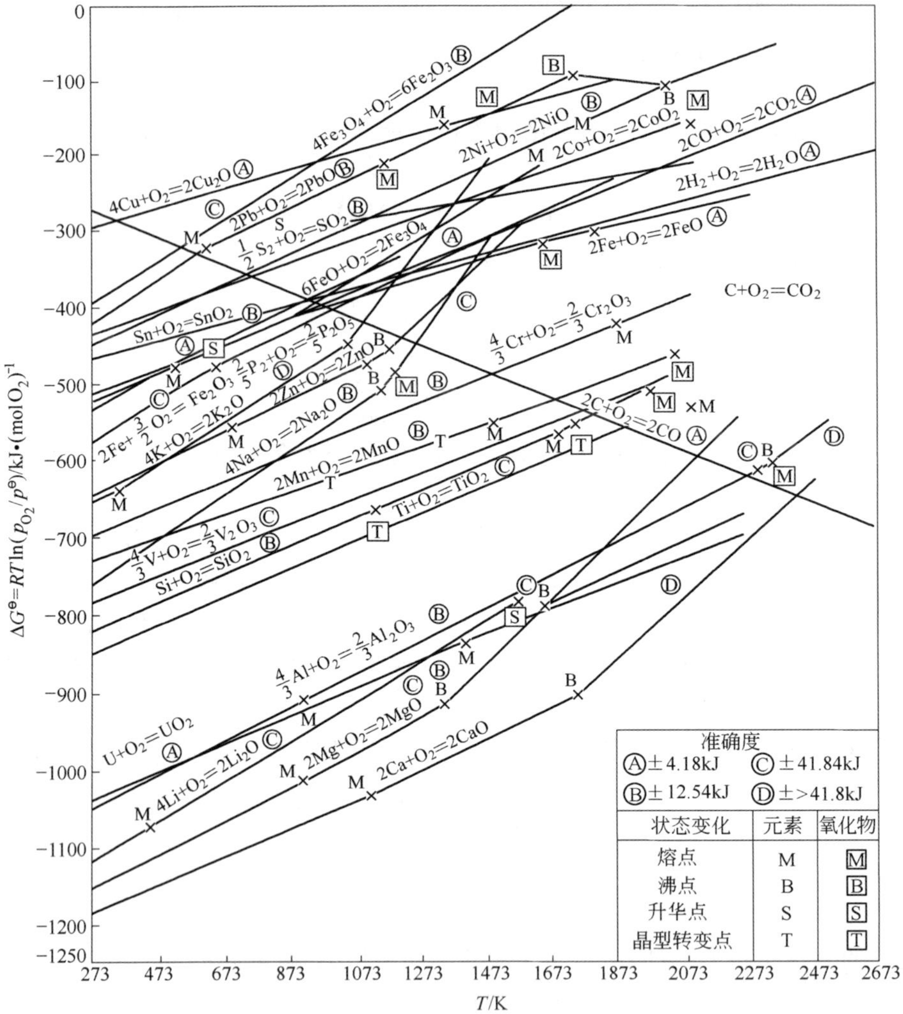

图 2-1　各种氧化物的 $\Delta G^{\ominus}-T$ 图

从图 2-1 还可以看出,除 CO 外,几乎所有其他氧化物的标准生成自由能均随着温度的升高而增加,故其稳定性均随着温度的升高而降低;而 CO 的标准生成自由能是随温度的升高而降低，表明其稳定性随温度的升高而升高；CO 的 $\Delta G^{\ominus}$ 曲线几乎同所有其他氧化物的 $\Delta G^{\ominus}$ 曲线相交，这表明在足够的温度下，碳可以作为几乎所有其他氧化物的还原剂。但是在高炉内，还原区域的温度一般不超过 1773～1873K（1500～1600℃），在这样的温度条件下，CO 的标准生成自由能大大高于 Al_2O_3、MgO 和 CaO 的标准生成自由能，因此 Al_2O_3、MgO 和 CaO 在高炉内不可能被还原，而只能形成炉渣排出炉外。高炉中主要的还原剂为 CO 和 C，其次还有 H_2。从各种氧化物的 $\Delta G^{\ominus}-T$ 图中 CO_2、CO 和 H_2O 的 $\Delta G^{\ominus}$ 曲线与其他氧化物的 $\Delta G^{\ominus}$ 曲线相交时的温度的高低情况，可以大致地判断各种氧化物被 CO、C 和 H_2 还原的先后顺序，同时也可以大致判断在不同的温度条件下，CO、C 和 H_2 还原能力的强弱。

上述判断是根据氧化物的标准生成自由能变化进行的，是指在标准状态下发生的还原反应的情况，即由标准状态下的反应物变为标准状态下的生成物的情况。高炉内实际进行的还原反应要比这复杂得多。

图 2-2 为各种氧化物的 $p_{O_2}-T$ 图。从图 2-2 可以看出，某氧化物的 p_{O_2} 曲线愈高，氧化物的分解压越大，这表明，该氧化物中的元素与氧的亲和力越小，该氧化物越不稳定，越容易被还原；反之，则该氧化物越稳定，越不容易被还原。例如 FeO 的分解压比 MnO 和 SiO_2 的分解压大，所以 FeO 比 MnO 和 SiO_2 易于还原。高价铁氧化物的分解压比低价铁氧化物的分解压大，所以高价铁氧化物比低价铁氧化物容易还原。

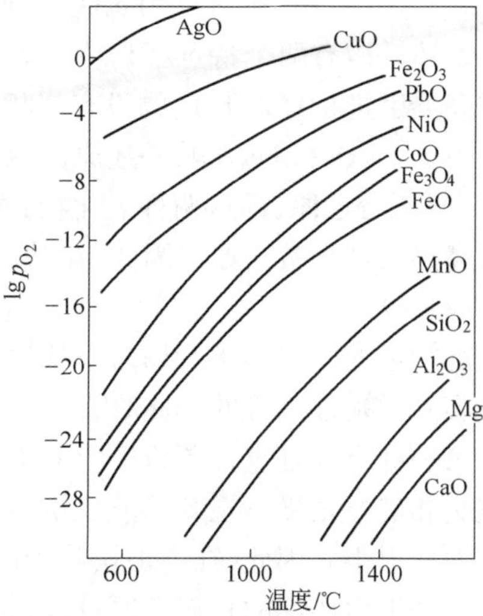

图 2-2 各种氧化物的 $p_{O_2}-T$ 图

铁的氧化物形式很多，这些铁的氧化物的自由能或分解压是不同的，所以稳定性也不同。一般低级氧化物的自由能或分解压较小，而高级氧化物的自由能和分解压较大，所以氧化物的分解顺序是由高级氧化物向低级氧化物转化。还原顺序与分解顺序是相同的，从高级氧化物逐级还原成低级氧化物，最后获得金属。铁氧化物的还原顺序为：

温度高于 570℃时：$Fe_2O_3 \rightarrow Fe_3O_4 \rightarrow FeO \rightarrow Fe$

温度低于 570℃时：$Fe_2O_3 \rightarrow Fe_3O_4 \rightarrow Fe$（FeO 在小于 570℃时不稳定，分解成 Fe_3O_4 和 Fe）

当体系达到平衡时，若温度、压力、浓度等条件发生改变，则平衡发生移动，其移动是向着削弱或消除这些变化的影响的方向进行，或者说是向着反抗外界条件变化的方向进行的。以 $FeO + C = Fe + CO$ 这一反应为例，由于它是吸热反应，因此，若提高温度，则有利于该反应的正向进行；由于它的正向反应因 CO 的生成而为体积增大过程，因此，若提高压力，则反应逆向进行；如果生成的铁能与别的物质形成溶液，则相当于降低了生成物的浓度，因而有利于反应正向进行。

2.1.2 直接还原与间接还原

2.1.2.1 用碳还原铁氧化物

用固定碳作还原剂，最终生成的产物是 CO 的还原反应，称为直接还原。

炉料中的焦炭从炉顶装入后直到风口区域,它始终以固体状态存在,到达风口区才被鼓入的热风燃烧,生成煤气并放出大量的热,提供高炉冶炼所需要的热量,所以焦炭既是还原剂又是发热剂。由于高炉内存在大量焦炭,铁的各级氧化物除了被 CO 和 H_2间接还原外,还被固定碳直接还原。其反应方程式如下:

温度高于 570℃时　$3Fe_2O_3 + C = 2Fe_3O_4 + CO$　$-128636\ kJ$　(2-7)

$Fe_3O_4 + C = 3FeO + CO$　$-186654\ kJ$　(2-8)

$FeO + C = Fe + CO$　$-152161\ kJ$　(2-9)

温度低于 570℃时　$3Fe_2O_3 + C = 2Fe_3O_4 + CO$　$-128636\ kJ$

$Fe_3O_4 + 4C = 3Fe + 4CO$　$-64590\ kJ$　(2-10)

上述反应有两个特点:(1)上述反应均为不可逆反应,而且都是吸热反应,所以反应都是在高温区进行;(2)反应物没有气相成分,反应的产物有气相成分。

由于 Fe_2O_3和 Fe_3O_4较易还原,一般情况下温度达到 800℃以前,炉料中的 Fe_2O_3和 Fe_3O_4均被 CO 充分还原,即这两种氧化物只有间接还原。而 FeO 则一部分被间接还原,另一部分进入高温区被直接还原。因此,在铁的各级氧化物被直接还原的反应中,具有实际意义的只有反应 2-9。

高炉中的焦炭和矿石均为块状物体,在矿石熔化之前,它们之间的接触面积极小,发生反应实际上是很困难的。此时直接还原主要是通过以下三种方式进行:

第一种方式是直接还原反应的主要方式,是通过两对叠加反应实现的。因为装入高炉的焦炭和矿石是极不规则的散状块,它们之间只能在凸出的棱角上成点状接触或线接触,接触的面积很小。因此,在高炉块状带内,固体铁矿石与焦炭接触而发生直接还原的几率是很小的。高炉内实际的直接还原反应,是经过两个步骤完成,借助于两对叠加反应实现的,即 CO 和 H_2的间接还原反应分别与碳的气化反应、碳水反应叠加。这两对叠加反应如下:

CO 间接还原　$FeO + CO = Fe + CO_2$　$+13600\ kJ$　(2-11)

$+\ CO_2 + C = 2CO$　$-165800\ kJ$　(2-12)

$FeO + C = Fe + CO$　$-152200\ kJ$　(2-13)

或者

H_2间接还原　$FeO + H_2 = Fe + H_2O$　$-27700\ kJ$　(2-14)

$+\ H_2O + C = H_2 + CO$　$-124500\ kJ$　(2-15)

$FeO + C = Fe + CO$　$-152200\ kJ$　(2-16)

第二种方式,是在下部高温区液态炉渣中的 FeO 与焦炭之间发生的。炉料进入软熔带后,大量的低熔点化合物被熔化而形成初渣,初渣中的氧化铁含量很高,流经固体焦炭表面,接触条件较好,即发生下述反应:

$$(FeO)_{液} + C = Fe + CO \quad (2-17)$$

第三种方式,是液态炉渣中的 FeO 与渗入铁水中的碳发生直接还原反应:

$$(FeO)_{液} + [Fe_3C]_{液} = 4Fe + CO \quad (2-18)$$

一般来说,入炉矿石中的铁氧化物以间接还原的方式被还原到 FeO 之后,一半以上被 CO 还原,其余熔入渣中,按上述方式被还原出来。由于高炉下部温度高,渣中 FeO 绝大部分能够被还原出来。终渣中的 FeO 含量一般不超过 0.5% ~0.6% ,如果高到 1.0% 以上,则已是高炉失常的表现了。

2.1.2.2 用 CO、H_2 还原铁氧化物

用 CO 或 H_2 作还原剂，最终生成的气体产物是 CO_2 或 H_2O 的还原反应，称为间接还原。

A 用 H_2 还原铁氧化物

当温度高于 570℃时：

$$3F_2O_3+H_2 = 2Fe_3O_4+H_2O \quad +21809\ kJ \tag{2-19}$$

$$Fe_3O_4+H_2 = 3FeO+H_2O \quad -63585\ kJ \tag{2-20}$$

$$FeO+H_2 = Fe+H_2O \quad -27711\ kJ \tag{2-21}$$

当温度低于 570℃时：

$$3F_2O_3+H_2 = 2Fe_3O_4+H_2O \quad +21809kJ$$

$$Fe_3O_4+4H_2 = 3Fe+4H_2O \quad -148100\ kJ \tag{2-22}$$

上述反应的特点是：(1) 除反应 2-19 是放热反应外，其他反应都是吸热反应；(2) 反应 2-19 实际上是不可逆反应，由于 Fe_2O_3 分解压较大，因此即使气相成分几乎都是 H_2O，Fe_3O_4 也不会被氧化；(3) 除反应 2-19 外，其他反应都是可逆反应。这些反应的平衡常数都可以用 H_2O 和 H_2 的平衡分压或 H_2O 和 H_2 的体积分数比来表示，由 $\varphi(H_2O)+\varphi(H_2)=100\%$ 可推导出：

$$K_P=\frac{p_{H_2O}}{p_{H_2}}=\frac{\varphi(H_2O)}{\varphi(H_2)} \tag{2-23}$$

$$\varphi(H_2O)=\frac{100}{1+K_P}=f(T) \tag{2-24}$$

B 用 CO 还原铁氧化物

根据铁氧化物的还原顺序，铁的各级氧化物的还原顺序按下列顺序进行：

当温度高于 570℃时：

$$3Fe_2O_3+CO = 2Fe_3O_4+CO_2 \quad +37130\ kJ \tag{2-25}$$

$$Fe_3O_4+CO = 3FeO+CO_2 \quad -20888\ kJ \tag{2-26}$$

$$FeO+CO = Fe+CO_2 \quad +13604\ kJ \tag{2-27}$$

当温度低于 570℃时：

$$3Fe_2O_3+CO = 2Fe_3O_4+CO_2 \quad +37130\ kJ$$

$$Fe_3O_4+4CO = 3Fe+4CO_2 \quad +4290\ kJ \tag{2-28}$$

上述反应的特点是：(1) 仅反应 2-26 是吸热反应，其余反应均为放热反应；(2) 反应 2-25实际上是不可逆反应，由于 Fe_2O_3 分解压较大，因此即使气相成分几乎都是 CO_2，Fe_3O_4 也不会被氧化；(3) 除反应 2-25 外，其他反应都是可逆反应。这些反应的平衡常数都可以用 CO_2 和 CO 的平衡分压比或 CO_2 和 CO 的体积分数比来表示，由 $\varphi(CO)+\varphi(CO_2)=100\%$ 可推导出：

$$K_P=\frac{p_{CO_2}}{p_{CO}}=\frac{\varphi(CO_2)}{\varphi(CO)} \tag{2-29}$$

$$\varphi(CO)=\frac{100}{1+K_P}=f(T) \tag{2-30}$$

为了保证用 CO 还原铁氧化物的反应向右进行，达到高炉冶炼的目的，必须使用过量的还原剂：

温度高于 570℃时：

$$Fe_3O_4 + n_1CO = 3FeO + (n_1 - 1)CO + CO_2 \quad (2-31)$$

$$FeO + n_2CO = Fe + (n_2 - 1)CO + CO_2 \quad (2-32)$$

温度低于 570℃时：

$$Fe_3O_4 + n_3CO = 3Fe + (n_3 - 4)CO + 4CO_2 \quad (2-33)$$

n 称为过剩系数，其值随温度而变，可由该温度下的可逆反应达到平衡状态时的煤气成分或平衡常数确定：

$$n = 1 + \frac{1}{K_P} = \frac{100}{\varphi(CO_2)} \quad (2-34)$$

为了保证用 H_2 还原铁氧化物的反应向右进行，也必须使用过量的 H_2 来作还原剂：

温度高于 570℃时：

$$Fe_3O_4 + n_4H_2 = 3FeO + (n_4 - 1)H_2 + H_2O \quad (2-35)$$

$$FeO + n_5H_2 = Fe + (n_5 - 1)H_2 + H_2O \quad (2-36)$$

温度低于 570℃时：

$$Fe_3O_4 + n_6H_2 = 3Fe + (n_6 - 4)H_2 + 4H_2O \quad (2-37)$$

$$n = 1 + \frac{1}{K_P} = \frac{100}{\varphi(H_2O)} \quad (2-38)$$

各级铁氧化物在不同温度下，其平衡气相成分是不同的。通过实验室测定或将各种温度下的平衡常数代入式 2-24 和式 2-30，便可计算出各个反应在不同温度下达到平衡时的煤气成分（$\varphi(CO)$、$\varphi(CO_2)$ 或 $\varphi(H_2)$、$\varphi(H_2O)$），而根据这些数据可作出 $\varphi(CO)-T$ 曲线图和 $\varphi(H_2)-T$ 曲线图（图 2-3 和图 2-4）。

根据计算所得或图 2-4 上的平衡气相成分，可以计算出任何温度下的 n 值。例如，在 1000℃用 CO 还原 FeO 得到铁时的平衡气相成分中 CO_2 值为 28.4%（体积分数），则 $n = 100/28.4 = 3.52$。

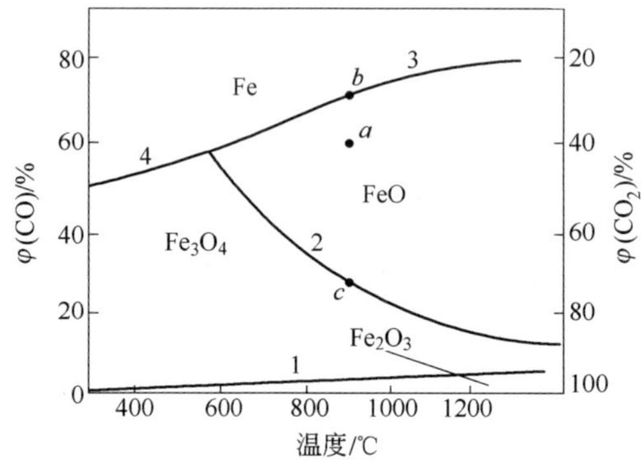

图 2-3　CO 还原铁氧化物气相平衡图

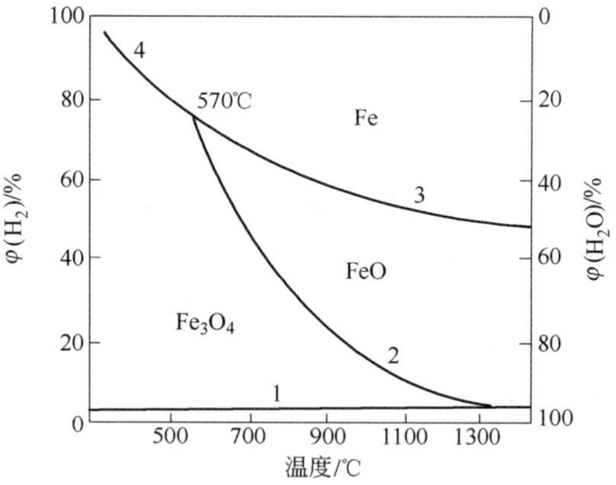

图 2-4　H_2 还原铁氧化物气相平衡图

从图 2-3 可以看出，平衡曲线将图面划分为 Fe_2O_3、Fe_3O_4、FeO 和 Fe 四个稳定区域。每个区域只有该种物质才能稳定存在，其他物质在该区域将被还原或氧化。例如，在气相成分为 $\varphi(CO) = 60\%$ 和 $\varphi(CO_2) = 40\%$ 时，温度为 900℃处（a 点），置入 Fe、FeO、Fe_3O_4，那么，只有 FeO 不发生变化；Fe_3O_4将被还原为 FeO，反应一直进行到气相达到平衡成分（*c* 点），或 Fe_3O_4消失为止；铁将被氧化为 FeO，反应一直进行到气相达到平衡成分（*b* 点）或铁消失为止。图 2-3 中曲线 4、3 和 1 向上倾斜，曲线 2 向下倾斜。用化学平衡原理可很好地解释这一现象：当还原反应为放热反应时，随着温度的升高，反应力求朝着吸热的方向移动，为了达到平衡，就要求气相中 CO 浓度升高，因此平衡曲线就向上倾斜；与此相反，当还原反应是吸热反应时，平衡曲线就向下倾斜。

图 2-4 与图 2-3 相似。所不同的是，图 2-4 中曲线 4、曲线 3 是向下倾斜，很显然系这两个反应均为吸热反应所致。

C 用 CO 和用 H_2还原铁氧化物的比较

用 CO 和用 H_2还原铁氧化物的比较如下：

（1）两者的相同和不同。用 CO 和 H_2还原铁氧化物，两者相同之处是：这些反应都是间接还原反应，不增加也不减少煤气的体积，所以气相压力与反应进行程度无关。用 CO 和 H_2还原铁氧化物，两者不同之处是：CO 还原铁氧化物的反应大多数是放热反应，而 H_2还原铁氧化物大多数是吸热反应，所以提高温度有利于氢还原反应的进行。

（2）两者还原能力比较。为了比较 H_2和 CO 对铁的还原能力，将图 2-3 和图 2-4 合并可得到图 2-5。由图 2-5 中曲线相交的情况可以明显地看出：温度在 810℃时，CO 和 H_2夺氧能力相当；温度高于 810℃时，H_2的夺氧能力大于 CO，而低于 810℃时则相反。

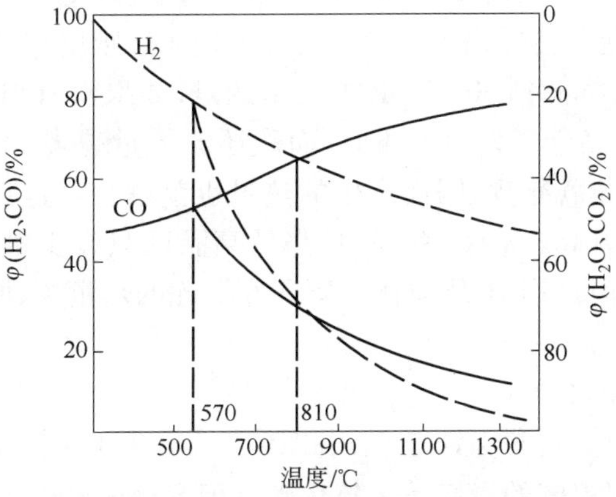

图 2-5 CO、H_2还原能力比较

（3）H_2具有促进和加速 CO 或碳还原反应的作用。在高炉冶炼条件下，用 H_2还原铁氧化物可促进和加速 CO 或碳的还原反应（水煤气反应和碳水反应对还原反应的影响）。因为用 H_2还原铁氧化物时，生成的 H_2O 蒸气会与 CO 和 C 发生水煤气反应和碳水反应，使 H_2O 蒸气变成 H_2继续参加还原反应。如此，H_2在 CO 或 C 还原过程中，会把铁氧化物中夺取的氧转给 CO 或碳，起着媒介传递作用。这种作用可用下述反应表示。

在低温区，H_2还原反应生成的 H_2O 蒸气，可与 CO 发生水煤气反应：

$$FeO+H_2 === Fe+H_2O \qquad -27716\ kJ \qquad (2-39)$$

$$+)\ H_2O+CO === H_2+CO_2（水煤气反应）\ +41324\ kJ \qquad (2-40)$$

$$FeO+CO === Fe+CO_2 \qquad +13607\ kJ \qquad (2-41)$$

在高温区，H_2还原反应生成的 H_2O 蒸气，可与碳发生碳水反应：

$$FeO + H_2 = Fe + H_2O \qquad -27716\ kJ$$

$$+)\ H_2O + C = H_2 + CO（碳水反应） \qquad -124479\ kJ \tag{2-42}$$

$$FeO + C = Fe + CO \qquad -152195\ kJ \tag{2-43}$$

由此可见，H_2除了本身参加还原变为 H_2O 外，还起着从铁氧化物中夺取氧并将氧传递给 CO 和 C 的作用，因而促进和加速了 CO 和碳的还原反应，改善了还原过程，所以 H_2对还原的实际贡献大于炉顶煤气成分计算出的值。生产实践表明，H_2如同 CO 一样，由于在炉内停留时间太短，因此，H_2参加的前述反应也未达到平衡，尤其是在低温区的水煤气反应等更未达到平衡。根据实验测定，在无喷吹的高炉中，总 H_2量的 2/3 起传输氧的作用，1/3 起还原剂作用变为 H_2O 蒸气离开高炉，即 H_2的利用率为 30% 左右。高炉喷吹燃料尤其是喷吹重油或天然气，煤气中 H_2的浓度约有 58%，其利用率提高到 40% ~50%。H_2主要在高温区参加还原反应，其数量约占参加还原 H_2量的 85% ~100%；而直接代替碳还原的 H_2约占参加还原的 H_2量的 80% 以上，另一少部分则代替 CO 还原。需要指出的是：H_2虽然少部分起还原作用，但由于 H_2及 H_2O 蒸气比 CO 和 CO_2的扩散能力强，因此 H_2在夺取氧和传输氧的能力上比较强，起到了促进和加速 CO 或碳还原反应的作用。其次，在喷吹重油和天然气的高炉中，由于 H_2的数量增加，其还原作用是不能忽略的。

根据实验，在 1300℃时，反应式 2-36 的平衡气相中只有 9% 的 H_2O 存在，而在 1200℃时则有 20% 的 H_2O 存在。这说明在 1300℃时，只有 9% 的 H_2参加了还原反应，起了还原剂的作用，而 91% 的 H_2只起了传输氧的作用。在 1200℃时，则增加到 20% 的 H_2起还原剂的作用，而传输氧作用的 H_2降低到 80%。必须指出的是，如果没有 H_2的存在，那么在温度高于 1100℃时，铁氧化物就完全变为用碳还原，而碳还原的量越多，不仅吸热量增加，而且剩余的、到达风口燃烧的碳量就越少，因而产生的热量也就越少。这样必然导致炉温下降，增加焦炭的用量，引起焦比升高。有 H_2存在时，虽然高温区只有少量的 H_2参加了还原反应，但至少代替了一部分碳，而且用 H_2还原比用碳还原消耗的热量少，所以，H_2的存在有利于焦比的降低。

D　CO 和氢的利用率的计算

一氧化碳利用率是衡量高炉炼铁中气固相还原反应中 CO 转化为 CO_2程度的指标，也是衡量高炉间接还原发展程度的指标。一氧化碳利用率用 η_{CO}表示，其值常用小数：

$$\eta_{CO} = 炉顶煤气中\ CO_2\ 含量/炉顶煤气中\ CO\ 和\ CO_2\ 含量总和$$

氢利用率是衡量高炉炼铁中氢参与铁氧化物还原转化为 H_2O 的程度的指标，用 η_{H_2}表示，其值也用小数：

$$\eta_{H_2} = 氢参与间接还原形成的\ H_2O\ 量/（炉顶煤气中\ H_2量 + 还原形成的\ H_2O\ 量）$$

由于还原形成的 H_2O 量无法在炉顶煤气成分分析中测得，所以常用下式计算：

$$\eta_{H_2} = （入炉总\ H_2量 - 炉顶煤气中\ H_2量）/入炉总\ H_2量$$

$$= 1 - （炉顶煤气中\ H_2量/入炉总\ H_2量）$$

高炉炼铁中 η_{CO}和 η_{H_2}由高炉内极易达到平衡的水煤气置换反应紧密联系在一起：

$$氢的间接还原 \qquad FeO + H_2 = Fe + H_2O$$

$$+）水煤气置换反应 \qquad H_2O + CO = H_2 + CO_2$$

$$CO\ 的间接还原 \qquad FeO + CO = Fe + CO_2$$

这样，H_2促进了 CO 的间接还原，从而提高了 η_{CO}；然而在煤气中 CO_2含量超过了水煤气转换反应的平衡值时，多余的 CO_2又会与 H_2反应形成 H_2O 和 CO，这时还原反应又相当于消耗了 H_2：

$$
\begin{array}{rl}
\text{CO 的间接还原} & FeO + CO = Fe + CO_2 \\
+）\text{水煤气置换反应} & CO_2 + H_2 = CO + H_2O \\
\hline
H_2\text{的间接还原} & FeO + H_2 = Fe + H_2O
\end{array}
$$

所以，在高炉炼铁过程中，η_{CO}和 η_{H_2}是相互促进又相互制约的，大量的研究和生产资料的统计结果表明，它们的关系为：

$$\eta_{H_2} = 0.88\eta_{CO} + 0.1 \quad \text{或} \quad \eta_{H_2}/\eta_{CO} = 0.9 \sim 1.1$$

2.1.2.3 碳的气化反应及其对还原反应的影响

A 碳的气化反应

高炉内充满了焦炭，上述还原反应是在有碳存在的情况下进行的。因此，在一定的温度条件下，还原产生的 CO_2将与固定碳发生反应，该反应称为“碳的气化反应”或“碳的溶解损失反应”，即：

$$CO_2 + C = 2CO \qquad -165766\ kJ \tag{2-44}$$

此反应为可逆反应，反应向左进行时，CO 分解析出碳和 CO_2；当反应向右进行时，碳的气化生成 CO。

这个反应不仅是强烈的吸热反应，而且体系的体积发生了变化，因此，外界对反应的平衡状态有影响。例如，反应向右进行时，1mol 的 CO_2体积变为 2 mol 的 CO 体积。所以，它的平衡不仅与气体成分有关，而且还与压力和温度有关。根据化学平衡移动的原理，在一定的压力条件下，当温度升高时，反应向右进行；当温度降低时，反应向左进行。在一定的温度条件下，当压力升高时，反应向左进行；当压力降低时，反应向右进行。但高炉在正常生产时，压力变化很小，对反应影响不大。

B 碳的气化反应对还原反应的影响

碳的气化反应决定着直接还原反应的产生和发展，因而也决定着直接还原反应与间接还原反应区域的划分。把碳的气化反应的平衡气相成分曲线 5 绘入图 2-3 中，得到图 2-6：图中曲线 5 分别与曲线 2、曲线 3 相交于 b 和 a 两点，对应的温度分别为 $t_b = 647℃$ 和 $t_a = 685℃$。从该图可以看出，由于反应体系中有过剩的碳存在，最终的气相成分，总是要达到碳的气化反应平衡曲线上。这必然对铁氧化物还原反应产生影响，碳的气化反应使铁和铁氧化物的稳定存在区域发生变化。在温度高于 685℃ 的区域中，曲线 5 的位置高于曲线 3 和曲线 2，碳的气化反应的平衡气相浓度 $\rho(CO)$ 大于两个反应的平衡气相浓度 $\rho(CO)$（两个反应是 $Fe_3O_4 + CO = 3FeO + CO_2$ 和 $FeO + CO = Fe + CO_2$），因此这两个反应向右进行，直到 Fe_3O_4和 FeO 全部还原为铁为止。所以，这个区域是铁的稳定区域。

在温度小于 647℃ 的区域，曲线 5 的位置低于曲线 4、曲线 3、曲线 2，与温度高于 685℃ 的情况正好相反，因此，曲线 4、曲线 3、曲线 2 所表示的三个反应向左进行，直至铁和 FeO 全部氧化成 Fe_3O_4为止，所以，这个区域是 Fe_3O_4的稳定区域。

在 647 ~ 685℃ 之间的区域，曲线 5 的位置高于曲线 2，低于曲线 3，因此，曲线 2 表示的反应向右进行，曲线 3 表示的反应向左进行，直至铁被氧化为 FeO，Fe_3O_4被还原为 FeO 为

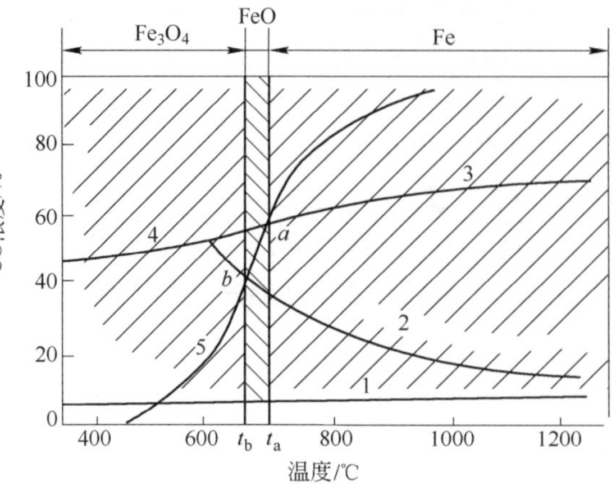

图 2-6　碳的气化反应对还原反应的影响

止。所以,647～685℃之间的区域是 FeO 的稳定区域。

上述分析说明,碳的气化反应既影响着间接还原反应,又影响着直接还原反应。它对直接还原反应的影响是:使固体矿石与焦炭能很好地进行还原反应,从而促进了直接还原反应。它对间接还原反应的影响是:使间接还原反应转变为直接还原反应,改变了间接还原铁氧化物的稳定区域(图 2-3),使之成为以温度为界限的三个稳定区域(图 2-6)。从图 2-6 中的三个稳定区域可以得出一个结论:间接还原铁氧化物,小于 685℃,不能还原出铁,只有大于 685℃,才能还原出铁。但是,此结论与高炉冶炼过程的实际情况不符,在高炉中低于 685℃的低温区域实际上早已经有铁还原出来,而且根据计算,被还原的铁中有 40%～60%是间接还原出来的。出现理论与实际不符的原因是:该结论的得出是以体系中的碳的气化反应达到平衡为假设条件的,而实际中高炉内的碳的气化反应只在温度较高的燃烧区才会达到平衡,而高炉绝大部分区域的碳的气化反应都不能达到平衡,实际高炉煤气的 CO 浓度远远高于碳的气化反应平衡时的 CO 的浓度。因为高炉内煤气只停留数秒钟,高温下碳的气化反应进行得非常快,数秒即可达到平衡,但是,低温下高炉内碳的气化反应特别是 CO 的分解反应进行得很缓慢,达到平衡所需要的时间很长,有的甚至需要几十小时,反应才能达到平衡。多年来高炉的生产实践证明了这一点。图 2-7 是高炉煤气中 CO、CO_2 含量与温度关系图。由图可以看出,在 700℃以下的低温区高炉内实际煤气成分和碳的气化反应平衡时的成分相差甚大,煤气中 CO_2 含量比平衡含量低,CO 含量则高得多;而且,由于操作条件不同,高炉煤气与碳的气化反应平衡气相成分差别也大。一般情况下,焦比高的高炉如首钢高炉、本钢高炉等,在 700～1000℃范围内的煤气成分接近于反

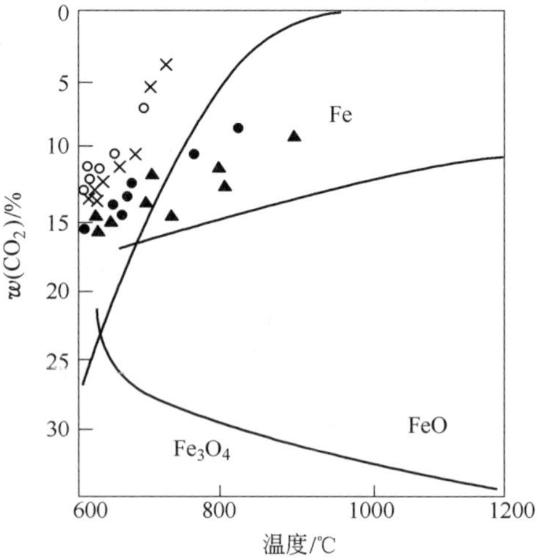

图 2-7　煤气成分与温度的关系

▲—鞍钢(喷油);○—鞍钢;×—本钢;●—首钢

应 $CO_2 + C = 2CO$ 的平衡成分；而焦比低的高炉如鞍钢高炉，在此温度范围内，煤气成分接近于 $FeO + CO = Fe + CO_2$ 的平衡成分。

根据实验，碳的气化反应的逆反应，即 CO 的分解反应在没有催化剂存在时，反应速度极慢，几乎不能进行，有催化剂存在时，也要在 400～600℃的条件下才能进行。高炉中刚还原出的铁能起催化剂的作用，使 CO 分解反应发生。但 CO 分解时有炭黑析出。炭黑的颗粒极细，黏附在矿石上能还原铁氧化物，其反应如下：

$$2CO \xlongequal{\quad} C_{黑} + CO_2 \tag{2-45}$$

$$+)\ FeO + C_{黑} \xlongequal{\quad} Fe + CO \tag{2-46}$$

$$FeO + CO \xlongequal{\quad} Fe + CO_2 \tag{2-47}$$

由叠加结果看出，CO 的分解反应又转化为间接还原反应。不难发现，炭黑也只是参与反应，实际消耗的还原剂仍然是 CO。由于炭黑的还原速度极低，故对还原反应影响很小。但炭黑在炉衬上的不断沉积，会导致炉墙胀裂而破坏炉墙的整体结构。

2.1.2.4　直接还原与间接还原的比较

A　直接还原与间接还原的区别

直接还原反应与间接还原反应的区别，在于还原生成的气相产物 CO_2 是否与焦炭中的碳发生反应：生成的 CO_2 不与碳发生气化反应的，是间接还原反应；生成的 CO_2 与碳发生气化反应的，是直接还原反应。

B　直接还原与间接还原的主要特点和差别

直接还原与间接还原的主要特点与差别如下：

（1）直接还原的还原剂为固定碳（气体产物为 CO），而间接还原的还原剂为 CO 和 H_2（气体产物为 CO_2 和 H_2O）；

（2）直接还原为强吸热反应，而间接还原为放热反应或弱吸热反应；

（3）直接还原发生在高温区，而间接还原发生在中低温区：

（4）直接还原时，一个碳原子可以夺取氧化物中一个氧原子；而间接还原时，却要有过量的 CO 和 H_2。

C　直接还原与间接还原在高炉中的分布

直接还原和间接还原在高炉内的分布，取决于高炉内炉温的分布和焦炭的反应性。前已述及，焦炭的气化反应在 800℃左右开始进行，而在 1100℃左右剧烈进行，这时平衡气相中 CO_2 和 H_2O 的含量极少；直接还原进行的温度范围与碳的气化反应发生的温度范围是一致的。因此，高炉内直接还原和间接还原的分布情况，可以大致地用图 2-8 表示：在温度低于 800℃的区域Ⅰ内，几乎全部为间接还原，称为间接还原区；在温度为 800～1100℃的区域Ⅱ内，间接还原和直接还原并存，称为混合还原区；在温度高于 1100℃的区域Ⅲ内，几乎全部是直接还原，称为直接还原区。

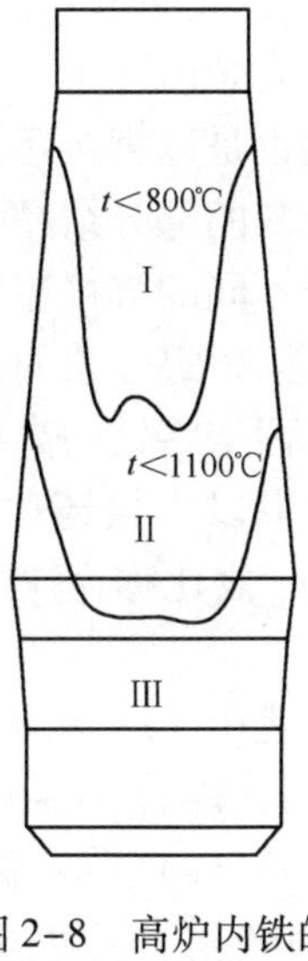

图 2-8　高炉内铁的还原区分布示意图

不难理解，铁矿石在炉内进行间接还原的程度，取决于铁矿石在间接还原区域内停留的时间和间接还原的速度。显然，在间接还原区域内停留的时间越长和间接还原的速度越快,则铁矿石间接还原的程度就越高,直接还原的程度就越低;反之则相反。而铁矿石在间接还原区域停留的时间取决于炉料下降速度和间接还原区域的大小(即高度),间接还原的速度取决于铁矿石本身的性质和煤气的性质。

铁氧化物由 Fe_2O_3 还原到 FeO 是比较容易的,正常情况下在高炉上部就可完成,即全部为间接还原。但从 FeO 还原为 Fe,在高炉上部不能全部完成。因为矿石的还原是由表层向内部逐步进行的,所以在间接还原区,矿石外层被还原了,但其内部还原就不易。这不仅是因为煤气不容易到达矿石内部,还在于矿石内部的温度不够高。矿石内部未被还原的氧化铁随炉料下降进入下部的直接还原区,所以矿石中的氧化铁总有一部分是直接还原的。此外,由于成渣过程的进行,总有一部分 FeO 进入渣中,液体炉渣下降较快,也必然会有一部分 FeO 进入高温区发生直接还原反应。

由于间接还原生成的气体产物 CO_2 进入煤气,因此,在石灰石用量不变的情况下,可根据煤气中 CO_2 的含量来判断煤气化学能的利用和间接还原发展的程度。

在高炉中进行间接还原和直接还原的区域并非是固定不变的。由于不同的高炉操作者操作方法的不同,会引起上述两个区域的上下波动,因此高炉操作人员的中心任务就在于力求控制高温区不使其上移,以减少直接还原的发生,而发展间接还原。高炉炉温下降,无非是供热不足,或者耗热增多。不管哪种原因引起高炉下部直接还原增多,都必然导致 CO 利用不好,增加热量的支出和固定碳的消耗,最终结果使炉温下降或焦比升高。在目前的生产条件下,发展间接还原仍然是降低焦比的有力措施之一。

D　直接还原度和间接还原度的概念及其计算

高炉中大多数间接还原反应都是可逆的,并且气相成分中要保持一定量的 CO,也就是说需要过量的还原剂才能保证反应的进行,但间接还原反应是放热反应,消耗热量较少。直接还原反应是不可逆的,不需要过量的还原剂,但直接还原反应是吸热反应,消耗热量较多。那么,两种反应到底哪种反应消耗的碳较少,在高炉内应该发展哪一种反应更好呢? 为便于讨论,这里首先引进一个新的概念——直接还原度和间接还原度。

高炉内除了一部分铁氧化物是通过直接还原方式还原出来的以外,还有硅、锰、硫、磷等元素也是以直接还原的方式还原出来的。另外,高炉内一部分碳酸盐分解产生的 CO_2 和炉料带入的部分结晶水也同时被碳还原出来,应该说这些反应也是直接还原。这里就产生了两个不同的直接还原度的概念,即高炉内的直接还原度和铁的直接还原度。前者包括铁、锰、硅、磷等元素的直接还原,而后者仅指铁的直接还原。

假定将铁的高级氧化物(Fe_2O_3、Fe_3O_4)还原到低级氧化物(FeO)全部是间接还原,则 FeO 中以直接还原的方式还原出来的铁量 $m(Fe)_{直}$ 与铁氧化物中还原出来的总铁量 $m(Fe)_{还}$ 之比称为铁的直接还原度,用下式表示:

$$r_d = m(Fe)_{直}/m(Fe)_{还} = m(Fe)_{直}/(m(Fe)_{生铁} - m(Fe)_{炉料}) \tag{2-48}$$

式中　r_d——铁的直接还原度,%;

$m(Fe)_{直}$——从 FeO 中直接还原的铁量,也就是高炉内用碳直接还原的铁量,kg/kg - Fe;

$m(Fe)_{还}$——高炉内还原的总铁量,为直接还原和间接还原的铁量之和,kg/kg - Fe;

$m(Fe)_{生铁}$——生铁中的铁量,kg/kg - Fe;

$m(Fe)_{炉料}$——炉料带入的金属铁量,kg/kg - Fe。

相应的铁的间接还原度 r_i 为： $$r_i = 1 - r_d \tag{2-49}$$

铁的直接还原度也可以通过下面方法计算：

因为 $$m(Fe)_{还} = m(Fe)_{直} + m(Fe)_{CO} + m(Fe)_{H_2} \tag{2-50}$$

所以 $$r_d = 1 - r_{CO} - r_{H_2} = 1 - \frac{m(Fe)_{CO} + m(Fe)_{H_2}}{m(Fe)_{还}} \tag{2-51}$$

式中 r_{CO}——用 CO 还原铁的间接还原度，%；

r_{H_2}——用 H_2 还原铁的间接还原度，%；

$m(Fe)_{CO}$——用 CO 间接还原的铁量；

$m(Fe)_{H_2}$——用 H_2 间接还原的铁量。

（1）r_{CO} 的计算公式

$$r_{CO} = \frac{\frac{56}{12}\left(\sum m(C) \times \frac{m(CO_2)}{\varphi(CO_2) + \varphi(CO) + \varphi(CH_4)} - \frac{12m(CO_2)_{(熔+挥)}}{44} - \frac{12m(Fe_2O_3)}{160} - \frac{12m(MnO_2)}{87}\right)}{m(Fe)_{生铁} - m(Fe)_{炉料}} \tag{2-52}$$

式中 $\Sigma m(C) = m(C)_{焦} + m(C)_{油} + m(C)_{煤} + m(C)_{料} + m(C)_{熔} + m(C)_{挥} - m(C)_{铁} - m(C)_{尘}$——冶炼 1t 生铁炉中的碳量；

分子——冶炼 1t 生铁从 FeO 中用 CO 间接还原的铁量，kg/t；

分母——冶炼 1t 生铁还原出来的总铁量，kg/t；

$\varphi(CO_2)$、$\varphi(CO)$、$\varphi(CH_4)$——高炉炉顶煤气中相应成分的含量，%；

$m(CO_2)_{(熔+挥)}$——冶炼 1t 生铁熔剂焦炭挥发分中的 CO_2 重量，kg/t；

$m(Fe_2O_3)$——冶炼 1t 生铁的炉料带入的 Fe_2O_3 的重量，kg/t；

$m(MnO_2)$——冶炼 1t 生铁的炉料带入的 MnO_2 的重量，kg/t。

（2）r_{H_2} 的计算

$$r_{H_2} = \frac{m(Fe)_{H_2}}{m(Fe)_{生} - m(Fe)_{料}} \times a = \frac{\frac{56}{2}m(H_2)_{还}}{m(Fe)_{生} - m(Fe)_{料}} \times a \tag{2-53}$$

式中 a——在高炉下部参与还原 FeO 的 H_2 的百分量（不包括还原 Fe_2O_3 到 FeO 百分量，此值一般为 0.85 ~ 1.0）；

$m(Fe)_{H_2}$——高炉内被 H_2 还原的铁量，kg/t；

$m(H_2)_{还}$——参加还原反应的全 H_2 量，kg/t：

$$m(H_2)_{还} = m(H_2)_{全} - m(H_2)_{煤}$$

$m(H_2)_{全}$，$m(H_2)_{煤}$——分别为入炉 H_2 的总量和高炉煤气中的 H_2 量，kg/t。

当炉顶煤气成分等未知时，r_{H_2} 可通过下式计算：

$$r_{H_2} = \frac{\frac{56}{2}\left[m(H_2)_{燃} + \frac{2}{18}\left(m(H_2O)_{风} + m(H_2O)_{喷}\right)\right] \times \eta_{H_2}}{m(Fe)_{生} - m(Fe)_{料}} \times a \tag{2-54}$$

式中 $m(H_2)_{燃}$——各种燃料带入的 H_2 量，kg/t；

$m(H_2O)_{风} + m(H_2O)_{喷}$——鼓风及喷吹物中的含水量，kg/t；

η_{H_2}——H_2 在高炉内的利用率，一般约为 30% ~ 50%。

(3) r_d的计算

$$r_d = 1 - r_{CO} - r_{H_2} \tag{2-55}$$

式中 r_{CO},r_{H_2}意义及计算方法同前。

计算直接还原度(r_d)可用于配料计算、求理论焦比等,对设计高炉、分析高炉生产情况,特别是对降低燃料消耗都是很重要的。根据计算,我国部分高炉的铁的直接还原度(r_d)多在0.4～0.5之间。

E 直接还原和间接还原对焦比的影响

在高炉冶炼过程中,燃料的燃烧不仅为高炉的冶炼过程提供了热能,同时燃烧生成的CO又是冶炼过程的还原剂。因此,如何控制各类还原反应来改善燃料燃烧后的热能和化学能的利用,就成了降低碳消耗的关键。

不同还原条件下碳的热能和化学能的消耗是不一样的。CO间接还原多数是放热反应,因而热量消耗少。有人认为高炉内应全部发展间接还原,此时焦比可达到最低。直接还原是吸热反应,要消耗大量的热,但还原同量的铁作为还原剂所耗的碳比间接还原少,由此又有人主张高炉内应该全部发展直接还原。这两种观点都是比较片面的。理论和实践证明,高炉内的最低碳消耗不是全部直接还原,也不是全部间接还原,而是在两者合适比例的情况下获得的。

以上观点可通过直接还原、间接还原对碳的消耗的计算得到进一步的证实。

a 还原消耗的碳量计算(以1 t生铁为单位进行计算)

(1) 直接还原铁所消耗的碳量。由反应: $FeO + C = Fe + CO$,有

$$m(C)_d = \frac{12}{56} r_d m(Fe) = 0.214 r_d m(Fe) \tag{2-56}$$

式中 $m(C)_d$——直接还原1t生铁所消耗的碳量,kg/t;

56——铁的相对原子质量;

12——碳的相对原子质量;

r_d——铁的直接还原度,%;

$m(Fe)$——生铁中的铁量,kg/t。

(2) 间接还原铁所消耗的碳还原剂的量。前面已经讲过,$3Fe_2O_3 + CO = 2Fe_3O_4 + CO_2$可以认为是不可逆反应,在高炉条件下均能满足,所以不予讨论。而对于Fe_3O_4和FeO,在用CO还原时,必须保持较高的CO含量,以维持平衡时的(CO_2/CO)的比值。于是,在风口区燃烧产生的煤气,在上升过程中应该按顺序完成下列两个可逆反应,即:

$$FeO + n_1 CO \rightleftharpoons Fe + CO_2 + (n_1 - 1)CO \tag{2-57}$$

在平衡条件下: $k_{P1} = \frac{\varphi(CO_2)}{\varphi(CO)} = \frac{1}{n_1 - 1}$

n_1随温度不同而变化。如在630℃平衡气相中$\varphi(CO_2)$为43%,由此可得

$$n_1 = 1 + \frac{1}{k_{P1}} = 1 + \frac{\varphi(CO)}{\varphi(CO_2)} = 1 + \frac{57}{43} = 2.33$$

即在630℃的平衡条件下,还原1mol铁需要2.33mol的CO。由此可得,从FeO中还原出1 kg铁所需碳量为:

$$n_1 \times 56/12 = 2.33 \times 0.214 = 0.4986\ \text{kg}$$

生成的 $CO_2+(n_1-1)CO$ 在上升过程中，必须保证把 Fe_3O_4 还原成 FeO，即：

$$\frac{1}{3}Fe_3O_4+CO_2+(n_1-1)CO = FeO+\frac{4}{3}CO_2+\left(n_1-\frac{4}{3}\right)CO \tag{2-58}$$

在平衡条件下：

$$k_{P_2}=\frac{\varphi(CO_2)}{\varphi(CO)}=\frac{\frac{4}{3}}{n_1-\frac{4}{3}}$$

为表示出还原 Fe_3O_4 的过量系数与还原 FeO 的过量系数的区别，将式中 n_1 改写成 n_2，即：

$$k_{P_2}=\frac{\varphi(CO_2)}{\varphi(CO)}=\frac{\frac{4}{3}}{n_2-\frac{4}{3}}$$

整理得：

$$n_2=\frac{4}{3}\left(\frac{1}{k_{P_2}}+1\right)$$

煤气在同时保证两个可逆反应时，n 值需同时满足 n_1 和 n_2，即选取其中最大值。按 Fe-O-C 体系平衡气相组成与温度关系，可求出铁氧化物间接还原所需的过量还原剂 n_1 和 n_2 的值(见表 2-1)。

表 2-1　不同温度下 CO 过量系数

n 值 \ 温度/℃	600	700	800	900	1000	1100	1200
n_1	2.12	2.5	2.88	3.17	3.52	3.82	4.12
n_2	2.42	2.06	1.85	1.72	1.62	1.55	1.50

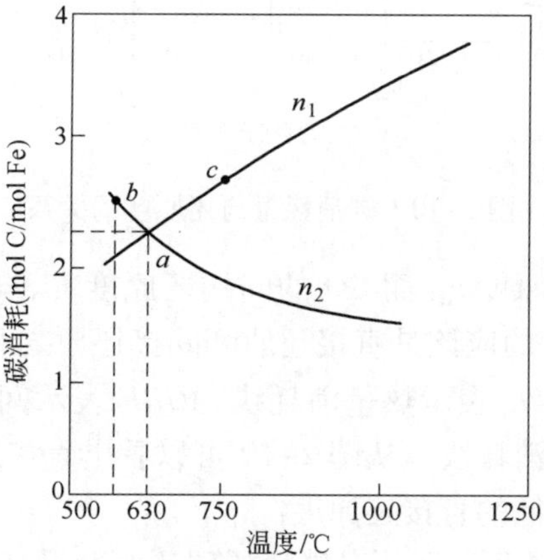

图 2-9　CO 还原铁氧化物 n 值与温度的关系

将数值绘成图 2-9，比较 FeO 和 Fe_3O_4 还原反应可知，FeO 的还原反应是放热；所以 n_1 随温度升高而上升；而 Fe_3O_4 的还原反应是吸热，所以 n_2 随温度升高而下降。若同时保证两个反应，应取其中最大值。由于高炉内还原 FeO 到 Fe 后的煤气总是能保证 Fe_3O_4 还原到

FeO，即 $n_1 > n_2$，所以最低的还原剂消耗量是由 n_1 决定的。从图 2-9 可见，630℃时，$n_1 = n_2 = 2.33$，从而可计算出间接还原时还原剂的最小消耗量为：

$$m(C)_i = \frac{12}{56} \times 2.33 \times (1 - r_d) m(Fe) = 0.4986(1 - r_d) m(Fe) \qquad (2-59)$$

式中　$m(C)_i$——间接还原 1 t 生铁消耗的碳量，kg/t。

所以，从还原剂消耗角度看，还原 1 t 生铁，全部直接还原所需要的碳量比全部间接还原所消耗的碳量要少。

b　作为发热剂消耗的碳量

从反应式 2-9 和式 2-27 可以看出，每还原 1 kg 铁，以直接还原的形式进行时，消耗的热量为 152161/56 = 2718 kJ；而以间接还原形式进行时，放出的热量为 13604/56 = 243 kJ。两者的绝对值相差 10 倍以上。所以从热量需要来看，间接还原是有利于节约碳的。

c　降低碳量消耗的分析

为了进一步说明问题，用上面的全部直接还原和全部间接还原消耗的碳还原剂量的计算式，求出不同直接还原度的焦炭量消耗，绘出了碳量消耗与直接还原度的关系，如图 2-10 所示。

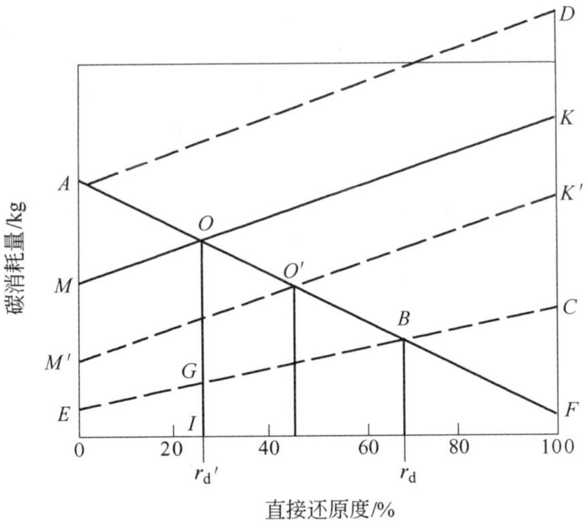

图 2-10　碳消耗量与还原度的关系

图中横坐标表示直接还原度 r_d，而 CO 的间接还原度 $r_{CO} = 1 - r_d$。在考虑有氢还原度时，要扣除 r_{H_2}，横坐标上表示的应该是直接还原和间接还原之和而不是 100%。图中纵坐标表示碳消耗。*MOK*、*AD*、*M′O′K′* 表示热量消耗线，*AOBF* 表示间接还原铁碳量消耗线，*EGBC* 表示直接还原铁碳还原剂量消耗线。从图 2-10 可以看出直接还原度对碳消耗的影响。

（1）碳还原剂量消耗最低的直接还原度。

图 2-10 中，*AOO′BF* 线是间接还原时消耗的碳还原剂量，*CBGE* 为直接还原时消耗的碳还原剂量，两者相交于 *B* 点。直接还原和间接还原这两种还原的发展，其碳消耗不是两者之和，而是取两者中的大值。在 *B* 点右侧，还原剂的碳消耗应该是 *BC* 线，当氧化铁直接还原时，放出的 CO 可以满足间接还原需要的碳量。在 *B* 点左侧，还原剂消耗应该是 *AOB* 线。例如间接还原消耗碳为 *OI*，直接还原消耗碳为 *GI*。实际上间接还原所消耗的 CO 已由 *GI* 直

接还原产生的CO供给了一部分，若再补充 *OG* 部分的碳即可满足全部间接还原需要的碳量。因此 *O* 点还原剂的碳量不是（*OI* + *GI*）之和，而是 *OI*。总的还原剂碳消耗应该是 *AOBC*，很明显，*B* 点为碳还原剂量消耗最低时的直接还原度，*B* 点的 r_d 值约为70%。根据计算，这一点碳消耗比还原 Fe_2O_3 最低碳还低。这在高炉条件下是难以做到的，只有在电炉熔炼中才能达到。

高炉在一定的冶炼条件下，*AOBC* 线基本是稳定的，当熔剂量变动以及喷吹 C/H_2 比高的燃料时，此线略有变动。

（2）适宜直接还原度和最低碳消耗。

高炉内碳消耗既要满足还原，又要保证热量的需要。但总的碳消耗不是还原剂、发热剂两者碳消耗的总和，而是其中的大者。正如前指出的，碳燃烧时，既放出热量，又供给还原剂。因此，高炉冶炼单位生铁，总碳消耗将沿图2-10中 *AOK* 线变化，低于此线将炼不出铁，在 *O* 点的右侧，*OK* 线以下，热量供应不足；在 *O* 点的左侧，低于 *AO* 线，作为还原剂的碳就缺少了。作为还原剂和发热剂碳消耗两条线的交点 *O* 应该是理论最低焦比（或燃料比）。与此点相对应的直接还原度称为适宜的直接还原度（r'_d），达到此点是我们所要努力的方向。

（3）适宜的直接还原度也随热量消耗的增减而变动。

热量消耗线 *MOK* 是随单位生铁消耗热量的多少而变动的。高炉热量消耗大，*MOK* 线就向上移动，此时碳消耗也高，r'_d 随之向左移动，当热量消耗增加，*MOK* 线移动到 *A* 点成 *AD* 线时，$r'_d=0$，达到100%间接还原的所谓“理想行程”，这时的碳消耗是该条件下最低的，但仍然是很大的。反之，如 *MOK* 线移动到 *M′O′K′* 线，则说明高炉热量消耗减少，r'_d 也随之增加，但碳消耗却随之而下降。

（4）直接还原度有待降低。

从图2-10看出，在当前高炉冶炼条件下，适宜的直接还原度 r'_d 在0.2～0.3范围内，而我国高炉实际的直接还原度 $r_{d实}$ 一般都在0.4～0.5左右，有的大高炉大于0.5。一些喷吹燃料的高炉 $r_{d实}$ 为0.35～0.4。小高炉较矮，直接还原区相对要发展一些，因此 $r_{d实}$ 较高，可达到0.55～0.6。由此可以看出，当前实际直接还原度 $r_{d实}$ 与适宜的直接还原度 r'_d 还相差很远。

F 降低焦比的基本途径

高炉生产要想降低焦比，可从降低高炉热量消耗和减少高炉直接还原度，或高炉增加非焦炭的热量和碳量以代替焦炭所提供的热量和碳等几个方面着手。下面来分析一下降低焦比的基本途径。

a 降低热量消耗

高炉内的热量消耗主要有下列几项：

（1）直接还原（包括铁、锰、硅、磷等）吸热；

（2）碳酸盐分解吸热；

（3）水分蒸发、化合水分解，H_2O 在高温区与碳发生反应吸热；

（4）脱硫吸热；

（5）炉渣、生铁、煤气带出炉外的热量；

（6）冷却水和高炉炉体散热。

从上述各项可以看出：降低热量消耗的（1）项是降低直接还原度的问题；（3）项中主要

是化合水分解吸热，可通过炉外焙烧消除；(5)项的铁水带出炉外的热量是必需的，煤气量少和热交换好时，炉顶温度低，煤气带出炉外的热量就少；反之，炉顶温度高，煤气带出炉外的热量就多。所以，要降低煤气带出炉外的热量，就要降低煤气量和改善炉内的热交换。(6)项冷却水带走和炉体散热是一项损失，一般来说，它的数值是一定的。因此，当产量提高时，单位生铁的热损失就会降低，反之则升高，所以它只与产量有关。决定其他各项消耗热量多少的关键是原料性能，例如，降低焦炭的灰分和含硫量，提高矿石品位，采用高碱度烧结矿等，少加或不加熔剂，降低渣量，从而能降低碳酸盐分解吸热和炉渣带出炉外的热量。

b　降低直接还原度

降低直接还原度，包括改善 CO 的间接还原和 H_2 的还原，主要措施有：改善矿石的还原性；控制高炉内煤气流的合理分布，改善煤气能量利用；高炉综合喷吹（喷吹燃料配合富氧鼓风等），以及喷吹高温还原性气体等。

c　增加非焦炭的热量和碳量收入

高炉增加非焦炭的热量和碳量的措施主要有提高风温和喷吹燃料等。目前国内外为了降低焦比而采取的精料、高风温、富氧鼓风、喷吹燃料等技术措施，都是基于上述几条基本途径。

2.1.3　铁的复杂化合物与非铁元素的还原

2.1.3.1　铁的复杂化合物的还原

高炉炉料中的铁氧化物常与其他氧化物结合成复杂的化合物，例如烧结矿中的硅酸铁（$n\text{FeO}\cdot m\text{SiO}_2$），熔剂性烧结矿中的铁酸盐（$n\text{CaO}\cdot m\text{Fe}_2\text{O}_3$），钒钛磁铁矿中的钛铁矿（$\text{FeO}\cdot\text{TiO}_2$）等。这些复杂氧化物的还原首先必须分解成自由的铁氧化物，而后再被还原剂所还原，因此还原就比较困难，常常会消耗更多的燃料。

A　硅酸铁的还原

高炉原料中常含有一部分硅酸铁（Fe_2SiO_4），这种硅酸铁中的铁氧化物的还原，首先需要分解成自由的铁氧化物，而后再被还原剂所还原。但是由于硅酸铁的结构比较致密，还原性差，用 CO 或 H_2 还原时，要达到900℃左右时才能开始，而且还原速度很慢，基本上都是直接还原。其反应式为：

当用 CO 还原时：

$$\text{Fe}_2\text{SiO}_4 = 2\text{FeO} + \text{SiO}_2 \qquad -47520\ \text{kJ} \tag{2-60}$$

$$+)\ 2\text{FeO} + 2\text{CO} = 2\text{Fe} + 2\text{CO}_2 \qquad +27214\ \text{kJ} \tag{2-61}$$

$$\text{Fe}_2\text{SiO}_4 + 2\text{CO} = 2\text{Fe} + \text{SiO}_2 + 2\text{CO}_2 \qquad -20306\ \text{kJ} \tag{2-62}$$

当有固定碳存在时：

$$\text{Fe}_2\text{SiO}_4 = 2\text{FeO} + \text{SiO}_2 \qquad -47520\ \text{kJ}$$

$$2\text{FeO} + 2\text{CO} = 2\text{Fe} + 2\text{CO}_2 \qquad +27214\ \text{kJ}$$

$$+)\ 2\text{CO}_2 + 2\text{C} = 4\text{CO} \qquad -331595\ \text{kJ} \tag{2-63}$$

$$\text{Fe}_2\text{SiO}_4 + 2\text{C} = 2\text{Fe} + \text{SiO}_2 + 2\text{CO} \qquad -351900\ \text{kJ} \tag{2-64}$$

比较反应式 2-9 和反应式 2-64 的热效应可知，从硅酸铁中还原 FeO 比还原自由的 FeO 要多消耗热量 419 kJ/kg。

硅酸盐的熔点低，流动性好，如果未被充分预热和还原就被熔化，则流入炉缸后就进入炉渣。由于炉渣中 CaO 的存在，而 CaO 与 SiO_2的结合力比与 FeO 的结合力大，能将其置换出来，于是还原反应式变为：

$$Fe_2SiO_4 + 2CaO = 2FeO + Ca_2SiO_4 \quad +91858\ kJ \tag{2-65}$$

$$2FeO + 2CO = 2Fe + 2CO_2 \quad +27214\ kJ \tag{2-66}$$

$$+)\ 2CO_2 + 2C = 4CO \quad -331595\ kJ$$

$$Fe_2SiO_4 + 2CaO + 2C = 2Fe + Ca_2SiO_4 + 2CO \quad -212522\ kJ \tag{2-67}$$

可见，有 CaO 存在时，还原 Fe_2SiO_4的热量消耗有所降低。但由于这种还原是在炉缸中进行的，要消耗炉缸中的热量，会使炉缸温度降低。所以，高炉冶炼不希望使用含 Fe_2SiO_4高的原料。特别是一些中小高炉，由于风温不高，炉缸热储备少，炉渣中过多的 Fe_2SiO_4还会造成"凉炉"和炉况不顺，以及生铁含硫升高等现象。如果使用较高碱度的烧结矿、球团矿，或者采用高风温和碱性渣操作等，都有利于 Fe_2SiO_4的还原。

B 钛磁铁矿中铁的还原

我国钛磁铁矿蕴藏丰富，它的复合氧化物一般以钛铁矿 $FeTiO_3$、钛铁晶石 $2FeO \cdot TiO_2$ 和钛磁铁矿 $Fe_3O_4 \cdot TiO_2$的形态居多。

实验室研究结果表明，温度在 400℃时，用 CO、H_2还原钛磁铁矿粉末，有少量的铁被还原出来；在 900℃时，用纯 CO 可以还原出 95%以上的铁；如果单用 H_2还原，则可以还原出更多的铁。

钛磁铁矿中铁的还原一般都在 900℃以上区域内进行。它通过固定碳直接还原，其反应式为：

$$FeTiO_3 = FeO + TiO_2 \quad -33494\ kJ \tag{2-68}$$

$$FeO + CO = Fe + CO_2 \quad +13607\ kJ \tag{2-69}$$

$$+)\ CO_2 + C = 2CO \quad -165797\ kJ \tag{2-70}$$

$$FeTiO_3 + C = Fe + TiO_2 + CO \quad -185684\ kJ \tag{2-71}$$

或者：

$$FeTiO_3 = FeO + TiO_2 \quad -33494\ kJ$$

$$FeO + H_2 = Fe + H_2O \quad +27717\ kJ \tag{2-72}$$

$$+)\ H_2O + C = H_2 + CO \quad -179907\ kJ \tag{2-73}$$

$$FeTiO_3 + C = Fe + TiO_2 + CO \quad -185684\ kJ$$

考虑到钛磁铁矿难还原以及高炉冶炼的特点和要求，当前我国一些工厂在冶炼钒钛磁铁矿时都是通过选矿、烧结后使用，以改进钛磁铁矿的冶炼性能，而不是直接入炉进行冶炼。

2.1.3.2 非铁元素的还原

高炉内除铁元素外，还有硅、锰、磷等其他元素的还原。根据各氧化物的分解压的大小，可知铜、砷、钴、镍等最易还原，在高炉内几乎全部被还原；锰、钒、硅、钛等较难还原，只有部分被还原进入生铁。

A 硅的还原

硅在自然界中以 SiO_2的形态存在，高炉中的硅主要来自矿石和焦炭。SiO_2是较稳定的化合物，它的生成热很大：

$$Si + O_2 = SiO_2 \qquad +116580\ kJ \tag{2-74}$$

此反应分解压很小，比 MnO 还小，故 SiO_2 很难还原。根据热力学的计算，SiO_2 用 CO 还原，需要 1800℃以上的高温才能进行，显然高炉条件下用 CO 和 H_2 还原 SiO_2 是不可能的。在液体状态下用固定碳还原也需要在 1700℃以上的高温，并且吸收大量的热，其反应为：

$$SiO_2 + 2C = Si + 2CO \qquad -628277\ kJ \tag{2-75}$$

从 SiO 中还原 1 kg 硅需要的热量是从 FeO 中还原 1 kg 铁的 8 倍，是从 MnO 中还原1 kg 锰的 4 倍，所以硅的还原耗热量较大。硅的还原过程是按 $SiO_2 \rightarrow SiO \rightarrow Si$ 的顺序逐级进行的，而还原的中间产物 SiO 的蒸气压比 Si 和 SiO_2 的蒸气压都大，在 1890℃时达到 98kPa，所以它在还原过程中极易挥发成为气体。气体 SiO 在上升过程中和焦炭接触并与其发生反应，使硅还原过程中分为两步进行。这就促进了硅的还原：

$$SiO_2 + C = SiO + CO \tag{2-76}$$

$$SiO + C = Si + CO \tag{2-77}$$

而已被还原出来的硅又促进了还原反应的进行：

$$SiO_2 + Si = 2SiO \tag{2-78}$$

$$\underline{+)2SiO + 2C = 2Si + 2CO} \tag{2-79}$$

$$SiO_2 + 2C = Si + 2CO \tag{2-80}$$

未还原的 SiO 在高炉上部重新氧化，凝结成白色的 SiO_2 微粒，部分随煤气逸出，部分随炉料下降。实践和研究证明，冶炼硅铁时，其挥发量可达到 10% ~25% 。在高炉中，由于炉渣中的 SiO_2 常与 CaO、MgO 等结合成为复杂化合物，使 SiO_2 的还原变得更加困难。但是高炉冶炼条件下仍然有大量的硅还原进入生铁，这主要是因为在高炉冶炼的条件下存在着有利于硅还原的条件：

首先，在风口燃烧带，焦炭燃烧产生灰分，灰分中的 SiO_2 在高温条件下还原产生 SiO：

$$SiO_2 + C = SiO + CO \tag{2-81}$$

由于气态的 SiO 与焦炭接触良好，因而促进了硅的还原：

$$SiO_{气} + C = Si + CO \tag{2-82}$$

另外，风口前气化产生的 SiO 在上升过程中与下降的铁水接触，被铁水中的碳所还原，还原产生的硅很容易进入生铁：

$$SiO_{气} + [C] = [Si] + CO \tag{2-83}$$

其次，由于铁的存在，还原产生的硅溶解于生铁中，形成稳定的 Fe－Si 化合物 FeSi、Fe_3Si、$FeSi_2$ 等，同时放出热量，抵消了部分热量消耗，有利于硅的还原。例如形成稳定的化合物 FeSi：

$$SiO_2 + 2C + Fe = FeSi + 2CO \tag{2-84}$$

总的来说，气态的 SiO 在上升过程中与碳反应发生的还原是硅还原的主要途径。通常用生铁中的含硅量来表示炉温。这是因为硅无论从液态中还原还是从气态中还原，都需要很高的温度，炉缸温度越高，还原进入生铁的硅越多；反之，生铁中的含硅量就越少。生产统计结果表明，炉缸温度（渣铁温度）与生铁含硅量成直线关系，因此，生铁含硅量成为炉温的标志。

B　锰的还原

锰是高炉冶炼经常遇到的金属，又是贵重元素。高炉中的锰主要由锰矿带入，有的铁矿石中亦含有少量的锰。

高炉内锰氧化物的还原也是从高价向低价逐级进行的，顺序为：$MnO_2 \rightarrow Mn_2O_3 \rightarrow Mn_3O_4 \rightarrow MnO \rightarrow Mn$，失氧量分别为：25.0%、33.3%、50.0%、100.0%。用气体还原剂（CO、H_2）很容易把高价锰的氧化物还原成氧化锰（MnO），反应式如下：

$$2MnO_2 + CO = Mn_2O_3 + CO_2 \quad +226191\ kJ \tag{2-85}$$

$$3Mn_2O_3 + CO = 2Mn_3O_4 + CO_2 \quad +170203\ kJ \tag{2-86}$$

$$Mn_3O_4 + CO = 3MnO + CO_2 \quad +51906\ kJ \tag{2-87}$$

$$MnO + CO = Mn + CO_2 \quad -121585\ kJ \tag{2-88}$$

上述反应式2-86和反应式2-87几乎是不可逆的，很容易进行。而反应式2-88是可逆的。MnO是相当稳定的化合物，它的分解压力比FeO小得多。在1400℃的条件下，用H_2还原，平衡气相中只有0.16%的H_2O，用CO还原则只有0.03%的CO_2。由此可见高炉内的MnO不可能由间接还原获得，只能靠直接还原取得。

MnO的直接还原也是通过气相进行的：

$$MnO + CO = Mn + CO_2 \quad -121585\ kJ$$

$$+)\ CO_2 + C_{焦} = 2CO \quad -165965\ kJ \tag{2-89}$$

$$MnO + C_{焦} = Mn + CO \quad -287550\ kJ \tag{2-90}$$

当温度为1100～1200℃时，锰的高级氧化物已还原到MnO，而MnO未开始还原就与脉石中的SiO_2组成硅酸盐进入熔融的炉渣。含MnO的炉渣熔点很低，1150～1200℃即可熔化，因此绝大部分锰是从液态初渣中以直接还原的形式还原出来的。

由于MnO在炉渣中大部分以硅酸锰的形态存在，因此更难还原，要求还原温度在1400～1500℃以上。所以，高温是还原锰的首要条件。从MnO中还原1 kg锰所需要的热量为287550/55 = 5228 kJ，它比从FeO中还原1 kg铁所需要的热量大一倍。

高炉内也存在有利于锰还原的条件，这就是锰能溶于铁水中，有助于MnO还原的顺利进行。实验证明，当有铁存在时，MnO在1030℃就开始还原。其次，高炉中有大量碳存在，同时，Mn_3C中的碳能强烈地从MnO中还原出锰。最后，高炉渣中含有大量的CaO，也能促进MnO的还原，反应式如下：

$$MnSiO_3 + CaO = CaSiO_3 + MnO \quad +59023\ kJ \tag{2-91}$$

$$+)\ MnO + C_{焦} = Mn + CO \quad -287550\ kJ \tag{2-92}$$

$$MnSiO_3 + CaO + C_{焦} = Mn + CaSiO_3 + CO \quad -228527\ kJ \tag{2-93}$$

这是因为CaO与SiO_2的亲和力较MnO与SiO_2的亲和力强，CaO把MnO从硅酸盐中转换出来，从而增加了MnO的浓度，促进其还原。同时，还原反应的吸热量减少，所以高碱度炉渣也是锰还原的重要条件。

锰在高炉内有部分挥发，它到上部又被氧化成Mn_3O_4。在冶炼普通生铁时，有40%～60%的锰进入生铁，有5%～10%的锰挥发进入煤气，其余的进入炉渣。

高炉在冶炼炼钢用生铁时，一般不考虑锰还原量的多少；而在冶炼锰铁时则应考虑。高炉冶炼锰铁时应注意的几点问题如下：

（1）锰矿中含锰量要高，含铁量要低，磷、硫、SiO_2等含量越低越好：这样才能炼出高品位（$w(Mn) > 70\%$）的锰铁。

（2）高风温和富氧鼓风：由于锰还原耗热大，其焦比比冶炼普通生铁高1.5～2.0倍，甚至更高。提高风温和富氧鼓风可以提高炉温，同时还可降低焦比，而且使高炉下部热量充足，有利于锰的还原。所以提高炉缸温度是改善锰还原条件的最有力的措施。

(3) 选择合理的造渣制度：炼锰铁时炉渣中含 MnO 为 8% ~13%，有时高达 20%。为提高回收率，可适当加些萤石，或把 MgO 含量提高到 10%左右，均能收到较好的效果。

(4) 减少锰的挥发：即炉温控制适当，$w[Si]=0.7\%\sim1.0\%$，太低则炉温不足，不利于锰的还原；太高则锰挥发太多，回收率也低，且增加了煤气的清洗难度。煤气分布以中心气流发展形式较好，既可保护炉墙，改善煤气利用，又可活跃炉缸中心。

(5) 保持适量的铁水：当有铁水存在时，还原出的锰立即溶于铁水中，使反应 $MnO + C = Mn + CO$ 的还原产物锰的浓度降低，促使反应向右进行，增加锰的还原数量。但冶炼锰铁时，要求合金中锰含量要高，若铁水量过多，会使合金含锰量降低，所以只能保持适量的铁水。

C　磷的还原

冶炼制钢生铁时，生铁中的磷可作为炼钢过程中的发热剂；冶炼铸造生铁时，生铁中的磷能改善铸造铁的流动性，有利于提高浇注质量。但生铁含[P]过高时，会使钢、生铁发生冷脆，此外还会延长炼钢时间，降低炉龄和产量，所以生铁中的含[P]量应控制在国家规定的标准范围内。磷在炉料中主要以磷酸钙（$(CaO)_3 \cdot P_2O_5$）和蓝铁矿（$(FeO)_3 \cdot P_2O_5 \cdot 8H_2O$）的形态存在。磷酸钙在 1200 ~1500℃被碳还原，其反应式为：

$$(CaO)_3 \cdot P_2O_5 + 5C = 3CaO + 2P + 5CO \qquad (2\text{-}94)$$

在有 SiO_2 存在时，可加速磷酸钙的还原：

$$2[(CaO)_3 \cdot P_2O_5] + 3SiO_2 = 3[(CaO)_2 \cdot SiO_2] + 2P_2O_5 \qquad (2\text{-}95)$$

$$+)\ 2P_2O_5 + 10C = 4P + 10CO \qquad (2\text{-}96)$$

$$2[(CaO)_3 \cdot P_2O_5] + 3SiO_2 + 10C = 3[(CaO)_2 \cdot SiO_2] + 4P + 10CO \qquad (2\text{-}97)$$

还原出来的磷与铁结合生成 Fe_3P 和 Fe_2P 等化合物并放出热量，因此有铁存在时，也有利于磷的还原。

蓝铁矿脱水后比较容易还原，在 900℃时用 CO 作还原剂（用 H_2 则为 700℃），磷就可以还原出来，到 1100 ~1300℃时，还原进行得很完全。

高炉冶炼普通生铁时，炉料中的磷几乎全部还原进入生铁中。磷在铁中是有害元素，高炉要冶炼低磷生铁，最好采用含磷低的原料或熟料。

D　硫的还原

高炉内的硫主要来自矿石、石灰石、焦炭等炉料中，矿石和石灰石中的硫主要以黄铁矿（FeS_2）和硫酸盐（$CaSO_4$）等形式存在，酸性烧结矿、球团矿中主要为 FeS_2，自熔性烧结矿和球团矿中还有 CaS。焦炭中的硫包括有机硫、硫化物和硫酸盐，后两者存在于灰分中。焦炭中的硫是高炉内硫的主要来源。

炉料在下降过程中，焦炭含硫逐渐减少，到达风口时约有 1/4 已气化，其余的在风口前燃烧生成 SO_2 进入煤气。煤气中的硫大部分为 H_2S，小部分以其他形式存在。

煤气上升途中经过滴落带、软熔带和块状带，所含的硫大部分又被渣、铁和炉料所吸收，在炉内形成硫的循环。小部分硫随煤气逸出炉外，少部分进入铁中以[FeS]的形式存在，部分以(CaS)的形式进入渣中。

E 铅、锌、砷的还原

铅在炉料中常以 $PbSO_4$、PbS 等形式存在。铅是易还原的金属,在高炉内可以被全部还原:

$$PbSO_4 + Fe + 4C = FeS + 4CO + Pb \tag{2-98}$$

PbS 也可借助 CaO 置换出来,生成 PbO,再被 CO 还原:

$$PbO + CO = Pb + CO_2 \tag{2-99}$$

还原出来的铅不溶于生铁,而且密度大于铁,熔点亦低,下沉炉底,渗入砖缝,破坏炉底。铅的熔点为 327℃,到 1550℃可以沸腾。在高炉的条件下,部分铅挥发上升,而后又被氧化,随炉料下降,再次被还原,在炉内形成循环富集。

锌在矿石中以 ZnS 状态存在,有时也以碳酸盐或硅酸盐状态存在。

ZnS 能借助铁的作用而得到还原,ZnS 也可被 CO、H_2、碳所还原。还原的锌很易挥发,挥发的锌到高炉上部,被 CO_2或 H_2O 重新氧化成为 ZnO,部分 ZnO 被煤气带出炉外;部分随炉料下降,再被还原在炉内循环富集;部分锌蒸汽渗入炉衬,在炉衬中冷凝,并被氧化成 ZnO,体积膨胀,破坏炉墙。凝结在炉墙内壁上的 ZnO 若长久地聚集,则易形成炉瘤。

砷(As)是有害元素,它能降低生铁和钢的性能,使钢冷脆,特别能降低钢材的焊接性能。砷易还原进入生铁。

当高炉使用含铅、锌、砷的炉料时,一般都先在炉外进行氯化焙烧,把锌、铅、砷等回收后,再进行高炉冶炼。

2.1.4 还原反应动力学

2.1.4.1 铁矿石的还原机理

所谓铁矿石的还原机理,就是对铁矿石的还原过程进行的微观解释,即关于铁矿石在还原过程中铁氧化物的氧是怎样被还原剂夺走和这种还原过程的快慢受哪些因素限制等问题的理论说明。它是解决反应速度问题的主要理论依据。

A 吸附自动催化理论

吸附自动催化理论认为,还原反应是在固体氧化物表面上进行的。首先还原剂吸附在固体氧化物的表面,经过界面反应,从氧化物晶格中夺取氧,最后反应的产物从固体表面脱附。进行界面反应的动力是还原剂对氧的亲和力。这一过程可以用下式表示:

CO 吸附在固体氧化物的表面

$$FeO_{固} + CO_{气} = FeO_{固} \cdot CO_{吸附} \tag{2-100}$$

在界面上进行反应

$$FeO_{固} \cdot CO_{吸附} = Fe_{固} \cdot CO_{2吸附} \tag{2-101}$$

反应的产物从固体表面脱附

$$Fe_{固} \cdot CO_{2吸附} = Fe_{固} + CO_{2气} \tag{2-102}$$

总的结果是:

$$FeO + CO_{气} = Fe + CO_{2气} \tag{2-103}$$

整个反应由吸附扩散、界面反应和脱附扩散等步骤组成,其中最慢的一步就是反应的限制环节。界面反应过程中,会出现反应速度由缓慢到加快的自动催化的现象。

这一理论较圆满地解释了还原反应的吸附特性，但还不能全面解释整个反应过程。

B　固相扩散理论

固相扩散理论的要点是，铁氧化物在还原过程中，反应层内有 FeO、铁等原子或离子的固相扩散，从而使固体内部没有被还原的部分裸露出来，促使反应不断进行。它实际上是吸附自动催化理论的补充和发展。

C　未反应核模型理论

未反应核模型理论较全面地解释了铁氧化物的整个还原过程，是目前得到公认的理论。这种理论的要点是：由于铁氧化物有从高价到低价逐级还原的特点，当一个铁矿石颗粒还原到一定程度后，外部就形成了多孔的还原产物层——铁的壳层，而内部还有一个未反应的核心。随着反应的推进，这个未反应核心逐渐缩小，直到完全消失。整个反应过程按以下顺序进行：气体还原剂的外扩散→气体还原剂的内扩散→气体还原剂的吸附→界面化学反应→反应产物氧化性气体脱附→反应产物氧化性气体内扩散→反应产物氧化性气体外扩散，如图 2-11 所示。气体在固体还原产物层内扩散时，铁、FeO 等原子和离子的固相扩散可能同时存在；而界面反应时，具有吸附自动催化特性。还原过程的各个阶段中，最慢的一步将是还原反应的限制性环节。

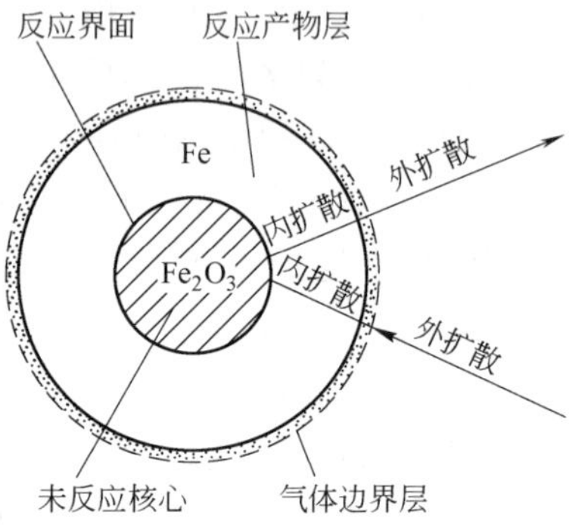

图 2-11　矿石未反应核模型示意图

2.1.4.2　铁氧化物的还原速度

由还原机理可以看出，铁氧化物的还原速度取决于扩散和化学反应两个环节中最慢的一步，至于哪一步最慢，又取决于还原的条件。当扩散过程是还原过程中最慢的环节时，还原反应速度就取决于扩散速度，这称为处于“扩散速度范围”；当化学反应过程是最慢的环节时，还原速度就决定于化学反应速度，这称为处于“化学反应速度范围”。此外，当扩散速度与化学反应速度相近时，则还原速度既取决于扩散速度，又取决于化学反应速度，就称为处于中间速度范围（或过渡速度范围）。

在扩散速度范围内，只有当气体还原剂分子与被还原铁氧化物固体接触时，反应才有可能发生，还原反应速度取决于内扩散速度和外扩散速度，包括还原剂气体分子穿过在矿石表面的气体薄膜层和已还原的固体产物层的速度，以及气体产物离开反应面的内扩散速度和外扩散速度。

在化学反应范围内，反应速度也是变化的，如图 2-12 所示。当还原开始时，新相核生成有困难，反应速度很慢，称为诱导期（Ⅰ），这段时间的长短主要与矿物的性质和表面晶格缺陷的多少有关；在一定数量的新相金属铁生成后，由于新相晶格与旧相晶格不一致，引起晶格歪扭，新、旧相界面不断扩大，继续反应生成的产物就在原相的基础上长大，不需要新相核，这样反应变得容易多了，反应明显加快，速度也愈来愈快，并达到最大值，此期间称为加速期（Ⅱ），也叫自动催化期，而催化剂是还原出来的金属铁；各晶核发展出来的反应界面达到最大值后，导致了向缩小的方向发展，使反应速度逐渐下降，把反应速度最大值以后这段时间称为前沿汇合期（Ⅲ）。从图 2-12 的分析看出：铁氧化物还原速度主要取决于新相核形成的难易和新相生成的自动催化作用。还原速度最大值出现的早晚与温度有关,随着温度的升高,反应速度加快,达到最大值的时间缩短。

理论研究和实践表明,在高温下,还原反应容易处于扩散速度范围内;而在低温下,容易处于化学反应速度范围内。随着温度的升高,还原反应的化学反应速度和扩散速度均会增加,但前者比后者增加得更快。因此,在高温下,扩散速度通常是控制环节。

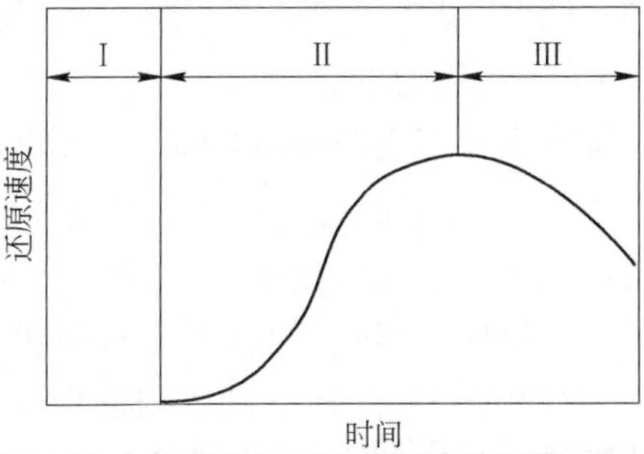

图 2-12 氧化铁还原速度变化特性

总的看来,高炉内大部分区域温度较高,而矿石粒度一般都较大,因此铁矿石被气体还原剂还原的过程主要处于扩散速度范围;同时由于高炉内煤气流速很快,致使气体边界层非常薄,因而还原速度主要的限制环节为内扩散。所以,任何能改善矿石内扩散条件的措施,比如使用具有高孔隙度的烧结矿、球团矿和适当减小矿石粒度等,都能有效地提高还原速度。

2.1.4.3 影响铁矿石还原反应速度的因素

高炉内铁矿石还原过程的快慢,主要取决于煤气流和矿石的特性。煤气流的特性主要是指煤气的温度、压力、流速和成分等,而矿石的特性主要是指矿石的粒度、孔隙度和矿物的组成等。

A 煤气的特性

a 煤气中 CO 和 H_2浓度的影响。

提高煤气中 CO 和 H_2的浓度,既可以提高还原过程中的内外扩散的速度,又可提高其化学反应速度,从而加快铁矿石的还原。实验结果表明:铁矿石的还原速度随着煤气中 CO 和 H_2浓度的增加而增加,随 CO_2和 H_2O 的浓度的增加而减慢。这是因为煤气中 CO 和 H_2浓度的增加,必然要增加它们与固体氧化物接触的机会,从而加快内外扩散的速度和表面反应的速度,加快铁矿石的还原。反之,CO_2和 H_2O 的浓度的增加,不仅冲淡了煤气中的还原剂浓度,而且必然要促进逆反应的进行,阻碍还原过程,从而减慢还原速度。从热力学条件来说,煤气中 CO 和 H_2的浓度必须高于还原温度下的平衡浓度,还原才能进行。而 CO 和 H_2的浓度愈高,煤气的还原能力愈强,还原速度也愈快。

b 煤气温度的影响。

随着温度的升高,界面化学反应速度和扩散速度随温度的升高而加快。因此,高温对加速铁矿石的还原有利,尤其是扩大 800 ~ 1000℃的间接还原区,对加速高炉内的还原过程是关键。从分子运动理论的观点来看,这是因为高温下分子运动剧烈,增加了氧化物分子与还原剂碰撞的机会,同时,高温下活化分子数目增加,促进还原反应进行。

c 煤气流速的影响。

当反应处于外部扩散速度范围时,提高煤气的流速对加快还原速度是非常有利的。这是因为提高煤气流速,有利于冲散固体氧化物周围阻碍还原剂扩散的气体薄膜层,使还原剂直接到达氧化物的表面。但是,当气流速度提高到一定程度后(即超过临界速度),气体薄膜层被完全冲走,随即反应速度受内扩散速度或界面反应速度的控制,此时进一步提高煤气流速就不再起加快还原速度的作用,而高炉内部的煤气流速远超过临界速度,所以煤气速度对炉内矿石还原过程没有影响。相反,由于煤气流速过快而使煤气利用率变坏,对高炉冶炼不利。因此,煤气流速必须控制在适当的水平上。

d　煤气压力的影响。

提高煤气压力阻碍碳熔损反应,使其平衡逆向移动,提高气相中 CO_2 消失的温度。这就相当于扩大了间接还原区,对加快还原过程是有利的。同时,从分子运动理论的观点来看,提高煤气压力使气体密度增大,增加了单位时间内与矿石表面碰撞的还原剂分子数,从而加快了还原反应。但是,随着压力的提高,还原速度并不成比例地增加。这是因为提高压力以后,还原产物 CO_2 和 H_2O 的吸附能力也随之增加,阻碍还原剂的扩散。同时,由于碳熔损反应的平衡逆向移动,气相中的 CO_2 浓度增加,更接近 CO 间接还原的平衡组成,这些对铁氧化物的还原是不利的。因此,提高压力对加快还原的作用是不明显的,提高压力的主要意义在于降低压差,改善高炉顺行,为强化高炉冶炼提供可能性。

B　矿石的特性

a　矿石粒度的影响。

同一重量的矿石,粒度愈小,与煤气的接触面积愈大,煤气利用率愈高。而对每一个矿粒来说,在表面被还原的金属铁层厚度相同的情况下,粒度愈小,相对还原度愈大。因此,缩小粒度能提高单位时间内的相对还原度,从而加快矿石的还原速度。同时,缩小矿石粒度,就缩短了扩散行程和减少了扩散阻力,从而加快了还原反应的进行。但是,粒度缩小到一定程度以后,固体内部的扩散阻力愈来愈小,最后由扩散速度范围转入到化学反应速度范围。此时进一步缩小矿石粒度也就不再起加快还原的作用,这一粒度称为临界粒度。高炉条件下的临界粒度为 3 ~5 mm。另外,粒度过小,还会恶化炉内料柱的透气性,不利于还原反应。

对大中型高炉来说,比较合适的矿石粒度范围应是 10 ~25 mm,对难还原的磁铁矿和小高炉来说,粒度就应更小一些。

b　矿石的孔隙度。

矿石的孔隙度是影响其还原性的主要因素之一。孔隙度大且分布均匀的矿石还原性好,因为孔隙度大,矿石与煤气接触的面积大,同时,也减少了矿石内部气体的扩散阻力。

各种矿石的还原性由高到低的顺序是:球团矿→褐铁矿→烧结矿→菱铁矿→赤铁矿→磁铁矿。

磁铁矿的结构最致密,还原性最差;赤铁矿的氧化度高,组织比较疏松,还原成 Fe_3O_4 时有显微气孔出现,因此比磁铁矿有较好的还原性;褐铁矿和菱铁矿的还原性都较好,是因为加热时放出 CO_2 和 H_2O,使矿石出现了许多气孔,有利于还原剂与还原产物的扩散。烧结矿由于烧结条件的不同,其还原性也不一样。它的还原性决定于孔隙度的大小,氧化度的高低和硅酸铁的多少,熔剂性烧结矿一般比赤铁矿好,但有时也有比磁铁矿差的。

c　矿石的矿物组成。

组成矿石的矿物中,硅酸铁是影响还原性的主要因素,铁以硅酸铁的形态存在时就难还原。烧结矿中 FeO 高,硅酸铁也高,因此较难还原。球团矿一般都在氧化气氛中焙烧,所以 FeO 比较少,还原性好。熔剂性烧结矿之所以还原性好,是因为 CaO 对 SiO_2 的亲和力比 FeO 对 SiO_2 的亲和力大,它能分离硅酸铁,减少烧结矿中硅酸铁的含量。

2.2 高炉炉渣

2.2.1 高炉炉渣的成分和作用

高炉冶炼不仅要求还原出金属铁,而且还要求未被还原的硅、钙、镁、铝、钛等元素的氧化物以及金属硫化物形成炉渣,使铁与炉渣熔化。

2.2.1.1 炉渣的主要成分

炉渣的主要成分是SiO_2、Al_2O_3、CaO、MgO,它们主要来自以下几个方面:(1)矿石中的脉石;(2)燃料(焦炭)灰分;(3)熔剂氧化物;(4)侵蚀的炉衬;(5)初渣中含有大量矿石中的氧化物(如FeO、MnO等)。对炉渣性质起决定性作用的是前三项。

脉石和灰分的主要成分是酸性氧化物SiO_2和Al_2O_3,而碱性氧化物CaO和MgO的含量很少。为了保证形成良好的炉渣,就需要加入一定量的含CaO、MgO高的碱性熔剂(石灰石、白云石)。这些氧化物单独存在时熔点都很高,高炉条件下不能熔化(例如SiO_2、Al_2O_3、CaO、MgO的熔点分别是:1713℃、2050℃、2570℃、2800℃),只有它们之间相互作用形成低熔点化合物,才能熔化成具有良好流动性的熔渣。原料中加入熔剂的目的就是为了中和脉石和灰分中的酸性氧化物,形成高炉条件下能熔化并自由流动的低熔点化合物。炉渣的主要成分就是上述4种氧化物。

用特殊矿石冶炼时,根据不同的矿石种类,炉渣中还会有CaF_2、TiO_2、BaO、MnO等氧化物。另外,高炉渣中总是含有少量的FeO和硫化物(CaS)。

2.2.1.2 炉渣的碱度

炉渣的碱度就是用来表示炉渣酸碱性质的指标。尽管炉渣的氧化物种类很多,但对炉渣影响较大和炉渣中含量最多的是CaO、MgO、SiO_2、Al_2O_3这四种氧化物,因此通常用其中的碱性氧化物CaO、MgO和酸性氧化物SiO_2、Al_2O_3的质量分数之比来表示炉渣碱度,常用的有以下几种:

(1) 二元碱度 $R = w(CaO)/w(SiO_2)$

(2) 三元碱度 $R = (w(CaO) + w(MgO))/w(SiO_2)$

(3) 四元碱度 $R = (w(CaO) + w(MgO))/(w(SiO_2) + w(Al_2O_3))$

高炉生产中,可根据各自炉渣成分的特点选择一种最简单又具有代表性的表示方法。渣的碱度在一定程度上决定了其熔化温度、黏度及黏度随温度变化的特征,以及其脱硫和排碱能力等。因此碱度是非常重要的代表炉渣成分的实用性很强的参数。现场常用二元碱度($R = w(CaO)/w(SiO_2)$)作为炉渣参数。

炉渣按成分不同可分为碱性氧化物和酸性氧化物两大类。现代炉渣理论认为熔融炉渣是由离子组成的。熔融炉渣中能提供氧离子的氧化物,称为碱性氧化物;反之,能吸收氧离子的氧化物,称为酸性氧化物;有些既能提供氧离子又能吸收氧离子的氧化物,则称为中性氧化物或两性氧化物。组成炉渣的各种氧化物按其碱性的强弱排列如下:

$K_2O \rightarrow Na_2O \rightarrow BaO \rightarrow PbO \rightarrow CaO \rightarrow MnO \rightarrow FeO \rightarrow ZnO \rightarrow MgO \rightarrow CaF_2 \rightarrow Fe_2O_3 \rightarrow Al_2O_3 \rightarrow TiO_2 \rightarrow SiO_2 \rightarrow P_2O_5$

其中，CaF_2以前可视为碱性氧化物，Fe_2O_3、Al_2O_3可视为中性氧化物，而 TiO_2、SiO_2、P_2O_5为酸性氧化物。碱性氧化物可与酸性氧化物结合形成盐类，如 $CaO \cdot SiO_2$、$2FeO \cdot SiO_2$等，并且酸碱性相距越大，结合力就越强。以碱性氧化物为主的炉渣称为碱性炉渣，以酸性氧化物为主的炉渣称为酸性炉渣。生产中常把二元碱度 $w(CaO)/w(SiO_2) > 1.0$ 的渣称为碱性渣，把 $w(CaO)/w(SiO_2) < 1.0$ 的渣称为酸性渣，把 $w(CaO)/w(SiO_2) = 1.0$ 的渣称为中性渣。

在黏度－温度曲线上无明显转折点的炉渣称为长渣，即图 2-16 所示的炉渣 B。一般情况，酸性渣属长渣，其特点是在取渣样时，渣液能拉成长丝，冷却后渣样断面呈玻璃状。与长渣相反，在黏度－温度曲线上有明显转折点的炉渣称为短渣，即图 2-16 所示的炉渣 A。一般情况，碱性渣属短渣，其特点是在取渣样时，渣液不能拉成长丝，冷却后渣样断面呈石头状。

2.2.1.3　高炉炉渣的作用

由于炉渣具有熔点低、密度小和不溶于生铁的特点，所以高炉冶炼过程中渣、铁得以分离并从而获得纯净的生铁。这就是高炉造渣过程的基本作用。另外，炉渣对高炉冶炼还有以下几方面的作用：

（1）渣铁之间进行合金元素的还原及脱硫反应，起着控制生铁成分和质量的作用。比如高碱度炉渣能促进脱硫反应，有利于锰的还原，从而提高生铁质量；SiO_2含量高的炉渣能促进硅的还原，从而控制生铁含硅量等。

（2）初渣的形成造成了高炉内的软熔带和滴落带，对炉内煤气流分布及炉料的下降都有很大的影响。因此，炉渣的性质和数量，对高炉操作直接产生作用。

（3）炉渣附着在炉墙上形成“渣皮”，起保护炉衬的作用。但在另一种情况下又可能侵蚀炉衬，起破坏性作用。因此，炉渣成分和性质直接影响着高炉寿命。

总之，造渣过程是高炉内主要的物理化学变化之一，而且过程极为复杂。造渣过程对高炉冶炼的技术经济指标有着密切的关系。所以，在控制和调整炉渣成分和性质时，必须兼顾上述几方面的作用。

2.2.2　高炉炉渣的性质及其影响因素

2.2.2.1　炉渣的熔化性

炉渣的熔化性能表示炉渣熔化的难易程度。若炉渣需要在较高温度下才能熔化，称为难熔炉渣，反之则称为易熔炉渣。炉渣的熔化性通常用其熔化温度和熔化性温度来表示。

A　炉渣的熔化温度

炉渣的熔化温度是过热的液体炉渣冷却过程中开始结晶时的温度，或固体炉渣加热时晶体完全消失的温度，也就是状态图上的液相线温度。高炉渣的成分主要是四种氧化物：CaO、SiO_2、Al_2O_3和 MgO，其等熔化温度曲线表示在图 2-13 ~ 图 2-15 上。由于四元相图表示方法复杂，所以采用 Al_2O_3固定为 5%、10%、20% 的三元相图，坐标轴刻度加上 Al_2O_3的量正好为 100%。

图 2-13 ~ 图 2-15 是范围经过缩小的，但仍包括了所有高炉渣成分的 CaO－SiO_2－Al_2O_3－MgO四元系渣成分的等熔化温度图。从图中可看出：在 $5\% \leqslant w(Al_2O_3) \leqslant 20\%$，$w(MgO)$

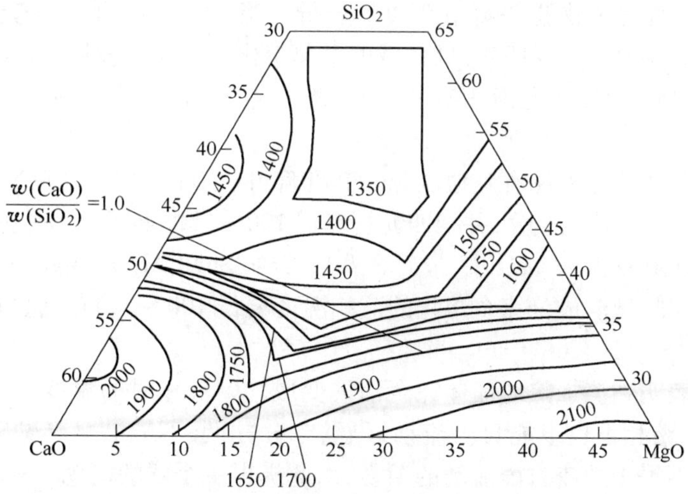

图 2-13 四元系等熔化温度图($w(Al_2O_3)=5\%$)

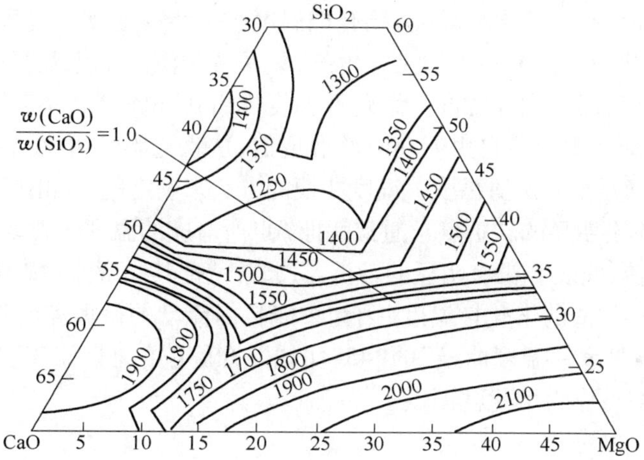

图 2-14 四元系等熔化温度图($w(Al_2O_3)=10\%$)

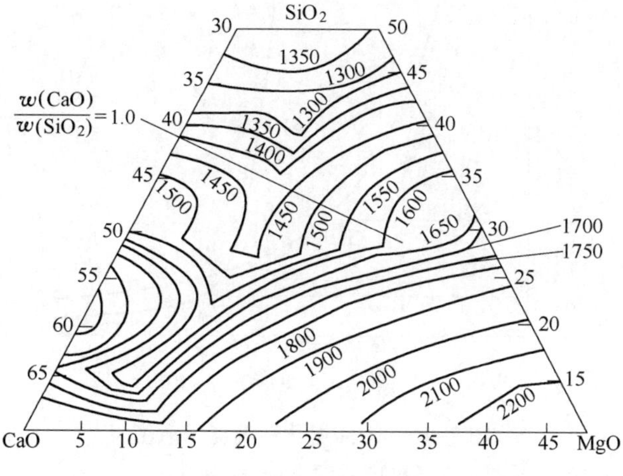

图 2-15 四元系等熔化温度图($w(Al_2O_3)=20\%$)

≤20%，$R \approx 1.0$ 左右的区域里，其熔化温度比较低。当 $w(Al_2O_3)$ 低时，随着碱度增加，熔化温度增加较快；当 $w(Al_2O_3) > 10\%$ 以后，碱度增加熔化温度增加较慢，低熔化温度区域扩大了，炉渣稳定性有所增加，这是由于有较多的酸性成分 Al_2O_3 的存在，削弱了碱度作用的缘故。

实际高炉渣除四元之外还有其他成分。其处理方法有两种：一是只取 CaO、SiO_2、Al_2O_3 和 MgO 四元数值，舍弃其他成分，并把四元折算成100%后再查图。二是把性质相似的成分进行合并，如 MnO、FeO 并入 CaO 中，最后合并成 CaO、SiO_2、Al_2O_3、MgO 四元再查图。查出的熔化温度值比实际炉渣成分完全熔化的液相温度要低 100 ~ 200℃，但与实际炉渣出炉时的温度基本相似。

熔化温度只表明炉渣加热时晶体完全消失变成均匀液相时的温度。但有的炉渣（特别是酸性渣）在均一液相下也不能自由流动，仍然十分黏稠，不能满足高炉正常生产的要求，所以熔化温度并不等于炉渣自由流动的温度，由此提出一个新的概念——熔化性温度。

B　炉渣的熔化性温度

炉渣熔化之后能自由流动的温度称为熔化性温度。有的炉渣虽然熔化温度不高，但熔化之后却不能自由流动，仍然十分黏稠，只有把温度进一步提高到一定程度之后才能达到自由流动的状态。因此为了保证高炉的正常生产，只了解炉渣的熔化温度还不够，还必须了解炉渣自由流动的温度，即熔化性温度。熔化性温度把熔化和流动联系起来考虑，能较确切地表明炉渣由自由流动变为不能自由流动时的温度值，这就克服了熔化温度的局限性。

熔化性温度是通过绘制炉渣黏度 - 温度曲线的方法来确定的。如图 2-16 所示，对于成分为 A 的炉渣，曲线 A 有明显的转折点 f，通常就把 f 点所对应的温度作为该炉渣的熔化性温度；对于成分为 B 的炉渣，曲线 B 没有明显的转折点，通常就把其黏度值为 2.0 ~ 2.5 Pa · s 的 e 点所对应的温度作为该炉渣的熔化性温度（因为炉渣自由流动的最大黏度为 2.0 ~ 2.5 Pa · s）。有时也用横坐标作“黏度 - 温度曲线”的“45°切线”来确定熔化性温度，把“45°斜线”与“黏度 - 温度曲线”相切点作为熔化性温度。

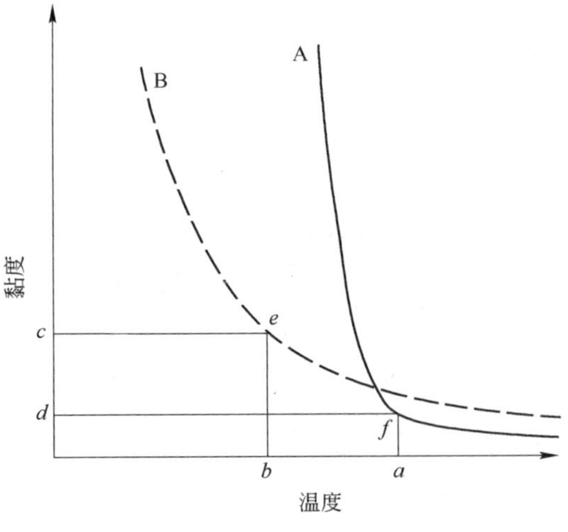

图 2-16　炉渣熔化性温度示意图
（黏度 - 温度曲线图）

2.2.2.2 炉渣的稳定性

炉渣的稳定性是指炉渣成分和温度发生变化时，其熔化性温度和黏度是否保持稳定。稳定性好的炉渣，遇到高炉原料成分波动或炉内温度变化时，仍能保持良好的流动性，从而维持高炉正常生产。稳定性差的炉渣，则经不起炉内温度和炉渣成分的波动，黏度发生剧烈的变化而引起炉况不顺。高炉生产要求炉渣具有较高的稳定性。

炉渣的稳定性分为热稳定性和化学稳定性。热稳定性可以通过炉渣黏度-温度曲线转折点的温度（即熔化性温度）的高低和转折的缓急程度（即长渣、短渣）来判断，而化学稳定性则可以通过等黏度曲线和等熔化温度曲线随成分变化的梯度来判断。

炉渣稳定性影响着炉况稳定性，使用稳定性差的炉渣容易引起炉况波动，给高炉操作带来困难。

2.2.2.3 炉渣的黏度

A 黏度对冶炼的影响

炉渣黏度直接关系到炉渣流动性的好坏，也直接影响着高炉顺行、生铁质量、炉墙侵蚀、炉前放渣操作等，所以炉渣黏度是高炉工作者十分关心的一个指标。

炉渣黏度，是与流动性相反的概念，它是指流动速度不同的两个液层间的内摩擦系数。黏度愈低，流动性愈好。高炉上用 Pa · s（帕 · 秒）来表示炉渣黏度。一般希望高炉渣的黏度为0.2～0.6 Pa · s。黏度高的炉渣，会增加炉料下降的阻力，降低煤气从下向上的通过能力，使炉料透气性变坏；另外，黏度过高的炉渣，流动慢，加热时间长，有利于提高炉温，但不利于高炉顺行；而黏度过低的炉渣，流动性很好，有利于顺行，但不利于提高炉缸温度。因此，在实际操作中，两者要综合考虑，炉渣黏度要适宜。

B 影响炉渣黏度的因素

影响炉渣黏度的因素主要是温度和炉渣成分。

a 温度

炉渣黏度随温度的升高都是降低的，流动性变好。但对长渣与短渣而言则有所不同，一般短渣在温度高于熔化性温度后，黏度较低，以后变化不大；而长渣在温度高于熔化性温度后，黏度仍随温度的升高而降低，但一般其黏度值高于短渣，这可以用炉渣的离子理论加以解释。

b 炉渣成分

（1）碱度的影响。CaO 与 SiO_2 是决定炉渣性能的主要成分，两者之和常高达70%～80%以上。原料条件不变时，碱度在一定程度上决定了炉渣的熔化性、黏度和脱硫能力。从实际和实验得知：炉渣 $w(CaO)/w(SiO_2)$ 在0.8～1.2之间时的黏度最低，之后继续增加碱度，黏度急剧升高；当 $w(CaO)/w(SiO_2) < 0.8$ 时，随碱度的降低，黏度也升高。

（2）MgO 的影响。在一定范围内随着 MgO 的增加黏度下降。当 MgO 含量不超过10%～15%时，能降低黏度。由于炉渣中 MgO 的含量提高后，炉渣黏度受碱度提高的影响将明显减少，所以，从改善炉渣流动性、提高稳定性的观点看，炉渣中含6%～8%的 MgO 是非常必要的。这种渣在炉温和渣中其他成分变化时，仍然能保持良好的流动性，有利于高炉顺行，并能充分发挥炉渣的去硫作用。

(3) Al_2O_3有助熔作用,加入到碱度高的渣中能降低黏度。当 $w(Al_2O_3) > 15\%$ 时,随着 Al_2O_3含量的增加,炉温的熔化性温度和黏度升高。小高炉易引起炉缸堆积。

(4) FeO 和 MnO 的影响(两者对渣黏度和熔化性的影响相类似,但 FeO 对酸性渣黏度影响较强烈,而 MnO 对碱性渣黏度影响较大)。FeO 能显著降低炉渣黏度。一般终渣含 FeO 很少,约 0.5% 左右,影响不大。FeO 的影响主要表现在初渣及其在下降过程中,初渣中过高的 FeO,会使渣的熔化温度和黏度上升,影响高炉顺行。冶炼制钢生铁时,对锰含量不做要求。对难熔炉渣,MnO 具有较强的稀释作用,正因如此,有时高炉在操作中加锰矿,以去除黏结在炉墙上和堆积在炉缸内的难熔炉渣。

(5) CaF_2能显著降低渣的熔化温度和黏度。既能促进 CaO 的熔化,同时还能与 CaO 形成低熔点(1386℃)的共熔体,消除渣中难熔的组分。因此含氟的炉渣熔化性温度低,流动性好,在炉渣碱度很高时($R = 1.5 \sim 3.0$),仍能保持良好的流动性。高炉生产常用萤石作洗炉剂,但要避免经常使用大量萤石洗炉,以减少对炉衬的侵蚀。

(6) CaS 的影响。渣中 $w(CaS) < 7\%$ 时,能降低黏度,原因可能是 CaO 与 S 生成了 CaS,降低了炉渣的实际碱度,从而降低了熔化温度和黏度;对酸性渣,增加 CaS 反而会使黏度升高。

(7) TiO_2对炉渣黏度的影响。当碱度在 0.8 ~ 1.4 和 TiO_2含量在 10% ~20% 的范围内时,钛渣的熔化性温度在 1300 ~ 1400℃之间,1500℃温度下的黏度在 5 Pa · s 以下,碱度相同时炉渣熔化性温度随 TiO_2含量的增加而升高,但黏度随 TiO_2含量的增加而降低。由此看来,钛渣在高炉内有自动变稠的特性,这是由于 TiN 和 TiC 不能熔化的缘故,它们常呈弥散状悬浮于炉渣中,致使炉渣变稠失去流动性,影响脱硫和正常的出铁出渣。因此,冶炼钒钛矿时,必须防止 TiO_2的还原。目前采取的方法是向炉缸渣层中喷射空气或矿粉,造成氧化气氛,以阻止或减少 TiO_2的还原,消除炉渣稠化,保证高炉的正常生产。

2.2.3　炉渣结构理论

很多研究表明,炉渣是由很多矿物组成的。迄今为止,关于熔融炉渣的研究有两种理论:分子结构理论和离子结构理论。

2.2.3.1　炉渣的分子结构理论

分子结构理论是以凝固炉渣的岩相分析和化学分析等为依据而提出来的,认为液态炉渣和固态炉渣一样是由各种矿物分子构成的。其理论要点是:

(1) 熔融炉渣是由各种不带电的自由氧化物分子和由这些氧化物所形成的复杂化合物分子所组成。自由氧化物分子有 SiO_2、Al_2O_3、P_2O_5、CaO、MgO、FeO、MnO、CaS、MgS 等,复杂化合物有 $CaO \cdot SiO_2$、$2FeO \cdot SiO_2$、$3CaO \cdot Fe_2O_3$、$2MnO \cdot SiO_2$、$3CaO \cdot P_2O_5$、$4CaO \cdot P_2O_5$等。

(2) 酸性氧化物和碱性氧化物相互作用形成复杂化合物,且处于化学动平衡状态。温度越高,复杂化合物的离解程度越高,熔渣中的自由氧化物浓度增加;温度降低,自由氧化物浓度降低。

(3) 只有炉渣中的自由氧化物才能参加反应。例如,只有炉渣中的自由 CaO 才能参加渣铁间的脱硫反应:

$$[FeS] + (CaO) = (CaS) + (FeO) \tag{2-104}$$

当炉渣中的 SiO_2 增加时，由于与 CaO 作用形成复杂化合物，减少了自由 CaO 的数量，从而降低了炉渣的脱硫能力。因此，要提高脱硫能力，必须提高碱度。

（4）熔渣是理想溶液，可以用理想溶液的各种定律进行定量计算。

分子结构理论由于无法解释后来发现的炉渣的电化学特性和炉渣黏度随碱度发生巨大变化等现象而逐渐被边缘化。不过，在判断反应进行的条件、难易、方向及进行热力学计算等方面，至今仍然沿用。

2.2.3.2 炉渣的离子结构理论

炉渣的离子结构理论是根据对固体炉渣的 X 射线结构分析和对熔融炉渣的电化学试验结果提出来的。对碱性和中性固体炉渣的 X 射线分析表明，它们都是由正负离子相互配位所构成的空间点阵结构。酸性氧化物虽然不是由离子构成的，但是 SiO_2 所生成的硅酸盐却是由金属正离子和硅酸根负离子组成的。硅酸根离子 SiO_4^{4-} 中，Si 和 O 之间是共价键，而硅酸根与金属之间是离子键。对熔渣进行电化学试验的结果表明，熔体能导电，有确定的电导值，与典型的离子化合物的电导值差不多，且导电性随着温度的升高而增强。这正是离子导电的特性。熔渣可以电解，在阴极上析出金属。以上这些现象用熔渣的分子结构理论是无法解释的，于是提出了熔渣的离子结构理论。

离子结构理论认为，液态炉渣是属于各种不同的正负离子所组成的离子溶液。组成炉渣的基本离子主要有 8 种，见表 2-2。

表 2-2 组成炉渣的基本离子

离子	Si^{4+}	Al^{3+}	Mg^{2+}	Fe^{2+}	Mn^{2+}	Ca^{2+}	O^{2-}	S^{2-}
半径/nm	0.039	0.057	0.078	0.083	0.091	0.106	0.132	0.174

半径最小、电荷最多的 Si^{4+} 与 O^{2-} 结合力最大，按下式结合形成硅氧复合负离子：

$$Si^{4+} + 4O^{2-} = SiO_4^{4-} \qquad (2\text{-}105)$$

Al^{3+} 半径也较小，电荷较多，因此有时也与 O^{2-} 结合形成负离子 AlO_4^{5-} 或 AlO_2^-，有时还以正离子 Al^{3+} 的形态存在。其他半径较大、电荷较少的不能形成复合离子，单独以正离子的形态存在。

硅氧复合负离子（SiO_4^{4-}），一般称之为正硅酸离子。它是四面体结构，按其结构特点又称硅氧复合四面体，如图 2-17 所示。四面体的四个顶点是氧离子，四面体中心位置上是 Si^{4+} 离子，Si^{4+} 的四个正化合价与四个氧离子的四个负化合价结合，而四个氧离子的其余四个负化合价，或与周围其他正离子 Fe^{2+}、Mn^{2+}、Mg^{2+}、Ca^{2+} 等结合，或与其他硅氧四面体的 Si^{4+} 结合，形成共用顶点。构成熔渣的离子中，硅氧复合离子体积最大，四面体中 Si－O 之间的距离为 0.132＋0.039＝0.171 nm，O－O 之间的距离为 0.132＋0.132＝0.264 nm。同时，复合离子的结构最复杂，其周围结合的金属离子最多，因此，它是构成炉渣的基本单元，炉渣的许多性质决定于复合离子的形态。

只有 $w(O)/w(Si)=4$ 时，一个 Si^{4+} 与四个 O^{2-} 结合形成四个负化合价的复合负离子（络合离子），与周围的金属正离子结合形成一个单独单元，四面体才可以单独存在。而当 $w(O)/w(Si)$ 比值减小时，四面体不能单独存在，此时是两个以上的四面体共用顶点 O^{2-}，形成数量不等的四面体结合而成的群体负离子（络合离子），如图 2-18 所示。具有群体负离

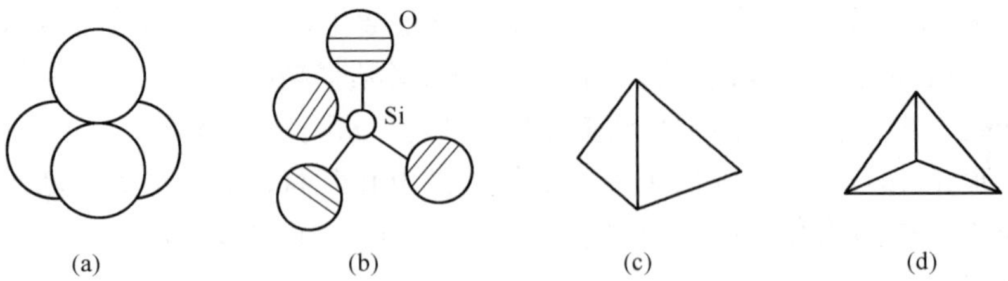

图 2-17　硅氧复合四面体结构示意图

(a) 氧离子的紧密堆积；(b) 四面体示意图；(c) 四面体侧面；(d) 四面体平面投影

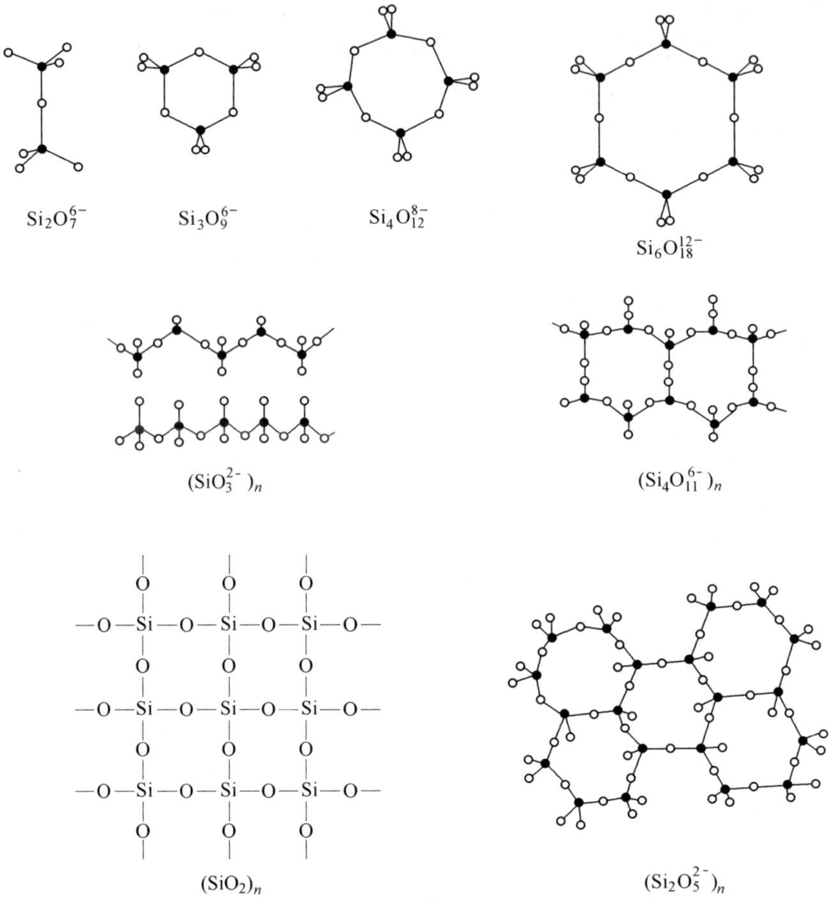

图 2-18　硅氧离子结构示意图

子的熔渣，其物理性质与四面体单独存在的熔渣完全不相同，即熔渣的物理性质取决于复合负离子的结构形态。

以上就是熔渣离子结构理论。这种结构理论能够比较圆满地解释炉渣成分对其物理化学性质的影响，是目前得到公认的理论。

应用炉渣离子结构理论，可以解释炉渣的一些重要现象。例如，解释炉渣碱度与黏度之间的关系。炉渣离子结构理论认为，炉渣黏度取决于构成炉渣的硅氧复合四面体是单独存在，还是以两个以上的、数量不等的四面体结合而成的群体负离子形式存在。比如，增加碱度，碱性氧化物 MeO 增加，MeO 离解成 Me^{2+} 和 O^{2-}，O^{2-} 进入硅氧复合离子，使 $w(O)/w(Si)$ 增大，炉渣黏度降低；反之，降低碱度，使 $w(O)/w(Si)$ 降低，炉渣黏度增加。如图 2-18 所示，当 $w(O)/w(Si)=3.5$ 时，两个四面体结合在一起，形成($Si_2O_7^{6-}$)；当 $w(O)/w(Si)=3$ 时，三个四面体结合在一起形成($Si_3O_9^{6-}$)，或者四个四面体结合在一起形成($Si_4O_{12}^{8-}$)，或者六个四面体结合在一起形成($Si_6O_{18}^{12-}$)等。连接形成的络合离子越庞大、越复杂，炉渣黏度也越高。如果继续降低碱度，从而使 $w(O)/w(Si)$ 进一步降低时，就进一步出现了由众多四面体聚合而成的巨大的群体负离子。它们的结构又各不相同，有链状的(SiO_3^{2-})$_n$、环带形的($Si_4O_{11}^{6-}$)$_n$、层状的($Si_2O_5^{2-}$)$_n$、骨架状的(SiO_2)$_n$等。最后，由纯 SiO_2 组成的无限多个四面体连接形成的骨架状群体负络合离子(SiO_2)$_\infty$，实际上已经是不能流动的了。

反之，在炉渣中增加碱性氧化物 CaO、MgO、FeO、MnO 等，增加氧离子浓度，从而提高 $w(O)/w(Si)$，则复杂结构开始裂解，结构越来越简单，直到成为完全能自由流动的单独的硅氧四面体为止，此时熔渣黏度降到最小值。不过碱度过高时黏度又上升，是由于形成熔化温度很高的渣相，熔渣中开始出现不能熔化的固相悬浮物所致。

在一定温度下，炉渣碱度升高而超过某一值后，黏度反而增加。这是由于熔渣成分的变化所致，熔化温度升高后，若当时的炉渣温度条件处于熔化温度之下，即液相中含有固体结晶颗粒，破坏了熔融炉渣的均一性质，虽然高碱渣的硅氧离子结构很简单，但仍具有很高的黏度。

用离子理论还能解释炉渣中加入 CaF_2 会降低炉渣黏度的原因。当碱度低时，CaF_2 的影响可解释为：F^- 的作用类似于 O^{2-} 的作用，它可使硅氧离子分解，变为简单的四面体，颗粒变小，黏度降低。

对碱度高的炉渣，虽然此时硅氧复合离子已很简单，但由于 F^- 为一价，所以用 F^- 截断 Ca^{2+} 与硅氧四面体的离子键，而使颗粒变小，黏度降低。当然，加入 CaF_2 还有降低熔化温度的作用。

2.3 高炉内基本现象和基本规律

2.3.1 炉料在高炉内的物态变化

铁矿石在下降过程中，受上升煤气的加热，温度不断升高。随着温度的升高，矿石发生一系列物理化学变化，其物态也不断改变，使高炉内形成不同的区域：块状带、软熔带、滴落带、风口带和渣铁带（图 2-19）。

2.3.1.1 块状带

块状带发生游离水蒸发、菱铁矿和结晶水分解、矿石的间接还原（还原度可达 30%～40%）等变化，但矿石仍保持固体状态，脉石中的氧化物与还原而来的低级铁和锰氧化物发生固相反应，形成部分低熔点化合物，为矿石的软化和熔融创造了条件。

2.3.1.2 软熔带

固相反应生成的低熔点化合物，在温度升高和二面料柱重力作用下，开始软化和相互黏结；随着温度的继续升高和还原的进行，液相数量增加，最终完全熔融，并以液滴或冰川状向下滴落。这个从软化到熔融的矿石软熔层与焦炭层间隔地形成了软熔带。一般软熔带的上边界温度在1100℃左右，而下边界温度在1400℃左右。所以，在软熔带内完成的是矿石由固体转变为液体的变化过程以及金属铁与初渣的分离过程，即还原出的金属经部分渗碳而熔点降低，熔化成为液态铁滴，脉石则以低价铁氧化物和锰氧化物等形成液态初渣。

2.3.1.3　滴落带

滴落带在软熔带之下，是填满焦炭的区域。在软熔带内熔化成铁滴和汇集成渣滴或冰川流的初渣滴落此带，穿过焦柱而进入炉缸。穿过此带的炉渣称为中间渣。在此带中，铁滴继续完成渗碳和溶入直接还原成元素的硅、锰、磷、硫等，而炉渣成分则发生了较大变化，由“中间渣”转化成“终渣”。

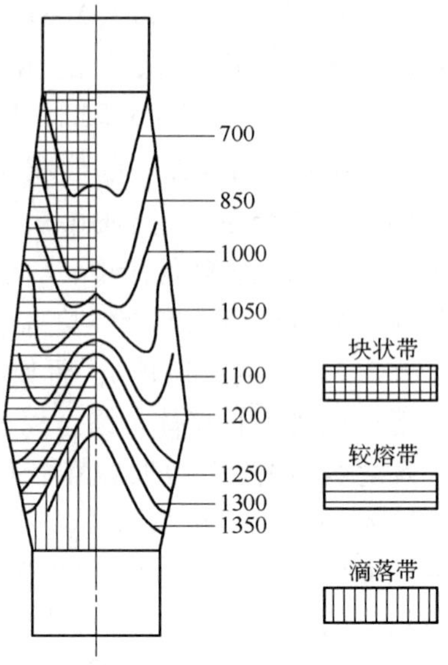

图2-19　高炉断面各带分布图

2.3.1.4　风口带

这是焦炭发生燃烧的最初位置，也是高炉中唯一的氧化区域。

2.3.1.5　渣铁带

渣铁带是从滴落带落下来的液态渣铁聚集的区域，在这里，铁滴穿过渣层时，在渣层与铁层的交界面上进行着渣铁反应，最突出的是硅的氧化和脱硫。

2.3.2　炉料的蒸发、挥发和分解

2.3.2.1　水分的蒸发和水化物的分解

高炉炼铁所用的各种炉料，除了热烧结矿外，都或多或少地含有水分。这些水分可分为游离水和结晶水两种。炉料中的水以游离水（也称吸附水或物理水）和结晶水两种形式存在。游离水是依靠微弱的表面张力吸附在炉料颗粒表面及其孔隙表面的水。结晶水是与炉料中的氧化物化合成为化合物的水，也称化合水。含有结晶水的化合物称为水化物。除此之外，炉料中还含有碳酸盐。在高炉炼铁中，吸附水将蒸发成为水蒸气，结晶水和碳酸盐将发生分解反应，它们或多或少地都对高炉冶炼产生一定的影响。

A　游离水的蒸发

游离水存在于矿石和焦炭的表面和空隙里。炉料进入高炉之后，由于上升煤气流的加热作用，游离水首先蒸发。游离水的蒸发温度是100℃，但是要料块内部也达到100℃，从而使炉料中的游离水全部蒸发掉，就需要更高的温度。根据料块大小的不同，需要到120℃，对于大块料来说，甚至要达到200℃时，游离水才能全部蒸发掉。一般用天然矿或冷烧结矿的高炉，其炉顶温度为150~300℃，因此，炉料中的游离水进入高炉之后，不久就蒸发完毕。游离水蒸发时所吸收的热量是炉顶煤气中的余热，不会引起焦比的升高，因游离水蒸发吸热，反而使炉顶煤气温度降低与体积缩小。炉顶温度降低，对炉顶设备及金属结构的破坏作用也相应减弱。同时，由于炉顶温度降低使煤气体积缩小，煤气流速降低，从而减少了炉尘

的吹出量。所以,游离水的蒸发对高炉冶炼是有益而无害的。

B　结晶水的分解

炉料中的结晶水主要存在于水化物矿石(褐铁矿 $2Fe_2O_3 \cdot 3H_2O$)和高岭土($Al_2O_3 \cdot 2SiO_2 \cdot 2H_2O$)中,褐铁矿所含的结晶水最多,高岭土次之。高岭土是黏土的主要成分,有些矿石中含有高岭土。试验表明,褐铁矿中的结晶水从 200℃开始分解,到 400~500℃时剧烈分解,才能分解完毕。高岭土中的结晶水从 400℃开始分解,但分解速度很慢,到 500~600℃迅速分解,全部除去结晶水要到 800~1000℃。

结晶水从开始分解到分解完毕所需要的时间与炉料的颗粒大小有关。因为热量是由料块表面向内部传导进去的,小块料的表面到中心的距离短,料块的中心容易被加热到分解温度;大块料的表面到中心的距离远,料块中心温度达到分解温度的时间长,所以小块料结晶水分解完成的时间较大块料结晶水分解完成的时间短。

高温下分解出来的结晶水与高炉内的碳发生下列反应:

500~800℃之间　$2H_2O+C = 2H_2+CO_2$　　-83134 kJ　(2-106)

850℃以上　$H_2O+C = H_2+CO$(碳水反应)　-124450 kJ　(2-107)

可见高温区分解结晶水,对高炉冶炼是不利的。它不仅消耗焦炭使焦比升高,而且还吸收高温区热量,增加热消耗,降低炉缸温度。因此,高炉使用褐铁矿的比例不能太高。此外,结晶水剧烈分解时,矿石容易碎裂而产生粉末,堵塞料柱的孔隙,使料柱透气性变坏,不利于高炉顺行。所以,在使用含结晶水高的炉料时,最好预先经过炉外焙烧后再入炉冶炼。

达到高温区分解参加上述反应的结晶水所占比例,称为结晶水高温区分解率。一般结晶水高温区分解率为 0.3~0.5,即有 30%~50%的结晶水在高温区分解。

2.3.2.2　挥发分的挥发

A　燃料挥发分的挥发

燃料挥发分存在于焦炭及粉煤中。焦炭中挥发分的高低,是评价焦炭质量的重要指标之一。挥发分高的焦炭,强度较差,对高炉冶炼不利。国家标准中规定,冶金焦的挥发分含量应该低于 1.2%(按质量计算)。焦炭中挥发分少,一般为 0.7%~1.3%。焦炭下降到风口时,已被加热到 1400~1600℃,所含挥发分已全部逸出。由于数量少(焦炭燃烧生成的煤气中,挥发分仅占 0.20%~0.25%),对煤气成分和冶炼过程影响不大。但在喷吹煤粉时,煤粉如含挥发分高,喷吹量又大,则将引起炉缸煤气成分明显变化。其对还原反应的影响是不能忽视的。

B　其他物质挥发分的挥发

炉料中的物质都会或多或少地挥发,其中最易挥发的是碱金属(钾和钠)化合物,此外,还有锌、锰和 SiO 等。

a　碱金属(钾和钠)化合物的挥发

高炉炉料中所含的碱金属主要以硅铝酸盐或硅酸盐的形式存在。这些碱金属化合物落至高炉下部的高温区时,一部分进入渣中,一部分被还原成钾、钠或生成 KCN、NaCN 气体,呈气态挥发随煤气上升。一般碱金属化合物有 70%进入炉渣,30%挥发随煤气上升。

随煤气上升的碱金属化合物,到达 CO_2浓度较高而温度较低的区域时,有一部分随煤气逸出炉外;另一部分则被 CO_2氧化成 K_2O、Na_2O 或碳酸盐,当有 SiO_2存在时,可生成硅酸盐,黏附在炉料上又随炉料下降,落至高炉下部高温区时再次被还原和气化;如此循环而积累,在高炉下部形成循环富集现象，使炉料粉化，恶化炉料透气性，导致高炉难以操作。在高炉的中、上部还易生成液态或固态粉末状的碱金属化合物，它能黏附在炉衬上，导致炉墙结厚或结瘤，从而破坏炉衬。

防止碱金属危害的措施主要有：

（1）减少入炉炉料中的碱金属含量，降低碱负荷；

（2）提高炉渣的排碱能力。造酸性渣有利于炉渣排碱。

b　锌的挥发

锌在炉料中以 ZnO 的状态存在，在高炉中能还原成锌。锌很容易挥发，但上升到高炉上部又被 CO_2 或 H_2O 氧化成 ZnO，其中一部分 ZnO 被煤气带出炉外。另一部分黏附在炉料上又随炉料一起下降，再被还原和挥发，造成循环。一部分锌蒸气渗入炉料中，冷凝下来后被氧化成 ZnO，体积增大，胀裂炉料；部分 ZnO 附着在炉墙的内壁上，严重时也会形成炉瘤，阻碍炉料的顺利下降。

c　锰、硅的挥发

锰在冶炼时，约有 8% ~12% 的锰挥发。挥发的锰随煤气上升至低温区又被氧化成极细的 Mn_3O_4，随煤气逸出，增加了煤气的清洗难度。

SiO 也易挥发。这种挥发的 SiO 在高炉上部重新被氧化，凝成白色的 SiO_2 微粒，一部分随煤气逸出，增加了煤气的清洗难度；另一部分沉积在炉料的孔隙中，堵塞煤气上升的通道，使料柱的透气性变坏，导致炉料难行。

不过在冶炼炼钢生铁和铸造生铁时，在温度不是特别高的情况下，锰和 SiO 的挥发不多，影响不大。

2.3.2.3　碳酸盐的分解

A　炉内碳酸盐的分解反应

炉料中的碳酸盐主要来自熔剂（石灰石或白云石），有时经矿石也带入一小部分。炉料中的碳酸盐主要有 $CaCO_3$、$MgCO_3$、$MnCO_3$、$FeCO_3$ 等，这些碳酸盐在下降过程中逐渐被加热发生分解反应，其通式可写为（Me 代表钙、镁、铁、锰等元素）：

$$MeCO_3 = MeO + CO_2 \qquad -Q \tag{2-108}$$

该反应式达到平衡时的 CO_2 压力，称为碳酸盐的分解压力，用符号 p_{CO_2} 表示。碳酸盐分解压力的大小，取决于温度和碳酸盐本身的性质。在一定温度下，分解压力越小的碳酸盐越稳定而不易分解，反之，则越不稳定而容易分解。碳酸盐的分解压力与温度的关系可用图 2-20或函数式表示。例如 $CaCO_3$ 的分解反应，以及反应的分解压力与温度的函数关系如下：

$$CaCO_3 = CaO + CO_2\uparrow \qquad -17858\text{kJ} \tag{2-109}$$

$$\lg(p_{CO_2})_{CaCO_3} = -\frac{8920}{T} + 7.54 \tag{2-110}$$

碳酸盐的分解反应能否进行与碳酸盐的分解压 p_{CO_2}、高炉煤气总压 p 和煤气中 CO_2 的分压 p'_{CO_2} 有关。当碳酸盐的分解压力 p_{CO_2} 高于高炉内煤气中的 CO_2 分解压时，反应 2-108 正向进行，碳酸盐就发生分解反应；当碳酸盐的分解压力 p_{CO_2} 低于高炉内煤气中的 CO_2 分解压时，则碳酸盐的分解反应就不会发生；当碳酸盐的分解压力 p_{CO_2} 等于炉内煤气总压力时，碳酸盐分解反应将剧烈进行，CO_2呈沸腾状高速析出。

碳酸盐的开始分解温度和化学沸腾温度是由碳酸盐的分解压 p_{CO_2} 与高炉内煤气中的 CO_2分压 p'_{CO_2} 和煤气总压 p 决定的。图 2-20 中，曲线 3 与曲线 2 的交点 A，表示 $CaCO_3$的分解压力与炉内煤气中的 CO_2的分压相等，$CaCO_3$开始分解，相应的分解温度称为 $CaCO_3$的开始分解温度。曲线 2 与 1 的交点 B，表示 $CaCO_3$的分解压力 p_{CO_2} 与炉内煤气总压力 p 相等，$CaCO_3$剧烈分解，CO_2呈沸腾状高速析出，相应的分解温度称为 $CaCO_3$的化学沸腾温度。由图不难看出：炉内煤气中 CO_2的分压越低，碳酸盐的开始分解温度就越低；炉内煤气总压力 p 越低，碳酸盐沸腾温度就越低。由于高炉冶炼条件不同，不同高炉内煤气的总压力和煤气中 CO_2的分压也有差别，碳酸盐在不同高炉内的开始分解温度和化学沸腾温度也有差别。

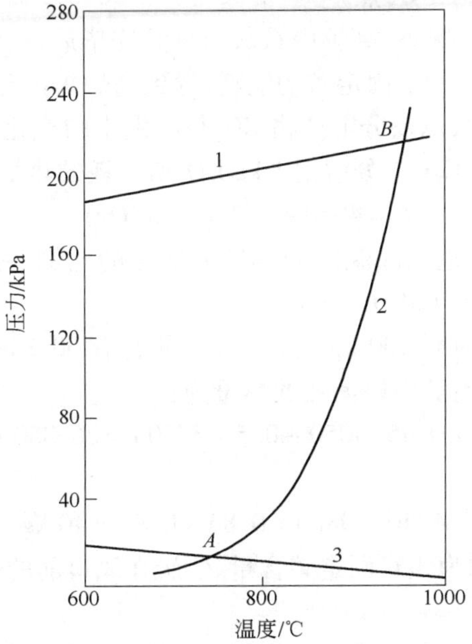

图 2-20 碳酸盐分解压力与温度的关系

1—炉内煤气总压；2—$CaCO_3$分解压；3—炉内煤气中 CO_2分解压

B $CaCO_3$分解对高炉冶炼的影响

在各种碳酸盐分解中，仅 $CaCO_3$分解对高炉冶炼的影响较大。

高炉中当炉料加热时，碳酸盐分解的难易程度由易到难依次为 $FeCO_3 \to MnCO_3 \to MgCO_3 \to CaCO_3$，具体数据如下：

碳酸盐	$FeCO_3$	$MnCO_3$	$MgCO_3$	$CaCO_3$
开始分解温度/℃	380～400	450～550	550～600	740
分解出 1 kg CO_2吸热/kJ	1995	2180	2490	4045

从以上数据看出，$FeCO_3$、$MnCO_3$和 $MgCO_3$的分解比较容易，分解吸热不多；而 $CaCO_3$的分解则较困难，分解吸热较多。因此，在高炉炼铁中，$FeCO_3$、$MnCO_3$和 $MgCO_3$在高炉内的低温区就分解完毕，它们的分解仅仅消耗高炉上部多余的热量，对高炉冶炼无大影响。而石灰石 $CaCO_3$就不一样，它的开始分解温度在 700℃以上，而沸腾分解温度在 960℃以上，而且分解速度受到料块粒度影响很大，一方面是分解析出的 CO_2向外扩散制约分解，另一方面反应

生成的 CaO 导热性很差，阻挡外部热量向中心传递，石灰石块中心不易达到分解温度，这样石灰石总有部分进入高温区分解。

$CaCO_3$的分解除了与温度和压力有关外，还与其粒度的大小有关。石灰石的分解是由表面开始的，分解反应进行一定时间后，石灰石的表面生成了一层石灰层（CaO），如果分解条件（温度、压力、石灰石的结构）相同，那么在大块和小块的表面上形成的石灰层的厚度是相等的，因此大块比小块分解速度慢。另外，由于热量从大块表面向中心传导的距离比小块远，并且石灰层的导热性也比较差，随着分解的石灰层的增厚，向中心传递的速度也降低。所以，大块石灰石比小块石灰石分解完毕晚。如果未分解完毕的大块石灰石随炉料下降到高温区时，分解出来的 CO_2 会与焦炭中的碳发生如下反应：

$$CO_2 + C(焦) \xlongequal{\quad} 2CO \qquad -165805\ kJ(碳的气化反应)$$

根据测定，在正常冶炼情况下，高炉中石灰石分解完毕后，大约有 50% 的 CO_2 在高温区会发生碳的气化反应，从而增加了固定碳的消耗，导致高炉焦比升高。

在高温区，$CaCO_3$的分解，以及分解产物 CO_2 与碳发生的气化反应，都是吸热反应，这样会消耗较多的热量。高温区 $CaCO_3$ 分解出 1 kg CO_2 所消耗的热量可用下式计算：

$$Q = 4050 + 3770w(CaCO_3)$$

式中　$w(CaCO_3)$——$CaCO_3$进入高温区分解部分所占的比例，称为石灰石高温区分解率，一般 $w(CaCO_3) = 0.5 \sim 0.7$。

如果高炉冶炼 1t 生铁消耗 100 kg 石灰石，石灰石有 50% 进入高温区，石灰石含 CO_2 45%，则每 100 kg 石灰石在高炉内要消耗的热量为：

$$100 \times 0.45(4050 + 0.5 \times 3770) = 266850\ kJ$$

此热量相当于入炉焦炭：

$$266850/(9800 \times 0.85 \times 0.8) = 40\ kg$$

式中，0.85、0.8 和 9800 分别为焦炭固定碳含量、焦炭在风口前的燃烧率和每 1 kg 碳在风口前燃烧的放热量。

综上所述，在高温区 $CaCO_3$的分解，以及分解产物 CO_2 与碳发生的气化反应，都是吸热反应，这不仅会消耗较多的热量，而且还会消耗较多的碳。这对高炉冶炼影响较大，对高炉冶炼的影响主要是：

（1）在高炉生产条件下，$CaCO_3$ 分解是吸热反应，要消耗大量的热量。根据计算，分解 1 kg的 $CaCO_3$ 要消耗热量 17858 kJ；

（2）在高炉内较低温度区（炉内间接还原区）分解放出的 CO_2 进入煤气中，使煤气中的 CO_2 含量增加，相对降低了 CO 的浓度，冲淡了还原气氛，使煤气的还原能力降低，影响了炉内铁氧化物的还原速度；

（3）$CaCO_3$ 在高温区域分解出来的 CO_2 与焦炭的发生碳的气化反应，不但是吸热反应，而且直接消耗碳，导致高炉焦比升高。根据测定，在高炉内石灰石放出的 CO_2 约有 50% 左右被碳还原。

C　消除 $CaCO_3$ 分解不良影响的措施

消除 $CaCO_3$ 分解不良影响可采取以下 3 项措施：

（1）用生石灰代替石灰石，将石灰石的分解过程移到高炉外进行。这一措施在我国小高炉上使用收到显著效果，一般使用 100 kg 生石灰代替相应的石灰石时，焦比可降低 30 kg

左右。对于那些大量使用生矿、矿石品位较低、石灰石用量大的小高炉，应积极采用这一技术措施。

(2) 采用自熔性或熔剂性烧结矿，在高炉炉料中不加或少加石灰石。这不仅减少了石灰石在炉内分解的热量消耗，降低了焦比，还能改善炉内的造渣过程，促进炉况的稳定顺行。

(3) 减小石灰石的粒度。使其在高炉上部尽量分解完毕，使在高温区分解的石灰石减少，降低高温区分解的有害影响。

最后还应指出，菱铁矿与石灰石虽然均为碳酸盐，但在高炉内分解的情形却大不相同：在高炉条件下，$FeCO_3$的分解要比 $CaCO_3$容易得多，其化学沸腾温度也低得多；只要矿石粒度不大，在进入高温区前就可完全分解，因此对高炉冶炼的影响程度比较小，所以在使用以菱铁矿为主的生矿进行冶炼时，应力求做到小粒度入炉。

复习思考题

2-1　金属氧化物能否被还原剂还原的热力学条件是什么？

2-2　何为间接还原，用 CO 和 H_2还原铁氧化物的特点和区别是什么？

2-3　什么是碳的气化反应，对高炉冶炼过程有什么影响？

2-4　分析直接还原和间接还原的区别，它们在高炉内是如何分布的？

2-5　什么是直接还原度，如何表示，什么是高炉的直接还原度？

2-6　间接还原的还原剂过量系数 n 的物理意义是什么，如何求得 n 值？

2-7　试述铁矿石还原反应机理以及影响还原反应速率的因素。

2-8　什么是炉渣碱度，它有几种表示方法，常用的是哪一种？

2-9　炉渣在高炉冶炼中的作用是什么？

2-10　什么是炉渣的熔化温度和溶化性温度？分析炉渣溶化性对高炉冶炼的影响。

2-11　分析炉渣黏度对高炉冶炼的影响。

2-12　炉渣的分子理论和离子理论的主要内容是什么？

2-13　高炉炉料中水分的蒸发对高炉生产有什么影响？

2-14　炉料中的碱金属有哪些，如何防止碱金属的危害？

2-15　在高温区的 $CaCO_3$分解对高炉冶炼有哪些影响，如何消除其不良影响？

3 高炉炼铁上料系统

3.1 供料设备

在高炉生产中，料仓上下所设置的设备，是为高炉上料设备服务的，其所属的设备称为供料设备。供料设备的基本职能是：根据冶炼要求，将不同质量计量的原燃料组成一定的料批，按规定程序往高炉上料设备装料。因此，供料设备必须满足以下要求：

（1）能适应多品种炉料的要求；

（2）易于实现机械化和自动化操作；

（3）为保证高炉连续生产，供料设备应操作简易、运行可靠；

（4）在组成料批时，对供应原料进行最后过筛。

3.1.1 贮矿槽及其附属设备

3.1.1.1 贮矿槽

贮矿槽位于卷扬机的一侧，与炉列线平行，与斜桥垂直。是高炉供料设备的核心。

A 贮矿槽的作用

（1）解决高炉连续上料与车间间断供料之间的矛盾　高炉冶炼要求各种原料要按一定数量和顺序分批加入炉内，每批料的间隔只有 6 ~ 8 min。所以，直接由贮料场按需要加入高炉是不可能的。因此，贮矿槽对高炉上料起到缓冲和调节作用。

（2）起到原料贮备的作用　由于原、燃料生产和运输系统设备检修或发生故障，会暂时中断原、燃料的供应。因此，为使高炉正常生产，贮矿槽起到原料贮备的作用，一般要求贮存量为：焦炭 6 ~ 8 h 用量；烧结矿 12 ~ 24 h 用量。

（3）供料设备易于实现机械化和自动化　设置贮矿槽可以使原、燃料供应的运输线路缩短，控制系统相对集中。高炉上料设备装料易于实现机械化和自动化。

（4）容积大的贮矿槽有混匀作用，利于成分的稳定。

B 贮矿槽贮存能力的确定

贮矿槽贮存能力是指贮矿槽的贮存量或者贮存可供生产的时间。决定贮矿槽贮存能力的因素有以下几个方面：

（1）与原、燃料原始贮存能力有关　炼铁车间有专用原料场，原、燃料生产能力大的，贮矿槽贮存能力可少些；反之，贮矿槽贮存能力要大；

（2）与外部运输方式有关　用火车运输装卸，调运环节多，贮矿槽贮存能力要大些；用皮带输送到贮矿槽，贮矿槽贮存能力可少些；

（3）与高炉有效容积有关　因大型高炉操作和管理加强，有专用原料场，原、燃料运输能力大，贮矿槽贮存能力可相对减少；

(4) 与运输线路长短有关　运输线路长,贮矿槽贮存能力要大;反之,贮存能力可少些。

表 3-1 列出了矿槽、焦槽与高炉有效容积的关系。贮矿槽的数目一般不少于 10 个,最多可达 30 个;焦槽的数目一般为 2 个,分别位于斜桥左右。考虑到大型高炉焦炭要分级使用,为了提高系统的可靠性,也可以在斜桥两侧均设两个备用焦槽,而且装有防雨装置。贮矿槽槽底应有一定的倾斜角度,避免死料柱的存在。

表 3-1　矿槽、焦槽的容积

高炉容积/m^3	255	600	1000	1500	2000	2500
矿槽相当于高炉容积的倍数	>3.0	2.5	2.5	1.8	1.6	1.6
焦槽相当于高炉容积的倍数	1.1	0.8	0.7	0.5~0.7	0.5~0.7	0.5~0.7

C　贮矿槽结构

贮矿槽的结构有两种,钢筋混凝土结构和混合结构。我国多采用钢筋混凝土结构。混合结构是指支柱和槽采用钢筋混凝土结构,漏嘴和轨道梁用钢结构。为了保护贮矿槽内表面不被磨损,采用的衬板有:焦槽内衬以废耐火砖,废铁槽内衬以旧铁轨,生矿槽内衬铁屑混凝土或铸铁衬板,对装热料的贮矿槽则衬以废耐火砖。对于我国北方的矿槽,防冻措施是向槽内通蒸汽,在漏嘴处用高炉煤气进行局部烘烤。

3.1.1.2　闭锁装置

一般每个贮矿槽设有两个漏嘴,漏嘴上应装有闭锁装置,即闭锁器。其作用是开关漏嘴,并调节流量。对其基本要求是:应有足够的供料能力;料流均匀连续且稳定并可以调节;能正确锁住料流,不卡不漏;结构简单,易于维修。

目前,常用的闭锁装置基本上有启闭器和给料机两种。

(1) 启闭器　其供料是借炉料本身的重力,故难于控制料流,易跑料和卡料,特别是当物料粒度不均匀时更是如此。从而破坏了称量的准确性。因此,一般用于机械化程度较低的中小高炉。

如图 3-1 按结构形式可分为:单扇型板式(图 a)、双扇型板式(图 b)、S 型翻板式(图 c)和溜嘴式(图 d)四种。S 型翻板式(图 c)启闭器,由于关闭时其上翼板和下翼板强制关闭,利于克服跑料和漏料,广泛应用于中小高炉。溜嘴式(图 d)启闭器可以完全清除跑料和漏料,因其向上转动则关闭,物料不可能利用重力排出;向相反方向转动,使溜嘴向下倾斜,物料则沿溜嘴方向排出。但因启闭动作不敏捷,排料量调节不便,此外转动时整个溜嘴及其内部物料都要转动,而且占据空间比较大,不适合大型高炉应用。

(2) 给料机　由于给料机是利用炉料自然堆角自锁(图 3-2),所以关闭可靠。当自然堆角被破坏时,物料借自重落到给料器上,然后又靠给料器运动,迫使炉料向外排出。故它能均匀、稳定而连续地给料,从而也保证了称量精度,因此被广泛用于现代高炉生产中。

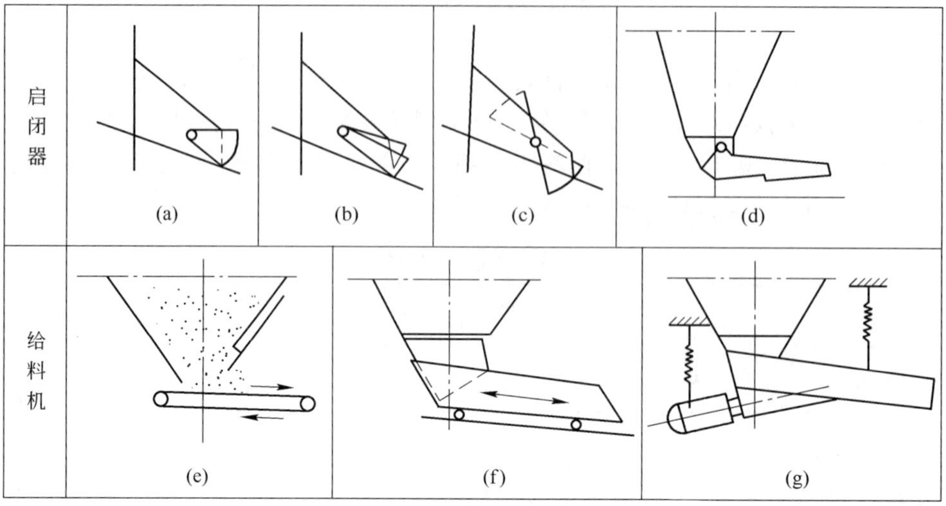

图 3-1　启闭器和给料机

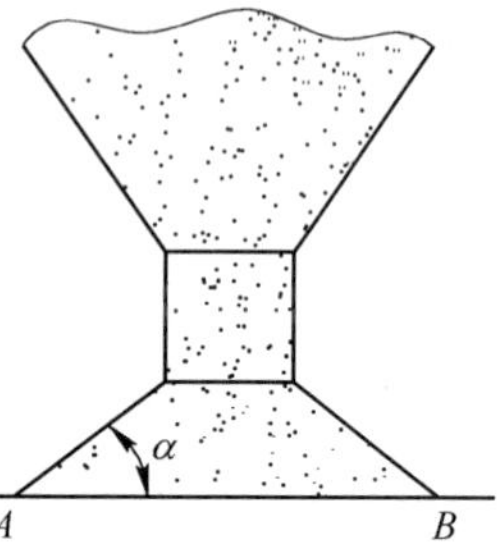

图 3-2　散料仓利用堆角的自锁原理

如图 3-1 所示，给料机按结构形式可分为：链板式给料机（图 e）、往复式给料机（图 f）和电磁振动给料机（图 g）三种。广泛应用的是电磁振动给料机（图 g）。这种给料机由槽体、激振器、减振器三部分组成，减振器与槽体之间通过弹簧连接在一起。如图 3-3 所示。由于减振器的作用，使槽体产生连续不断地振动，驱使槽内物料连续产生向前跳跃运动。由于槽体的振动频率很高，振幅很小，物料被抛起的高度也很小。只能看到物料在槽内连续不断地向前流动。

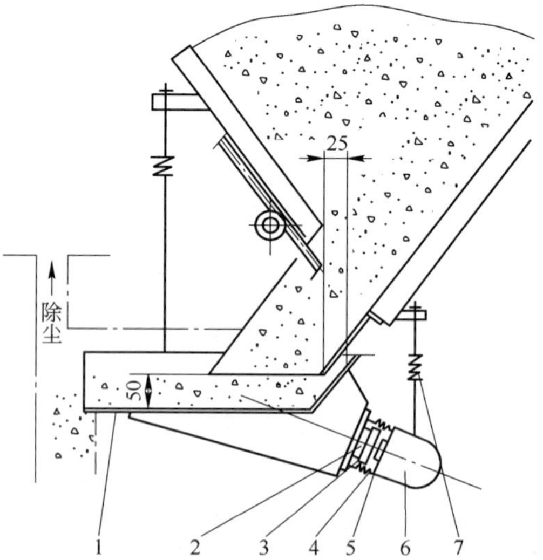

图 3-3　电磁振动给料机结构

1—料槽；2—连接叉；3—衔铁；4—弹簧组；5—铁芯；6—激振器；7—减振器

电磁振动给料机由于采用电磁力驱动和利用弹性系统近似共振原理工作，没有转动的零部件，没有润滑点，结构简单、设备质量小，驱动功率小，维修方便；此外还有给料均匀，能与电子式称量装置联锁，便于自动控制等优点，所以被广泛采用。其缺点是不能用于有较高黏滞性的湿的粉状物料。

3.1.2　槽下称量及运输、筛分设备

在贮矿槽下将原料按品种和数量称量后运到料车的方法有称量车和皮带机运输（用称量漏斗称量）两种。

3.1.2.1　称量设备

根据称量传感原理不同，槽下称量设备可分为机械秤（即杠杆秤）和电子秤。

A　称量车

根据高炉有效容积的不同，国内称量车装料量分别为 3 t、10 t 、25 t、30 t 和 40 t。称量车上的称量机构杠杆系统如图 3-4 所示，料斗壳体及其框架，底开卸料门及其结构和称量机构，由平衡重荷 4 来平衡，弹簧 6 则用来平衡料斗中的料重。

杠杆式称量系统存在一个共同缺点：由于各种原因，支点上的刀口变钝是不可避免的。当刀口磨损和变钝之后，称量精确度降低。此外，杠杆式称量系统比较复杂，整个尺寸结构庞大。因此，目前国内外广泛应用电子称量装置。

B　称量（焦）漏斗

称量（焦）漏斗固定在物料筛和上料料车之间，漏斗用柱子支托在秤的平台上，四个支点将物料负荷传递到秤头的指针上，杠杆系统的结构如图 3-5 所示。

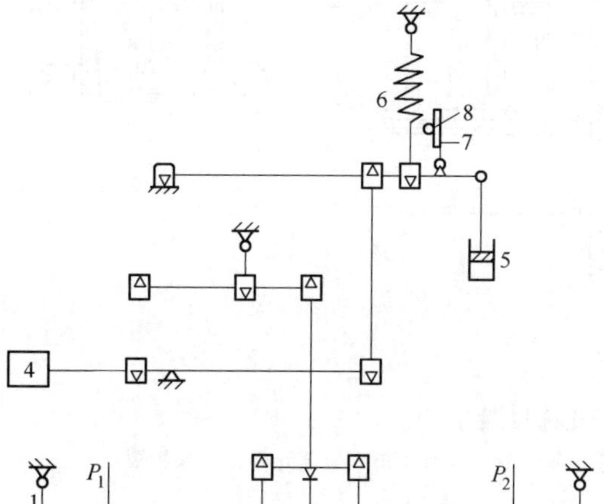

图 3-4　称量车称量机构的杠杆系统
1—车架上的吊杆；2—支托座子；3—料斗的支点；4—平衡重荷；5—缓冲器；6—弹簧；7—齿条；8—指针小齿轮

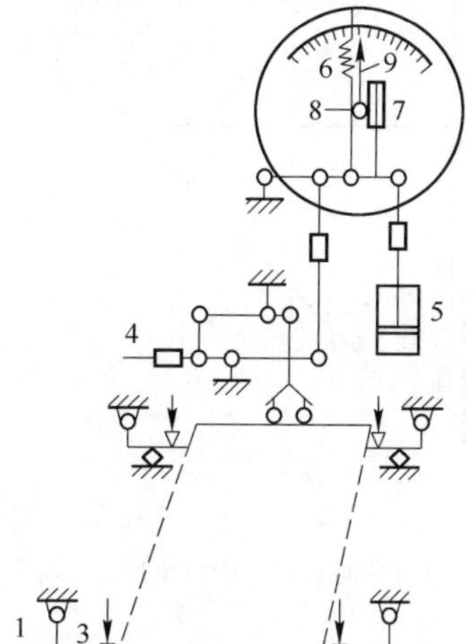

图 3-5　称量漏斗称量机构
1—框架；2—支座；3—焦斗支点；4—焦斗平衡重 5—缓冲器；6—称量弹簧；7—齿条；8—指针小齿轮；9—指针

C　电子秤

电子秤的基本装置由一次元件和二次仪表组成。一次元件又称传感器，在上面贴有电

阻应变片。当传感器元件受热变形时,贴在传感器上的应变片也随之相应变形,其电阻值随其变形量而变化,故测量电阻值就可知所受力的大小。由于传感器上的应变片电阻值变化很小,必须将其放大,因此,将贴在传感器上的应变片构成电桥以便输出较大信号(图 3-6、图3-7),这就是二次仪表。

电子秤质量小,体积小,结构简单和拆装方便,计量精度较高,所以应用广泛。

电子式称量漏斗由传感器 1(参见图 3-6 和图 3-7)、固定支座 2、称量漏斗本体 3 以及启闭闸门组成。在称量漏斗外面设有三个互成 120°角的三个传感器 1 构成的稳定受力平面,如图 3-8 所示。

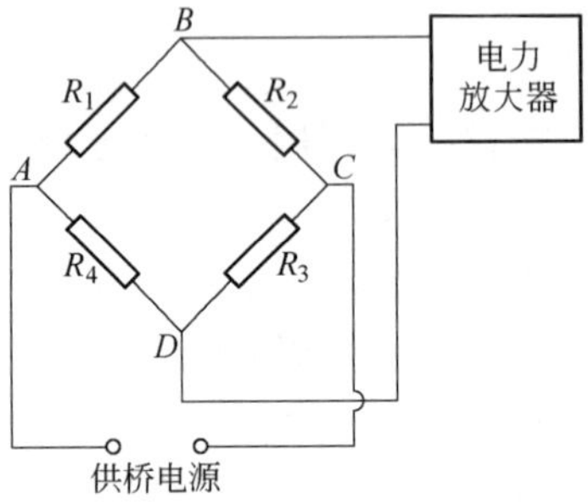

图 3-6　传感器电桥原理

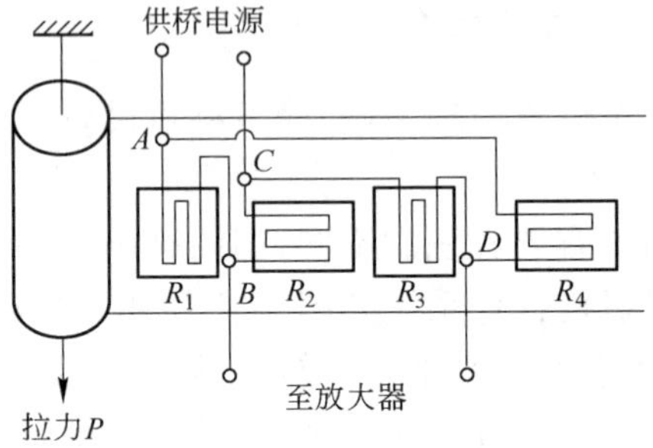

图 3-7　传感器侧面展开图

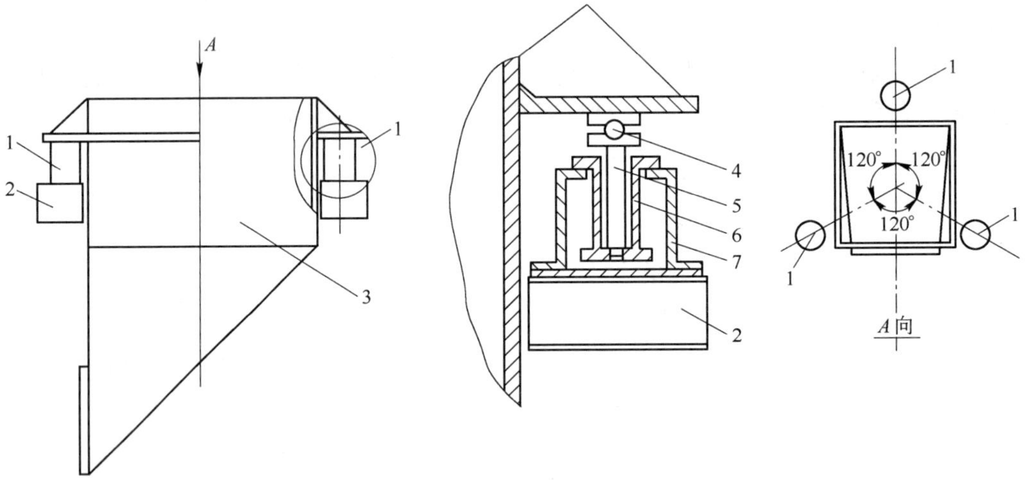

图 3-8　电子式称量漏斗

1—传感器;2—固定支座;3—称量漏斗;4—传力滚珠;5—传力杆;6—传感元件;7—保护罩

3.1.2.2　运输设备

A　称量车运输设备

称量车机架是由纵向和横向梁组成的金属结构,上铺金属板,机架安装在两台铁道行走小车上,每台小车装有电力驱动装置和气动制动器,刚性漏斗通过四根竖杆支撑在称量机构的杠杆上,称量机构则挂在机架上。此外,称量车上还有称量漏斗启闭器的操纵机构、料仓启闭机构等。

当进行称量作业时,将称量车开到指定的矿槽下面,对准闭锁器后,打开闭锁器使其漏料,取料完毕后,返回到料车坑口,按规定上料程序将料卸入料车,完成取料、称量、运输、卸料等作业。此法缺点是:供料能力有限,设备复杂庞大,不易实现机械化和自动化,人工操作条件差,所以在新建高炉槽下极少采用。但对已有称量车的高炉,许多企业都进行了改造,将手动称量车改造为采用程序控制的自动称量车,其控制系统包括程序、走行、取料、信号等部分。控制电器元件分有触点(继电器—接触器)和无触点(半导体逻辑元件)两种。

B 带式运输设备

槽下的带式运输设备主要是指胶带运输机,只有用热矿时才使用钢板做的链板式运输机。胶带运输机自动化程度高,生产能力大,可靠性高,劳动条件良好,所以应用广泛。链板式运输机由于笨重且易变形,目前已淘汰。

3.1.2.3 筛分设备

槽下筛分设备常用振动筛和辊筛两种。辊筛过去常用于焦炭的筛分,由于辊筛结构复杂,消耗电能多,而且焦炭破碎率大,焦末量增加,所以,近年来我国新建的多数高炉已不采用辊筛而改用振动筛。

现有的振动筛种类比较多,如图3-9。根据筛体在工作中的运动轨迹来分,可分为平面圆运动和定向直线运动两种。属于平面圆运动的有半振动筛(图a)、惯性振动筛(图b)和自定中心振动筛(图c);属于定向直线运动的有双轴惯性筛(图d)、共振筛(图e)和电磁振动筛(图f)。

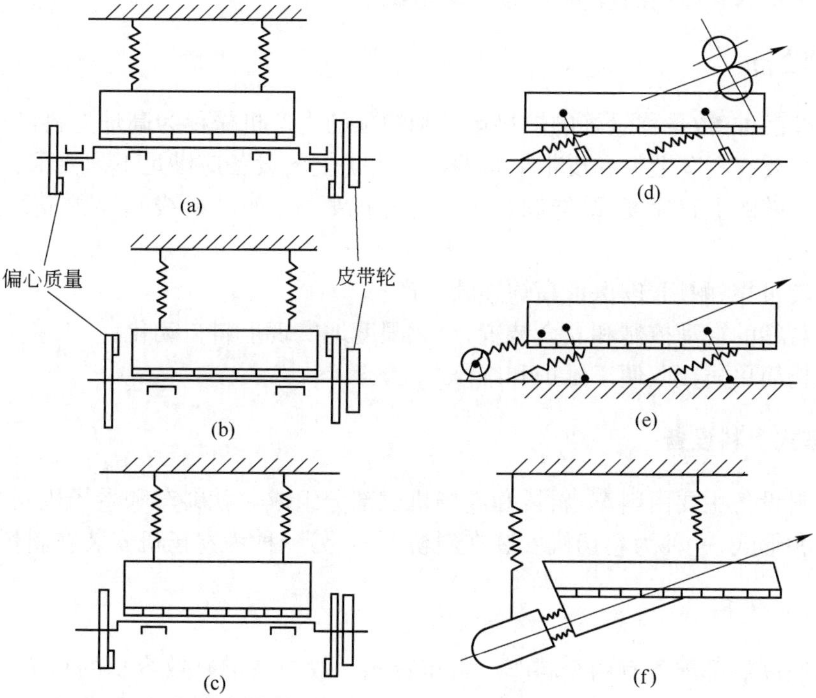

图3-9 各种振动筛机构原理

(a)半振动筛;(b)惯性振动筛;(c)自定中心振动筛;(d)双轴惯性筛;(e)共振筛;(f)电磁振动筛

从结构运动分析来看，自定中心振动筛（图 c）较为理想，它的转轴是偏心的，平衡重与偏心轴是对应的，在振动时，皮带轮的空间位置基本不变，它只作单一的旋转运动，皮带不会时紧时松而疲劳断裂；其缺点是筛箱运动没有给物料向前运动的推力，要依靠筛箱的倾斜角度使物料向前运动。为此出现定向直线振动的双轴惯性筛（图 d）、共振筛（图 e）和电磁振动筛（图 f）。

自动中心振动筛由框架、筛体和传动部分组成，框架是钢结构件内设衬板，筛底选用高锰合金板架设在底脚弹簧上。筛体有单层和双层筛两种。

设备构造由传动部分（电机、三角皮带、振子传动轴）和辅助设备（润滑管路、冷却水管、蜗轮减速机、给油泵等）组成。

3.1.3　供料设备的维护检查

供料设备的日常维护检查要点是：

（1）认真执行设备点检制度，详细填写工作记录；

（2）经常检查各焦、矿振动筛工作情况，注意各电机温度，发现问题及时处理；

（3）经常检查各焦、矿闸门磨损程度，开关是否灵活；

（4）经常检查皮带机磨损程度，托辊是否齐全、全部转动；

（5）注意观察中心翻板工作情况，有无刮卡现象，溜槽及中心漏斗衬板磨损情况；

（6）注意观察各部机电设备固定螺栓是否齐全，有无松动；

（7）定期校核称量设备；

（8）对于检修和停用的设备，必须切断电源。

3.2　上料设备

一般把按品种、数量称量好的炉料运送到炉顶的生产机械称为高炉上料设备。目前，高炉上料方法主要有料车上料和皮带上料两种。高炉上料设备应满足下列要求：

（1）有足够的上料速度，既能满足工艺操作的要求（如赶料线），又能满足生产率进一步增长的要求；

（2）运转可靠、耐用，以保证高炉连续生产；

（3）有可靠的自动控制和安全装置，最大限度地实现上料自动化；

（4）结构简单、合理、便于维护和维修。

3.2.1　料车式上料设备

料车上料设备主要由料车、斜桥和卷扬机三部分组成。就料车和卷扬机安装位置而言，大致分为两种形式，一种为卷扬机安装在斜桥下面，另一种为卷扬机安装在斜桥上面。

3.2.1.1　料车

一般每座高炉都配备有两个料车。料车容积一般为高炉有效容积的 0.7% ~1.0%（参见表 3-2）。实际中大多以增加料车宽度和高度，并扩大开口的办法来扩大料车容积，而很少用加长料车的办法。因为料车长度受到料车倾翻、曲轨长度以及运行时稳定性的限制。典型料车结构如图 3-10 所示，它由车体、车轮、辕架三部分组成。

表 3-2 料车有效容积与高炉有效容积的比值

高炉有效容积/m^3	焦炭批重范围/kg	料车有效容积/m^3	$\frac{料车有效容积}{高炉有效容积}$/%
100	350～1000	1.0 或 1.2	1.0 或 1.2
255	900～2500	2.0	约 0.8
620	1800～4500	4.5	0.725
1000	3000～6500	6.5	0.65
1500	4500～9000	9.0～10.0	0.6～0.667
2000	5000～11000	12.0	0.60
2500	5500～14000	15.0	0.60

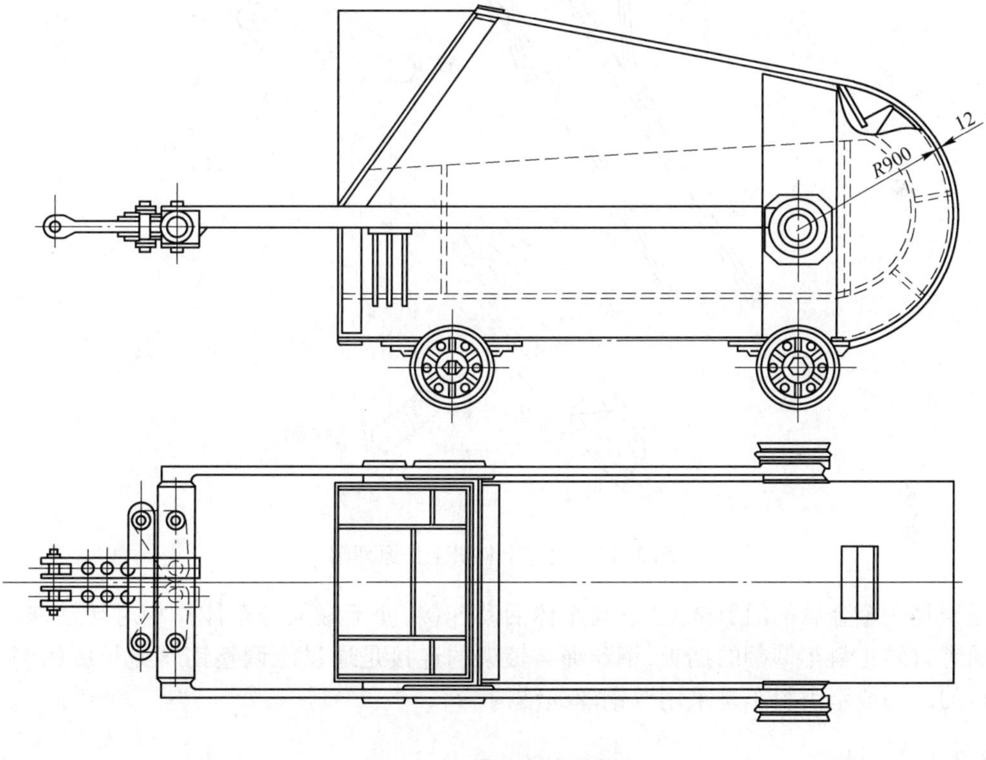

图 3-10 典型料车结构

料车的车体一般由 10～12 mm 钢板焊成，在车的底部和侧壁均镶有铸钢或锰钢保护衬板，以防止车体磨损。车体后部作成圆角以防矿粉黏结，在尾部上方有一个小窗口，供撒在料车坑内的料装回料车。

料车的前后两对车轮结构不同，如图 3-11 所示，前轮只能沿主轨道滚动，后轮不仅沿主轨道，而且在炉顶曲轨段还要沿辅助轨道滚动，以便倾翻卸料。所以，前轮只有一个踏面，轮缘在斜桥轨道的内侧；后轮做成两个踏面，轮缘在两个踏面之间。当料车在斜桥料坑段和中间段行驶时，后轮内踏面与轨道相接触，后轮进入炉顶卸料曲轨段时，外踏面开始与轨距较宽的辅助轨道相接触，此时内踏面则脱离主曲轨，料车开始边上升边倾翻倒料。料车上的四个轮子,可以单独转动,也可以作成轮子与轴固定的转轴式。单独转动的轮子采用双列向心球面轴承,它能避免车轮滑行、啃边及不均匀磨损。

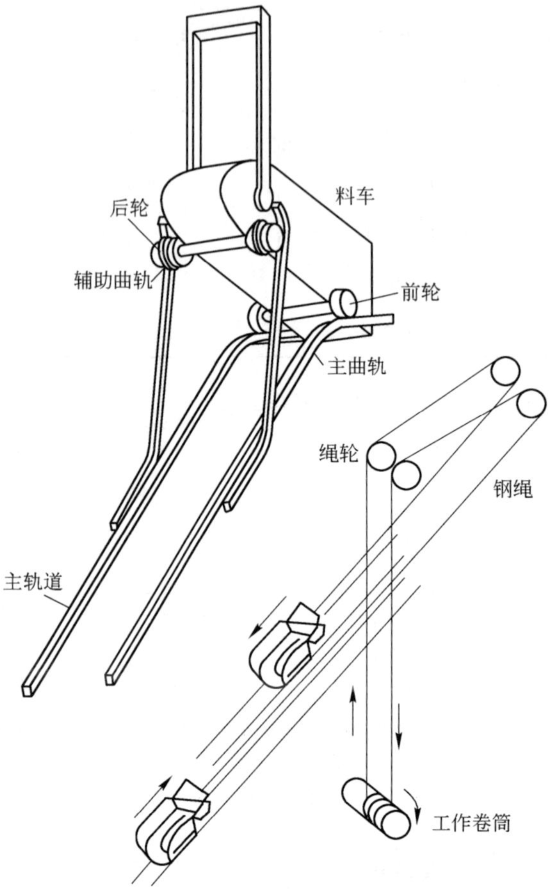

图 3-11　料车上料机工作原理图

辕架是一个金属的门形框架,它与车体活动连接,便于辕架与车体作相对转动,在车体的前面焊有防止料车仰翻的挡板,钢丝绳与辕架的连接是通过能调整钢丝绳长度的调节器来进行的。一般牵引料车是采用双钢丝绳结构。

3.2.1.2　斜桥

斜桥大都采用桁架式和实腹梁式两种结构。前者用角钢或型钢以一定的方式焊接成长方体框架,料车就在这个框架内移动(见图 3-12),轨道设备在桁架下弦的钢梁上,而料车钢绳的导向轮则安装在桁架的顶端。这种桁架质量比较小,结构比较简单。

实腹梁式斜桥如图 3-13 所示,用钢板代替型钢铆焊的桁架有的仅在下弦部分铺满钢板,两侧仍用角钢桁架。有的两侧采用钢板围成槽形断面,料车行走轨道都铺设在槽的底板上,而料车钢绳的顶部绳轮都安装在炉顶金属框架上。实腹梁式斜桥结构比较简单,可以自动化焊接,对斜度小、跨度大的高炉来说,消耗钢材相对较多。

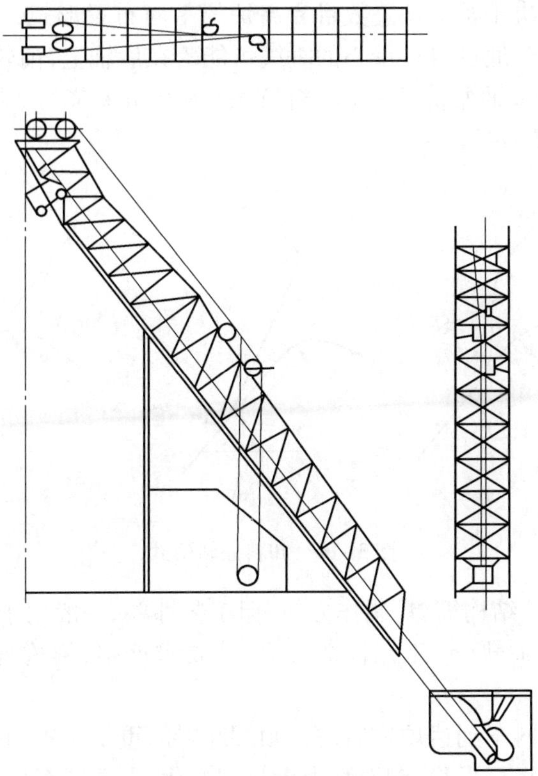

图 3-12 桁架式斜桥

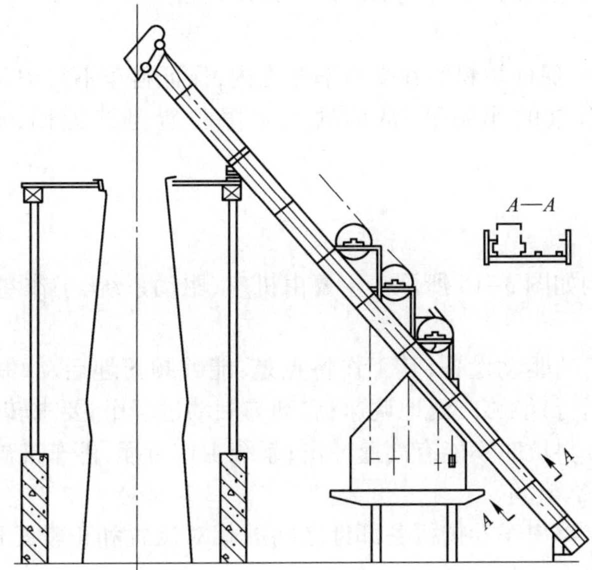

图 3-13 实腹梁式斜桥

为了防止料车脱轨和确保卸料安全，在桁架上安装了与轨道处于同一垂直面且与之平行的护轮轨。

斜桥的倾角主要取决于桥下铁路数目和高炉的平面布置形式，一般为 55° ~65°。应该指出，倾角不能过大，以免通过料车重心的垂线可能落在后轴上，前轮出现负轮压，使料车走行不稳定。斜桥走行轨道通常分为三段：料坑段（倾角 $\alpha \leqslant 66°$）、中间段（倾角 $\alpha = 45° \sim 60°$）和卸料曲轨段（图 3-14）。

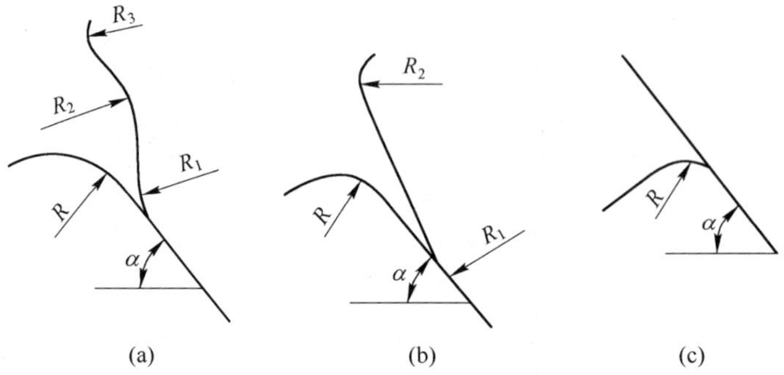

图 3-14　卸料曲轨形式

图 3-14 中，曲轨（c）结构简单，制作方便，但工艺性差，一般用于小高炉上。曲轨（a）和（b）常用于大中型高炉，曲轨（a）工艺性能好，尺寸要求严格，结构复杂；曲轨（b）的结构相对简单。

卸料曲轨段是保证料车到达炉顶后进行倾翻卸料的重要装置，它应该满足下列要求：

（1）料车在曲轨上运行平稳，钢绳张力无急剧变化，保证料车后轮压在滚道上；

（2）禁止出现严重冲击现象，以免出现“料车上天”事故；

（3）重车行至卸料位置时，要有足够的倾斜角度（一般 55° ~60°），要保证卸料迅速、干净，炉料偏析最小；

（4）料车卸料时，应保证炉料卸在受料漏斗之内，保证料车不与炉顶金属结构碰撞；

（5）保证料车在自重的作用下，从曲轨的上限位置迅速返回，避免出现钢绳松弛现象。

3.2.1.3　卷扬机

料车卷扬机的结构如图 3-15 所示。主要由机座、驱动系统、工作卷筒和安全保护装置四部分组成。

卷扬机是料车上料的驱动设备，其工作特点是：能够频繁地启动、制动、停车、反向；能够按照一定的速度图运行；能够广泛地调速；启动与制动过程中，要求转速平稳，时间短。在进入卸料曲轨段及离开料坑时不能有高速冲击；系统工作可靠，停车准确。

A　机座、驱动系统、卷筒

（1）机座是用来支撑料车卷扬机各部件之间的相对位置和正常工作的，卷扬机通过机座把外载荷传给基础。

（2）驱动系统。驱动系统包括电动机、齿轮传动装置和工作制动器等部件。

卷扬机采用直流电动机，它的电源是由电动机——直流发电机组提供，或直接采用可控硅——直流电动机。为了保证安全，一般采用两台型号、特性完全相同的直流电动机进行双电机驱动。当一台电机发生故障时，另一台可维持 70% 的工作量。

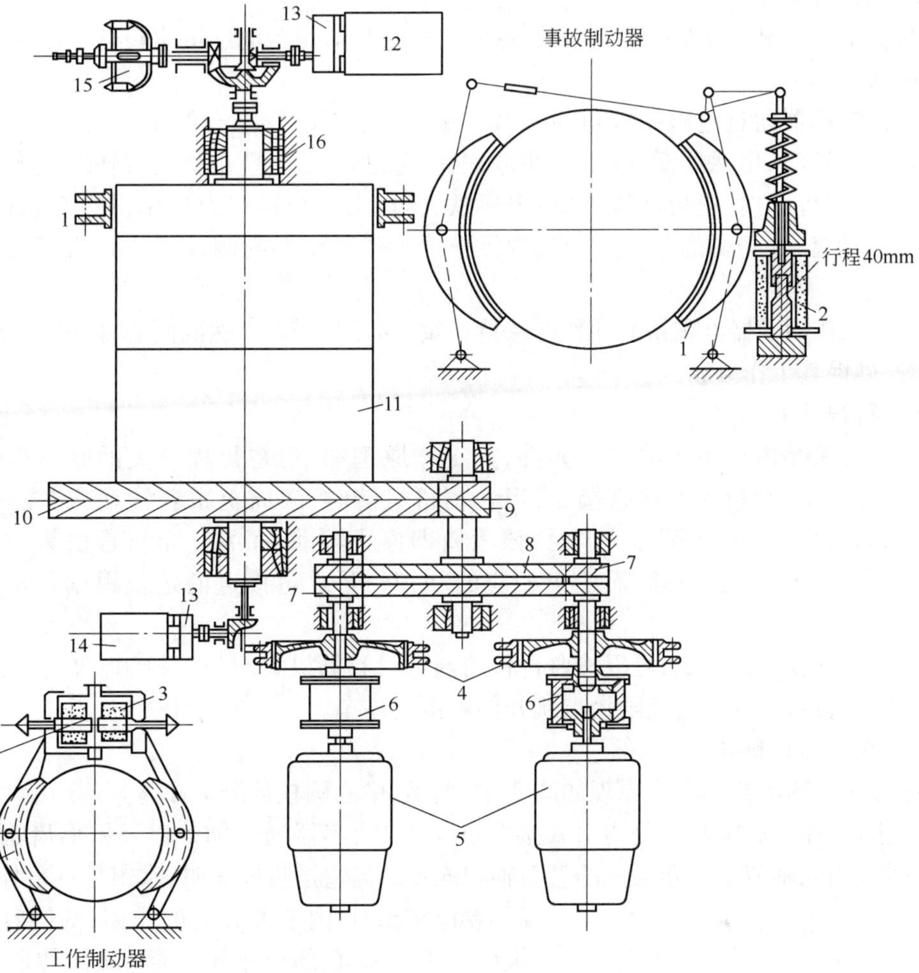

图 3-15 卷扬机驱动系统

1—事故制动器的制动块;2—事故制动器的电磁铁;3—工作制动器的电磁铁;4—工作制动器;5—电动机;6—齿轮联轴节;7～9—传动齿轮;10—大齿轮;11—卷筒;12—行程开关;13—减速箱;14—第二行程开关;15—速度继电器;16—轴承

减速传动由中间轴和卷筒轴上两组人字齿轮完成。作为减速装置的减速机,其箱体实际是一个密封的油槽。

在电动机出来的第一根轴上装有工作制动器的制动盘。

(3) 卷筒。主卷扬机的卷筒是铸铁的,在它上面车有左旋绳槽,用来缠绕两根平行的驱动钢绳,钢绳的一头固定在卷筒上,卷筒的一端装有供传动用的齿环,另一端为事故制动盘。

B 卷扬安全保护装置

料车卷扬机自动化程度高,为了确保其长期安全稳定的运行,卷扬安全保护装置应完整齐全。

a　工作制动器

为了正常情况下停车准确与事故状态下紧急停车，每台电动机均装有工作制动器，现场俗称抱闸。

工作制动器通过电磁线圈进行工作，每个工作制动器上有两个电磁线圈互相串联，当卷扬机运转时，电磁线圈获电，两块电磁铁相互吸引，支撑开制动臂使闸瓦与制动盘脱离，当卷扬机停止时，电磁线圈断电，电磁铁失电，由于弹簧张力作用，使制动臂靠拢将闸瓦抱紧制动盘，卷扬机的整个运动机构停止。工作制动器的制动工作也有用液压传动实现的。

两个工作制动器电磁铁的动作应保持一致，闸瓦和制动盘达到同心，接触和分离时其间隙均匀，确保其工作可靠。

b　行程开关

行程开关是电控系统的重要元件，其工作原理如下：在行程开关的壳体内装有两个滚筒，上面有24个滑动的线路接点，当卷扬机运转时，滚筒也跟着转动（起先一个转动，当其转角达到相当于行程的一半时，该滚筒即停止转动，而另一半行程由另一个滚筒来完成），随着接点的位置不同而发出相应的联锁信号。各接点的定位根据料车的行程加以确定。

借助于这种行程开关，可以按照行程的函数对卷扬机实现位置控制。在进入卸料曲轨前进行减速，在行程终点，极限接点跳开使卷扬机停车。

c　水银离心断电器

水银离心断电器的工作原理如图3-16所示，中心圆柱部分7和与其连通的两个容器6中盛有水银，在中心圆柱部分内引入接触点8、9、10，容器通过轴5以及锥形齿轮3、4高速转动，轴2用联轴节1和卷扬机的卷筒轴相连接。当卷扬机停车时，水银呈一个静止的水平面，卷筒转动时，由于离心力的作用，两侧容器内的水银面上升而中心部分水银下降，从而切断相应的接点。当转速为名义转速的50%时，接触点8的电路断开，以此控制料车在斜桥上的速度；当转速为名义转速的120%时，接触点9的电路断开，工作制动器制动，卷扬机停车，以此来控制料车在斜桥直线段的速度。实际使用结果表明，这种水银离心断电器工作相当可靠。

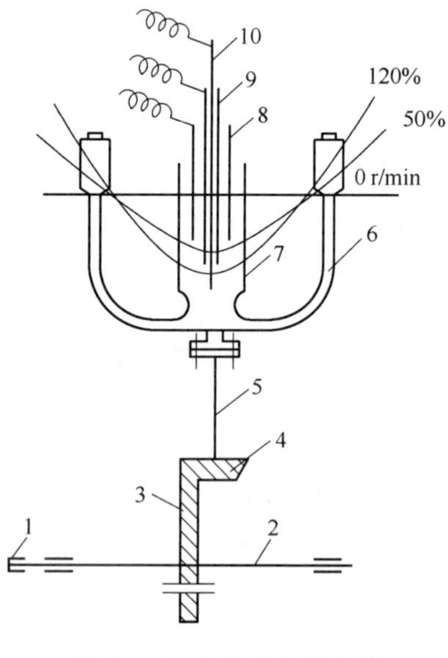

图3-16　水银离心断电器
1—联轴节；2，5—轴；3，4—高速齿轮；6—容器；7—圆柱；8～10—触点

d　钢绳松弛断电器

钢绳松弛断电器如图3-17所示，主要用来防止钢绳松弛。如果由于某种原因，料车下降时被卡住，钢绳松弛，当故障一旦排除料车突然下降，将产生巨大冲击，钢绳可能断裂，料车掉道。钢绳松弛断电器有两个，安装在卷筒下的每一边，分别供左右料车的钢绳使用。当钢绳松弛时，钢绳压在横梁1上，通过杠杆2使断电器3起作用断电，卷扬机随即停车。

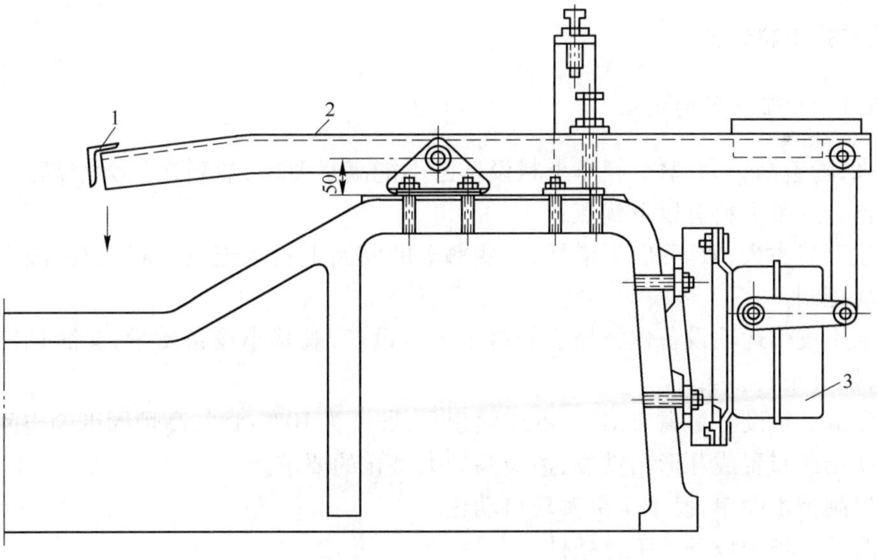

图 3–17 钢绳松弛断电器

1—横梁；2—杠杆；3—断电器

3.2.1.4 料车运动分析

料车在斜桥上的运行分为启动、加速、稳定运行、减速、倾翻、制动六个阶段，整个运动过程速度为“二加二减二匀”（图 3–18）。

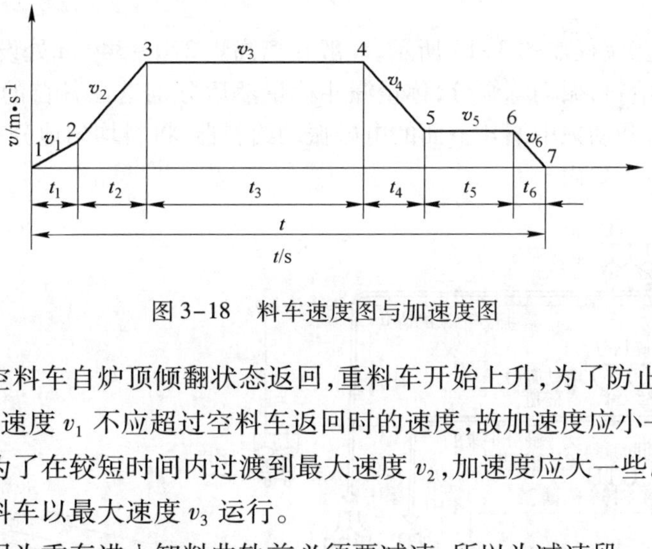

图 3–18 料车速度图与加速度图

在 t_1 时间内，空料车自炉顶倾翻状态返回，重料车开始上升，为了防止空料车钢绳松弛，钢绳从卷筒绕出的速度 v_1 不应超过空料车返回时的速度，故加速度应小一些。

在 t_2 时间内，为了在较短时间内过渡到最大速度 v_2，加速度应大一些。

在 t_3 时间内，料车以最大速度 v_3 运行。

在 t_4 时间内，因为重车进入卸料曲轨前必须要减速，所以为减速段。

在 t_5 时间内，为重车的匀速倾翻段。

在 t_6 时间内，为重车的减速到停车段。

料车提升一次所需时间（$t = t_1 + t_2 + t_3 + t_4 + t_5 + t_6$）为 35 ~ 55 s。实际在料车提升一次所需时间中，料车启动和停车时间占了近一半，所以用提高料车运行速度来提高生产能力效果是不大的，而大多数采用增加料车有效容积的办法来解决。

3.2.2　皮带式上料设备

3.2.2.1　皮带上料的优点

近年来，随着高炉大型化，料车上料设备已不能满足要求，故新建的大型高炉都采用皮带上料设备。皮带上料有以下优点：

（1）生产能力大，效率高，灵活性大，变料车的间断上料为连续上料，炉料破损小，配料可实现自动控制。

（2）采用皮带运输设备代替昂贵的料车上料设备，既减小设备质量，又简化控制系统，维修简单，投资小。

（3）皮带上料设备是高架结构，占地面积小，坡度为10°～18°，高炉周围的空间大，可布置两个出铁场或布置成环形出铁场，适应高炉大型化的要求。

（4）控制技术简单，易于全部实现自动化。

（5）改善了炉顶设备的工作条件。

采用皮带上料设备应注意以下几个问题：

（1）为了防止划伤皮带，在上料机前必须设置铁片清除装置。

（2）为了防止烧坏皮带，要求冷矿入炉。

（3）由于皮带张力大，要采用夹钢绳芯的高强度胶带，为了分担这种张力，必须采用多辊驱动。

3.2.2.2　皮带上料的工艺流程

皮带上料的工艺流程如图3-19所示，一般在离高炉270～340 m处设称量库配料，槽下用电磁振动给料器给料，振动筛筛分，称量漏斗称量然后分别送往各自的集中漏斗；按照上料程序和装料制度，开动集中漏斗下面的电磁振动给料器，将料均匀地分布在不停运转的皮带机上，运到炉顶装入炉内。

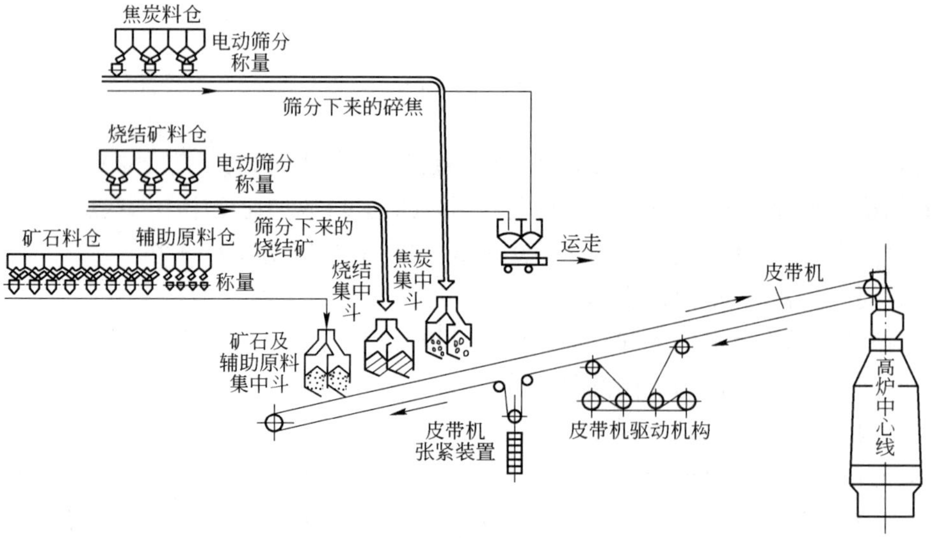

图3-19　高炉皮带机上料流程

3.2.2.3 皮带上料的运送设备

A 传动装置

一般情况下,皮带机头轮设置在炉顶上,尾轮设置在矿槽下部,机械传动装置和电器控制室设置在偏于尾轮一侧的中部。由于皮带上有炉料及其自身的荷重,再加上张紧装置的作用,皮带与中间摩擦驱动机之间产生摩擦力而被驱动。皮带上料设备的传动装置多采用装有备用电机的多驱动方式,传动机构一般是串联驱动。如图 3-20 是用四台电机驱动的传动装置简图。正常工作是采用三台,其中一台备用。

B 胶带的种类

由于炉料提升高度比较大,倾角又不能太大,所以皮带要拉得很长,因此,必须采用高强度皮带。过去曾采用过厚 25 mm 的帆布皮带作主皮带,但强度不够容易断裂,现在采用夹钢丝绳芯的强张力型胶带,夹钢丝绳芯的胶带所用的钢丝除应有一定的抗拉强度和疲劳强度外,还应与橡胶之间有较大的黏着力,有较好的柔软性。由于夹钢丝绳芯的胶带沿横向无骨架,故这种胶带有横向强度小的缺点,使用时要注意,防止胶带横向撕裂。

C 料位检测

为了准确检测原料位置,在皮带机长度方向上设有原料位置检测装置,如图 3-21,共设有四个检测点。四个检测点的功能如下:

(1) 焦炭终点检测点发出信号是允许下批料中的焦炭开始排放到主皮带上的信号。

(2) 矿石终点检测点发出信号是允许下批料中的矿石开始排放到主皮带上的信号。

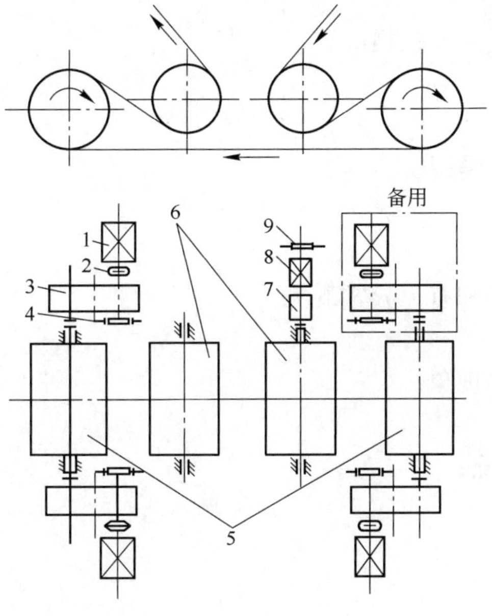

图 3-20 皮带传动机构

1—电动机;2—液力耦合器;3—减速机;4—制动器;5—驱动滚筒;6—导向滚筒;7—行星减速机;8—电动机;9—制动器

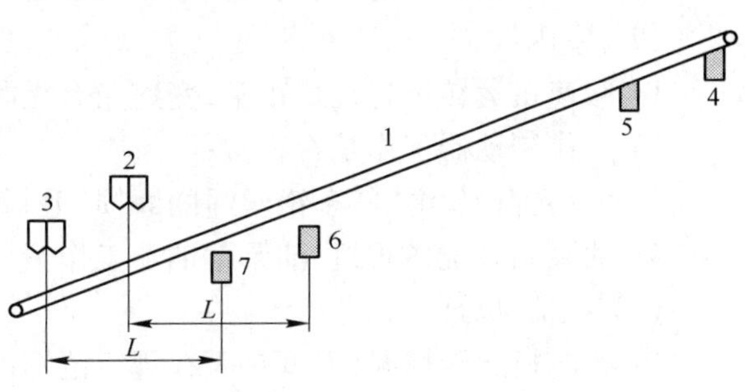

图 3-21 原料位置检测点

1—装料皮带机;2—矿石斗;3—焦炭斗;4—原料到达炉顶监测点;5—炉顶准备监测点;6—矿石终点检测;7—焦炭终点检测

(3) 炉顶准备点给出的信号是为了检查在炉料从主皮带卸下时,炉顶各有关设备是否处于受料的准备状态。

(4) 原料到达炉顶的检测点给出炉料确实已到达炉顶的信号。

D 皮带上料控制系统

皮带上料控制装置,其控制电路大体分为如下几种形式:

(1) 单独运转电路。每台电机单独运转、试运转、调整、检查,各台电动机、闸门等都有自己的操作开关,可以相互联锁,也可以单独运转。

(2) 自己运转电路。根据编制出所需要的运转程序来自动运行,可以任意调整所编制的运转程序,也可以在任何时间内,使程序从零开始,再根据情况自由变更,重新启动。

(3) 共同控制电路。除了大小钟的原料指示、装料次数指示、称量斗装料指示的电路外,还有各种保护电路。在下面几种情况下,事故灯报警、各机器同时紧急停车:手动紧急停车时;大小钟料尺的限位开关动作时;各种电动机过载时;主皮带机速度继电器动作时;在校对运转程序执行中,各种操作到达规定时间仍未终止时;向小钟上装入两层原料时;原料检测位置发生故障时;校对原料到达炉顶的时间。

(4) 时间自动控制电路。根据时间程序,指令各电动机开始工作并控制工作延续时间。

(5) 旋转角度控制电路。给布料器选出角度,并指令其开、停、正转、反转等。

3.2.3 上料设备的维护检查

上料设备的日常维护检查要点是:

(1) 室外

1) 主卷扬料车在轨道上的运行情况,衬板及车轮磨损情况;

2) 布料器旋转情况及旋转角度;

3) 绳轮运转情况;

4) 斜桥、护轨、曲轨有无变形、开焊、摩擦、移位情况;

5) 固定受料漏斗衬板磨损情况;

6) 大小钟开关是否同步,声响是否正常;

7) 炉顶液压系统的所有管路、油罐等是否漏油和有无异常现象。

(2) 室内

1) 减速机运转声音是否正常,变速箱有无漏油现象;

2) 工作制动器工作是否正常;

3) 大小钟钢丝绳、料车钢丝绳的磨损、毛刺情况;

4) 油泵站系统各阀组、油泵蓄油器工作情况。

(3) 电器部分

1) 各电机运转情况,温度是否在规定范围内;

2) 整流子及电刷;

3) 各安全装置是否灵敏可靠;

4) 各接触器、继电器接点烧损情况;

5) 各电阻及接线头的状况;

6) 各电压、电流表的指示是否正常。

3.3 装料设备

通常把运到炉顶的炉料按照一定的工艺要求装入炉内，同时能够防止炉顶煤气外逸的装置，称为炉顶装料设备。炉顶装料设备按炉顶煤气压力可分为常压炉顶和高压炉顶两种形式，按炉顶装料结构分为双钟式、钟阀式和无料钟式等三大类。

对炉顶装料设备的要求如下：

(1) 保证炉料在炉内合理分布，在高炉产生偏料和管道行程等失常炉况时，能将炉料堆尖灵活、准确地调整到需要的地方；

(2) 应力求结构简单、体积小、质量轻、密封可靠，便于检修与更换；

(3) 具备耐受高温和温度剧烈变化、高压、冲击、摩擦的能力，坚固耐用；

(4) 操作灵活，使用方便，运行安全可靠，易于实现机械化、自动化，满足高炉生产的需要。

3.3.1 钟式炉顶装料设备

钟式炉顶装料设备主要由受料漏斗、布料器、装料器三大部分以及均压装置、探尺和料钟传动装置等组成。目前使用较多的是马基式炉顶，即双钟带小料斗旋转布料器的炉顶装料设备(图 3-22)。

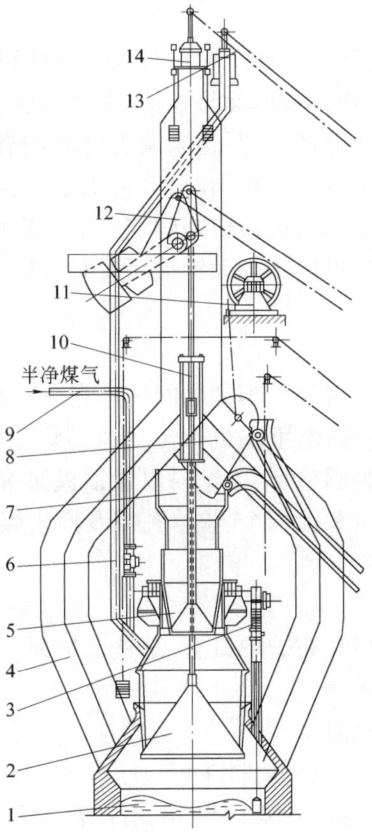

图 3-22 马基式双钟装料设备

1—料面；2—大钟；3—探料尺；4—煤气上升管；5—布料器；6—大钟均压阀；7—受料漏斗；8—料车；9—均压煤气管；10—料钟吊架；11—绳轮；12—平衡杆；13—放散阀；14—大气阀

3.3.1.1　装料器

装料器是双钟式炉顶装料设备的主要组成部分，包括大料钟、大料斗、煤气封盖、大钟拉杆等。它能满足常压高炉以及炉顶压力不很高的(低于0.15 MPa)高炉的基本工作要求。

A　大料钟与大料斗的结构

a　大料钟

多用中碳钢整体铸造，一般选用ZG35。为了防止磨损，在钟背面上须堆焊硬质合金。大钟一般壁厚55~60 mm，大型高炉达60~80 mm，大钟倾角一般在45°~55°之间，我国定型设计规定为53°。大钟直径与炉喉直径配合，以保证合适的炉喉间隙。大钟直径在我国已定型化。在大钟的内壁下部有水平刚性环和垂直加强筋，以减小扭曲变形。大钟与大料斗的接触面是一个环行带，带宽100~150 mm，堆焊5~8 mm厚的硬质合金。接触带的间隙要小于0.08 mm。

b　大料斗

大料斗用ZG35整体浇铸，壁厚50~55 mm，料斗壁的倾角大于70°，一般为85°。料斗下缘无水平刚性环和垂直加强筋，目的是使料斗的下口具有良好的弹性便于钟斗良好的吻合。大料斗与大钟的接触处也堆焊硬质合金。大料斗的容积约为高炉有效容积的3%，料车容积的5~6倍。

大钟拉杆一般用低碳无缝钢管制成。大钟与大钟拉杆间的连接方式有铰式连接与刚性连接两种。铰式连接采用铰链连接或球面头连接，大钟可以自由活动，当大钟与大料斗中心线不一致时，仍能保持两者之间的密合，并且当两者之间尚有料块存在时，不会引起大钟杆弯曲；其缺点是当大料斗内炉料分布不均匀时，容易引起大钟的偏斜和摆动，使炉料分布不均；刚性连接是大钟与大钟杆之间用连接楔来固定(图3-23)，以便使大钟无法摆动，从而保证炉料更合理地装入炉内，同时可以减少大钟关闭时对大料斗的偏心冲击，其缺点是容易使大钟拉杆弯曲。

c　煤气封盖

煤气封盖与大料斗连接，是封闭大小钟之间的外壳，一般是由钢板焊接而成。它的上端有法兰盘与布料器的支托架相连接，下端也有法兰盘与炉顶支圈相连接。煤气封盖实际上是由上下两部分组成，下部分为圆筒形，内壁衬以锰钢板保护层；上部分为圆锥形，主要起密封作用，上面开有均压阀管道接头孔两个、检修孔以及产生煤气爆炸时孔盖能自动被高压气流顶开的爆炸孔等。

d　炉顶支圈

炉顶支圈又称炉顶钢圈，装在高炉炉口上，是整个炉顶设备安装的基础。

B　提高大钟与大料斗的寿命

a　大钟与大料斗损坏的原因

大钟在常压下可以工作3~5年，大料斗可以工作8~10年。可是在高压操作(炉顶压力大于0.2 MPa)时，大钟一般只能工作1~2年，有的甚至几个月。大钟与大料斗损坏的主要原因是荒煤气通过大钟与大料斗接触面的缝隙时产生磨损，以及炉料对其工作表面的冲击磨损。

大钟与大料斗之间产生缝隙的主要原因：

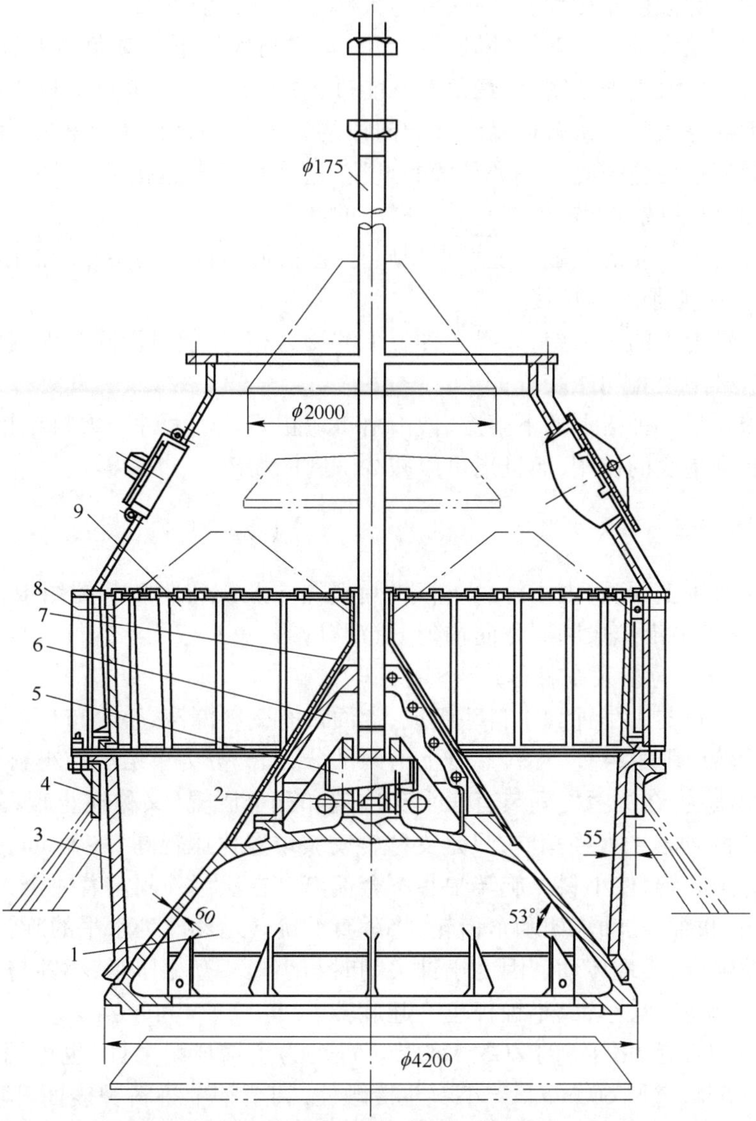

图 3-23 大料钟与大料斗安装图

1—大料钟;2—大钟拉杆;3—大料斗;4—炉顶支圈;5—连接楔;
6—保护钟;7—钢板保护罩;8—筒形环圈;9—衬板

(1) 设备制造及加工带来的缺陷 大钟与大料斗之间的间隙达不到设计要求;

(2) 安装设备时质量上的问题 运输和吊装过程出现碰装和变形,安装时大料斗与高炉中心线、大钟与大料斗中心线、大料斗与炉顶法兰中心线不吻合等;

(3) 炉料的摩擦对设备的损坏;

(4) 温度对设备的影响;

(5) 炉内压力对缝隙的影响 炉内煤气压力高,通过大料钟与大料斗之间的接触缝隙煤气流速快煤气中的粉尘加速大钟的损坏。

b 提高大钟与大料斗寿命的措施

（1）采用刚性钟柔性斗相配合，使大钟与大料斗之间接触更加紧密；

（2）采用双折角大钟　一般大钟倾角为53°，如果将大钟下段倾角加大（60°～68°），则大钟与大料斗之间接触更加紧密，注意角度不能过大，否则大钟可能被大料斗楔住；

（3）采用大钟与大料斗接触边缘煤气导向段的合理结构，由此可以使荒煤气在流经大钟与大料斗之间的接触缝隙时有一个平缓的过渡，避免荒煤气直接冲刷大钟与大料斗之间的接触缝隙，同时可以减少大钟关闭时对大料斗的冲击；

（4）在大钟与大料斗的接触面上堆焊硬质合金，由此可以提高接触带的耐磨性，为了避免焊接层形成裂纹，必须加温焊接；

（5）消除大钟上下的压力差，如果大钟上下的压力相等，便可消除荒煤气对大钟与大料斗的冲刷，因此，必须设置均压装置；

（6）改善炉料从小钟落下的下落点，使下落点应正好位于大钟与大料斗相接触的区域，先落下的炉料起到垫底的作用，而且还可以减少炉料的粉碎。

3.3.1.2　布料器

布料器位于大钟上面，它由小钟、小料斗、受料漏斗及旋转驱动装置组成。其作用是消除布料偏析，达到炉料沿炉喉圆周方向均匀分布的目的。

A　*旋转布料器（马基式布料器）*

马基式旋转布料器由小钟和小料斗组成，上面设有受料漏斗，整个布料器由电动机通过传动装置驱动旋转（图3-24）。小料斗分上下两部分，上部分为单层。在小料斗下部外层的上缘固定着两个法兰，在法兰之间装有三个支撑辊和三个压辊（又称逆止辊，是防止料斗向上移动的压轮），两种辊子直径相同，只是支撑辊安装位置比压辊高2～3 mm，并在三个支撑辊的架子上安有定心辊，使小料斗旋转中心不会偏离。在法兰外固定着一个大齿圈，电动机的轴通过减速箱、联轴节、轴承架和伞齿轮，将垂直的旋转运动改为水平的旋转运动，并通过小齿轮与大齿轮啮合，实现传动。因为小钟关闭时与小料斗互相压紧，小钟与小钟杆联结成一体，所以小料斗旋转时，小钟、小钟杆也一起旋转。

小料钟一般用焊接性能好的ZG35Mn2钢铸成，为了增加耐磨性，也可用ZG50 Mn2铸钢件，倾角50°～55°，壁厚60 mm。与小料斗接触处，甚至整个小料钟表面都堆焊有硬质合金。为了拆卸、更换方便，小钟一般由两个半瓣组成，两瓣通过垂直结合面用螺栓从内侧连接固定。

小钟杆用厚壁钢管制成，为了防止炉料的冲击、磨损，外面均用两个半环组成的锰钢保护套保护，小钟杆与小钟是螺纹连接，属于刚性连接，小钟杆（小钟杆为空心拉杆，中心可自由通过大钟拉杆）其上部通过悬挂装置与小钟平衡杆相连，悬挂装置支持在止推滚动轴承上。

采用旋转布料器之后，要求在旋转的小钟杆与不旋转的大钟杆之间增加密封装置。常用的是油压干式填料密封或用胶圈密封，效果甚好。由于布料器是旋转的，与固定支座之间也存在密封问题，一般采用两层油压干式填料密封。填料为中心夹有铜丝的石棉绳。

马基式旋转布料设备的优点是小料斗装料后可旋转60°，六点布料，可以逆转和定点。但由于存在布料不灵活，旋转和密封的矛盾等问题，新建的高炉基本不再采用这种方式。

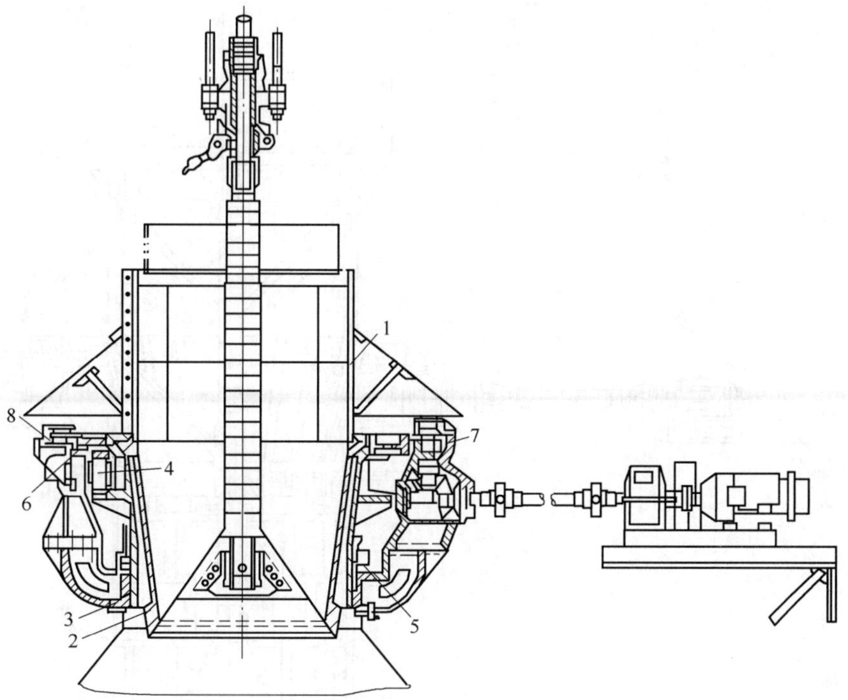

图 3-24 旋转布料器总图

1—漏斗上部;2—漏斗下部内层;3—漏斗下部外层;4—压辊和支撑辊;
5—干式填料密封;6—大齿轮;7—小齿轮;8—定位辊

B 快速旋转布料器

快速旋转布料器又称快速旋转漏斗。为了达到均匀布料和解决小料斗日益严重的密封问题,我国一些中小高炉采用这种布料器。其结构原则是旋转部分不密封和密封部分不旋转,即受料漏斗下面,小料斗上面安装一个快速旋转漏斗,当料车向受料漏斗卸料时,炉料通过正在快速旋转的漏斗,使原料在小钟上均匀分布,消除堆尖,如图 3-25 所示。

快速旋转漏斗的容积为料车容积的 0.3 ~ 0.4 倍,转速与炉料粒度及漏斗开口尺寸有关,过慢则布料不均匀,过快则受离心力的作用炉料漏不下去。漏斗停止转动后,炉料又集中落下造成尖峰,一般转速 10 ~ 30 r/min。漏斗开口直径与形式对布料也有直接影响,开口小,布料均匀,容易卡料;开口大则情况相反。快速旋转漏斗的传动方式有摩擦传动和齿轮传动两种。

C 空转螺旋布料器(空转定点漏斗)

空转螺旋布料器的构造与快速旋转漏斗基本相同,只是操作程序不同而已。

空转螺旋布料器的实质是将快速布料变为定点布料,由于系低速空转,所以具有电机容量小、耗电量低、设备结构简单、质量小、磨损轻、工作可靠、检修量小等特点。

D 受料漏斗

双料车上料的高炉上,受料漏斗上口呈矩形,下面收缩为圆形漏料口,其直径比转动漏斗稍小些。为了便于漏料,在纵断面上漏斗下部倾角一般为 45° ~50°,最好是 60°,便于炉料顺利下滑。一般受料漏斗都采用钢板焊接件结构,内壁衬有可更换的耐磨钢板(厚 10 ~

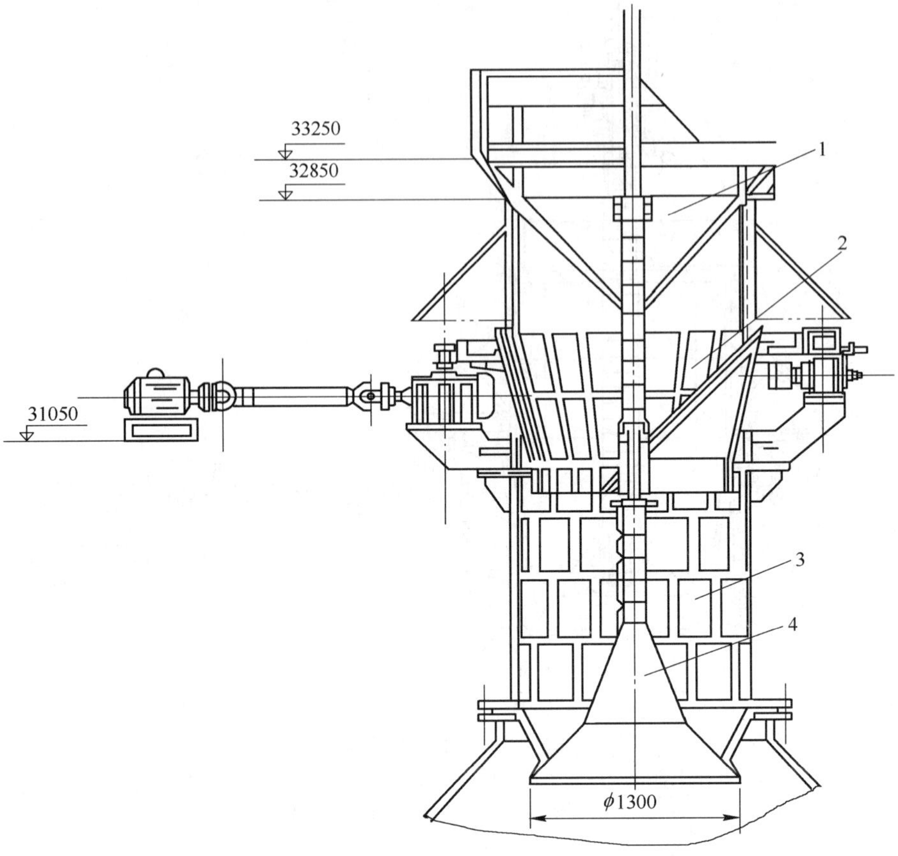

图 3-25　255m³高炉快速旋转布料器

1—固定受料漏斗；2—旋转布料器；3—小料斗；4—小钟

15 mm)，材质一般为 ZGMn13，也有采用钢轨作衬板的。为了便于安装，受料漏斗通常由两个半壳体用螺钉连接而成。漏斗口的尺寸应保证不卡料。

E　布料设备的维护检查

布料设备的日常维护检查要点是：

(1) 注意观察电动机及其机构的声音、温度、齿轮啮合以及负载电流的变化情况；

(2) 经常检查旋转速度是否符合规定值；

(3) 经常检查各密封点的密封是否严密；

(4) 注意观察各部位螺钉是否紧固，有无松动现象；

(5) 注意观察润滑设备油路是否畅通，油量是否充足；

(6) 注意观察电控信号、显示仪表的变化情况是否正常；

(7) 经常检查其他设备的工作情况是否正常；

(8) 注意观察布料器冷却设备工作是否正常。

3.3.1.3　大小钟的操纵装置

大小钟的操纵装置要按照生产程序的要求及时、准确地进行大小钟的启闭工作。大小钟的操纵装置可分为机械传动(卷扬机钢绳传动)和液压传动两种。

A 大小钟的机械传动装置

根据布料及工艺密封要求,钟与杆必须作绝对垂直运动,因此在钟杆吊挂系统中必须有直线运动机构。此机构一般有两种:一种是用挠性件(如链条)挂在扇形板上(图3-26a),扇形板上的 AB 弧必须以转轴 O 为圆心,使钟杆永远保持在水平半径的切线方向上;另一种是常用的瓦特双曲线直线机构(图3-26b),大钟挂在 AB 杆的中点 O,而 $O_1A=O_2B$。在一定的距离内,O 点作近似直线运动,摆动不大于 ±2 mm。

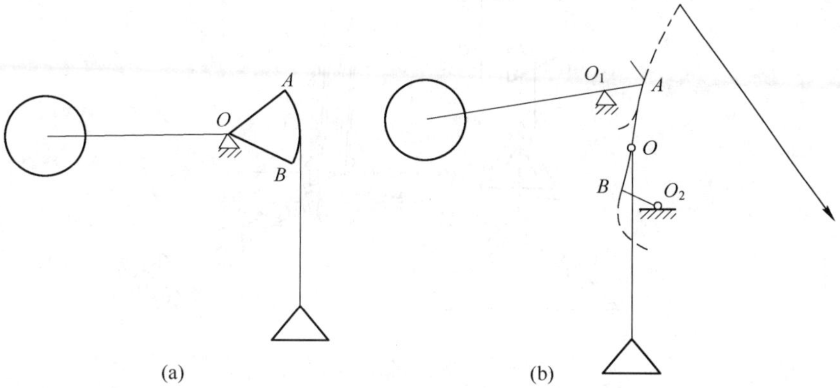

图3-26 料钟运动的直线机构

吊挂方式不同,其操纵方法也不相同。图3-26a所示为自由下降,即料钟是借助自重和料重下降,能保持垂直升降,其结构简单,炉顶质量小,料钟密合性好;缺点是当炉顶压力较大或料钟与料斗粘在一起时,料钟不易打开,链条与扇形轮磨损后会产生料钟的偏移。图3-26b所示为强迫下降,它是靠传动钢绳迫使料钟下降,因为它的结构都是刚性构件,当大钟上下部压差较大或均压装置失灵时,料钟受迫下降,容易将钟杆顶弯。

常用的料钟吊挂机械传动系统如图3-27所示,大小钟分别由钟杆吊挂在各自的平衡杆上,用电动卷扬机通过钢绳操纵平衡杆来控制大小钟上升或下降。

平衡杆是用以升降大小钟的杠杆,在短臂悬挂着料钟,在它的前端系有通到电动卷扬机的钢绳,长臂的平衡锤保证在料钟上有料的情况下,料钟仍能压向料斗,在料钟开启后,能将料钟迅速关闭。

平衡杆一般用焊接的板梁制成,大钟平衡杆做成弓形杠杆,相互间以平衡锤连接,并固定在公共轴上,该轴在轴承中转动,以保证大小钟能相对运动而不同时动作。轴承应很好地密封,平衡杆轴承座可前后左右调整其位置,以便调节料钟的位置,使其与料斗中心线吻合,为此,轴承座的梁要做成可移动的,用多个水平布置的千斤顶定位器来调整移动,其允许调整范围为150~200 mm。

B 大小钟的液压传动装置

20世纪60年代以前广泛采用的炉顶设备是平衡杆式的机械传动装置,其缺点在于设备高大而笨重,操作中冲击负荷大。近年来国内在改造和新建的高炉上,相继采用了液压传动的炉顶装料设备。

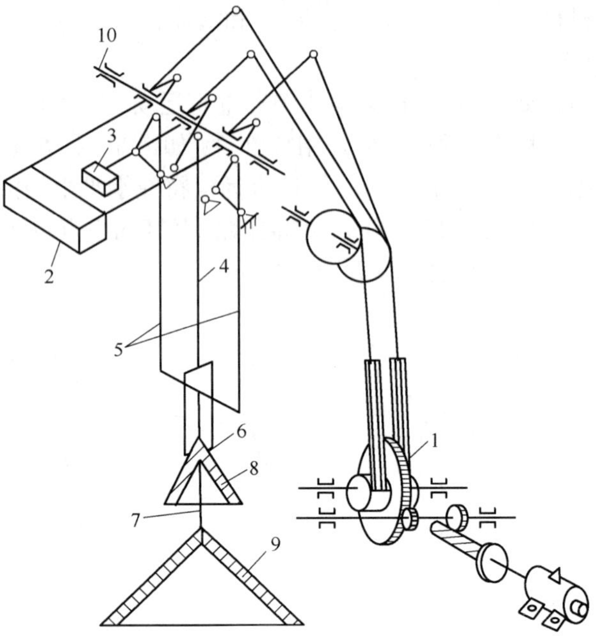

图 3-27　大小钟传动系统

—卷扬机;2—大钟平衡锤;3—小钟平衡锤;4—小钟拉杆;5—大钟拉杆;6—小钟杆;7—大钟杆;8—小钟;9—大钟;10—平衡杆的轴与轴承

a　料钟液压传动的结构形式

利用液压传动大、小钟的双钟炉顶,根据炉顶结构的不同可以分为以下三种形式(图 3-28):

(1) 扁担梁-平衡杆式(图 3-28a)。大钟通过液压工作油缸上面的扁担状横梁 1 进行启闭,小钟通过平衡杆 3 进行启闭。

(2) 扁担梁式(图 3-28b)。大钟通过液压工作油缸上面的扁担状横梁 1 进行启闭,小钟通过液压工作油缸上面的扁担状横梁 2 进行启闭。

(3) 扁担梁-拉杆式(图 3-28c)。大钟通过横梁 1 进行启闭,小钟通过横梁 2 进行启闭,但是大小钟本身的结构均为穿杆的形式。

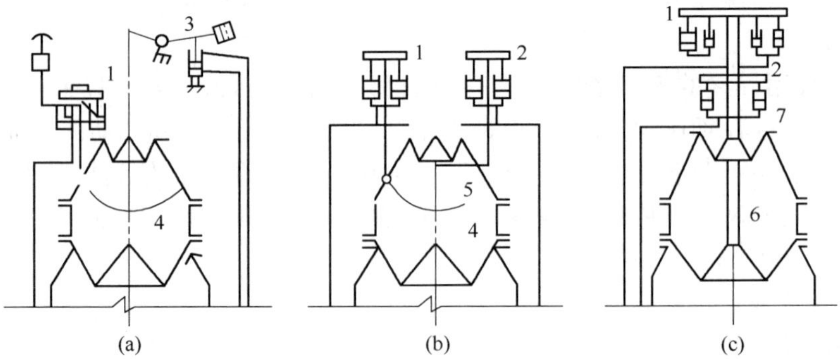

图 3-28　大、小钟液压传动炉顶结构图

1—大钟扁担状横梁;2—小钟扁担状横梁;3—小钟平衡杆;4,5—大、小钟托梁;6—大钟拉杆;7—小钟拉杆

b 液压传动装置的结构

料钟的液压传动装置主要由动力源、油箱、工作油缸及其相应的液压控制元件、管路等部件组成。图3-29为某高炉的液压传动装置回路图。

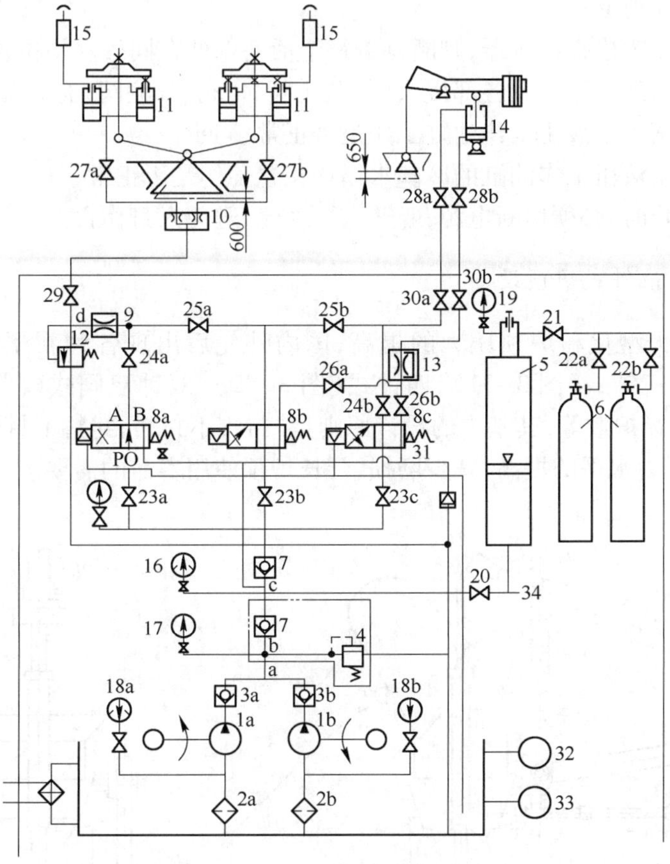

图3-29 某高炉炉顶液压传动装置回路图

1—齿轮泵;2—滤油器;3—单向阀;4—溢流阀;5—蓄能器;6—氮气瓶;7—单向阀;8—电液换向阀;9—节流阀;10—分流阀;11—大钟油缸;12—溢流安全阀;13—节流阀;14—小钟油缸;15—高架油箱;16—电接点压力表;17—压力表;18—压力真空表;19—压力表;20~31—截止阀;32—浮标式液位信号器;33—电接点指示温度计;34—放油截止阀

c 液压传动装置的特点

液压传动装置与机械传动装置比较,主要的优点如下:

(1) 结构轻巧,可省去大小钟卷扬机和平衡杆系统,从而使炉顶设备和钢结构大大减小。节省基建投资、节约生产用电;

(2) 传动平稳,消除了冲击和振动,很容易实现无级调速;

(3) 容易实现自动化,而且能有效地防止过载,自行润滑好,使用寿命长;

(4) 容易安装和维护,元件已经标准化、系列化。

d 液压传动装置的维护检查

液压传动装置的日常维护检查要点是:

(1) 经常检查油标、油温是否合适;

（2）注意观察电动机的声音、振动、温度及负载电流的变化情况；

（3）注意观察油泵的声音、振动、温度及油封的变化情况；

（4）观察系统卸荷和补油的工作过程，并检查卸荷用电磁阀吸合与释放是否灵活、迅速，有无刮卡、漏油现象；

（5）正常工作时检查蓄压器，判断是否每个活塞都处在同一水平位置；

（6）检查室内外的管路及各部接头（如截止阀、角阀、分流阀）有无漏油、渗油现象；

（7）注意观察各个液压工作油缸工作是否正常、同步；

（8）注意观察液压工作油缸的冷却水循环装置工作是否正常；

（9）处理故障时，必须切断电源，躲开高压油流，避免人身伤亡。

3.3.1.4　其他钟式炉顶设备

随着高炉的大型化和炉顶压力的提高，国内外先后出现各种新型钟式炉顶，包括综合式（图 3-30）、三钟式（图 3-31）、四钟式（图 3-32）、双钟双阀式（图 3-33）、双钟四阀式（图 3-34）、变径炉喉等，其基本的设计原则是“封气不封料，封料不封气”，布料和密封分开，以适应炉顶压力水平的提高，减少磨损，延长炉顶使用寿命的需要。

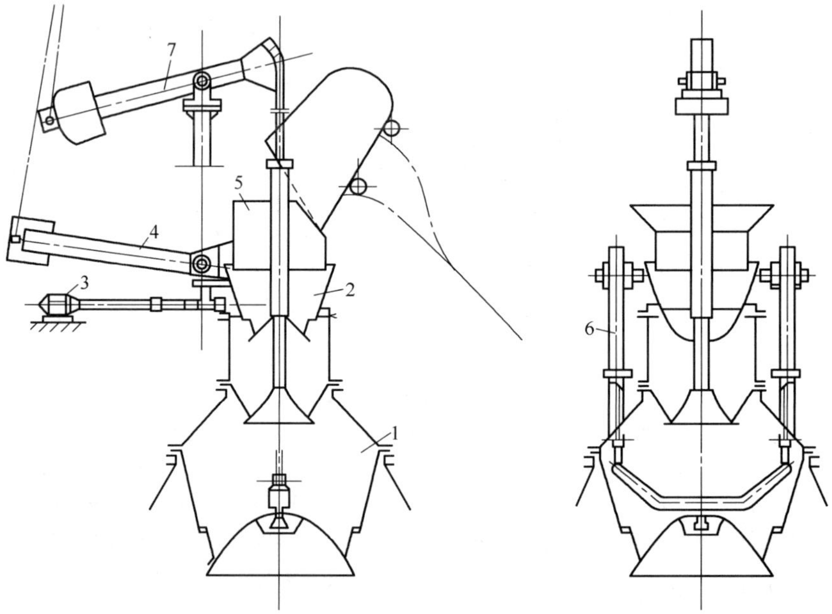

图 3-30　综合式炉顶装料设备

1—大小钟装料设备；2—快速旋转布料器；3—快速旋转布料器传动电机；4—大钟平衡杆；5—受料漏斗；6—大钟平衡杆与吊挂用链子连接密封；7—小钟平衡杆

上述各种装料设备虽然各有优点，但均没有脱离料钟，因而存在着设备重、结构复杂、检修困难等缺点。1972 年，卢森堡鲍尔乌鲁斯公司开发了无料钟装置，即所谓 PW 无料钟炉顶，并获得迅速推广应用，是一种经济效益显著的新型炉顶装料设备。

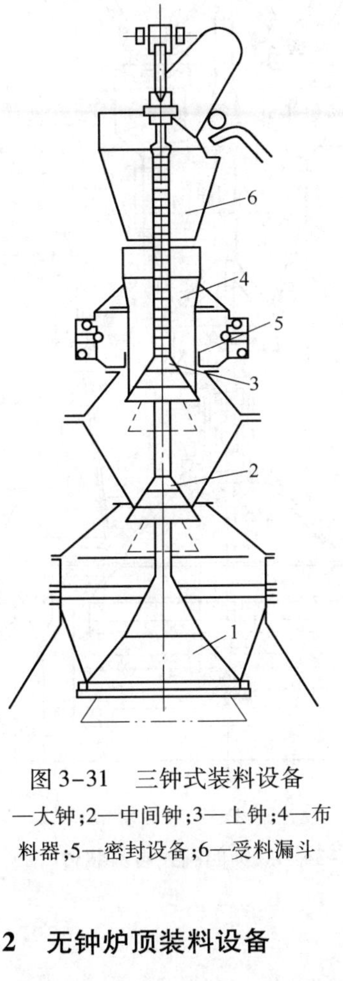

图 3-31 三钟式装料设备

—大钟;2—中间钟;3—上钟;4—布料器;5—密封设备;6—受料漏斗

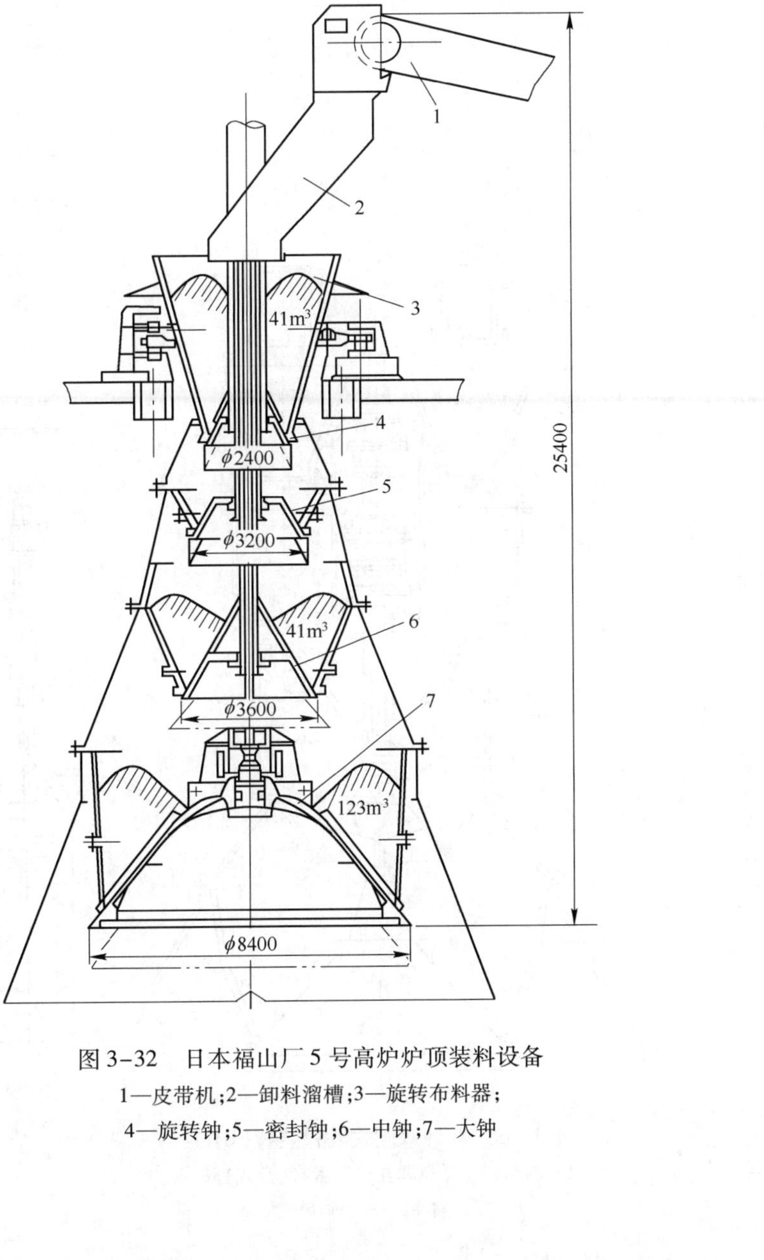

图 3-32 日本福山厂 5 号高炉炉顶装料设备

1—皮带机;2—卸料溜槽;3—旋转布料器;4—旋转钟;5—密封钟;6—中钟;7—大钟

3.3.2 无钟炉顶装料设备

钟式炉顶和钟阀式炉顶虽然基本满足了高炉冶炼的需要,但仍需由小钟、大钟布料。随着高炉的大型化和炉顶压力的提高,使炉顶装料设备日趋庞大和复杂。首先是大型高炉的大钟直径可达 6000 mm 以上,大钟和大料斗重达百余吨,使加工、运输、安装、检修极为不便;其二是为了更换大钟,在炉顶上设有大吨位的吊装工具,使炉顶钢结构庞大;其三是随着大钟直径的日益增大,在炉喉水平面上被大钟遮盖的面积愈来愈大,布往中心的炉料就相应减少,因而在高炉大型化初期出现了不顺行、崩料多等现象。后来通过使用可调炉喉才使上述现象得以好转,但炉顶装置却进一步复杂化,还是不能满足大型化高炉进一步强化所需要的布料要求。

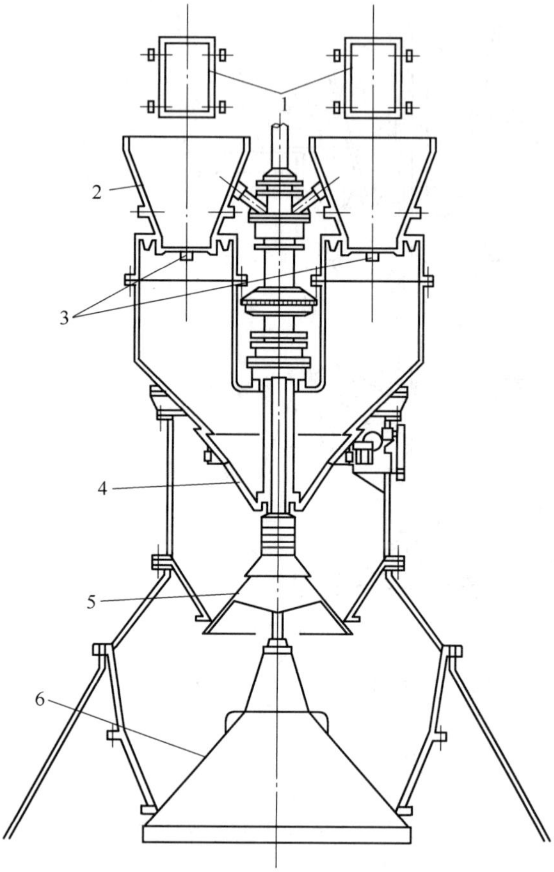

图 3-33　双钟双阀式装料装置(IHI)

1—料车;2—受料漏斗;3—密封(盘式)阀;
4—旋转漏斗;5—小钟;6—大钟

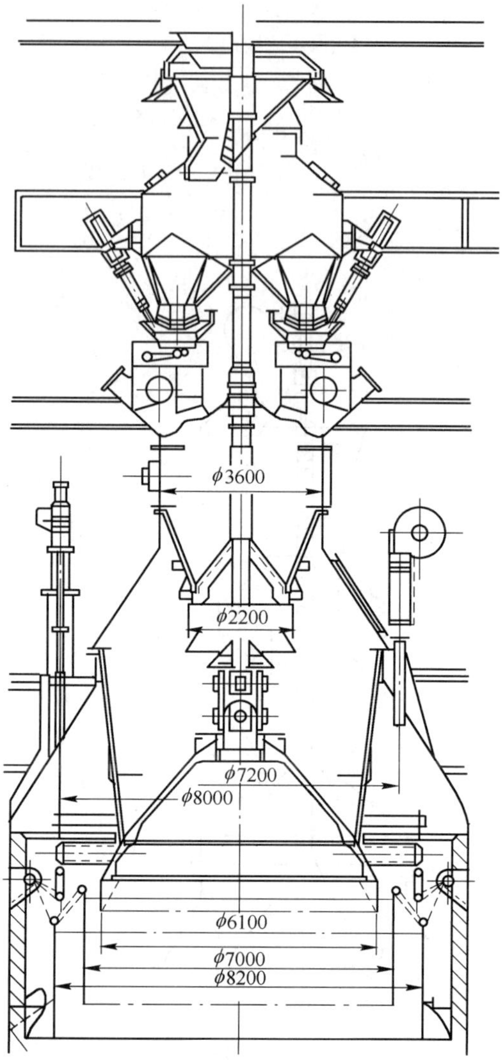

图 3-34　双钟四阀式装料装置

为了进一步简化炉顶装料设备,改善密封状况,增加布料手段,卢森堡 PW 公司于 20 世纪 70 年代初推出了无料钟炉顶装置,彻底解决了布料和密封问题。无料钟炉顶的特点是:

(1) 建设投资低。无料钟炉顶的高度较钟阀式炉顶低 1/3,设备重量比钟阀式炉顶减少 1/3 ~ 1/2。

(2) 密封阀代替料钟,密封性能得到改善,可进一步提高炉顶压力和延长炉顶寿命。

(3) 布料采用可摆动旋转溜槽,提高了布料的多样化和调剂手段,可实现快速旋转布料、螺旋布料、定点布料和扇形布料等。

无料钟炉顶按其料罐的布置形式可分为并罐式和串罐式两种。

3.3.2.1 并罐式无料钟炉顶

并罐式无料钟炉顶(图3-35)分为五个主要部分。

(1) 受料漏斗。受料漏斗的形式由上料方法决定。受料漏斗外壳系钢板焊接结构,内衬为含铬25%的铸铁板。

(2) 料仓。料仓一般有两个,内壁装有耐磨衬板,材质为含铬25%的铸铁板。料仓上部装有上密封阀,下部装有下密封阀。在下密封阀的上部设有调节料流的闸门(下闸门),一般用油缸驱动密封阀和调节料流的闸门。

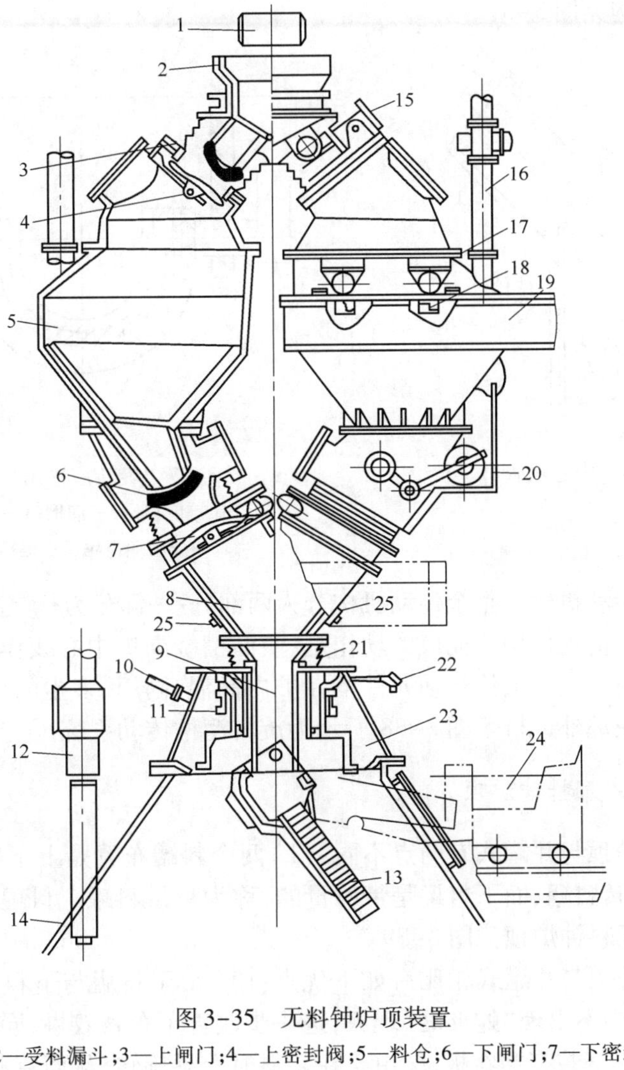

图3-35 无料钟炉顶装置

1—皮带运输机;2—受料漏斗;3—上闸门;4—上密封阀;5—料仓;6—下闸门;7—下密封阀;8—叉型管;9—中心喉管;10—冷却气体充入管;11—传动齿轮机构;12—探尺;13—旋转溜槽;14—炉喉煤气封盖;15—闸门传动液压缸;16—均压或放散管;17—料仓支撑轮;18 电子秤压头;19—支撑架;20—下部闸门传动机构;21—波纹管;22—测温热电偶;23—气密箱;24—更换溜槽小车;25—消声器

（3）叉型管和中心喉管。在中心喉管上面有一个叉型管与上面的料仓连接。叉型管和中心喉管内均装有衬板，材质与料仓的衬板相同。为了减少对中心喉管衬板的磨损及防止炉料将中心喉管磨偏，在叉型管下部焊有一定高度的挡板，造成死料层以保护衬板。结构如图 3-36 所示。中心喉管要尽量长一些，以免出口处炉料偏行；内径尽可能小，但要以能满足下料速度，而又不能卡料为限。

（4）旋转溜槽。旋转溜槽为半圆形，长度在 3 ~ 3.5 m；槽的本体由耐热铸钢 4Cr10Si2Mo 制成，在槽内衬有鱼鳞衬板，其材质为 ZGCr9Si2，在衬板口堆焊 8 mm 的耐热耐磨材料，材质为含 Cr25%、Mo5% 的合金；旋转溜槽用四个销轴挂在 U 形卡具中，U 形卡具通过它本身的两个耳轴吊挂在旋转圆套筒下面，一侧伸出的耳轴上固定有扇形齿轮，以便传动并驱动溜槽。其结构见图 3-37。

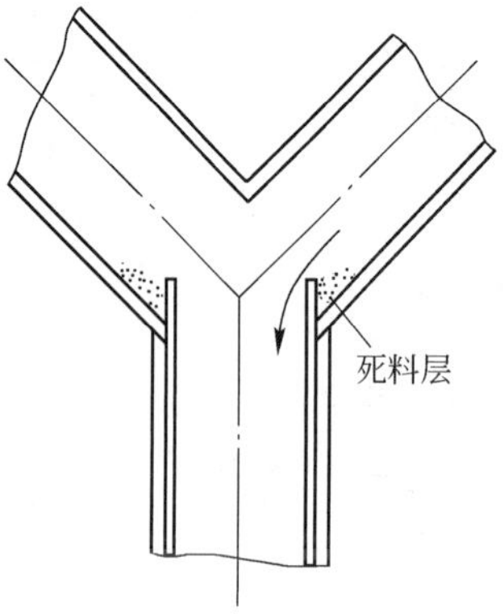

图 3-36　中心喉管

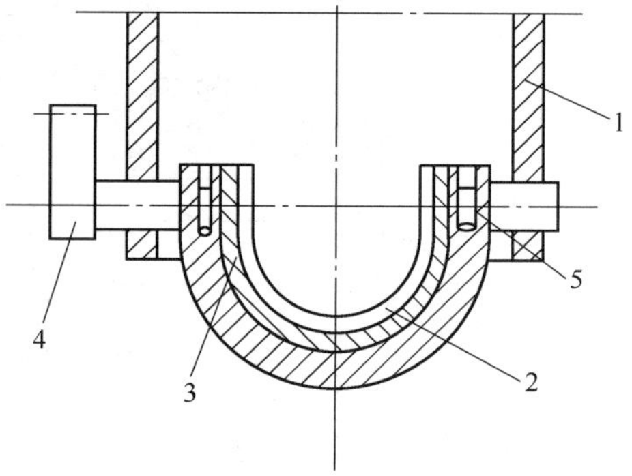

图 3-37　旋转溜槽吊挂形式

1—旋转圆环；2—溜槽；3—吊挂；4—扇形齿轮；5—键槽

（5）旋转溜槽传动机构。整个传动机构分为两部分：一部分为行星减速器，另一部分是位于炉内的气密箱。传动机构要完成的动作是：使溜槽绕高炉中心线作旋转运动和在垂直平面内改变溜槽倾角。应尽量使传动元件不在炉内高温、高压、多尘的煤气氛围中工作，检修和更换工作最好在炉外进行。图 3-38 所示为旋转溜槽传动系统。

3.3.2.2　串罐式无料钟炉顶

串罐式无料钟炉顶与并罐式有两点不同：（1）两个料罐布置是上下串联的；（2）上料罐是带旋转的，称为旋转料罐，而下料罐是带称量的，称为称量料罐。料罐起储存炉料和均压室的作用。串罐式无料钟炉顶见图 3-39。

串罐式无料钟炉顶与并罐式相比有如下优点：（1）由于料罐与下料口均在高炉中心线上，所以在下料过程中不出现“蛇形动”现象，进一步改善了布料效果，同时减轻了中心喉管磨损；（2）在胶带机头部装有挡料板，又由于在装料时上罐旋转，从而克服了炉料粒度偏析。旋转罐和称量罐内装有导料器，改善了下料条件，消灭了下料堵塞现象；（3）进料口和排料口高度比并罐式低，从而降低了炉顶高度；旋转罐为常压罐，从而省去一套上下密封阀、料流调节阀和均压放散设施，可节省投资 15% ~20%。

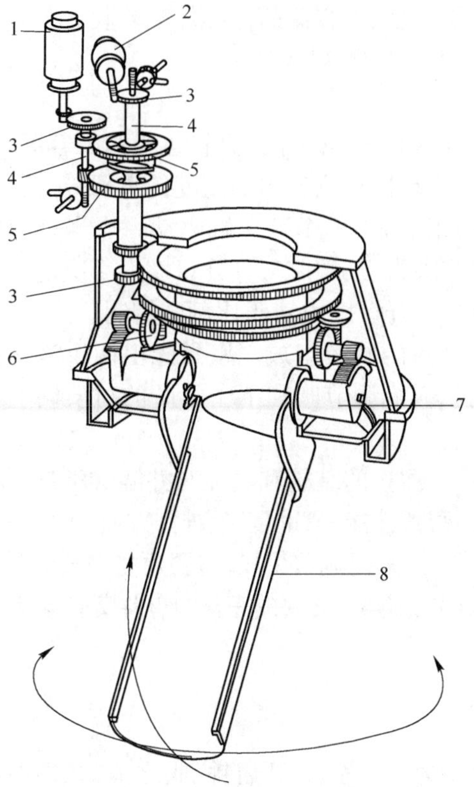

图 3-38 旋转溜槽传动装置

1—旋转电动机;2—倾动电动机;3—蜗轮;4—蜗杆;5—齿轮;6—旋转装置;7—倾动装置;8—旋转溜槽

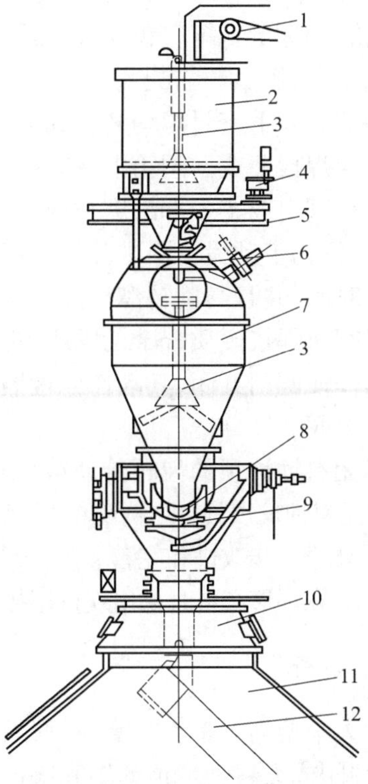

图 3-39 串罐式无料钟炉顶装置

1—胶带机;2—旋转料罐;3—插入件;4—驱动装置;5—上部料闸;6—上密封阀;7—称量料罐;8—料流调节阀;9—下密封阀;10—齿轮箱;11—高炉;12—旋转料罐

串罐式无料钟炉顶的各部件与并罐式炉顶相似,由受料斗、旋转料罐、料流调节阀、下密封阀、齿轮传动箱、中心喉管、旋转溜槽、均压设施、冷却设施及其测量元件等组成。

A 旋转料罐

在料罐内设有防止炉料偏析的插入件,固定在料罐内壁上部,同料罐一起旋转。

B 上部料闸和上密封阀

上部料闸由两个半球形闸门组成,用耐磨材料制作或衬有耐磨衬板。上部料闸用两个液压缸同时驱动一个半球形闸门,通过连杆传动机构带动另一个半球形闸门使料闸开闭。

上密封阀装在称量料罐上部罐头内。阀的壳体焊在罐头上,由堆焊硬质合金的阀座、带硅橡胶密封圈的阀板及传动装置组成。密封阀用两个液压缸驱动完成两个动作:压紧缸完成阀门的垂直方向的动作,回转缸完成阀板的旋转动作。当关闭阀板时,回转缸首先动作使阀板回转到位后,由限位开关联锁压紧缸动作使阀板压紧密封;开启阀板时则相反。

C 称量料罐

称量料罐既起称量作用,又起钟式炉顶中的均压室作用,设有均压管和均压放散管。罐内上部装有上密封阀;罐中心设有防止炉料偏析、改善下料条件的插入件(导料器),固定在料罐壁上,它可以上下调整高度。料罐下部设有三个防扭转装置、两个抗震装置和三点吊挂装置并用三个电子秤称量料罐重量。内有耐磨材料铸造衬板,其材质同旋转料罐衬板。

称量料罐属压力容器,用压力容器钢板焊接而成,按压力容器的标准加工验收。

旋转料罐和称量料罐容积应大于最大矿批或最大焦批所需容积。

D　料流调节阀和下密封阀

料流调节阀和下密封阀均装在阀箱内,箱内设有耐磨锥形漏斗。阀箱也属压力容器,用压力容器钢板焊接而成。阀箱上装有称量用的压力传感器和测温用的温度传感器等。

料流调节阀由两个带有耐磨衬板的半球形闸门组成,由一个液压缸驱动一个半球形闸门,通过连杆机构带动另一个半球形闸门。料流调节阀为方形开口,其开口度大小决定其布料量和布料时间,并且与旋转溜槽配合实现合理布料。开口度由液压比例阀控制。

下密封阀由焊接硬质合金的阀座、带有硅橡胶密封的阀板组成。密封阀由两个液压缸完成两个动作使阀门开闭,其动作原理同上密封阀。料流调节阀和下密封阀的材质同上部料闸和上密封阀。

串罐式无料钟炉顶的齿轮传动箱、中心喉管、旋转溜槽的结构和功能与并罐式类似。

串罐式无料钟炉顶具有结构简单、布料灵活多样、密封性能好、重量轻、维修方便、投资省等优点,但也需要进一步改进和完善。如:(1) 对料流调节阀缺乏调节手段,需要建立完整的料流调节模型;(2) 在环形布料时易出现首尾接不上现象;(3) 需建立必要的完整的布料模型。

3.3.3　均压设备

现代的大中型高炉都实行高压操作,炉顶煤气对双钟、钟阀或无料钟炉顶的钟和阀产生很大的托力(压力)。开启钟、阀之前,必须在料钟和密封阀的上下充入(或放出)高压煤气(或氮气),进行均压。另外,均压还可以减少荒煤气对钟斗的磨损,大大延长装料设备的寿命。

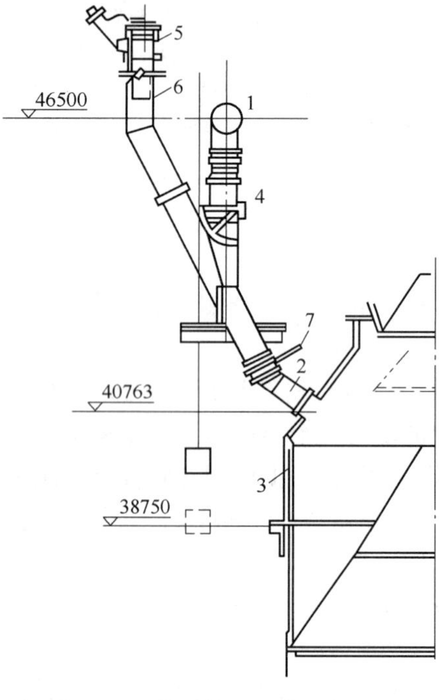

图 3-40　炉顶均压系统的布置图

1—送半净煤气到大钟均压阀的煤气管;2—管道接头;3—装料器;4—大钟均压阀;5—小钟均压阀;6—把煤气放到大气中的垂直管;7—闸板阀

炉顶均压系统的布置如图 3-40 所示。在煤气封盖上开两个均压孔,每个孔的引出管又分成一个均压用的煤气引入管,它来自半静煤气管,在它的上面有盘式均压阀。另外一个是排压用的煤气导出管,它一直引到炉顶上端,出口处设有盖式放散阀。

均压用的煤气多采用洗涤塔后文氏管前的半净煤气。半净煤气经管路 1 和 2 引入钟室以提高钟室压力,使大钟上部和下部的压力达到均衡而易于下降。同时为了防止小钟打开时,大量半净煤气沿此管道经由小钟和小钟斗之间的间隙散失于大气中,故在送半净煤气管上安装大钟(盘式)均压阀,它在小钟开启之前先关闭。

在钟室冲压后,小钟下部的压力增加,引起小钟开启困难,故又安装了用于排压的煤气放散管 6 和小钟(盖式)放散阀。它在开启小钟之前先行打开,把小钟下部(钟室内)的高压煤气放入大气中,使小钟的上部和下部的压力均为大气压力,以保证小钟的顺利开启。

上述均压用的半净煤气由于在管路中流动时造成压力损失,因此其压力低于炉顶煤气压力,所以大钟上部和下部仍有一些压差存在。为此,在新设计和建造的大型高炉上都设置和安装了二次均压装置,旨在使钟体上下压差更趋于零。均压系统改为一次均压用半净煤气,二次均压用氮气(图3-41)。

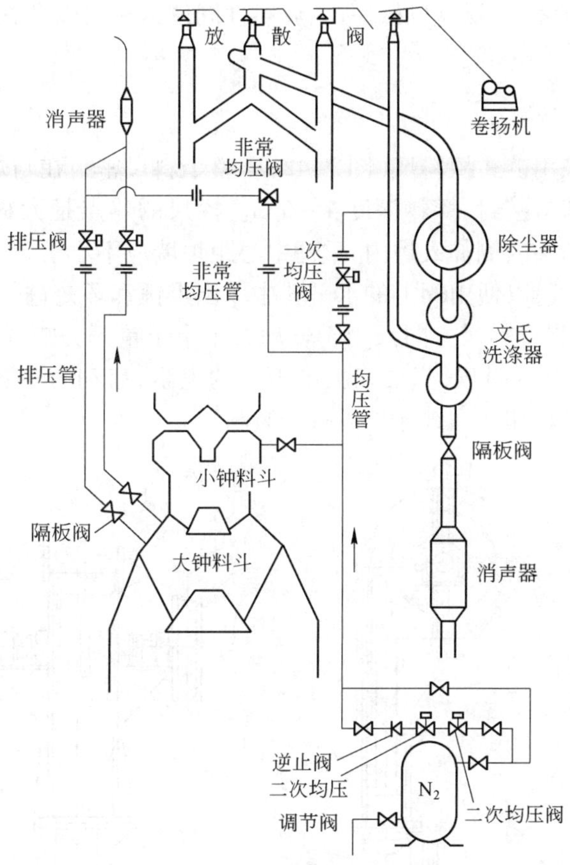

图3-41 大型高炉均压系统

现行的均压制度有三种:

第一种为基本工作制,料钟空间常保持大气压,只有在大钟下降前才充压,大钟关闭后马上排压。因此,大小钟之间容易产生爆炸性气体,需要通蒸汽防止爆炸。同时如果大钟和大料斗密合不好,就会使炉喉的煤气穿过缝隙,缩短装料设备的使用寿命。该制度的优点是对布料器工作有利,减轻了对布料器各密封点的吹蚀磨损。

第二种为辅助工作制,即料钟间经常充有高压煤气,仅在小钟下降前把煤气放掉。均压阀工作次数等于小钟工作次数,所以易磨损,不利于布料器和大小钟拉杆的密封。这种工作制的优点恰与基本工作制相反,它适用于布料器密封较好而大钟磨损严重,以及炉尘吹出量较大的情况。

第三种为混合工作制,两钟空间保持大气压,大钟均压阀按第一种工作制工作,小钟均压阀按第二种工作制工作,能减少上述两种工作制的缺点。

3.3.4　探料设备

在高炉冶炼过程中,保持稳定的料线是达到准确布料和高炉正常工作的重要条件之一。如果料线过高,对于强迫下降的大钟是十分危险的;料线过低,会使炉顶煤气温度显著升高,对于炉顶设备的使用寿命造成不利影响。为了及时、准确地探测和掌握炉料在炉喉的下降速度和位置,给高炉装料提供可靠的依据,必须设置高炉探料装置,并使其工作自动化。

探料装置的种类较多,主要有机械探尺、放射性同位素探料以及激光探料等。目前应用较多的是机械探尺。

3.3.4.1　机械探料尺

中型高炉一般都采用链式探料尺(图 3-42)。整个料尺密封在与炉内相同的壳内,只有转轴伸出处采用干式填料密封,探料深度 4 ~ 6 m。探尺的零点是大料钟开启位置的下缘,探料尺从大料斗外侧炉头内侧伸入炉内,重锤中心距炉墙应不小于 300 mm。探尺卷筒下面有旋塞阀,可以切断煤气,以便由阀上的水平孔中取出重锤和环链进行更换。探尺的直流电动机是经常通电的(向提升料尺方向),由于转动力矩小于重锤力矩,故重锤不能提升,只能拉紧钢丝绳;到了该提升的时候,只要切去电枢上的电阻,启动力矩随之增大,探尺才能提升,当提升到料线零点以上时,大钟才可以打开装料。

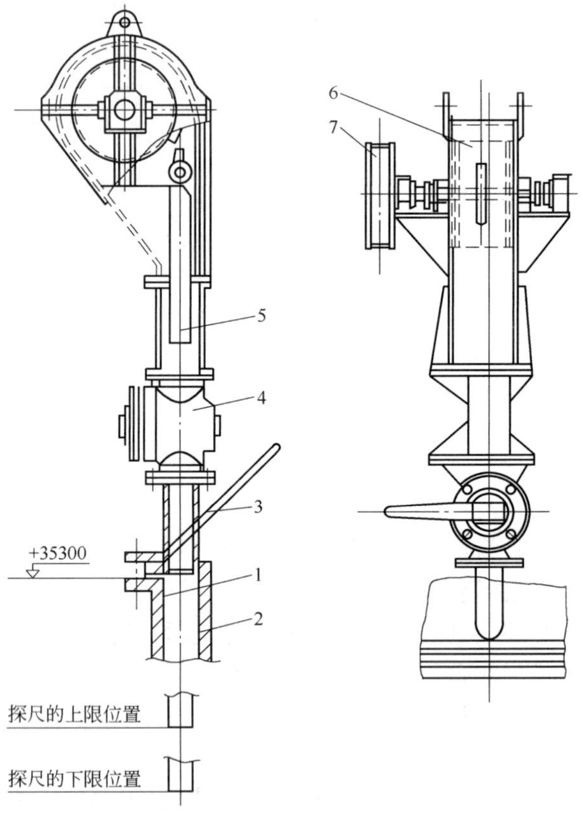

图 3-42　用于高压操作的探料尺(链尺)

1—炉喉的支持环;2—大钟料斗;3—煤气封罩;4—旋塞阀;5—重锤(在上面的位置);6—链条的卷筒;7—通到卷扬机上的钢绳的卷筒

这种机械探尺存在以下缺点:一是只能测量两点,不能全面了解炉喉的下料情况;二是料尺端部与炉料直接接触,容易因滑尺和陷尺而产生误差。

机械探料装置的日常维护检查要点是:

(1) 定期检查和校正探尺零点位置,确保零点保持准确、信号显示装置清晰可靠;

(2) 经常检查探尺汽封的填料是否密封良好;

(3) 注意观察钢绳有无断丝、折痕等现象,滑轮动作是否灵活,绳、槽是否对中;

(4) 注意观察各部齿轮啮合是否可靠、传动装置有无噪声;

(5) 注意观察探尺升、降时有无刮、卡现象;

(6) 经常检查探尺抱闸制动是否准确可靠;

(7) 经常检查供电设备工作是否正常。

3.3.4.2 用放射性同位素测量高炉料线位置

一些国家早已使用放射性同位素^{60}Co来测量料面形状和炉喉直径上各点的下料速度。图3-43是一种简单而在生产中已经使用的方法。放射性同位素的射线能穿透炉喉而被炉料吸收,使到达接收器的射线强度减弱,从而指示出该点是否有炉料存在。将射源固定在炉喉不同的高度水平,每一高度水平沿圆圈每隔90°安置一个射源。当料位下降到某一层接收器以下时,该层接受的射线突然增加,控制台上相应的信号灯就发亮。这种测试需要配备有自动记录仪器。

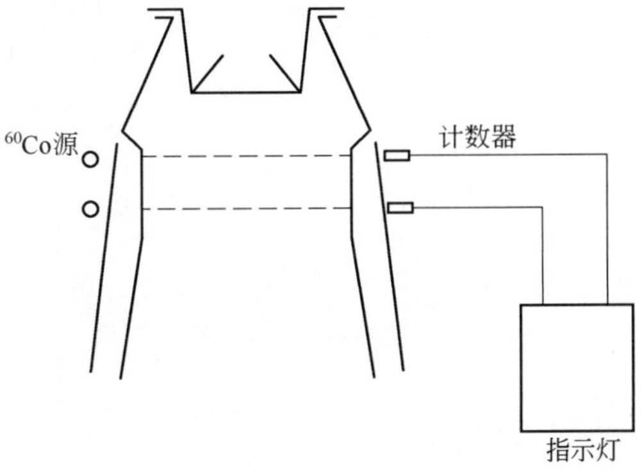

图3-43 射线仪测量高炉料线

除了放射线测定方法外,还有雷达探料。在炉喉设一天线,连续发出微波并接受反射波,由此来测定料面。

此外还有激光探料,采用砷化镓激光器发出0.9μm波长的激光源,利用光的通断变换为电信号而测知料面位置。

放射性探料与机械探料尺相比,有结构简单、体积小,可以远距离控制,无需在炉顶开孔,检测准确性和灵敏度较高的优点;其缺点是射线对人体有害,需要加以防护。

复习思考题

3-1 供料设备应满足哪些要求?

3-2 贮矿槽的作用是什么?

3-3 叙述电磁振动给料器的基本原理和特点。

3-4 振动筛有哪几种形式,各有何特点?

3-5 上料设备应满足哪些要求?

3-6 料车卷扬机由哪些设备组成?

3-7　叙述工作制动器的工作原理。

3-8　料位检测的作用及各检测点的功能是什么？

3-9　供料设备、上料设备的日常维护检查要点包括哪几方面？

3-10　炉顶装料设备应具备哪些基本要求？

3-11　大钟和大料斗的结构如何？

3-12　大钟和大料斗损坏的主要原因是什么？

3-13　如何提高大钟和大料斗的寿命，应采取哪些措施？

3-14　叙述马基式布料器、快速旋转漏斗、空转螺旋布料器的工作过程及注意事项。

3-15　液压传动炉顶与机械传动相比有哪些优点？

3-16　液压传动装置的日常维护检查要点包括哪几方面？

3-17　无料钟炉顶的溜槽是如何旋转的、如何摆动的？

3-18　探料装置有哪几种形式？比较其特点。机械探料装置日常维护检查要点包括哪几方面？

4 高炉炼铁供风系统

4.1 高炉鼓风机

高炉用鼓风机主要有轴流式和离心式两大类。轴流风机位置固定并使空气移动,气体平行于风机轴流动,通常用在流量要求较高而压力要求较低的场合。离心风机依靠输入的机械能提高气体压力并排送气体,是一种从动的流体机械,通常用在压力要求较高而流量要求较低的场合,广泛用于工厂、矿井、隧道、冷却塔、车辆、船舶和建筑物的通风、排尘和冷却等。

4.1.1 高炉炼铁对鼓风机的要求

(1) 足够的送风能力。高炉鼓风机的出口风量包括高炉入炉风量及送风管路系统的漏风损失:

$$q_V=(1+k)q_0 \tag{4-1}$$

式中 q_V——高炉鼓风机的出口风量,m^3/min;

k——送风管路系统的漏风损失系数,在正常情况下,大型高炉 $k=0.1$,中型高炉 $k=0.15$,小型高炉 $k=0.2$;

q_0——高炉入炉风量,即在高炉风口处进入高炉内的标准状态下的鼓风流量,m^3/min。

高炉的入炉风量由下式计算:

$$q_0=V_u I V_f/1440$$

式中 V_u——高炉有效容积,m^3;

I——冶炼强度,$t/(m^3 \cdot d)$;

V_f——每 1 t 干焦的耗风量,m^3/t。

每吨干焦的耗风量主要与焦炭灰分和鼓风湿度有关,一般在 2450~2800 m^3/t,它可根据炉料及生铁、煤气的成分计算。

$$V_f=22.4\times[K(P_j w(C)_j+P_s w(C)_s+P_a w(C)_a)-w(C)_t]\times\frac{1000}{12}\varphi(CO_2+CO+CH_4)P_j\alpha \tag{4-2}$$

式中 K——焦炭、石灰石及烧结矿损耗系数,采用 0.95~0.98;

P_j——每 1 t 生铁消耗的湿焦炭量,t/t;

P_s——每 1 t 生铁消耗的石灰石量,t/t;

P_a——每 1 t 生铁消耗的烧结矿量,t/t;

$w(C)_j$——焦炭的固定碳含量,%;

$w(C)_s$——石灰石的含碳量,%;

$w(C)_a$——烧结矿的含碳量,%;

$w(C)_t$——生铁的含碳量,%;

α——氮气在空气中的含量与在煤气中的含量的比值，一般采用 1.35~1.40；

$\varphi(CO_2+CO+CH_4)$——各种气体在高炉煤气中的体积含量，%。

高炉鼓风机的出口风量也可根据燃烧强度（要扣除富氧）计算燃烧所需要的最大风量，加上热风炉换炉时风机自动补风的要求，再加上漏风损失。

常用的参数是风量参数，是指每立方米炉容每分钟鼓入的风量数（m^3）。风量不仅与炉容有关，而且与高炉的强化程度有关。各类型高炉单位炉容所需的风机出口风量见表 4-1。

表 4-1 高炉单位炉容所需风机出口风量

炉 容	原料条件	风机出口风量/$m^3\cdot(m^3\cdot min)^{-1}$	
		平原地区	高原地区
大 型	50%烧结矿 100%烧结矿	2.3~2.6 2.6~2.9	2.6~2.9 2.9~3.2
中 型	100%天然矿 100%烧结矿	2.8~3.2 3.2~3.5	3.2~3.5 3.5~3.8
小 型	100%烧结矿	4.0~4.5	5.0~6.6

鼓风机的出口风压应能满足克服炉内料柱阻力损失和送风系统阻力损失以及保证足够高炉炉顶压力的需要。鼓风机的出口风压 P 可用下式表示：

$$P=P_t+\Delta P_{BF}+\Delta P_{HS} \tag{4-3}$$

式中 P_t——炉顶压力，Pa；

ΔP_{BF}——炉内料柱阻力损失，Pa；

ΔP_{HS}——送风系统阻力损失，一般为 0.1×10^5 ~ 0.2×10^5 Pa。

ΔP_{BF} 与炉容大小、炉型有关，还取决于原料条件、装料制度和冶炼强度。ΔP_{HS} 主要取决于送风管路的布置形式、气流速度和热风炉形式。不同高炉的炉顶压力，料柱阻力和送风系统的阻力损失，高炉所需风压见表 4-2。

表 4-2 不同容积高炉所需的风压参考数据 (MPa)

炉容/m^3	原料条件	料柱阻损	送风系统阻损	炉顶压力	风机出口压力
4000	自熔性烧结矿	0.15~0.17	0.02	0.25	0.51~0.55
2500	自熔性烧结矿	0.14~0.16	0.02	0.15~0.25	0.31~0.43
2000	自熔性烧结矿	0.14~0.15	0.02	0.15~0.20	0.31~0.37
1500	自熔性烧结矿	0.13~0.14	0.02	0.10~0.15	0.25~0.31
1000	自熔性烧结矿	0.11~0.13	0.02	0.10~0.15	0.23~0.30
620	自熔性烧结矿	0.10~0.11	0.02	0.06~0.12	0.18~0.25
255	自熔性烧结矿	0.065~0.085	0.015	0.025~0.08	0.105~0.18
100	30%烧结矿 70%铁矿石	0.055	0.015	0.02~0.025	0.09~0.095

（2）送风均匀稳定有良好的调节性能。当高炉要求固定风量操作时，风量应不受风压波动的影响；当高炉要求定风压操作时，风压应保持稳定，不受风量变动的影响。

（3）有一定的风量、风压调节范围。由于操作和气象条件的变化，需要变动风量和顶压，从而要求风机的出口风量和风压能在较大的范围内变动，因之形成了鼓风机的运行工况区。该区应尽量包含在风机特性曲线的有效使用范围内。

（4）应尽量使鼓风机安全、经济运行。应尽可能选择额定效率高、高效区较广的鼓风机，以使鼓风机能够长期连续稳定地安全、经济运行。

4.1.2 高炉鼓风机的选择

4.1.2.1 高炉和鼓风机配合原则

(1) 在一定的冶炼条件下,高炉和鼓风机选配得当,能使两者的生产能力都能得到充分的发挥,既不会因为炉容扩大受制于风机能力不足的限制,也不会因风机能力过大而让风机经常处在不经济运行区运行或放风操作,浪费大量能源。选择风机时,应给高炉合理地留有一定的强化余地,一般为10% ~20% 。

(2) 鼓风机的运行工况区必须在鼓风机的有效使用区内。所谓运行工况区,是指高炉在不同季节和不同冶炼强度操作时,或在料柱阻力发生变化的条件下,鼓风机的实际出风量和风压能在较大范围内变动。这个变动范围,一般称为运行工况区(见图4-1)。

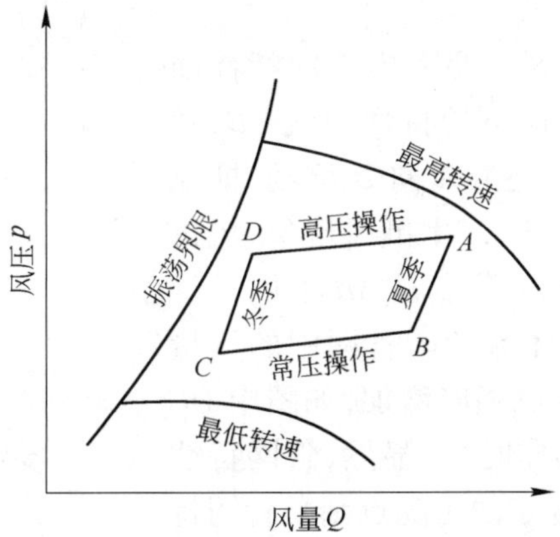

图4-1 高压高炉鼓风机的工况区示意图

4.1.2.2 确定风机运行工况区

A 计算高炉的风量和风压

前面计算的高炉风量是按标准状态下计算的,但是大气的温度、压力和湿度则因时因地而异,鼓风机的吸气条件并非标准状态,因此工况点的确定必须用气象修正系数来修正。考虑大气状况影响的换算公式为:

$$q_V = K \times Q \tag{4-4}$$

式中 q_V——鼓风机出口风量,m^3/min;

Q——鼓风机特性曲线上工况点的容积流量,m^3/min;

K——风量修正系数。

$$P = K' \times P' \tag{4-5}$$

式中 P——某地区鼓风机实际出口风压,MPa;

P'——鼓风机特性曲线上工况点的风压,MPa;

K'——风压修正系数。

我国各类地区风量修正系数 K 值及风压修正系数 K' 值见表4-3。风量修正系数 K 值可按 $pV/T = P'V'/T'$ 的理想气体状态方程式计算,再扣除大气中湿分所占的体积。

表 4-3　我国各类地区风量修正系数 *K* 值及风压修正系数 *K*′值

季　节	一类地区		二类地区		三类地区		四类地区		五类地区	
	K	*K*′	*K*	*K*′	*K*	*K*′	*K*	*K*′	*K*	*K*′
夏　季	0.55	0.62	0.70	0.79	0.75	0.85	0.80	0.90	0.94	0.95
冬　季	0.68	0.77	0.79	0.89	0.90	0.96	0.96	1.08	0.99	1.12
全年平均	0.63	0.71	0.73	0.83	0.83	0.91	0.88	1.00	0.92	1.04

注:地区分类按海拔标高划分

高原地区:

一类——海拔约 3000 m 以上地区,如昌都、拉萨等;

二类——海拔 1500 ~ 2000 m 的地区,如昆明、兰州、西宁等;

三类——海拔 800 ~ 1000 m 的地区,如贵阳、包头、太原等。

平原地区:

四类——海拔高度在 400 m 以下地区,如重庆、武汉、湘潭等;

五类——海拔高度在 100 m 以下地区,如鞍山、上海、广州等。

B　考虑管网特性曲线

确定鼓风机的运行工况区还要考虑管网特性曲线(图 4-2)。风机在一定转速下的特性曲线 *AB*,随着外界阻力增大,工况点自然是由 *A* 向 *B* 移动,即风压上升风量减小,直到最高点 *B*,产生倒风现象,风机严重振动,此即飞动点。至于工况点是 *AB* 上的哪一点,就要看管网特性,即在气体流动的管网中的压量关系。一般随风量增加,风压也相应增加,如图中 *OC*(常压操作时)和 *OD*(高压操作时)。显然,管网特性曲线是要通过 *O* 点的,具体确定的工况点则是管网特性曲线与风机特性曲线的交点 *E* 和 *F*。不同的工况点组成风机运行工况区。

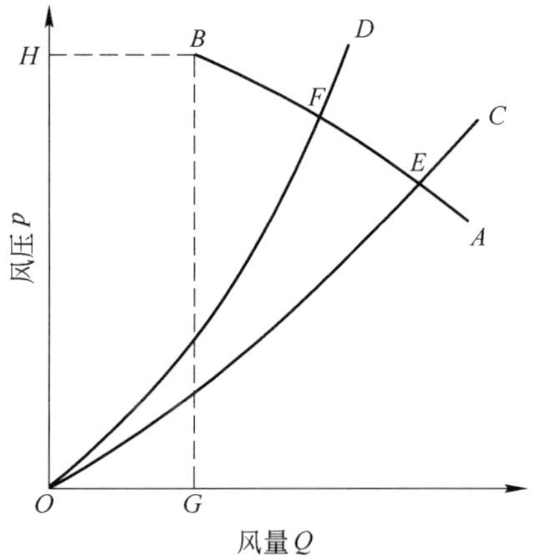

图 4-2　风机特性和管网特性的关系

4.1.3　提高风机出力的措施

对于已建成的高炉,由于生产条件的改变,常感到风机能力不足,或新建的高炉缺少配套的风机,都要求采取措施提高现有风机的出力,以满足高炉生产的需要。

提高风机出力的措施主要有:(1)改造现有鼓风机本身的性能。如改变驱动力,增大其功率,使风量、风压增加;提高转子的转速使风量风压增加;还可以改变风机叶片尺寸,加宽叶片或改变其角度均可改变风量。(2)改变吸风参数。改变吸风口的温度和压力,如在吸风口处喷水降温,设置前置加压机,均可提高风机的出力。通常使用的办法是同性能风机的串联或并联。

4.1.3.1　风机串联

所谓风机串联,即在风机吸风口前置一加压机,使主风机吸入的空气密度增加。由于离心式鼓风机的容积流量是不变的,因而通过主风机的空气量增大,不仅提高了压缩比,而且提高了风量,提高了风机出力。串联用的加压风机,其风量可比主风机稍大,而风压较低。两个风机的串联,风机的特性曲线低于两者的叠加,受两风机串联距离、管网的影响,应在加压风机后设冷却装置,否则主风机温度会过高。串联的目的一般是为了提高风压。

4.1.3.2 风机并联

所谓风机并联,就是把两台鼓风机出口管道顺着风的流动方向合并成一根管道送往高炉。并联的效果,原则上是风压不变,风量叠加。为了保证并联效果,除两台风机应尽量采用同型号或性能相同外,每台鼓风机的出口,都应设逆止阀和调节阀。逆止阀是用来防止风的倒灌,调节阀是用来在并联时两台风机调到相同的风压。由于并联后风量增加,其送风管道的直径也要相应扩大。

串联、并联的送风方法只是在充分利用现有设备的情况下采用的,它们提高风机的出力程度是有限的,虽然能够提高高炉产量,但增加了风机的动力消耗是不经济的。

4.2 热风炉的结构

现代热风炉是一种蓄热式换热器。热风炉供给高炉的热量约占炼铁生产耗热的四分之一。目前的风温水平,一般为1000~1200℃,高的为1250~1350℃,最高的可达1450~1550℃。高风温是高炉最廉价、利用率最高的能源,风温每提高100℃,可降低焦比4%~7%,产量提高2%。

借助煤气燃烧将热风炉格子砖烧热,然后再将冷风通入格子砖,冷风被加热。由于燃烧(即格子砖被加热)和送风(即冷却格子砖)是交替工作的,为保证向高炉连续供风,故每座高炉至少需配置两座热风炉,一般配置三座,大型高炉以四座为宜。自从使用蓄热式热风炉以来,其基本工作原理至今没有改变,而热风炉的结构、设备及操作方法却有了重大改进。当前,热风炉的结构有三种形式:内燃式热风炉、外燃式热风炉和顶燃式热风炉。

4.2.1 内燃式热风炉

内燃式热风炉是最早使用的一种形式,由考贝发明,故又称为考贝蓄热式热风炉。

考贝蓄热式热风炉包括燃烧室、蓄热室两大部分,并由炉基、炉底、炉衬、炉箅、支柱等构成,见图4-3。

4.2.1.1 炉基

热风炉主要由钢结构和大量的耐火砌体及附属设备组成,具有较大的荷重,对热风炉基础要求严格,地基的耐压力不小于0.30~0.35 MPa。地基耐压力不足时,应打桩加固。为防止热风炉产生不均匀下沉,使管道变形或撕裂,应将同一座高炉的热风炉组基础的钢筋混凝土结构做成一个整体,并高出地面200~400 mm,以防水浸。基础的外侧为烟道,采用地下式布置,两座相邻高炉的热风炉组可共用一个烟囱。

4.2.1.2 炉壳

炉壳的作用:一是承受砖衬的热膨胀力;二是承受炉内气体的压力;三是确保密封。热风炉的炉壳由8~14 mm厚度不等的钢板连同底封板焊成一个不漏气的整体。

在其内部衬以耐火砖砌体,并用地脚螺丝将炉壳固定在基础上,以防止底封板由于砌体膨胀作用向上抬起。

4.2.1.3 大墙

大墙即热风炉外围炉墙,一般为三环,内环砌以230~345 mm厚的耐火砖砌体,要求砖

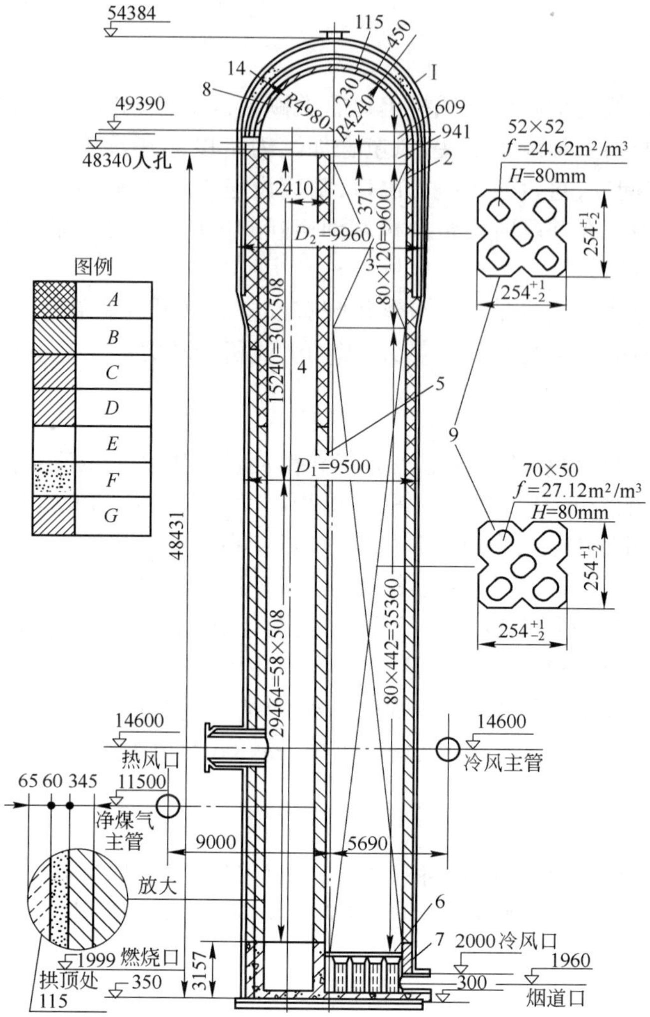

图 4-3　内燃式热风炉剖面图

1—炉壳;2—大墙;3—蓄热室;4—燃烧室;5—隔墙;6—炉箅;7—支柱;8—炉顶;9—格子砖;
A—磷酸—焦宝石耐火砖;*B*—矾土—焦宝石耐火砖;*C*—高铝砖($Al_2O_3$65% ~70%);
D—黏土砖(RN)—38;*E*—轻质黏土砖;*F*—水渣硅藻土;*G*—硅藻土砖

缝小于 2 mm;外环是 65 mm 厚的硅藻土砖的绝热层;两环之间是 60 ~ 145 mm 厚的干水渣填料层,以吸收膨胀,填装时应分段捣实,沿高度方向每隔 2 ~ 2.5 m 砌两层压缝砖,避免填料下沉。现代大型热风炉炉墙为独立结构,可以自由膨胀。在稳定状态下,炉墙仅成为保护炉壳和降低热损失的保护性砌体。

炉墙的温度是由下而上逐渐升高的。在不同的温度范围,应选用不同材质和厚度不同的耐火砖或隔热砖,分段砌筑。

4.2.1.4　拱顶

拱顶是连接燃烧室和蓄热室的空间,长期在高温状态下工作,除须选用优质耐火材料外，还必须在高温气流作用下保持砌体结构的稳定性，使燃烧时的高温烟气流均匀地进入蓄热室；还要求砌体质量好，隔热性能好，施工方便。

目前国内外热风炉的拱顶形式多种多样。内燃式热风炉拱顶有半球形、锥形、抛物线形和悬链形。一般为半球形（见图4-4），它可使炉壳免受侧向推力，拱顶荷重通过拱脚正压在大墙上，以保持结构的稳定性。拱顶由大墙支撑显然不利于提高它的稳定性和寿命，因此随着高温热风炉的发展，将拱顶与大墙分开，支在环形梁上，使拱顶砌体成为独立的支承结构（图4-5）。

拱顶内衬的耐火砖材质，决定了炉顶温度水平（表4-4），为了减少结构的质量和提高拱顶的稳定性，应尽量缩小拱顶的直径，并适当减薄砌体的厚度。拱顶砌体厚度减薄后，其内外温差降低，热应力减少。可相应延长拱顶寿命。

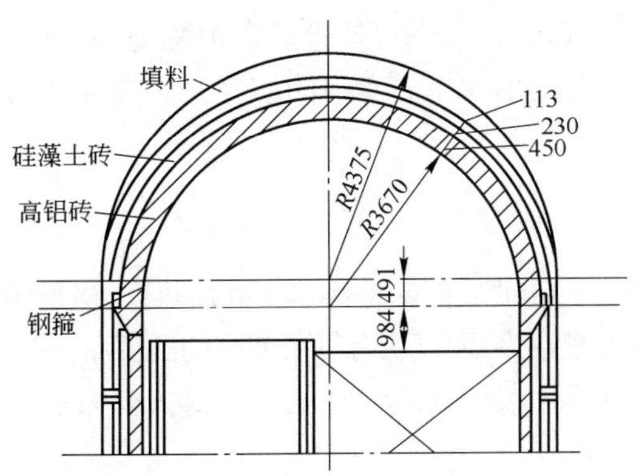

图4-4　半球形拱顶（1200 m³高炉热风炉）

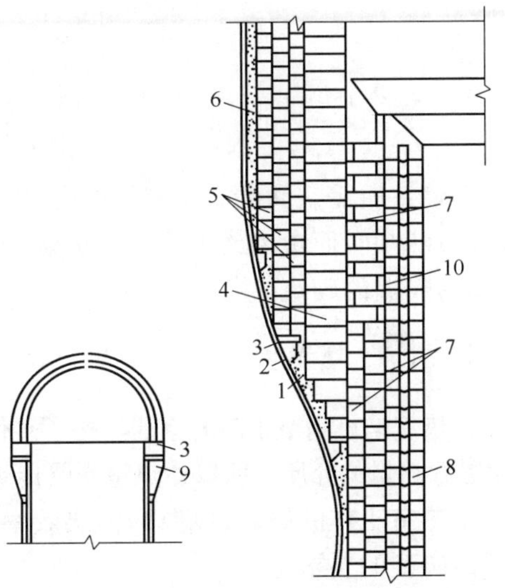

图4-5　拱顶砌体独立支撑结构

1—SiC 填料；2—喷涂层；3—砖托；4—拱顶耐火砖；5—拱顶绝热层；6—陶瓷纤维；7—炉墙绝热砖；8—炉墙耐火砖；9—环形梁；10—填料

表4-4　热风炉拱顶耐火砖材质与炉顶温度的关系

材　质	黏 土 砖	高 铝 砖		硅　砖
标　号	RN-38	RL-48	LZ-65	DG-95
炉顶温度/℃	1250	1350	1450	1550

4.2.1.5　隔墙

隔墙即燃烧室与蓄热室之间的砌体，一般厚为575 mm或460 mm，两层砌砖之间不咬缝，以免受热不均造成破坏，同时便于检修时更换。隔墙与拱顶之间不能完全砌死相互抵触，要留有200～250 mm的膨胀缝；为了气流分布均匀，隔墙要比蓄热室的格子砖高400～700 mm。

4.2.1.6　燃烧室

煤气燃烧的空间即燃烧室。内燃式热风炉的燃烧室位于炉内一侧。其断面形状有圆形、眼睛形和复合形。三种燃烧室的形状见图4-6。圆形燃烧室结构稳定，煤气燃烧较好，但占地面积大，蓄热室死角面积大，相对减少了蓄热面积。目前除了外燃式热风炉外，新建的内燃式热风炉均不采用。眼睛形占地面积小，烟气流在蓄热室分布均匀，但燃烧室当量直径大，烟气流阻力大，对燃烧不利，在隔墙与大墙的咬合处容易开裂，故一般多用于小高炉。复合形也称苹果形，兼有上述两者的优点，但砌砖复杂，一般多用于大中型高炉。

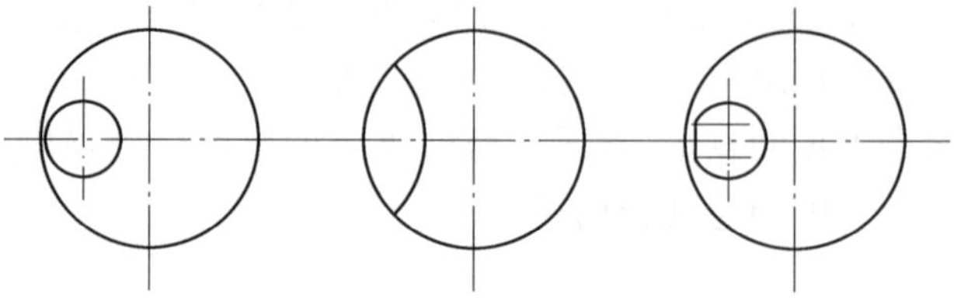

图4-6　燃烧室断面形状
(a) 圆形；(b) 眼睛形；(c) 复合形

燃烧室所需空间的大小和燃烧器的形式有关，套筒式燃烧器是边混合边燃烧，要求有较大的燃烧空间；而短焰或无焰型的燃烧器，则可大大减小或无需专门的燃烧室。燃烧室的砌筑，即为隔墙的砌筑。

4.2.1.7　蓄热室

蓄热室是充满格子砖的空间。格子砖作为贮热体，砖的表面就是蓄热室的加热面，格子砖块就是贮存热量的介质。所以蓄热室既要传热快，又要贮热多，而且要有尽可能高的温度。

蓄热室工作的好坏，风温和传热效率如何，与格孔大小、形状、砖量等有很大的关系。对格子砖砖型的要求是：

(1) 单位体积格子砖具有最大的受热面积；

(2) 有和受热面积相适应的砖量来贮热，以保证在一定的送风周期内，不引起过大的风温降落；

(3) 尽可能地引起气流扰动，保持较高流速，以提高对流换热速度；

(4) 有足够的建筑稳定性；

(5) 便于加工制造、安装、维护，成本低。

格子砖可分为板状砖和块装砖，板状砖砌筑的格孔砌体稳定性差，已被淘汰。块装砖有六角形和矩形两种，它是在正块砖上穿有圆形、方形、三角形、菱形和六角形孔，其中普遍采用的是五孔砖（图4-7）和七孔砖（图4-8）。这类砖建筑稳定性好，砌筑方便，受热面积大。

4.2.1.8　支柱及炉箅

蓄热室全部格子砖都通过炉箅支承在支柱上，当废气温度不超过350℃，短期不超过400℃时，用普通铸铁件能稳定地工作。当废气温度较高时，可用耐热铸铁（Ni 0.4% ~ 0.8%，Cr 0.6% ~ 1.0%）或高锰耐热铸铁。

为了避免堵塞格孔，支柱及炉箅子的结构应和格孔相适应，故支柱做成空心的（图4-9）。支柱高度要满足安装烟道和冷风管道的净空需要，同时保证气流畅通。炉箅子的块数与支柱数相同，而炉箅子的最大外形尺寸，要能从烟道口进出。

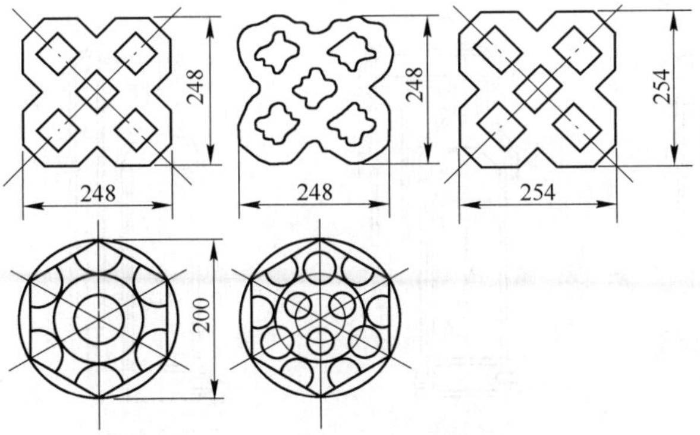

图 4-7 块状格子砖砖型

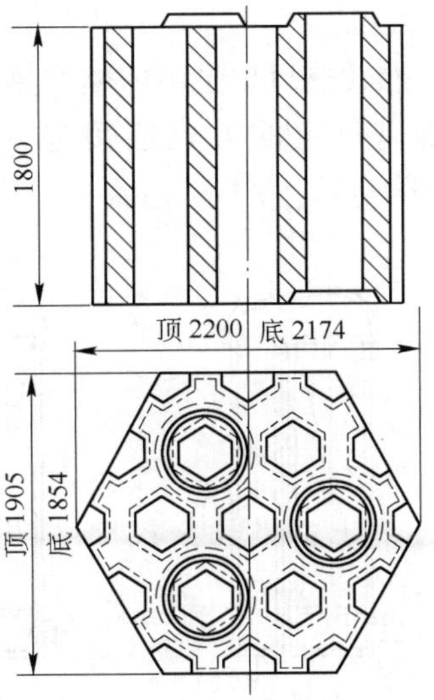

图 4-8 地得式七孔砖

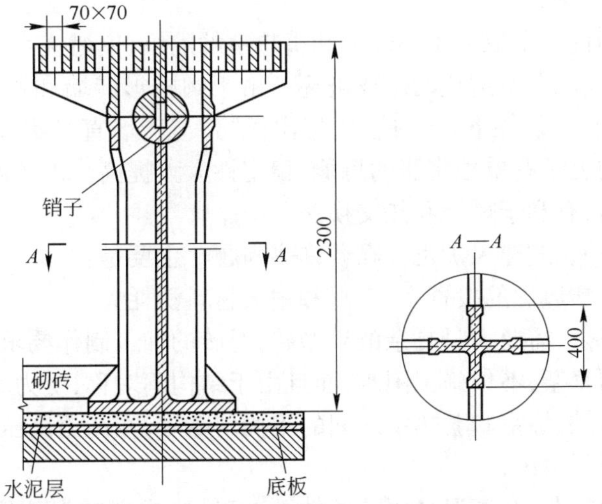

图 4-9 1513 m^3 高炉热风炉蓄热室的支柱和炉箅子

4.2.1.9 人孔

人孔是为检查、清灰、修理而设，对于大中型高炉热风炉，在拱顶部分蓄热室上方设两个人孔，布置成 120°，以供检查格子砖、格孔是否畅通，清理格孔表面的附着灰。为便于清灰工作，在蓄热室下方也设有两个人孔，布置时应避开炉箅支柱及下部各口。为了便于清理燃烧室，在燃烧室的下部应设置一个人孔。

4.2.2 外燃式热风炉

尽管人们对内燃式热风炉作了各种改进，但由于燃烧温度总是高于蓄热室温度，隔墙的两侧温度不同，炉墙四周仍然会变形，拱顶仍有损坏，还存在隔墙“短路”窜风、寿命短等问题。

外燃式热风炉是由内燃式热风炉演变而来的。它的燃烧室设于蓄热室之外，在两个室的顶部以一定的方式连接起来。按连接的方式不同，外燃式热风炉可分为四种（见图4-10）。

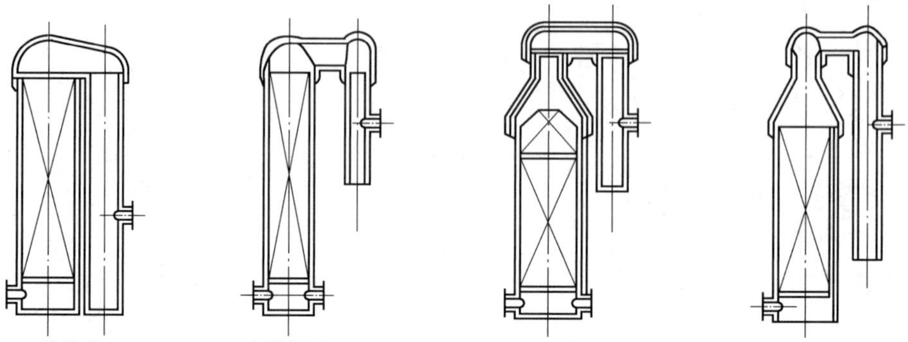

图4-10　外燃式热风炉形式

外燃式热风炉的优点是取消了燃烧室和蓄热室的隔墙，使燃烧室和蓄热室都各自独立，从根本上解决了温差、压差所造成的砌体破坏。由于圆柱形砖墙和蓄热室的断面得到了充分的利用，在相同的加热条件下，与内燃式相比，炉壳与砖墙直径都较小，故结构稳定。此外，它受热均匀，结构上都有单独膨胀的可能，稳定性大大提高。由于两室都做成圆形断面，使炉内气流分布均匀，有利于燃烧和热交换。

生产实践表明，外燃式热风炉也存在着许多问题。主要是：

（1）它比内燃式热风炉的投资多，钢材和耐火材料消耗大；

（2）砌砖结构复杂，需要大量复杂的异型砖，对砖的加工制作要求很高；

（3）拱顶钢结构复杂，不仅施工困难，而且由于结构不对称，受力不均匀，不适应高温和高压的要求；很难处理燃烧室和蓄热室之间的不均匀膨胀，在高温高压的条件下容易产生炉顶连接管偏移或者开裂窜风；

（4）由于钢结构复杂，在高温高压的条件下，容易造成高应力部位产生晶间应力腐蚀，钢壳开裂，从而限制了热风炉顶温的升高，限制了风温的继续提高；

（5）外燃式热风炉不宜在中小高炉上使用。

各种外燃式热风炉的特性比较见表4-5。

表4-5　外燃式热风炉特性比较

热风炉形式	拱 顶 结 构	优 缺 点	首次使用时间、地点
地得（Didier）式	由两个不同半径接近1/4的球形和半个截头圆锥组成。整个拱顶呈半卵形整体结构。燃烧室上部或下部设有膨胀补偿器	1. 高度较低，占地面积较小； 2. 拱顶结构较简单，砖型较少； 3. 晶间应力腐蚀问题较易解决； 4. 气流分布比其他外燃式热风炉差； 5. 拱顶结构庞大，稳定性较差	1959 年

续表 4-5

热风炉形式	拱顶结构	优缺点	首次使用时间、地点
考伯斯(Koppers)式	燃烧室和蓄热室均保持各自半径的半球形拱顶，两个球顶之间由配有膨胀补偿器的连接管连接	1. 高度较低，占地面积较小； 2. 钢材及耐火材料消耗量较少，基建费用较省； 3. 气流分布较地得式好； 4. 砖型多； 5. 连接管端部应力大、容易开裂	1950 年考伯斯公司由化学工业引用于高炉
马琴(Martin & Pagenstecher)式	蓄热室顶部有锥形缩口，拱顶由两个半径相同的 1/4 球顶和一个平底半圆柱连接管组成	1. 气流分布好； 2. 拱顶尺寸小，结构稳定性好； 3. 砖型少； 4. 使用材料较多，散热面较大； 5. 燃烧室与蓄热室之间没有膨胀补偿器，燃烧室高度选择不当时拱顶应力大，易产生裂缝	1965 年在沃古斯特－蒂森公司使用
新日铁式	蓄热室顶部具有锥形缩口，拱顶由两个半径相同的 1/2 球顶和一个圆柱形连接管组成，连接管上没有膨胀补偿器	1. 气流分布好； 2. 拱顶对称，尺寸小，结构稳定性好； 3. 使用材料较多，散热面积较大； 4. 硅型较多，投资较高； 5. 占地面积最大	20 世纪 60 年代末在新日铁八幡制铁所洞岗高炉使用

4.2.3 顶燃式热风炉

所谓顶燃式热风炉，就是指燃烧器安装在热风炉炉顶，在拱顶空间燃烧，不需专门的燃烧室，又称无燃烧室式热风炉(图 4-11)。

将煤气直接引入拱顶空间燃烧，为了在短时间里，保证煤气与空气很好地混合完全燃烧，需采用燃烧能力大的短焰或无焰烧嘴，烧嘴的数量和分布形式应满足燃烧后的烟气在蓄热室内均匀分布的要求，通常采用炉顶侧面双烧嘴或四烧嘴的结构形式。烧嘴向上倾斜 25°，由切线方向相对引入燃烧，火焰呈涡流状流动。常用的为半喷射式短焰烧嘴。

由于顶燃式热风炉的热风出口高，导致热风总管的安装平面要求高，从而对支柱结构强度要求较高。故采用热风炉呈矩形组合的平面布置(图 4-12)。

顶燃式热风炉吸收了内燃式、外燃式热风炉的优点并克服了它们的一些缺点。

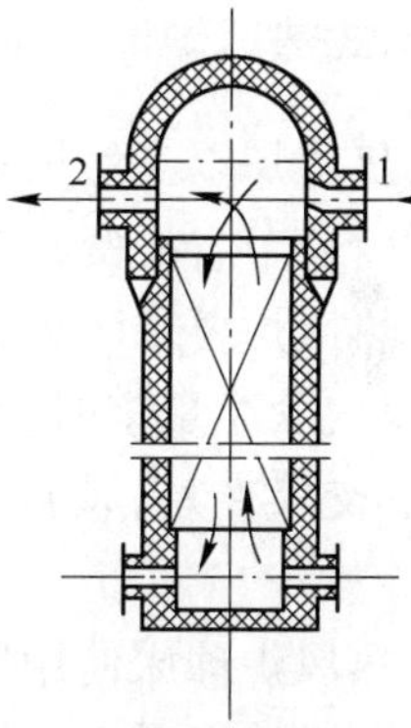

图 4-11 顶燃式热风炉结构形式

1—燃烧口；2—热风出口

与内燃式热风炉相比较，顶燃式热风炉有如下优点：

(1) 取消了燃烧室，根除了燃烧室隔墙开裂窜风和隔墙上部倒塌的问题；

(2) 取消了燃烧室，扩大了蓄热室容积，可增加蓄热面积 25% ~30%，有利于提高风温；

(3) 气流分布均匀，可以满足大型化的要求；

(4) 保留了内燃式热风炉钢壳均匀对称的优点。

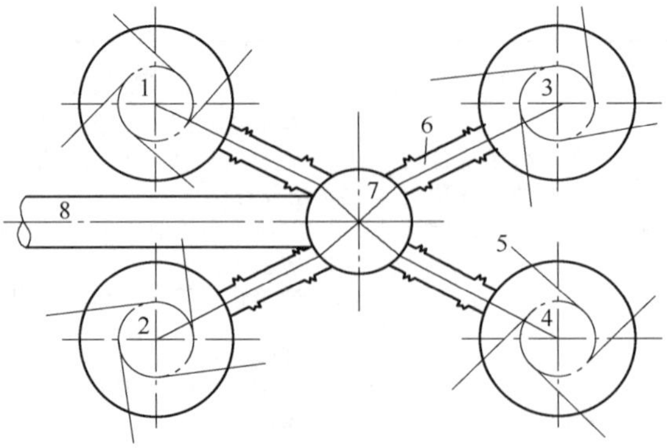

图 4-12　顶燃式热风炉布置图

1～4—四座顶燃式热风炉;5—各炉燃烧器的安装中心线;6—设在炉顶平台上的热风支管;
7—与热风炉等高的热风竖管;8—接向高炉的热风总管

与外燃式热风炉相比较,顶燃式热风炉有如下优点:

(1) 投资小,可节省大量的钢材和耐火材料;

(2) 砌砖结构简单,节省大量的异型转,对于砖的制造和施工都有利;

(3) 拱顶结构简单,而且均匀对称,稳定性好,能够充分适应高温和高压的要求;

(4) 钢结构简单,可以免除应力集中,因而可以避免或减少晶间应力腐蚀的可能性。

顶燃式热风炉的结构能适应现代高炉向高温、高压和大型化发展的要求,因此,它代表了新一代高风温热风炉的发展方向。

4.2.4　球式热风炉

球式热风炉以自然堆积的耐火球代替格子砖。其加热面积大,热交换好,风温高,体积小,节省材料,节省投资,施工方便,建设周期短。它属于顶燃式热风炉。

球式热风炉要求耐火球质量好,煤气净化程度高,煤气压力大,助燃风机的风量风压要大,否则煤气含尘量多时,会造成耐火球孔隙堵塞,表面渣化黏结,甚至变形破损,使阻力损失增大,热交换变差,风温降低。煤气压力和助燃空气压力大,才能保证发挥球式热风炉的优越性。

球式热风炉球床使用周期短,需定期换球卸球(卸球后 90% 以上的耐火球可以继续使用),但卸球劳动条件差,休风时间长,加之阻力损失大,功率消耗大,当量厚度小,这是限制其推广使用的主要原因,在大中型高炉上不宜使用。

4.2.5　热风炉用耐火材料的选用原则

热风炉砌体工作条件十分恶劣,引起其破损的主要原因有:高温作用所产生的压应力和拉应力;温度反复波动引起的温度应力;燃烧产物对拱顶和炉墙的直接冲刷;烟气中尘粒与砖产生化学反应形成低熔点化合物;在使用温度下,长期载荷作用引起的变形收缩(蠕变性);下部砌体承受很大的自身压缩载荷;煤气在蓄热室燃烧使格子砖过热等。因此,热风炉所用耐火材料,应依其工作温度、操作条件、热风炉形式及使用部位不同而选择。一般的选用原则是:

(1) 以砌体砖的最高表面温度作为选择耐火材料耐火度的标准。

（2）耐火砖的抗蠕变性能是最重要的质量指标。耐火材料的蠕变温度应较实际使用温度高100℃～150℃，若考虑砌体厚度上的温降，则工作温度可较蠕变温度低50℃～100℃。该温度以燃烧末期的温度和实际使用的荷载为基准，耐火材料在50h产生的蠕变值应小于1%。

（3）耐火砌体的膨胀缝主要取决于温度和耐火材料的热膨胀特性。在温度波动幅度较大的部位，应选择热膨胀系数小、热稳定性好的耐火砖。

（4）热风炉下部耐火砖承受很大的压力，故此处应选择抗压强度大的耐火材料。

（5）绝热砖应选择导热系数低、气孔率大、密度小的耐火材料，且其使用温度以重烧线收缩率小于2%的温度再加50℃为基准。

4.2.6 热风炉管道、阀门和燃烧器

热风炉是高温、高压装置，其燃料易燃、易爆且有毒。因此，热风炉的管道与阀门必须工作可靠，能够承受高温及高压，具有良好的密封性；设备结构简单，便于维修，方便操作；阀门的启闭传动装置均应设有手动操作机构，启闭速度应能满足工艺操作要求。热风炉的装备水平见表4-6。热风炉管道、阀门等设备的配置情况如图4-13所示。

表4-6 热风炉的装备水平

高炉容积/m^3	100	300	620	1200	2500	4000
热风炉座数/座	3	3	3	4	4	4
热风炉结构形式	内燃式	内燃式	内燃式	外燃式	外燃式	外燃式
燃烧器形式	金属燃烧器	金属燃烧器	陶瓷燃烧器	陶瓷燃烧器	陶瓷燃烧器	陶瓷燃烧器
助燃风机供风形式	一机一炉	一机一炉	一机一炉	一机一炉	一机二炉	一机二炉
送风制度	单炉送风	单炉送风	单炉送风或交错并联送风	双炉交错并联送风	双炉交错并联送风	双炉交错并联送风
阀门传动方式	手动	电动	电动或液压传动	电动、气动或液压传动	电动、气动或液压传动	电动、气动或液压传动
控制方式	1. 燃烧手动控制； 2. 送风自动调节	1. 燃烧手动控制； 2. 送风自动调节	1. 自动点火； 2. 燃烧手动控制； 3. 送风自动调节； 4. 逻辑电路控制半自动化换炉	1. 自动点火； 2. 燃烧手动控制； 3. 送风自动调节； 4. 逻辑电路控制半自动化换炉	1. 自动点火； 2. 燃烧手动控制； 3. 送风自动调节； 4. 逻辑电路控制半自动化换炉	1. 自动点火； 2. 燃烧手动控制； 3. 送风自动调节； 4. 逻辑电路控制半自动化换炉

4.2.6.1 管道

热风炉系统设有冷风管、热风管、混风管、燃烧用净煤气管和助燃风管、倒流休风管等。

冷风管应保证密封，常用4～12 mm钢板焊成。为了消除由于冷风温度在夏季和冬季的不同而产生的热应力，故在冷风管道上设置伸缩圈。冷风管的支柱要远离伸缩圈，而支柱上的管托与风管间制成活接，以免妨碍冷风管自由伸缩。

热风管道由约10 mm厚的普通钢板焊成，要求管道的密封性好，热损失小。热风管道一般用标准砖砌筑，内砌黏土砖或高铝砖，外层砌隔热砖（轻质黏土砖或硅藻土砖），最外层垫石棉板以加强绝热。大中型高炉还在管道内壁喷涂不定形耐火材料。耐火砖应错缝砌

筑,砖缝不大于 1.5 mm。一般每隔 3~4 m 长度留 20~30 mm 的膨胀缝,缝内填塞石棉绳。内外两圈砌筑的膨胀缝位置要相互错开,并且不得留设在有叉口与人孔的砌体上。热风管及其支柱之间采用活动连接,管子托在辊子上,允许自由伸缩。

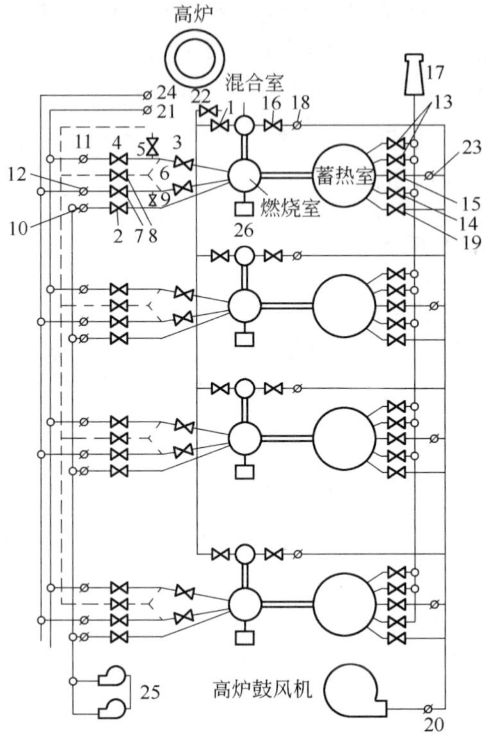

图 4-13　热风炉管道阀门配置

1—热风阀;2—空气切断阀;3—高炉煤气燃烧阀;4—高炉煤气阀;5—高炉煤气放散阀;6—焦炉煤气燃烧阀;7—焦炉煤气阀;8—吹扫阀;9—焦炉煤气放散阀;10—空气流量调节阀;11—高炉煤气流量调节阀;12—焦炉煤气流量调节阀;13—烟道阀;14—废风阀;15—冷风阀;16—混风阀;17—烟囱;18—混风流量调节阀;19—充风阀;20—放风阀;21—高炉煤气压力调节阀;22—热风放散阀;23—冷风流量调节阀;24—焦炉煤气压力调节阀;25—助燃风机;26—点火装置

混风管是为了稳定热风温度而设,可根据热风炉的出口温度而掺入一定数量的冷风,安装位置见图 4-14。若采用双炉并联(一炉为主送,一炉为副送)送风,高低风温互相配合调节,可取消混冷风操作。

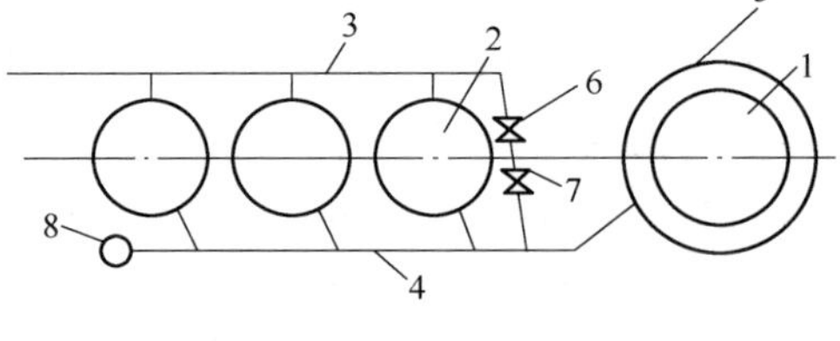

图 4-14　混风阀安装位置

1—高炉;2—热风炉;3—冷风管;4—热风管;5—热风围管;6—混风调节阀;7—混风大闸;8—倒流休风管

倒流休风管实际上是安装在热风总管上的烟囱,其外壳用10 mm厚的钢板焊成,因为倒流气体温度很高,所以下部要砌一段耐火砖,并安装有水冷阀门(与热风阀同),平时关闭,倒流休风时打开。

净煤气管道应有千分之五的排水坡度,并在进入支管前设置排水装置。我国高炉热风炉各管道内径见表4-7。

表4-7 我国高炉热风炉管道内径 (mm)

管道名称 \ 高炉容积/m^3	100	255	620	1000	1500	2000
净煤气总管	500	800	1300	1400	1600	1500
净煤气支管	400	700	900	1100	1100	1100
冷风总管	520	700	1000	1400	1400	1500
冷风支管	400	700	900	1200	1200	1200
热风总管	500	700	900	1500	1522	2000
热风围管	500	700	850	1200	1222	2000
冷风混风管	400	400	900	1200	1200	800
混风阀后						1600

4.2.6.2 燃烧器

燃烧器是用来将煤气与空气混合并送进燃烧室进行燃烧的设备,应具有足够的燃烧能力和足够的调节范围。燃烧器种类很多,通常采用的燃烧器为套筒式金属燃烧器和陶瓷燃烧器。

套筒式金属燃烧器的构造见图4-15。它由带煤气连接管的外壳(外套筒)、助燃风机(内管)、进风调节门和操作风门的执行机构组成。燃烧时,煤气自上而下通过煤气调节阀、煤气隔断阀,进入燃烧器外套筒。助燃空气由风机供给,通过可旋转的风门调节,进入内管。为了加强煤气与空气的混合,一般在套筒的前端加装锥形帽(图4-16)。

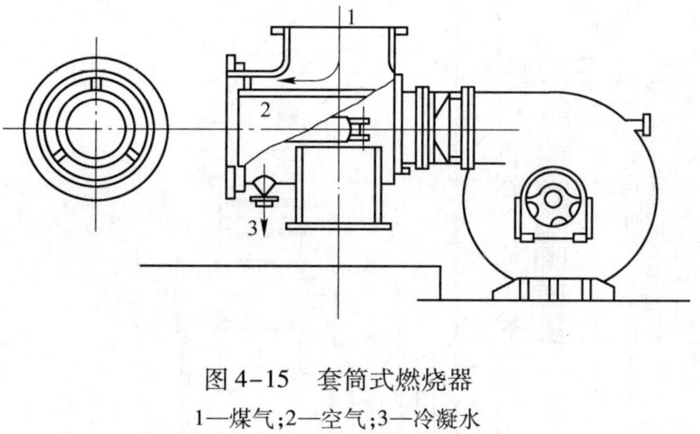

图4-15 套筒式燃烧器
1—煤气;2—空气;3—冷凝水

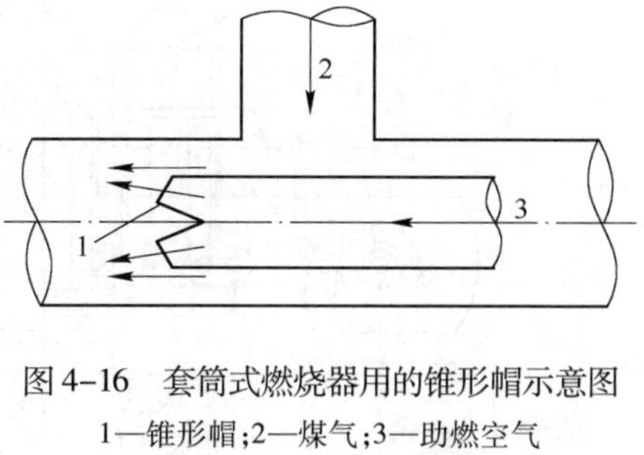

图4-16 套筒式燃烧器用的锥形帽示意图
1—锥形帽;2—煤气;3—助燃空气

套筒式金属燃烧器的主要优点是:结构简单,压头损失小,对煤气含尘量要求不严格,煤气与助燃空气混合比例调节范围大,且不易产生回火现象。其主要缺点是:煤气与助燃空气混合不均匀,需要较大体积的燃烧室;燃烧不稳定,火焰跳动,使炉体结构振动危及结构的稳定性;正对燃烧室燃烧口的热风炉隔墙,容易被火焰烧穿而产生短路。目前国内外高风温热风炉均采用陶瓷燃烧器代替套筒式金属燃烧器。

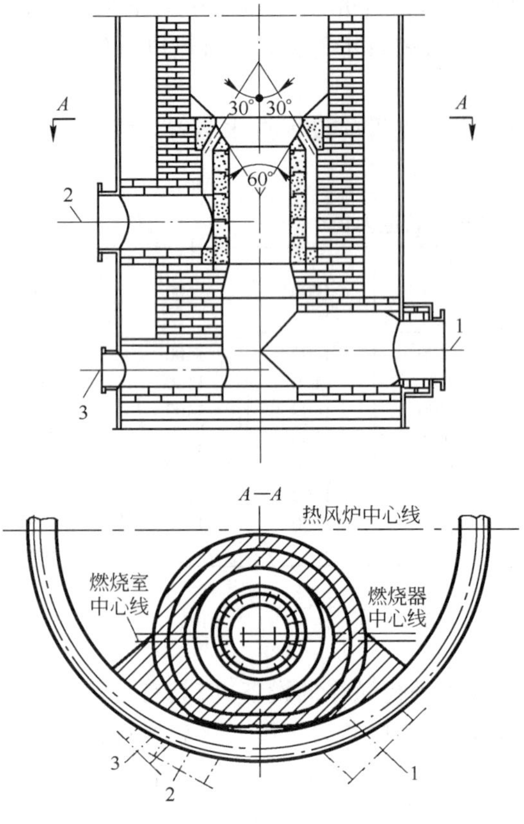

图 4-17　内燃式热风炉用的陶瓷燃烧器

1—煤气入口；2—空气入口；3—人孔

陶瓷燃烧器是由耐火砖和耐热混凝土等材料砌成的。要求其上部耐火度高，下部体积稳定性好，当隔墙断裂时，可避免漏气回火和爆炸。一般上部用高铝砖、莫来石砖，下部用硅线石砖、黏土砖，也有用磷酸盐耐热混凝土预制块的。内燃式热风炉和外燃式热风炉用的陶瓷燃烧器结构分别见图 4-17 和图 4-18。

陶瓷式燃烧器的特点为：

（1）煤气和助燃空气混合较好，燃烧完全，克服了燃烧振动现象。

（2）由于燃烧器设在燃烧室的下部，气流直接向上，因此能避免隔墙的烧损和冲刷。

（3）煤气和助燃空气流量调节范围大，混合均匀，故能在较低的空气过剩系数下达到完全燃烧；与金属燃烧器相比，当采用发热值相同的煤气燃烧时，可提高燃烧温度 40 ~ 80℃。

（4）虽然燃烧器在较低的空气过剩系数下能达到完全燃烧，但因为陶瓷燃烧器可以获得更高的风温，强化了燃烧，所以一般需要配置较大能量的助燃风机。

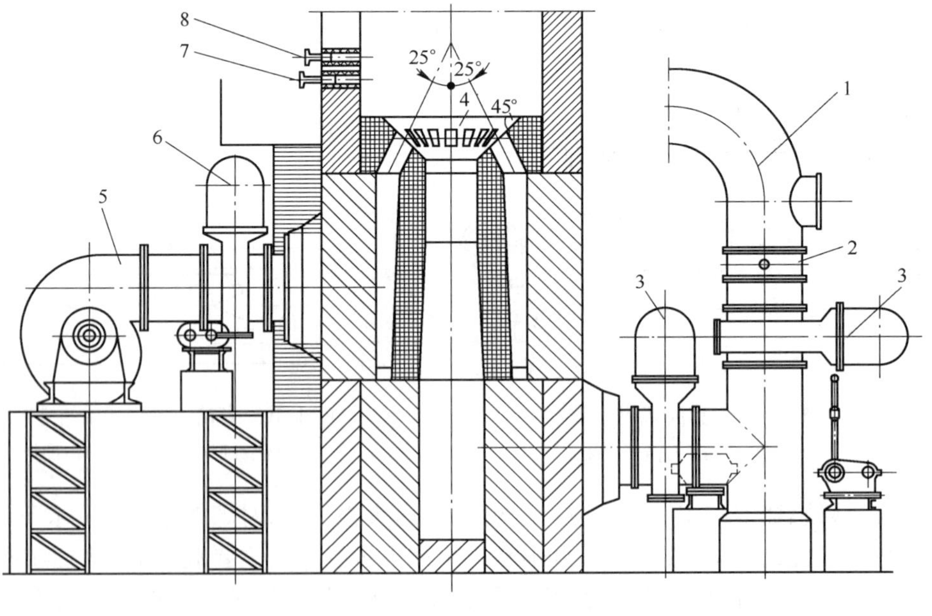

图 4-18　外燃式热风炉用的陶瓷燃烧器

1—煤气管；2—煤气流量调节阀；3—煤气切断阀；4—陶瓷燃烧器；5—助燃风机；6—空气切断阀；7—点火孔；8—窥视孔

4.2.6.3　阀门

根据热风炉周期性工作的特点，可将热风炉用的阀门分为控制燃烧系统阀门和控制鼓风系统阀门。控制燃烧系统阀门主要有燃烧器、煤气调节阀、煤气切断阀、烟道阀等；控制鼓风系统阀门主要有放风阀、混风阀、冷风阀、热风阀、废风阀等。热风炉用的阀门按构造型式分为三类：

(1) 蝶式阀。它是中间有轴可以自由旋转的翻板，利用转角的大小来调节流量，具有调节灵活、密封性差，因翻板在气流中，气流会产生涡漩，故阻力最大。

(2) 盘式阀。阀盘开闭的运动方向与气流方向平行，构造比较简单，多用于切断含尘气体，密封性差，气流经过阀门时转 90°，故阻力较大。

(3) 闸式阀。闸板开闭的运动方向与气流方向垂直，构造比较复杂，但密封性好。由于气流经过闸式阀门时气流方向不变，故阻力最小。

热风炉用阀门的传动有手动、液压传动、电动、气动等多种。为了提高热风炉设备的利用率，缩短换炉时间，保证安全生产，减轻劳动强度，大中型高炉热风炉阀门普遍采用自动联锁操作。

A　煤气调节阀

煤气调节阀（见图 4-19）属于蝶式阀，安装在与燃烧器连接的煤气支管上，它是用一个椭圆形或圆形的阀板绕其本身轴线转动，来改变煤气通道的断面积而达到调节流量的目的。关闭时不必另设密封圈，转轴伸出阀外的部分，有转角指示针，还有驱动拉杆相连。一般用电气控制进行自动调节。

B　煤气隔断阀

煤气隔断阀（见图 4-20）又称为曲柄阀（俗称大头阀）。当轴转动时，曲柄将阀盘和阀盘座分离，与曲柄铰接的杠杆中间铰接在阀盘背面的中心销孔内，下端有一水平向滚轴，两端伸在阀壳两侧的导槽内，阀门打开的过程，并不沿阀座滑动，而是沿曲柄旋转弧线上升，先离开后升起，关闭时先落下后靠紧，并借助轴伸出阀盖外的部分上面固定的重锤压紧，故磨损小，密封性好。

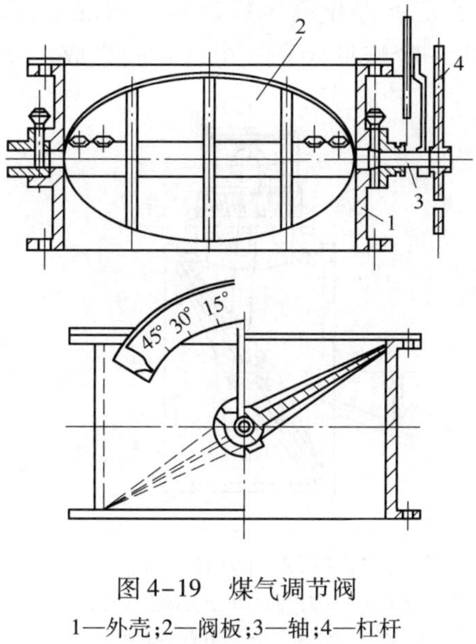

图 4-19　煤气调节阀

1—外壳；2—阀板；3—轴；4—杠杆

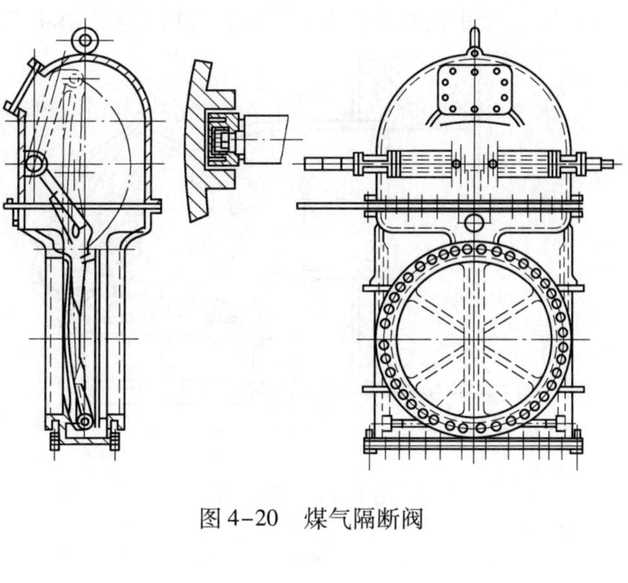

图 4-20　煤气隔断阀

C　燃烧器大闸

燃烧器大闸(又称燃烧阀)也是曲柄阀,其构造与煤气隔断阀一样,只是增加了通水冷却管,但仍有时因受热变形不易打开,或不能保证密封而跑风。因此有时采用与热风阀结构完全相同的水冷闸式阀。

助燃风机一般均采用离心式通风机,其能力是根据燃料燃烧所需的助燃空气量及燃烧生成的烟气在整个流路系统中所需克服的压头损失来确定的,此外还应考虑到工作制度的改变,周期中的燃烧不均匀性以及采取强化燃烧等措施的可能性。我国一些高炉热风炉配用的助燃风机特性见表4-8。

表4-8　我国一些热风炉的助燃风机特性表

高炉容积/m^3	风　机		电　动　机	
	风量/ m^3 · h^{-1}	全风压/Pa	功率/kW	转速/r · min^{-1}
100	8500	0.022×10^5	7.5	—
255	25000	0.028×10^5	40	—
620	41200	0.032×10^5	55	1450
1000	48000	0.029×10^5	75	980
1200	64200	0.046×10^5	125	1500
1500	55840	0.047×10^5	130	980
2025	60100	0.088×10^5	115	1500

D　烟道阀

烟道阀设在热风炉与烟道之间,热风炉送风时烟道阀关闭,使热风炉与烟道隔开。一般为盘式阀,其构造见图4-21。阀盘放在水冷阀座上,打开时阀盘转起,停在阀盖里面。这种阀构造简单,密封性尚可。但当废气温度高于400℃以上时,容易变形漏风。另外转轴安装在阀壳上,开闭阀盘时,常将固定的地脚螺栓拔松而漏气,所以也有采用闸式阀的,工作更可靠,寿命也较长。

E　放风阀

放风阀安装在从鼓风机来的冷风管道上。它是为了在不停止鼓风机运转的情况下,减少或完全停止向高炉送风而设的。其构造见图4-22,由一个蝶形阀和一个柱塞阀组成。蝶

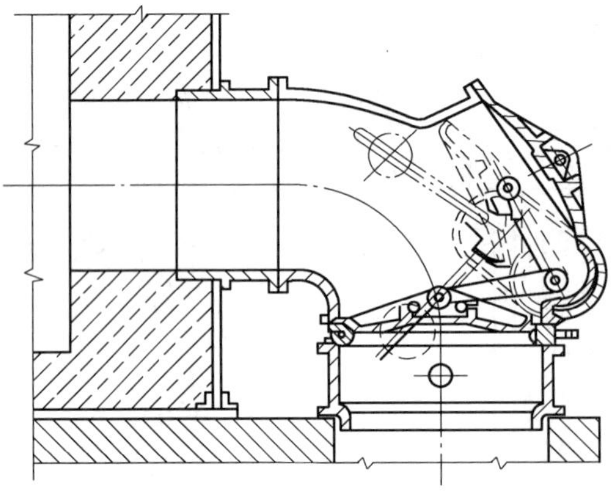

图4-21　盘式烟道阀

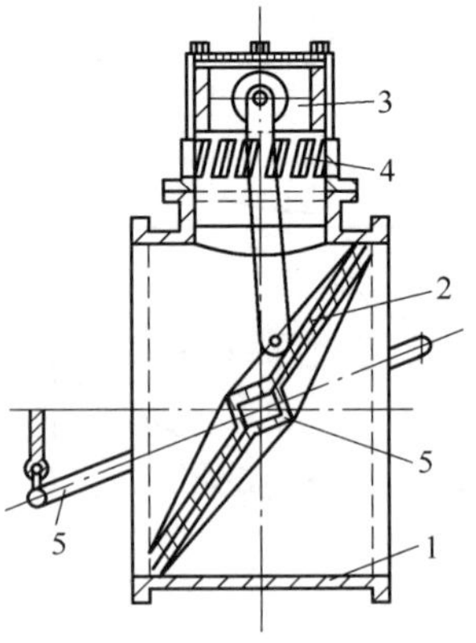

图4-22　防风阀

1—外壳;2—蝶式阀(处于关闭位置);3—活塞;4—放风孔;5—开闭用的杠杆

形翻板和柱塞用连杆铰接起来，正常送风时，翻板水平放置，没有挡风的作用，这时柱塞阀处于完全堵住放风孔的位置，鼓风全部送入高炉。放风时，翻板转起将冷风管道遮断，此时柱塞上升，全开放风孔，将堵住的风全部放入大气。为了减少放风时的噪声，可将风排至烟道，或在柱塞阀上安装消声器。

F 混风阀

混风阀的作用是向热风总管内掺入一定数量的冷风，以保持热风温度稳定不变。其位置在混风管与热风总管相接处，它由调节阀和隔断阀组成。前者是为调节掺入的冷风量，后者是为防止冷风管道内压力降低时，热风或高炉炉缸煤气进入冷风管道而设的。休风时，在切断热风阀之前先关隔断阀，以防止煤气倒流进入冷风管道，造成极为严重的爆炸事故。所以混风阀又称为混风保护阀。

混风调节阀为蝶式阀结构，它可手动调节也可借调节器和电动执行机构来自动调节。混风隔断阀是闸式阀，构造与冷风阀相似，只是没有冷风均压小门。高风温、高风压的大中型高炉热风炉常用带有水冷闸板与水冷阀体的混风保护阀，其构造与热风阀相似。

G 冷风阀

冷风阀安装在冷风进入热风炉前冷风支管上，为闸式阀，构造见图4-23，是用来在燃烧期将冷风管道与热风炉隔断、送风期打开的开闭器。在大闸板上带有均压用小阀，这是由于烧好的热风炉，关闭烟道阀前后，炉内处于与烟道相同的负压水平。冷风支管内的压力是鼓风压力，所以闸板上下压差很大。为使闸板在开启时能均衡两侧的压力差，故在主体阀上设

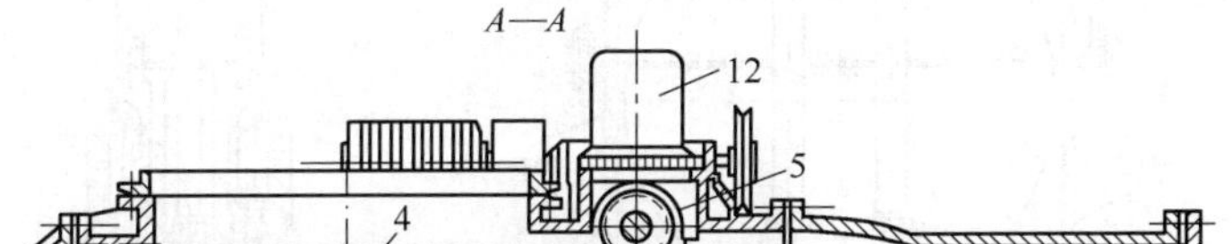

图4-23 冷风阀

1—阀壳；2—阀盖；3—闸板；4—齿条连杆；5—小齿轮；6—电动机；7—减速器；8—均压小阀；9—弹簧缓冲器；10—链轮；11—底座；12—主令控制器

置均压阀孔或旁通阀，使冷风先从小孔中灌入，待两侧压力均衡后，主阀就很容易打开了（电动机6通过减速箱7，带动小齿轮5，咬合齿条连杆4向右抽开均压小阀8，待均压后，再继续向右抽开齿条，则小阀与主阀上的台阶接触，继续抽动就可以打开主阀闸板直到全开位置）。减速器为差动齿轮箱，链轮可以手动，也可以由电动机带动。

H　热风阀

热风阀安装在热风出口和热风主管道之间，送风期打开，焖炉和燃烧期关闭。随着高炉的强化冶炼，热风阀工作条件越来越恶劣，已成为高炉设备的薄弱环节之一。因此对热风阀必须采用循环水冷却。常用的热风阀是闸板阀（见图4-24），由阀板（闸板）、阀座圈、阀外壳、冷却进出水管组成。阀板（闸板）、阀座圈和阀壳体上都有水冷。另外，为了减少阀板（闸板）与阀座圈接触表面受高温气流的冲击，故用冷压缩空气组成辅助的空气冷却圈，实际上相当于一圈冷空气密封环。当阀门打开时，此冷空气还可以吹到热风阀阀板的下部。

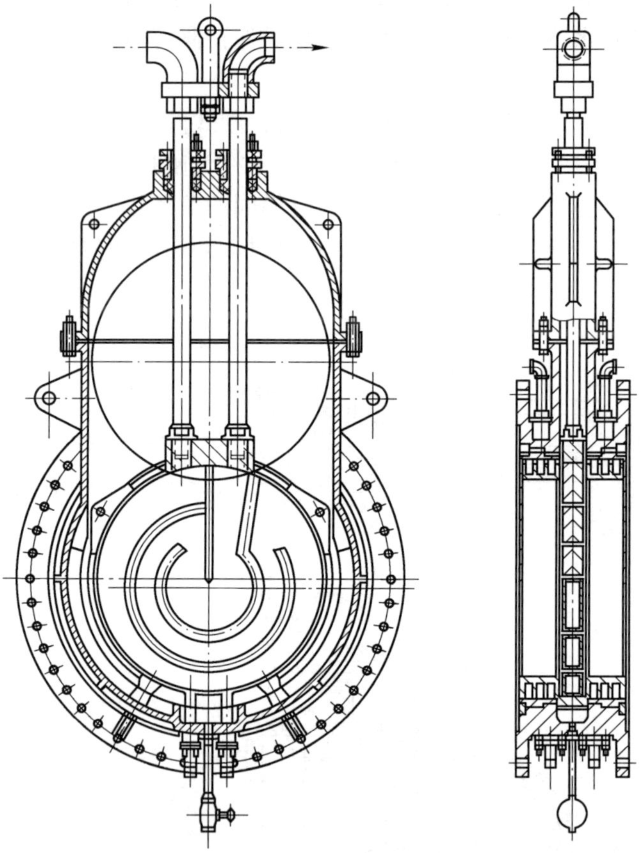

图4-24　热风阀

安装热风阀时，阀座圈与阀壳之间需用石棉填料密封，阀板（闸板）与阀座圈间要留有3～5 mm的间隙。为了减少热风对阀板的直接冲刷，阀板停在提升位置时，其下端要比管道孔高出100～150 mm。

阀板一般用钢板焊成，焊接后先退火，再加工，最后在表面喷涂一层薄铝。阀板最容易损坏的部位是阀板的下缘，因为此处受到高风温作用的时间长，冷却水容易在该处产生水垢,水中的杂质容易在此沉积。为此阀体内可采用螺旋形隔板,并加大冷却水的速度来减少沉积,或在回水管中定期插入压缩空气细管来清除沉积的杂质。影响热风阀寿命的因素还有阀板内隔板的布置形式,它决定了冷却水的流通状况。合理的布置形式应能保证冷却水各处水量分布均匀,水速大,温度最低的水先通过阀板的底边和外缘,流股通道没有死角,没有剧烈的转折,以防止产生旋涡气泡等。常用的隔板布置形式有直立式、曲线式、迷宫式、螺旋式等(见图4-25)。

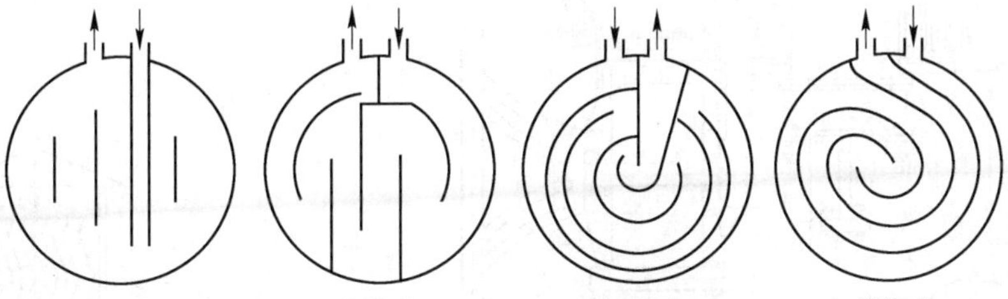

图4-25 热风阀阀体隔板形式

两个阀座圈置于闸板的两侧,材质与阀板相同。每个阀座圈从下部引入冷却水,流过一圈后仍从下部引出。为了避免在阀座圈内形成气泡,冷却水应具有足够的压力,最好将阀座圈改成双进双出的形式。

尽管如此,热风阀仍然常被烧坏。热风阀结构的改进方向是加强阀板和阀座的冷却,改善冷却水的质量(采用软水),提高水的流速;改善材质,阀板和阀座圈采用薄壁结构;加厚阀体的法兰,密封垫采用紫铜片等。新设计的热风阀,为了防止阀体与阀板的金属表面直接与高温气流接触,都在阀的非接触工作表面喷吐不定形耐火材料,以减少金属材料直接在高温下的工作表面,同时也降低高温气流的热损失,从而提高热风阀的使用寿命,降低冷却水的消耗量。另外,提高阀板的开启行程,也是改善阀板在开启时的工作条件的有效措施之一。

I 废风阀

废风阀又称旁通阀。当热风炉由送风转焖炉为燃烧时,由于热风炉内部充满高压空气,但烟道阀阀盘下面却是负压,因此必须将废风阀打开,将高压废风引入烟道,降低热风炉炉内压力,使热风炉烟道阀两侧均压。废风阀的另一个作用是当高炉需要紧急放风,而放风阀失灵或炉台上无法进行放风时,可通过废风阀将冷风放掉。废风阀安装在热风炉通往烟道的废气管道上,它属于盘式阀结构(图4-26)。尽管废风温度高但由于作用时间短,故无需水冷。对于大型高压高炉,废风阀盘中央有一小的均压阀,其工作原理与冷风阀相同。

J 消声器

在大中型高炉和热风炉系统中,有时需将大量的炉顶煤气或鼓风机送出的冷风放散,此时会发出强烈的叫嚣声,造成噪声污染,因此必须设置消声器,来降低噪声。

图4-27所示为放风阀用的标准消声器。它是一种扩张缓冲式消声器,内部有矿渣石棉絮作减压阻尼材料。这种消声器结构简单,制造方便,在实际使用中,初期消声效果很好,但长期使用后常因矿渣石棉絮被高压气体吹掉,而逐步降低消声效果。国内新建

的大型高炉常用的为卧式消声器,是一种隔板式消声器,消声隔板是由多孔板、玻璃布、吸声材料组成。当高炉煤气经过消声隔板时,煤气压力逐渐降低,起到消声阻尼作用;另外,隔板式消声器用在煤气清洗出尘之后,还可起到过滤脱湿作用。在消声器的下部附设有排水孔。

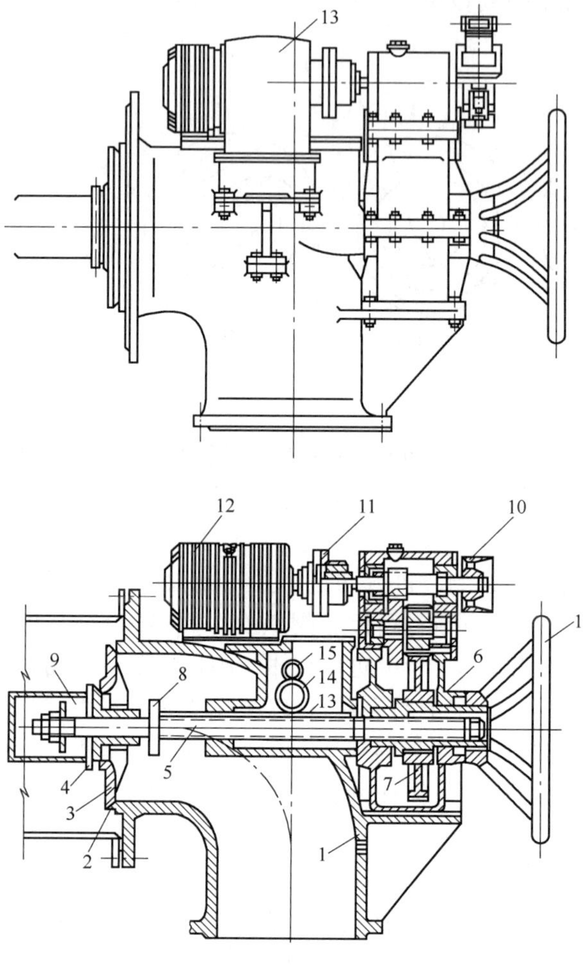

图 4-26　废风阀

1—阀壳;2—阀顶部;3—阀盘;4—小阀盘;5—螺杆;6—螺帽;7,14,15—齿轮;8—挡环;9—弹簧;10—制动轮;11—联轴节;12—电动机;13—齿条;16—手轮

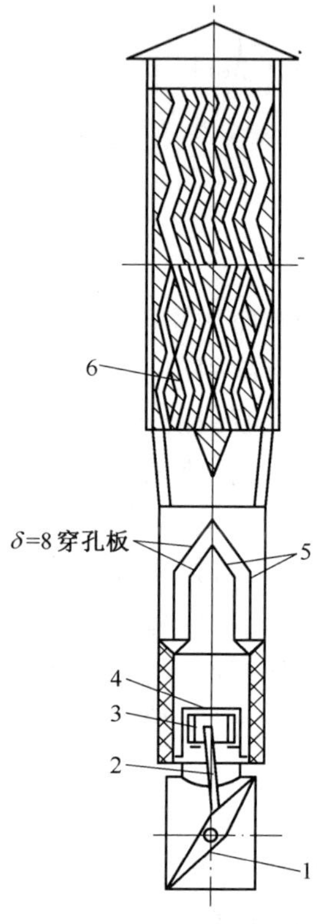

图 4-27　放风阀及消声器

—蝶形阀板;2—连杆; 3—活塞; 4—阀壳;5—厚度为 8 mm 的穿孔钢板;6—玻璃纤维

4.2.7　热风炉管道、阀门和燃烧器的维护检查

维护检查的项目如下:

(1) 热风炉设备及各种阀门应保持清洁;

(2) 经常检查热风炉的外壳以及各种阀门、法兰及管道不允许有漏风、漏气现象;

(3) 定时检查、测量热风阀等水冷阀门的水冷系统工作是否正常,水温是否合适;

(4) 对运转设备及各种阀杆、轴头等部位定期加油润滑;

(5) 助燃风机的电机温度不允许超过规定值,电流不得超过额定电流;

(6) 注意观察助燃风机的电机轴承和风机轴承有无杂声以及温度是否正常;

(7) 经常检查有关阀门的钢丝绳是否有断头或松弛现象;

(8) 对所属有关设备执行日常点检制度。

4.3 热风炉操作

在高炉冶炼过程中,为了最大限度地发挥热风炉的供热能力,应尽量提高风温,为高炉降低燃料比、降低成本、生产优质生铁及提高产量创造条件。尤其是在现代高炉生产中,随着喷吹燃料的广泛应用,热风炉需要提供更高的热风温度。目前我国大型高炉热风平均温度已达1050℃以上,一些新建大型高炉的风温水平已经接近国外先进高炉的热风温度,达到1250℃左右,经济效益得到大幅度的提高。

4.3.1 提高热风温度的途径

4.3.1.1 提高热风炉炉顶温度

据国内外高炉生产实践统计,大、中型高炉操作先进的热风炉炉顶温度比平均风温高50~100℃,一般的热风炉炉顶温度比平均风温高150℃左右;小型高炉热风炉炉顶温度比平均风温高100~250℃;球式热风炉(在中小型高炉上)炉顶温度比平均风温高100℃左右。炉顶温度与理论燃烧温度相差70~90℃,通常提高理论燃烧温度,炉顶温度相应提高。热风炉温度与炉顶温度的关系如图4-28所示。

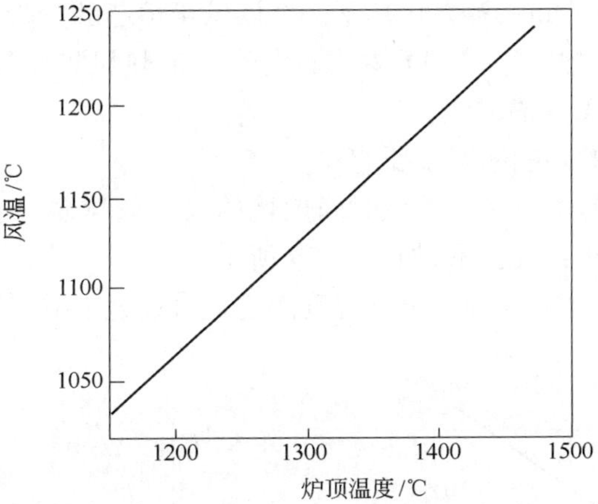

图4-28 热风炉温度与炉顶温度的关系

根据理论燃烧温度表达式分析,影响理论燃烧温度的因素如下式所示:

$$t_{理} = \frac{Q_{燃} + Q_{空} + Q_{煤} - Q_{水}}{V_{产} c_{产}} \tag{4-6}$$

式中 $Q_{燃}$——煤气燃烧放出的热量,kJ/m^3;

$Q_{空}$——助燃空气带入的物理热,kJ/m^3;

$Q_{煤}$——燃烧用煤气带入的物理热,kJ/m^3;

$Q_{水}$——煤气中水分的分解热,kJ/m^3;

$V_{产}$——燃烧产物量，m^3；

$c_{产}$——燃烧产物的平均比热容，kJ/(m^3 · ℃)。

由式(4-6)可看出，影响理论燃烧温度的因素有：

(1) 提高煤气发热值 $Q_{燃}$，理论燃烧温度相应提高。目前高炉焦比大幅度降低，高炉煤气发热值相应降低，可在高炉煤气中配一定量的焦炉煤气或天然气，提高 $Q_{燃}$ 值，以提高理论燃烧温度。

(2) 预热助燃空气的 $Q_{空}$ 和燃烧煤气的 $Q_{煤}$ 能有效地提高热风炉的理论燃烧温度 $t_{理}$，进而提高热风温度。特别是高炉降低燃料比以后，预热助燃空气和燃烧煤气显得更为重要。

(3) 减少燃烧产物量 $V_{产}$，理论燃烧温度相应提高。在有条件的地方采用富氧燃烧或缩小空气过剩系数，均使 $V_{产}$ 降低，从而获得较高的理论燃烧温度 $t_{理}$，在相同条件下，理论燃烧温度 $t_{理}$ 随空气过剩系数降低而升高，但这一措施使废气量减少，对热风炉中下部热交换不利。

(4) 降低煤气含水 $Q_{水}$，理论燃烧温度 $t_{理}$ 相应提高，焦炭中水分蒸发以及湿法除尘后的煤气中，含有不少机械水和饱和水，其含量随温度升高而增加。

4.3.1.2　提高烟道废气温度

提高烟道废气温度可以增加热风炉(尤其是蓄热室中下部)的蓄热量，因此，通过增加单位时间燃烧煤气量来适当提高废气温度，可减小周期风温降落，是提高风温的一种措施。在废气温度 200～400℃范围内，每提高废气温度 100℃约可以提高风温 40℃。但提高废气温度，将导致热效率降低，同时，存在烧坏下部金属结构炉墙的危险。根据测量表明，燃烧末期炉箅子温度比废气平均温度高 130℃左右，因此，一般热风炉废气温度都控制在 350℃以下，大型高炉控制在 350℃左右。

提高烟道废气温度的影响因素主要有：

(1) 单位时间燃烧的煤气量。单位时间燃烧的煤气量越多，烟道废气温度越高。煤气消耗量与烟道废气温度成直线关系，如图 4-29 所示。

(2) 燃烧时间。延长燃烧时间，废气温度随之近直线地上升，如图 4-30 所示。

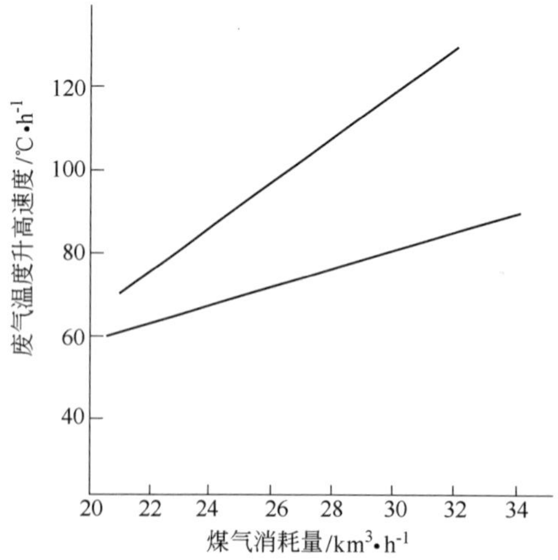

图 4-29　煤气消耗量对废气温度的影响

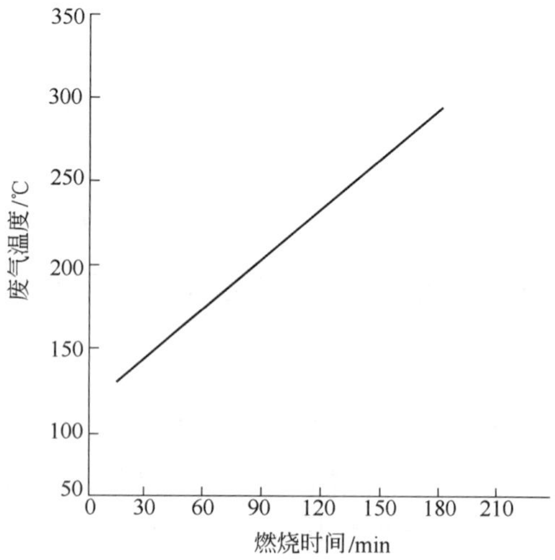

图 4-30　废气温度与燃烧时间的关系

(3) 蓄热面积　在换炉次数相同和单位时间消耗煤气量相等的条件下，热风炉蓄热面积越小，废气温度升高越快，如图4-31所示。

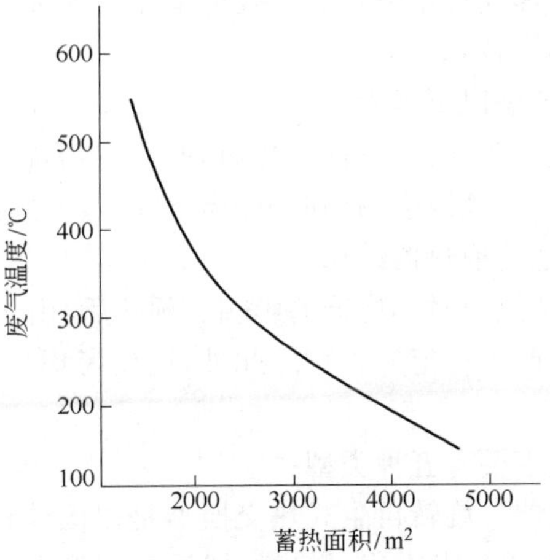

图4-31　废气温度与蓄热面积的关系

4.3.1.3　助燃空气(煤气)预热技术

助燃空气(煤气)预热技术是提高热风炉理论燃烧温度行之有效的措施。

助燃空气预热对理论燃烧温度的影响如表4-9所示。

表4-9　几种热值的煤气在不同助燃空气温度时对理论燃烧温度的影响

煤气低发热值 Q_{DW}/kJ·m^{-3}	助燃空气预热温度/℃						
	20	100	200	300	400	500	600
2931	1185	1208	1237	1266	1296	1326	1357
3349	1294	1319	1351	1385	1416	1450	1483
3768	1394	1421	1456	1491	1526	1563	1599

从表4-9中可以看出，助燃空气温度由20℃升高至100℃时，理论燃烧温度约提高25℃；助燃空气温度在100～600℃范围内，每升高100℃，可相应提高理论燃烧温度30～35℃。

煤气预热对理论燃烧温度的影响如表4-10所示。

表4-10　煤气预热对理论燃烧温度的影响

煤气低发热值 Q_{DW}/kJ·m^{-3}	煤气预热温度/℃				
	35	100	200	300	400
2931	1185	1219	1270	1322	1375
3349	1294	1325	1373	1422	1472
3768	1394	1424	1469	1515	1562

从表4-10中可以看出，每升高煤气预热温度100℃，可提高理论燃烧温度约50℃，其效果是很显著的。但是，在预热过程中，必须考虑煤气的安全性。煤气预热温度过高，势必存在一定的安全隐患。一般预热温度不超过250℃，同时要考虑换热器的阻力损失。由于煤

气压力往往受到管网等因素的影响，煤气压力偏低，所以在预热煤气时，应尽可能降低换热器的阻损，并尽可能提高煤气压力。

预热助燃空气、煤气，对提高理论燃烧温度效果是显著的，进而能提高热风温度，有条件的热风炉应大力推广预热助燃技术。

对空气、煤气预热后要考虑以下因素：

（1）烟气温度、压力、流量条件：有条件的热风炉，应尽可能提高烟气温度，在热风炉炉箅能承受的温度范围内，提高烟气温度，有利于提高空气、煤气的预热温度。

（2）现场条件，选择合适的换热器结构。

（3）要考虑空气、煤气预热后对燃烧器的影响。预热后，由于空气、煤气温度提高，对燃烧器燃烧能力的调节范围都产生一定的影响。此外，还要考虑燃烧器对热气体温度的承受能力。

目前采用的预热器形式主要有五种类型：

（1）旋转再生式热交换器。旋转再生式热交换器是以固体作为贮热体，在一定的周期内，贮热体接触高温流体，从高温流体获得热量，然后又与低温流体接触，将热量传给低温流体。

旋转再生式热交换器的示意图如图4-32所示。

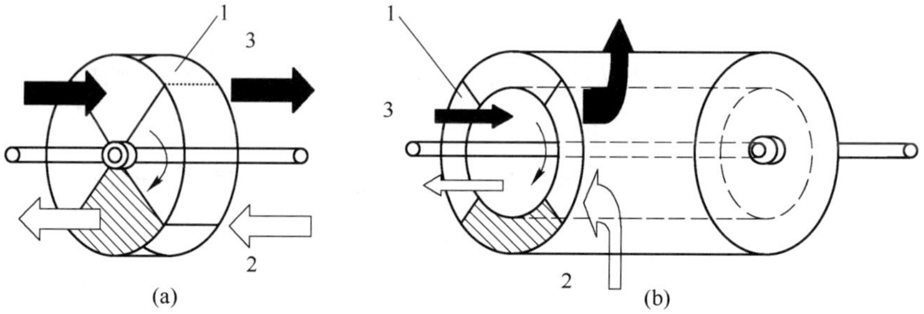

图4-32　旋转再生式热交换器

（a）轴向流动性；（b）径向流动性

1—贮热体；2—废气流向；3—助燃空气流向

旋转再生式热交换器预热助燃空气系统示意图如图4-33所示。

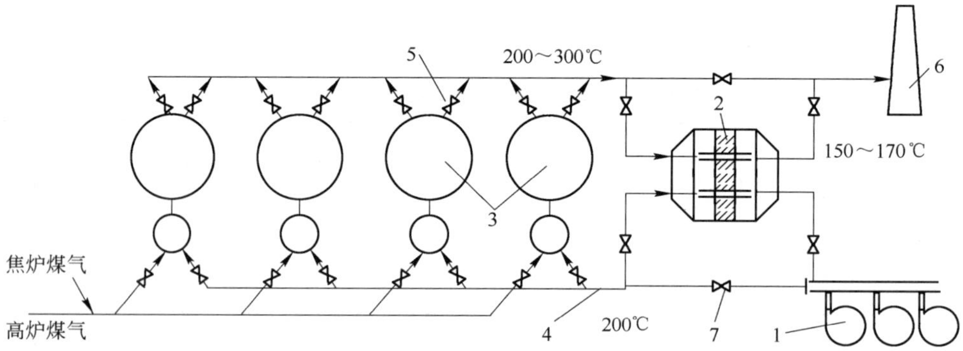

图4-33　旋转再生式热交换器预热助燃空气系统示意图

1—助燃空气风机；2—热交换器；3—热风炉；4—空气通道；5—烟道；6—烟囱；7—旁通阀

(2) 管式、板式换热器。这两种换热器的工作原理是相同的,都是利用管壁或板壁进行传导传热;一般由钢板或钢管分割成不同的通道,空气和烟气通过器壁热交换。管式、板式换热器的热效率比较低,体积也比较大,目前很少采用。

(3) 热媒式热交换器。热媒式热交换器按热媒的状态和循环方式可以分为3种形式:液相强制循环式、气相循环式和利用蒸发热的自然循环式。热风炉一般利用液相强制循环式。热媒式热交换器废气热量回收设备流程如图4-34所示。

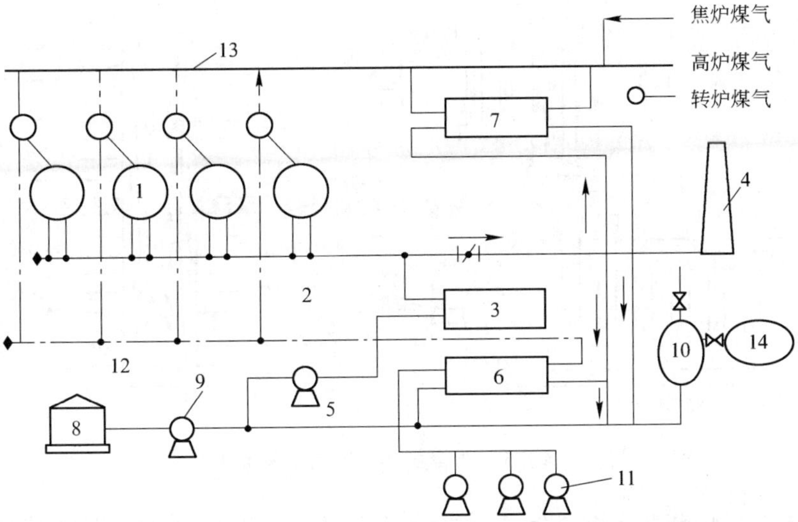

图4-34 热媒式热交换器废气热量回收设备流程

1—热风炉;2—烟道;3—废气热交换器;4—烟囱;5—热媒循环泵;6—空气预热器;7—煤气换热器;8—热媒储存罐;9—热媒供给泵;10—热媒膨胀罐;11—助燃风机;12—助燃空气管道;13—煤气管道;14—氮气罐

热媒被加压循环泵强制压入废气热交换器,被加热以后,分别流入空气或煤气换热器,然后把热量交换给空气或煤气,再循环回循环泵。整个系统设有热媒贮存罐、热媒供给泵、热媒膨胀罐等设备。

热媒的种类很多,常用的有水、油、导热姆等,在使用时一般要考虑热媒的安全性,如是否有毒性,是否会与管壁反应分解,有无碳化沉积现象等。

热媒换热器具有以下特点:

1) 预热空气、煤气换热器分开设置,热媒不泄漏,对预热煤气比较安全。

2) 换热器的布置不受场地限制,在已投产的热风炉上建这种预热器比较方便。

3) 对加压循环泵的要求比较高,运行几年以后,对泵的检修、维护量比较大。

(4) 热管式换热器。热管的工作原理是:加热段吸收废气热量,热量通过热管壁传给管内工质。工质吸热后蒸发和沸腾,转变为蒸汽。蒸汽在压差的作用下上升至放热段。受管外空气(或煤气)的作用,蒸汽冷凝并向外放出汽化潜热,空气(或煤气)获得热量,冷凝液依靠重力回到加热段。如此周而复始,废气热量便传给空气和煤气,使空气和煤气得到加热。由于热管内部抽成真空或低压,工质极易蒸发与沸腾,热管启动迅速。热管式换热器的工作原理如图4-35所示。

由若干组排热管形成的换热器,可分为整体式和分离式两种。整体式热管就是在所有的热管中间部位由管板分隔成上、下两个独立的箱体,即吸热段和放热段。分离式热管就是将两个独立的热管换热器,由一组联管连接起进行热量的交换和传递。整体式热管结构紧凑,但中间管板很难保证介质不窜漏,一般不宜使用在煤气预热上。分离式热管相比之下占地大些,但结构上保证了不会发生窜漏现象,因此用于煤气预热时比较安全。

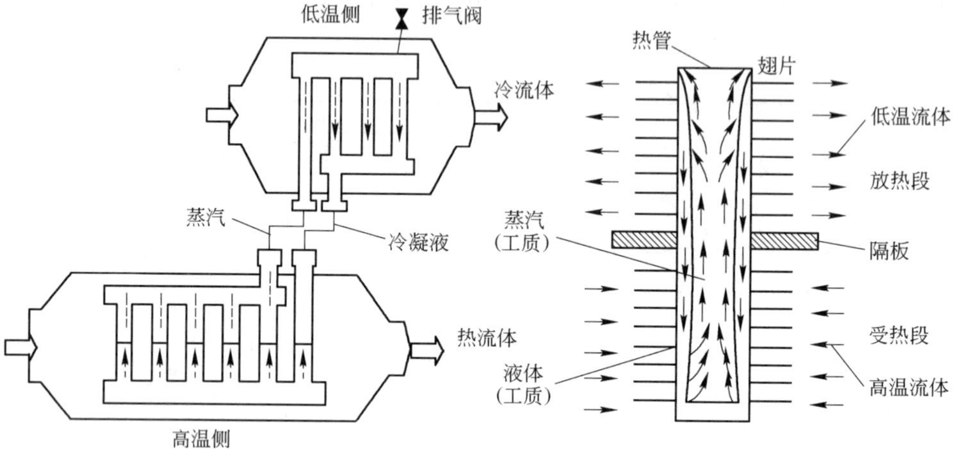

图 4-35　热管式换热器的工作原理

(5) 采用热风炉预热助燃空气。废热(烟气)的回收利用,本身就是用低热值煤气获得较高风温的方法之一。由于这种方法受其可回收热量的限制,对风温的提高也是很有限的。

利用其中一座热风炉送风到不能保证风温供应之后,而热风炉又处在必须开始燃烧的温度控制线之上,这一时段内热风炉已经现实存在的热量,这部分热量温度高、储量大,可以高水平地提高燃烧温度和高炉风温,是一种独创的和非常有价值的开发。

利用余热预热助燃空气必须增设一套冷、热助燃空气管道系统,仍采用集中风机供风输送助燃空气。无论是三座一组或四座一组的热风炉,均可进行预热助燃空气,采用一送一烧一预热或两烧一送一预热的方法。即:热风炉送风后转为预热,预热后转为燃烧,燃烧后再转为送风。热风炉的工作周期分为燃烧、送风、预热助燃空气三个时期。预热的助燃空气温度由助燃空气调节阀控制。燃烧器空气进口在预热期作为热空气出口,预热用的炉子向其他燃烧的炉子输送预热风。

利用热风炉预热助燃空气,为使用低热值高炉煤气获得高风温开辟了新的途径,十分适合我国多数钢铁厂没有高热值煤气的现实情况。

采用热风炉预热空气原理很简单,但只能预热空气,不能预热煤气,有一定的局限性。这种预热方式采用热风炉数量一般至少两座,能将空气预热到很高温度。但也存在不足:

1) 由于系利用热风炉,排烟温度依然很高,不利于回收余热和节能。

2) 建造热风炉配套的风机、阀门、燃烧器设备一个都不能少,建设投资大,运行成本高。

3) 操作、控制过程繁琐,维护工作量大。

4) 需消耗更多的煤气。

只有在煤气比较富裕,能利用旧有设施,又追求较高的热风温度时,才采用此种预热形式。

4.3.2 热风炉的操作经验

4.3.2.1 快速烧炉法

A 燃烧控制

燃烧制度是为送风周期储备热量制订的。其控制原理是用调节煤气热值的方法控制热风炉拱顶温度,用调节煤气总流量的方法控制废气温度,助燃空气流量则根据煤气成分和流量设定的比例(加上合理的空气过剩系数)来控制。

B 调火原则

正常情况下,热风炉的烧炉与送风周期大体是一定的,如图4-36所示。

在烧炉期应使炉顶尽快升至规定的温度 t_1,延长恒温时间,使热风炉长时间在高温下蓄热。如果升温时间较长(图中虚线所示),相对缩短了恒温时间,则热风炉在高温下的蓄热时间减少。快速烧炉的要点就是缩短图中 t_2 的时间,以尽可能大的煤气量和适当的空气过剩系数,在短期内(t_1)将炉顶温度烧到规定值,然后再用燃烧期约90%的时间以稍高的空气过剩系数继续燃烧。此期间在保持炉顶温度不变的情况下,逐渐提高烟道废气温度,增加蓄热室的热量。但在整个烧炉过程中烟道废气温度不得超过规定值。

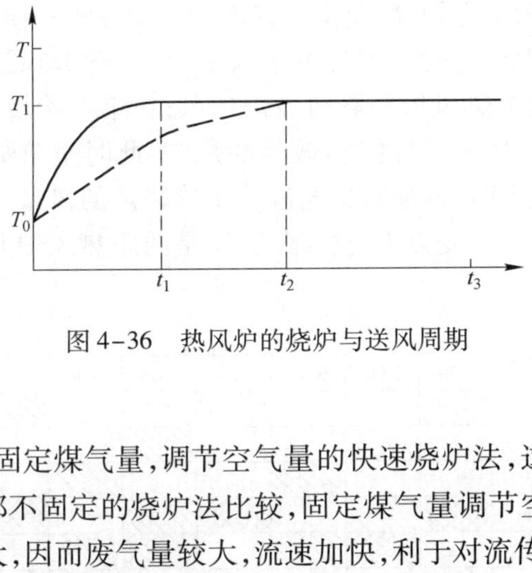

图4-36 热风炉的烧炉与送风周期

C 操作方法

一般情况下,应采用固定煤气量,调节空气量的快速烧炉法,这种方法和固定空气量调节煤气量以及空气煤气都不固定的烧炉法比较,固定煤气量调节空气量的烧炉法在整个燃烧期内使用的煤气量最大,因而废气量较大,流速加快,利于对流传热,强化了热风炉中下部的热交换,利于维持较高的风温。具体操作方法是:

(1) 开始燃烧时,根据高炉所需要的风温水平来决定燃烧操作,一般应以最大的煤气量和最小的空气过剩系数来强化燃烧。空气过剩系数的选择原则是要在保持完全燃烧的情况下,尽量减小,以利于尽快将炉顶温度烧到规定值。

(2) 炉顶温度达规定温度时,适当加大空气过剩系数,保持炉顶温度不上升,提高烟道废气温度,增加热风炉下部的蓄热量。

(3) 若炉顶温度、烟道废气温度同时达到规定温度时,应该采取换炉通风的方法,而不应该减烧。

(4) 若烟道温度达到规定温度时,仍不能换炉,应减少煤气量来保持烟道温度不上升。

(5) 如果高炉不正常,风温水平要求较低,延续时间在 4 h 以上,应采取减烧与并联送风措施。

D　影响因素

(1) 燃烧器的形式和能力。强化燃烧可缩短燃烧时间,有利于提高风温。但须有充足煤气量和相应能力的燃烧器。此外,热风炉一代炉役后期,设备衰老,阻力增加,也要求燃烧器留有一定的余力。

现在很多热风炉用陶瓷燃烧器替代金属燃烧器,为加快燃烧速度创造了条件。例如首钢一高炉原来需用 20 ~ 25 min 将炉顶温度烧到规定值 1300℃,改用陶瓷燃烧器后,只用了 15 min。

(2) 煤气量(煤气压力)波动。煤气量不足或煤气压力波动,使空气和煤气的配合不适当,也就不能迅速、稳定地升高拱顶温度,造成热风炉蓄热量减少;即使延长烧炉时间,风温水平仍可能降低。

4.3.2.2　交叉并联送风

A　单、双炉交叉并联送风

在三座热风炉组中,根据风温来决定采取半并联的方式,即两烧一送与一烧两送相结合的方法,通过调节后投入送风的副送炉的冷风量来使高炉获得稳定的风温。在一座热风炉的整个送风期,它前期作为主送炉,后期作为副送炉。即在第一阶段它的蓄热能力很大时,鼓入高炉的一部分风通过该热风炉作为主送风炉,另一部分风通过第二座热风炉(副送炉),此阶段实际上是由两个热风炉并联向高炉送风;在第二阶段,鼓入高炉的风全部通过前一座热风炉,而第二座热风炉(副送炉)改为燃烧炉,此时呈单炉送风状态;第三阶段,当这座热风炉的蓄热能力减少时,逐渐减少通过这座热风炉的风量,将其变为副送炉,而将第三座炉也就是刚烧好的热风炉变为主送炉,此时又是两座热风炉并联向高炉送风。整个送风过程如图 4-37 所示。

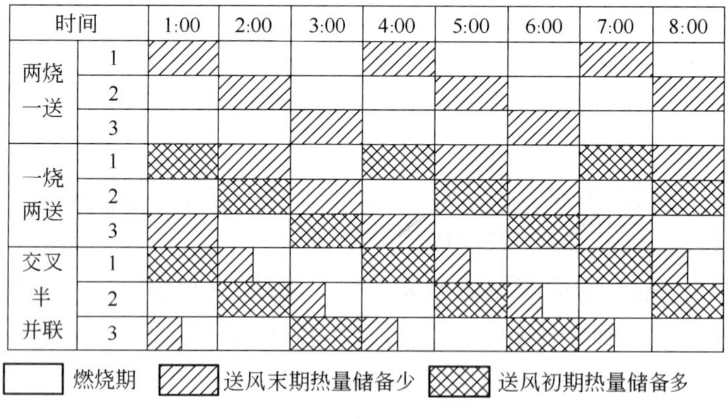

图 4-37　使用三座热风炉时各种送风制度

B　双炉交叉并联送风

双炉交叉并联送风制度,如图 4-38 所示。

在四座热风炉组中,两座炉错开时间同时送风,从两座炉出来的不同温度的热风进行混合,使高炉获得稳定的风温。但两座炉子的通风量不同,一个是主送炉,另一个是副送炉。对一个热风炉而言,它前期作为主送炉,在后期蓄热量减烧后变为副送炉。这样四座热风炉交替工作。

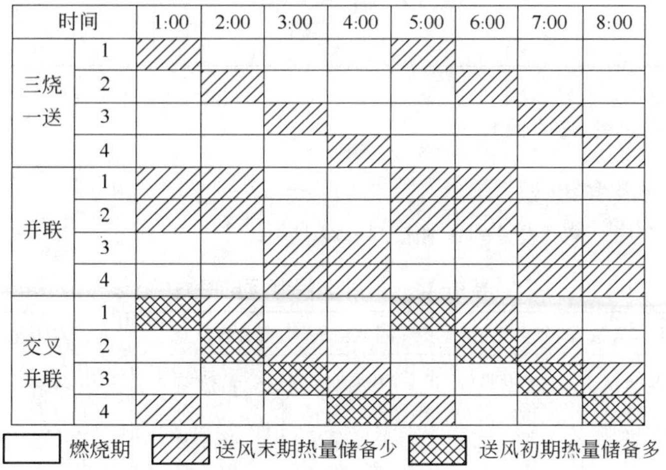

图 4-38 使用四座热风炉时各种送风制度

交叉并联送风最大的特点是增加了单位高炉体积的蓄热面积和格子砖数量,最大的优点是使热风炉的热效率得到改善。因为热风炉的综合加热能力,不仅取决于整个蓄热室的结构,同时还和热风炉的座数以及热工制度有关。

C 对交叉并联送风的要求

(1) 热风炉容量大,但高炉送风量小或送风温度较低时,蓄热室的热量不能及时带走,废气温度升高,而超过规定的极限。此时为了充分利用热风炉的热量,提高热效率,以保护设备不受损坏,宜采用交叉并联送风。

(2) 煤气发热值较低,用以燃烧的煤气量增加,此时也容易引起烟道废气温度升高,热效率降低。这时必须采用交叉并联送风,以扭转这一不利局面。

4.3.3 热风炉的操作制度

4.3.3.1 炉顶温度与烟道废气温度的确定

目前国内外大多数高风温热风炉炉顶都采用高铝砖或硅砖砌筑。热风炉炉顶用耐火砖的主要理化指标如表 4-11 所示。

表 4-11 热风炉炉顶用耐火砖的主要理化指标

种类 \ 性能	Al_2O_3 含量/%	SiO_2 含量/%	荷重软化温度/℃ (0.2 MPa 开始软化温度)	耐火度/℃ (开始软化温度)
硅　砖		≥95	>1650	>1710
高铝砖	≥65		>1500	>1790

最高炉顶温度不应超过该耐火材料的最低荷重软化温度。为防止监测仪表误差造成炉顶温度过高,一般都限制最高炉顶温度稍低于荷重软化温度。

为避免烧坏蓄热室下部的支撑结构,废气温度不得超过表 4-12 所列数值。

表 4-12　废气温度范围　　(℃)

支撑结构	大型高炉	中小型高炉
金　属	不超过 350 ~ 400	不超过 400 ~ 450
砖　柱	无	不超过 500 ~ 600

4.3.3.2　热风炉的烧炉操作

A　燃烧制度分类和比较

各种燃烧制度的特性如表 4-13 和图 4-39 所示。

表 4-13　各种燃烧制度的特性

分　类	固定煤气量、调节空气量		固定空气量、调节煤气量		煤气量、空气量都不固定	
期　别	升温期	蓄热期	升温期	蓄热期	升温期	蓄热期
空气量	适　量	增　大	不　变	不　变	适　量	减　少
煤气量	不　变	不　变	适　量	减　少	适　量	减　少
空气过剩系数	最　小	增　大	最　小	增　大	较　小	较　小
拱顶温度	最　高	不　变	最　高	不　变	最　高	不变或降低
废气量	增　加		稍减少		减　少	
热风炉蓄热量	加大,利用强化		减少,不利用强化		减少,不利用强化	
操作难易	较　难		易		难	
适用范围	空气量可调		空气量不可调,或助燃风机容量不足		空气量、煤气量均可调,并可用于控制废气温度	

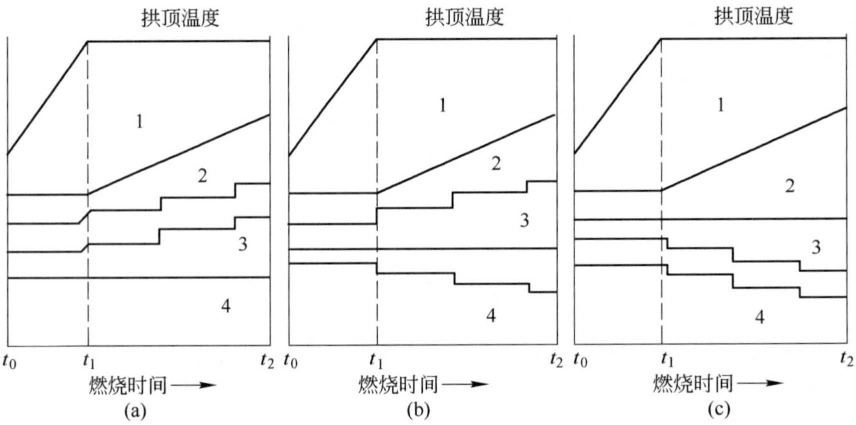

图 4-39　各种燃烧制度示意图

(a) 固定煤气量调节空气量;(b) 固定空气量调节煤气量;(c) 空气量、煤气量都不固定

1—烟道废气温度;2—过剩空气系数;3—空气量;4—煤气量

各种燃烧制度的比较如表 4-14 所示。

B　合理燃烧周期的确定

热风炉内温度是周期性变化的。热风炉一个周期是燃烧、送风和换炉三个过程的总和。

(1) 随送风时间的增加,送风热风炉出口的温度逐渐降低。热风出口温度与送风时间的关系,如表4-15所示。

表4-14 各种燃烧制度比较

固定煤气量、调节空气量	固定空气量、调节煤气量	煤气量、空气量都不固定
在整个燃烧期使用最大煤气量,当拱顶温度达到规定值后,增大空气量来控制拱顶温度继续上升; 因废气量增大,流速加快,利于对流传热,强化了热风炉中下部的热交换,利于维持较高风温; 因煤气空气合适配比难于找准,若无燃烧自动调节,可能造成拱顶湿度下降	当拱顶温度达到规定值后,以减少煤气量来控制拱顶温度; 因废气量减少,不利于传热和热交换的强化,不利于维持较高风温; 用煤气量来调节比较方便,容易找准适宜配比	当拱顶温度达到规定值后,以同时调节空气量和煤气量的方法来控制拱顶温度; 由于废气大量减少,流速降低,传热减慢,蓄热量减少,不利于提高风温

表4-15 送风时间与热风出口温度的关系

送风时间/h	热风出口温度/℃
0.5	1100
0.75	1100
1	1090
1.5	1030
2	1000

从表4-15可以看出,热风炉送风时间由2 h缩短为1 h,热风炉出口温度提高90℃。

(2)热风炉送风时间与燃烧时间的关系,可用下式描述:

$$\tau_{燃} = (n-1)\tau_{送} - \tau_{换} \tag{4-7}$$

式中 $\tau_{燃}$——燃烧时间,min;

n——一组热风炉座数;

$\tau_{送}$——送风时间,min;

$\tau_{换}$——换炉时间,min。

增加热风炉座数和送风时间及减少换炉时间,则燃烧时间增加;反之则缩短。

热风炉合理周期的确定。其合理周期可用下式计算:

$$\Delta\tau = \sqrt{2\tau_T\tau_{换}} \tag{4-8}$$

式中 $\Delta\tau$——热风炉烧炉时间(包括换炉时间),h;

τ_T——废气温度从开始升到炉顶末温相同水平所需的时间,h。

C 合理燃烧的判断

(1)废气分析。使用废气分析成分来判断热风炉燃烧时的空气与煤气配比是否恰当,燃烧是否合理。理想的烟道废气成分应该是O_2和CO含量均为零。在实际生产过程中,为了保证煤气中的可燃成分完全燃烧,每单位体积煤气燃烧所需的空气量往往要比理论空气量多,空气过剩系数$\alpha>1$。合理的废气成分见表4-16。

(2)火焰观察。采用金属(套筒)燃烧器时,操作人员可观察燃烧火焰颜色来判断燃烧情况。影响火焰颜色的因素很多,须不断积累经验方能掌握。一般的经验判断如表4-17所示。

表 4-16　合理废气成分　（%）

燃料种类＼成分	CO_2	O_2	CO	α
高炉煤气	23 ~ 25	0.5 ~ 1.0	0	1.05 ~ 1.10
混合煤气	19 ~ 23	1.0 ~ 1.5	0	1.10 ~ 1.15

表 4-17　火焰颜色与热风炉燃烧操作的关系

项目＼状况	火焰颜色	拱顶温度	废气温度	废气成分/%	
				O_2	CO
空气煤气配比合适	中心黄色，四周微蓝，透明，清晰可见燃烧室对面砖墙	升温期：迅速上升 蓄热期：稳定	均匀，稳定上升	微量	0
空气量过多	天蓝色，明亮耀眼，燃烧室砖墙清晰可见，但发暗	上升缓慢，达不到规定值	上升快	多	0
煤气量过多	暗红，混浊不清，难见燃烧室砖墙	上升缓慢，达不到规定值	上升慢	0	多

（3）综合判断。根据观察燃烧火焰颜色和废气温度、拱顶温度上升速度等情况来综合判断，避免因废气分析不及时、火焰观察不准确所产生的错误。

4.3.4　热风炉换炉、休风及事故处理

4.3.4.1　热风炉的操作程序

热风炉生产工艺是通过切换各阀门的工作状态来实现的，通常称为换炉。在一种状态向另一种状态转换的过程中，应严格按照操作规程规定的程序进行，否则将会发生严重的生产事故，危及人身和设备的安全。

内燃式热风炉的操作程序如下：

（1）燃烧转焖炉操作步骤：

1）关闭煤气调节阀；

2）关闭空气调节阀；

3）关闭煤气切断阀，（连动）打开煤气放散阀；

4）关闭燃烧阀；

5）关闭烟道阀。

（2）焖炉转送风操作步骤：

1）打开冷风均压阀（对炉内进行均压）；

2）待炉内均压完成后打开冷风阀；

3）开热风阀；

4）开混风调节阀调节风温。

（3）送风转焖炉操作步骤：

1）关闭冷风阀；

2）关闭热风阀。

(4) 焖炉转燃烧操作步骤：

1) 打开废气阀；

2) 经过一定时间以后，使热风炉内与烟道之间的废气达到或接近均压后，打开烟道阀：

3) 关闭废气阀；

4) 打开燃烧阀；

5) 打开煤气切断阀；

6) 打开空气调节阀（慢开小开点火）；

7) 开煤气调节阀。

4.3.4.2 热风炉的休风与送风操作

A 不倒流的休风及送风

高炉休风（短期、长期或因事故）不采用倒流方式时的热风炉操作程序如表 4-18 所示。

表 4-18 不倒流的休风及送风操作程序

休　风	送　风
1. 打开冷风阀； 2. 关闭冷风阀； 3. 关闭热风阀	用休风炉送风： 1. 打开冷风阀； 2. 打开热风阀； 3. 关闭冷风阀； 用燃烧炉送风程序同焖炉转送风操作步骤

B 倒流休风及送风

倒流休风常在更换设备时进行。倒流休风的形式有两种：一种是利用热风炉烟囱抽力把高炉内剩余煤气经过热风总管、热风炉、烟道，由烟囱排出；另一种是利用热风炉总管尾部的倒流阀倒流休风。

(1) 利用热风炉倒流休风。热风炉操作人员接到倒流休风的通知时，应做好如下准备工作：

1) 将准备作倒流休风的热风炉，改为自然通风燃烧；

2) 其余燃烧的热风炉按煤气压力降低来减少燃烧煤气量或停止燃烧；

3) 关闭冷风大闸和混风调节阀，等待高炉倒流休风信号。

(2) 倒流休风的操作程序

1) 接到倒流休风的信号时，关闭送风炉的冷风阀和热风阀，并关闭废气阀；

2) 关闭倒流炉的煤气闸板和调节阀：

3) 打开倒流炉的热风阀倒流；

4) 将倒流完毕的信号通知高炉。

(3) 倒流休风的送风程序：

1) 得到高炉停止倒流转为送风的通知后，关闭倒流炉的热风阀；

2) 打开送风炉的冷风阀和热风阀，同时关闭废气阀；

3) 给信号通知风机送风后，关闭冷风阀，打开混风调节阀。

(4) 倒流休风注意事项：

1) 倒流休风热风炉炉顶温度必须在 1000℃；

2）倒流时间不超过 60 min，否则应换炉倒流；

3）一般情况下，不应同时用两个炉倒流；

4）正在倒流的炉子不得处于燃烧状态；

5）倒流的炉子不能立即用作送风炉，如果必须使用时，应待残余煤气抽净后，方可用作送风炉。

现在大多数高炉烟道都安装了换热器，为避免烧坏换热器，一般严禁用热风炉倒流休风。

4.3.4.3　热风炉常见操作事故及处理

新建的大型高炉热风炉，自动化程度高，各阀门采用联锁控制和自动换炉程序，很少发生操作事故。但目前国内还有许多中小型高炉热风炉自动化程度低，热风炉在换炉及休风操作中，如果发生违反操作规程的错误，将会发生严重事故，给人身或设备带来很大损失。

热风炉常见操作事故及处理方法如下：

（1）烟道阀或废气阀未关或未关严就送风充压

征象：风压表指示达不到指定值，冷风管道漏风增大。

后果：漏风引起高炉风压剧烈波动，甚至发生崩料。

处理方法：关冷风小门停止灌风，待烟道阀或废气阀关严后再灌风。

（2）煤气阀或燃发阀未关或未关严就送风均压

征象：风压表指示达不到指定值，冷风管道声音不正常。

后果：漏风引起高炉炉况剧烈波动，甚至发生崩料；遇煤气切断阀不严，会发生煤气爆炸，破坏热风炉的燃烧设备。

处理方法：关闭冷风均压阀停止送风均压。待煤气阀或燃烧阀关好后再送风均压。

（3）废风未开或未放尽就开烟道阀、煤气阀或燃烧阀

征象：热风炉内冷风压力回到零位。

后果：拉断烟道阀、煤气阀或燃烧阀传动钢丝绳或天轮，烧坏电动机。

处理方法：严格监视冷风压力表，不放尽废风不开烟道阀、煤气阀或燃烧阀。若设备已损坏及时停炉更换。

（4）先关空气阀，后关煤气阀

征象：拱顶温度下降。

后果：一部分为燃烧的煤气进入热风炉，并形成爆炸性气体，可能产生爆炸，炸坏燃烧器或伤人。

处理方法：严格按操作工艺规程操作，杜绝此类事故的发生。

（5）热风阀或冷风阀未关或未关严就开废风阀

征象：高炉风压急剧下降。

后果：高炉漏风，引起高炉风压剧烈波动，甚至发生崩料和高炉风口灌渣。

处理方法：关闭废风阀，停止给高炉放风，正常后，关好热风阀或冷风阀再放废风。

复习思考题

4-1　高炉炼铁对鼓风机有哪些要求，如何选择和使用鼓风机，提高鼓风机出力的措施有哪些？

4-2 热风炉有几种结构形式,各有何特点?

4-3 热风炉常用耐火材料有哪些,如何选择使用?

4-4 热风炉管道、阀门有哪些? 掌握其位置。

4-5 陶瓷燃烧器有何特点?

4-6 如何进行热风炉管道、阀门和燃烧器的维护检查?

4-7 热风炉操作的基本任务是什么?

4-8 热风炉的基本原理是什么?

4-9 热风炉有几种类型,一般高炉需配备几座热风炉?

4-10 怎样确定合适的炉顶温度和烟道温度,影响烟道温度的因素有哪些?

4-11 热风炉有哪些常见的操作事故,应如何处理?

4-12 怎样通过空气量与煤气量来实现加热期的快速烧炉?

4-13 怎样判断燃烧情况,怎样进行换炉操作?

4-14 怎样进行热风炉的休风操作和倒流休风操作?

5 喷吹系统

高炉喷煤就是将原煤磨制成合格粒度的煤粉，利用压缩气体释放时的动能，把煤粉送进高炉各个风口，以替代相当量的焦炭参与高炉冶炼进程。

高炉喷煤系统主要是由原煤贮运、煤粉制备、煤粉喷吹、热烟气和供气等几部分组成。其工艺流程如图 5-1 所示。

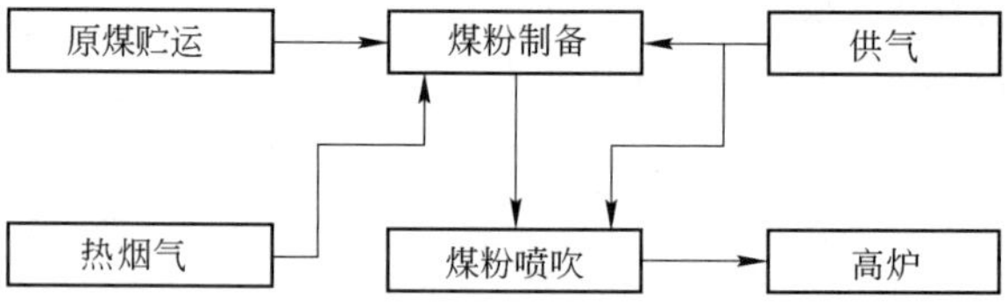

图 5-1　喷煤系统工艺简图

原煤贮运系统：原煤经汽车或火车运至原煤场，进行堆放、贮存、破碎、筛分及去除其中金属杂物等，同时将过湿的原煤进行自然干燥。根据总图布置的远近，用皮带机将原煤送入煤粉制备系统的原煤仓内。

煤粉制备系统：将原煤经过磨碎和干燥制成煤粉，再将煤粉从干燥气中分离出来存入煤粉仓内。

煤粉喷吹系统：在喷吹罐组内充以氮气，再用压缩空气将煤粉经输送管道和喷枪喷入高炉风口。

热烟气系统：将高炉煤气在燃烧炉内燃烧生成的热烟气送入制粉系统，用来干燥煤粉。为了降低干燥气中含氧量，现多采用热风炉烟道废气与燃烧炉热烟气的混合气体作为制粉系统的干燥气。

供气系统：供给整个喷煤系统的压缩空气、氮气、氧气及少量的蒸汽。压缩空气用于输送煤粉，氮气用于烟煤制备和喷吹系统的气氛惰化，蒸汽用于设备保温。

5.1　煤粉制备系统

5.1.1　煤粉制备工艺流程

煤粉制备工艺是指通过磨煤机将原煤加工成粒度及水分含量均符合高炉喷煤要求的煤粉的工艺过程。制粉系统包括原煤装卸、贮运、磨煤、干燥和煤粉收集等设施。高炉喷吹系统对煤粉的要求是：粒径小于 74 μm（或 -200 目）的占 80% 以上，水分不高于 1 %。根据磨煤设备类型，可分为球磨机制粉和中速磨制粉两种工艺。

5.1.1.1　球磨机制粉工艺

图 5-2a 为 80 年代广为采用的球磨机制粉工艺流程示意图。

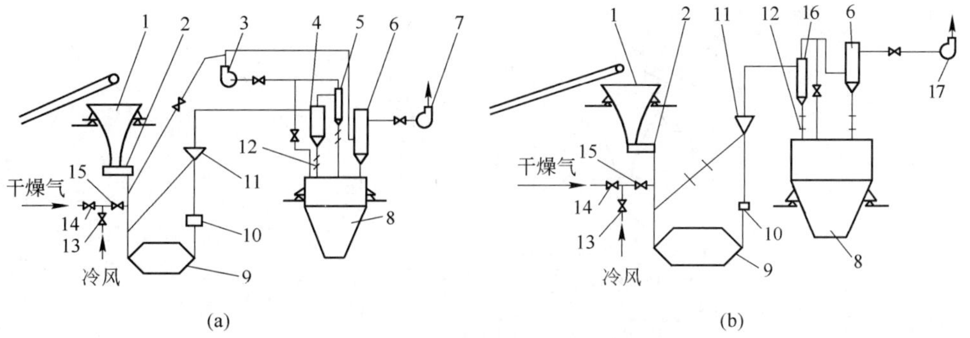

图 5-2 球磨机制粉工艺流程图

1—原煤仓;2—给煤机;3—一次风机;4—一级旋风分离器;5—二级旋风分离器;6—布袋收尘器;
7—二次风机;8—煤粉仓;9—球磨机;10—木屑分离器;11—粗粉分离器;12—锁气器;
13—冷风调节阀;14—切断阀;15—调节阀;16—旋风分离器;17—排粉风机

原煤仓中的原煤由给料机送入球磨机内磨制。干燥气经切断阀和调节阀送入球磨机,干燥气的用量通过控制调节阀和冷风调节阀的开度来调节,干燥气温度主要是通过控制冷风调节阀的开度来控制的,另外也可以调节加热炉燃烧的高炉煤气量控制干燥气的温度。

干燥气和煤粉混合物中的木屑和其他大块杂物被木屑分离器捕捉后由人工清理。煤粉随干燥气垂直上升,并经粗粉分离器分离;分离后不合格的粗粉经回粉管返回球磨机,合格的细粉被吸入一级旋风分离器和二级旋风分离器进行气粉分离。大量的煤粉被分离出来后经锁气器落入煤粉仓中,尾气经布袋收粉器过滤后由二次风机送至大气中。

一次风机出口至球磨机入口之间的连接管称为返风管。设置此管的目的,是利用干燥气余热提高球磨机入口基温,在保持风温不变的前提下减轻布袋收粉器的负荷。

此流程要求一次风机前常压运行,一次风机后负压运行,在实际生产中很难控制,因此,在 90 年代初很多厂家对上述工艺流程进行了改造,改造后的工艺流程如图 5－2b 所示。改造的主要内容有:(1)取消一次风机,使整个系统负压运行;(2)取消返风管,减少煤粉爆炸点;(3)取消二级旋风分离器或完全取消旋风分离器。改造后大大简化了工艺流程,减少了系统阻力损失和设备故障点。

5.1.1.2 中速磨制粉工艺

中速磨制粉工艺流程如图 5-3 所示。

原煤仓中的原煤经给料机送入中速磨煤机内碾磨,干燥气与冷风混合后对磨煤机内的原煤进行干燥。磨制烟煤时,干燥气应采用高炉热风炉废气。中速磨煤机自身带有粗粉分离器,从磨煤机出来的气粉混合体直接进入布袋收粉器,被捕捉的煤粉落入煤粉仓,净气由抽风机排入大气。中速磨煤机不能磨碎的粗硬煤粒或杂物从主机下部的清渣孔排出。

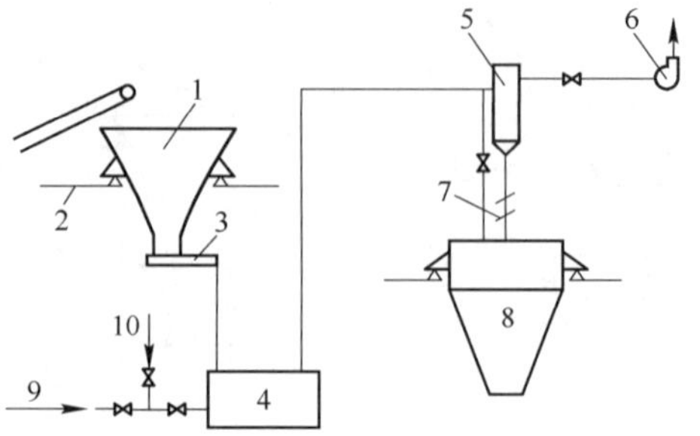

图 5-3　中速磨制粉工艺流程图

1—原煤仓;2—电子秤;3—给煤机;4—中速磨;5—布袋收粉器;
6—抽风机;7—锁气器;8—煤粉仓;9—干燥气;10—冷风

5.1.2　主要设备

5.1.2.1　给煤机

给煤机位于原煤仓下面,用于向磨煤机提供原煤。煤粉制备系统常用的给煤机的种类有:圆盘给煤机、埋刮板给煤机和电磁振动给煤机。

A　圆盘给煤机

圆盘给煤机结构如图 5-4 所示。这种给煤机优点是具有给料均匀稳定,易调节,设备体积小等。缺点是漏风系数较大,密封性差,不能满足喷吹烟煤的要求,生产上多用于无烟煤喷吹系统。常用调节给煤量的方法如下:(1)调节挡板插入盘内深度;(2)采用变速电机调节给煤机圆盘转速;(3)调节套筒的高度。

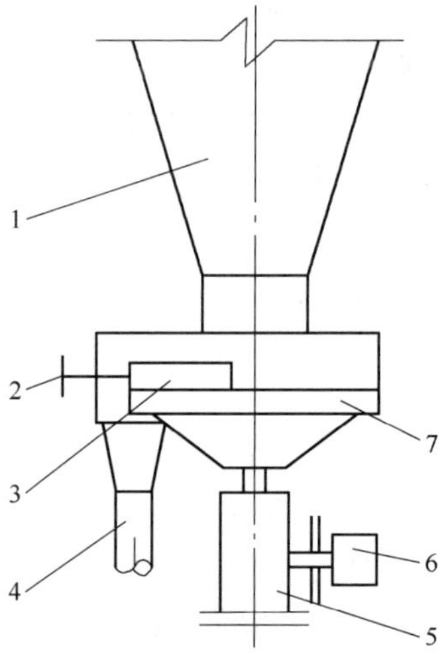

图 5-4　圆盘式给料机

1—原煤仓;2—调节手轮;3—挡板;
4—下料管;5—减速机;6—电动机;
7—圆盘

B　埋刮板给煤机

埋刮板给煤机结构如图 5-5 所示。其工作原理是可调速电动机带动链轮和链条,而链条上装设刮板在壳体内轨道上滑动,刮板可将原煤仓排出的原煤刮出并输送到磨煤机下煤管,落入磨煤机内。煤量由可调速电动机调节埋刮板运行速度来调节,速度快则煤量大,反之则煤量小。也可以通过埋刮板输料厚度和出口调节煤量。此种给煤机优点是密封性好,是生产高挥发分煤粉、减少磨煤机入口漏风与系统含氧量较为理想的给煤设备,调节煤量灵活稳定,并能发送断煤和过载信号;缺点是结构复杂,维护量大,对原煤质量要求较严,目前仍被广泛应用。

C　电磁振动给煤机

电磁振动给煤机结构如图 5-6 所示。这种给煤机由给煤槽和电磁振动器组成,其工作原理是电流通过电磁铁线圈为半波整流脉冲信号,正半波通电带磁,铁芯发生动作;负半波断电失磁,铁芯停止动作,并借弹簧使其恢复原位。料槽内的煤即不断被振动向前移动进入磨煤机下煤管内。其优点是结构简单，无传动器件，不用润滑及易于维修；缺点是该装置不适合输送含水高、黏性大的煤，且对使用环境的温度和湿度要求严格，要求环境温度不低于20℃。

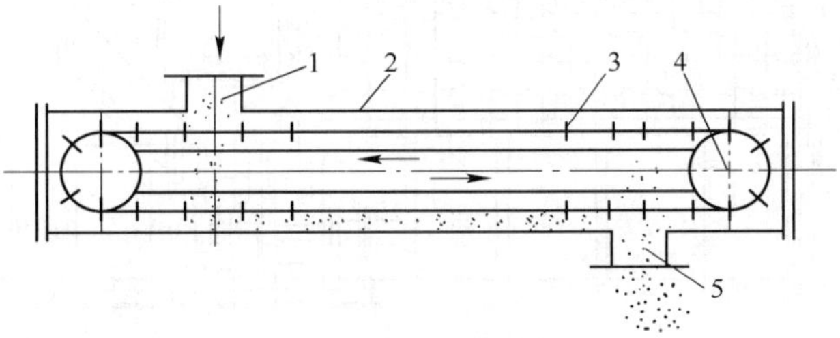

图5-5　埋刮板给煤机

1—进料口；2—壳体；3—刮板；4—星轮；5—出料口

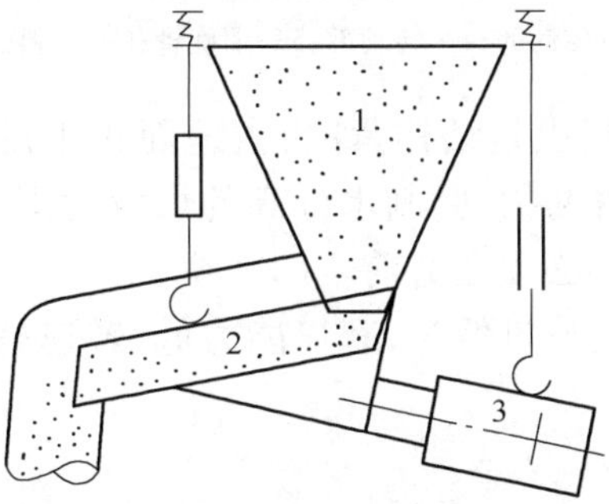

图5-6　电磁振动给料机

1—料斗；2—料槽；3—电磁振动器

5.1.2.2　磨煤机

磨煤机根据转速的不同，可以分为低速磨、中速磨和高速磨三种。目前我国采用的磨煤机主要是低速筒式钢球磨煤机和中速磨煤机。

A　低速筒式钢球磨煤机

低速筒式钢球磨煤机简称球磨机，结构如图5-7所示。球磨机是由转动的筒体、进出料口、烟气口和传动机构组成。转动的筒体内装有耐磨衬板及适量的钢球，两端装有出入口端盖及空心轴，进料端还装有传动的大齿圈。进出料口处的空心轴上装有轴承，坐在轴承座上。传动机构包括电机、减速机和传动的小齿轮。

球磨机工作原理：转动的筒体将钢球带到一定高度后，钢球沿着抛物线轨迹下落，把在衬板表面的原煤砸碎，而处在钢球与衬板之间的底层钢球、钢球与钢球之间也由于筒体的移动发生相对运动，把其间的煤粒带动碾磨成细粉。

球磨机的特点：对原煤的品种要求不高，结构简单，操作可靠，设备运行稳定，便于检修维护。但设备质量大，占地面积大，耗电量大，而且噪声大，同时由于其密封性差，不适于磨制高挥发分烟煤。

B　中速磨煤机

中速磨煤机是目前新建制粉系统普遍采用的磨煤机，主要有四种结构形式——平盘磨、

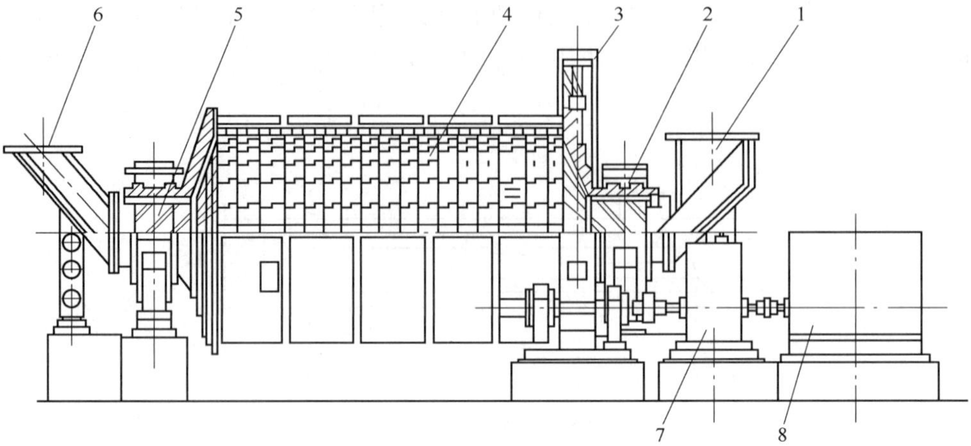

图 5-7　筒式磨煤机结构图

1—进料部;2—轴承部;3—传动部;4—转动部;5—螺旋管;6—出料部;7—减速机;8—电动机

碗式磨、MPS 磨和 E 型磨。其优点是结构紧凑,占地面积小,耗电低,噪声小,密封性好,适于磨制烟煤;其缺点是磨煤元件易损,磨制水分高的煤较为困难。此外,中速磨煤机不能磨硬质物,煤中的铁件和其他杂物必须在磨前全部去除。

中速磨煤机转速要适宜,转速过低时,磨煤能力低;转速高时,煤粉粒度过粗。因此,转速一般为 50 ~ 300 r/min。

a　平盘磨煤机

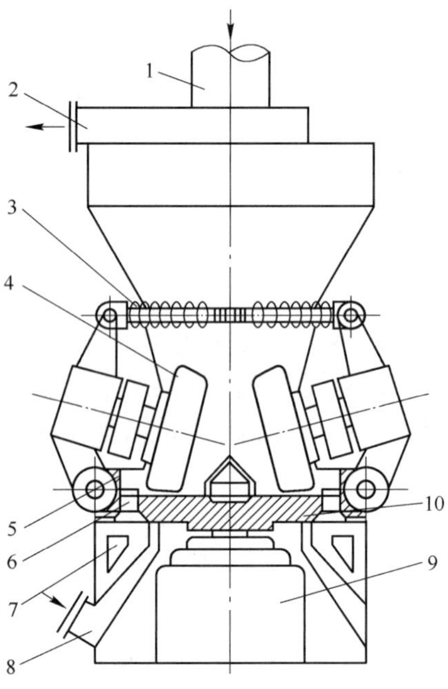

图 5-8　平盘磨煤机结构示意图

1—原煤入口;2—气粉出口;3—弹簧;4—辊子;5—挡环;6—干燥气通道;7—气室;8—干燥气入口;9—减速箱;10—转盘

平盘磨煤机的结构如图 5-8 所示。转盘和辊子是平盘磨煤机的主要部件。电动机通过减速机带动转盘旋转,转盘带动辊子转动,煤在转盘和辊子之间被研磨,它是依靠碾压作用进行磨煤的。碾压煤的压力包括辊子的自重和弹簧拉紧力。

原煤由给煤管送到转盘的中部,依靠转盘转动产生的离心力使煤连续不断地向转盘边缘移动,煤在通过辊子下面时被碾碎。转盘边缘上装有一圈挡环,可防止煤从转盘上直接滑落出去,挡环还能保持转盘上有一定厚度的煤层,提高磨煤效率。

干燥气从风道引入风室后,以大于 35 m/s 的速度通过转盘周围的环形风道进入转盘上部。由于气流的卷吸作用,将煤粉带入磨煤机上部的粗粉分离器,过粗的煤粉被分离后又直接回到转盘上重新磨制。在转盘的周围还装有一圈随转盘一起转动的叶片,作用是扰动气流,使合格煤粉进入磨煤机上部的粗粉分离器。

此种磨煤机装有 2 ~ 3 个锥形辊子,辊子有效深度约为磨盘外径的 20%,辊子轴线与水平盘面的倾角一般为 15°,辊子上套有用耐磨钢制成的辊套,转盘上装有用耐磨钢制成的衬板,辊子和转盘磨损到一定程度时就应更换辊套和衬板,弹簧拉紧力要根据煤的软硬程度进行适当的调整。

b 碗式磨煤机

碗式磨煤机的结构如图 5-9 所示。它是由辊子和碗形磨盘组成,故称碗式磨煤机,沿钢碗圆周布置 3 个辊子。碗式磨煤机的工作原理是,原煤从中心的给煤管喂入,落到磨碗上,磨碗由电动机通过星齿轮带动旋转,落到旋转碗上的煤,在离心力的作用下,甩向碗周缘,正好落在磨碗上两者之间保持一定的间隔,无直接的金属接触,当原煤通过磨辊和磨碗之间时,被研磨成粉,以磨好的煤粉继续向外移动,最后沿磨周溢出。

热烟气从磨煤机风口进入机体并围绕磨碗周缘由下而上,煤粉被热烟气干燥并携带上升,较重的粗颗粒在分离器内分离出来又返回磨碗重磨,较轻的细小煤粉通过分离器上部的折向门装置在锥体内产生旋流,折向门的角度决定悬流的速度和煤粉颗粒的细度,细度不合格的煤粉沿锥体内壁从悬流中分离出来返回磨碗进一步研磨,而细度合格的煤粉被烟气带出磨煤机。

c MPS 磨煤机

MPS 磨煤机的结构如图 5-10 所示。它是辊与环结构,配置 3 个大磨辊,磨辊的位置固定,互成 120°角,与垂直线的倾角为 12°~15°,主动旋转的磨盘在转动时还有一定程度的摆动。磨碎煤粉的碾磨力可以通过液压弹簧系统调节。原煤的磨碎和干燥借助干燥气的流动来完成,干燥气通过喷嘴环以 70~90 m/s 的速度进入磨盘周围,用于干燥原煤,并且提供将煤粉输送到粗粉分离器的能量。合格的细颗粒煤粉经过粗粉分离器被送出磨煤机,粗颗粒煤粉则再次跌落到磨盘上重新碾磨。原煤中较大颗粒的杂质可通过喷嘴口落到机壳底座上经刮板机构刮落到排渣箱中。煤粉粒度可以通过粗粉分离器挡板的开度进行调节,它与其他形式的中速磨相比,具有出力大、碾磨件使用寿命长、磨煤电耗低、设备可靠、运行平稳等特点。新建的中速磨系统大多采用这种磨煤机。

d E 型磨煤机

E 型磨煤机是一种新型磨,其结构如图 5-11 所示,其研磨、烘干、分离和输送都在一简

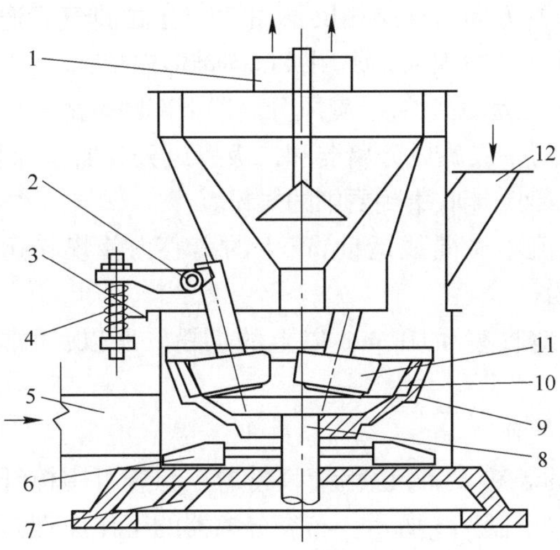

图 5-9 碗式磨煤机结构示意图

1—气粉出口;2—耳轴;3—调整螺丝;4—弹簧;5—干燥气入口;6—刮板;7—杂物排放口;8—转动轴;9—钢碗;10—衬圈;11—辊子;12—原煤入口

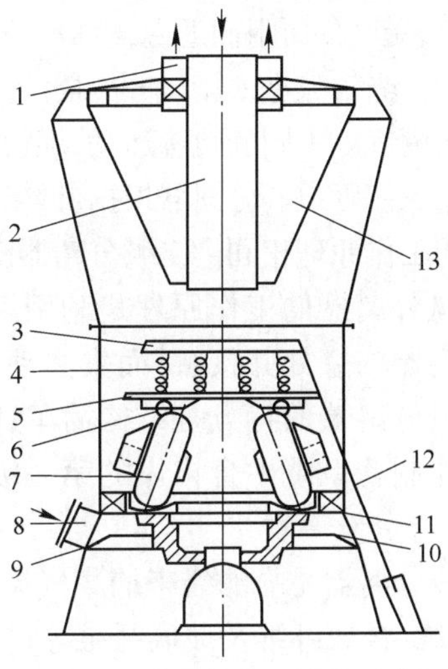

图 5-10 MPS 磨煤机结构示意图

1—煤粉出口;2—原煤入口;3—压紧环;4—弹簧;5—压环;6—辊子;7—磨辊;8—干燥气入口;9—刮板;10—磨盘;11—磨环;12—拉紧钢丝绳;13—粗粉分离器

单的单元设备中。E 型磨煤机的工作原理是:物料由中央送进旋转的研磨机轭,由此再将煤平均地分布在磨球和下磨环之间,研磨后的物料沿着磨环的凹形边缘向外加速,然后顺着热气流均匀地被干燥,并被带到上方的分离器。在此过程中,不合格的颗粒重新落入研磨机构中,合格的颗粒则流向分离器。此分离器确保了符合规定细度的产品离开磨煤机,体积过大的颗粒将重复循环再次研磨。

E 型磨煤机的特点是噪声低,使用寿命长,其研磨元件功能是免维修的,对于密封、润滑、换油和内部轴承的更换,不需要人为计划的停机,具有自我调整的液压张紧系统。和同等能力的磨煤机相比,节能效果明显,出力均匀。因此,E 型磨煤机更加经济和安全,具有更大的发展潜力。

5.1.2.3　煤粉收集设备

煤粉收集设备分为分离设备和收集设备。在磨煤机内磨碎的粉煤,被输送载体烟气带出,其中一部分粒度较粗,大于规定要求,需要被分离出来,并送回磨煤机内继续磨制;而另一部分粒度较细的合格煤粉被载体烟气带离磨煤机进行分离。

A　粗粉分离器

粗粉分离器是一个截面积扩大了的筒体,当载粉气流进入后,由于载粉气流速度降低,大颗粒煤粉在重力作用下降落,由返粉管返回球磨机重磨,颗粒合格的细小的煤粉继续随气流前进,进入旋风分离器。

目前采用的粗粉分离器形式很多,按照工作原理分,除了依靠重力的作用将气体分离外,还有惯性分离、离心分离和撞击分离等形式。

B　旋风分离器

旋风分离器的结构是由一个带锥形底的垂直圆筒构成,如图 5-12 所示。含煤粉的废气流沿进气管口高速进入后,大部分烟气在外圆筒与中央排气管之间自上而下作螺旋运动;小部分气体向上,受到顶盖的阻碍又返回与大部分废气一道下旋。大部分气体随圆锥形的收缩而转向收尘器的中心,受底部所阻而返回,组成一股上升的气流,其方向与外层相反,从中间向上由排气管逸出器逸出。当气流进入旋风分离器沿内壁向下旋转时,煤粉因离心作用被抛向锥体内壁,此后煤粉质点与废气以不同的轨迹运动,煤粉与壁摩擦而失去运动惯性,沿旋风分离器下部圆锥部分滑至煤粉仓入口管道。分离器根据旋转半径的不同分为一级旋风分离器和二级旋风分离器,它们的结构与工作原理相同。二级分离器由于筒体半径减小,能收集到更细的煤粉。

旋风分离器的工作原理是利用煤粉质点在气流中做曲线运动,产生的离心力使煤粉运动到分离器内壁处并接触,而失去动力后收集煤粉。

旋风分离器的特点是结构简单,轻便,能有效地收集 0.01 mm 以上的煤粉。所以,通常把它当作制粉系统中合格煤的第一级分离设备。

C　布袋分离器

布袋分离器是靠滤袋来捕集气流中剩余下来的煤粉设备,也称精收粉器。滤袋可用棉纤维、毛纤维、合成纤维及玻璃纤维等材料制成,结构如图 5-13 所示。布袋分离器的工作原理是含粉气体进入分离器后,遇到滤料纤维时改变了原来的运动方向,绕纤维而过,但较粗、较重的粉粒在惯性力的作用下与滤袋碰撞被截留下来。质轻、颗粒小的煤粉(0.0001 mm 左右),能够迅速地环绕着纤维随气流方向变化,接近气流的流线。细微颗粒是受气体分子热运动所支配的,它们受热运动气体分子冲击后,便脱离原来的运动方向。当含粉气体从滤料空隙

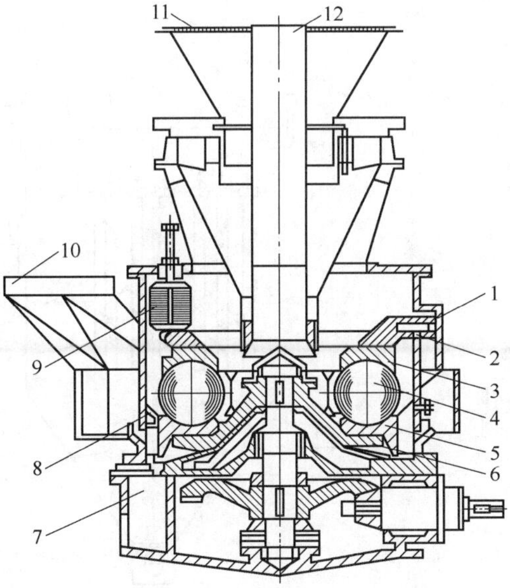

图 5-11　E 型磨煤机结构示意图

1—导块；2—压紧环；3—上磨环；4—钢球；5—下磨环；6—辊架；7—石子煤箱；8—活门；9—弹簧；10—热风进口；11—煤粉出口；12—原煤进口

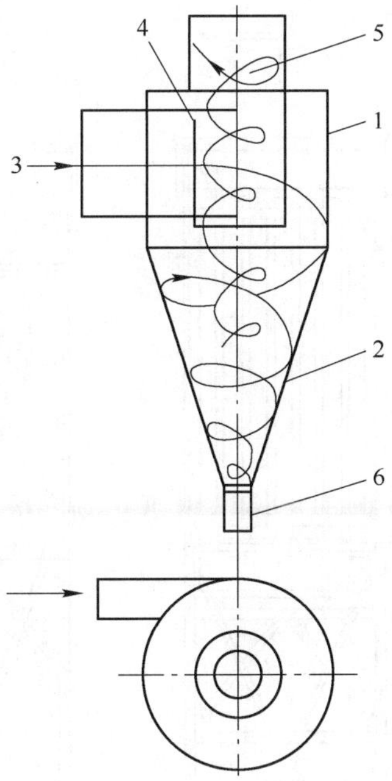

图 5-12　旋风分离器

1—圆筒体；2—锥体；3—进口管；4—顶盖；5—中央排气管；6—灰尘卸料口

(纤维旁边)流过时，因纤维间空隙小于气体分子热运动的自由路径的粉粒，而与纤维表面碰撞接触，使其从气流中分离出来。这种分离器由于反吹冲力较小，分离能力不够高，并且受布袋上口的密封以及布袋支撑架的稳定性影响较大，所以逐渐被淘汰。

D　脉冲式分离器

脉冲式分离器的结构见图 5-14。气箱式脉冲布袋收粉器的工作原理是：当气体和煤粉的混合物由进风口进入灰斗后，一部分凝结的煤粉和较粗颗粒的煤粉由于惯性碰撞，自然沉积到灰斗上，细颗粒煤粉随着气流上升进入气袋室，经滤袋过滤后，煤粉被阻留在滤袋外侧，净化后的气体由滤袋内部进入箱体，再经阀板孔出口排出，达到收集煤粉的作用。随着过滤的不断进行，滤袋外侧的煤粉逐渐增多，阻力逐渐增大，当达到设定阻力或一定时间间隔时，清灰程序控制器发出清灰指令。

气箱式脉冲布袋收粉器的特点是处理粉尘浓度高，分离效果好(排放气体含粉尘浓度在 100 mg/m^3 以下，分离效果可达 99.5%)；布袋过滤速度高，可达到 1.2～2.0 m/s；布袋的使用寿命长，并具有较高的清灰效率。

由于脉冲式分离器系一次收粉，性能大大提高，既可满足高浓度、高负荷、低排放的指标，又能满足长寿、易维护、安全可靠的要求，为简化制粉工艺流程、喷吹高挥发分煤种提供了良好的条件。

E　锁气器

锁气器是一种只能让煤粉通过而不允许气体通过的设备。常用的锁气器有锥式和斜板式两种，其结构如图 5-15 所示。锁气器由杠杆、平衡锤、壳体、刀架和灰门组成。灰门呈平板状的称为斜板式锁气器，灰门呈圆锥状的称为锥式锁气器。斜板式锁气器可在垂直管道上使用，也可在垂直偏斜度小于 20°的倾斜管道上使用。而锥式锁气器只能安装在垂直管道上。

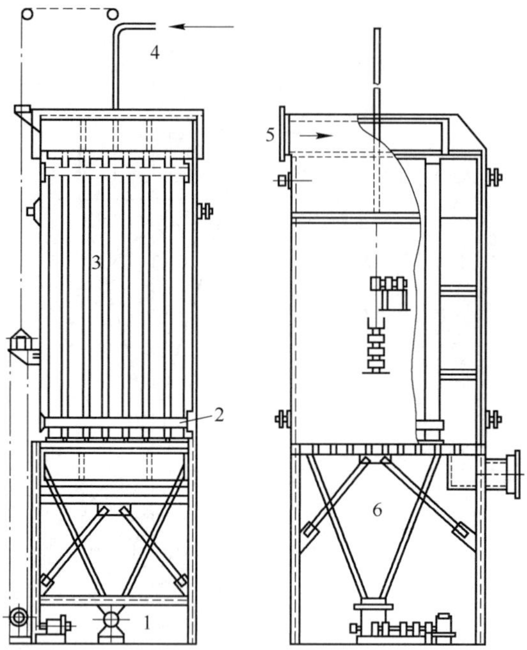

图 5-13　反吹风气环式布袋分离器

1—排粉阀；2—气环箱；3—布袋；4—反吹风入口；5—含粉气入口；6—集煤粉斗

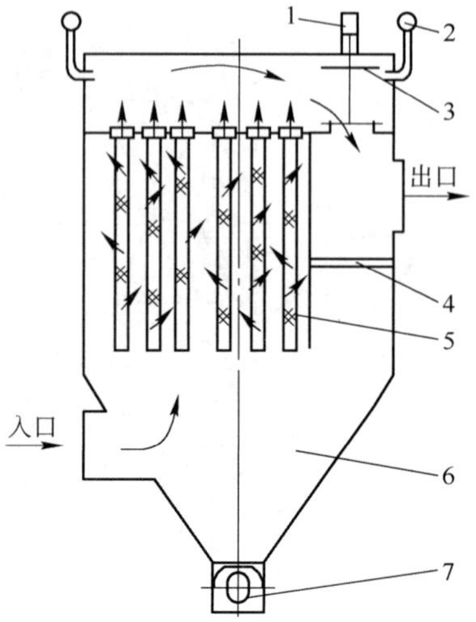

图 5-14　气箱式脉冲布袋收粉器

1—提升阀；2—脉冲阀；3—阀板；4—隔板；5—滤袋及袋笼；6—灰斗；7—叶轮给煤机或螺旋输送机

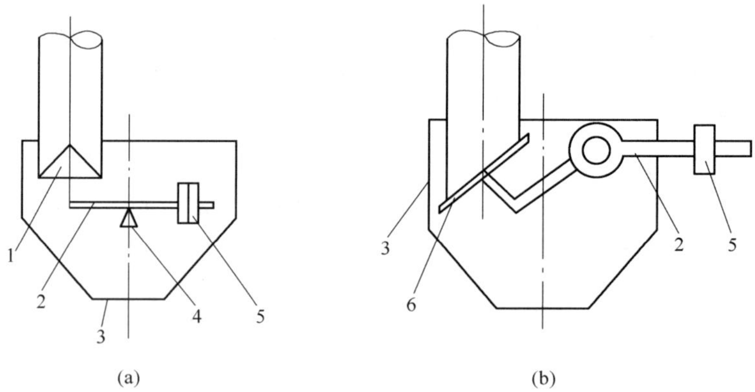

图 5-15　锁气器

(a)锥式；(b)斜板式

1—圆锥状灰门；2—杠杆；3—壳体；4—刀架；5—平衡锤；6—平板状灰门

5.1.3　制粉操作

5.1.3.1　制粉系统正常运行的标志

制粉系统正常运行是高炉实现喷煤的前提，制粉系统正常运行的标志是：

(1) 磨煤机出、入口温度在规定范围内，其波动不超过 5℃；

(2) 磨煤机轴瓦(轴承)温度不超过规定值；

(3) 磨煤机电动机电流在对应值范围内,其波动不超过 10 A;
(4) 排烟风机电动机电流在相应值范围内,其波动不超过 10A;
(5) 磨煤机出、入口及各个测点压力在调节控制范围内呈小幅波动;
(6) 磨烟煤时,各部位氧含量不得大于 12%;
(7) 煤粉分析水分、粒度合格;
(8) 系统排放气体含尘浓度达标。

5.1.3.2 制粉系统开车前注意事项

(1) 检查氮气系统压力是否高于 0.4 MPa;
(2) 中速磨齿轮箱油池油温不低于 25℃;
(3) 中速磨推力瓦油槽油温不高于 40℃;
(4) 系统阀门开关到位:废烟气引风机入口阀、助燃风机入口阀、热风入口调节阀、排粉风机入口调节阀关,助燃风机放散阀、燃烧炉放散阀、热风放散阀、冷风阀开;
(5)确认原煤仓有煤,原煤仓下料位指示灯亮;
(6)确认烟煤配比正常;
(7)排粉风机、密封风机启动后,密封风与一次风压差不低于 1.96 kPa;
(8)磨辊信号在下降位置;
(9)给煤机上部插管是否关闭;
(10)高炉煤气、焦炉煤气压力是否高于 2.0 kPa。

5.1.3.3 制粉系统手动操作

(1)原始状态
1) 废烟气引风机停车,引风机入口调节阀关闭;
2) 热风调节阀关闭;
3) 热风放散阀关闭;
4) 冷风阀打开;
5) 排粉风机入口调节阀关闭;
6) 燃烧炉处于待用状态。

燃烧炉放散阀打开,炉内温度正常,燃烧炉出口压力正常,如负压过高,可调节燃烧炉放散阀直至调节正常位置。如温度过高,可调节煤气调节阀直至达到下列要求:
① 中速磨系统设备正常,处于停车待用状态;
② 布袋收粉器系统设备正常,处于停车待用状态;
③ 排粉风机正常,处于停车待用状态;
④ 其他附属设备正常,处于停车待用状态。
(2)开车程序
当煤粉仓下料位指示“料空”时,发出声光报警,系统准备开车,操作步骤如下:
1) 操作人员确认中速磨系统各附属设备正常;
2) 操作人员与配电室联系,得到高压设备开车允许指令,进行系统开车操作:
① 启动中速磨机的密封风机,启动中速磨机的稀油站和高压油站;

② 启动煤粉筛，启动布袋收粉器灰斗下的星形卸料机；

③ 启动布袋收粉器系统；

④ 打开热风放散阀，启动废烟气引风机，打开入口调节阀；

⑤ 启动排粉风机，待风机运转稳定后，打开排粉风机入口调节阀，打开热风调节阀，关闭冷风阀，关闭热风放散阀，调小燃烧炉放散阀，调节系统风量达到要求，调节燃烧炉温度达到送风要求；

⑥ 调节煤气调节阀，加大助燃空气量，燃烧炉进入送风状态；

⑦ 当中速磨机出口温度达到规定温度或布袋收粉器入口温度达到规定温度时，将中速磨机的磨辊抬起。启动中速磨主电动机；

⑧ 启动埋刮板机给煤，中速磨机的磨辊加载，调节给煤量稳定中速磨出口温度，如原煤含水过高，可将中速磨出口温度提高；

⑨ 调节排粉风机入口调节阀来调节系统风量；

⑩ 调节煤气调节阀和助燃空气放散阀，燃烧炉热风放散阀以及高炉热风炉废气调节阀来调节系统温度，同时调节燃烧炉放散阀来调节燃烧炉内压力，防止炉膛正压；

⑪ 调节热风调节阀来调节系统各点压力；

⑫ 转入正常操作。

(3)停车程序

1）调节煤气调节阀，减少煤气量，调节冷风阀，降低中速磨入口温度；

2）停埋刮板给煤机，停止给煤；

3）停中速磨主电机；

4）停废烟气引风机，关闭入口调节阀，打开热风放散阀；

5）停排粉风机，关闭排粉风机入口调节阀，关闭中速磨入口热风调节阀；

6）打开燃烧炉放散阀，关闭热风放散阀，调节煤气调节阀和助燃风调节阀，燃烧炉转入待用状态；

7）停止布袋收粉器系统；

8）停止布袋收粉器灰斗下的星形卸料机；

9）停止煤粉筛；

10）停中速磨的稀油站和高压油站；停中速磨的密封风机。

系统转入原始状态。

5.1.3.4　制粉系统自动操作程序

(1)原始状态

1）废烟气引风机停车，引风机入口调节阀关闭，废烟气调节阀关闭；

2）热风调节阀关闭；

3）热风放散阀关闭；

4）冷风阀打开；

5）排粉风机入口调节阀关闭；

6）燃烧炉处于待用状态；燃烧炉放散阀打开，炉内温度700～900℃之间，燃烧炉出口压力0～－100 Pa，如负压过高，可将燃烧炉放散阀关闭10%，直至调节到正常位置；如温度过高，可将煤气调节阀向小的方向调节10%，直至调节达到要求；

7）中速磨系统设备正常，处于停车待用状态；

8）布袋收粉器系统设备正常，处于停车待用状态；

9）其他附属设备正常，处于停车待用状态。

（2）自动运行。前提是中速磨系统处于待用状态（磨辊抬起）。自动运行需进行设置的参数为：

中速磨入口压力	0 ~ −1500 Pa
中速磨出口温度	70 ~ 110℃
系统风量	40000 ~ 70000 m^3/h

给煤机给煤量随时可设定调整。

启动自动运行按钮，或者在自动运行位置，当煤粉自动运行程序开始执行。在执行自动启动过程中，不得转为手动操作，待系统转入正常，确定阀门位置符合相应条件后，方可进行转换操作。

5.2 煤粉喷吹系统

5.2.1 煤粉喷吹工艺

从制粉系统的煤粉仓后面到高炉风口喷枪之间的设施属于喷吹系统，主要包括煤粉输送、煤粉收集、煤粉喷吹、煤粉的分配及风口喷吹等。

5.2.1.1 高炉喷吹设施的布置方式

从煤粉制备和喷吹设施的布置方式上来分，高炉喷吹工艺有两种模式，即直接喷吹和间接喷吹。直接喷吹与间接喷吹工艺特点的对比列于表 5–1。

表 5–1 直接喷吹与间接喷吹工艺特点的对比

项　目	直接喷吹工艺	间接喷吹工艺
工艺流程	流程短，更适合于喷吹烟煤	煤粉需要二次收集，增加了故障点
投　资	只建一座厂房，没有输煤系统，投资少	需要在高炉附近建喷吹站，投资大
动力消耗	消耗低，运行成本低	消耗高，运行成本高
总占地面积	小	大
适用性	新建高炉或高炉附近比较宽阔的工厂	高炉附近非常狭窄，而且高炉座数多
安全性	好	差

A　直接喷吹

在煤粉制备站与高炉之间距离小于 300 m 的情况下，喷吹设施可布置在制粉系统的煤粉仓下面，不设输粉设施，直接将煤粉喷入高炉。这种制粉系统和喷吹系统在一起向高炉喷吹的工艺称为直接喷煤工艺，如图 5–16 所示。

B　间接喷吹

在制粉站与高炉之间的距离较远时，需增设输粉设施，用设在煤粉仓下面的仓式泵，将煤粉输送到高炉附近的喷吹罐组内，再向高炉喷吹煤粉的工艺，称为间接喷煤工艺，如图 5–17 所示。一般高炉多的企业宜采用间接喷吹工艺，高炉少的企业宜采用直接喷吹工艺。

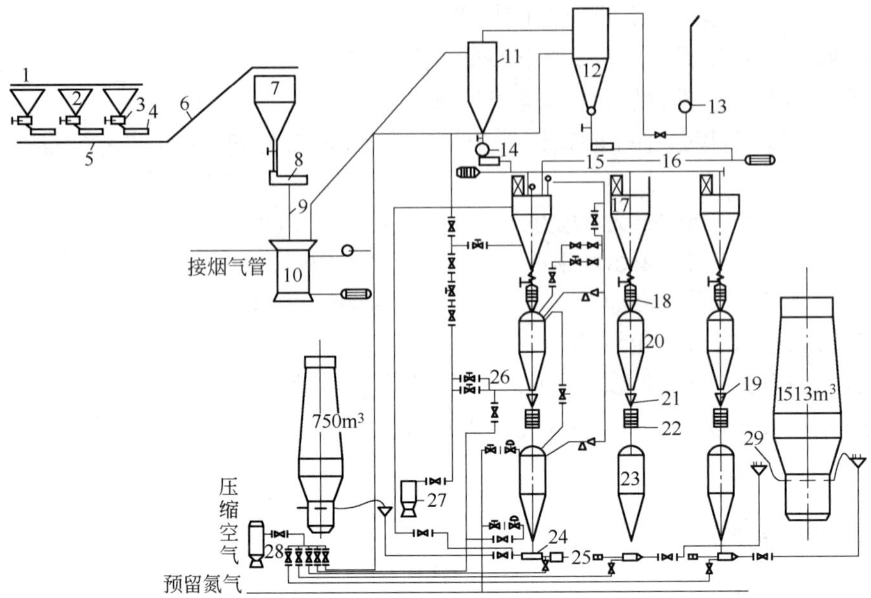

图 5-16　直接喷煤工艺流程图

1,6—PM_1 皮带机;2—配煤槽;3—可调式给煤机;4—称量皮带;5—PM_2 皮带机;7—原煤仓;8—圆盘给料机;9—落煤管;10—中速磨煤机;11—旋风分离器;12—布袋收粉器;13—排烟风机;14—螺旋给料机;15,16—螺旋输送机;17—收粉罐;18,22—波纹管;19,21—钟阀;20—贮煤罐;23—喷煤罐;24—混合器;25—给料调节装置;26—快速切断阀;27—氮气罐;28—压缩空气罐;29—分配器

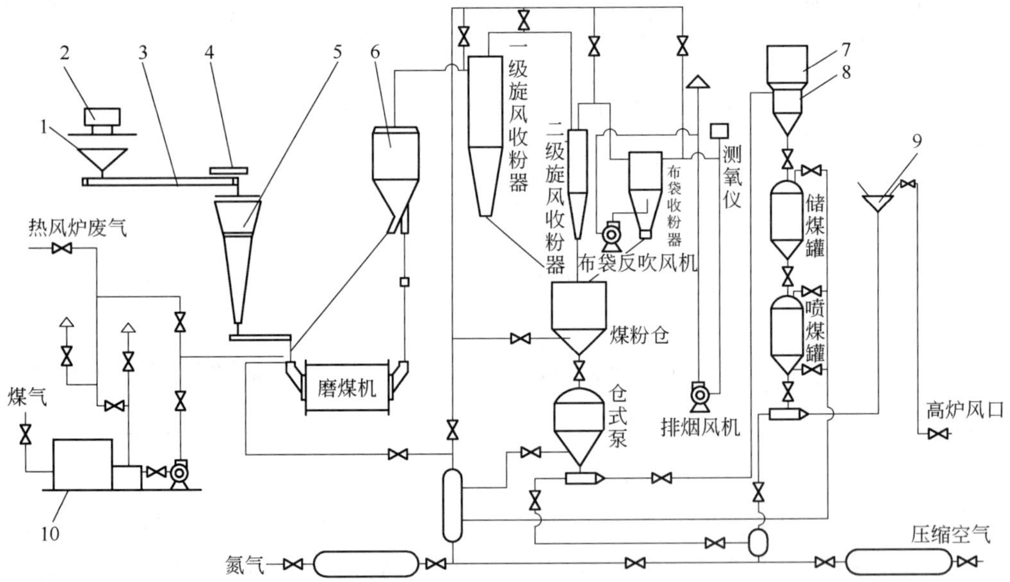

图 5-17　间接喷煤工艺流程图

1—原煤槽;2—卸煤机;3—皮带运输机;4—电磁分离器;5—原煤仓;6—粗粉分离器;7—布袋除尘器;8—收煤罐;9—分配器;10—燃烧炉

5.2.1.2 高炉喷煤罐的布置方式

目前高炉采用高压喷吹形式的较多,因为常压喷吹适用于喷吹无烟煤的中小高炉,而高压喷吹适用于采用高压操作的大、中型高炉,并且可以喷吹无烟煤、烟煤。高压式喷吹又称为罐式喷吹,罐式喷吹又分为串罐喷吹和并罐喷吹两种。

A 串罐喷吹

串罐喷吹工艺如图 5-18 所示,是将集煤罐、中间罐和喷吹罐三个罐从上向下依次串联起来与地面垂直布置的,它们之间用阀门连接和控制。集煤罐处于常压状态,中间罐和喷吹罐处于高压状态。

煤粉由输煤管道输送到喷吹站的集煤罐,并通过上钟阀 6 落入中间罐。当中间罐煤粉装满后关上钟阀 6,待喷吹罐内煤粉降低到最低料位时,中间罐充气(氮气)均压,使中间罐压力与喷吹罐压力相当;依次打开均压阀 9、下钟阀 14 和中钟阀 12,待中间罐煤粉放空时,依次关闭中钟阀 12、下钟阀 14 和均压阀 9,开启放散阀 5 直到中间罐压力为 0。中间罐煤粉落入喷吹罐并被喷吹到高炉内。

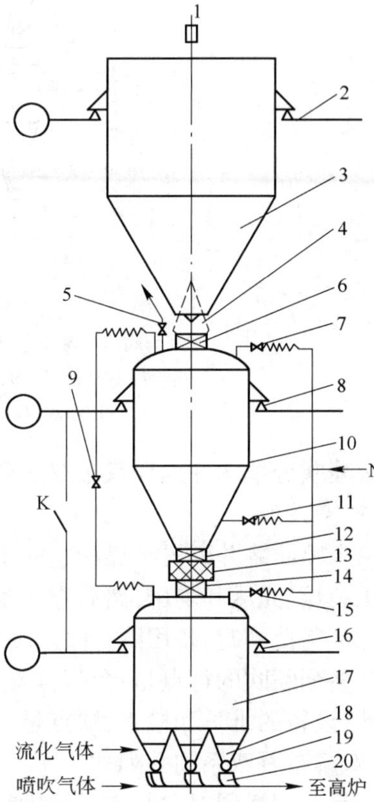

图 5-18 串罐喷吹工艺

1—塞头阀;2—煤粉仓电子秤;3—煤粉仓;4—软连接;5—放散阀;6—上钟阀;7—中间罐充压阀;8—中间罐电子秤;9—均压阀;10—中间罐;11—中间罐流化阀;12—中钟阀;13—软连接;14—下钟阀;15—喷吹罐充压阀;16—喷吹罐电子秤;17—喷吹罐;18—流化器;19—给煤球阀;20—混合器

在喷吹过程中,中间罐充压和泄压交替进行,采用气动控制阀充压与放散,各控制阀用电磁阀操纵,各罐间采用钟形阀切断。钟阀可电动,也可气动。

装煤时,关闭上钟阀,打开贮煤罐充气阀门,使中间罐充压至与喷吹罐压力几乎相等时,开均压阀均压;待中间罐压力达到喷吹罐压力时,关中间罐上、下充压阀,煤粉开始装入喷吹罐;待中间罐煤粉全部漏下后,喷吹罐发出高料位信号,关下钟阀、均压阀;再打开放散阀把中间罐中压力放掉,然后开上钟阀重新向中间罐装煤。

串罐喷吹的特点是:设备容量大,利用率高,向高空发展占地面积小,连续喷吹,工作可靠,作业率较高。中间罐和喷吹罐除有料面测量装置外,还安装有电子秤,用以测量罐中煤粉的重量。为了称量准确,中间罐和喷吹罐中间用软连接相连,罐与各管道则以金属管连接。

B 并罐喷吹

并罐喷吹是由两个或多个喷吹罐在同一水平面上并列布置,一个喷吹罐喷吹时,另一个喷吹罐装煤和充压。这样两个或多个喷吹罐交替使用。并罐喷吹工艺如图 5-19 所示。

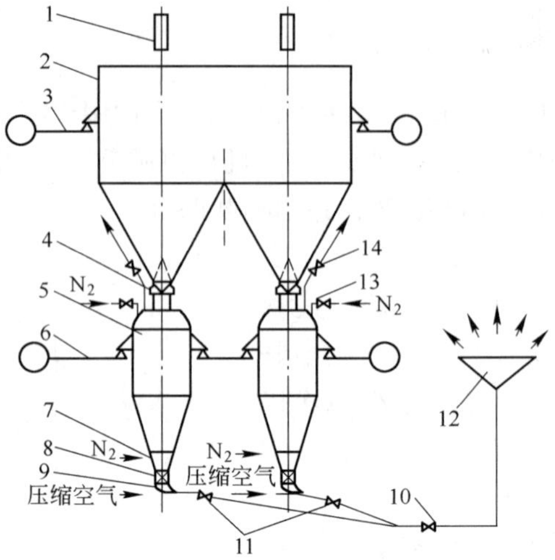

图 5-19　并罐喷吹工艺

1—塞头阀;2—煤粉仓;3—煤粉仓电子秤;4—软连接;5—喷吹罐;
6—喷吹罐电子秤;7—流化器;8—下煤阀;9—混合器;10—安全阀;
11—切断阀;12—分配器;13—充压阀;14—放散阀

并罐喷吹分单罐并列和双罐双系列并列两种形式。

a　单罐并列

由两个喷吹罐并列置于煤粉仓的下面,交替向高炉进行喷吹,即一个罐用于喷吹,另一个罐泄压装煤、充压和均压,然后进入备用状态。待喷吹用的罐喷完后,进行泄压、装煤、充压和均压。与此同时,备用罐开喷。喷吹罐的功能与仓式泵相同。

单罐并列喷吹的特点是:可以连续喷煤,可降低喷吹设施的高度,投资少,煤粉计量准确,有利于设备的维护和检查,缺点是占地面积大。

b　双罐重叠双系列并列式

两个系列双罐同时向某座高炉进行喷吹,也可以相互交替向某座高炉进行喷吹。双罐双系列并列喷吹的特点是:喷吹量增大,并且当一个系列出了问题,另一系列还可以连续向高炉喷煤,但需要更大的占地面积。这种装置适用于大型高炉。

并罐式喷吹的特点是,工艺流程简单,可大大降低喷吹设备的高度,工程投资省,煤粉计量容易,可与单罐管路分配器配合使用。

5.2.1.3　高炉喷煤罐的出粉方式

高炉喷煤罐按出粉方式又可分为单管路喷吹和多管路喷吹。

A　单管路喷吹

喷吹罐下只设一条管路的喷吹形式称为单管路喷吹。单管路喷吹必须设置分配器,由分配器把煤粉均匀地分配到高炉各风口。各风口喷煤量的均匀程度取决于多头分配器的结构形式和支管补气调节的可靠性,小型高炉通常设一个分配器,而大型高炉可以设多头分配器。

单管路喷吹分为上出粉喷吹和下出粉喷吹两种。下出粉喷吹适合于一般喷吹,而上出粉喷吹可进行浓相输送喷吹。

a 单管路下出粉喷吹

下出粉即喷吹罐下每个漏斗的下面有一个混合器，煤粉从喷吹罐下部经混合器喷入高炉。单管路下出料加分配器的喷煤量控制工艺及原理如图 5-20 所示，喷吹煤粉流量控制由喷煤罐、电子秤、计算机系统、手操器、可调量混合器、过滤器、分配器等组成。可调量混合器是喷吹工艺与自动控制技术的接口，其工作原理如图 5-21 所示。该装置由煤粉流化床、可调喷枪以及执行器 3 部分组成。它集中了流化床输送和喷射器供料的优点。

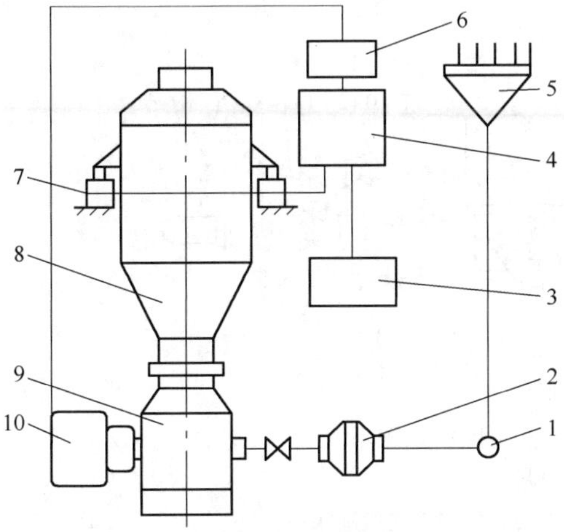

图 5-20 单管路下出料加分配器控制原理图
1—转向器；2—过滤器；3—计算机人机接口；4—计算机系统；5—分配器；6—手操器；7—喷煤电子秤；8—喷吹罐；9—混合器；10—执行器

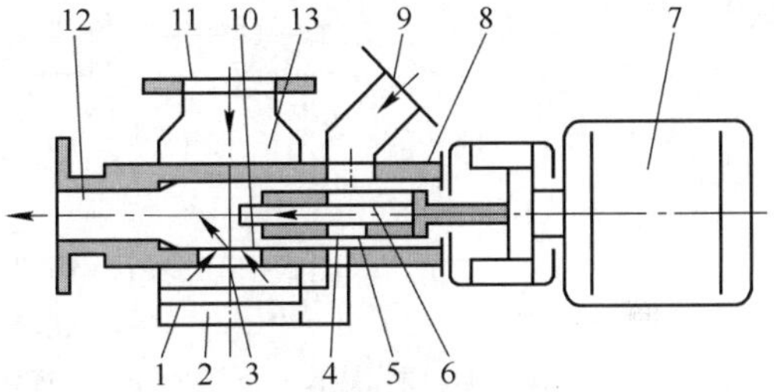

图 5-21 煤粉给料器工作原理图
1—流态化板；2—流态化气室；3—空煤口；4—流化风入口；5—流化风控制口；6—进风口；7—执行器；8—活动喷嘴；9—进风管；10—活动喷枪嘴；11—下煤口；12—喷出口；13—流态化罐

执行器带动活动喷枪作轴向运动，改变控煤口及流化风控制口的可通风量的面积，从而在线调节进入喷射枪的煤粉流量和流化风量，达到控制煤粉流量的目的。其特点是：在粉体流量较小时，接近恒流速变浓度调节；在粉体流量较大时，接近恒浓度变流速调节。该装置可以使固－气比达到 40 kg/kg 以上。喷吹煤粉流量与喷煤罐压力及控煤口开度有关。

b 单管路上出粉喷吹

单管路上出粉喷吹的工作原理是：在流化床上的出粉装置中，流化风进入流态化气室，穿过流化板，在流态化气室与进入流态化罐的煤粉相遇。当流态化风速很低时，煤粉静止不动，呈固定床状态。不断增加风速，当风速大于煤粉的初始流化速度时，煤粉间空隙度增加，煤粉微粒开始悬浮，出现流态化现象；继续增大流化风速，超过煤粉微粒的悬浮速度（终端速度），煤粉被夹带，气力输送开始。由气体夹带的煤粉进入喷吹罐送至高炉。为了调节煤粉流量的大小，在流态化罐出口设置了一个补气装置，从而可改变喷吹煤粉的进入量。

单管路喷吹工艺的特点是：(1) 工艺简单，设备少，投资低，维修量小，操作方便，易于实现喷吹自动化；(2) 混合器大，管道粗，不易堵塞和积粉；(3) 在个别喷枪停用时，不会导致喷吹罐内产生死料角，能经常保持下料顺畅状态，且容易调节喷吹速度；(4) 可以在总管上安装过滤筛和防回火的自动切断阀，以确保喷煤系统的安全。因此，单管路喷吹可满足喷吹易燃易爆高挥发煤种的要求。

在喷吹高挥发的烟煤时，采用单管路喷吹，可以较好地解决由于死角处的煤粉产生自燃和因回火而引起爆炸的可能性。因此，目前有将多管路喷吹改为单管路喷吹的趋势。

B　多管路喷吹

多管路喷吹是指从喷吹罐引出多条喷吹管到高炉的风口，每条喷吹管连接一支喷枪的喷吹形式。多管路喷吹按出料方式也可以分为上出料和下出料两种。多管路喷吹上出料和下出料的结构如图 5-22 所示。

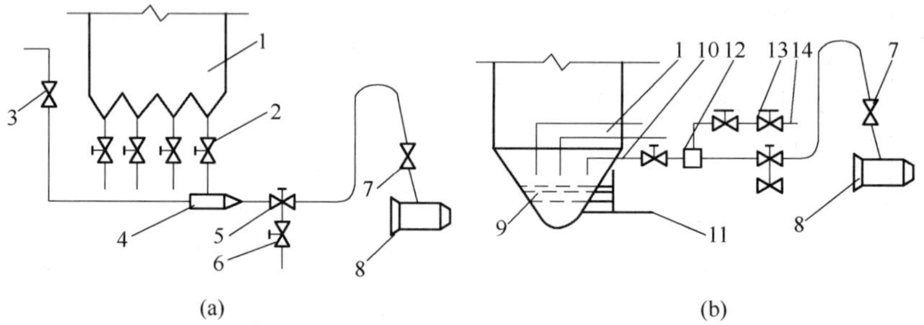

图 5-22　多管路喷吹煤粉工艺流程示意图

(a)下出料；(b)上出料

1—喷煤罐；2—下煤阀；3—压缩空气阀；4—混合器；5—三通旋塞阀；
6—吹扫阀；7—喷枪；8—高炉风管；9—流化板；10—煤粉导出管；
11—流化风管 12—合流管；13—二次风调节阀；14—二次风

多管路上出料喷吹是在喷煤罐下部设一具有水平流化床的混合器，喷吹管线的始端与流化床板垂直安装，其距离视喷煤量的大小进行收缩，一般为 20 ~ 50 mm，并沿顶部圆周均匀排列，煤量也可以由补气量调节。

多管路下出料喷吹是指由喷煤罐下端连接各喷吹支管混合器，再由混合器接喷吹支管到喷煤枪。混合器具有调节喷煤量的功能，以保证各风口喷煤的均匀性。

多管路喷吹的工艺特点是：(1) 设备多，投资大，维修量大；(2) 喷煤阻损大，不适于远距离输送，也不能用于并罐喷吹系统；(3) 管道细，易于堵塞。

5.2.2　煤粉喷吹主要设备

5.2.2.1　混合器

混合器是将压缩空气与煤粉混合并使煤粉启动的设备，由壳体和喷嘴组成。混合器的工作原理，是利用从喷嘴喷射出的高速气流所产生的相对负压将煤粉吸附、混匀和启动的。喷嘴周围产生负压的大小与喷嘴直径、气流速度以及喷嘴在壳体中的位置有关。

混合器可分为喷射混合器、流化罐混合器、沸腾式混合器三种形式。

(1)喷射混合器（见图 5 – 23）。目前喷射混合器多用于多管路下出料喷吹形式，其特点是结构简单，价格便宜，寿命长；但是煤粉混合浓度低，而且浓度不均匀，不易实现煤量自动控制。

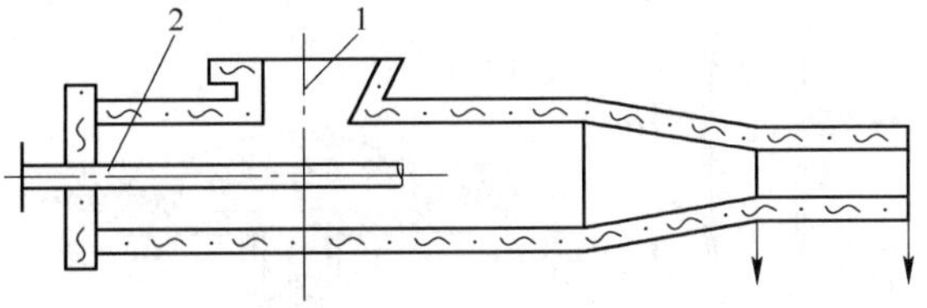

图 5-23 喷射混合器示意图

1—混合器外壳;2—混合器喷嘴

(2)流化罐混合器(见图5-24)。流化罐外观呈一罐形,内设水平流化板,下为气室,煤粉输出管道垂直于平流化板由上部插入,其距离大小可调节煤粉喷吹量。

流化罐混合器的特点是:结构比较复杂,造价高,但可以通过二次风调节煤粉浓度,即风量增加,浓度降低,喷煤量减少。因此,适于浓相喷吹,且易实现煤量自动控制。

(3)沸腾式混合器(见图5-25)。它的特点是壳体底部设有气室,气室上面为沸腾板,通过沸腾板的压缩空气能提高气、粉混合效果,增大煤粉的启动动能。

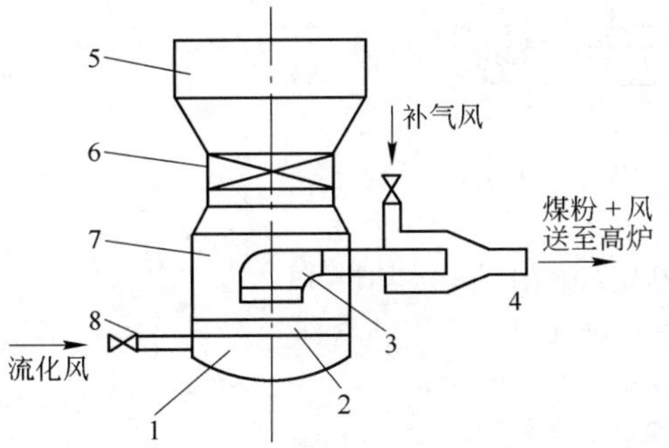

图 5-24 流化罐混合器示意图

1—流化气室;2—流化板;3—排料口;4—补气装置;5—喷煤罐;6—下煤阀;7—流化床;8—流化风入口

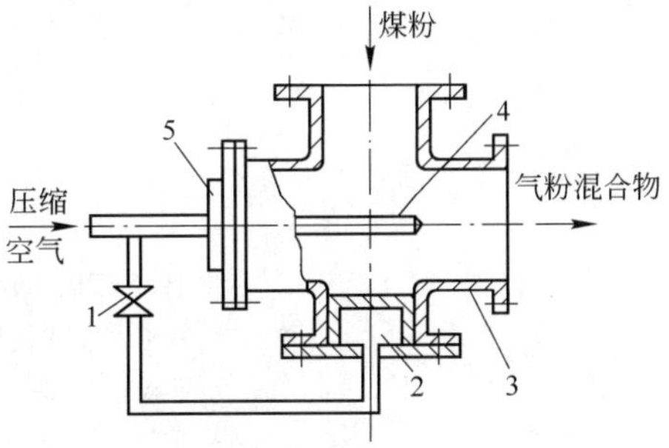

图 5-25 沸腾式混合器

1—压缩空气阀门;2—气室;3—壳体;4—喷嘴;5—调节帽

5.2.2.2 分配器

单管路喷吹必须设置分配器。煤粉由设在喷吹罐下部的混合器供给,经喷吹总管送入分配器。在分配器四周均匀布置了若干个喷吹支管,喷吹支管数目与高炉风口数相同,煤粉经喷吹支管和喷枪喷入高炉。目前使用效果较好的分配器有瓶式、盘式和锥形分配器。

(1)瓶式分配器。瓶式分配器见图5-26a,结构复杂,而且喷吹介质和煤粉在分配器内易产生涡流,阻力大,易积粉。

(2)盘式分配器。盘式分配器结构见图5-26b,具有较高的分配精度,煤粉和介质沿固定流向出入,所以阻损小,不积粉,分配煤量均匀。

(3)锥形分配器。锥形分配器结构见图5-26c,呈倒锥形,中心有分配锥。煤粉由下部进入分配器,经分配锥把煤粉流切割成多个相等的扇形流股,经各支管分配到各风口。煤粉在该分配器前后速度变化不大,产生的压降小,分配器出口煤粉流量受喷煤支管长度的影响。

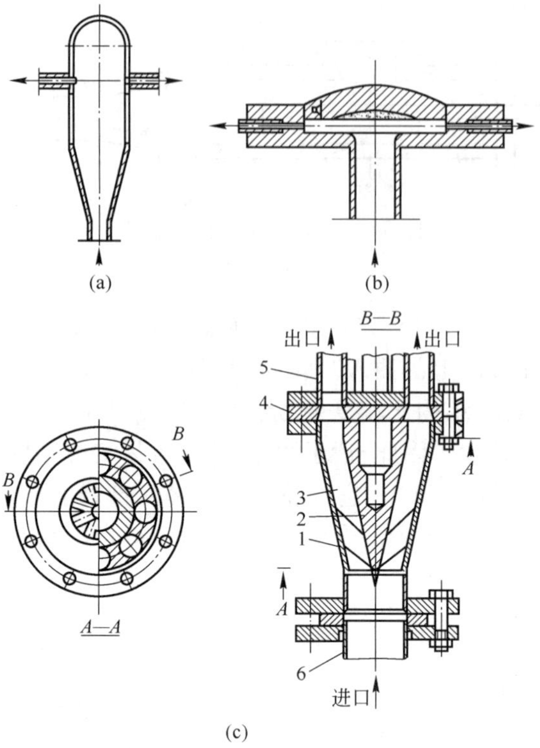

图 5-26　分配器结构示意图

(a)瓶式;(b)盘式;(c)锥形

1—分配器外壳;2—中央锥体;3—煤粉分配刀;

4—中间法兰;5—喷煤支管;6—喷煤主管

由于锥式分配器和盘式分配器的内壁喷镀耐磨材料,其寿命大大提高,可以满足生产要求,所以应用广泛。

(4)球式分配器。球式分配器结构见图 5-27,是一种新型的分配器。研制出发点是克服其他分配器要求垂直安装的高度问题及实现浓相输送的均匀分配。它由一个球形空腔及空腔中一个垂直圆筒组成,圆筒下部与球体密封固定。煤粉流从侧面切向进入球内壁与圆筒外侧的空腔内,边旋转边上升,从上面旋转进入球筒内部后,再旋转下降,从下面等角布置的出口流出。

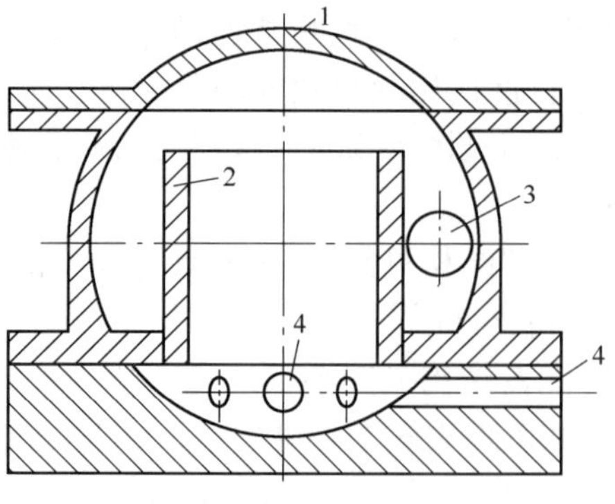

图 5-27　球式分配器结构示意图

1—球腔;2—圆筒;3—进口;4—出口

5.2.2.3　喷煤枪

喷煤枪是高炉喷煤系统的重要设备之一，由耐热无缝钢管制成，直径 15～25 mm。根据喷吹介质不同分为两种，喷吹压缩空气的为普通型喷煤枪，喷吹氧气的为氧煤枪。

A　普通型喷煤枪

根据喷枪插入方式的不同，普通型喷煤枪可分为三种形式，如图 5–28 所示。

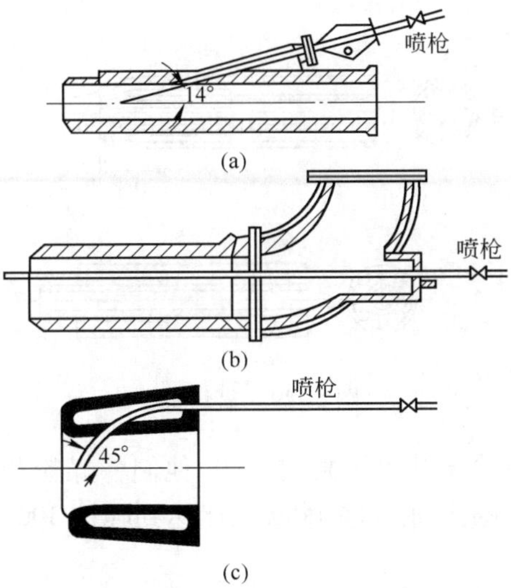

图 5–28　喷煤枪

(a)斜插式；(b)直插式；(c)风口固定式

(1) 斜插式喷煤枪。喷煤枪从直吹管插入，喷枪中心与风口中心线有一夹角，一般为 12°～14°。斜插式喷枪的操作较为方便，直接受热段较短，不易变形，但是煤粉流易冲刷直吹管壁。若喷枪插入深度、位置和角度不合适，不仅影响煤粉燃烧，喷入的煤流也易磨损风口。

(2) 直插式喷煤枪。喷枪从窥视孔插入，喷枪中心与直吹管的中心线平行，喷吹的煤粉流不易冲刷风口，但是妨碍高炉操作者观察风口；喷枪受热段较长，喷枪容易变形。

(3) 风口固定式喷煤枪。喷枪由风口小套水冷腔插入，无直接受热段。其特点是停喷时不需拔枪，操作方便；但是制造工艺复杂，成品率低，不能调节喷枪伸入长度，影响风口寿命，所以目前已不采用。

B　氧煤枪

采用氧煤枪将氧气由风口及直吹管之间加入，促进煤粉的燃烧，是高炉富氧的一种有效方法。图 5–29 为氧煤枪的结构示意图。

氧煤枪枪身由两支耐热钢管相套而成，内管吹煤粉，内、外管之间的环形空间吹氧气。枪嘴的中心孔与内管相通，中心孔周围有数个小孔，氧气从小孔以接近声速的速度喷出。图中 A、B、C 三种结构不同，氧气喷出的形式也不一样。A 为螺旋形，它能迫使氧气在煤股四周做旋转运动，以达到氧煤迅速混合燃烧的目的；B 为向心形，它能将氧气喷向中心，氧煤股的交点可根据需要预先设定，其目的是控制煤粉开始燃烧的位置，以防止过早燃烧而损坏枪嘴或风口结渣现象的出现；C 为退后形，当枪头前端受阻时，该喷枪可防止氧气回灌到煤粉管内，以达到保护喷枪和安全喷吹的目的。

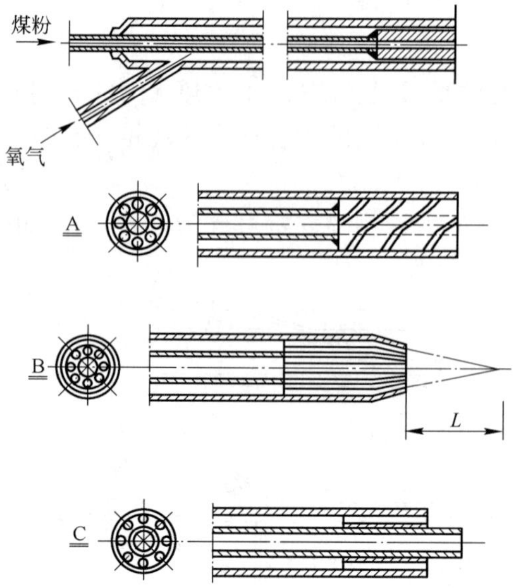

图 5-29　氧煤枪

英国钢铁公司采用的双枪系统可谓独树一帜，他们将煤粉和氧气分别用单筒喷枪从风口与直吹管之间适当的位置喷入，使高炉喷吹煤比达到吨铁 300 kg 以上。

5.2.2.4　仓式泵

仓式泵有下出料和上出料两种，下出料仓式泵与喷吹罐的结构相同，其结构如图 5-30 所示；上出料仓式泵实际上是一台容体较大的沸腾式混合器，其结构如图 5-31 所示。

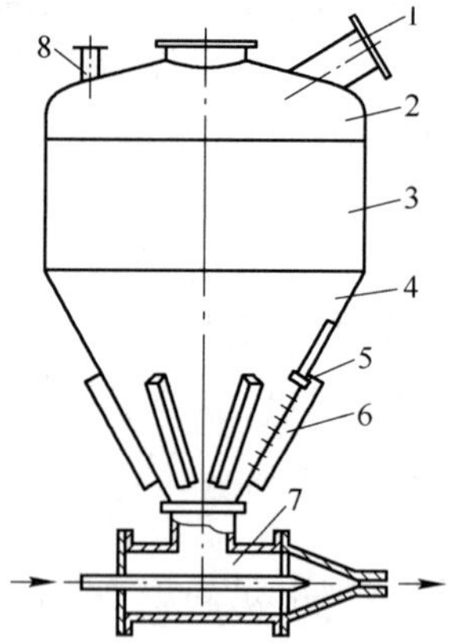

图 5-30　下出料仓式泵结构示意图
1—防爆装置；2—封头；3—圆筒体；4—锥体；5—喷嘴；6—流化装置；7—混合器；8—放散阀

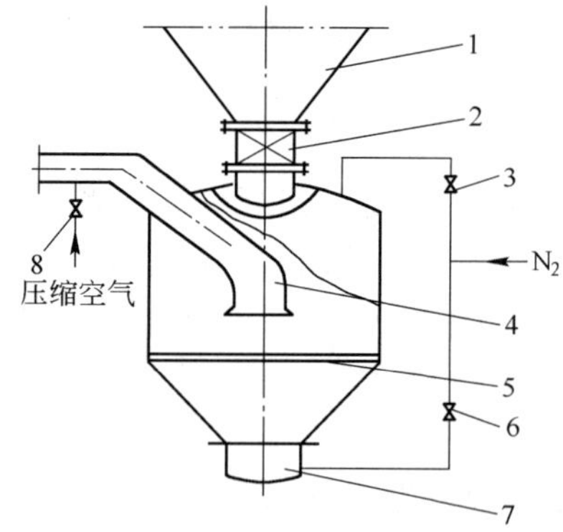

图 5-31　上出料仓式泵结构示意图
1—煤粉仓；2—给煤阀；3—充压阀；4—喷出口；5—沸腾板；6—沸腾阀；7—气室；8—补气阀

仓式泵仓体下部有一气室，气室上方设有沸腾板，在沸腾板上方出料口呈喇叭状，与沸腾板的距离可以在一定范围内调节。仓式泵内的煤粉沸腾后由出料口送入输粉管。输粉速度和粉气混合比可通过改变气源压力来实现。夹杂在煤粉中比重较大的粗粒物因不能送走而残留在沸腾板上。在泵体外的输煤管始端设有补气管，通过该管的压缩空气能提高煤粉的动能。

5.2.3 喷煤操作

5.2.3.1 高炉喷煤正常工作状态的标志

(1)喷吹介质高于高炉热风压力0.15 MPa;
(2)罐内煤粉温度低于70℃(烟煤)或低于80℃(无烟煤);
(3)罐内含氧量低于8%(烟煤)或低于12%(无烟煤);
(4)煤粉喷吹均匀,无脉动现象;
(5)全系统无漏煤、漏风现象;
(6)煤粉喷出在风口中心,不磨风口;
(7)电气极限信号反应正确;
(8)安全自动联锁装置良好、可靠;
(9)计量器、各仪表信号指示正确。

5.2.3.2 仓式泵向集煤罐送煤的操作程序

(1)确认上罐是空罐,关上钟阀;
(2)喷吹工联系仓式泵输煤;
(3)仓式泵接到输煤通知后,调正确通往该煤粉罐的管路和阀门并全部开启,与此管路相连的其他阀门全部关闭;
(4)开扫线阀,并确认管路畅通;
(5)开仓式泵充压阀,泵压力升到正常压力下限时,关扫线阀后,开输煤阀;
(6)当仓式泵内煤粉全部输出后,电子秤回零,延时30s,关输煤阀后,开扫线阀;
(7)开仓式泵放散阀;
(8)管线扫净后,关扫线阀。

5.2.3.3 集煤罐向贮煤罐装煤的操作程序

(1)开贮煤罐放散阀;
(2)开上钟阀;
(3)监视煤粉已装入中罐,电子秤指示在规定的吨位;
(4)关上钟阀;
(5)关放散阀。

5.2.3.4 贮煤罐向喷吹罐装煤的操作程序

(1)开贮煤罐下充压阀和上充压阀;
(2)开均压阀;
(3)贮煤罐压力达到或超过下罐压力时开下钟阀,同时关贮煤罐上、下充压阀;
(4)待贮煤罐倒入下罐后,关下钟阀;
(5)关均压阀;
(6)关放散阀;

(7)开补压阀,控制罐压在需要水平。

5.2.4 喷吹烟煤的安全措施

5.2.4.1 煤粉爆炸的基本条件

氧浓度、煤粉的悬浮浓度及温度是构成煤粉爆炸的三大要素。就煤粉本身而言,煤粉爆炸的危险性取决于煤的挥发分、粒度、水分和灰分等。

(1) 氧浓度。煤粉在容器内燃烧后体积膨胀,压力升高,其压力超过容器的抗压能力时容器爆炸。容器内氧浓度越高,越有利于煤粉燃烧,爆炸力越大。控制含氧量即可控制助燃条件,即控制煤粉爆炸的条件。因此,喷吹烟煤时,必须严格控制气氛中的含氧量。至于含氧量控制在什么范围才安全,目前有两种意见,一种认为应控制在15%以下;另一种则认为应控制在12%以下。因为煤粉爆炸的气氛条件还与烟煤本身的特性——挥发分多少、煤粉粒度组成及混合浓度的高低等有关,故只能针对特定的煤种,在模拟实际生产的条件下进行试验,来确定该煤粉的临界含氧量。实际生产可取临界含氧量的0.8倍作为安全含氧量。

(2) 煤粉悬浮浓度。煤粉在气体中的悬浮浓度达到一个适宜值时才可能发生爆炸,高于或低于此值时均无爆炸可能。发生爆炸的适宜浓度值随着烟煤的成分组成、煤粉粒度组成以及气体含氧量的不同而改变,这些数值需要由试验得出。对于烟煤,易于着火的范围是100～3000 g/m^3。由于实际生产的情况错综复杂,煤粉的悬浮浓度一般无法控制,因此要消除这一爆炸条件是极为困难的。

(3) 温度。喷煤工艺各点的控制温度远低于着火点,引起煤粉着火主要是煤粉堆积出现自燃以及外来火源引燃,因此必须杜绝火源及防治煤粉堆积出现自燃。

另外,煤粉灰分高,相对的可爆炸性成分含量小,由于高炉冶炼的要求,不宜采取增加灰分作为抑爆手段;挥发分越高,煤粉粒度越小,水分越少,煤粉爆炸的可能性就越大。但由于粒度和水分取决于高炉喷煤的工艺要求,不宜以此作为防火防爆措施。喷煤系统防火防爆应以降低工艺过程的氧浓度及控制温度和防止积粉为主。

5.2.4.2 高炉喷吹烟煤的安全措施

由于实际生产条件多变,影响安全生产的因素很多,有些因素难以预计,并且当一个条件变化时常常会引起其他条件的变化。因此,对所有能够控制的条件都应加以重视和调节。

(1)控制系统气氛。磨煤机所需的干燥气一般多采用热风炉烟道废气与燃烧炉热烟气的混合气体。为了控制干燥气的含氧量,必须及时调节废气量和燃烧炉的燃烧状况,减少兑入冷风量,防止制粉系统漏风,严格控制系统的氧含量在8%～10%。分别在磨煤机干燥气入口管、气箱式脉冲袋式收粉器出口管处设置氧含量和一氧化碳含量的检测装置,达到上限时报警;达到上上限时,系统各处消防充氮阀自动打开,向系统充入氮气。布袋收粉器的脉冲气源一般采用氮气,氮气用量应能够根据需要进行调节。在布袋箱体密封不严的情况下,若氮气压力偏低,则空气被吸入箱体内会提高氧的含量;反之,氮气外溢会使人窒息。喷吹罐补气气源、充压、流化气源采用氮气,喷吹煤粉的载气使用压缩空气。实际生产中,应重视混合器、喷吹罐、分配器及喷枪的畅通,否则,喷吹用载气会经喷嘴倒灌入罐内,使喷吹罐内的氧含量增加。在处理煤粉堵塞和磨煤机满煤故障时,须使用氮气,严禁使用压缩空气。

(2)设计喷吹系统时要避免死角,防止积粉。如煤粉仓锥形部分倾角应大于70°,或设计为双曲线形煤粉仓。在储煤仓、中间罐、喷吹罐下部设流化装置。

(3)控制煤粉温度。严格控制磨煤机入口干燥气温度不超过250~290℃,出口温度不超过90℃。在其他各关键部位,如收粉装置煤粉斗、煤粉仓、中间罐、喷吹罐等,都设有温度检测装置。当各点温度达到上限时报警;达到上上限时,系统各处消防充氮阀自动打开,向系统充入氮气。

(4)综合喷吹。可以采取烟煤和无烟煤混合喷吹技术,这样可以降低煤粉中挥发分的含量。各种煤的配比应根据煤种和煤质特性经过试验而定。若制粉和喷吹工艺条件允许,可在煤粉中加入高炉冶炼所需要的其他粉料,如铁矿粉、石灰石粉、焦粉和炼钢炉尘等。加入这些粉料对烟煤爆炸有着极为明显的抑制作用。

(5)设备和管道采取防静电措施。管道、阀门及软连接处设防静电接地线,布袋选用防静电滤袋。

(6)喷煤管道设自动切断阀,当喷吹压力低时,自动切断阀门,停止喷煤。

另外,系统还应设置消防水泵站和消防水管路系统。各层平台均应有消防器材和火灾报警装置。

5.3 喷煤技术进步

5.3.1 喷煤设备大型化和装备水平的提高

现代高炉炼铁技术进步的特点之一是不断提高生产率,喷吹更多煤粉,大幅度降低焦比。喷吹煤粉绝对量的增大,要求喷吹设备大型化和不断提高喷煤设备的装备水平。喷煤设备装备水平的提高,主要集中表现在喷煤自动控制及计量和调节精度方面,喷煤量可以按照高炉要求自动调节,喷煤量计量精度可以控制在1%误差范围内,各风口喷吹煤粉的均匀性控制在3%的误差范围内。

5.3.2 高炉富氧喷煤

高炉富氧和喷吹煤粉是互为条件、互为依存的。喷煤量增加到一定程度,需要用足够的氧气来促进煤粉燃烧,以提高煤焦置换比和保证高炉顺行。生产实践证明,当风温达到1000℃时,在不富氧的条件下,煤粉喷吹量每吨铁不超过100 kg;否则煤粉不能完全燃烧,引起煤焦置换比下降,并可能造成高炉不顺。只有富氧和喷煤相结合,才能大幅度提高产量,降低焦比。据有关人员计算,高炉鼓风中富氧率每增加1%,喷煤量约增加13 kg/t,生铁产量增加3%。因此,富氧喷煤是实现高炉生产稳产、高产、优质、低耗的必备手段,是高炉炼铁技术进步的重要标志。

5.3.3 喷吹烟煤和无烟煤或烟煤、无烟煤混合喷吹

我国长期喷吹无烟煤,其优点是含碳量高,挥发分低,喷吹安全;但是不易燃烧,煤质硬,可磨性差,制粉能耗高;随着无烟煤储藏量的日趋减少,无烟煤质量逐年下降,灰分含量增多,使得煤焦置换比降低,高炉冶炼的渣量增大,不利于高炉生产。改喷烟煤,扩大了喷煤煤种。从煤的储量及分布看,我国烟煤储量较多,分布较广,保证了充足的喷煤资源。烟煤挥发分高,燃烧性能好,含氢量高,有利于高炉顺行,并且煤质软,易粉碎,制粉能耗低。但是喷吹烟煤时,特别是喷吹高挥发分、强爆炸性烟煤时,安全性差,易爆易燃,必须采取相应的安全保护措施。

烟煤和无烟煤按一定比例混合喷吹，可扬长避短，发挥各自的优势，实现喷煤比的提高，所以混合喷吹比单种煤喷吹具有更好的效果。

5.3.4　浓相输送

高炉喷煤采用气力输送，按单位气体载运煤粉量的多少，可分为稀相输送和浓相输送。气力输送过程中，一般稀相输送的速度在 20 m/s 以上，煤粉浓度在 5 ~ 30 kg/m^{3}范围内；而浓相输送的速度则小于 10 m/s，煤粉浓度高于 40 kg/m^3。

浓相输送是先将喷吹罐下部的煤粉通过流化床进行流态化，再在罐压作用下输送到高炉风口。流化床由多孔材料构成，具有一定的透气性。按照煤粉的物理性质（密度、粒度等）从流化床下部吹入一定气体后，使流化床上部的煤粉开始“悬浮”起来，形成气固两相混合流。这时通过流化床的气流速度，称为临界流化速度。

稀相输送与浓相输送在管道中的输送形态有很大差别。稀相输送时，煤粉均匀地分布在气流中，煤粉沿管道断面均匀分布呈悬浮状态；而浓相输送时，由于气体流速低，单位体积内煤粉浓度高，形成输送管道下部煤粉较多，上部较少，但没有停滞现象，由于煤粉粒度又不很均匀，较大颗粒的煤粉主要在管底流动。这种现象称为底密悬浮流动。

浓相输送的优点是：单位气体载运的煤粉量大，或者说输送单位煤粉消耗的气体量小，煤粉在管道内的流速低，对管道及设备的磨损小，可以节省能源，提高煤粉喷吹量；其缺点是：设备复杂，价格较高，对煤粉质量的要求严格，需用输送介质的压力也比较高。

复习思考题

5-1　煤粉制备的任务是什么？
5-2　简述筒式球磨机的结构和工作原理。
5-3　中速磨煤机分为哪几种类型？
5-4　常用的给煤机分为哪几种类型？
5-5　制粉系统正常运行的标志是什么？
5-6　E 型磨的工作原理及优点有哪些？
5-7　气箱式脉冲布袋收粉器的工作原理及特点是什么？
5-8　高炉喷煤工艺分为哪几种？
5-9　串罐式喷吹的结构是怎样的，有什么特点？
5-10　并罐式喷吹的结构是怎样的，有什么特点？
5-11　什么叫单管路喷吹，有什么特点？
5-12　什么叫多管路喷吹，有什么特点？
5-13　煤粉喷吹系统的主要设备有哪些，各有什么作用？
5-14　试述煤粉混合器的作用及工作原理？
5-15　喷煤枪有哪几种，各有什么特点？
5-16　高炉喷煤正常工作的标志是什么？
5-17　喷吹烟煤的安全措施有哪些？
5-18　高炉喷煤技术进步表现在哪些方面？

6 高炉本体及炉内基本过程

6.1 高炉本体设备

6.1.1 高炉炉型

在设计高炉之前，首先要考虑高炉车间的生产能力，确定高炉所需要的座数和高炉有效容积。

高炉车间的生产能力是根据本钢铁企业中炼钢车间对炼钢生铁的需求及本地区对铸造生铁的产量和质量的需求而定。同时也应考虑到与高炉车间相配合的原料、燃料资源情况以及采矿、选矿、造块的生产能力相适应，充分发挥资源优势，适应市场经济。一般建厂时多采用分阶段建设的办法，以便能够尽快形成生产能力。

高炉座数的确定可从两个方面考虑。如果从投资、生产效率、经营管理等方面考虑，座数少些为好:如果从供应炼钢车间铁水及轧钢、烧结等用户所需的高炉煤气来看，则座数宜多一些，以保证在有一座高炉停产检修时，铁水和煤气的供应不会中断，故一般高炉座数选 2 ~4 座为宜。还要考虑企业的发展和远景规划。此外，希望高炉有效容积尽可能相同和相近，以便于设备及备品备件的准备加工及生产管理。

高炉有效容积的确定可用下式计算：

$$\text{高炉车间生铁年产量} = \text{高炉座数} \times \text{年平均工作日} \times \text{高炉有效容积利用系数} \times \text{高炉有效容积}$$

确定生铁年产量时，应考虑到 1 t 钢锭（或钢坯）要消耗钢水 1.015 ~1.02 t，冶炼 1 t 钢水消耗铁水 1.05 ~1.1 t（根据设计任务书确定）。式中的年平均工作日是年日历天数（365天）扣除高炉一代大修、中修、小修的时间后所得的每年实际生产天数。我国采用的年平均工作日为 355 天。

高炉有效容积利用系数，通常是根据同类型高炉冶炼条件下的实际生产指标，经过比较确定的。焦比、冶炼强度也是根据生产经验和比较选定的（见表 6-1）。

表 6-1　高炉有效容积、利用系数、焦比、冶炼强度参考数据

有效容积 V_u/m^3	100% 自熔性烧结矿			50% 自熔性烧结矿			100% 天然矿		
	利用系数 η_V /t·(m³·d)$^{-1}$	焦比 K /t·t^{-1}	冶炼强度 I /t·(m³·d)$^{-1}$	利用系数 η_V /t·(m³·d)$^{-1}$	焦比 K /t·t^{-1}	冶炼强度 I /t·(m³·d)$^{-1}$	利用系数 η /t·(m³·d)$^{-1}$	焦比 K /t·t^{-1}	冶炼强度 I /t·(m³·d)$^{-1}$
100	1.8 ~2.2	0.65 ~0.75	1.2 ~1.4	1.5 ~1.8	0.75 ~0.85	1.1 ~1.3	1.3 ~1.5	0.85 ~0.95	1.1 ~1.3
250	1.8 ~2.2	0.6 ~0.7	1.15 ~1.35	1.5 ~1.8	0.7 ~0.8	1.05 ~1.25	1.3 ~1.5	0.75 ~0.9	1.05 ~1.25
620	1.8 ~2.2	0.55 ~0.7	1.1 ~1.3	1.5 ~1.8	0.7 ~0.8	1.0 ~1.2	1.3 ~1.5	0.70 ~0.85	1.0 ~1.2
1000 ~2000	1.8 ~2.2	0.5 ~0.65	1.0 ~1.2	1.5 ~1.8	0.65 ~0.75	0.9 ~1.1	1.3 ~1.6	0.7 ~0.8	0.9 ~1.1
>2000	>2.0	0.4 ~0.55							

高炉内部工作空间剖面的形状称为高炉炉型或高炉内型。现代高炉由炉喉、炉身、炉腰、炉腹和炉缸五部分组成(见图 6-1)。

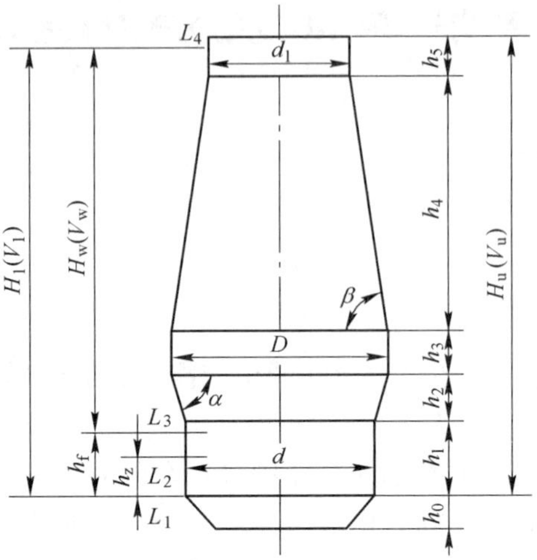

图 6-1　高炉炉型尺寸表示法

d—炉缸直径,mm;D—炉腰直径,mm;d_1—炉喉直径,mm;h_f—铁口中心线至风口中心线距离,mm;h_z—铁口中心线至渣口中心线距离,mm;V_1—高炉内容积,m^3;V_w—高炉工作容积,m^3;V_u—高炉有效容积,m^3;H_u—高炉有效高度,mm;h_1—炉缸高度,mm;h_2—炉腹高度,mm;h_3—炉腰高度,mm;h_4—炉身高度,mm;h_5—炉喉高度,mm;h_0—死铁层高度,mm;α—炉腹角,(°);β—炉身角,°;L_1—铁口中心线;L_2—渣口中心线;L_3—风口中心线;L_4—大钟下降位置底面以下 1000 mm(日)或 915 mm(美)的水平面

6.1.1.1　有效高度和有效容积

我国高炉料线零位是指大钟开启位置下缘线的标高,或无料钟炉顶旋转溜槽垂直状态下端的标高。从料线零位到炉内料面的距离称做料线。料线零位至铁口中心线之间的高度称为高炉的有效高度,在有效高度内的空间容积称为高炉的有效容积,亦指炉缸、炉腹、炉腰、炉身和炉喉五部分容积之和。高炉的有效容积表示高炉的大小,在我国有 13 m^3、28 m^3、55 m^3 和 100 m^3 以下的小型高炉,有 150 m^3、300 m^3、620 m^3 和 1000 m^3 以下的中型高炉,还有 1200 m^3、1500 m^3、2000 m^3、3000 m^3 以上的大型高炉。在我国,小型高炉过去曾发挥过很好的作用,现在根据资源配置、环保及综合效益等要求,不再建设小型高炉,已有的也已关、停。目前我国最大的高炉为首钢京唐钢铁公司的 5500 m^3 高炉。

6.1.1.2　炉型各部分的作用及尺寸确定

确定了高炉有效容积之后,便可进行炉型设计。炉型设计是根据同类型高炉的生产实践,进行分析和比较来确定的。所设计的炉型应接近于操作炉型,即高炉开炉一段时间以后的炉型。

A　有效高度

高炉的有效高度决定着煤气热能和化学能的利用,也影响着顺行。增加有效高度能延长煤气与炉料的接触时间,有利于传热与还原,使煤气能量得到充分利用,从而有利于降低焦比。但有效高度过高,煤气流通过料柱的阻力增大,不利于顺行。所以,实际确定高炉有效高度时,首先应考虑原燃料质量,其次是炉容和鼓风机性能。一般大中型高炉高度25 ~ 32 m,其关系式为:

$$V_u = K \cdot H_u \cdot d^2 \tag{6-1}$$

式中 V_u——高炉有效容积,m^3;

H_u——有效高度,m;

d——炉缸直径,m;

K——系数,参考数据如下:

V_u/m^3:	100	200	300	600	1000	1500	2000
K:	0.90	0.91	0.87	0.79	0.76	0.115	0.70

有效高度也可用下述统计公式计算:

对于大型高炉:

$$H_u = 6.44V_u^{0.2} \tag{6-2}$$

对于620 m^3 以下的中小型高炉:

$$H_u = 4.05V_u^{0.265} \tag{6-3}$$

高炉的有效高度随着高炉的有效容积增大而增高,但不呈正比关系。由于近年来高炉向大型化发展,有效容积的增长率比有效高度的增长率快得多,即高炉向着大型化、矮胖型发展。为了反映和掌握高炉的细长和矮胖程度,常用 H_u/D 的比值来校核(D 为炉腰直径)。H_u/D 与高炉的有效容积有关,对于小型高炉 $H_u/D = 3.5 \sim 4.2$,中型高炉 2.9 ~ 3.5,大型高炉 2.5 ~ 3.1,2000 m^3 以上高炉 2.0 ~ 2.6。

B 炉缸

炉缸位于高炉下部,呈圆筒形。铁口、渣口和风口都布置在炉缸部位。炉缸直径在很大程度上影响高炉冶炼的强化程度。增大高炉炉缸直径,有利于高炉在单位时间内燃烧较多的燃料,获得较高的产量。如果炉缸直径过大,将导致炉腹角 α 过大,易造成边缘煤气流过分发展和中心堆积不利于操作;如果炉缸直径过小,则不利炉料下降。炉缸直径 d 决定了炉缸截面积 A,而炉缸截面积与燃烧焦炭量成正比。这个比例系数称为燃烧强度,是指每小时每平方米炉缸截面积所燃烧焦炭的吨数,记为 i_r,一般为 1.0 ~ 1.3 t/(m^2 · h),大高炉选上限,甚至可达 1.4 t/(m^2 · h),但目前原料条件下,最大不得超过 1.5 ~ 1.6 t/(m^2 · h);小高炉则用下限。另外,燃烧强度还与风机能力和原燃料条件有关,所以,选择好燃烧强度是确定合理炉缸直径的关键。

炉缸直径的计算公式:

$$24 \cdot i_r \cdot \pi \cdot d^2/4 = I \cdot V_u \tag{6-4}$$

式中 i_r——燃烧强度,t/(m^2 · h);

I——冶炼强度,t/(m^3 · d);

d——炉缸直径,m;

V_u——高炉有效容积,m^3。

炉缸直径确定的是否合适,可以由 V_u/A 比值来校核。根据炉容大小,合适的 V_u/A 比值为:大型高炉 22 ~ 28,中型高炉 15 ~ 22。

炉缸高度设计分为三段考虑,一般先求渣口高度(h_z),然后再求风口高度(h_f),最后求出炉缸高度(h_1)。

(1) 渣口高度(h_z)。铁口中心线到渣口中心线的距离称为渣口高度。它取决于原料条件,渣量大小,放渣次数,这段容积能存放一次的出铁量,还应保证容纳由于种种原因而导致出铁时间延误所生成的铁量,一般出铁量波动系数取 1.2,此外还应容纳下渣量。渣口高度过大从铁口出来的下渣量过大而对铁口维护不利;反之,渣口高度过低,通常会因渣中带铁而烧坏渣口。如果已知渣铁比 Q(t/t),可用下式计算渣口高度:

$$h_z = P \cdot b(1/\gamma_t + Q \cdot m/\gamma_z)/(A \cdot N) \tag{6-5}$$

式中　P——生铁产量,t/d;

b——生铁波动系数,一般取 1.2;

A——炉缸截面积,m^2;

N——每昼夜出铁次数;

γ_t, γ_z——铁水、渣重度,分别取 7.1 t/m^3 和 1.4 ~ 1.8 t/m^3;

m——下渣率,常取 0.3。

如若不知渣铁比,可用下式计算:

$$h_z = P \cdot b/(A \cdot N \cdot \gamma_t \cdot f) \tag{6-6}$$

式中　f——渣口以下炉缸容积利用系数,多采用 0.55 ~ 0.60,渣量和炉容大,则选低值;

其余符号意义同前。

(2) 风口高度(h_f)。铁口中心线到风口中心线的距离称为风口高度。设计时常用渣口高度同风口与渣口中心线高度差之和来确定:

$$h_f = h_z + a \tag{6-7}$$

式中　a——风口与渣口中心线高度差,一般大型高炉 a = 1.25 ~ 1.45 m,中型高炉 a = 1.0 ~ 1.25 m,小型高炉 a = 0.4 ~ 0.8 m。

(3) 炉缸高度(h_1)。炉缸高度为风口高度加上安装风口的结构尺寸,即风口中心线到炉腹下缘的距离:

$$h_1 = h_f + b \tag{6-8}$$

式中　b——安装风口的结构尺寸,大中型高炉 b = 0.35 ~ 0.5 m,小型高炉 b < 0.35 m。

(4) 死铁层高度(h_0)。铁口中心线到炉底砌砖表面之间的距离为死铁层高度。即铁口中心线高于炉底表面,在炉底表面保留一铁水层,起到隔离炉渣以及煤气与炉底的接触,防止和减轻对炉底的侵蚀和冲刷的作用,并有利于炉底温度均匀稳定,从而延长炉底寿命。h_0 一般按统计数据选取,小型高炉 0.15 ~ 0.3 m,中型高炉 0.4 ~ 0.8 m,1000 m^3 以上高炉为 1.0 m 左右,个别高炉达 1.5 m,巨型高炉 1.5 ~ 2.5 m。

(5) 渣口数目。渣口数目根据高炉有效容积和原料条件确定。一般小型高炉设一个渣口,渣量较大且只有一个铁口的大中型高炉,宜设两个渣口。渣口高度可以相同,也可以彼此相差 100 ~ 200 mm。铁口数目多、原料条件好、渣铁比低的高炉,可以不设渣口。

(6) 铁口数目。铁口数目随着高炉出铁量和出铁次数的增加而增加,特别是高炉强化冶炼之后,高炉有效容积利用系数提高,出铁次数增加。所以大型高炉可设 2 ~ 4 个铁口,各个铁口轮换出铁,可有效地保证准时出铁和安全出铁;一般中小型高炉设一个铁口。

(7) 风口数目。炉缸上的风口数目影响整个炉缸断面上的活跃程度。风口数目(N)主要取决于相邻两风口中心线之间的弧长(S),最小的 S 值应能满足结构上的要求,即满足更换风口、承受一定载荷及安装必须的冷却设施：

$$N = \pi \cdot d/S \tag{6-9}$$

式中 d——炉缸直径，m；

S——相邻两风口中心线之间的弧长，一般 1.0 ~ 1.5 m，常用 1.1 ~ 1.3 m；高炉有效容积大者宜取小值。

风口数目一般为支柱数目的整数倍，一般为偶数。

C 炉腹

炉腹呈倒圆台形，它的形状适应了矿石还原、熔化、成渣、成铁体积收缩的特点，同时又使风口前高温区所产生的高温煤气流远离炉墙，既不致烧坏风口上面的炉衬，又有利于渣皮的稳定，也有利于炉内煤气流的合理分布与高炉顺行。

(1) 炉腹高度(h_2)。炉腹高度过高会使未熔化的炉料进入体积逐渐缩小的炉腹区，易悬料；过低的炉腹高度又会使炉墙受到煤气的冲刷，并引起边缘煤气流过分发展。现代大中型高炉炉腹高度一般为 2.8 ~ 3.6 m，小型高炉 1.5 ~ 2.5 m。

(2) 炉腹角(α)。炉腹角一般为 80° ~ 82°，炉腹角过小不利于炉料下降，影响顺行；炉腹角过大不利于煤气流分布，容易使边缘煤气流过分发展，同时不利于产生稳定的渣皮保护炉衬。

(3) 炉腹角(α)与炉腹高度(h_2)的关系。设计时当选定炉腹角后，可用下式计算出炉腹高度：

$$\tan\alpha = 2h_2/(D - d) \tag{6-10}$$

D 炉腰

炉腰位于炉腹和炉身之间，呈圆柱形，是炉腹和炉身之间的过渡段。炉腰直径(D)是高炉炉型中直径最大的部分，为改善初成渣使炉料透气性恶化的情况，所以适当扩大炉腰直径，从结构上看为顺行创造了良好基础。但过分扩大炉腰直径 D，则会导致边缘煤气流难以控制。

炉腰直径可由 D/d 确定，一般大型高炉为 1.10 ~ 1.15，中型高炉为 1.15 ~ 1.25，小型高炉为 1.25 ~ 1.50。

炉腰高度(h_3)对高炉冶炼过程影响并不明显，设计时参照同类型高炉的数据选取，一般大型高炉为 2.0 ~ 3.0 m，中型高炉为 1.0 ~ 1.8 m，小型高炉小于 1.0 m。炉腰高度常用来调整高炉有效容积，所以计算时，当其他各段直径和高度确定后，可以用各段容积之和应等于高炉有效容积的关系式求出炉腰高度。

E 炉身

炉身是由自上而下截面逐渐扩大的正圆台形空间构成。它适应炉料由上而下逐渐加热后体积膨胀，煤气由下而上(将热量传给炉料后，本身温度逐渐降低)体积收缩的规律。由此可见，炉身尺寸既影响炉料顺行又影响煤气流的合理分布与利用。设计时主要确定炉身角(β)和炉身高度(h_4)。

炉身角小，会使靠近炉墙处的料柱松动，沿炉墙形成一个透气性好的环带，一方面减小炉料与炉墙的摩擦力，另一方面又适当发展边缘煤气流，有利于高炉顺行；炉身角过小，会使边缘煤气流过分发展，煤气与炉料接触不好，下料速度过快，不能很好地利用煤气的热能和化学能；反之，炉身角过大，虽有利于控制边缘煤气流，但不利于炉料下降，会影响高炉顺行。

目前巨型高炉炉身角减小到81°30′左右,大型高炉为82°～85°,中小型高炉为84°～85°。

炉身高度(h_4)是炉型各段中最高的一段,当 d_1、D 和 β 确定后,炉身高度即已确定。按经验,h_4 为 H_u 的55%～65%,炉身高度(h_4)可由下式计算:

$$\tan\beta = 2h_4/(D-d_1) \tag{6-11}$$

F　炉喉

炉喉为圆柱形空间,炉料和煤气由此进出,所以它影响到布料和煤气分布。一定的炉喉高度可保证收拢煤气和满足布料,但炉喉高度过高会使炉料压紧而影响下料;过低不利于改变装料制度以调节煤气分布。炉喉高度(h_5)一般参照同类型高炉数据选取,大型高炉为2.0～2.5 m,中型高炉为1.5～2.0 m,小型高炉为0.6～1.5 m。

合适的炉喉直径(d_1),一定要与炉腰直径、炉身角相配合,而且要有合适的炉喉间隙$(d_1-d_0)/2$。炉身角大,炉喉间隙小炉料堆尖紧靠炉墙,对发展边缘煤气流不利,阻碍顺行;反之亦然。对大型高炉有时使用可调炉喉。炉喉直径可用 d_1/D 的比值确定,大中型高炉 d_1/D 为0.65～0.70,300 m^3 以下的高炉取0.70～0.75为宜。

G　炉喉间隙(δ)

大钟直径(d_0)可按炉喉直径与大钟间隙来确定:

$$\delta = (d_1 - d_0)/2 \tag{6-12}$$

式中　δ——炉喉与大钟间隙,m;

d_1——炉喉直径,m;

d_0——大钟直径,m。

不同有效容积的炉喉间隙见表6-2;不同炉容炉型设计的主要参数见表6-3。

表6-2　不同有效容积的炉喉间隙

有效容积/m^3	55	100	250	620	1000	1500	2000
炉喉间隙/mm	500	550	600	700	800	900	950～1000

表6-3　高炉炉型设计的主要参数

炉容/m^3	100～300	600～1000	1000～2000	2000～4000	约7400
V_u/A	15～18	22～25	22～26	26～28	28～30
H_u/D	3.5～4.2	2.9～3.2	2.7～3.1	2.2～2.5	2.2～2.9
D/d	1.15～1.25	1.15～1.25	1.1～1.15	1.07～1.10	1.07～1.09
d_1/D	0.70～0.75	0.65～0.70	0.65～0.70	0.65～0.69	0.65～0.67
h_0/m	0.3～0.45	0.45～0.75	0.75～1.0	1.0～1.5	1.5～2.5
K	0.90～0.87	0.79～0.76	0.76～0.70	0.70～0.68	0.70～0.68
β	84°～85°	84°～85°	83°～85°	82°～85°	81°～82°
α	80°～82°	80°～82°	80°～82°	80°～82°	81°～82°

6.1.1.3　现代高炉炉型的特点

现代化的高炉有较高的机械化与自动化水平,在操作方面以精料为基础,强化冶炼为手段,适应大风量、高风温、大喷吹量。现代高炉炉型的发展趋势应能满足和适应上述发展方向和要求:

(1) H_u/D 比值减小。20世纪50年代的大中型高炉的 H_u/D 比值为3.5～4.0,小型高炉3.9~4.5;到70年代以后,大型高炉为2.5~2.9,中型高炉为3.0左右,小型高炉为3.5~4.2,巨型高炉为1.9~2.5。

近年来,随着高炉的大型化,高炉高度变化很小,主要是横向发展,出现了矮胖型高炉。有些高炉大修时为了扩容或是为了进一步强化,主要是减小了H_u/D比值,扩大了炉腰直径,有的还降低了有效高度,取得了提高利用系数的良好效果。在煤气的热能和化学能的利用方面,已有精料、喷吹、富氧、高风温、高压操作等技术相应发展,大大改善了炉内还原和热交换过程。实践表明,炉料在炉内的停留时间只与冶炼强度和焦比有关,而高炉高度大,只会使炉料通过的时间长,增加与煤气接触的机会,但不会增加接触时间。所以上述措施都为相对降低有效高度提供了条件。但H_u/D比值过小,将导致煤气与炉料接触时间过短和煤气分布恶化,还易造成"管道行程",使煤气能量利用率降低,燃料比升高。对小高炉而言,有效高度和炉缸截面积本来就小,煤气能量利用率低,焦比高,如果人为地降低有效高度,所带来的不利影响将比大高炉更为严重。

(2) V_u/A比值减小,即相对而言使用了大炉缸。扩大炉缸直径辅以多风口来配合,风口数目多能减小炉缸"死区",使各个风口的燃烧带连成完整的圆环,煤气流在炉缸内分布更趋均匀合理,促进料面均匀下降,也有利于喷吹燃料。

(3) 炉身角β值减小。高炉大型化之后,炉身角和炉腹角趋于接近。这是由于大型和巨型高炉的炉喉直径和大钟直径增加,炉料分布到炉墙附近较多,高炉越大,炉料横向膨胀也就越厉害。为了保证有适当的边缘煤气流,而且防止炉料受热膨胀引起拱料,所以必须采用较小的炉身角。对于中小型高炉而言,出于对高炉强化冶炼和顺行的考虑,也应适当缩小炉身角。

(4) 炉腰、炉缸直径之比,炉喉、炉腰直径之比减小。这些比值的减小、也是与前边所述特点变化相适应,使炉型尺寸的比例关系更趋合理。

值得注意的是,小高炉的具体比值和角度也有其特殊性,主要是料柱矮,焦比大,所以料柱透气性好,成渣带对料柱透气性影响也小,故炉型比大高炉更接近直筒形,即炉身角可大些,H_u/D值也相对大些。其次,燃烧带易伸向炉子中心,炉缸工作面活跃而均匀,可以扩大炉缸直径而保证中心煤气流不过分发展,故V_u/A比值相对小些。

6.1.2 高炉炉衬

6.1.2.1 高炉炉衬工作条件及破损机理

炉体结构系指炉壳、冷却器和高炉炉衬三部分组成的整体。

高炉炉衬的作用在于构成高炉的工作空间,直接抵抗冶炼过程中机械、热和化学的侵蚀,减少热损失,并保护炉壳和其他金属结构免受热和化学的侵蚀作用。

炉壳起密封渣、铁和煤气的作用,并兼具一定建筑结构的功能。

冷却器用来保护炉衬、炉壳,其布置轮廓在很大程度上决定着高炉操作炉型。

显然,炉壳、冷却器和炉衬三者密切联系,相互影响。实践表明,三者中任一个有损坏,都有可能导致炉墙的全面损坏。

A 炉衬的工作条件

影响高炉寿命的因素很多,当冶炼制度和冷却条件等因素相对稳定时,高炉炉衬的寿命是决定高炉需要大修或中修的一个主要依据，高炉内衬的破损程度是影响高炉寿命的根本因素。图 6-2 示出了不同冷却结构的炉衬破损情况。

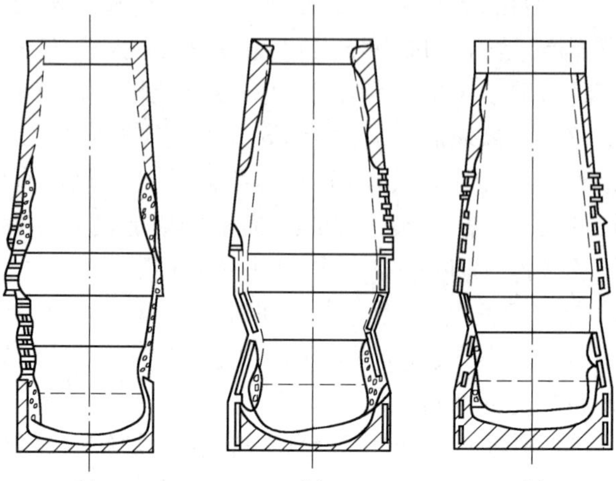

图 6-2　高炉内衬破损实例

(a)采用冷却板的炉缸；(b)，(c)采用冷却壁的炉缸

高炉不同部位冶炼进程各不相同，各部位炉衬所处的工作环境不同，因而炉衬各部位被侵蚀破坏的因素也不同。概括起来主要有以下几个方面：

(1) 热力作用。温度升高，耐火材料可能发生膨胀，个别情况下也会因晶体组织改变而产生体积收缩。温度波动超过一定限度，将因热冲击（即热震）引起耐火砖的破裂。温度高，也会引起耐火砖软化甚至熔化。

(2) 化学作用。主要是碱金属及其化合物对炉衬的化学侵蚀，高温下液态渣铁的化学侵蚀，锌和氟的破坏以及适宜温度下发生炭素沉积等的破坏作用。

(3) 物理作用。主要是指装料时炉料对炉衬的冲击，炉料下降时对内衬的摩擦以及高温含尘煤气流和高温液态渣铁的机械冲刷，渗入砖缝的液态物质对砖的浮力、静压力，高压煤气的压力等作用。

(4) 操作因素。因操作不当，给炉衬带来损坏。

此外，高炉炉衬的材质质量、砌筑质量、炉型构造、烘炉质量等因素也能够影响炉衬寿命。

上述起破坏作用的各种因素，随高炉的部位、使用的内衬材料不同，其主要破坏作用的因素也不同。一般来说，一切热的、化学的、压力的作用都只是炉衬损坏的基本条件，而冲刷、摩擦和渗入等动力因素，则是直接或迅速造成炉衬损坏的主要原因。

B　高炉各部位炉衬的破损机理

(1) 炉底。炉底工作条件极其恶劣，其耐久性是一代高炉寿命的决定性因素。高炉炉底长期处于高温和高压条件下，根据高炉停炉后炉底破损状况和生产中炉底温度检查表明，其破损的主要原因是机械冲刷和化学侵蚀，可分为两个阶段：第一阶段是开炉初期铁水渗入将砖漂浮而成平地锅形深坑，第二阶段是熔融层形成后的化学侵蚀。

在开炉初期，一方面炉底砖砌体存在着砖缝和裂缝，另一方面由于炉底砖承受着液态渣铁、煤气压力、料柱重力，因此，铁水在高压下渗入砖缝，缓慢冷却，于1150℃凝固。在冷凝过程中析出石墨碳，体积膨胀，又扩大了砖缝。如此互为因果，铁水可渗入很深。由于铁水密度大大高于砖砌体密度，所以，在铁水静压力作用下，炉底砖砌体会漂浮起来。

当炉底侵蚀到一定程度之后，渣铁水的侵蚀逐渐减弱，坑底下的砖砌体在长期的高温和高压作用下，部分软化重新结晶，形成一熔结层。渗铁后，砖砌体导热性变好，增强了散热能力，从而使铁水凝固的等温线上移。由于熔结层中砖砌体之间已烧结成为一个整体，坑底面的铁水温度亦较低，所以熔结层能抵抗铁水渗入，砖缝已不再是薄弱环节。此时炉底侵蚀主要原因转化为铁水中的碳将砖中的二氧化硅还原成硅，并被铁所吸收：

$$SiO_{2砖} + 2[C] + [Fe] = [FeSi] + 2CO$$

从炉基温度后期上升十分缓慢来看，这种化学侵蚀是很慢的。此外，有些高炉的综合炉底周边的炭砖与中心的高铝砖咬砌，而高铝砖的膨胀率比碳砖高，易使炭砖被高铝砖顶起，炭砖上下层之间的缝隙加宽，铁水渗入。

(2) 炉缸。炉缸下部是贮存液态渣铁的地方，其工作条件与炉底上部相近。液态渣铁周期性地聚集和排出，高温煤气流等对炉衬砖砌体的冲刷是主要的破坏因素。特别是渣口、铁口附近的砖衬经常有液态渣铁流过，侵蚀更为严重。另外，由于高炉炉渣偏于碱性而炉衬常用的耐火砖偏于酸性，故在高温情况下发生化学性渣化，对炉缸炉衬也是一个重要的破坏因素。

炉缸上部的风口带，是整个高炉的最高温度区域，温度可达1800～2000℃。当提高风温或富氧鼓风时，温度会更高。因此长期的高温作用是这个部位耐火砖砌体破坏的主要因素。

(3) 炉腹。炉腹位于风口之上，这部分的炉衬不仅承受高温以及温度波动引起的热冲击，而且还要承受由上部落入炉缸的渣铁水和高速向上运动的高温煤气流的冲刷、化学侵蚀及氧化作用，以及炉料料柱的压力、摩擦力，坐料和崩料时的巨大冲击力。所以，实际上开炉几个月之后，此部位的炉衬即被侵蚀掉，仅靠在冷却壁上通过冷凝作用，形成的一层熔铁、焦炭和渣的混合物（即渣皮保护层）代替炉衬工作。炉腹渣皮保护层的厚度多在几十到一百毫米范围内波动。

(4) 炉腰。炉腰紧靠炉腹，与炉腹的侵蚀情况类似。该处含有大量FeO和MnO的初渣生成，所以炉渣的侵蚀作用更为严重。从炉型上看，炉腰上下部都有折角，所以气流冲刷作用比其他部位更强，当边缘气流过分发展和原料粉末多时，破坏作用更大。

(5) 炉身。由于炉身高度比较大，炉身上下部炉衬的破坏因素也不相同。炉身上部炉衬主要承受炉料打击和带有棱角的炉料下降时的摩擦作用，以及夹带着大量炉尘的高速煤气流的冲刷作用；炉身下部除了承受炉料和煤气的摩擦和冲刷作用之外，还要承受初渣侵蚀、炭素沉积以及用特种矿石冶炼时产生的特殊的化学侵蚀作用。

炭素沉积是炉身部位炉衬破损的重要因素。炭素沉积反应（$2CO = CO_2 + C\downarrow$）在400～700℃之间进行最快，而整个炉身炉衬正好都处于这一温度范围。在砖缝中发生碳素沉积，体积膨胀，从而破坏炉身部位的炉衬。游离铁的存在能够加速碳素沉积反应的进行。

在使用特种矿石冶炼时，如含有锌、氟、钾、钠等元素，还有特殊的化学侵蚀作用，钾盐、钠盐能与耐火材料生成低熔点化合物，碱金属的氯化物能与铁、铝、钙等作用，使炉衬侵蚀成蜂窝状。

(6) 炉喉。炉喉主要承受炉料频繁撞击和高温含尘煤气流的冲刷作用。为维持其圆筒形状不被破坏,控制炉料和煤气流合理分布,维持高炉正常生产,所以要用金属做成炉喉保护板,即炉喉钢砖。

6.1.2.2　高炉用耐火材料

A　对耐火材料的质量要求

根据高炉炉衬工作条件和破损机理分析可知,高炉炉衬用耐火材料的性质是影响高炉寿命的重要因素之一。为延长高炉炉龄,对高炉炉衬用耐火材料提出如下要求:

(1) 要求耐火度要高,高温下的结构强度要大,高温下的体积稳定性要好,以抵抗高温和高压条件下破坏作用。

(2) 组织致密,体积密度大,气孔率小,特别是显气孔率要小,并没有裂纹,以抵抗煤气的渗入和熔渣的化学侵蚀。

(3) Fe_2O_3 含量低,以防止与 CO 在炉衬内作用,降低砖的耐火性能和在砖的表面上形成黑点、熔洞、熔疤、鼓胀等外观和尺寸的缺陷。

(4) 良好的化学稳定性,以提高抵抗炉渣化学侵蚀的能力。

(5) 机械强度高,具有良好的耐磨性和抗冲击能力。

(6) 外形尺寸准确,以确保施工质量。

B　高炉用耐火材料

高炉常用的耐火材料主要有陶瓷质耐火材料(包括黏土砖、高铝砖、耐热混凝土以及近几年使用的硅线石砖、合成莫来石、烧成刚玉、不定形耐火材料等)及碳质耐火材料(包括炭砖、炭素捣制料、石墨砖以及新型炭质材料,如自结合与氮结合的碳化硅砖、氮化硅砖、铝炭砖)两大类。

a　黏土砖

黏土砖是高炉上应用最广的耐火砖,具有良好的物理机械性能,化学成分与炉渣接近,不易与炉渣起化学反应,不易被磨损腐蚀,成本较低。表 6-4 列出了高炉用黏土质耐火制品的理化性质,CN－41 和 CN－42 用于容积大于 100 m^3 高炉,CN－42 耐火性能高,主要用于高炉下部,CN－41 有较好的机械性能,适用于高炉上部。

表 6-4　高炉用黏土质耐火砖的理化指标

指　标		黏土砖		
		XGN-38	GX-41	GN-42
Al_2O_3 含量/%	(≥)	38	41	42
Fe_2O_3 含量/%	(≤)	2.0	1.8	1.8
耐火度/℃	(≥)	1700	1730	1730
0.2 MPa 荷重软化开始温度/℃	(≥)	1370	1380	1400
残余线变化率(1400℃,3 h)/%	(≤)	0.3	0.3	0.2
显孔隙率/%		20	18	18
常温耐压强度/MPa	(≥)	30	55	40

高炉砌体用黏土砖的外形质量也非常重要,特别是高炉中下部精细砌筑部位要求更为严格。高炉黏土耐火制品按尺寸允许偏差及外形分级规定见表 6-5。

表 6-5 高炉黏土耐火制品尺寸允许偏差及外形分组

项目	单位	一级	二级
长度	%	±1.0	±1.5
炉底砖长度	mm	±2	±3
宽度	%	±2	±2
厚度	mm	±1	±2
扭曲:炉底砖 不大于	mm	1	1
扭曲:其他部分 不大于	mm	1.5	2
缺角:深度 不大于	mm	3	5
缺棱:深度 不大于	mm	3	5
熔洞:直径 不大于	mm	3	5
渣蚀		不准有	不准有
裂纹:宽度≤0.25 mm	mm	不限制	不限制
裂纹:宽度 0.26~0.50 mm	mm	15	15
裂纹:宽度≥0.50 mm	mm	不准有	不准有

b 高铝砖

高铝砖成分含 Al_2O_3 48%以上,其理化性能优于黏土砖,故多用于风口带、铁口区及炉腹至炉身下部,也有用于炉底上部,防止炭砖上浮。其不足之处是热稳定性差,另外,由于其耐磨性好(这是优点),所以加工费用较高。

近年来,为延长炉衬寿命,新型耐火材料在高炉上得到广泛应用。在炉身下部到炉腹区使用超高氧化铝耐火材料。表 6-6 列出了超高氧化铝耐火砖主要特性。纯 Al_2O_3 的熔点约为 2030℃,在高温下是稳定的。此特性有利于改善炉衬抗渣和熔融铁水侵蚀的能力,提高抗震能力,并几乎消除了 CO 的破坏作用。但当高温并有碱金属存在时,Al_2O_3 有从 α-Al_2O_3 向 β-Al_2O_3 转变的问题,此时伴有体积变化,从而导致砌体破裂。

最早取得进展的是用莫来石结合含 Al_2O_3 87% ~92% 的高铝砖。莫来石的加入,使 α-Al_2O_3 向 β-Al_2O_3 转变的问题大大减小。后来用 Al_2O_3-Cr_2O_3 作结合物,耐火砖中 SiO_2 降低到小于 0.5%,使碱金属蒸气对优质高铝砖的破坏作用降低到最低程度,抗渣冲刷和抗腐蚀性能进一步提高。

用莫来石结合的高铝砖使用效果很好。用 Cr_2O_3 结合的高铝砖,其使用效果尚待在生产实践中进一步考验。

表 6-6 超高氧化铝耐火砖主要特性

项目	莫来石结合烧成高铝砖		Al_2O_3 结合烧成高铝砖	Cr_2O_3 结合烧成高铝砖	熔铸高铝砖
Al_2O_3/%	88	94	99	92	91.8
Fe_2O_3/%	<0.5	<0.5	<0.5	<0.5	<0.5
Cr_2O_3/%				7.5	
熔化物/%	<2.5	<1.5	<0.5	<0.5	
密度/$g \cdot cm^{-3}$	3.00	3.20	3.15~3.20	3.25	3.34
显孔隙率/%	15	13.5	13~16	16~19	6.5
冷压强度/MPa	>100		>100	>100	>100
450℃时,抗 CO 分解度	完全不分解		完全不分解	完全不分解	完全不分解
重烧线收缩率稳定程度(1600℃,2 h)	稳定		稳定	稳定	稳定

c　炭质耐火材料

炭质耐火材料是高炉炉衬较为理想的耐火材料，发展也快。它不仅有效地用于炉缸和炉底，也成功地应用于炉腹，还有向高炉上部使用的趋势。炭质耐火材料具有很多优点，唯一缺点是对氧化作用敏感，所以使用炭砖时，对暴露出来的部分都要砌保护层。

我国和一些国家使用的炭砖理化性能列于表6-7。

表6-7　炭砖的理化性能

性能	原料类别	固定碳/%	导热系数/kJ·(m·h·℃)$^{-1}$	体积密度/t·m^{-3}	真密度/t·m^{-3}	全孔隙率/%	耐压强度	灰分/%	挥发分/%
中国	无烟煤 焦炭	≥92		≥1.5		显孔隙率 ≤23	≥30	<8	
美国	无烟煤	91.5	15.48	1.62 1.54	2.02 2.07	20.3 21.7	21.6 14	7.1 6.7	
德国	无烟煤 无烟煤 石　墨		12.55 15.06 355.64	1.53 1.58 1.56	1.88 1.84 2.2	18.6 15 29.5	35 42.5 17.5	8 8 0.2	
俄罗斯			25.10 25.10	1.6		显孔隙率 17.5 17.5	22.5 27.5	2.7 2.7	
英国			418.4 355.64		2.2	19.5 29.5	27.5 17.5	0.5 0.2	
日本	无烟煤 (G-11) 无烟煤 (BC-5)	≥90	400℃时50.21	≥1.5 1.5	≥1.9 ≥1.92	≤20 <18	≥35 ≥42	≤8 <4	≤1.0

近几年，国内外在提高炭砖质量上均做了大量工作，主要是提高炭砖的导热性能和抗碱、抗 CO_2 性能。研制的主要方向是加入 Si、SiC、Al_2O_3 等添加剂，同时改进生产工艺，制作成微孔炭砖，性能见表6-8。

表6-8　加不同添加剂的炭砖性能

项　目	固定碳/%	灰分/%	总孔隙度/%	抗压强度/MPa	气孔径/μm	热导率/kJ·(m·h·℃)$^{-1}$	抗碱金属性能	铁渗透系数
普通炭砖	95.5	3.5	17.8	430	4.0	41.9	侵蚀低	100
加 Al_2O_3	91.0	8.1	17.2	424	3.5	41.9	侵蚀低	80
加 Al_2O_3 和金属硅	82	17.0	17.5	450	0.4	41.0	侵蚀低	13
备　注						350℃	ASTM	

d　不定形耐火材料

不定形耐火材料是形状不固定耐火材料的总称。与成型砖相比，其优点是可以综合采用耐火原料的资源，制造工艺简单，能耗低，产量高，维修施工方便。同时易形成整体，抗热震和剥落性能好，热膨胀系数小，利于提高炉衬寿命。主要用于高炉内衬修补即灌浆、喷补；填塞砖缝，使高炉内衬砌体黏结为一个整体；填料，用于内衬砌体与炉壳之间，内衬砌体与周围冷却壁之间；喷涂炉壳内表面，防炉壳龟裂变形。

C　炉衬砌筑和砖量计算

a　炉衬砌筑

砌筑质量直接影响内衬寿命，因为砖衬损坏往往源于砖缝。所以砌筑炉衬时要求：

（1）高炉砌砖必须符合设计要求，以便保证工艺需要。我国高炉用高铝砖和黏土砖的尺寸要求列于表6-9。砌体的实际尺寸和设计尺寸的误差应符合表6-10的规定。

表6-9　高炉用高铝砖和黏土砖形状及尺寸

制品形状及名称	砖号	尺寸/mm				体积/cm³	质量/kg		
		a	b	b_1	c		黏土砖	GL-55	GL-48
直形砖	G-1	230	150		75	2588	5.7	6.1	6.0
	G-7	230	115		75	1984	4.4	—	—
	G-2	345	150		75	3881	8.4	9.1	8.9
	G-8	345	115		75	2976	6.5	—	—
楔形砖	G-3	230	150	135	75	2458	5.4	5.8	5.6
	G-4	345	150	125	75	3557	7.8	8.3	8.7
	G-5	230	150	120	75	2329	5.2	—	—
	G-6	345	150	110	75	3364	7.4	—	—

表6-10　砌体的实际尺寸与设计尺寸的误差（不超过）规定　（mm）

项　次	误差名称	误差值	备　注
	Ⅰ. 表面平整误差：用2 m长靠尺检查，靠尺与砌体间的间隙应不大于下列各值		
1	高炉炉底各砖层上表面：		
	（1）高铝砖或黏土砖（用3 m精确靠尺检查）	3	
	（2）炭砖（用3 m精确靠尺检查）	2	
	（3）用测量仪器检查各点相对标高差	5	
2	高炉炉缸各砖层上表面：		
	（1）高铝砖和黏土砖	5	
	（2）高铝砖和黏土砖径向倾斜	7	用与炉墙厚度相当长度的靠尺
	（3）炭砖	2	
3	高炉炉腹、炉腰和炉身各砖层上表面：		
	（1）高铝砖和黏土砖	10	方法与第二项相同
	（2）高铝砖和黏土砖径向倾斜	10	
	（3）炭砖	2	
	Ⅱ. 半径误差		
4	炉缸，厚壁炉身和炉腰：	2	
	（1）高铝砖或黏土砖	±20	
	（2）炭砖	±15	

（2）高炉各部位砌体的砖缝厚度应在表6-11规定范围。

（3）垂直或水平砖缝必须设法错开砌筑。

b　砖量计算

根据标准砖形尺寸对各部位炉衬进行计算。

炉底按砌砖总容积除以每块砖的体积求得。求出总砖数后再乘以每块砖的质量，即得出砖的总质量。考虑到砖的损耗，一般增加2%～5%的富余量。

表 6-11　高炉各部位砌体砖缝厚度　　(mm)

序　号	砌 砖 部 位	砖缝厚度(不大于)
	Ⅰ. 黏土砖或高铝砖砌体	
1	炉底	0.5
2	炉缸(包括铁口、渣口、风口通道)	0.5
3	炉腹和薄壁炉腰	1
4	厚壁炉腰	1
5	炉身	
	上部冷却水箱区域以下	1.5
	上部冷却水箱区域以上	2
6	炉喉钢砖区域	3
7	炉顶砌砖	2
8	耐热混凝土周环的环形砌体	3
	Ⅱ. 炭砖砌体	
9	炉底:	
	薄缝	2.5(0.5 小炭砖)
	顶端斜接缝	1.5
10	炉缸薄缝	2(0.5 小炭砖)
11	其他部位薄缝	2.5
12	保护层砌体	3

自炉缸到炉喉都为环行砌体,都要砌出环圈来,由于环圈的直径不同,故直形砖和楔形砖的配合数目也不同。一般采用 G-1 与 G-3 和 G-5 砖相配合;G-2 与 G-4 和 G-6 砖相配合。

使用标准砖平砌时,每环砖数可查图 6-3。其计算原理是:用楔形砖两头的宽度差去弥补砖环外圆周长差,故每环所用楔形砖的数目(x)的计算式如下:

$$x = \pi \times (D-d)/(b-b_1) = \pi \times 2a/(b-b_1) \tag{6-13}$$

式中　x——每环楔形砖的砖数,块;

D——砖环外径,mm;

d——砖环内径,mm;

a——每环楔形砖的长度,mm;

$b-b_1$——每环楔形砖两头宽度之差,mm。

楔形砖数与砖环内外径无关,只与砖型有关。当砖型一定时,每环楔形砖的砖数是一常数。又由于标准的楔形砖宽度差是一定的,它可砌出的环圈最小内径就是一定的。如用 97 块 G-3,可砌成内径 4090 mm 的砖环;用 48 块 G-5 砖可砌成内径 1840 mm 的砖环。

为了得到更大内径的砖环,就需要插入一定数量的直型砖,其所需的直型砖数(y),可用下式计算:

$$y = (\pi d - b_1 x)/b \tag{6-14}$$

式中　y——砖环所需直形砖的砖数,块;

d——砖环内径,mm;

b_1——所用楔形砖小头的宽度,mm;

b——所用直形砖的宽度,mm。

将不同砌体直径所需的各种楔形砖和直形砖数量作图,就可得出环形砌砖每圈砖衬所需砖数计算尺(图 6-3)。只要先求出所砌圆环的直径,查计算尺即可求得所需砖数。

当砌体直径小于各楔形砖单独砌筑的最小直径时,可用两种楔形砖配合砌筑,如 G-3 与 G-5 砖相配合;G-4 与 G-6 砖相配合。

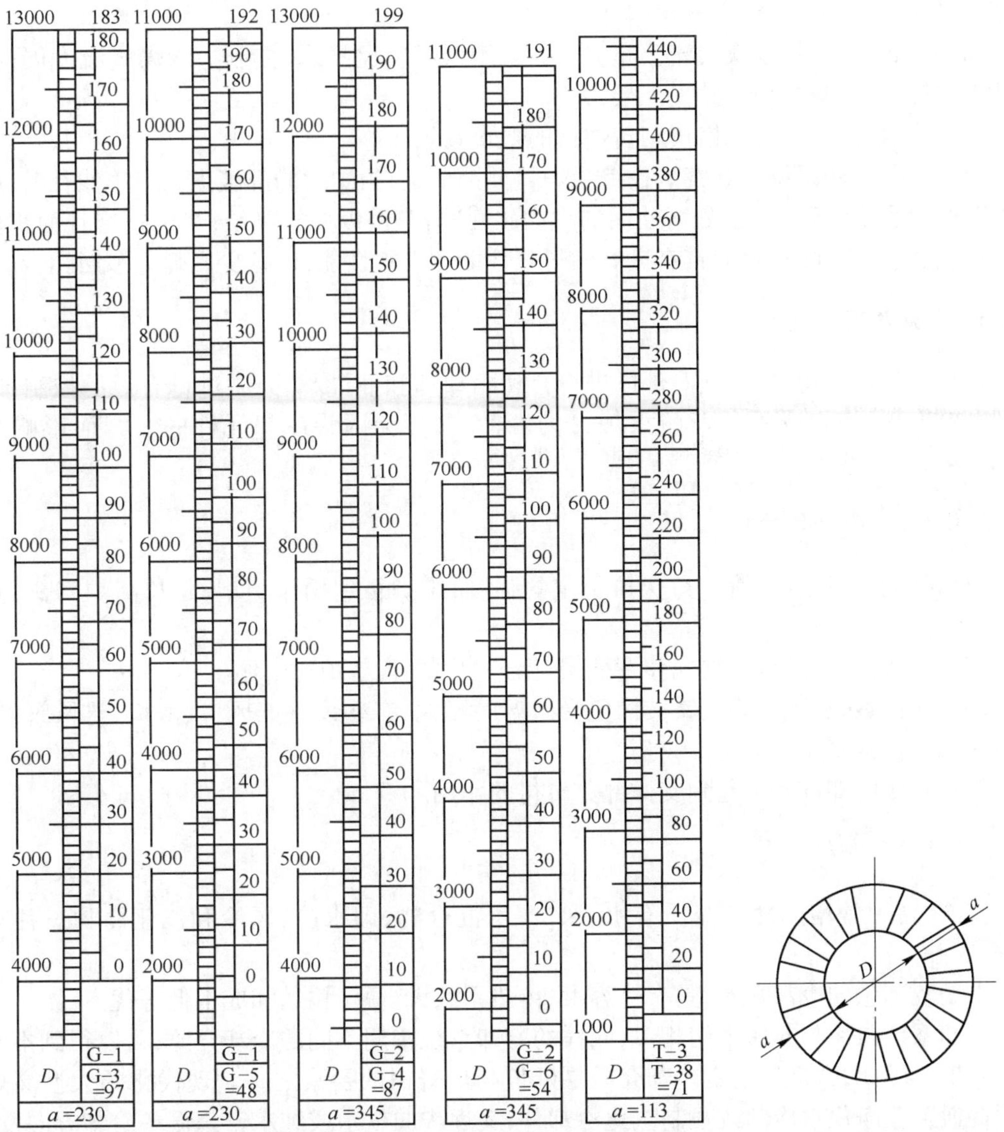

图 6-3 环形砌砖每圈砖衬所需砖数计算尺

D 提高炉衬寿命的措施

实践表明,炉衬寿命将随冶炼条件而变,但最薄弱的环节仍然在炉底(含炉缸)和炉身。因此,从炉底(含炉缸)和炉身的炉衬工作条件考虑,提高炉衬寿命的措施有:

(1) 均衡炉衬。均衡炉衬是根据高炉炉衬各部位的工作条件和破损情况不同,在同一座高炉上,采用多种材质和不同尺寸的砖搭配砌筑,不使高炉因局部破损而休风停炉,达到延长炉衬寿命和降低成本的目的。

(2) 改进耐火砖质量,不断开发新型耐火材料。减小杂质含量,提高砖的密度,从而提高耐火砖理化性能。

(3) 控制炉衬热负荷,改进冷却器结构,强化冷却。改进冷却器结构,建立与炉衬热负荷相匹配的冷却制度,减小热应力。在炉衬侵蚀最严重的部位,应提高水压并采用软水冷却。

（4）稳定炉况、控制煤气流分布。努力采用低燃料比技术，控制边缘煤气流发展，有利于减少热震破坏，减少炉衬破损。

（5）改进砌砖结构，严格按砌筑炉衬的要求砌炉。

（6）改善检测系统。观察炉役期内炉衬侵蚀情况，当炉衬局部破损只需小修补时，可用“灌浆法”，泥浆性质应与该处所使用的耐火砖性质相近，以便于黏结；当内衬修补面积较大时，可用热喷补法，喷补料应具有良好的附着性能和可塑性能，以减少回弹力和回弹量。

6.1.3　高炉冷却

在高炉生产过程中，必须对炉体进行合理冷却，同时对冷却介质进行有效的控制，以便达到有效冷却，使之既不危及耐火炉衬的寿命，又不会因为冷却元件的泄漏而影响高炉操作。

6.1.3.1　冷却的作用

（1）降低炉衬温度，使炉衬保持一定的强度，维护合理操作炉型，延长高炉寿命，安全生产。

（2）形成保护性渣皮、铁壳和石墨层，保护炉衬并代替炉衬工作。

（3）保护炉壳、支柱等金属结构免受高温的影响，有些设备如风口、渣口、热风阀等，用水冷却以延长其寿命。

（4）有些冷却设备可起到支撑部分砖衬的作用。

6.1.3.2　冷却介质

目前，高炉常用的冷却介质有水、风、汽水混合物，即水冷、风冷和汽化冷却三种冷却方法。

水是较理想的冷却介质，具有热容大、传热系数大、便于输送和成本低等优点。

冷却系统与冷却介质密切相关，同样的冷却系统采用不同的冷却介质，可以得到不同的冷却效果。因此，合理地选定冷却介质是延长高炉寿命的要素之一。现代化的大型高炉除使用普通工业净化水冷却或强制汽化冷却外，又逐步向软水或纯水密闭循环冷却方向发展，而且对水的纯度要求愈来愈严格，根据不同处理方法所得到的冷却用水分为普通工业净化水、软水和纯水：

（1）普通工业净化水。天然水（含有多种杂质，即悬浮物及溶解质）经过沉淀及过滤处理后，去掉了水中大部分悬浮物杂质，而溶解杂质并未发生变化的称为普通工业净化水。

（2）软化水。将钠离子经过离子交换剂与水中的钙、镁离子进行置换，而水中其他的阴离子没有改变，软化后水中碱度未发生变化，而水中含盐量比原来略有增加。

（3）纯水（脱盐水）。将净化水通过氢型阳离子交换器，使交换器中的 H^+ 与水中的 Ca^{2+}、Mg^{2+}、Na^+ 等阳离子进行置换。出交换器的水呈酸性，经脱碳器排除 CO_2，并经过羟型阴离子交换器，使交换器中的 OH^- 置换水中所有阴离子，H^+ 与 OH^- 结合而形成纯水。

6.1.3.3　冷却设备

高炉各部位工作条件不同，通过冷却达到的目的也不尽相同，所以所采取的冷却设备也不同。高炉冷却设备按结构不同可分为：外部喷水冷却和内部冷却设备，还有风口、渣口热风阀等专用冷却设备以及炉底冷却：

A 外部喷水冷却装置

利用环形喷水管或其他形式通过炉壳冷却炉衬。喷水管直径为 50 ~ 100 mm，管上有直径 5 ~ 8 mm 的喷水孔，喷射方向朝炉壳斜上方倾斜 45° ~ 60°。为了避免水的喷溅，炉壳上安装防溅板，防溅板下缘与炉壳间留 8 ~ 10 mm 缝隙，以便冷却水沿炉壳向下流入排水槽。这种冷却装置简单易于维修，对水质要求不高，但冷却不能深入，只限于炉壳和炭砖炉衬的冷却。为提高喷水冷却效果，必须对炉壳进行定期清洗。

B 内部冷却装置

冷却元件安装在炉壳与炉衬间或炉衬中，以增强砖衬的冷却效果。该元件结构因使用部位和目的的不同而异：

a 插入式冷却器

有支梁式水箱、扁水箱和冷却板等形式，均埋设在砖衬内。其优点是冷却强度大；缺点为点式冷却，炉役后期的炉衬工作面凹凸不平，不利炉料下降，此外需在炉壳上开孔较多，降低了炉壳强度，并给炉壳密封带来不利影响。

（1）支梁式水箱：为铸有无缝钢管的楔型冷却器（图 6-4），它有支撑上部炉衬的作用，并可维持较厚的炉衬；质量轻，便于拆换。安装在炉身中部用以托砖，常为 2 ~ 3 层，呈棋盘式布置。上下两层间距离 600 ~ 800 mm，同一层相邻两块之间，一般相距 1300 ~ 1700 mm，其端面距炉衬工作表面 230 ~ 345 mm。

（2）扁水箱：多为铸铁的，内部铸有无缝钢管（图 6-5），一般用于炉腰和炉身。呈棋盘式布置，有密排式和一般式。后者上下两层间距离 500 ~ 900 mm，同一层相邻两块之间不应超过 150 ~ 500 mm，其端面距炉衬工作表面 230 ~ 345 mm。扁水箱的进出水管若与炉壳焊接，砖衬膨胀，进出水管可能被切断或破裂。

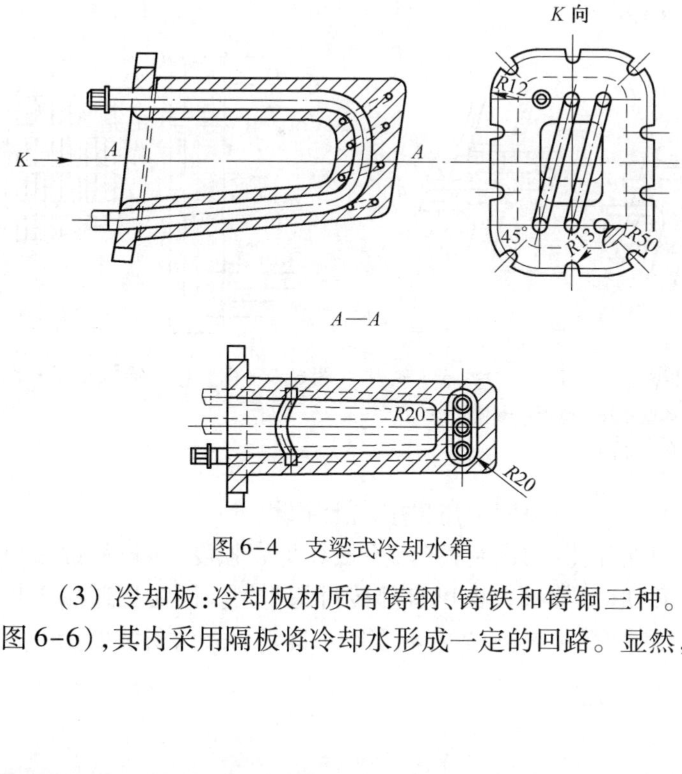

图 6-4 支梁式冷却水箱

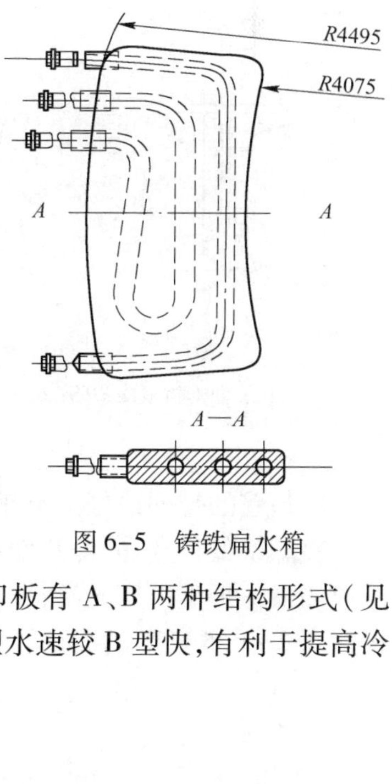

图 6-5 铸铁扁水箱

（3）冷却板：冷却板材质有铸钢、铸铁和铸铜三种。冷却板有 A、B 两种结构形式（见图 6-6），其内采用隔板将冷却水形成一定的回路。显然，A 型水速较 B 型快，有利于提高冷却强度。更适用于高热负荷的部位。为增大冷却能力，在炉身下部改用“双进四路”和“双进六路”形式的冷却板(图 6-7)，并增加冷却水配入量，冷却板损坏量几乎为零。

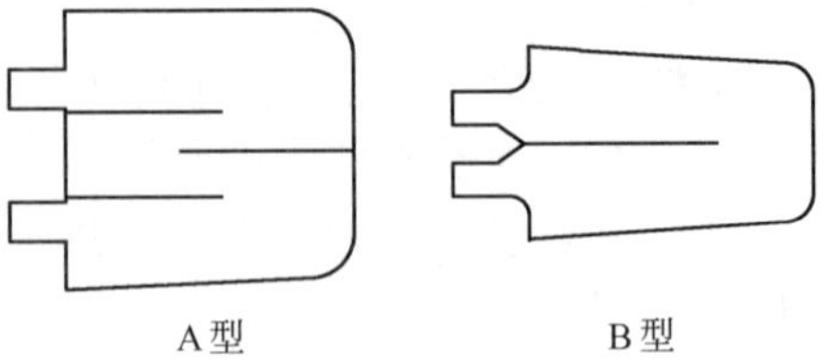

图 6-6　冷却板

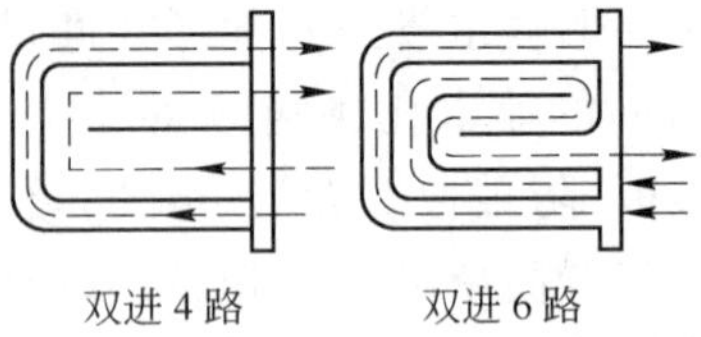

图 6-7　“双进 4 路”和“双进 6 路”冷却板

b　冷却壁

冷却壁是安装在炉衬与炉壳之间的壁型冷却器，内部铸有无缝钢管，铸铁板用螺栓固定在炉壳上。冷却壁有光面和镶砖两种(图 6-8、图 6-9)，光面冷却壁用于炉底和炉缸，其厚度为 80 ~ 120 mm。镶砖冷却壁用于炉腹，也有用于炉腰和炉身下部的，目的在于保护冷却壁铸件不直接被炉料冲刷，并使渣皮易于附在上面。其厚度包括镶砖在内，一般为 250 ~ 350 mm。冷却壁宽度为 700 ~ 1500 mm，高度视炉壳折点和炉衬情况而定，一般不应大于 3000 mm。每个冷却壁多用四个 $\phi 36 \sim 42$ mm 的螺栓固定在炉壳上。

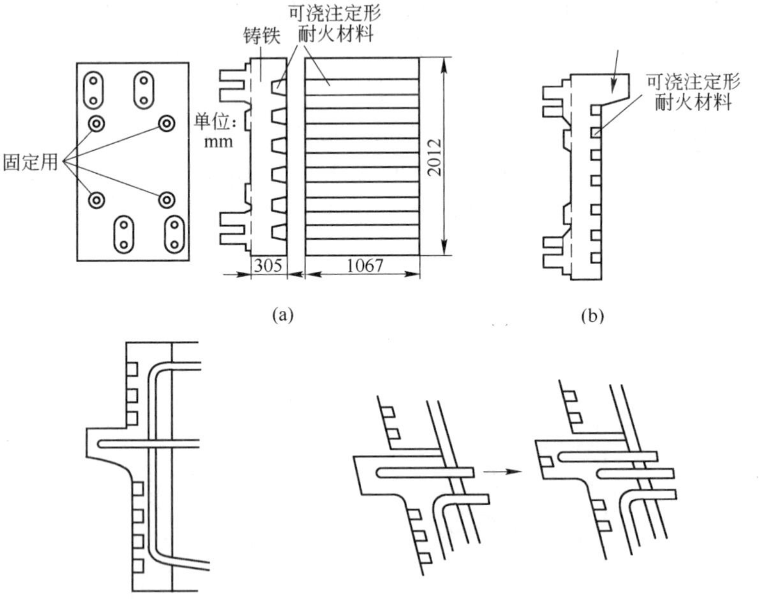

图 6-8　冷却壁

(a) 曲形铸铁冷却壁；(b) Γ 形冷却壁；(c) 鼻形冷却壁；
(d) 单管 - 双管 Γ 形冷却器

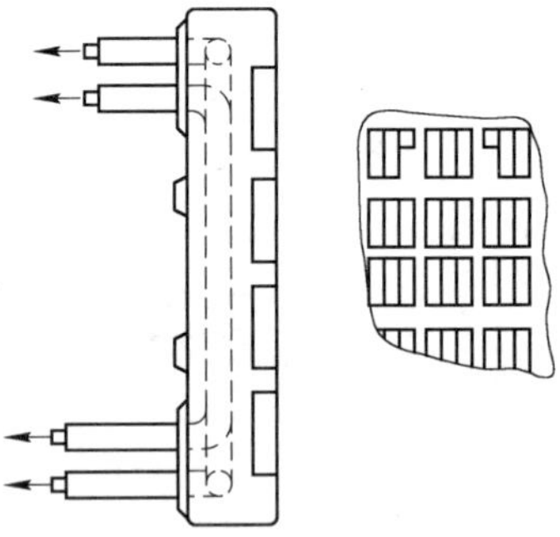

图 6-9　框式镶砖冷却壁示意图

冷却壁的排列最好上下排左右能错开，避免四个角集中成十字缝。

冷却壁的特点是：冷却面积大，炉壳开孔小，密封性好，不损坏炉壳强度；砖衬侵蚀后所形成的操作炉型内壁光滑；异形或“Γ”形冷却壁有支撑上部砖衬的作用。同时更适用于顶压达 0.2 ~ 0.5 MPa 的高炉。但它损坏时不易更换，故需辅以喷水冷却，另外，安装处也不宜砌厚炉墙。

为了增强冷却壁的冷却能力，延长其使用寿命，国内外进行了许多研究，在以下五方面作了改进：

（1）冷却壁的材质由一般的铸铁改为耐热性能好、抗热震性好、不易产生裂纹的球墨铸铁，根据工况需要，也可采用铸钢材质。

（2）冷却壁的结构采用带有凸台的冷却壁，具有支撑砖衬和保护形成渣皮的作用。

（3）冷却壁水管的改进：水管的直径有所增大，相对应采用了适宜的高水速。根据运行特点把蛇行弯管改为竖直排列，将进出水头数由单进单出改为多进多出，把冷却壁四角部分管子弯成直角，增加拐弯冷却水管等。

（4）冷却壁中的无缝钢管在冷却壁铸造前喷涂保护层（如 1 mm 厚陶瓷质耐火材料），防止铸造冷却壁时使钢管渗碳；并用低温铁水铸造（如 1220℃），尽量减少铸造应力。

（5）用软化水或纯水密闭循环冷却代替工业水开式冷却。在高热负荷条件下，使用较小尺寸的冷却壁。

C 风口冷却装置

a 风口装置

风口装置一般由鹅颈管、弯管、直吹管和风口水套组成。要求接触严密不漏风，耐高温、隔热且热损失小；结构简单、轻便、阻力损失小；耐用、拆卸方便，易于机械化。其构造如图 6-10 所示。

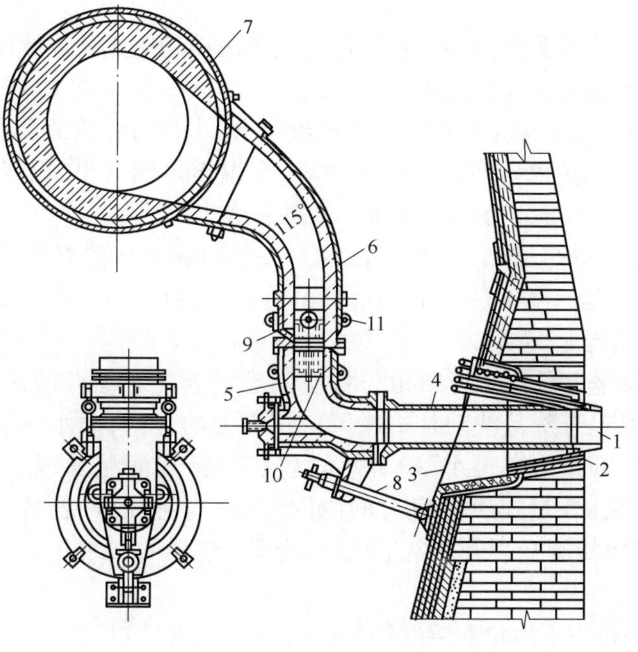

图 6-10 风口装置

1—风口；2—风口二套；3—风口大套；4—直吹管；5—弯管；6—鹅颈管；7—热风围管；8—拉杆；9—吊环；10—销子；11—套环

热风围管用钢板焊成，内砌 1 ~ 2 层 115 mm 厚的黏土砖，在砖与钢板之间充填一层 10 ~ 20 mrn 厚的绝热材料（石棉板）。为了适应砖衬的膨胀，每隔 10 m 留出一个宽约 40 mm

的膨胀缝,内外两圈的膨胀缝要错开。热风围管吊挂在炉缸支柱或大框架上。

鹅颈管是上大下小的异径弯管,其形状应保证局部阻力越小越好。大中型高炉用铸钢作成,内砌黏土砖,使之耐高温且热损失小。下端与短管球面接触,两套吊环销子,从两侧分别固定。由于它结构复杂且密封不严,在大型高炉上改为两头法兰。鹅颈管设有两个膨胀圈,以补偿围管对高炉的相对位移,解决了由于胀缩、错位引起的密封不严的问题。

弯管用插销吊挂在鹅颈管上,为铸钢件,内衬黏土砖,后面装有观察风口的窥视孔,下端有为拉紧固定用的带肋板。

直吹管采用铸钢管,带内衬,其内衬一般用耐热混凝土捣固,能防止直吹管被烧红或烧穿,既减少热量损失又保证安全。为防止烧坏,在直吹管的两端球面接触处采用耐热钢(GX20CrNiMo)或不锈钢制成。

为了便于更换并减少备件消耗,风口做成锥台形的三段水套,即风口大套、风口二套、风口。风口大套是铸有蛇形无缝钢管的铸铁冷却器。其法兰盘有凸缘,用螺钉固定在炉壳上。风口二套和风口一般为青铜(Cu 97.8%,Sn 1.5%,Fe 0.7%)或无氧铜铸成。因为这里需要较大的冷却强度,故应选取导热性好的材料。风口的数目、形状和结构尺寸对高炉的冶炼过程有很大影响,中小高炉常用的风口形状是空腔锥形风口,后来在空腔锥形风口的基础上又出现了一些其他结构:有扩张的文杜里式风口(喇叭形)、椭圆形风口、斜风口等。风口直径是根据风量、风速和风口数目来确定的,一般大型高炉风口风速以 100~120 m/s 为宜,中小型高炉以 60~90 m/s 为宜。

b　风口破损机理

风口是一个热交换极为强烈的冷却元件。风口破损是造成高炉休风率高的重要原因之一。延长风口寿命是高炉工作者的重大课题之一。

风口损坏的部位,几乎总是露在炉缸的风嘴部分,大部分是在外圆柱的上面、下面和端面上。在这里风口处在炉墙、冷却水、高温中心、高温熔体四者温差悬殊且波动的条件下。从外表特征看,风口损坏可分为熔损、破损和磨损三类。

(1) 熔损:是由于受热增加,散热恶化,风口壁热量积累导致温度升高所造成的。当温度高于铜开始强烈氧化的温度(900℃)时,甚至达到铜的熔点(1083℃)时,风口便被烧坏。风口损坏的大部分情况是熔损。

(2) 破损:主要是由风口本身结构与材质问题引起的。风口前炉墙、冷却水、高温中心、高温熔体四者温差悬殊且波动是造成风口热应力的外因,而水室壁不均(如前壁与侧壁相接处厚度不同,圆角曲率过小等),风口材质不纯,表面粗糙,晶粒粗大组织疏松,存在气孔夹杂等铸造缺陷,是提供热应力的内因。风口破损的外表特征,常常是前壁与侧壁相接的外接圆和内接圆会裂开,或前面出现龟裂,这样的裂纹扩大或氧化,就会使风口损坏。

(3) 磨损:主要是由于焦块和熔融物料在下降时从风口划过所致。铜质风口壁表面的氧化铁皮极易在渣铁流冲击下和巨大热负荷作用下剥落,而风口内部冷却水的不均匀分布,直至气膜层的作用,是决定磨损部位的重要因素。

c　提高风口寿命的措施

提高风口寿命的措施主要有改进风口结构;在风口外表面喷涂覆盖层;材质纯,杂质少;制造时要避免和消除气孔、砂眼、裂纹等制造缺陷;由铸造改为锻造等。

D　渣口冷却装置

渣口冷却装置如图6-11所示,它由四个水套及其压紧固定件组成。渣口是用青铜或紫铜铸成的空腔式水套,直径为50～60 mm,高压操作的高炉则缩小为40～45 mm。渣口二套是用青铜铸成的中空水套,渣口三套和渣口大套是铸有螺旋形水管的铸铁水套。渣口大套固定在炉壳的法兰盘上,并用铁屑填料与炉缸内的冷却壁相锈接,保证良好的气密性。渣口和各套的水管都用和炉壳相连的挡板压紧。高压操作的高炉,内部有巨大的压力,会将渣口各套抛出,故在各套上加了用楔子固定的挡杆。

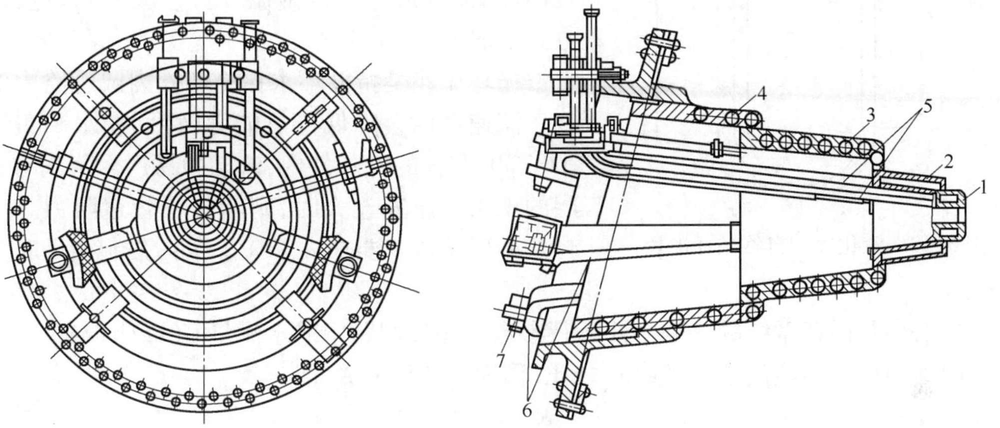

图6-11　渣口冷却装置

1—小套;2—二套;3—三套;4—大套;5—冷却水管;6—压杆;7—楔子

E　炉底冷却

炉底冷却多采用冷却管。一种是介质由中心往外径向辐射式的流动;另一种是介质由一侧通过平行管道流向另一侧。在管子的末端都设有闸阀,以便控制流经每根管子的冷却介质。从散热的角度出发,中间管子应密排,边缘可疏排。现代大型高炉使用的综合炉底多采用风冷,全炭砖炉底多采用水冷。

6.1.3.4　冷却方法

A　水冷

水冷可分为工业水冷却和软化水(或纯水)冷却两种。

采用工业水冷却方式是敞开的,要经常对冷却器进行清洗,降低了冷却设备的使用寿命,且耗水量大,能耗大,冷却效果差,所以一般用于外部喷水冷却。

采用软化水(或纯水)冷却是强制循环冷却,具有设备不结垢,节水、节能,冷却设备使用寿命长,污染小等优点;但设备复杂,一次性投资大。

B　风冷

目前风冷主要用于炉底冷却,其他部位使用得不多,风冷设备主要有鼓风机、风冷管等。

C　汽化冷却

汽化冷却是将接近饱和温度的软化水送进冷却件内,水在汽化时吸收大量的热量,从而达到冷却设备的目的。

汽化冷却自然循环原理如图 6-12 所示，当 U 形管内充以相同密度和压头的水时，为一个静止系统。若其中一管受热，所装之水吸收热量，密度减小，从而在系统内产生一个推动力，系统开始循环。

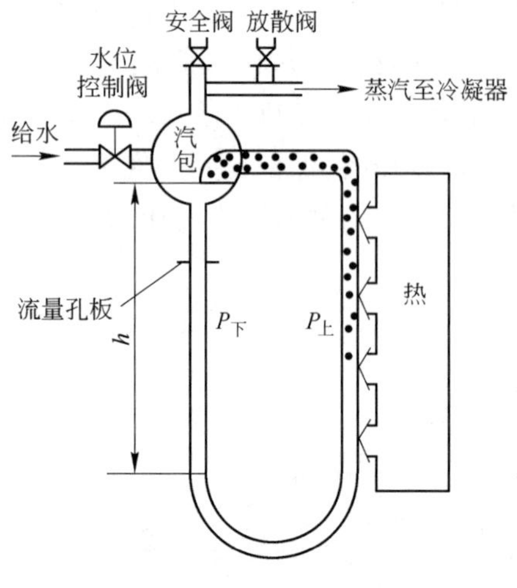

图 6-12　汽化冷却自然循环原理

借助循环动压头实现汽化冷却，称为自然循环。它在开炉初期热负荷不足时，为了启动，可在上升管内作蒸汽引射。如果靠装在下降管上的水泵推动进行循环冷却，则称为强制循环。一般采用自然循环方式者居多。

循环流速是指循环水在冷却件内或管路中的速度。流速过低会降低传热能力，特别在水平布置或小于 30°布置的冷却件内，流动中易产生蒸汽与水分层的现象。流速过大时，则增加了管道阻力。一般自然循环的速度要求大于 0.2 m/s，强制循环时大于 0.3 m/s。

循环倍率是循环系统的一个主要运行参数。循环回路中的水流量 G(kg/h) 与单位时间内循环回路中产生的蒸汽量 D(kg/h) 之比，称为循环倍率 K，即：

$$K = G/D \tag{6-15}$$

循环倍率表示水在循环回路中需循环多少次才能全部变为蒸汽。其值的大小与流动压头、系统阻力、气包工作压力、冷却件热流强度等因素有关。一般认为 K 值在 30 ~ 60 之间较好。

气包工作压力也是循环系统的运行参数之一，在一定的热负荷范围内，利于系统循环的气包工作压力有一最佳值。

高炉汽化冷却系统包括汽水循环回路、水的准备处理、供水、蒸汽利用等。

汽化冷却多采用冷却壁循环回路和风渣口循环回路，都有单独的下降管和上升管分别进入气包。循环回路又分为两种：一种是下降管和上升管均为单回路，它具有互不干扰、安全可靠的优点，特别在各部分热负荷差别大的系统中，更具有其优越性，但系统复杂，投资高；另一种是下降管和上升管均为集管形式，特点是系统简化，检修方便。

6.1.3.5　冷却工作制度

冷却工作制度确定的依据主要是根据工艺、设备以及各部位炉衬的工作情况和各部位所用冷却设备特性等来确定，另外还要通过水量、水速、进出水温差、水压、水质等参数来保证。

A　水量

由冷却器的热平衡分析可知，冷却水带走的热量与水量、进出水温差、水的比热容成正比关系：

$$Q = M \cdot (t - t_0) \cdot c \times 10^3 \times 3600 \tag{6-16}$$

式中　Q——总的热负荷，kJ/h，对局部来说可写做：$q \times F$，即局部热流强度(kJ/(m^2 · h)) 与相应的冷却面积(m^2)的乘积；

M——冷却水耗量，m^3/s，对局部来说可写做：$\pi d^2\omega/4$，即水管通道面积（m^2）与水速 v（m/s）的乘积；

t——出水温度，℃；

t_0——进水温度，℃；

$c\times10^3$——水的比热容，kJ/（m^3·℃）。

式6-16还可写成：

$$Q=\pi d^2 v\cdot(t-t_0)\cdot c\times10^3\times3600/4 \quad (6-17)$$

从上式可以看出，要适应高炉各处的热流强度，就要从水速和进出水温差来掌控。当水速一定时，进出水温差成为关键因素。进出水温差中的进水温度与大气温度和回水状况有关，而出水温度与水质有关，应避免形成水垢，导致冷却壁损坏。所以允许的进出水温差一般为 $\Delta t_{允许}=t_{max}-t_{实入}$，冬天 $\Delta t_{允许}$ 为25℃，夏天 $\Delta t_{允许}$ 为15℃。在实际工作中，考虑到热流的波动和炉衬侵蚀状况的不同，实际的进出水温差应该比允许的进出水温差适当低些，各个部位要有一个合适的安全系数 Φ，其关系式如下：

$$\Delta t_{实际}=\Phi\cdot\Delta t_{允许} \quad (6-18)$$

式中 Φ 值见表6-12。

表6-12 高炉各部位安全系数及进出水温差参考数据

部位	安全系数 Φ	冬天 $\Delta t_{允许}$：25℃	夏天 $\Delta t_{允许}$：15℃
		$\Delta t_{实际}$	$\Delta t_{实际}$
炉身、炉腹	0.4～0.6	15	8
风口带	0.15～0.3	8	5
风口小套	0.3～0.4	10	6
渣口以下炉缸、炉底	0.08～0.15	4	3

我国部分高炉各部分水温差允许范围见表6-13。

表6-13 高炉各部分水温差允许范围 （℃）

部位 \ 炉容/m^3	100	255	620	>1000
炉身上部	—	10～14	10～14	10～15
炉身下部	10～14	10～14	10～14	8～12
炉 腰	10～14	8～12	8～12	7～12
炉 腹	10～16	10～14	8～12	7～10
风口带	4～6	4～6	3～5	3～5
炉 缸	<4	<4	<4	<4
风口、渣口大套	3～5	3～5	3～5	5～6
风口、渣口小套	3～5	3～5	3～5	7～8

高炉炉体冷却用水量，通常用每立方米有效容积每小时消耗的水量来表示。高炉有效容积越大，消耗水量相对越小。

B 水速

从传热速率方面考虑，水速既要保证热平衡的要求，又要满足局部换热的需要。水的速度首先要保证水中机械混杂的悬浮物不沉淀下来（见表6-14），高炉用冷却水中的悬浮物含量要求小于200 mg/L；其次，要保证不能产生局部沸腾。

表 6-14　悬浮物不沉降所需最低水速

悬浮物粒度/mm	0.1	0.3	0.5	1.0	3.0	4.0	5.0
最低水速/$m \cdot s^{-1}$	0.02	0.06	0.1	0.2	0.3	0.6	0.8

不产生局部沸腾的最低水速为：

$$v_{局沸} = q \times d^{0.2}/10^5 \tag{6-19}$$

式中　$v_{局沸}$——不产生局部沸腾的最低水速，m/s；

q——热流强度，kJ/($m^2 \cdot h$)；

d——通道的水力学直径，mm。

C　冷却水水压和水质

(1) 冷却水水压。冷却水水压决定于冷却器的阻损和炉内压力。既要保证要求的水速，又要防止冷却器内渗入煤气时，把冷却水排出冷却器之外，引起冷却器大量烧坏。

(2) 冷却水水质。高炉冷却对水质的要求是：暂时硬度越低越好，良好的高炉冷却水，其新水硬度应不高于15°，循环水的硬度不高于8°；另外还要注意水的清洁，使用江、湖水时应注意过滤。或者说冷却水的pH值一般要求不小于6.5，但也不能大于7.5。

6.1.3.6　冷却设备的检查

为了实现高炉长寿，在炉体内安装有大量形式各异的冷却装置，并采用不同的冷却介质进行冷却。不论采用哪种冷却方式，均有漏水的可能。漏水可造成耐火材料过早损坏，甚至造成恶性事故，如炉凉、炉缸冻结等。因此，高炉冷却设备检漏工作非常重要。常用检漏方法与处理措施如下。

A　风口检漏方法与处理措施

高炉风口区供水压力较大。因此，风口漏水对高炉生产威胁很大，后果严重。风口漏水在风口水套间有少量冷水流出，轻微时有气泡和汽，观察风口有挂渣现象：漏水严重时，除外部来水外，风口暗红，甚至发黑，风口前端有气体产生。也可进行关水检查，即关小风口进水使进水压力低于该处煤气压力，风口出水管划有明显的白色风线，风口出水管喘气，冒煤气，出水管颤动，各水套间同时伴有来水来汽现象。风口漏水轻微时，关水检查很难判断。不论风口是轻微漏水或是严重烧损，都要做好风口更换准备工作。首先检查风口管丝扣是否完好，准备好备品备件，同时将进出水管的活接打松等待更换。在更换时应做好安全防范工作。

B　渣口检漏方法与处理

渣口烧损主要原因是渣中带铁。渣口漏水时，渣口水套间来水、来汽，并伴有红黄火焰出现；有时伴有爆鸣声，并有水渣流出；堵渣机端部潮湿或带水。为进一步确认，应将水关小检查。如果判断渣口已经漏水，应准备更换，同时应检查各管件是否完好，连接是否牢固，将渣口进出水管的活接打松，待出铁后更换。

C　内部冷却设备漏水检查与处理措施

目前我国许多高炉冷却设备上都没有安装检漏装置，因此内部冷却设备漏水的检查工作主要是靠生产实践经验判断。日常检查冷却设备漏水有以下5种方法：

(1) 关水检查法。降低冷却设备进水压力，使煤气能从冷却设备破损处排出，冷却设备出口水管发白(风线)、喘气等,可以此来判断冷却设备是否破损,已经破损的可适当关小进水。

(2) 点燃法。关小或短时间关闭冷却设备进水阀门,在冷却设备破损严重时,排出口有烟气,此时可用火点燃。如能点燃,说明冷却设备漏水比较严重,应堵死进出口水管。同时该处外部应大量喷水冷却,防止炉壳烧穿事故发生。

(3) 打压法。由于冷却壁漏水时间长,而且面积又比较大,在短时间内很难判定哪块冷却壁漏水,应组织使用打压的办法检查冷却设备漏水。将冷却壁出口水管堵死,将压力泵出水管接冷却壁进水管进行打压,试压压力大于冷却介质压力即可。

使用打压的办法检查冷却设备漏水,严禁在高炉长期休风时进行,尤其是在中小高炉。因为中小高炉炉内热储备小,漏水可能导致炉子大凉,炉缸冻结。

(4) 局部关小法。有时在休风后发现炉内大量漏水,但很难找出漏水冷却壁,此时应根据漏水多少、漏水的方向和部位分析大致漏水的冷却壁位置,将认为有可能漏水的冷却壁进水阀门关闭,直至外部来水见小,冒火时火焰见小为止。待送风后,每次可打开一到两个冷却壁进水阀门,逐步依次打开,直至查明准确的漏水冷却壁,根据破损的程度不同关小进水,或关闭进水,堵死出水管。

(5) 局部控水法。在正常生产中,有时炉壳外部来水、来汽,很难确定是哪一块冷却壁漏水,可根据来水、来汽方向部位、水量大小等情况进行详细分析,将认为有可能漏水的冷却壁进水关小,低于该处煤气压力,但不能断水,控水时间不宜过长。控水后观察来水情况,如来水见小,可每次打开一块冷却壁进水阀门,之后看来水有无变化,如无变化可打开另一块冷却壁进水阀门,直至查找出漏水冷却壁为止。

6.1.3.7 冷却设备的清洗

清洗冷却设备是延长冷却设备使用寿命,提高冷却强度的一个重要手段,清洗冷却设备常用方法有以下四种:

A 用高压水冲洗

当高炉冷却水温差有所升高,超过规定上限时,冷却设备内可能有轻微结垢等。此时可用高压水进行冲洗,其压力应高于冷却介质压力1.5倍以上。

B 用1.0~1.2 MPa蒸汽冲洗

此种清洗方法适用于轻微的结垢。使用上述两种清洗方法,管件联结一定要牢固,避免在清洗时管件脱扣伤人。

C 酸洗

酸洗方法是解决冷却设备结垢行之有效的办法之一。具体做法如下:

配备电动或手动酸洗泵,并备有一个酸槽,酸水浓度为10%~15%盐酸溶液加入2%的缓蚀剂(即废柴油),加温到65~80℃后,即为合格酸洗溶液。酸泵的出口管和冷却壁的进口管以采用胶管联结为好。

注意事项:

(1) 清洗人员必须配戴好防酸劳动保护用品;

(2) 用于清洗冷却设备的盐酸溶液必须严格按照配比要求配制,浓度太高易腐蚀管件;

浓度过低清洗效果变差；

（3）清洗前将冷却设备内存水吹扫干净，以利提高清洗效果；

（4）每个水头清洗 10 ~ 15 min；

（5）酸洗后的冷却设备立即通水，将残留在冷却壁内的盐酸溶液尽快冲洗掉，以防止腐蚀管件；

（6）用后的盐酸溶液不得随意排放，要妥善处理，防止造成环境污染。

D　砂洗

砂洗冷却壁的原理是：在空压机的作用下，米石在冷却壁内高速滚动，将冷却壁内的水垢冲刷掉，使冷却管进水面积增大，以提高传热速度，改善冷却效果。

砂洗冷却壁的要点：

（1）用于砂洗冷却壁的米石应以选择硬度高的石英砂为好，粒度应控制在 3 ~ 5 mm；

（2）所用米石应干燥、洁净，不得有异物混入；

（3）清洗前用空压机将冷却设备内存水吹扫干净，并利用高炉内的温度烘干冷却壁内的水管后方可进行清洗，正常生产时停水时间不得超过 20 min；

（4）用于砂洗冷却壁的压缩空气，风压必须大于冷却介质的压力，清洗过程中防止停电或其他原因的停风造成冷却设备灌砂，清洗时必须备有风源，在两条空压机的风管道上须有止回阀控制；

（5）每个水头清洗 10 ~ 15 min；

（6）每个水头用砂量 3 ~ 5 kg 为宜；

（7）给砂后应立即检查冷却壁出口有无米石喷出，如果只进不出，要立即停止给砂，查明原因处理后，方可进行清洗；

（8）给砂后用手触摸管内有砂滚动，说明清洗正常；砂洗必须间断给砂，防止造成冷却水管狭小处堵塞；清洗后必须检查管道、管件有无泄露，清洗后应尽快给水冷却。

6.1.4　高炉基础

高炉基础由埋在地下的钢筋混凝土基座和露出地面的耐热混凝土基墩两部分组成，作用是将所承受的力均匀地传给地层。

6.1.4.1　炉基的负荷

经常影响高炉基础强度的负荷有：静负荷、动负荷和热应力作用，其中温度造成的热应力作用影响最大。

（1）静负荷。高炉基础承受的静负荷约为高炉有效容积的 13 ~ 15 倍。它包括高炉内部的炉料、渣和铁，耐火材料砌体、炉基，金属构筑物，冷却水及冷却设备，附属设备（炉顶装料设备、煤气导出管、热风围管、各层平台、走梯）等，还有炉前建筑物、斜桥、料车卷扬机等，此外还有风、雪造成的活荷重。上述荷重中有的是对称的，有的是不对称的。不对称的荷重是引起偏载的因素，可能产生不均匀下沉。

（2）动负荷。高炉生产中，常有崩料、人工坐料、煤气爆炸等引起的动负荷。

（3）热负荷。热负荷即高温造成的热应力。由于炉缸内贮存着高温渣铁水，使炉基的温度里高外低、上高下低，而产生热应力；另外，炉基材料本身受热时也会发生损坏。

6.1.4.2 对炉基的要求

(1) 高炉基础应能把全部荷载传给地基而不发生过度沉陷,特别是不均匀下沉。

(2) 高炉基础本身要有足够的强度和耐热性。

(3) 结构简单,造价低。

6.1.4.3 炉基的构造

高炉基础的结构如图6-13所示。高炉炉底和基座之间为耐热混凝土基墩,起隔热和传力的作用,形状为圆柱体。其直径与炉底相同,都包于炉壳之内,其高度不小于其直径的四分之一。基墩材料一般用硅酸盐水泥耐热混凝土做胶结料,用黏土熟料粉、废耐火砖粉做掺和料,用黏土熟料、废耐火黏土砖粉做骨料,整体浇筑而成。其最高使用温度为1000~1200℃。在其周围砌一圈345 mm厚的耐火砖,再外层即为炉壳,在炉壳与耐火砖之间留100 mm宽的缝隙,内填铬碳质填料。为了防止基墩周围开裂和保证有足够的强度,整体基墩应配以环行钢筋。

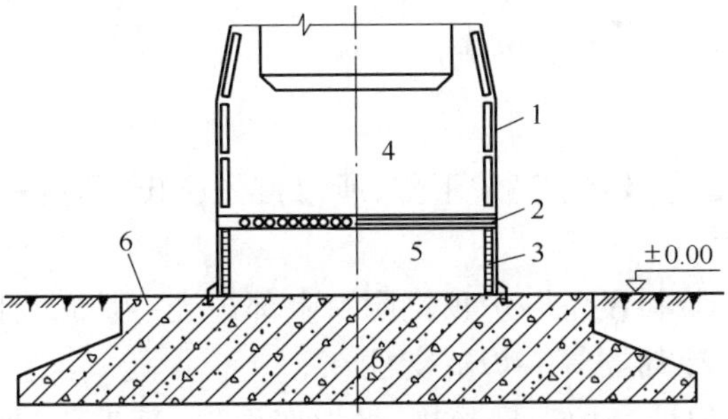

图6-13 高炉基础

1—冷却壁;2—风冷管;3—耐火砖;4—炉底砖;5—耐热混凝土基墩;6—钢筋混凝土基座

基座是炉基的承重部位,其水平截面以圆形最好,可使温度均匀分布减少热应力。但为了施工方便,常以多边形(如八边形、十六边形)代替,基座上表面的圆面积应能放置下基墩和支柱,而其下表面的面积应保证地基的承载力不超过地层耐压力的允许值。由基座上表面过渡到其下表面,截面逐渐加大,其倾斜角一般为25°左右。

在基墩和基座之间,由于上下处于不同的温度条件,为避免热应力的影响,故两者之间留有膨胀缝,其内填以特殊的填料,如纯石英砂和白色耐火黏土(高岭土)等调制的硬质塑性砂浆,抹平后再撒上10 mm厚的石墨粉。在基墩下端与基座相接处有炉壳气封结构,以避免炉内煤气的逸出和炉外冷却水的流入。煤气封板与炉壳之间的间隙为100~150 mm,内填炭素填料。基座的上表面抹上砂浆泄水坡,以利排水。

6.1.4.4 高炉地基处理

高炉基础最好建筑在天然的地面岩石上,或者在允许承压为0.2~0.5 MPa的冲击土壤上。当土壤的承载压力低于设计要求时,需要进行地基处理。地基处理的方法有加垫层、打桩、沉箱等。基座的埋置深度应使基座底面在冰冻线以下0.1~0.25 m。基础的下端打入地下20~40 m,到达支持层。

6.1.5　高炉金属结构

高炉金属结构主要包括:炉缸、炉身和炉顶支柱或框架,炉腰支圈,炉壳,各层平台,走梯,过桥炉顶框架,安装大梁;此外,还有斜桥、热风炉炉壳、各种管道除尘器等。一般大中型高炉车间每立方米高炉有效容积的结构用钢材(包括建筑用钢筋)在 2 t 左右。

6.1.5.1　高炉金属结构的设计原则

(1) 分离原则。人们从长期的生产实践中认识到高炉金属结构设计的基本原则是受热(或受蚀)部分不承重,承重部分不受热(或受蚀)。即操作部分和结构部分分开。实质是力求将金属结构和砖衬从“力”和“热”的角度分开。

(2) 利于操作和维修。避免由于结构布置拥挤而给操作和维修带来不便,延长工作时间。

(3) 安全可靠。在各种荷载的(包括静负荷、动负荷及事故状态下的特殊荷载)作用下,保证正常作业;尽量减少腐蚀的影响,避免积灰。

6.1.5.2　高炉金属结构的基本类型

A　炉缸支柱式

因承重和受热最突出的部位在高炉下部,所以首先引出了这种结构(图 6-14),多用于中小高炉。荷载传递途径为:

炉顶负荷、装料设备→炉顶钢圈→上部炉壳→炉腰支圈→炉缸支柱

上部砌体、冷却器等→炉缸支柱

这种结构节省钢材,但炉身炉壳易受热、受力变形,一旦失稳,更换困难,并可能导致装料设备偏斜。同时高炉下部净空紧张,不利风口、渣口的更换。

B　炉缸炉身支柱式

随着高炉冶炼的不断强化,承重和受热的矛盾在高炉上部也突出了,所以出现了炉身支柱(图 6-15)。此时,炉顶装料设备和导出管部分设备负荷仍由炉顶钢圈和炉壳传递至基础。而炉顶框架和大小钟等设备及导出管支座放在炉顶平台上,经炉身支柱通过炉腰支圈传给炉缸支柱以下基础。这种结构减轻了炉身炉壳的荷载,在炉衬脱落炉壳发红变形时不

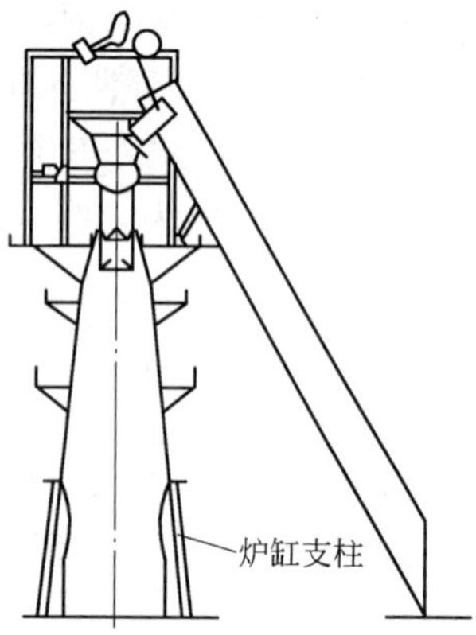

图 6-14　炉缸支柱式结构

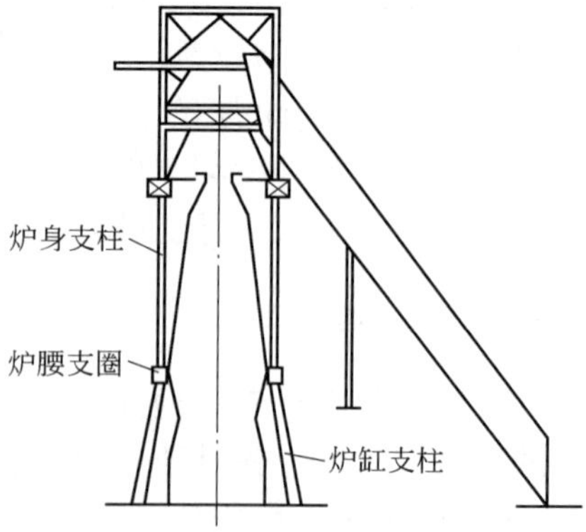

图 6-15　炉缸炉身支柱式结构

致使炉顶偏斜，但仍未改善下部净空的工作条件。高炉开炉后，炉身上涨，被抬离炉缸支柱；炉腰支圈与炉缸、炉身支柱连接区形成一个薄弱环节，容易损坏。国内20世纪60年代初建成的大型高炉常采用这种结构。

C　框架(或塔)式

针对炉身部分(由于炉衬上涨)被抬起，炉缸支柱与炉腰支圈分离的现象，加之炉容大型化，炉顶荷载增加，所以出现了大框架支撑炉顶的钢结构(图6-16、图6-17)。

大框架是一个从炉基到炉顶的四方形(大跨距可用六方形)框架结构。它承担炉顶框架上的负荷和斜桥的部分负荷。装料设施和炉顶煤气导出管的荷载仍由炉壳传到基础。按框架和炉体之间力的关系可分为：

(1) 大框架自立式(图6-16)。框架与炉体间没有力的关系，故要求炉壳曲线平滑，类似一个大管柱。

(2) 大框架环梁式(图6-17)。框架与炉体间有力的联系，用环行梁代替原炉腰支圈，以减少上部炉壳荷载。环行梁则支撑在框架上，也有的将环行梁设在炉身部位，用以支撑炉身中部以上的荷载。

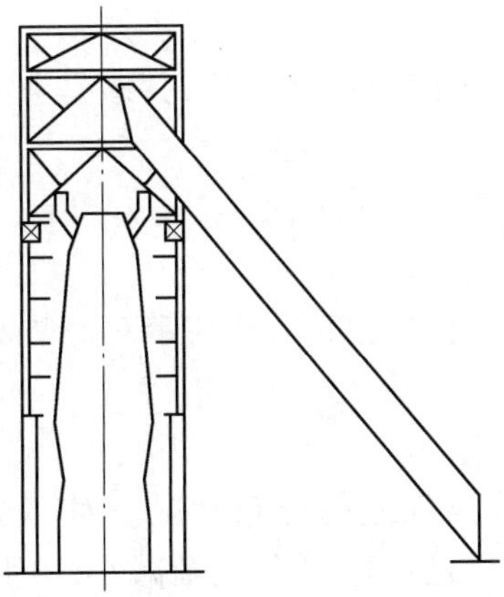

图6-16　大框架自立式结构

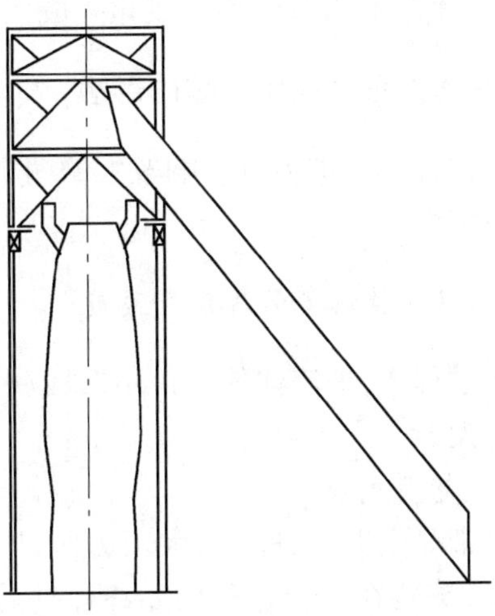

图6-17　大框架环梁式结构

大框架式的特点：风口平台宽敞，适应多风口、多出铁场的需要，有利于炉前操作和炉底炉缸的维护；大修时易于更换炉壳及其他设备；斜桥支点可以支在框架上，与支在单门型架上相比，稳定性增加。其缺点是钢材消耗较多。

D　自立式

目前，大中型高炉采用框架自立式结构。其特点是炉顶全部荷载均由炉壳承受，炉体四周平台、走梯也支撑在炉壳上(图6-18)，因而操作区工作空间大，结构简单，钢材消耗量小。但此结构未贯彻分离原则，由此带来诸多麻烦，如炉壳更换困难等。所以，设计时从工艺上要考虑：尽量减少炉壳的转折点并使之变化平缓；增

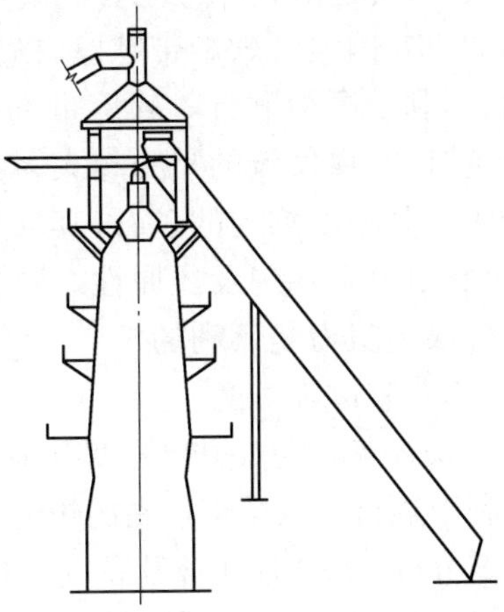

图6-18　自立式结构

大炉腹以下砌体和冷却设备之间的炭素填料间隙，以保证砌体有足够的膨胀余地，防止由于砌体上胀而将炉壳顶起或使炉壳承受巨大应力；加强炉壳冷却，努力保证正常生产时炉壳的表面温度在60～100℃范围内，防止炉壳因高温而变形。

6.2　高炉的造渣及脱硫

6.2.1　炉渣的形成

块状带内固相反应形成低熔点化合物是造渣过程的开始；在软熔带内，低熔点化合物首先呈现少量液相，开始软化黏结，随着温度的进一步升高，液相数量增多，产生流动进行渣铁分离，在软熔带内形成初渣。初渣的特点是 FeO 和 MnO 含量高，碱度（相当于天然矿和酸性氧化球团矿自身的碱度）偏低，成分不均匀；初渣从软熔带滴下后成为中间渣，在穿越滴落带时中间渣的成分变化很大：FeO 和 MnO 被还原而降低，熔剂的或高碱度烧结矿中的 CaO 进入使中间渣碱度升高，甚至超过终渣的碱度，直到接近风口中心线吸收随煤气上升的焦炭灰分后，碱度才逐步降低。中间渣穿过焦柱后进入炉缸聚集，在渣铁带内完成渣铁反应，吸收脱硫产生的 CaS 和硅氧化生成的 SiO_2 等而转化为终渣。

6.2.2　造渣过程对高炉冶炼的影响

造渣过程对高炉冶炼影响较大的两个因素是软熔带的厚度和高度，其次是渣量和造渣过程的稳定性。

6.2.2.1　软熔带的厚度和高度

造渣过程中，炉渣在软熔带中形成（故也把此带叫作成渣带），软熔带对高炉料柱透气性影响最大。

A　软熔带的厚度

软熔带是上升气流的最大阻力区，同时也决定着煤气流的分布状况。对高炉的解体研究表明，炉料在下降过程中始终保持着层状分布，只是层的厚度逐渐减小。因此，炉缸煤气在经过滴落带液相区之后，必须经过两个矿石软熔层之间的横向焦炭夹层，然后进入块状带固相区。焦炭夹层横向通道的长短取决于软熔带的厚度，它是影响煤气流压力降的主要因素。软熔带越厚，横向通道越长，造成的压力损失越大，对下降炉料的阻力越大，不利于高炉顺行。软熔带的厚度取决于矿石的软化特性。矿石软化区间越宽，软熔带越厚，对煤气流的阻力越大，对高炉顺行不利。一般含铁品位低、酸性脉石含量多和脉石成分分布不均匀的矿石，其软化区间宽，软熔带较厚。高品位的自熔性烧结矿，脉石量少，脉石分布均匀及还原性好，故软化温度高，而且软化区间窄，软熔带位置低而薄，这对减少煤气阻力是有利的。

B　软熔带高度

软熔带高度对炉缸温度有很大的影响。通常成渣位置在炉腰附近，软熔带过高、过低都不利于顺行。软熔带过高的炉渣，由于加热不充分，流入炉缸时带入的热量少，且由于还原不充分，渣中的 FeO 含量高，这样下降过程中参加直接还原将吸收很多热量，导致炉缸热量不足。初渣中 FeO 含量高，对高炉冶炼是很不利的。采用天然矿的高炉，很容易产出 FeO

含量高的初渣。这些 FeO 在下降过程中被还原,不仅吸收热量,而且由于渣中 FeO 含量降低时,CaO 含量会上升,从而使炉渣熔化温度和黏度提高。因此,如果温度的提高跟不上熔化性能的变化,就可能导致已熔化的炉渣重新凝结,即出现现场常说的炉渣"反干"现象,其结果是使高炉难行,产生悬料、结瘤等事故。这也是天然矿冶炼容易结瘤的一个原因。用还原性好的烧结矿,由于初渣中 FeO 含量小,成分均匀稳定,软熔带高度也比较低,所以高炉运行状况会大大得到改善。但是,软熔带过低也不利于高炉冶炼,如果直到炉腹才开始熔化成渣,则因炉腹形状是上大下小的圆锥,与炉料受热膨胀不相适应,会引起炉料在炉腹处于卡塞,造成难行。因此在操作时,希望保持适当低的软熔带。

软熔带高度决定矿石软化开始温度和炉内温度分布及矿石的还原性。矿石软化温度越低,初渣出现得越早,软熔带位置越高;反之,矿石软化温度越高,初渣出现较晚,软熔带位置越低。酸性脉石含量较多的矿石,其软化开始温度较低,位置较高。炉内沿高炉高度方向上的温度分布,取决于焦比、风温、炉内煤气流的分布等因素。

所以,一般希望矿石软化温度要高些,软化区间要窄些。这样软熔带位置较低,初渣温度较高,软熔带较窄,对煤气阻力较小。一般矿石软化温度在 900 ~ 1200℃之间波动。

6.2.2.2 渣量对高炉运行的影响

渣量大,软熔带厚,煤气阻力将增加。同时渣量大,在滴下带焦炭块之间的空隙中炉渣所占的体积增加,而液相密度较小,且煤气通过的截面积也缩小,这样煤气阻力增大,容易导致液泛现象,造成高炉悬料。

6.2.2.3 造渣过程稳定性对高炉运行的影响

造渣过程的波动,将导致软熔带高度和厚度的变化,从而影响高炉顺行。因此在高炉操作中都希望造渣过程尽量稳定。引起波动的主要原因是原燃料成分和质量的波动、操作上的错误以及设备故障等。

一般说来,矿石品位越高,渣量越少,矿石软化温度越高,软化区间越小,软熔带越薄。自熔性烧结矿和球团矿就具有这些性质,用于高炉冶炼就比一般矿石效果好。

6.2.3 高炉渣成分和渣量的选择

6.2.3.1 高炉冶炼对炉渣性能和成渣过程的要求

高炉冶炼对炉渣性能和成渣过程有以下几点要求:

(1) 炉渣应具有适宜的熔化性、流动性和良好的稳定性。对炼钢生铁而言,炉渣的熔化性温度应为 1300 ~ 1350℃;铸造生铁为 1400 ~ 1450℃。通常,要求炉渣在 1500℃时的黏度为 2 ~ 6 Pa · s,不超过 20 Pa · s。至于稳定性,要求炉渣处于稳定性良好的成分范围内,这样才能保证炉渣在高炉内充分熔化,顺利与铁水分离和排出炉外,并且不过分侵蚀和冲刷炉衬,不恶化炉内料柱的透气性,从而使高炉冶炼过程能正常稳定地进行。

(2) 具有足够的脱硫能力,使冶炼的生铁含硫量合格。

(3) 促使生铁中有益元素的还原,阻碍有害元素的还原。

(4) 软熔带(成渣带)在炉内的位置要适当低,厚度要薄,这样才能改善高炉料柱的透气性，有利于炉况顺行。

（5）成渣过程要稳定。成渣过程稳定不仅有利于炉况顺行，而且有利于炉渣生铁脱硫。

（6）通常情况下要求渣量要少。渣量大，不仅燃料消耗大，而且将恶化炉料透气性，不利于炉况顺行。

6.2.3.2　炉渣成分的选择

在实际高炉生产中，要选择适合于具体冶炼条件和冶炼铁种所需要的炉渣成分，使炉渣具有流动性良好、脱硫能力强、热稳定性好等性能。在实际生产的配料计算中，应根据上述要求，结合具体的原料条件、冶炼的生铁品种和经济效益，选择炉渣成分。

A　炉渣的碱度

炉渣碱度是确定炉渣成分的主要指标，在选择炉渣成分时，总是首先选择炉渣的碱度，即 $w(CaO)/w(SiO_2)$。硫负荷较低时，高炉常常采用较低碱度的炉渣；硫负荷较高时，高炉则采用较高碱度的炉渣。大、中型高炉碱度一般控制在 $w(CaO)/w(SiO_2)=1.0\sim1.15$ 范围内。随着科技水平和冶炼技术的提高，硫负荷越来越低，炉渣碱度有降低的趋势。我国一些炼铁厂冶炼各种生铁时的适宜炉渣性能见表 6-15。

表 6-15　我国一些炼铁厂冶炼各种生铁时的适宜炉渣性能

高炉产品	$w(CaO)/w(SiO_2)$	$w(CaO+MgO)/w(SiO_2)$	熔化性温度/℃	熔化温度/℃
制钢铁	1.0～1.12	1.2～1.4	1200～1350	1300～1600
铸造铁	0.95～1.1	1.15～1.3	1200～1450	1300～1600
锰铁①	1.3～1.7			
硅铁①	1～1.05			

① 取自《高炉炼铁》，张玉柱编著．北京：冶金工业出版社，1995 年．

冶炼普通炼钢生铁时，炉渣碱度主要取决于脱硫任务。在能保证生铁硫含量的前提下，通常总是选择尽可能低的炉渣碱度。这是因为炉渣的碱度高，则熔剂的消耗量（包括生产烧结矿和球团矿时消耗的熔剂量）大，因而渣量大；同时碱度高的炉渣稳定性差；再则，碱度高不利于排除对高炉冶炼有害的碱金属。

冶炼铸造生铁时，由于焦比高因而高炉的硫负荷大，同时为了促使硅的还原，要求炉渣的熔化性高，因此，20 世纪四五十年代采用的炉渣碱度较高。以后随着原料条件的改善，高炉硫负荷的降低和高风温、富氧鼓风的运用，就逐渐采用低碱度高 Al_2O_3 炉渣冶炼铸造生铁。

冶炼含锰高的生铁（如锰铁）和含钒生铁时，碱度高不仅有利于生铁脱硫，而且有利于锰和钒的还原，因此，要采用碱度较高的炉渣。

B　MgO

为了提高炉渣的稳定性和流动性，渣中含 6%～8% 的 MgO 是必要的，对于难熔炉渣尤其必要。但 MgO 过高也会使炉渣流动性变差，可保持 $w(MgO)/w(Al_2O_3)$ 在 0.7～1.5 之间，渣中的 Al_2O_3 含量一般不超过 15%～18%，否则炉渣变得难熔而且黏度增高。

C　Al_2O_3

在实际生产中，通常不对炉渣中的 Al_2O_3 进行调节。在冶炼含硅高的生铁时，由于硅的还原要求炉渣有较高的温度，同时酸性渣有利于硅的还原，因此采用高 Al_2O_3 的酸性渣是有利的。但这只在冶炼条件许可的情况下才能实现,同时还需考虑经济效益。

一般情况下要求炉渣中 $w(Al_2O_3)<20\%$。在开炉时,由于焦比特别高,以致炉渣的 Al_2O_3 超过 20%。为了降低炉渣的熔化性温度和改善流动性,可以在开炉渣中加入含 Al_2O_3 低的普通高炉渣等来降低开炉渣中 Al_2O_3 的含量。

冶炼铸造生铁时,炉渣中 $w(SiO_2)/w(Al_2O_3)$ 的比值最好为 1.2~2.0;冶炼炼钢生铁时,该比值最好为 3 或更大。我国高炉渣中 Al_2O_3 含量一般为 7%~15%。最后根据所选的炉渣主要成分 CaO、SiO_2、Al_2O_3、MgO 的含量,按照前面引用的有关图表来检查炉渣性能是否符合要求。

6.2.3.3 渣量的选择

一般情况下,高炉冶炼生产总是希望渣量越少越好。只有在冶炼含硅高的生铁时稍有不同,为了促使硅的还原,减小因硅还原造成的炉渣成分的波动,因而要求有一合适的渣量。例如,冶炼铸造生铁时,渣铁比最好在 0.5~0.6 范围内。

渣量的多少主要决定于原料等冶炼条件和操作情况,高炉操作者无力任意调整,目前,国内外先进高炉的渣铁比为 0.3~0.4,甚至更低。

6.2.4 生铁去硫

硫是影响生铁质量的主要有害元素。如何提高冶炼过程中的脱硫效率,获得优质生铁是高炉冶炼的主要任务之一。在一定原燃料条件下,充分发挥炉渣的脱硫能力是冶金工作者努力的方向。

6.2.4.1 硫的来源、存在形态、循环富集和危害

高炉中的硫全部是由炉料带入的,炉内的硫大约有 70%~80% 来自燃料(它包括焦炭和煤粉),其余为矿石、熔剂等带入。

炼铁炉料中天然矿以 Fe_2S、$CaSO_4$、$BaSO_4$ 的方式,高碱度烧结矿以 CaS 和少量硫酸盐方式,焦炭以有机硫 C_nS_m、灰分以 FeS 等方式,将硫带入炉内。每吨生铁炉料带入炉内的总硫量称为硫负荷,在我国,其值为 4~6 kg/t,其中 65%~80% 是由焦炭带入的。

随着炉料在炉内下降受热,炉料中的硫逐步释放出来。焦炭的部分硫在炉身下部和炉腹以 CS 和 COS 形式挥发。矿石中的部分硫则分解和还原以硫蒸气或 SO_2 形式进入煤气,但主要还是在风口发生燃烧反应时,以气体化合物的形式进入煤气(燃烧和分解生成的 SO_2 经还原生成硫蒸气等)。所以,在炉缸煤气中有 CS、S、CS_2、COS、H_2S,它们随煤气上升与下降的炉料和滴落的渣铁相遇而被吸收。最终,煤气在 1000℃ 及其以下区域中仅保留 COS 和 H_2S。炉料中自由碱性氧化物多、炉渣量大、碱度高和流动性好时,吸收的硫就多。结果是软熔带处的总硫量大于炉料带入炉内硫量,这样在高温区和低温区之间形成了硫的循环富集。被炉料和渣铁吸收的硫少部分进入燃烧带再次氧化参加循环运动;大部分在渣铁反应时转入炉渣后排出炉外;也有极少部分硫随煤气逸出炉外,在冶炼炼钢生铁时大约有 5%,而在冶炼铸造生铁时可达 10%~15%。

硫是影响钢铁质量的重要因素。因为钢中含有超过规定限量的硫,会使钢产生热脆,在轧钢或锻造过程中,钢材易出现裂纹。铸造生铁中含有过量的硫,则不但易使铸件产生热

脆,同时还降低了铁水铸造时的填充性能。因此国家规定制钢生铁含硫不高于0.07%,铸造生铁含硫不高于0.06%,超过此含量的生铁均为等外铁即废品。所以,尽量降低生铁中的含硫量是冶炼优质生铁的关键,也是冶金工作者努力的目标。

6.2.4.2　硫在煤气、渣、铁中的分配及影响生铁含硫量的因素

炉料带入的硫在冶炼过程中一部分进入炉渣,一部分随煤气逸出,少量进入生铁。根据物质不灭定律,进入高炉中的硫应该与排出炉外的硫相等,即硫在各种物质中的分配存在下列平衡:

$$w(\mathrm{S})_{料} = w(\mathrm{S})_{挥} + w(\mathrm{S})_{渣} + w(\mathrm{S})_{铁} \tag{6-20}$$

若以1 kg生铁为计算单位,则上式可写成:

$$w(\mathrm{S})_{料} = w(\mathrm{S})_{挥} + nw(\mathrm{S}) + w[\mathrm{S}] \tag{6-21}$$

式中　$w(\mathrm{S})_{料}$——炉料带入的总硫量,kg/kg-Fe;

$w(\mathrm{S})_{挥}$——随煤气挥发的硫量,kg/kg-Fe;

n——相对渣量,kg/kg-Fe;

$w(\mathrm{S})$——炉渣中的含硫量,%;

$w[\mathrm{S}]$——生铁中的含硫量,%。

因为硫的分配系数为:

$$L_s = w(\mathrm{S})/w[\mathrm{S}] \tag{6-22}$$

将式6-21代入式6-20中,可得:

$$w(\mathrm{S})_{料} = w(\mathrm{S})_{挥} + nL_S w[\mathrm{S}] + w[\mathrm{S}] \tag{6-23}$$

$$w[\mathrm{S}] = (w(\mathrm{S})_{料} - w(\mathrm{S})_{挥})/(1 + nL_S) \tag{6-24}$$

从上式中可以看出,生铁含硫量决定于下列因素:

(1) 冶炼单位生铁时炉料带入的总硫量;

(2) 冶炼单位生铁挥发进入煤气中的硫量;

(3) 冶炼单位生铁生成的渣量;

(4) 硫在渣、铁间的分配系数。

为研究减少生铁含硫量的途径,下面对前述几个方面进行讨论。

A　冶炼单位生铁的炉料带入的总硫量(或称硫负荷)

冶炼单位生铁炉料带入的总硫量对生铁的质量有直接的影响,通常炉料带入的硫量越少,生铁的质量越有保证。

在生产中以每批料(焦炭+烧结矿+生矿+球团矿+熔剂)入炉硫的总量与每批料所生产的铁量(kg/t-Fe)之比来计算。其表达式为:

硫负荷=每批料入炉的总硫量/每批料的出铁量

举一计算实例如下,见表6-16。由表中计算的数据可得:

每批料产出的生铁量=3849.4/0.94=4095.11 kg

硫负荷=20.608/4095.11=0.005032=5.03 kg-S/t-Fe

硫负荷决定于所用炉料的含硫量及矿石品位的高低。为降低硫负荷,有条件时应选用低硫焦炭和矿石。但在用料紧张时,高炉在来什么料用什么料的情况下,操作人员对来料中硫量的变化应做到胸中有数。这一点对经常变料的中小高炉尤为重要。

表 6-16 硫负荷计算 (kg)

炉料名称	料批组成	成分/%		每一批料带入的铁量	每一批料带入的硫量
		Fe	S		
烧结矿	7000	50.8	0.028	7000×0.508=3556	7000×0.00028=1.96
海南矿	500	54.5	0.148	500×0.545=273	500×0.00148=0.74
锰 矿	170	12.0		170×0.12=20.4	
干 焦	2420		0.74		2420×0.0074=17.908
总 计	10090			3849.4	20.608

B 随煤气挥发的硫及影响硫挥发的因素

焦炭中有机硫约有1/3～1/2在达到风口前就以S、SO_2、H_2S等形态挥发进入煤气，其余部分在风口前燃烧生成SO_2。SO_2在炉缸高温区的还原气氛中，立即会被固定碳还原生成硫蒸气，反应如下：

$$SO_2 + 2C \xlongequal{} 2CO + \{S\} \tag{6-25}$$

矿石中的FeS_2，在下降过程中，至565℃以上时开始分解：

$$FeS_2 \xlongequal{} FeS + \{S\} \tag{6-26}$$

分解生成的FeS大部分进入生铁，少部分在高炉上部被Fe_2O_3或H_2O氧化：

$$FeS + 10Fe_2O_3 \xlongequal{} 7Fe_3O_4 + \{SO_2\} \qquad -Q \tag{6-27}$$

$$3FeS + 4H_2O \xlongequal{} Fe_3O_4 + 3\{H_2S\} + H_2 \qquad -Q \tag{6-28}$$

炉料中的硫酸盐在与SiO_2、Al_2O_3、Fe_2O_3接触时，也会进行热分解：

$$CaSO_4 \xlongequal{} CaO + \{SO_3\} \tag{6-29}$$

上述生成的气体S、SO_2、H_2S等，在随煤气上升过程中，有一部分又会被石灰石和已还原的金属铁等吸收，又转入炉料中，挥发逸出高炉的硫实际上只占气体中的一部分。影响硫挥发的因素主要有：

(1) 焦比和炉温。焦比增高，炉温也随之升高，生成的煤气量也增多，煤气流速加快，煤气在炉内的停留时间缩短，减少了被吸收的硫量，增加了随煤气挥发的硫量。

(2) 碱度和渣量。因为石灰石吸硫能力很强，所以提高碱度，增加了炉料的吸硫量。当碱度不变而渣量增加时，也增加了吸收的硫量而减少了挥发硫量。根据生产统计，冶炼不同品种的生铁时，挥发的硫量比例如表6-17所示。

表 6-17 冶炼不同品种的生铁时挥发的硫量比例 (%)

生铁品种	炼钢生铁	铸造生铁	硅铁和锰铁
挥发硫	<10	15～20	40～60

由此看出，影响硫挥发的因素主要是焦比和炉温，碱度和渣量是次要的。这是因为冶炼锰铁时，焦比高(1.5 t/t-Fe左右)、碱度高($R=1.5$)、渣量大(1 t/t-Fe)，对冶炼同一铁品种来说，硫的挥发量变动不大。所以说，虽然高炉生产中应尽量设法使挥发的硫量增多，但毕竟有一定的限度，因而高炉主要是依靠炉渣进行脱硫。

C 渣量对去硫的影响

增大渣量有利于去硫，但一般不采用这种措施来脱硫。因为增大渣量必然引起焦比升高，使炉料带入的总硫量增加。它削弱了增加渣量去硫的效果，同时也使得焦比与熔剂的消耗量增加，增加了炼铁的成本。而增加渣量还会恶化料柱透气性，造成炉况难行与减产。因此，这个办法在实际生产中很少采用。

6.2.4.3　*炉渣脱硫*

在一定的原燃料条件下，生铁去硫主要依靠提高炉渣脱硫能力，即提高硫在渣铁间的分配系数 L_S 来实现。硫在炉渣中的质量分数 $w(S)$ 与在铁水中的质量分数 $w[S]$ 之比，称为硫分配系数，用 $L_S = w(S)/w[S]$ 表示。它说明炉渣脱硫后，硫在渣与铁间达到的分配比例。它分为理论分配系数 L_S° 和实际分配系数 L_S'。炉缸内渣铁间脱硫反应达到平衡状态时的分配系数称为理论分配系数，研究计算结果是 L_S° 可高达 200 以上；而高炉内的实际脱硫反应因动力学条件差而达不到平衡状态，所以 L_S' 远比 L_S° 小，一般低的只有 20 ~ 25，而高的也不会超过 80。

硫在铁水和炉渣中以元素 S、FeS，MnS、MgS、CaS 等形态存在，其稳定程度依次是后者大于前者，其中 MgS 和 CaS 只能溶于渣中；MnS 少量溶于铁中，大量溶于渣中；FeS 既溶于铁水，也溶于炉渣。炉渣的脱硫作用就是渣中的 MgO、CaO 等碱性氧化物与生铁中的硫反应生成只溶于渣中的稳定化合物 MgS、CaS 等，从而减少生铁中的硫。

按分子理论的观点，渣铁间的脱硫反应是以如下形式进行的：

$$[FeS] \rightleftharpoons (FeS) \tag{6-30}$$

$$(FeS) + (CaO) = (CaS) + (FeO) \tag{6-31}$$

$$(FeO) + C = [Fe] + CO \tag{6-32}$$

即渣铁界面上生铁中的 [FeS] 向渣面扩散并融入渣中，然后与渣中的 (CaO) 作用生成 CaS、FeO，由于 CaS 只溶于渣而不溶于铁，FeO 则被固体碳还原，生成 CO 离开反应界面，生成铁进入生铁中，从而脱硫反应可以不断进行。总的脱硫反应是：

$$[FeS] + (CaO) + C = [Fe] + (CaS) + CO \qquad -149140\ \text{kJ} \tag{6-33}$$

现代炉渣离子结构理论认为，熔融炉渣不是由分子构成而是由离子构成的，因此，脱硫反应实际上是离子反映而不是分子反应。渣铁之间的脱硫反应是通过渣铁界面上离子扩散的形式进行的，即渣中的 O^{2-} 离子向铁水面扩散，把自己所带的两个电子传给硫，使铁水中的硫原子成为 S^{2-} 离子进入渣中。而由于失去电子变成中性原子的氧与碳作用形成 CO 进入煤气中，进入渣中的 S^{2-} 离子则与渣中的 Ca^{2+}、Mg^{2+} 等正离子保持平衡。因此，脱硫反应实际上是渣铁界面上氧和硫的离子交换，可用如下离子反应式表示：

$$\begin{array}{rl} & [S] + 2e = S^{2-} \\ +) & O^{2-} - 2e = [O] \\ \hline & [S] + O^{2-} = S^{2-} + [O] \end{array} \tag{6-34}$$

渣中的碱性氧化物不断供给氧离子和进入生铁中的氧原子与固定碳作用形成 CO，不断离开反应面，使上述脱硫反应继续进行。

生铁去硫主要是使 FeS 变成 CaS。由于炉渣和铁水互不相溶，所以去硫作用只能在渣铁界面上进行。含 FeS 的铁水滴穿过炉缸渣层，增加了渣铁间的相间接触面，改善了硫的扩散条件而有利于去硫。铁水积存在炉缸中与其上面的渣层相对接触面积虽小，但接触时间长，对脱硫也是有利的。生成的 CO 气体在上升过程中，产生搅动作用，将聚集在渣铁界面上的生成物 CaO 带到上面的渣层内，加速 CaO 在渣内的扩散，从而加速了炉渣脱硫反应的进行。从上述脱硫反应式可以看出，要使脱硫反应易于进行，提高 L_S，必须满足以下条件：

（1）要有足够数量的自由的 CaO，要求炉渣有适当高的碱度；

（2）因脱硫反应吸热，所以要有足够的热量，促进反应进行；

（3）生成的 CaS 能很快脱离反应的接触面，这要求炉渣黏度低，以利于扩散；

（4）稳定炉内操作，保证炉缸中碱度稳定，热量稳定，炉渣黏度稳定，使反应能稳定地向右进行。

6.2.4.4　影响炉渣脱硫能力的因素

A　炉渣化学成分

（1）炉渣碱度。碱度高，游离 CaO 多，从离子理论看，O^{2-} 增加，有利于去硫，但实践经验指出，在一定炉温下有一个最佳的碱度，超过此最佳值，脱硫效率反而降低了。这是由于随炉渣碱度增高，炉渣的熔化温度也增高。在液相中将出现 $2CaO \cdot SiO_2$ 固体颗粒，使炉渣黏度升高，不利于 CaS 向渣铁界面的扩散。图 6-19 说明高碱度炉渣只有在保证具有良好流动性的前提下才能发挥较强的脱硫能力。

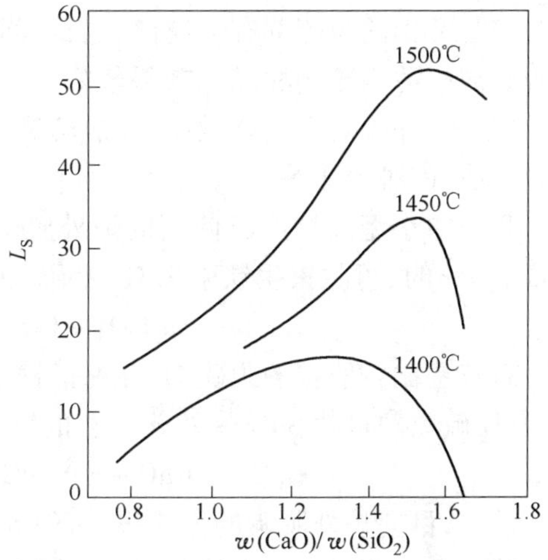

图 6-19　不同温度下碱度对 L_S 的影响

（2）FeO 的影响。FeO 对脱硫极为不利，因为会发生如下反应：

$$(Fe^{2+}) + (O^{2-}) = [Fe] + [O] \tag{6-35}$$

从而使铁中氧的浓度增加，对脱硫反应不利。生产实践也证明，当炉冷时，渣中 FeO 升高，生铁含硫量也随之升高，因此，渣中 FeO 要尽量少。只有在还原气氛下，才能最大限度地降低渣中的 FeO。这就是高炉炼铁脱硫条件优于炼钢的原因之一。

（3）MgO、MnO 等碱性氧化物。MgO、MnO 的去硫能力都比 CaO 弱，但在渣中加入少量的这些物质，能降低炉渣溶化温度，降低黏度，有利于去硫。但加入量过多时，又会冲淡 CaO 的浓度，使脱硫能力降低。

（4）Al_2O_3 的影响。Al_2O_3 不利于脱硫，因为它与 O^{2-} 离子结合形成铝氧复合负离子 $Al_xO_y^{z-}$，降低了渣中氧离子的浓度。因此，当渣碱度一定时，增加渣中 Al_2O_3 含量，会降低炉渣的脱硫能力，但用 Al_2O_3 代替 SiO_2 时，渣的脱硫能力则有所提高。

B　温度的影响

提高温度能提高炉渣的脱硫能力。这是因为：

（1）由于脱硫反应是吸热反应，提高温度有利于脱硫反应的进行；

（2）提高温度能降低炉渣的黏度，促进氧离子的扩散，可加快脱硫反应的进行；

（3）提高温度，能使 FeO 加速还原，降低渣中 FeO 含量，对脱硫反应是有利的。

C　炉渣的黏度

炉渣黏度大小对脱硫反应影响很大，特别是当反应处于扩散速度范围时，改善炉渣黏度，改善 CaO、CaS 的扩散条件，都有利于去硫。

D　高炉操作

高炉操作的稳定与否影响着脱硫的效率。当高炉难行，煤气流分布失常，炉缸工作不均匀，出现堆积、结瘤时，都会导致生铁含硫量增高；热制度的波动，特别是冶炼炼钢生铁时炉温大幅度的下降，都会导致高炉脱硫效率的降低，生铁含硫量升高。因此，正确选用各种调剂措施，保证高炉顺行，是充分发挥炉渣脱硫能力，降低生铁含硫量的重要条件。

6.2.5　炉外脱硫

当炉料含硫量特别高，又无法(或不经济)预先除去时，将使高炉冶炼变得很难操作，脱硫受到限制。为了提高生铁的质量，减轻炼钢生产过程中的负担，采用炉外脱硫，往往成为一项必不可少的工艺措施。

炉外脱硫就是铁水进入炼钢前，通过加入脱硫剂，以实现降低生铁含硫的目的。

(1) 常用的脱硫剂有金属镁、电石、苏打、石灰，近期还发展了复合脱硫剂(即两种以上的脱硫剂按适当比例配成)，效果较好。

(2) 炉外脱硫方法有撒放法、摇动法、转筒回转法、机械搅拌法、气体搅拌法、喷吹法、连续脱硫法、镁脱硫法等。

我国中小型高炉广泛使用的炉外脱硫剂是苏打粉 Na_2CO_3，其脱硫效率高，使用量为铁水量的 1% 时，可除去生铁中 70% ~80% 的硫，但成本较高。用苏打粉进行脱硫的反应为：

$$Na_2CO_3 + FeS = Na_2S + FeO + CO_2 \quad (6\text{-}36)$$

石灰是比较便宜的脱硫剂，在保证铁水与石灰充分接触的条件下，也能有较好的脱硫效率，其脱硫效率可达 80% ~90%。它的反应式为：

$$CaO + FeS + C_{石墨} = CaS + Fe + CO \quad (6\text{-}37)$$

总之，目前炉外脱硫的方法很多，但人们仍在为寻找实用价廉的脱硫剂、简便有效的操作工艺和设备而努力。当然，在炉外脱硫过程中，还需要努力创造使脱硫剂和铁水充分接触和迅速反应的条件，并尽可能地避免温度下降。

6.3　燃料燃烧及煤气在高炉内的变化

6.3.1　燃料的燃烧反应

焦炭是高炉炼铁主要的燃料。随着喷吹技术的发展，煤、重油、天然气等已代替部分焦炭作为高炉燃料使用。高炉内所进行的燃烧反应，主要是 C 与 O_2、CO_2 和 H_2O 的反应，以及 C_nH_m 和 O_2 的反应。

风口前燃料燃烧对高炉冶炼过程起着重要的作用，正确掌握风口前燃料燃烧反应的规律，保持良好的炉缸工作状态，是操作高炉和达到高产优质的基本条件。

6.3.1.1　焦炭的燃烧

焦炭中的碳除部分参与直接还原、进入生铁和生成 CH_4 外，有 70% 以上在风口前燃烧，

产生氧化性气体 CO_2，并释放出大量的热能。其化学反应式为：

$$C_{焦} + O_2 = CO_2 \qquad +400928\ kJ \tag{6-38}$$

燃烧初期的产物 CO_2 在向炉缸内部扩展时，与赤热的焦炭相遇发生碳的气化反应，CO_2 全部转变为还原性气体 CO：

$$CO_2 + C_{焦} = 2CO \qquad -165797\ kJ \tag{6-39}$$

又因鼓风中带入有氮气，风口前燃烧反应式变成为：

$$C_{焦} + O_2 + \frac{79}{21}N_2 = CO_2 + \frac{79}{21}N_2 \qquad +400928\ kJ$$

$$+)\qquad CO_2 + C_{焦} = 2CO \qquad -165197\ kJ \tag{6-40}$$

$$2C_{焦} + O_2 + \frac{79}{21}N_2 = 2CO + \frac{79}{21}N_2 \qquad +235131\ kJ \tag{6-41}$$

由式 6-40 可计算出炉缸初始煤气成分（体积分数）：

$$\varphi(CO) = \frac{2}{2+\frac{79}{21}} \times 100\% = 34.7\%, \quad \varphi(N_2) = \frac{\frac{79}{21}}{2+\frac{79}{21}} \times 100\% = 65.3\%$$

当鼓风中有水分时，在高温下将发生以下反应：

$$H_2O + C_{焦} = H_2 + CO \qquad -124474\ kJ \tag{6-42}$$

由此可见，在实际生产条件下，焦炭燃烧的最终产物是由 CO、H_2 和 N_2 组成的。

6.3.1.2 喷吹燃料的燃烧

高炉采用喷吹技术时，煤粉、重油、天然气等作为喷吹燃料使用。

（1）煤粉的燃烧。无论是无烟煤或烟煤，它们的主要成分碳的燃烧和前述焦炭的燃烧具有类似的反应。但是由于煤粉和焦炭有不同的性状差异，所以燃烧过程不同。煤粉的燃烧要经历三个过程：加热蒸发和挥发物分解；挥发分燃烧和碳结焦；残焦燃烧。即煤粉在风口前首先被加热，继之所含挥发分气化并燃烧，最后碳进行不完全燃烧的反应。

$$2C + O_2 = 2CO \tag{6-43}$$

（2）重油的燃烧。重油的主要成分是碳氢化合物 C_nH_m，重油被加热后，碳氢化合物气化，再热分解和着火燃烧，燃烧生成物为 CO 和 H_2，燃烧反应如下：

$$C_nH_m + \frac{n}{2}O_2 = nCO + \frac{m}{2}H_2 + Q \tag{6-44}$$

（3）天然气的燃烧。天然气的组成主要是碳氢化合物，且以 CH_4 为主，CH_4 在高温下分解：

$$CH_4 = C + 2H_2 \qquad -17892\ kJ \tag{6-45}$$

反应式 6-45 受温度和压力的影响，如图 6-20 所示。提高温度或降低压力都将促进 CH_4 分解。该图所示各等压线以上的区域为 CH_4 稳定存在或形成区；其下则为 CH_4 的分解区。在炉缸区域的高温条件下，CH_4 可能全部分解为 C 和 H_2。

天然气中的 CH_4 和其他碳氢化合物如 C_2H_6、C_3H_8、C_4H_{10}、C_5H_{12} 等，以通式 C_nH_{2n+2} 表示，在高炉喷吹条件下也将产生不完全燃烧反应，反应的通式为：

$$C_nH_{2n+2}+\frac{n}{2}O_2 = nCO+(n+1)H_2+Q \tag{6-46}$$

由此可知,天然气所含碳氢化合物无论是高温裂解,还是不完全燃烧,其最终产物应是CO和H_2。但是在生产中由于受到燃烧条件的限制,如风速很大,供氧不足,则天然气中的碳氢化合物有可能未氧化而被煤气带走;或者分解出的碳未燃烧而沉积在炉渣中。这对天然气的利用和炉况的顺行是不利的。

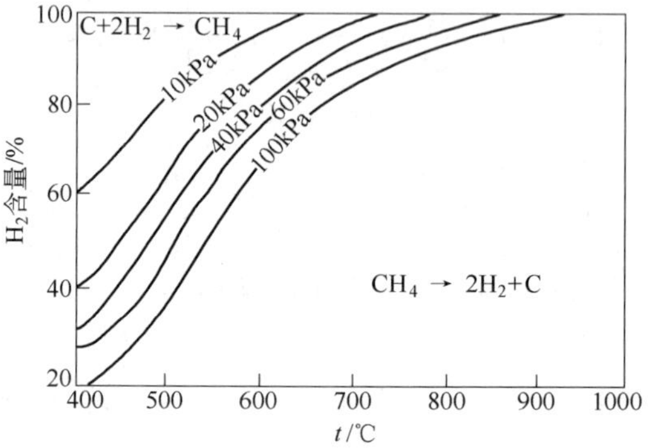

图 6-20　CH_4 分解的气相组成和温度、压力的关系

6.3.2　焦炭燃烧与喷吹燃料燃烧的差异

尽管焦炭和喷吹燃料的燃烧都提供热源和还原剂,但它们所起的作用和影响是不尽相同的。主要表现为:

(1) 喷吹燃料都有热分解反应,先吸热后燃烧。燃料中氢碳比愈高,分解需热愈多。其分解热可由下述经验式计算:

$$Q_{分}=33410w(C)+121020w(H)+9260w(S)-Q_{低}$$

式中　$w(C)$,$w(H)$,$w(S)$——燃料中该元素的质量百分比;

$Q_{分}$,$Q_{低}$——该燃料分解热和低发热值,kJ/kg。

各种燃料的分解热为:无烟煤 837 ~ 1047 kJ/kg;重油 188 ~ 1465 kJ/kg;天然气 3140 ~ 3559 kJ/kg。

(2) 喷吹燃料带入炉缸的物理热比焦炭低。焦炭下降到风口前已加热到 1450 ~ 1500℃,而喷吹燃料均不大于 100℃。

(3) 焦炭和喷吹燃料燃烧产生的还原性气体及煤气体积不同。现以各种燃料燃烧 1 kg 进行计算,结果如表 6-18、表 6-19 所示。

表 6-18　各种燃料的组成(质量分数)　　(%)

燃料组成	C	灰　分	H_2	H_2O	S	O	N_2
焦　炭	83.00	14.00	0.49		0.50		
煤　粉	75.30	16.82	3.66	0.83	0.32	3.56	0.83
重　油	86.00	—	11.50	0.25	0.19	1.00	0.25
天然气	CH_4 98.15	C_2H_6 0.325	C_3H_8 0.11	C_4H_{10} 0.01	H_2 1.10	H_2S 0.05	CO_2 0.25

表 6-19 燃烧后生成的还原性气体和煤气体积

名 称	CO 体积 /m^3	H_2 体积 /m^3	Σ还原性气体体积 /m^3	N_2 体积 /m^3	Σ煤气体积 /m^3	$\varphi(CO+H_2)$ /%
焦 炭	1.553	0.055	1.608	2.920	4.528	35.50
煤 粉	1.408	0.410	1.818	2.040	4.458	40.80
重 油	1.605	1.290	2.895	3.020	5.915	48.94
天然气	1.370	2.780	4.150	2.580	6.730	62.00

各种喷吹燃料燃烧后，煤气体积皆比焦炭有所增加，还原气体数量增多，其中以天然气为最高。这就改善了煤气的还原能力。

喷吹燃料时，由于燃料中 H_2 含量较高，因此，炉缸煤气中 H_2 含量显著升高。表 6-20 为某高炉喷吹重油时，炉缸煤气成分的变化。

表 6-20 喷吹重油对炉缸煤气成分的影响 (%)

吨铁喷油量/kg	鼓 风 湿 度	炉缸煤气成分		
		CO	N_2	H_2
0	2.55	35.3	62.5	2.1
41	1.50	34.1	61.8	4.1
52	2.81	34.5	59.3	6.2
60	2.27	34.1	59.3	6.7
94	1.69	32.3	58.4	9.3

富氧鼓风时，由于鼓风中 O_2 浓度增加而 N_2 减少，因而生成的炉缸煤气中 CO 浓度将升高，而 N_2 浓度将下降。表 6-5 是某高炉富氧鼓风后煤气成分的变化。

表 6-21 富氧鼓风对炉缸煤气成分的影响 (%)

鼓风含氧量	鼓 风 湿 度	吨铁喷煤量	炉缸煤气成分		
			CO	N_2	H_2
21.0	0.75	145	33.5	62.2	4.2
22.5	0.94	219	34.8	59.6	5.6
23.3	1.19	181	35.9	58.7	5.4
24.5	1.13	265	36.7	56.0	7.3
25.5	1.95	323	37.8	54.6	7.6

上述煤气成分是炭素燃烧的最后结果。炉缸内燃烧过程是逐渐完成的，在风口前不同位置上的燃烧条件不同，生成的气相成分也不同。

6.3.3 煤气成分的变化

高炉煤气为炼铁过程中产生的副产品，主要成分为：CO、CO_2、N_2、H_2、CH_4 等，其中可燃成分 CO 含量约占 25% 左右，H_2、CH_4 的含量很少，CO_2、N_2 的含量分别占 15%、55 % 左右，热值仅为 3500 kJ/m^3 左右。

高炉煤气产生于炉缸部位，炉缸煤气成分对高炉冶炼产生主要的影响。炉缸煤气中的 H_2、CO 浓度增加，可提高煤气的还原能力，增加间接还原，降低直接还原。特别是煤气中的 H_2 浓度增加，还能降低煤气的黏度，提高煤气的渗透能力，有利于还原反应的进行。因此，为了充分进行热交换，必须有足够数量的煤气。煤气量过分减少（如富氧率过高）对高炉冶炼是不利的。炉缸煤气的主要成分为 CO、H_2 和 N_2，鼓风湿度、鼓风含氧量和喷吹物等因素都影响着炉缸煤气成分。

高炉煤气的成分和热值与高炉所用的燃料、所炼生铁的品种及冶炼工艺有关，现代的炼铁生产普遍采用大容积、高风温、高冶炼强度、高喷煤粉量的生产工艺。采用这些先进的生产工艺提高了劳动生产率并降低了能耗，但所产生的高炉煤气热值更低，增加了利用难度。

煤气在上升过程中，由于各种反应在不同区域不断地进行，各种组成不断发生变化，煤气总体积也有所增加。无喷吹燃料时，炉顶煤气体积大致增加到风量的 1.37 倍。喷吹燃料后，煤气生成量比纯焦炭冶炼时有明显增加，炉缸煤气量约为风量的 1.25 ~ 1.30 倍，炉顶煤气量增大到风量的 1.40 ~ 1.45 倍。这种变化如图 6-21 所示。

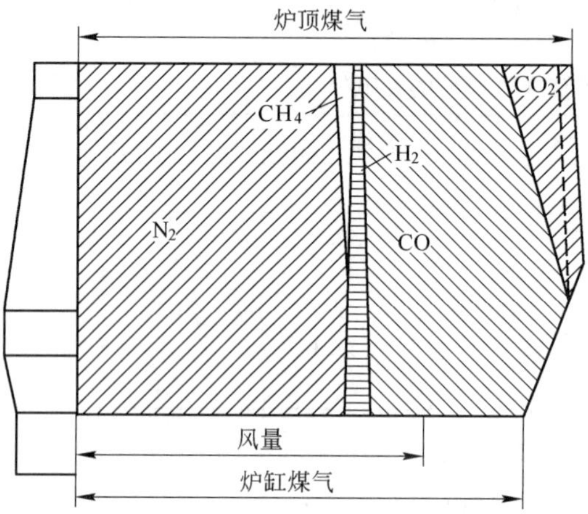

图 6-21　炉内煤气成分的变化

由图 6-21 可知：煤气的体积总量在上升过程中是增加的。其变化量如下：

(1) 煤气中 CO 体积和成分的变化。CO 是先增加然后减少。在高温区煤气上升过程中 CO 含量逐渐增加，这是因为铁、硅、锰、磷等元素直接还原反应和脱硫反应生成一部分 CO；一部分碳酸盐在高温区分解放出一个体积的 CO_2，又同碳作用后生成两个体积的 CO 的缘故。在中温区，CO 参加了间接还原，因而体积减少，含量逐渐降低。

(2) 煤气中 CO_2 体积和成分的变化。在高温区由于碳的气化反应大量进行，炉缸煤气最终成分 CO_2 为零。从中温区开始，由于间接还原反应和部分碳酸盐的分解产生一定量的 CO_2，使得煤气中的 CO_2 逐渐增加。图 6-21 中在表示 CO_2 的一块面积中，虚线左边表示间接还原生成的 CO_2 量，虚线右边表示碳酸盐分解生成的 CO_2 量。总的煤气体积有所增加。

(3) 煤气中 H_2 体积和成分的变化。H_2 在上升过程中参加了还原，含量逐渐减少。但当炉料中含有较多的水分（特别是结晶水）时，将使得煤气中的 H_2 含量增加。高炉喷吹燃料时，炉顶煤气含 H_2 量也增加了。

(4) 煤气中 CH_4 体积和成分的变化。用焦炭冶炼时，炉顶煤气中 CH_4 很少（0.2% ~ 0.5%）。喷吹燃料后，由于煤气中含 H_2 量的增加，CH_4 含量有所增加。当炉顶煤气中 H_2 含量高时，CH_4 可达 0.6% ~0.9%，甚至更高些。

(5) 煤气中 N_2 体积和成分的变化。煤气中 N_2 的体积基本不变，只是煤气量增加时，N_2 的浓度才相对降低。

总之，炉缸煤气的最终成分为 CO、H_2 和 N_2，炉顶煤气的成分为 CO、CO_2、H_2、CH_4 和 N_2，并且煤气的总体积有所增加。

6.3.4　燃烧带及其对冶炼过程的影响

6.3.4.1　燃烧带

风口前燃料燃烧的区域称为燃烧带，也称氧化带。根据从风口喷出的鼓风流股的动能大小不同，焦炭在风口前的燃烧情况大致可以分为两种情况，每种情况煤气分布各异。

A 层状燃烧带

在冶炼强度低的小高炉上，可观察到炭块是相对静止的类似炉箅上炭的层状燃烧。这种层状燃烧的燃烧带的特点是：沿风口中心线 O_2 不断消失，而 CO_2 随 O_2 的减少而增多，达到一个峰值后再下降，直至完全消失。CO 在氧接近消失时出现，在 CO_2 消失处达到或接近碳燃烧的理论值（约 35%）。由于炉缸内进行直接还原，所以，炉缸中心处煤气中的 CO 量超过碳燃烧的理论值。如图 6-22 所示。

B 回旋运动燃烧带

在现代强化高炉中，由于冶炼强度高，鼓风动能大，鼓风以很高的速度（100 ~ 200 m/s）喷射入炉。由于鼓风流股的冲击夹带作用，焦炭块在风口前产生回旋运动，同时进行燃烧。这就是焦炭呈回旋运动燃烧，也称为焦炭的循环运动燃烧，如图 6-22 所示。现代高炉正常生产时，均为此种燃烧情况。

当鼓风动能足够大时，就把风口前燃烧的焦炭吹向四周，形成一个近似球形的回旋空间。煤气流夹着焦炭块作回旋运动的这个空间称为回旋区。在回旋区外围是一层厚约 200 ~ 300 mm 的比较疏松的中间层，它不断地向回旋区补充焦炭。而在中间层的外面，则是不太活跃的新的焦炭层，该层随着燃烧反应的进行不断地向中间层移动。

通常将煤气中 CO_2 含量减少至 1% ~ 2% 的地点定为燃烧带的边缘，以此确定燃烧带的大小。必须指出，焦炭回旋区与燃烧带是两个既有联系而又有差异的概念。回旋区是指焦炭和煤气作回旋运动的区域，而燃烧带则包括回旋区和中间层，即燃烧带大于回旋区。

燃烧带由氧化区和还原区构成，如图 6-23 所示。有自由氧存在的区域称为氧化区；从自由氧消失处到 CO_2 消失处的地区称为还原区，在这个区域进行着 CO_2 被 C 还原为 CO 的反应。

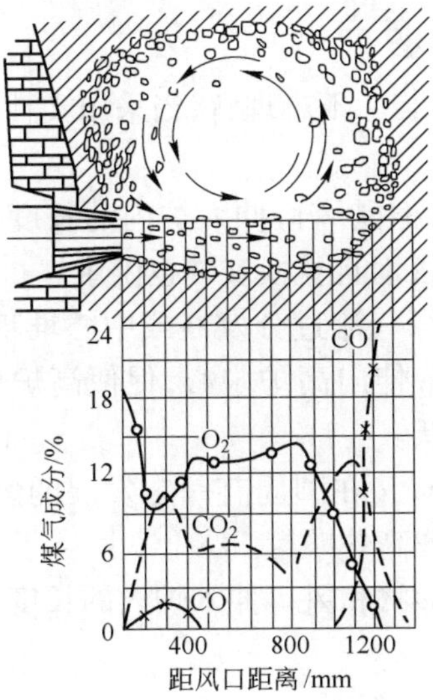

图 6-22 燃烧带煤气成分

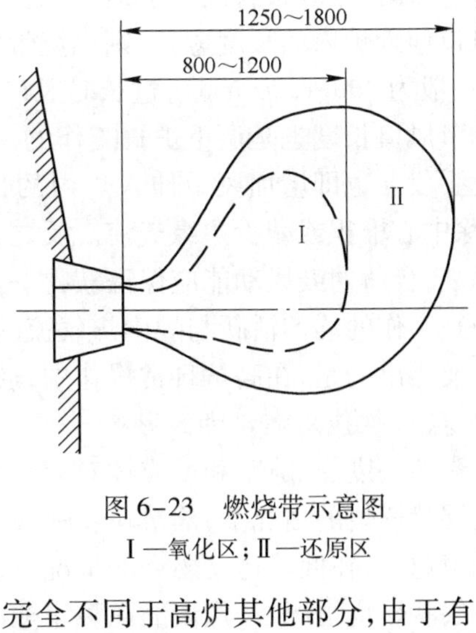

图 6-23 燃烧带示意图
Ⅰ—氧化区；Ⅱ—还原区

总之，整个燃烧带不论是氧化区还是还原区，完全不同于高炉其他部分，由于有 O_2 和 CO_2 的存在，不仅能使燃料中的炭燃烧，而且能使已进入生铁中的铁、锰、硅、碳等元素氧化，所以又称为氧化带。

6.3.4.2　影响燃烧带大小的因素

燃烧带的大小是指燃烧带所占空间的体积，包括长度、宽度和高度。对冶炼过程影响最大的是燃烧带的长度；此外，燃烧带的宽度对炉缸工作均匀化亦有重大影响。

燃烧带的大小不是一成不变的，在冶炼强度低的高炉上，燃烧带大小主要取决于燃烧反应速度方面的因素。在现代化的高炉上，燃烧带的大小主要受鼓风动能大小所左右，其次与燃烧反应速度、炉料状况有关。

A　鼓风动能的影响

鼓风动能是指鼓风流股克服风口前焦炭层的阻力向炉缸中心穿透的能力。它是造成风口前焦炭回旋运动的能量。

鼓风动能越大，则焦炭的回旋区越大，鼓风穿透中心的能力越强，因而燃烧带越大。随鼓风动能的增加，回旋区长度增长，燃烧带尺寸也相应增大。

前已述及，燃烧带过大过小都对高炉冶炼不利，由此可知高炉应有一个适宜的鼓风动能。适宜的鼓风动能应保证煤气流分布合理，减少炉料运动的呆滞区，扩大炉缸活跃面积，使整个炉缸活跃，工作均匀。在不同的条件下，适宜的鼓风动能是不同的。高炉炉缸直径越大，则要求适宜的鼓风动能越大。同一座高炉由于冶炼强度不同，适宜的鼓风动能也不一样。

生产实践表明，适宜的鼓风动能与冶炼强度有线性关系。即冶炼强度较高时，可采用较低的鼓风动能；当冶炼强度较低时，则采用较高的鼓风动能。

鼓风动能取决于风量、风温、风压及风口面积等参数。因此，改变这些鼓风参数就能改变鼓风动能，从而控制燃烧带的大小。

B　风口的形状和风口伸入炉内的长度对燃烧带的影响

高炉通常采用圆形风口，因为圆形风口便于制造和安装。不难理解，当采用文杜里氏和椭圆形风口时，燃烧带长度将缩短，而宽度将扩大。

风口伸入炉内的长度愈长，则燃烧带愈向中心延伸。但是风口伸入炉内的长度是很有限的（一般为 200～500 mm），过长时风口使用寿命将缩短，而且更换安装也困难。

调节风口长度也是调整炉缸工作的一种措施。当边缘气流过分发展或中心堆积时，才应用此手段。也即增加风口伸入炉内的长度，可使燃烧带伸向高炉中心，促使高炉中心活跃，消除中心堆积或减少边缘气流。反之，则促使边沿活跃。

总之，合适的鼓风动能应保证获得一个既向中心延伸，又在圆周有一定发展的燃烧带，实现炉缸工作的均匀活跃与炉内煤气流的合理分布来保证高炉顺行。

需要指出的是，在高炉日常操作中，通常不改变风口形状和风口伸入炉内的长度。

C　焦炭性能对燃烧带的影响

焦炭的块度、孔隙率和反应性对燃烧带的大小也有影响。

在层状燃烧的情况下，焦炭块度愈大，则单位体积焦炭的总面积愈小，反应速度愈慢，因而燃烧带愈大；在回旋运动燃烧的情况下，焦炭块度愈大，则回旋区愈小，因而燃烧带愈小。

在层状燃烧情况下，焦炭的孔隙率愈高和反应性愈好，则反应速度愈快，因而燃烧带愈小。在回旋运动燃烧的情况下，焦炭的孔隙率和反应性好时，可以使 CO_2 的还原反应加快，缩小还原区，因而燃烧带将缩小。

D 喷吹燃料对燃烧带的影响

高炉喷吹燃料后，由于部分燃料在风口中燃烧放出热量，产生气体产物，因此鼓入高炉的不只是空气，而是空气、燃烧产物和喷吹燃料的混合气流。混合气流的动能显然要比鼓风动能大得多，因此燃烧带必然扩大。

E 上部炉料分布对燃烧带的影响

如果燃烧带上方的炉料分布为边缘矿石少、焦炭多的边缘发展型，则燃烧带缩小；若实行的是中心加焦技术，边缘矿石多、而中心焦炭多的中心发展型，则燃烧带向中心延伸。如果上部炉料负荷重、堆密度大，作用于回旋区上的有效重力大，回旋区会缩小；而焦炭粒度大，落入回旋区的液态物数量多，它们受鼓风冲击而运动时消耗鼓风动能多，鼓风动能衰减快，回旋区和燃烧带都会缩小。

6.3.4.3 燃烧带对高炉冶炼过程的影响

燃烧带对冶炼过程的影响，主要表现在以下两方面。

A 对炉料下降的影响

燃烧带是炉内焦炭燃烧的主要场所，而焦炭燃烧所腾出来的空间，是促进炉料下降的主要因素。生产中，燃烧带上方的炉料比较松动且下降速度快。当燃烧带占整个炉缸面积的比例大时，炉缸活跃面积大，料柱比较松动，有利于高炉顺行。因此，从下料顺行的角度看，希望燃烧带水平截面的面积大些，多伸向炉缸中心，并尽量缩小风口之间的炉料呆滞区。

B 对煤气流初始分布的影响

燃烧带是炉缸煤气的发源地，燃烧带的大小影响煤气流的初始分布。燃烧带伸向高炉中心，则中心气流发展，炉缸中心温度升高；反之，燃烧带缩短，则边缘气流发展，炉缸中心温度降低，对各种反应进行不利。同时，炉缸中心呆滞且热量不足，也不利于高炉顺行。但是，燃烧带过分伸向中心，将造成中心“过吹”，同时过分减弱边缘煤气流，增加炉料与炉墙之间的摩擦阻力，对高炉的顺行也不利。

由此可见，维持适宜的燃烧带尺寸，尽可能增加风口数目，对于保证炉缸工作的均匀、活跃和高炉的顺行，是非常重要的。

6.4 炉料与煤气的运动及其分布

高炉内存在着两个相向运动的物质流：自上而下的炉料流和自下而上的煤气流。高炉内许多反应都是在炉料和煤气不断地相向运动条件下进行的，炉料和煤气的运动是高炉炉况能否顺行和冶炼强化的决定性因素。因此，稳定炉料和煤气的运动并使之合理地进行，常常是生产中保证获得良好冶炼的重要途径。

6.4.1 炉料运动

6.4.1.1 炉料下降的空间条件和力学分析

高炉内不断出现的自由空间是保证炉料不断下降的基本前提。自由空间形成的原因是：

（1）焦炭在风口前的不断燃烧；

（2）炉料在下降过程中由于小块炉料填充于大块炉料的间隙中，焦炭中的碳在到达风口前参加直接还原和渗碳过程，固体炉料变成为液态渣铁和气体，从而引起体积缩小；

（3）周期性的放渣放铁。

在上述诸因素中，焦炭的燃烧影响最大，其次是液态渣铁的排放。

高炉内不断出现的自由空间只是为炉料的下降创造了先决条件，但炉料能否顺利下降，还取决于下述的力学关系：

$$P = P_{料} - P_c - P_k - P_{气} = P_{料} - P_{摩} - P_{气} \tag{6-47}$$

式中　P——使炉料下降的力；

$P_{料}$——炉料的重量；

P_c——炉料与炉墙之间的摩擦力；

P_k——炉料与炉料之间的摩擦力；

$P_{摩}$——炉料下降时受到的总的摩擦力；

$P_{气}$——煤气对炉料的阻力（浮力）。

很显然，只有当 $P>0$ 时，炉料才能下降；P 愈大，则愈有利于炉料顺利下降；当 P 接近或等于零时，则炉料产生难行或悬料。

需要指出的是，要使炉料顺利下降（也称为炉料顺利），不仅要求整个料柱的 P 大于零，而且还要求各个不同高度截面上和同一截面不同位置上的 P 大于零。显然，某处的 $P=0$ 时，则某处的炉料是悬料。因此，炉料不顺行的现象，不仅可能在高炉上部或下部出现，也可能在某一截面上的某一区域出现。

为了讨论问题方便起见，引入料柱有效重量这一概念。料柱的重量克服了摩擦阻力后所剩下的重量，称为料柱的有效重量，即：

$$P_{有效} = P_{料} - P_{摩} \tag{6-48}$$

就整个料柱而言，料柱本身的重量由于受到摩擦阻力的反作用，并没有全部作用在风口平面或炉底上，真正起作用的只是料柱的有效重量。

至于煤气中的料柱所受到的煤气的浮力，近似地等于料柱上下平面煤气的静压差，也即近似等于煤气通过料柱时所产生的压力损失 ΔP。于是，式 6-47 可改写为：

$$P = P_{有效} - \Delta P \tag{6-49}$$

式 6-47 和式 6-49 不能用于定量计算，但可以用于定性分析。通常情况下，当炉型、原料和操作制度一定时，$P_{有效}$变化不大，因此 P 的大小主要受到 ΔP 的影响。

高炉炉料是一种散料体，散料体与整块固体不同之处是它内部没有结合力，而与液体不同之处是它具有很大的内摩擦力。由料块组成的高炉料柱重量所产生的压力，从一块传递到另一块，对四周的墙壁产生很大的侧压力和摩擦力。因此炉料下降时，料柱本身重量在克服了内摩擦力 P_k 和炉墙的摩擦力 P_C 后，作用于底部的重量 $P_{有效}$要比料柱的重量 $P_{料}$ 少得多。影响 P 有效的因素主要有炉型、燃烧带、造渣制度和炉料堆密度等几方面。

6.4.1.2　炉料下降的规律

A　下降速度

高炉内不仅同一截面各部位的炉料下降速度不一样，而且由于高炉各部位直径的变化和炉料因物理形态的变化而引起的体积变化，因而各截面的炉料下降速度也不相同，即同一炉料在下降过程中的下降速度也是变化的。

炉料在炉喉处的平均下降速度是可以计算的，其计算公式如下：

$$v_{平} = \frac{V}{S \times 24} \tag{6-50}$$

或

$$v_{平} = \frac{V_u \eta_V V'}{24S} \tag{6-51}$$

式中　$v_{平}$——炉料在炉喉处的平均下降速度，m/h；

V——每昼夜装入高炉的炉料的总体积，m^3；

S——炉喉截面积，m^2；

V_u——高炉有效容积，m^3；

η_V——有效容积利用系数，t/(m^3·d)；

V'——每吨生铁炉料的体积，m^3。

由上式可见，同一高炉的利用系数愈高时，则炉料的下降速度愈快；每吨生铁炉料的体积愈大时，则炉料的下降速度愈快。

B　冶炼周期

炉料在炉内的停留时间称为冶炼周期。它是高炉冶炼的一个重要操作指标，同样可以用来说明下料速度的快慢。冶炼周期可通过下式计算：

$$t = \frac{24V_u}{PV'(1-\xi)} \tag{6-52}$$

或

$$t = \frac{24}{\eta_V V'(1-\xi)} \tag{6-53}$$

$$\eta_V = \frac{V_u}{P}$$

式中　t——冶炼周期，h；

V_u——高炉有效容积，m^3；

P——昼夜生铁产量，t；

V'——每吨生铁炉料的体积，m^3；

ξ——炉料在炉内的平均体积压缩率；

η_V——有效容积利用系数，根据鞍钢、本钢的测定，对大、中型焦炭高炉，此值为12%～16%（大高炉取上限）。

由式6-52可见，冶炼周期t与有效容积利用系数η_V和每吨生铁炉料的体积V'成反比。由于冶炼条件的不同，冶炼周期相差甚大。目前我国高炉的冶炼周期约为4～6 h。一般大高炉的冶炼周期较长，而小高炉的冶炼周期较短。

C　非正常情况下的炉料运动

a　炉料的流态化

由于原料的粒度和密度等性质的差异（尤其当整粒工作不好时），此时风量大，煤气量过多,则一部分密度小、颗粒也小的料首先处于悬浮状态,不断运动,进而整个料层均变成流体状态,故称为"流态化",如图 6-24 所示。

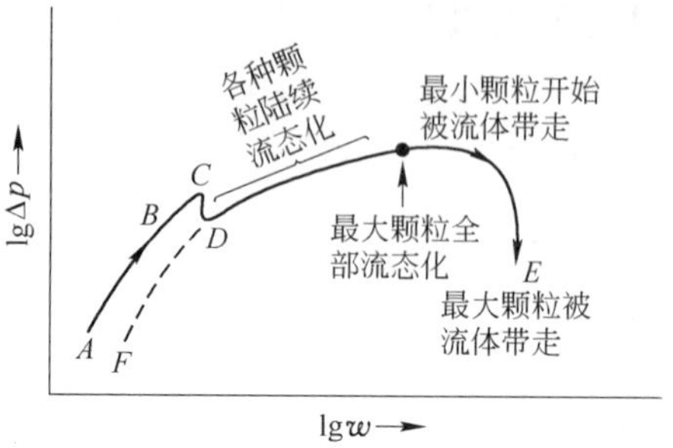

图 6-24　颗粒大小和密度不均时的流态化
Δp—压降; w—气流速度

实际高炉中炉料的粒度较大,距炉料全部流态化尚远。但是炉料中的粒度和密度很不一致。在风量很大的情况下,炉料中产生局部性的或短暂的流态化还是有可能的。

常遇到的流态化现象如炉尘的吹出。流态化又往往造成煤气管道行程,使正常作业受到破坏。随着风量加大,炉尘量增加是正常现象,但为了减少炉尘和消除管道行程,应加强原料的管理和寻求合理的操作制度,采用高压操作和降低炉顶温度,均可降低煤气流动速度,有助于减少炉尘损失,增加产量。

b　炉料的再分布

同位素测定炉料向下运动的轨迹表明:除了少数炉料向下作垂直运动外,多数炉料在下降过程中都将偏移垂直方向,而且各种炉料偏移垂直方向的程度也不相同。焦炭由于密度较小而偏移较多,矿石由于密度大而偏移较少。这样,在下降过程中,焦炭就容易被矿石挤向边缘。所以,通常在炉身下部边缘焦炭较多,而矿石较少。因此,炉料在下降过程中,各种炉料沿高炉截面的分布情况与炉喉料的原始分布情况不完全一样,也就是说炉料的分布情况将发生变化。这个现象称之为炉料的再分布。炉料在下降过程中不仅发生组成的再分布,而且也将发生粒度的再分布。

c　炉料的超越现象

由于炉料各组成的物理形态、密度和粒度不同,因而向下运动的速度也就不完全一样,一些炉料下降较快,另一些炉料下降较慢。于是在炉料下降过程中,将发生下降速度快的炉料"超越"下降速度慢的炉料的现象。这实际上是炉料的纵向再分布。

矿石密度大,焦炭密度小,因而矿石将超越焦炭。但在高炉上部矿石尚处于固体状态时,矿石超越焦炭的现象不显著;在高炉下部由于矿石还原熔化成液态渣铁后易于向下滴落,于是矿石超越焦炭的现象才较显著。

除因密度差别引起的超越现象外,块度的不同也能引起超越现象。小块炉料容易嵌入大块炉料之间的空隙中,因而容易超越大块炉料先行下降。

由于炉料在下降过程中发生超越现象,使得在同一时间内加入的炉料不会同时到达炉缸。在冶炼条件不变和炉况正常的时候,这种现象不会表现出什么影响。这是因为沿料柱高度上某断面处的煤炉料组成超越其他炉料而先下降到下层料柱断面时,同样会得到上层断面超越链的同种炉料组成所补充。

在改炼生铁品种而改变炉料时,新的生铁品种不是在新的炉料按冶炼周期到达炉缸时就能马上得到的,而是在某一段时间内先得到过渡成分的生铁。当改变原料品种或调节焦炭负荷时,同样会出现所谓"过渡阶段"。这些都是由超越现象所引起的。

总的说来,对于炉料再分布和超越现象问题,在高炉解剖研究后证明,块状带仍然保持装料时的矿、焦分层状态,故在正常炉况下对冶炼过程影响不大。

6.4.2 炉料在炉喉的分布

6.4.2.1 炉料在炉喉分布的重要作用

高炉炉喉的重要作用是:承受合理布料,使炉料在炉喉按一定规律分布。故炉喉又称为布料带。所谓炉料在炉喉的分布,是指炉料沿炉喉横截面的分布。高炉内煤气流分布与炉料的分布是相互影响、密切相关的。其他条件一定的情况下,煤气的分布主要取决于炉内炉料的分布,而炉内炉料的分布又主要取决于炉料在炉喉的分布。生产中,可以通过在炉喉的合理布料来控制炉内煤气流的合理分布。所以,炉料在炉喉的合理分布,对于高炉冶炼有着极为重要的作用。

A 炉料在炉喉的分布对煤气分布的影响

炉料在炉喉的分布决定了炉料在炉内的分布,而炉料在炉内的分布对煤气分布有如下影响:

(1) 焦炭与矿石在炉内的分布情况:焦炭集中的地方,透气性好,阻力小,通过的煤气多;矿石集中的地方,透气性差,阻力大,通过的煤气少。

(2) 大块与小块在炉内的分布情况:大块炉料集中的地方,透气性好,阻力小,通过的煤气多;小块炉料集中的地方,透气性差,阻力大,通过的煤气少。

(3) 料层厚薄情况:料层薄的地方,透气性好,阻力小,通过的煤气多;料层厚的地方,透气性差,阻力大,通过的煤气少。

B 炉料在炉喉的合理分布

炉料在炉喉的分布应符合合理煤气分布的要求。为了高炉的顺行,边缘和中心的大块料和焦炭应较多,而边缘与中心之间的环形区域小块料和矿石应较多,这样边缘和中心的透气性好,以利于形成两道煤气流分布;为了提高煤气的利用率,炉料沿圆周方向分布应均匀,而且边缘炉料的负荷(矿石量/焦炭量)应适当重一些(由于边缘效应等原因,通常边缘煤气流易得到发展),以利于形成平峰式或中心开放式煤气流分布。

由上述可知,所谓炉料在炉喉的合理分布,在通常情况下即是:

(1) 从炉喉径向看,边缘和中心尤其是中心的炉料的负荷应较轻,大块料应较多;而边缘和中心之间的环形区炉料的负荷应较重,小块料应较多。

(2) 从炉喉圆周方向看,炉料的分布应均匀。

此外,有时根据需要还要进行所谓"定点布料"。例如,为了改善某区域炉料的透气性和减轻其炉料的负荷,就将焦炭布在该区域;反之,为了抑制某区域的煤气流,就将矿石布在该区域。

影响炉料在炉喉分布的因素包括装料设备的布料方式、炉料性质、装料制度、炉喉间隙、炉喉直径及高度等多方面。

6.4.3 煤气运动

鼓风在风口区域燃烧焦炭而形成原始煤气流。由于鼓风机所产生的压力,原始煤气流向中心穿透和向上运动。煤气只能穿过炉料与炉料之间和炉料与炉墙之间的空隙而向上运动。由于这些空隙自下而上不断变化,并不是有规律的通道,因而煤气流向上运动的轨迹也是不断变化和无规则的。

煤气流无孔不入，在向上运动的过程中，总是沿着阻力小、透气性好的地方穿透，因而透气性好的区域通过的煤气流多，煤气流的运动速度也快。由于高炉炉型和料柱透气性自下而上地变化，加之煤气本身在上升过程中数量、温度和压力的变化，因此煤气在上升过程中运动速度是变化的；同一截面上由于各部分透气性不同，因而各部分的煤气运动速度也不一样。煤气向上运动的速度非常之快，据研究，煤气在高炉的停留时间只有 1 ~5 s，甚至更短。为了有效地控制高炉冶炼行程，使之合理进行，就必须求得高炉各部位料层的阻力以及煤气流量、温度、压力和运动速度。但由于高炉的物理化学过程和煤气运动极其复杂，因此至今尚未获得这方面的可进行精确计算的数学方程，所有过去在实验室试验和总结实际高炉生产资料基础上提出的各种经验公式，只能用作定性分析，不能用作定量计算。但却可以从分析煤气流通过高炉料柱时的压力损失来了解炉内煤气运动的规律，从而有效地指导高炉操作。

（1）Δp 的表达式。Δp 的表达式如下：

$$\Delta p = p_{炉缸} - p_{炉喉} \tag{6-54}$$

或可近似表示为：

$$\Delta p = p_{热风} - p_{炉顶} \tag{6-55}$$

前已述及，Δp 是煤气流通过高炉料柱时的压力损失，也即克服摩擦阻力和局部阻力而造成的压力损失，可近似地看作上升煤气对下降炉料的浮力。因为高炉内煤气的动压头和几何压头变化不大，因此，整个高炉料柱的 Δp 可用炉缸与炉喉的静压力之差——式 6-54 表示。

炉喉压力主要决定于炉顶构造、煤气除尘系统阻力和操作制度（高压或常压操作），它在一定条件下变化不大。炉缸压力决定于料柱阻力、风量、风温和炉顶煤气压力以及炉缸有效空间等因素。在小高炉内，炉缸煤气压力为风压的 20% ~30%，而在大高炉上则为风压的 80% ~90%，个别高炉甚至可达 95% 以上。在高炉生产中，炉缸压力不经常测定，高炉内的压力损失 Δp 常用热风压力与炉喉压力（或炉顶压力）之差——式 6-55 表示，但应考虑到 Δp 中包括从热风管到炉缸一段的压力损失。这一段的压力损失主要与风口设备的构造和风速有关。

（2）煤气的压力损失。高炉的料柱在软熔带以上由固体炉料构成，软熔带由矿石熔剂软熔层和焦炭夹层所构成，滴落带由固体焦炭所构成（液态渣铁流经其空隙）。煤气在通过块状带、软熔带及滴落带时，都会产生不同程度的压力损失，压力损失的大小主要取决于料柱的透气性和煤气的流速。

6.4.4　煤气的分布

高炉内煤气的分布，是指沿高炉横截面各点通过的煤气量的多少。煤气在高炉截面上的分布，常用炉喉料面以下水平截面上的分布来代表。如分布得比较均匀、合理，其热能和化学能利用就比较好，冶炼技术指标就好；反之则差些。因此，获得比较均匀、合理的煤气分布，一直是高炉工作者十分关心的问题。

6.4.4.1 煤气分布的判断

判断煤气分布最直接的方法是了解炉内各点的煤气流速。在掌握各处矿石厚度的情况下,就可以知道该处矿石量与煤气量的比值,从而了解煤气分布状况。但是,由于测量煤气流速在技术上有较多困难而不能经常进行,在生产中往往采用间接的方法,即用煤气中的 CO_2 含量、煤气温度和红外线热图像仪测定等方法判断煤气分布。

A CO_2 曲线

煤气流速分布与 CO 含量的分布相似,而煤气中 $\varphi(CO)+\varphi(CO_2)\approx$ 常数,所以 CO_2 含量的径向分布间接反映了煤气流速的分布,即 CO_2 含量低处,流速高;CO_2 含量高处,流速低。理论上的解释是,在矿石堆积、气流不畅的部位,正是 CO 利用得好而 CO_2 含量高的部位;在矿石较少、透气性好的部位,也正是流速高、CO 利用差而 CO_2 含量低的部位。

CO_2 曲线也称煤气曲线。取样位置在料面下约 1 ~2 m 左右的平面上,一般是 4 个方向呈十字交叉式布置取样孔,在炉外设有取样平台和伸进与拉出取样管的电动绞车;也有的高炉采用人工手动;一般是在半径上取 5 点,故又称作 5 点取样。取出试样后,分析其中 CO 含量,并按直径画出曲线,用来判断煤气分布。如图 6-25 中的 4 种曲线就代表 4 种煤气分布:图 a 为边缘气流型,即边缘 CO_2 含量很低,中心 CO_2 含量很高,是典型的"馒头状"曲线,表示中心焦炭负荷过重,边缘气流过分发展的情况。在此情况下,大量煤气未经充分利用而从边缘逸出,造成炉顶温度偏高,除尘器混合煤气中 CO_2 低。这种曲线表示炉缸中心堆积,炉衬容易损坏,后果是焦比升高。图 b 为中心气流型,即中心 CO_2 含量较低,温度较高,而边缘 CO 较高,有人称"喇叭花型",也有人称"展翅型",这种煤气分布,煤气利用率高,炉顶温度低,混合煤气中高,焦比低,炉衬寿命长,是现代高炉生产的典型曲线。图 c 为两道气流型,即中心和边缘气流都有适度的发展,又称作"双峰型"。这种类型的煤气分布对炉料加

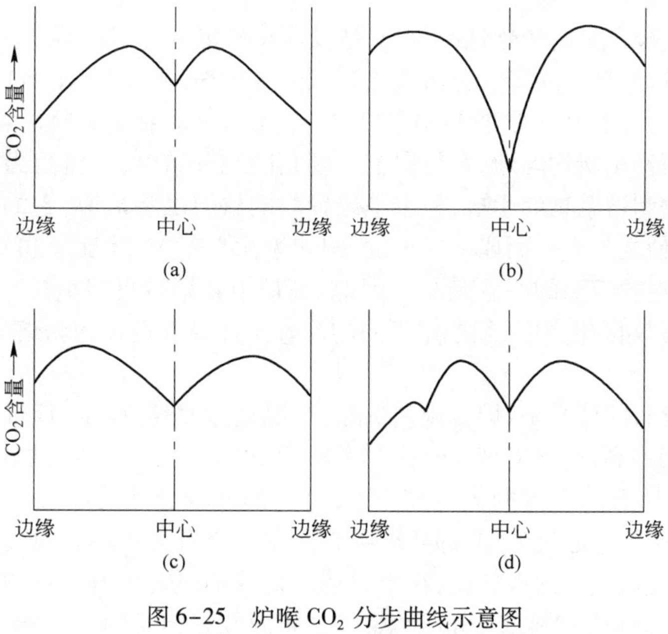

图 6-25 炉喉 CO_2 分步曲线示意图

(a) 边缘气流;(b) 中心气流;(c) 两道气流;(d) 管道气流

工处理稍差的高炉比较适用，易获高产，但指标不如中心气流型好。图 d 为管道气流，即 CO_2 含量最低点既不在中心，也不在边缘，而在发生管道行程的部位。此时，大量未经充分利用的煤气从“管道”流失，能量利用差，炉况不顺，属煤气分布严重失常情况。

炉喉温度分布与煤气流速和 CO_2 分布紧密相关。根据温度分布亦可判断煤气分布。过去中国多数高炉在炉喉和 4 个煤气导出管各安装 4 个热电偶，所以只能判断圆周上 4 个方向上的温度变化。近年来，随着炉料分布控制技术的提高，相应的煤气流分布测试装置也得到很大改善。多数大高炉将炉喉圆周上的热电偶增加到 8 ~ 16 个，对径向上的温度分布的测定也由间歇式改为固定式，即在料面以下 700 ~ 800 mm 的高度上，安装两个互相垂直，并向中心沿料面下倾的固定探测管，内装热电偶，或称十字形探测器。每个直径方向上可测 9 ~ 13 点。与 CO_2 分布相似，可以画出两个直径方向上的温度分布曲线和炉喉四周的温度分布曲线。径向上的温度分布曲线的形状与 CO_2 曲线的形状正相反，即 CO_2 含量高的点其温度是低的。它比 CO_2 曲线更易连续测量，为高炉行程的自动控制提供更多信息。在实际生产中，主要是用 CO_2 曲线和温度分布曲线来判断煤气分布。

B　红外线热图像仪测定

在 20 世纪 70 年代初，日本首先将红外线工业电视系统应用于高炉。该装置是将红外线摄像机光学扫描系统安装在炉头上，将收集的红外光反射到检测器中，经过信号转换和处理，输出到显示器上，给出料面等温线和分色的温度区带，以及某一直径上的温度分布曲线，为操作者很直观地提供了料面温度分布图像。利用热图像仪提供的信息，可以判断炉料下降和煤气分布情况，探测操作中的失常情况和迅速反映出布料控制措施的效果，此外还可以为冶炼过程分析计算，诸如软熔带、热动态模型等提供必要的数据。该装置已成功地应用在日、美、德等国及中国宝山钢铁公司等的高炉上。

6.4.4.2　合理的煤气分布

高炉合理煤气分布是高炉炼铁的核心，涉及高炉稳定顺行、节能降耗、长寿等核心问题。从传热传质角度看，最理想的煤气分布应该是，在高炉的横截面上单位矿石量所通过的煤气量相等，这时煤气的热能和化学能利用最充分，与此相应也要求炉料呈均匀分布。但事实上，在块状带，矿石和焦炭均匀地、在径向上厚度相同地分布时，气流阻力最大，同时软熔带内由于有半熔融物和熔融物的生成，呈水平位置时的软熔层将最厚，它的气体阻力也最大。只有把它分散开，使之与水平面成一定角度，例如为 65° ~ 70°，才能使它对气流阻力的影响减到最小，气体通过软熔层的路程最短。因此，高炉中软熔带只能呈“∧”、“W”形，而不能呈“—”形，为此，在实际生产中，须根据不同的冶炼条件寻求最佳的软熔带形状和最合理的煤气分布。

合理的煤气分布的特点是：炉料顺利下降，炉温充沛，炉况稳定；煤气能量利用充分，炉顶温度低，CO 利用率高；最终表现为焦比和燃料比低，生铁成分稳定，炉衬寿命长。在原料准备较好、炉子较大、设备先进的大型高炉上，公认的比较合理的煤气分布，按 CO_2 曲线或温度来判断，应是平坦中心气流型，即要求中心保持一个阻力较小的煤气发展通道，但范围不宜过宽，边缘亦应有适量的煤气流，在中间环区则尽量均匀平坦分布；四周 CO_2 和温度的分布比较均匀。对高炉生产来说，合理的煤气分布曲线是相对的，它随着炉容的大小、原料准备处理的情况、设备条件和操作工艺水平等而变化。不同的历史时期，不同高炉所追求的合理煤气分布也不同。例如，为了追求产量(多出铁)时，宁可维持较高的焦比，常采用两道气流型，甚至边缘发展型。现在大多数高炉的合理煤气分布目标仍停留在炉况的稳定顺行方面，但就炼铁的发展方向来说，应该尽量改善原燃料条件，做到均衡生产；尽量使煤气热能和化学能得到充分利用，做到最佳最合理的煤气分布，达到高产、优质、低耗和长寿的目的。因此，在继续提高煤气利用、降低燃料比方面，需要进一步的探索。

6.4.4.3 煤气分布的影响因素

A 送风制度

鼓风离开风口时所具有的速度和动能，在风口前端形成一个疏松的椭圆形区间，焦炭在这个区间进行回旋运动和燃烧。回旋区的形状和大小决定着炉缸初始煤气的分布。回旋区的深度越大，煤气越向中心扩展，这也使炉缸中心保持一定的热度，控制中心堆积的焦炭数量，维持死焦堆良好的透气透液性能，避免下落的渣铁影响煤气向中心的渗透。送风制度决定着炉缸初始煤气分布，也从根本上决定了煤气分布的形态。为达到尽量扩展回旋区深度的目的，需要维持尽量大的动能。人们所担心鼓风动能增大到一定水平后的中心煤气过分发展问题，可以通过上部装料制度的调整来有意识地控制中心、疏导边缘。风口面积、风口长短根据生产任务与高炉自身特点选定后，生产中尽量不作调整；为维持回旋区深度的稳定，尽量维持送风制度的稳定。

B 装料制度

装料制度通过改变炉料在炉喉径向的分布状态，来调整煤气在径向各点的流速，从而达到高炉稳定顺行的目的，并尽可能地提高煤气利用率、降低燃料比。在上部固体散料层，由于焦炭对煤气产生的阻力要比矿石对煤气产生的阻力小得多，煤气在径向位置上主要沿着矿焦比低的路径上升，或者说煤气沿这一路径的上升速度最快、煤气利用最差。但煤气的上升速度不能无限制的增加，否则会导致固体散料层的流化，出现管道行程，破坏炉况顺行。装料制度的主要作用是针对炉缸初始煤气的分布状态，控制中心与边缘煤气的流速，维持炉况顺行、提高煤气利用。装料制度的基础是准确布料，将炉料直接布到炉喉径向相应位置，减少依靠溜料实现的炉料在料面的再分配，装入的炉料尽量平铺，减少料面本身的不稳定性。装料制度的调整尽量采取调整矿石装料的方式，坚持“多议少动”，杜绝“盲动”。

C 原燃料质量

原燃料质量对高炉煤气分布的影响体现在：一是原燃料粒度，原燃料粒度越小、越不均匀，对煤气的阻力越大，越易引起煤气分布紊乱；二是原料的低温还原粉化性能、块矿的热爆裂性能、球团矿的还原膨胀性能，如果它们性能差，会在炉内中、低温区引起原料粒度的变碎，从而引起煤气分布紊乱；三是焦炭的高温冶金性能，焦炭高温冶金性能差导致炉内软熔带以下焦炭粒度过小，增加渣铁在焦炭中的滞留时间，煤气难以透过滴落带，易导致下部煤气分布紊乱。在原燃料质量方面，一定要对其粒度、冶金性能跟踪管理，减少原燃料质量问题造成的煤气分布紊乱。

D 日常操作

日常操作对煤气分布的影响因素：一是喷煤量，高炉煤比增加后，若未燃煤粉对焦柱的堵塞作用及未燃煤粉使炉渣黏稠的现象不能通过高风温、富氧等得到缓解，会造成炉缸初始中心煤气被抑制，引起炉缸初始边缘煤气发展，再者日常操作中煤粉量突然增加极易引起炉缸边缘局部气流紊乱；二是受原燃料质量影响，炉渣性能及渣量会发生一定的变化，增加渣铁在焦炭中的滞留时间，导致下部煤气分布紊乱；三是出渣出铁，炉内不能及时出净渣铁，同样易造成炉内下部煤气分布紊乱。

日常操作中应追踪管理煤粉量的稳定程度，稳定原燃料质量，及时调整炉渣碱度，出渣、出铁必须及时。在高煤比操作下，还需要解决未燃煤粉对炉内下部煤气分布的影响。

6.4.4.4　合理煤气分布的途径

煤气分布不单是炉料在炉喉截面分布决定的，煤气自炉缸产生，经过软熔带，到达固体散料层，最终从料面逸出，经历三次分布。上部调剂虽然有很大作用，但必须从炉缸做起才能达到真正的煤气合理分布。调剂的原则是以下部为基础，上下部调剂相结合。合理的煤气分布应该是下部煤气形成中心发展的煤气，即炉缸初始煤气最大限度向中心渗透，以利于提高整个死焦堆的透气、透液能力。这就是“吹透中心”的高炉，只是吹透程度因高炉而异。要实现“吹透中心”，需要保持足够的、稳定的鼓风动能，维持风口前回旋区的深度。对应“吹透中心”的下部煤气分布形态，上部煤气分布形态在中心煤气与边缘煤气的分配方面产生程度上的差异，即产生中心煤气与边缘煤气都开的煤气分布形态和中心煤气开与边缘煤气稳定的煤气分布形态，但总的原则是中心煤气与边缘煤气的合理分配，不在局部发生因煤气流速过高导致管道行程的现象。

高炉布料务必将炉料直接布到炉喉径向相应位置，增强对中心煤气与边缘煤气的控制能力，各档位矿、焦的调整能有效地控制中心煤气与边缘煤气，解决边缘煤气圆周方向不均匀、中心煤气波动问题。同时，装料制度中焦炭布料的基础是形成适当宽度的平台及对应宽度的漏斗，以稳定矿石在料面的分布。生产中煤气分布的调整，可以通过调整矿石布料圈数来有效地完成。

6.4.5　高炉内的热交换

高炉内的热交换是指上升的煤气流与下降的炉料之间的热量传递。高炉各个区域中化学反应能否进行和进行的程度如何，温度高低是决定性的条件。煤气流既是还原剂又是载热体，在煤气上升过程中，既还原了矿石又将热量传给了炉料，提供加热及各种物理化学反应所需的热量。因此，煤气与炉料之间的热交换进行得程度如何，对高炉冶炼起着决定性的作用。

6.4.5.1　炉料（或煤气）的水当量

炉料的水当量（或煤气的水当量）是指单位时间内炉料（或煤气流）温度升高 1℃（或降低 1℃）时所吸收（或放出）的热量。炉料的水当量和煤气的水当量，可分别表示如下。

（1）炉料水当量（$W_{料}$）：

$$W_{料} = G_{料}\, c_{料} \tag{6-56}$$

（2）煤气水当量（$W_{气}$）：

$$W_{气} = V_{气}\, c_{气} \tag{6-57}$$

式中　$W_{料}$——炉料的水当量，kJ/(h · ℃)；

$W_{气}$——煤气的水当量，kJ/(h · ℃)；

$G_{料}$——单位时间内通过高炉某一截面的炉料量,kg/h;

$V_{气}$——单位时间内通过高炉某一截面的煤气量,m^3/h;

$c_{料}$——炉料的比热容,kJ/(kg·℃);

$c_{气}$——煤气的比热容,kJ/(kg·℃)。

炉料的水当量越大,则炉料升高1℃时所需要的热量就越多;煤气的水当量越大,则煤气温度下降1℃时传给外界的热量也就越多;反之亦然。

在现代高炉上,水当量沿高炉高度上的变化规律是:煤气水当量上、下部基本相同(2000~2500 kJ/(t·℃)),这是因为$V_{气}$上部大,下部小,而$c_{气}$相反,上部小,下部大,两者乘积基本相同;炉料水当量上部小,下部大(上部1800~2200 kJ/(t·℃),下部5000~6000 kJ/(t·℃)),这是由于上部不仅吸热反应少,而且CO间接还原放热,所以表观$c_{料}$小;下部则有大量的吸热反应,还有炉渣和生铁熔化耗热,所以表观$c_{料}$很大。

6.4.5.2 理论燃烧温度

A 理论燃烧温度的概念

由于高炉内实际的燃烧温度难以计算,所以,通常用理论燃烧温度来代表实际燃烧温度。所谓理论燃烧温度,是指风口前焦炭燃烧所能达到的最高温度,亦即炉缸煤气参与炉料热交换之前的原始温度,用下式计算:

$$t_{理}=\frac{Q_{碳}+Q_{风}+Q_{燃}-Q_{分}}{V_{煤}\times c_{煤}} \tag{6-58}$$

式中 $t_{理}$——理论燃烧温度,℃;

$Q_{碳}$——碳燃烧为CO时放出的热量,kJ/(kg·℃);

$Q_{风}$——热风带入的热量,kJ/(kg·℃);

$Q_{燃}$——焦炭和喷吹燃料带入的物理热,kJ/(kg·℃);

$Q_{分}$——鼓风和喷吹燃料中的水分以及喷吹燃料的分解热,kJ/(kg·℃);

$V_{煤}$——燃烧生成的煤气量,m^3/(kg·℃);

$c_{煤}$——煤气的平均比热容,kJ/(m^3·℃)。

从式6-58知:风温越高,则带入的热量越多,因而$t_{理}$越高;鼓风湿度越大,则水分分解耗热越多,因而$t_{理}$越低;鼓风含氧量越高,则生成煤气量越少,因而$t_{理}$越高;喷吹量越大,喷吹燃料分解耗热越多,并且生成煤气量增加,因而$t_{理}$越低。

理论燃烧温度的高低对高炉冶炼有很大的影响。理论燃烧温度高,表明同样体积的煤气含有较多的热量,可以把更多的热量传给炉料,有利于炉料的加热、分解、还原过程的进行。尤其是高炉喷吹燃料后,较高的$t_{理}$可以加速喷吹物的燃烧,改善喷吹燃料的利用。但是过高的$t_{理}$使煤气体积增大,煤气流速加快,炉料下降所受阻力增高,同时还导致SiO_2大量挥发,不利于炉况顺行。因此,应维持适宜的$t_{理}$。

应当指出,$t_{理}$与炉缸温度有本质区别,而且也没有严格的依赖关系。$t_{理}$是指燃烧带燃烧焦点的温度(燃烧带中的最高温度),炉缸温度是指炉缸渣铁水的温度。例如,当$t_{理}$达1800~2400℃时,而炉缸温度一般只有1400~1500℃左右。又如,喷吹燃料后,$t_{理}$降低,而炉缸温度却往往升高;富氧鼓风后,$t_{理}$升高,但由于煤气量显著减少,炉缸中心煤气量不足、炉缸温度还可能降低。因此,$t_{理}$不能作为衡量炉缸温度的主要依据。

B　影响理论燃烧温度的因素

影响理论燃烧温度的因素有:鼓风温度、鼓风富氧度、喷吹燃料、鼓风湿度。

(1) 鼓风温度。鼓风温度升高,则鼓风带入的物理热增加,理论燃烧温度升高。鼓风湿度为 1.5% 且无富氧无喷吹时,鼓风温度和理论燃烧温度的数值对应如表 6-22 和表 6-23 所示。

表 6-22　鼓风温度和理论燃烧温度的关系表　(℃)

风　温	理论燃烧温度
800	1994
900	2013
1000	2154
1100	2237
1200	2319

表 6-23　鼓风含氧量与理论燃烧温度的关系

鼓风含氧量/%	理论燃烧温度/℃
21	2237
22	2267
23	2314
24	2360
25	2404

(2) 鼓风富氧度。鼓风含氧量提高以后,N_2 含量减少,此时虽因风量减少而使 $Q_{风}$ 有所降低,但由于 V_{N_2} 降低的幅度大,理论燃烧温度显著升高。风温为 1100℃,鼓风湿度为 1.5%,无喷吹时的数值对应关系见表 6-23。

(3) 喷吹燃料。由于喷吹物分解吸热和 V_{H_2} 增加,理论燃烧温度降低。由于各种喷吹燃料的分解热不同:含 H_2 22% ~24% 的天然气分解热为 3350 kJ/m³,含 H_2 11% ~13% 的重油分解热为 1675 kJ/kg,含 H_2 2% ~4% 的无烟煤分解热为 1047 kJ/kg。由此可知,喷吹天然气降低理论燃烧温度最剧烈,重油次之,无烟煤降低最小。

(4) 鼓风湿度。鼓风湿度的影响与喷吹物相同,由于水分分解吸热,理论燃烧温度降低。

6.4.5.3　炉内温度的变化和分布规律

A　风口至炉缸中心温度的分布

炉缸内的实际温度与 $t_{理}$、焦比、炉渣成分、生铁品种、炉缸内的直接还原以及冷却水带走的热量等因素有关。各高炉由于冶炼条件和操作制度的不同,炉缸实际的温度也不尽相同,但炉缸温度沿半径方向的变化趋势是相似的,如图 6-26 所示。

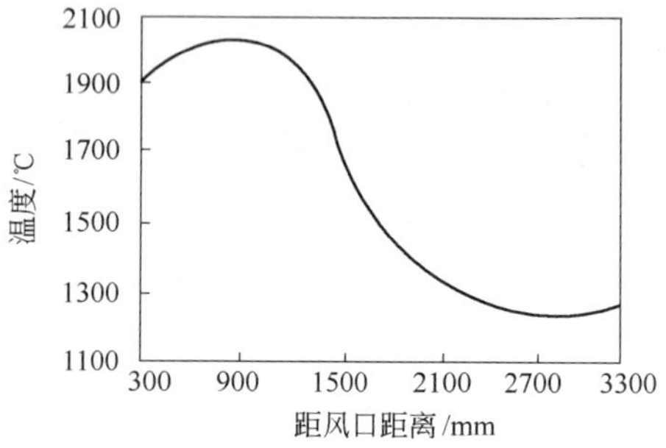

图 6-26　沿半径方向炉缸温度变化

燃料在靠近风口的燃烧带内燃烧,产生的高温煤气向上和向炉缸中心穿透,把热量传递给焦炭、炉渣和铁水,而煤气本身的温度逐渐降低。因此,炉缸内温度的分布与煤气的分布密切相关。

在风口附近(燃烧带),由于燃烧生成 CO_2 时放出的热量最多,温度达到最高点(即燃烧焦点)。燃烧焦点的温度取决于风温、鼓风成分、燃料性质、焦点处煤气中的 CO_2 含量以及炉缸温度水平等因素。燃烧焦点在冶炼炼钢生铁时为1900℃左右，在冶炼锰铁及硅铁时可达到2000℃以上。

从风口到炉缸中心温度降低的程度，主要取决于炉缸中直接还原反应发展的程度和到达炉缸中心的煤气量。显然，直接还原越少，到达中心的煤气越多，则温度降低越少。中心温度过低时，中心渣铁的流动性差，易形成难熔的物质，导致炉缸中心堆积。由此可见，炉缸温度沿半径方向分布是不均匀的。

B 沿炉身高度上的炉内温度分布

高炉从下往上温度是逐渐降低的。其原因是温度高达1700～2000℃的炉缸煤气在上升过程中，不断地把热量传递给下降的炉料，仅几秒钟时间到炉顶后降至150～300℃，而常温的炉料在下降过程中不断被煤气加热、还原，到达炉缸时呈液态的渣铁，定时排出炉外。

研究表明，高炉内的温度场虽因高炉具体情况不同，沿圆周半径方向依煤气流的分布而千差万别，但沿炉内高度上的温度分布却有如图6-27所示的共同规律。

在高炉上部与下部，即新的炉料刚刚进入炉内和煤气刚刚从风口燃烧带产生之处，煤气与炉料间温差较大，热交换强烈。而在炉身中下部区域内，煤气与炉料的温差很小，大约只有10～20℃左右，是热交换极其缓慢的区域，常称为热交换的空区域或热储备区。

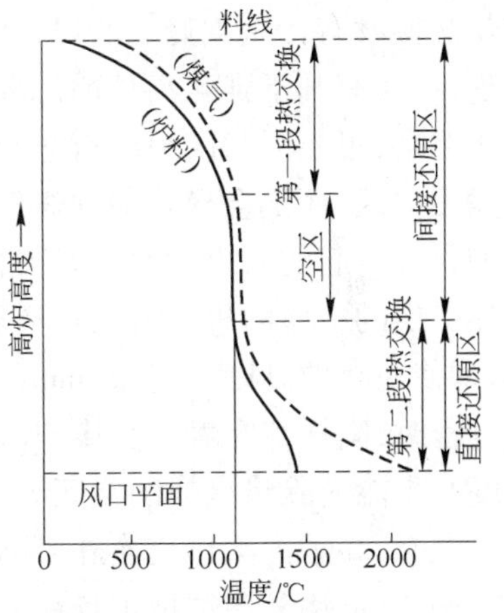

图6-27 高炉热交换过程示意图

6.4.5.4 热交换规律

由图6-27可知：从热交换角度出发，可以把高炉划分为三个区，即上部热交换区、下部热交换区和空区。下面分别讨论这三个区域的热交换。

A 上部热交换区

在此区域中，主要进行炉料的加热、水分的蒸发、结晶水的分解、炉料挥发分的挥发、部分碳酸盐的分解和部分间接还原。而高级氧化物的间接还原是放热反应，炉料吸热量少，因此炉料水当量小于煤气水当量，即 $W_{料} < W_{气}$。所以，在此区域内，炉料温度上升的速度大于煤气温度下降的速度；同时，上升煤气遇到刚入炉的冷料，煤气与炉料之间有较大的温度差，所以热交换剧烈，炉料由20～30℃常温升高到中部空区950℃，而煤气温度则从950℃下降到炉顶温度200～300℃，最上面的温度差约为100～300℃。

B 下部热交换区

在此区域中，由于进行着铁、锰、硅、磷等元素的直接还原，部分碳酸盐的分解，炉料的熔化，以及渣铁的过热等物理化学过程，炉料消耗的热量很大，因此 $W_{料} > W_{气}$，即炉料温度上升的速度低于煤气温度下降的速度，炉料与煤气也一直保持着较大的温度差，而且越往下温度差越大。煤气从离开燃烧带时的温度1800～2000℃下降到中部空区950℃，而炉料从中部空区的950℃上升到渣铁出炉温度1500℃，最大时温差可达400～500℃。在此区域内热交换进行得最剧烈。

C　空区

在高炉的中部，由于进行的吸热反应（主要为部分碳酸盐分解和直接还原）和放热反应（间接还原）的热效应值接近，炉料消耗的热量少，因此 $W_{料} \approx W_{气}$，即炉料温度上升的速度约等于煤气温度下降的速度。在此区域内，炉料与煤气的温差很小（约 10～20℃），因而热交换进行得很缓慢，甚至基本上不交换。所以，此区域被称为热交换的“空区”。空区约占整个料柱高度的50%左右。空区和下部热交换区的界线是碳酸盐开始大量分解和碳的气化反应（$CO_2 + C = 2CO$）明显发展的温度线，即 950～1100℃的区域。

6.4.5.5　改善煤气利用的途径

A　保持适宜的高炉高径比

由于高炉有热交换的空区存在，高炉的高度愈高，空区也必然愈长。因此，过高的高度对热交换没有什么益处。所以，适当降低高度和炉腰直径之比 H_u/D，不但不会恶化热交换过程，反而有利于强化高炉冶炼和改善煤气的利用。这已为许多生产实践所证实。

但是，不能因为高炉内有热交换的空区，就可以认为高炉的有效高度可以大大降低，从而缩短空区，而不会导致炉顶煤气温度升高。因为高炉内热交换空区的出现，不是由于高炉炉型方面引起的后果，而是冶炼过程本身的必然结果。高炉毕竟不是一个简单的热交换器，在热交换的空区内进行着间接还原，因此热交换的空区可以缩短，但不能消除。试验研究表明，即使在有效高度为 1225 mm（为正常高炉的 1/20）这样小的高炉上，当进行着正常的反应过程时，同样存在着热交换空区，其高度大约为全料柱高度的 30%。由此可见，减小高炉高度并不能消除热交换的空区。

同时，高炉内除热交换外，还进行着还原等物理化学过程，高炉过矮，必将恶化这些过程。例如，首钢某高炉把炉身缩短约 6 m，炉型突出矮胖，高径比 H_u/D 降到 2.61，虽然也获得了较好的冶炼指标，但与冶炼条件相似的、高度较高的高炉（高径比 2.91）比较，焦比一般总要高出 10～30 kg，燃料比更高，见表 6-24。

表 6-24　高炉高径比（H_u/D）对焦比的影响

高径比（H_u/D）	高炉（1）为 2.61	高炉（2）为 2.91
有效容积/m^3	576	1036
有效高（H_u）/m	18.30	24.65
炉身高/m	8.50	14.10
利用系数/$t \cdot (m^3 \cdot d)^{-1}$	2.41	2.03
吨铁实际焦比/kg	442	432
吨铁校正焦比/kg	502	432
吨铁燃料比/kg	624	546
吨铁煤比/kg	131	77
吨铁油比/kg	51	37
风温/℃	1051	1039
炉顶煤气中 CO_2 含量/%	14.20	15.10

综上所述，适当降低高炉的高径比 H_u/D，保持适宜的 H_u/D。对于改善热交换和还原等过程，提高煤气的利用，从而改善高炉冶炼的指标，是十分重要的。

B　维持适宜的炉缸温度

炉缸温度直接影响到渣铁的温度及生铁的质量。因此，炉缸温度是高炉操作中十分关心的问题。根据热平衡和热交换原理，可以推导出高炉下部热交换区内炉缸温度与 $W_{气}/W_{料}$ 比值的关系：

$$W_{料}\ t_{缸} - W_{料}\ t_{空} = W_{气}\ t_{气} - W_{气}\ t_{空}$$

式中，$t_{缸}$、$t_{空}$ 和 $t_{气}$ 分别为炉缸内炉料（渣铁）、空区和炉缸内的煤气温度。

由于空区 $W_{料} \approx W_{气}$，因此上式可化简成：

$$W_{料}\ t_{缸} = W_{气}\ t_{气}$$

则

$$t_{缸} = W_{气}\ t_{气}/W_{料}$$

由上式可见，炉缸温度（炉渣和铁水的温度）取决于炉缸煤气温度和 $W_{气}/W_{料}$ 的比值。当风温提高而焦比等不变时，由于 $t_{气}$ 升高，而 $W_{气}/W_{料}$ 又不变，因此 $t_{缸}$ 将升高；当焦比升高而风温等不变时，由于 $W_{气}/W_{料}$ 增大，而 $t_{气}$ 又不变，故 $t_{缸}$ 也将升高；如果在提高风温的同时降低焦比，尽管 $t_{气}$ 升高了，但 $W_{气}/W_{料}$ 却减小，于是 $t_{缸}$ 不一定变化。

采用富氧鼓风时，由于对 $t_{气}$ 升高比对 $W_{气}/W_{料}$ 降低的影响更大，所以 $t_{缸}$ 将升高。

当炉况不顺，炉料与煤气分布不合理时，铁矿石在高炉上部间接还原不充分，从而增加了高炉下部的直接还原，这就增大了炉料水当量，于是 $W_{气}/W_{料}$ 降低；同时，由于炉料在上部预热不良，因而 $t_{气}$ 也将降低。所以，在这种情况下，$t_{缸}$ 将降低。同理，当铁矿石的还原性变差时，炉子下部直接还原必然增加，因而 $t_{缸}$ 也会降低。

综上所述，炉缸温度取决于焦比、风温、鼓风成分、炉况和炉缸直接还原等因素。根据冶炼条件和冶炼的生铁品种，合理地利用有关手段和选择有关参数，使 $W_{气}/W_{料}$ 降低和 $t_{气}$ 升高相结合，就能获得一个适宜的炉缸温度水平。同时还不难看出，高风温和富氧鼓风有利于提高炉缸温度，因而有利于冶炼高温生铁。

C　降低炉顶温度

根据热平衡原理和热交换原理，若炉料带入炉内的热量忽略不计，则可得出：

$$W_{气}\ t_{空} = W_{料}\ t_{空} + W_{气}\ t_{顶}$$

则有

$$t_{顶} = t_{空}\left(1 - \frac{W_{料}}{W_{气}}\right) \tag{6-59}$$

由式 6-59 可知，$t_{顶}$（炉顶煤气温度）取决于 $t_{空}$ 和 $W_{料}/W_{气}$。当 $t_{空}$ 一定时，$t_{顶}$ 就只与 $W_{料}/W_{气}$ 有关，$W_{料}/W_{气}$ 越大，则 $t_{顶}$ 越低。运用式 6-21 对影响炉顶温度的因素进行分析如下：

（1）焦比对炉顶温度的影响。焦比越低，$W_{气}$ 越小则 $W_{料}/W_{气}$ 越大，因而 $t_{顶}$ 越低，即炉顶煤气温度随着焦比的降低而降低。

（2）风温对炉顶温度的影响。风温提高而焦比不变时，由于 $W_{气}$ 不变，因而 $t_{顶}$ 也不变，但在实际操作中，风温提高后，焦比必然降低，因而 $W_{气}$ 减小，$t_{气}$ 减小，$t_{顶}$ 就会降低。

提高风温不但有利于降低炉顶煤气温度，而且由于 $W_{气}/t_{气}$ 升高，使高温区和成渣带下移，因而有利于扩大间接还原区，改善还原过程并维护炉况顺行。

（3）鼓风成分对炉顶温度的影响。当采用富氧鼓风和加温鼓风时，由于单位碳量燃烧所产生的煤气量减少，因而 $W_{气}$ 减少，$t_{顶}$ 降低。

富氧鼓风也将使高温区和成渣带下移，有利于改善还原过程和炉况顺行。

(4) 炉料和煤气的分布对炉顶温度的影响。若炉料与煤气的分布均匀而合理,由于煤气的热量能被炉料很好地吸收,因而 $t_{顶}$ 将降低。反之,当煤气分布失常,即边缘或中心煤气流过分发展(尤其是前者)或有管道煤气流形成时,由于大量煤气从边缘、中心和管道流走,煤气与炉料不能进行充分的热交换,因而 $t_{顶}$ 必将升高。

(5) 炉料中的水分对炉顶温度的影响。当炉料含水较多时,由于炉料中的水分蒸发和水化物的分解需消耗较多的热量,而使得高炉最上部的 $W_{料}$ 较大,因而 $t_{顶}$ 较低;当使用烧结矿和干燥的炉料时,由于炉料在最上部吸收的热量较少,即使最上部的 $W_{料}$ 较小,所以 $t_{顶}$ 就较高。

综上所述,使用低焦比、高风温、富氧、加温鼓风、冷矿入炉和炉料与煤气的合理分布的操作,均可以降低炉顶煤气温度。

6.5　高炉的上部调剂

高炉上部调剂是根据高炉装料设备的特点,按原燃料的物理性质及在高炉内分布特性,正确选择装料制度,保证高炉顺行,获得合理的煤气分布,最大限度地利用煤气的热能和化学能。

现代多数高炉基本上已淘汰钟式炉顶,在我国 300 m^3 以上高炉已基本上是无钟炉顶,只有 300 m^3 以下仍采用钟式炉顶装料设备。高炉炉型的特点决定了炉料落入炉内时,在炉喉的分布总是不均匀的,炉料的分布应与煤气的分布相适应。从下料顺畅角度分析,中心的大块料和焦炭应较多,而边缘与中心之间的环形区域小块料和矿石应较多,这样边缘和中心的透气性好,以利于形成两股煤气流分布。但从提高煤气利用率方面分析,炉料应均匀分布,而且边缘炉料的负荷(矿石量/焦炭量)应适当(由于边缘效应等原因,通常边缘煤气流易得到发展),以利于形成平峰式或中心开放式煤气流分布。

由此可知,炉料在炉喉的合理分布应该是:

(1) 从炉喉径向看,边缘和中心尤其是中心的炉料的负荷应较轻,大块料应较多;而边缘和中心之间的环形区炉料的负荷应较重,小块料应较多。

(2) 从炉喉圆周方向看,炉料的分布应均匀。有时根据需要还要进行所谓"定点布料"。例如:为了改善某区域炉料的透气性和减轻其炉料的负荷,就将焦炭布在该区域;反之,为了抑制某区域的煤气流,就将矿石布在该区域。

影响炉料在炉喉内分布的因素很多,分述于下。

6.5.1　炉料的性质对布料的影响

散料从一个不太高的空间落到没有阻挡的平面上,都会形成一个自然圆锥形料堆,锥面与水平面之间的夹角称为"自然堆角"(用 α_0 表示)。对同一种散料,小块的比大块的自然堆角要大,若粒度不等的混合料堆成一堆时,将产生按不同粒度的偏析现象,即大块料容易滚到堆脚,而粉末和小块易集中于堆尖,如图 6-28 所示:Ⅰ部分粒度最细;Ⅲ-Ⅲ部分粒度最大;Ⅱ-Ⅱ部分介于两者之间。

对于形状不同的料块,圆滑易滚的堆角小,反之堆角大。

高炉常用原料的自然堆角如下:

天然矿石(粒度 12～120 mm)	40°30′～43°
烧结矿(粒度 12～120mm)	40°30′～42°
石灰石	42°～45°
焦炭	43°

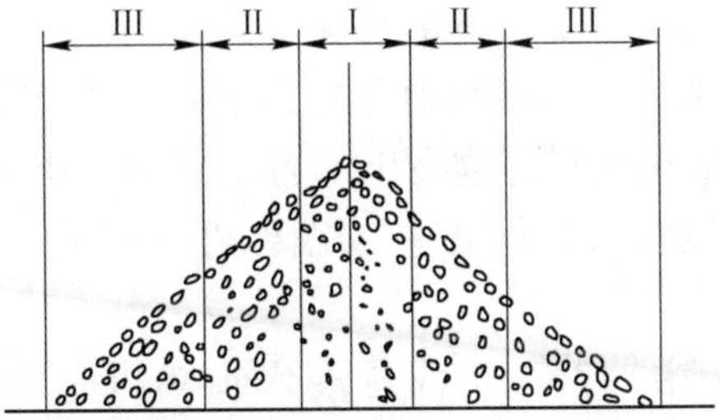

图 6-28　自然布成的散粒料堆中的粒度分布情况

由此可见,各种原料自然堆角差别不大。但是,各种炉料在高炉内的实际堆角由于受到大钟形状、炉喉尺寸以及煤气浮力等因素影响,与自然堆角有差异。实测发现,矿石在炉内的实际堆角为 36°～43°,而焦炭实际堆角则比本身的自然堆角小得多,只有 26°～29°。有学者得出以下近似公式:

$$\tan\alpha = \tan\alpha_0 - k\frac{h}{r} \tag{6-60}$$

式中　α——炉料在炉内的实际堆角;

α_0——炉料的自然堆角;

r——炉喉半径;

h——料线高度(炉料的下落高度);

k——与炉料性质有关的系数,表示料块下落碰到炉墙或料堆后,剩余的使料块继续滚动的能量。

由式 6-60 可知,炉料的落差越大,炉喉半径越小,炉内的实际堆角越小,其次由于焦炭的弹性和粒度都比矿石大,所以焦炭比矿石的实际堆角小得多。由于焦炭和矿石的堆角不同,在炉内互成不平行的料层。焦炭在中心较边沿厚,矿石与此相反。因此,堆角越大的料,在炉喉的炉墙边沿相对布料越多,对边沿煤气流有压制用或者称为加重边沿作用。各种炉料加重边沿由重至轻的排列顺序为:

天然矿→烧结矿→球团矿→焦炭

炉料物理性质不同,在炉内的分布亦不同,因此,将对上升煤气流的分布产生不同的影响。在边缘和中心焦炭与大块矿石较多,故透气性好,对气流通过的阻力小;由于堆尖附近富集了大量的碎块和粉末,因而透气性差,通过的煤气量也较少,炉喉煤气 CO_2 最高点和温度最低点,正处在堆尖下面。

6.5.2　装料制度对炉喉布料的影响

装料制度是炉料装入炉内方式及顺序的总称,利用上述炉料性质和规律,采用不同的装料方法,调剂煤气流在炉内合理分布。通常采用的手段有:改变料线高低,变换批重大小,变动装料顺序和旋转布料器的工作制度等。

6.5.2.1　料线高低

大钟在开启位置时，下缘至料面的垂直距离 h 称为料线，而料面一般是指堆尖附近位置。通常讲料线高是指这段距离短，即 h 小；反之 h 大，叫低料线。

炉料落入炉内的轨迹，是一条既受料块本身重力作用，又受料钟斜面影响的抛物线，如图 6-29 所示。炉料下落碰到炉喉炉墙的地方称为碰撞点（实际是碰撞带）。当采取不同料线时，炉料的堆尖位置必然落在落料抛物线上的各个点上。由于堆尖处，粒度较小的（甚至是粉料）较多，对煤气阻力影响最大，利用这一规律，在布料时，可有效控制堆尖离炉墙的不同位置，控制和调剂煤气流。

高炉操作一般都是规定料线操作，料线高低不同，炉料在料面上分布不一样，如图 6-30 所示，炉料在炉墙上的碰撞点的料线叫最低料线，此时 h 最大，为 h_{max}。在 h_{max} 处，炉料堆尖（透气性不好的带）刚好落在炉墙附近，随着料线的提高（h 减小），堆尖逐渐离开炉墙，而向中心靠近。此时边沿料柱透气性逐渐增加，而中心料柱透气性则逐渐降低。

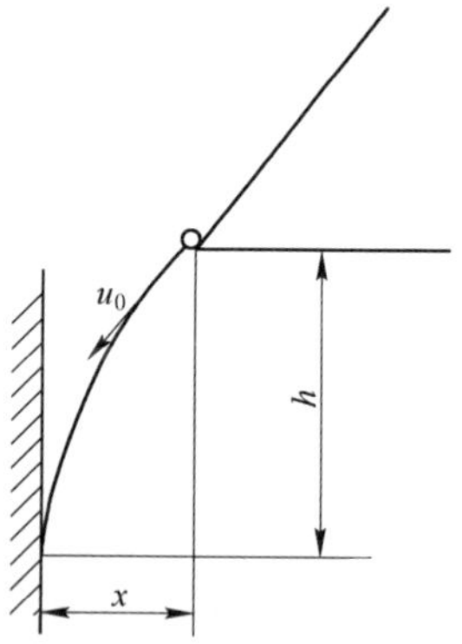

图 6-29　落料抛物线

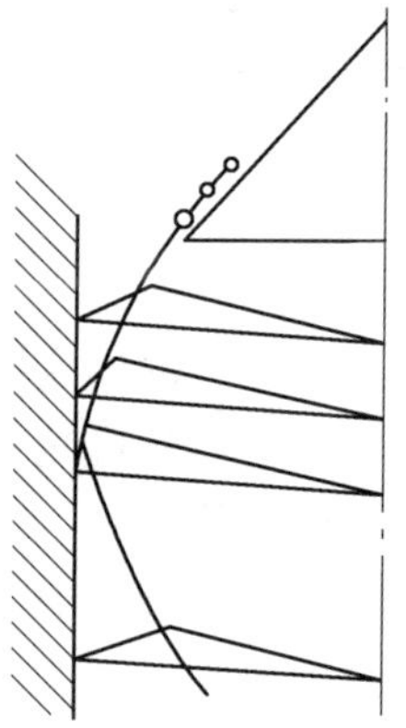

图 6-30　料线高低对布料的影响

高炉一般不允许料线在碰撞点以下，其原因为：

（1）在碰撞点以下，炉料多一次碰撞，就多一次破损，使粉末增多；

（2）不能充分利用高炉有效容积；

（3）不能充分利用煤气热能，炉顶温度升高，不利于保护炉顶设备。

因此，除特殊情况外，不允许长期低料线操作。

当然，也不允许料线过高，如果装入一批料后料尺出现零尺，就可能出现大钟关不严，或者强迫打开大钟时损坏大钟拉杆等现象。

每个高炉应有本身最适宜的料线，确定料线高低与高炉上部的炉型、炉料性能、料批大小和布料设备的构造有关，在操作中应找出并保持这个适宜的料线，非必要时不宜过多变动。正常操作中必须严格按规定料线装料，以免布料混乱，绝对不允许长期低料线操作。如因临时故障加料不满，来不及上料，应适当减风量，防止炉凉。

大中型高炉料线一般在 0.8～2.0 m，最高料线不小于 0.5 m。

高炉操作过程中，改变料线是调剂布料的一个重要手段。一般情况下，提高料线可压制中心气流，发展边沿气流；反之，降低料线可压制边沿气流，发展中心煤气流。

应当指出，料线调整在钟式炉顶上是调整径向上堆尖位置的唯一手段，调节范围仅限于炉喉间隙的范围内。在无钟炉顶上是靠溜槽角度调节堆尖位置，料线不再使用，所以在现代高炉上料线已失去调节功能。

6.5.2.2 料批大小

每一批炉料中矿石重量叫矿批，焦炭重量叫焦批。增大批重，使一次入炉的矿石量增加，矿石在炉喉的分布相对均匀，也相对加重了中心，疏松了边沿气流（见图6-31）。因为矿石在炉内的堆角比焦炭大，当矿石入炉后，首先在原来焦炭的堆角的基础上将边沿填充到一定高度，形成自己的堆角后，才以平行的层次向炉中心分布。所以在炉内，堆在焦炭层上的矿石是边沿厚而中心薄，堆在矿石层上的焦炭是边沿薄而中心厚。批重越大，边沿与中心相差的那一部分矿石量所占的比例越小，矿石在炉内分布越均匀，可看作相对加重了中心。而批重小时，相差的那部分矿石占矿批的比例越大，可看作加重了边沿。因此，小料批有利于发展中心煤气流，而大料批有利于发展边沿煤气流。

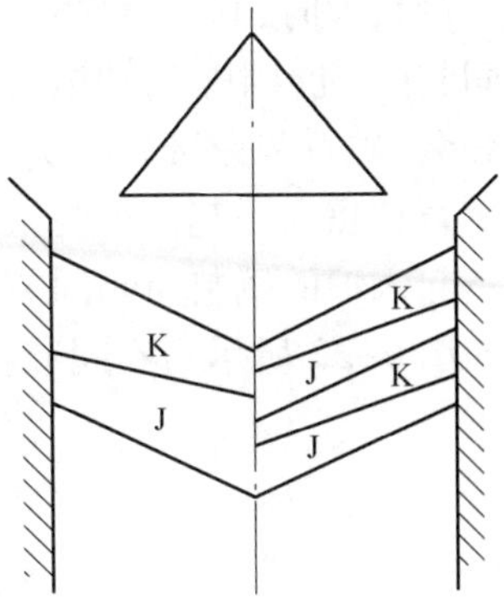

图6-31 批重大小对布料的影响
K—矿石；J—焦炭

在高炉大量使用烧结矿和球团矿均匀粒度，改善原料条件，增大喷吹量，提高冶炼强度的情况下，采用大批重，可使炉料分布均匀，抑制过分发展的中心煤气流，提高煤气利用率，降低焦比。我国从20世纪60年代起就开始推广大料批操作，最近10年增大料批更为显著和普遍。然而，料批并不是越大越好。矿批过大时，加一批料对料柱透气性影响较大，会造成炉况不稳，静压力波动。同时，批重的大小还受到装料设备和上料系统能力的限制。故批重只能在一定范围内波动。高炉适宜的批重大小应根据具体情况而定，一般是有效容积越大，冶炼强度越高，批重越大。大致估计，矿批为每平方米炉喉面积0.5 t。也有人通过计算提出合理的批重范围，如表6-25所示。

表6-25 高炉的合理批重范围

炉喉直径/m	2.5	3.5	4.7	5.8	6.7	7.3	8.2	9.8	11
高炉容积/m^3	100	250	600	1000	1500	2000	3000	4000	5000
矿批重范围/t	>4	>7	>11.5	>17	>24	>30	>37	>56	>76.8
在炉喉内平均厚/m	0.51	0.46	0.41	0.40	0.43	0.45	0.44	0.46	0.51

现代高炉上为保持软熔带内焦窗的稳定，不影响高炉截面上的煤气分布，当操作中需要改变焦炭负荷时，最好保持焦批体积不变。因为软熔带作为煤气二次分配器，决定煤气分布的是焦窗，也就是焦炭批重。当焦批体积改变时，煤气的分布也将改变，所以在改变焦炭负荷时，常改变矿批重而不改变焦批重。在改换不同堆积密度的矿石时，则应整个调整料批重量，而保持焦批体积不变。

6.5.2.3 装料顺序

炉料中矿石和焦炭入炉的先后顺序叫装料顺序。一批炉料是由矿石和焦炭等组成的，先入炉和后入炉对炉料分布和煤气分布影响很大。一般情况下：

正装：一批料如果矿石入炉在先，焦炭入炉在后，即先矿后焦（KJ）称为正装（习惯上用K和J代表矿石和焦炭）。

倒装：一批料如果焦炭入炉在先，矿石入炉在后，即先焦后矿（JK）称为倒装。

半倒装：介于正装与倒装之间的一种装料方法，将一批料中的焦炭分成两部分，一部分在矿石之前，另一部分在矿石之后一起入炉。半倒装作用介于前两者之间，当矿石前这部分焦炭比例很大时，其作用接近倒装；矿石前这部分焦炭很少时，其作用接近正装。

同装：一批料中矿石和焦炭一同入炉（有料钟的高炉，开一次大钟）的装料方法称为同装。

分装：矿石和焦炭分两次入炉的（开两次大钟）称为分装。

矿石和焦炭一起入炉的正装叫正同装，矿石和焦炭分两次入炉的正装叫正分装；矿石和焦炭一起入炉的倒装叫倒同装，矿石和焦炭分两次入炉的倒装称为倒分装。

如图6-32所示为不同装料顺序时的布料情况：

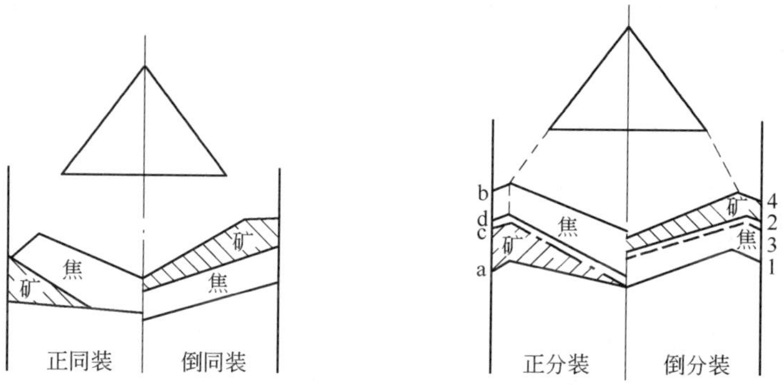

图6-32　不同装料顺序时的炉料分布

正常情况，必须在料线下降到指定料线位置时，才允许装下一批料，所以前后两批料之间，常保持一定时间间隔。由于炉内下料边沿较快，经过一段时间后，原先装料后形成的漏斗状料面逐渐平坦，甚至有可能凹下，先入炉的炉料首先在炉墙边上堆起一个堆角，然后以平行料层往炉喉料面上平铺，故先入炉的炉料大部分布在边沿，而后入炉的炉料在先入炉前已形成的堆角上则多滚向中心。因此，正装加重边沿，倒装加重中心。

同装时，后下的料紧跟着先下的料落入炉内，在先下料的堆角上再堆成后下料的堆角，然后以平行的层次向炉中心布料。后下的料滚向中心较多。

分装时，后下的料与先下的料有一段时间间隔，在这段时间内，料面平坦一些了，炉内料面堆角小于先下料的堆角，有比同装多的炉料落在边缘。这就造成了后下料在边缘部分略为增多现象。所以有：

正同装	KKJJ↓	加重边缘	发展中心
倒同装	JJKK↓	发展边缘	加重中心
正分装	KK↓JJ↓	减轻了加重边缘的作用	
倒装分装	JJ↓KK↓	减轻了加重中心的作用	

因此，按不同的装料顺序，加重边缘的程度由重到轻的顺序为：

正同装	→	正分装	→	半倒装	→	倒分装	→	倒同装
KKJJ↓		KK↓JJ↓		JKKJ↓		JJ↓KK↓		JJKK↓

高炉操作中，为进一步克服单一装料顺序引起煤气分布不均和为了更有效地利用煤气能量，而采取更为灵活的装料方法。如：

KKJJ	KJKJ	KJJK	JKKJ	JKJK	JJKK
正装	正混装	半正装	半倒装	倒混装	倒装

也有将两批料的矿石和焦炭分别加在一起一次入炉的装料方法，称为双装。双装法是为了集中加矿石和焦炭，以便能加厚料层，处理管道行程。

实际生产中不只用一种装料方法，而是灵活配合，通常都选用两种基本方法，按比例编成一组，常以 A 代表正装为主的装法，以 B 代表倒装为主的装法，用 $m\text{A}+n\text{B}$ 编成一组，其加重边缘的程度取决于 $m/(m+n)$ 的比值。随着正装为主的装法增加，将加重边缘并改善煤气利用；反之，倒装为主的装法增加，则加重中心，并有利于顺行。如：

$$m\text{KKJJ}\downarrow + n\text{JJKK}\downarrow \ (m、n \text{ 为常数，一般为 } 1 \sim 10)$$

报表上有：$(m\text{KKJJ}\downarrow + n\text{JJ}\downarrow\text{KK}\downarrow)1.5$，表示入炉 m 批 $m\text{KKJJ}\downarrow$，再加 n 批 $\text{JJ}\downarrow\text{KK}\downarrow$ 这样一种循环的装料制度，料线 1.5m。

应当指出，正装抑制边缘气流发展，倒装疏松边缘，这是布料的一般规律。但要注意反常情况，高炉由于长时间中心气流过分发展，下料过快，造成加料前料面呈倾斜的漏斗状时，领先入炉的炉料将集中滚向中心，而后入炉的料反而堆积于边缘较多，此时装料顺序对布料的影响与前述规律恰恰相反。如图 6-33 所示，小高炉由于燃烧带深入中心，中心下料较快。操作上应注意此种情况的发生。

以上规律是在矿石堆角大于焦炭实际堆角一定的值（一般为 10° ~ 15°）时才能成立。若炉料性质和堆角发生变化，也会导致布料规律变化。即所谓的反常布料。如武钢过去因焦炭质量好，烧结矿粒度小，矿石比焦炭在炉内的实际堆角小，因此，正装时边缘轻、中心重，倒装时边缘重、中心轻。

装料顺序所以能起到调整煤气流分布作用的关键，是不同炉料有不同的堆角，如果所有炉料的堆角都一样，那么装料顺序将不起任何作用。所以，操作中要注意多种炉料堆角的变化，而引起堆角变化的主要因素是粒度组成，如图 6-34 所示。在当前高炉熟料率接近或达到 100%，喷吹燃料后焦比大幅度降低的情况下，炉内矿、焦的容积近乎相等，矿、焦堆角近似相等。因此，装料顺序调节气流分布的作用减弱，而料线一般不常变，故批重的作用显得突出了。

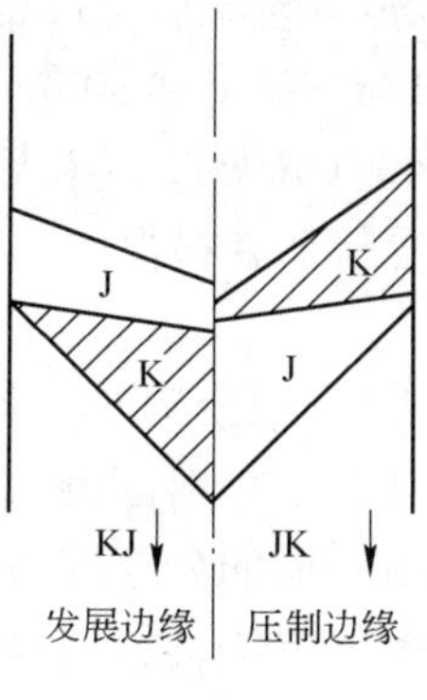

图 6-33　深漏斗布料反常情况

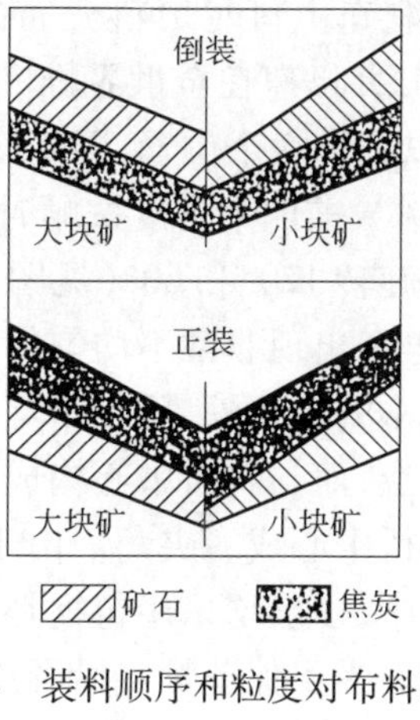

图 6-34　装料顺序和粒度对布料的影响

生产中，料线、批重和装料顺序对分布料的影响彼此相关，必须综合考虑和调节，以达到预期的目的。

在装备无料钟装料设备的高炉上，装料顺序对煤气流分布的调节作用不如料钟式高炉明显。而批重影响仍然较大。

有人提出将矿石和焦炭混合装入高炉中，并在1988年首次在济南钢铁厂100 m^3 高炉上进行矿、焦完全混装试验。混装后，在发展中心煤气流，促使高炉顺行和改善煤气利用，降低焦比，提高产量方面，收到明显效果。但矿焦混装只对含粉料率高的炉料起作用，随着精料水平的提高，炉料含粉率已降到30%以下，矿焦混装已不起作用。

6.5.2.4　旋转布料器的工作制度

上述调剂方法主要是改变炉料沿炉喉半径方向上的分布，而沿炉喉圆周的分布是通过旋转布料器实现的（对料钟式装料设备而言）。

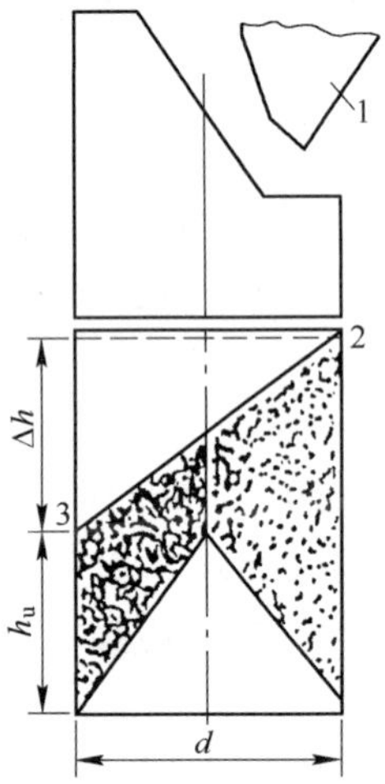

图6-35　炉料在小料斗内的分布
1—料车；2—细粒分布区；
3—块料分布区

钟式炉顶和料车上料的高炉，由于料车沿斜桥轨道单方向上料卸于小料斗内，炉料在小料斗内分布是不均匀的。由图6-35可见，料车倒入小料斗后，大块料滚向对面而粉末留在堆尖附近。在小料斗上部 Δh 高度是偏布的炉料，炉料的量和粒度分布都不均匀。炉料由小料斗落入大料斗和由大料斗落入炉内时，仍保持着这种不均匀的分布现象，结果导致炉料沿炉喉圆周分布的不均匀性。

炉料在小料斗内分布不均匀程度与下列因素有关：(1)小料斗中料层的平均厚度；(2)炉料的堆角；(3)小料斗直径。

当料层平均厚度越大时，不均匀部分（Δh 部分）占全部炉料的比例较小，相对不均匀程度就比较小。小料斗直径越小时，同样数量的炉料高度较高，不均匀程度较小。为改善炉料在小料斗中的分布，有人曾在一些小高炉上采用细长小料斗，取得一定的效果，但并不能彻底消除布料不均现象。

为了消除料车上料时炉料分布的不均匀，美国马基式旋转布料器于1907年问世（如图6-36所示），并迅速在全世界推广应用。马基式布料器小料斗装料后可以带动小钟一起旋转，一般可以旋转六个位置，即旋转角度分别为60°、120°、180°、240°和300°。这就是所谓的“六点布料制”，前四个角度按顺时针旋转；为了加速旋转（减少旋转角度），后两个角度采用逆时针方向旋转120°和60°（见图6-37）。这种旋转制度看起来装料很均匀，但采用不同装料制度时，也会出现非常不均匀的情况。

除容积很小的高炉外，用料车上料的高炉均采用双料车上料，两个料车倒料位置不可能在斜桥中心线上，而与斜桥中心构成一个夹角（见图6-38）。因此，炉料倾倒入小料斗时，堆尖位置也与斜桥中心成一夹角。由于这个原因，各种炉料尖沿圆周的分布较为复杂，不易均匀。实际操作中，一般均采用每批料小料斗旋转一个角度的装料方法，而且是两种以上装料顺序循环使用。为了保证炉料沿圆周尽可能均匀分布，对六点布料制而言，每个循环的料批数不能为6的倍数或约数,一般为5或10。

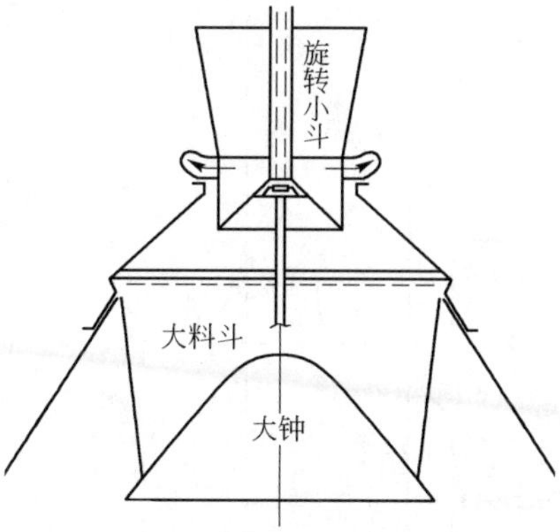

图6-36 马基式布料器

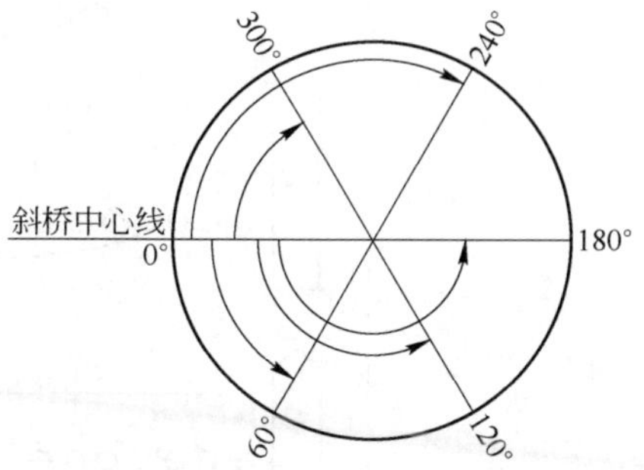

6-37 小料斗(小钟)旋转角度示意图

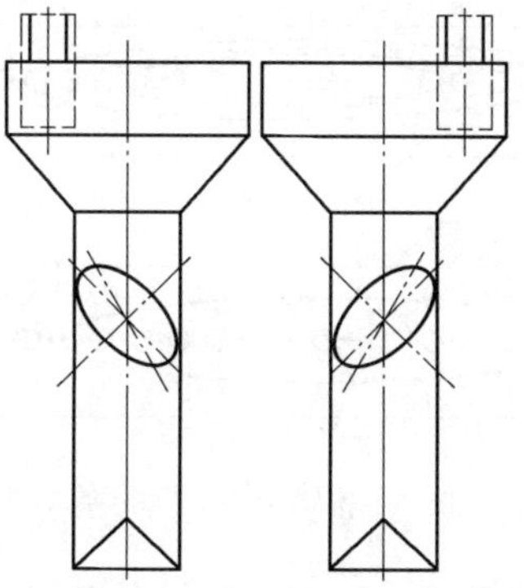

图6-38 左右料车装料时炉料堆尖的分布

从上述马基式布料器的工作情况可以看出,采用旋转布料器后,炉料堆尖的分布比较均匀,但并未消除小块和大块料偏析堆集现象。此外,马基式布料器的工作条件差,容易出故障,密封问题难以解决。

为了克服马基式布料器的缺点,使炉料沿圆周方向更加均匀分布,在近代出现了许多新式炉顶布料设备,它们的基本发展方向是:

(1)保留小料斗内炉料的堆尖,但堆尖位置可以准确控制。例如,济钢一号高炉(255 m^3)和重钢三号高炉(620 m^3)采用了偏心旋转布料器,即在受料斗和小料斗之间增加一个空转偏心布料漏斗,这样对炉料堆尖位置能准确控制。

(2)消除炉料在料斗内的堆尖,使炉料分布均匀。例如,本钢一座高炉采用快速旋转布料装置,即通过不断旋转的漏嘴使炉料不停地漏到大料斗中,这样可以彻底消除堆尖。

6.5.2.5 无料钟炉顶的布料与控制

无料钟炉顶的布料形式多种多样,但为了操作方便、讲究实效,简化控制系统,工作可靠,溜槽的两种运动方式(是固定还是变动)可实现四种基本布料形式(图6-39):

(1)定点布料。高炉内部截面某个点或某个部位发生过吹时,使用固定布料,操作时溜槽 α 角和定点方位由人工手动控制。

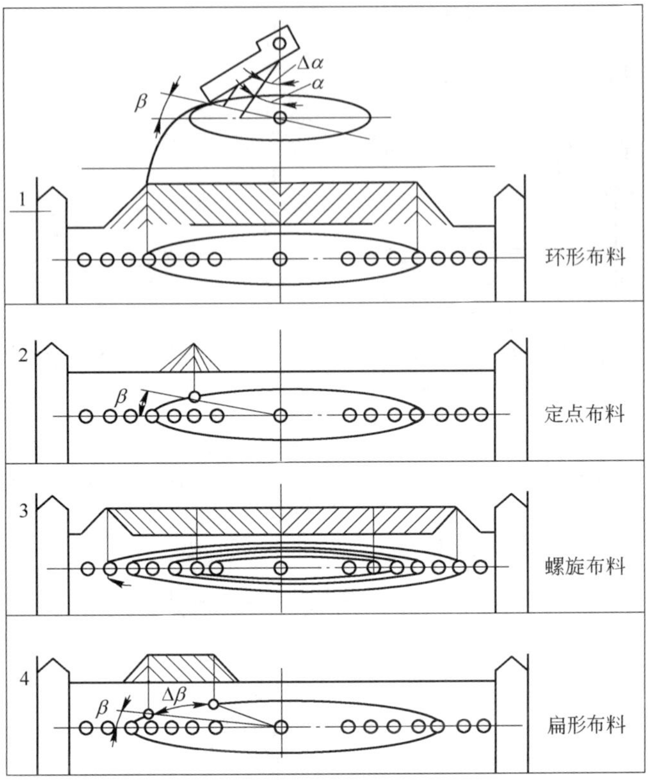

图 6-39　往高炉内装料的基本方式

(2) 环行布料。类似钟式布料，环行布料能自由选择倾角，可以在炉喉任一部位做单、双和多重环行布料。随着溜槽倾角的改变，可将炉料布在距中心不同的部位上，借以调整边缘或中心的煤气分布。作环行布料时，副传动电机不转动，只开动主传动电机。

(3) 扇形布料。这种布料为手动操作，溜槽可以用任意半径和角度向左右旋转（最小为 10°），反复布料。当产生偏析或局部崩料时，使用扇形布料。

(4) 螺旋布料。螺旋布料自动进行，它是无料钟最基本的布料方式。螺旋布料时，溜槽在作匀速的回转运动，同时作径向运动而形成的变径螺旋形炉料分布。其径向运动是布料溜槽由外向里改变倾角而获得的，摆动速度由慢变快。这种布料方法能把炉料布到炉喉截面任一部位。根据生产要求不仅可以调整料层厚度，而且能获得较为平坦的料面，使煤气流分布合理。

布料器溜槽倾角一般规定溜槽垂直为 0°，水平为 90°，通常是在 10°～60°之间。无料钟布料器的控制包括溜槽倾角控制盘、布料周期控制盘、定点和扇形布料控制盘（这两者都是控制溜槽方位角的），并要有两个角位置的显示仪表。通常控制系统由传动齿轮、减速箱、自整角机控制盘组成。

6.5.3　炉型及其他因素对布料的影响

6.5.3.1　炉型

炉身角小、炉腹角大和 H/D 小的矮胖形高炉，边缘气流较发展，容易提高冶炼强度。这种高炉料柱短，有利于顺行。但过于矮胖的高炉会使煤气能量利用变差，焦比增加。对矮胖型高炉，还应防止中心吹不透，中心不活跃。

6.5.3.2　炉喉直径及炉喉高度

在炉喉间隙和其他因素不变的情况下，炉喉直径扩大后，小块料和粉末不易布到中心，大块料易于分布在中心；同时，由于矿石堆角大而愈易集中于边缘，造成中心气流发展，边缘加重；反之，炉喉直径减小，则起到加重中心、疏松边缘的作用。

据某大高炉开炉前观察，炉子中心确实有无矿区域。而在生产实践中，根据 CO_2 曲线和高炉解剖研究看，炉子中心确实有矿石分布。这是因为影响炉料分布因素很多，可能是由于高速上升的大量气流将堆尖部分炉料的一部分吹到了中心，通常称为吹集作用。

高炉应有一段垂直的炉喉，这样可改变料线高低来调节炉料的分布，另外，当料面高低不断变化时，炉料在炉喉部位的布料不致有较大波动。

6.5.3.3　大钟形状与开启速度

大钟开启时，炉料沿大钟表面滑下后呈抛物线下落。大钟倾角愈大，则炉料落下的轨迹愈陡，于是堆尖距炉墙愈远；反之，倾角愈小，则炉料落下的轨迹愈平坦，于是堆尖距炉墙愈近。一般大钟倾角为45°~55°，我国定型设计大中型高炉的大钟倾角均为53°。

此外，大钟底部伸出大料斗外的长度对布料也会有影响。当大钟没有伸出大料斗外时，大钟打开后最先落下的炉料落下轨迹是垂直的；后来落下的炉料，由于在大钟倾斜面上滚动一段距离而具有一定的初速度，因而落下轨迹才呈抛物线形状。显然，大钟伸出大料斗外的长度愈长，则炉料离开大钟时的初速度愈大，因而落下的抛物线轨迹愈平坦，于是炉料堆尖距炉墙愈近。但是，大钟伸出大料斗外的长度由于受到炉型和装料设备结构的限制，是很有限的，不可能太长。炉料由大钟到炉喉内运动情况如图6-40所示。

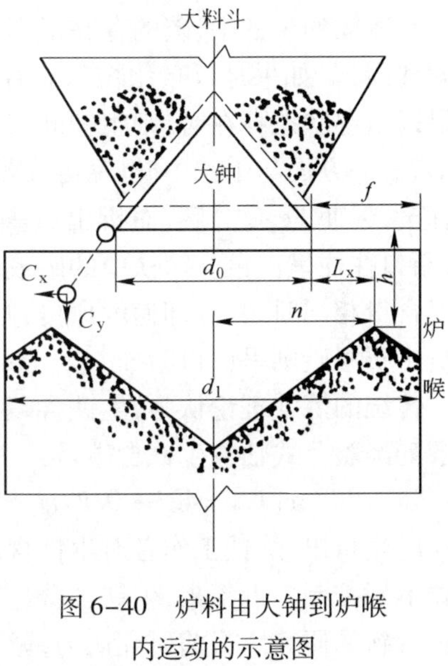

图6-40　炉料由大钟到炉喉内运动的示意图

大钟下降速度快，炉料在短时间很快集中落下，堆尖距炉墙近；反之则相反。料钟的启闭多用电动操纵，不易调节速度，如用蒸汽或压缩空气操纵，则可以变速。

上、下部调剂都可以影响煤气流分布，但其作用程度不同。炉顶布料的变化主要影响上部块状带的煤气分布（对下部也有一定影响）。下部送风制度的变化主要影响下部煤气分布。而上部煤气分布在很大程度上又取决于下部的煤气分布。必须坚持以下部调剂为基础，上、下部调剂紧密结合的原则。

6.6　高炉内生铁的形成过程

生铁的形成过程主要是已还原出来的金属铁中逐渐溶入其他合金元素和渗碳的过程。

在高炉上部,有部分铁矿石在固态时就被还原成金属铁,随着温度升高逐渐有更多的铁被还原出来。刚被还原出的铁呈多孔的海绵状,故称海绵铁。这种早期出现的海绵铁成分比较纯,几乎不含碳。海绵铁在下降过程中,不断吸收碳并熔化,最后得到含碳较高的(一般为4%左右)液态生铁。

高炉内生铁形成(除了硅、锰、磷和硫等元素的渗入或去除外)的主要特点是必须经过渗碳过程。当温度升高到727℃以上时,固体海绵铁发生如下渗碳过程:

$$2CO = CO_2 + C_{黑}$$

$$+)\quad 3Fe_{固} + C_{黑} = Fe_3C_{黑}$$

$$3Fe_{固} + 2CO = Fe_3C_{黑} + CO_2$$

根据高炉解剖资料分析:经初步渗碳的金属铁在1400℃左右时,与炽热的焦炭继续进行固相渗碳,才开始熔化成铁水,穿过焦炭滴入炉缸。熔化后的金属铁与焦炭接触条件改善,渗碳反应加快:$3Fe_{液} + C_{焦} = Fe_3C_{液}$。至炉腹处,生铁的最终含碳量为4%左右。生铁在渗碳的同时,还溶入由直接还原得到的硅、锰、磷等元素,形成最终成分的生铁。

生铁的最终含碳量与生铁中合金元素的含量有着密切关系。锰、铬、钒、钛等元素由于能与碳生成碳化物,所以有助于增加生铁中的含碳量。另外有一些元素如硅、磷、硫等能与铁生成化合物,促进碳化物分解,阻止渗碳,能促使生铁的含碳量降低。冶炼锰铁时,碳含量可以达到7%;普通生铁的含碳量一般在4%左右。

在凝固的生铁中,碳的存在形态有两种,或呈化合物状态(Fe_3C,Mn_3C)或呈石墨碳(又称游离碳)。如果是以碳化物状态存在时,其生铁的断面呈银白色,这种生铁又叫白口铁。如果以石墨状态存在时,则生铁断口呈暗灰色,这种生铁又叫灰口铁。碳元素在生铁中存在的形态,一方面与生铁中硅、锰等元素的含量有关,另一方面又与铁水的冷却速度有关。例如,硅可促使Fe_3C分解,而析出石墨碳,所以铸造铁一般都是灰口铁。而炼钢生铁含硅较低,断口往往呈白色。锰铁中的碳成化合状态的多,故为白口断面。当生铁中硅、锰及其他元素含量相同时,其冷却速度愈慢,则析出石墨碳愈多,成灰口铁断面,冷却速度愈快,来不及析出石墨碳则呈白口断面。

传统的炼铁理论认为,生铁含碳量仅与铁水的化学成分有关,生产中是不好控制的,常用下列经验公式估算生铁含碳量:

$$w[C] = 4.3 - 0.27w[Si] - 0.32w[P] + 0.3w[Mn] - 0.032w[S] \tag{6-61}$$

应当指出,炼铁工作者对生铁含碳量历来不够重视,生产中也不作化验分析。认为生铁中碳不好控制。近年来,生铁含碳量普遍提高,这种现象引起人们普遍重视,开始对渗碳过程进行新的研究。目前研究认为,影响生铁含碳的因素是多方面的。近年来采用高压操作使炉内压力不断提高,生铁含碳也相应提高,并指出,炉内压力每提高10 kPa,生铁含碳提高0.045%。此时,随着炉料还原性的改善,生铁含碳量也有增加。采用自熔性烧结矿冶炼相比于用生矿或普通烧结矿冶炼时,生铁含碳量高。采用球团矿时,生铁含碳量又高于以前。高炉内生铁的渗碳不仅决定于生铁的成分和铁水温度,还在很大程度上决定于炉内的压力、炉料的性质、煤气成分、氧化带尺寸等工艺因素,即生铁含碳量和高炉冶炼的一系列过程有关。

复习思考题

6-1 分析现代高炉炉型的特点。

6-2 高炉炉衬侵蚀破坏的因素主要有哪些?

6-3 造渣过程影响高炉冶炼的因素有哪些,各是如何影响的?

6-4 用离子理论分析炉渣脱硫反应。

6-5 高炉煤气上升过程中各成分是如何变化的?

6-6 燃烧带对高炉冶炼进程有何影响?

6-7 高炉内炉料下降的条件是什么?

6-8 影响炉料有效质量的因素有哪些?

6-9 煤气压力损失 Δp 是如何形成的,怎样降低 Δp?

6-10 为什么原料粒度不能过大,又为什么严禁小于 5 mm 粉末入炉?

6-11 CO_2 曲线的类型有几种,它们对高炉冶炼影响如何?

6-12 煤气分布的影响因素是什么,合理的煤气分布是什么样的?

6-13 什么是理论燃烧温度,影响理论燃烧温度的因素有哪些,各是如何影响的?

6-14 炉料的堆角大小与炉顶布料有什么关系?

6-15 分析变更料线和料批大小对炉顶布料和煤气分布的影响。

6-16 分析正装和倒装、同装与分装对布料与煤气分布的影响。

6-17 什么是上部调剂,什么是下部调剂,各包括哪些手段?

6-18 无料钟装料设备对高炉布料有什么好处?

7 高炉炉内操作

高炉冶炼是一个连续而复杂的物理化学过程,生产要取得较好的技术经济指标,必须实现高炉炉况稳定顺行。高炉炉内操作的目的,是保证上升煤气流与下降的炉料顺利运行。顺行是冶炼过程中各种矛盾的相对统一。若装入炉内的炉料下降均匀,炉温稳定充沛,生铁合格,高产低耗,这个高炉炉况叫做稳定顺行。要使炉况稳定顺行,操作上必须做到四稳定,即风量、料批稳定,调剂稳定,炉温稳定和炉渣碱度稳定。它标志着炉内煤气流分布合理和炉温正常。

高炉冶炼受许多因素的影响,如原燃料物理性能和化学成分的波动、气候条件的变化、高炉设备及外界因素的影响、操作方面的失误等因素,这些都将使顺行遭到破坏,给炉况带来经常性的波动。高炉操作者的任务,就是及时掌握引起炉况波动的因素,准确地把握操作条件的变动,分析高炉内部各种参数的改变并综合判断它们对炉况的影响,适时并且准确地采取调剂措施,保证高炉生产稳定顺行,取得较好的技术经济指标。

7.1 高炉操作的基本制度

高炉操作基本制度包括送风制度、装料制度、造渣制度及热制度四个方面。选择好合理的操作制度,是高炉操作的基本任务,它必须依据原料的理化性能、各种冶炼技术特征、设备状况、高炉炉型特点、大气温度和湿度变化以及冶炼生铁的品种等加以选择。

各操作制度之间既密切相关,又互为影响。合理的送风制度和装料制度,能够实现煤气流合理分布,炉缸工作良好,炉况稳定顺行。而造渣制度和热制度不合适时,也会影响气流分布和炉缸工作状态,从而引起炉况不顺。生产过程常因送风和装料制度不当,而引起造渣制度和热制度波动,导致炉况不顺。因此要灵活运用上部调剂和下部调剂手段来操作高炉。

7.1.1 炉缸热制度

炉缸热制度是指高炉炉缸所具有的高温热量水平,或者说是根据冶炼条件,为获得最佳效益而选择的最适当的炉缸高温热量。它反映了高炉炉缸内热量收入与支出的平衡状态。

表示炉缸热制度的指标有两个:一个指标是铁水温度,它一般在1350~1550℃之间,俗称“物理热”;另一个指标是生铁含硅量,生铁中的硅全部是直接还原得来的,炉缸热量越充足,越有利于硅的还原,生铁含硅量就越高,所以生铁含硅量的高低,在一定条件下可以表示炉缸热量的多少,俗称“化学热”。一般情况下,当炉渣碱度变化不大时,两者变化基本是一致的,即化学热愈高,物理热愈高,炉温也愈充沛。目前国内部分厂尚无直接测量铁水温度的仪器,因此生铁含硅量成为表示热制度的常用指标。在平衡状态下,还原1 kg硅所耗的热量是还原1 kg铁耗热的8倍。

7.1.1.1　热制度的选择

在一定的原燃料条件下,合理的热制度要根据高炉的具体特点及冶炼品种来定:

(1) 根据铁种的需要,保证生铁含硅量、含硫量在所规定的范围内。冶炼制钢铁时,w[Si]应控制在0.2%~0.5%之间,w[S]在0.03%;冶炼铸造铁时,应根据生铁牌号来确定生铁含硅量,如冶炼18号铸造生铁时,可将w[Si]控制在1.7%左右。

(2) 根据原燃料条件来选择。原燃料含硫高,物理性能好时,可维持偏高的炉温;原燃料稳定时,可维持偏低的生铁含硅量;在保证顺行的基础上,可维持稍高的炉渣碱度,适当降低生铁含硅量。

(3) 结合高炉设备情况选择热制度。如高炉炉缸侵蚀严重时,以冶炼铸造铁为好,因为提高生铁含硅量,可促使石墨碳的析出,对炉缸有一定的维护作用,要规定较高的炉温。

(4) 结合技术操作水平与管理水平选择热制度。如原料中和混匀搞得好,高炉操作水平高时,可以将生铁含硅量控制在下限,实现铁水物理温度高的低硅操作。

7.1.1.2　影响热制度的主要因素

生产中影响热制度的因素很多。任何影响炉内热量收支的因素都会造成热制度的波动。

A　原燃料性质的变化对热制度的影响

(1) 矿石质量影响热制度的因素有:矿石品位、粒度和含粉末率、还原性。矿石含铁量越高,脉石就越少,脉石熔化造渣所消耗的热量也越少,而且渣量减少,炉料的透气性得到改善,有利于还原,可降低焦比。一般矿石品位提高1%,焦比约降2%,产量提高3%。矿石粒度均匀有利于透气性改善和煤气利用率提高,对小高炉来说,矿石粒度10~40 mm,而大高炉则在15~60 mm之间为宜,小于5 mm的粉末越少越好。经验数据表明,小于5 mm的粉末每增加10%,燃料消耗增加0.5%;烧结矿中FeO含量增加1%,焦比升高1.5%;FeO含量每降低1%,可降低燃料消耗1%~1.5%。

(2) 焦炭质量影响热制度的因素有:焦炭灰分、焦炭含硫量和焦炭强度。焦炭灰分增加,固定碳含量就会降低,其发热值也随之降低;另外,灰分增加,渣量也增加,从而使消耗热量增加。生产统计数据表明,灰分增加1%,焦比上升2%左右。一般情况下,焦炭带入炉内的硫量约为总硫量的70%~80%,焦炭含硫增加0.1%,焦比升高1.2%~2.0%。因此,焦炭含硫量及灰分的波动,对高炉热制度都有很大的影响。

B　冶炼参数的变动对热制度的影响

冶炼参数变动,会引起风温、冶炼强度、湿度、富氧率、炉顶压力、炉顶混合煤气CO_2含量以及料柱透气性等的变化。风温是高炉冶炼的主要热源之一,提高风温可以有效地增加热量,降低燃料消耗,改变炉缸热制度;喷吹燃料也是热源和还原剂的来源。喷吹燃料会改变炉缸内煤气流的分布。实践证明,喷吹燃料能促进炉缸中心温度升高,使整个炉缸截面积的温度梯度减少,保证炉缸工作均匀活跃;风量增减直接影响料速的变化。风量增加,料速加快,煤气在炉内的停留时间缩短,直接还原增加,会造成炉温向凉;装料制度如批重和料线等对煤气分布、热交换和还原反应产生直接影响。

C　设备故障的影响

由设备及其他方面的故障，如冷却设备漏水、原燃料称量上的误差、装料设备故障等，都能使炉缸热制度发生变化。

7.1.2　造渣制度

造渣制度是控制造渣过程和终渣性能的制度，控制造渣过程实际上就是控制软熔带，控制终渣性能是为了脱硫和控制生铁含硅等。选择造渣制度，就是要根据原燃料条件和铁种要求，从脱硫和顺行出发，控制合适的炉渣碱度和流动性。

7.1.2.1　高炉冶炼对选择造渣制度的要求

高炉冶炼对选择造渣制度的要求有：

（1）炉料结构的选择应使初渣形成较晚，软熔的温度区间较窄，这有利于料柱透气性的改善；

（2）保证炉渣在一定的温度下有较好的流动性和足够的脱硫能力；

（3）保证炉渣具有良好的热稳定性和化学稳定性，当炉渣成分或温度发生波动时，能够保持比较稳定的物理性能；

（4）当冶炼不同的铁种时，炉渣要根据铁种的需要促进有益元素的还原，防止有害元素进入生铁。

7.1.2.2　高炉炉渣碱度的要求

根据冶炼铁种的需要，炉渣碱度应满足以下要求：

（1）冶炼硅铁、铸造铁时，需要促进硅的还原，应选择较低炉渣碱度冶炼。

（2）当冶炼炼钢铁时，既要控制硅的还原，又要较高的铁水温度，宜选择较高的炉渣碱度。

（3）冶炼锰铁时，宜采用高 CaO 炉渣，如表 7-1 所示。

表 7-1　生铁品种与炉渣碱度的关系

铁　种	硅　铁	铸造生铁	炼钢生铁	低硅铁	锰　铁
$w(CaO)/w(SiO_2)$	0.6～0.9	0.95～1.10	1.05～1.20	1.10～1.25	1.20～1.50

（4）当矿石含碱金属较高时，为了减少碱金属在炉内循环富集的危害，可选用熔化温度较低的酸性炉渣。

（5）若炉料含硫较高时，需提高炉渣碱度，以利脱硫。

（6）当炉缸堆积或有凝结物时，要适当提高炉温，用 CaF_2 炉渣或 MnO 炉渣洗炉。

（7）适当增加 MgO 含量（MgO 含量以 7%～12%为宜），确保炉渣流动性和稳定性，对脱硫、排碱及冶炼低硅生铁均有好处。

7.1.2.3　造渣制度调剂中注意的几个问题

造渣制度调剂中，应注意以下几个问题：

（1）造渣制度与生铁含硫量的关系。在保证生铁质量的前提下，尽可能把炉渣碱度调剂到规定范围的下限。以往多注意单向调剂，即硫高提碱度。较好的操作应是双向调剂，即硫高提碱度，硫低降碱度。除非必要，过低的铁水含硫量对高炉冶炼以及总的生产技术经济指标是有影响的。

（2）较大幅度调整炉渣碱度时，必须充分估计炉温状况是否许可。碱度已降，炉温未升，可能影响生铁质量；碱度已升，炉温不足或不稳，将影响顺行。较稳妥的做法是将炉温置于合适水平，再调整炉渣碱度。

（3）炉渣碱度控制过高，不仅是个浪费，而且是导致炉况失常的一个隐患。已有许多事例说明，确保铁水硫含量合格的首要措施，在于维持稳定的炉温。这在冶炼低硅生铁时尤其重要。国外许多先进高炉渣量很少，铁水温度高而稳定。在此种条件下，为强化炉渣对生铁成分的控制作用，采用高碱度（$R=1.20\sim1.25$）渣操作，不仅可满足冶炼低硫低硅生铁所需，亦无炉况不顺之虑。

7.1.3 送风制度

送风制度是指在一定的冶炼条件下，确定合适的鼓风参数和风口进风状态，以达到煤气流合理的分布，使炉缸工作均匀活跃，炉况稳定顺行。送风制度的中心环节在于选择风口面积，以获得基本合适的风口风速和鼓风动能。风量、风温的调剂主要在于控制料速和炉温，对风速和鼓风动能的调剂只起辅助作用。送风制度的稳定是煤气流稳定的前提，是炉温稳定和顺行的必要条件。

送风制度包括风量、风温、鼓风湿度、风口喷吹、富氧情况及风口面积和长度等。

7.1.3.1 送风制度检验指标

A 风速的计算

标准态风速可用下式计算

$$v_{标}=\frac{q}{n\dfrac{\pi d^2}{4}} \tag{7-1}$$

式中 q——风量，m^3/s；

n——风口数，个；

d——风口直径，m。

实际风速是高炉生产实际情况下（$t_{风}$、$p_{风}$）的鼓风通过风口时所达到的风速：

$$v_{实}=v_{标}\times(273+t_{热风})\times101.325/(101.325+p_{热风})\times(273+t_{冷风}) \quad m/s \tag{7-2}$$

式中 $t_{热风}$，$p_{热风}$，$t_{冷风}$——分别为热风温度、热风压力、冷风温度。

不同类型高炉的标准风速的参考值如表 7-2 所示。

表 7-2 高炉有效容积与风速的关系

有效容积/m^3	100	255~300	700	1000	2000	3000	4000
$v_{标}/m^3\cdot s^{-1}$	>80	>100	>120	>140	>180	>200	>220

B 鼓风动能

高炉有效容积与鼓风动能的关系如表 7-3 所示。

表 7-3　高炉有效容积与鼓风动能的关系

有效容积/ m^3	100	300	600	1000	2000	3000	4000
鼓风动能/ $kJ \cdot s^{-1}$	15～30	25～40	35～50	40～60	60～80	90～110	110～140

判断鼓风动能合适的直接表象如表 7-4 所示。

表 7-4　判断鼓风动能合适的直接表象

内　容		鼓风动能正常	鼓风动能过大	鼓风动能过小
仪表	风　压	稳定,并在一定范围内出现小的波动	波动大而有规律,出铁、出渣前显著升高,出铁后降低	曲线呆板,风压升高时容易悬料、崩料
	风　量	稳定,在小范围内发生波动	波动大,随风压升高风量减少,风压降低风量增加	曲线呆板,风压升高,崩料后风量下降很多
	料　尺	下料均匀、整齐	不均匀,出铁前料慢,出铁后料快	不均匀,有时出现滑料与过满现象
	炉顶温度	带宽正常,相互交错,波动小	带窄,波动大,料快时温度低,料慢时升高	带宽,四个方向有分叉
风口情况		各风口工作均匀、活跃,风口破损少	风口活跃,但显凉,严重时风口破损较多,且多坏风口内侧下端	风口明亮,但不均匀,有升降,炉况不顺时,风口自动灌渣,破损多
炉　渣		炉温充足,流动性好,上下渣均匀,上渣带铁少,渣口破损少	渣温不均匀,上渣带铁多,易喷花,上渣难放,渣口破损较多	炉渣不均匀,上渣热,而变化大,有时带铁多,渣口易坏
生　铁		物理热足,炼钢生铁常是灰口,有石墨炭析出	物理热稍低,炼钢生铁白口多,而硫低,石墨少	铁水暗红,炼钢生铁为白口、硫高、几乎没有石墨

C　风口前理论燃烧温度

焦炭和喷吹物在风口前燃烧时,所能达到的最高绝对温度,即假定风口前燃料燃烧放出的热量全部用来加热燃烧产物时所能达到的最高温度,称为风口前理论燃烧温度,也称燃烧带火焰温度。理论燃烧温度是风口前燃烧带热状态的主要标志。它的高低不仅决定炉缸的热状态和煤气温度,而且也对炉料传热、还原、造渣、脱硫以及铁水温度、化学成分等产生重大影响。在喷吹燃料的情况下,理论燃烧温度低于界限值后,还会使燃烧的置换比下降,燃烧消耗升高,甚至使炉况恶化。所以,风口前理论燃烧温度是送风制度的一个重要指标。理论燃烧温度可通过计算,也可用经验公式求得。下面介绍首钢高炉的经验公式。

首钢高炉的 $t_{理}$ 计算公式:

$$t_{理} = 1536 + 0.7938t + 40.3B_{O_2} - 2.0W_{煤} \tag{7-3}$$

式中　$t_{理}$——风口前理论燃烧温度,℃;

t——热风温度,℃;

B_{O_2}——富氧率,%;

$W_{煤}$——喷煤量,kg/t。

D　合适的风口回旋区深度

具有一定速度和动能的鼓风,在风口前吹动着焦炭回旋运动,形成一个疏松且近似椭圆形的区间。这个区间就是回旋区。回旋区的形状和大小,反映了风口的进风状态,直接影响气流和温度的分布,以及炉缸的均匀活跃程度。回旋区深度受风速和鼓风动能的影响而变化，鼓风动能增加，回旋区深度也增加，边缘气流减少，中心气流增强。回旋区深度要适宜，过大或过小将造成中心或边缘气流发展。炉缸直径越大，回旋区应该越深，煤气流越向中心扩展，使中心温度充沛，控制焦炭堆积数量，维持良好的透气性和透液性。目前测定回旋深度的方法，一是燃烧带气体成分分析法，通常用炉缸煤气中 CO_2 浓度减少至1%~2%的位置为燃烧带边缘表示回旋区深度；二是实测法，即用铁棒从风口插入，直接测量疏松的回旋区深度。回旋区以风口数目多些、风口循环区面积大一些为宜，这样有利于炉缸工作均匀与炉况顺行。循环区深一些，有利于活跃炉缸中心，也有利于改善生产和煤气利用。

E 风口圆周工作均匀程度

炉缸工作良好，不仅要求煤气流径向分布合理，还要求圆周气流分布均匀。长时间圆周工作不均匀会使炉衬遭到侵蚀，使正常的工作炉型遭到破坏。这种圆周工作的不均匀必然导致上部矿石预还原程度不均匀，从而破坏炉缸的均匀与稳定。因此要求各风口进风量、风口直径、长度和斜度等参数应基本一致。

7.1.3.2 日常操作调剂

A 风量

风量对高炉冶炼的下料速度、煤气流分布、造渣制度和热制度都将产生影响。一般情况下，风量与下料速度、冶炼强度和生铁产量成正比关系，但它只有在燃料比降低或维持燃料比不变的条件下，上述关系才成立，否则适得其反。

风量的调节作用：

(1) 控制料速，达到预期的冶炼强度，实现料速均衡不变；

(2) 稳定气流，炉况不顺初期，减少风量是降低压差、消除管道、防止难行、崩料和悬料的有效手段；

(3) 在炉凉时，采取减风措施来控制下料速度，能使炉温稳定回升。

特别需要指出的是，在炉况顺行和供料正常情况下，应力求全风操作以充分发挥风机能力，提高高炉生产率。实践证明，使用风量过小时，由于燃烧的焦炭量和产生的煤气量过少，不利于提高炉温，也不利于初始煤气的合理分布。同时风量与料柱透气性要相互适应，改善料柱透气性是增加风量的基础。由于风量变化直接影响炉缸煤气体积，因此正常生产时每次加风不能过猛，否则将破坏顺行。一般中型高炉每次加风控制在30~50 m^3/min，间隔时间20~30 min。在非特殊情况下，应保持全风操作，不要轻易减风。必须减风时，减风要一次到位。在未出渣铁前，减风时应密切注意风口状况，避免风口灌渣。

B 风温

提高风温是强化高炉冶炼的主要措施。提高风温能增加炉缸高温热量的收入，也就同时增加了鼓风动能，提高了炉缸温度，活跃炉缸，促进煤气流初始分布合理，改善喷吹燃料的效果。因此，在高炉生产中，要采用高风温操作，充分发挥热风炉的能力及高风温对炉况的有利作用。

风温调节的原则：

(1) 经济性原则。只要条件许可，风温应稳定在最高水平，喷吹高炉尤为重要。

(2) 顺行原则。提高风温的速度要平稳，每次可提高20~40℃；在风温水平不高时，每小时可提高风温2~3次，降风温可一次到位。

由于提高风温会导致炉缸温度升高，上升煤气的上浮力增加而不利于顺行，在调剂时应注意以下几点：

（1）因炉热而需要减风温时，幅度要大一些，一步到位将风温减到高炉需要的水平。炉温向凉时提风温幅度不宜过大，可分几次将风温提高到需要的水平，每次可提20~40℃，以防煤气体积迅速膨胀而破坏顺行。

（2）在喷吹燃料情况下，一般不使用风温调节炉况，而是将风温固定在较高水平上，用煤粉来调节炉温。这样可最大限度发挥高风温的作用，维持合理的风口前理论燃烧温度。

（3）风温对焦比的影响。风温愈低，提高风温时降低焦比的效果愈显著；反之，风温逐渐提高，降低焦比的效果逐步减小。风温在1000℃左右时，增减100℃风温，影响焦比为17 kg。

C　风压

风压直接反映炉内煤气量与料柱透气性的适应情况，它的波动是冶炼过程的综合反映，亦是判断炉况的重要依据。目前高炉普遍装备有透气性指数仪表，对炉况变化反应灵敏，有利于操作者判断炉况。

D　鼓风湿度

全焦冶炼的高炉，采用加湿鼓风最有利。它能控制适宜的理论燃烧温度，使风温固定在最高水平。加湿鼓风对炉温的影响，每立方米鼓风中每增加1 g湿分，相当于降低约9℃风温，但水分分解出的氢在炉内参加还原反应，又放出相当于3℃风温的热量，所以一般考虑增加1 g湿分需要补偿相当于6℃风温的热量，故加湿鼓风可以迅速改变炉缸热制度，从而迅速纠正炉温的变化。加湿鼓风对料速有影响，湿分在风口前分解出来的氧与焦炭燃烧，相当于增加鼓风中氧的浓度。1 kg湿分相当于2.693 m^3的干风量，即1 m^3干风量加10 g湿分，约相当于增加风量3%。因此，湿分又起到调节风量的作用。增加湿分料速加快，减少湿分料速减慢。

加湿鼓风对高炉顺行的影响是，鼓风水分在炉缸内分解，使风口回旋区温度有所降低，这样有利于消除由于高风温或炉热引起的热悬料或难行现象；由于加湿鼓风，煤气中含氢量增加，提高了间接还原率，使炉缸中心热能消耗减少。同时，加湿鼓风后，可采用高风温操作，使炉缸中心热量收入增加，由此炉缸中心温度升高，促使炉缸热量充沛，温度分布趋于均匀，有利于炉况顺行稳定。

如前所述，加湿鼓风需要热补偿，对降低焦比不利。因此，喷吹燃料的高炉，基本上不采用加湿鼓风。近几年来，有些大气湿度变化较大的地区，采用了脱湿鼓风技术，对稳定炉况和降低焦比取得了良好效果。宝钢为了稳定喷煤量及提高煤粉燃烧率，也采用了脱湿鼓风。

E　喷吹燃料

喷吹燃料不仅在热能和化学能方面可以取代焦炭，而且也增加了一个下部调节手段。喷吹燃料的高炉应固定风温操作，用煤量来调节炉温。调节幅度一般为0.5~1.0 t/h，最高不超过2 t/h。炉温热行时减少喷煤量，炉温向凉时增加喷煤量。增加喷吹量时，分解吸热增加，初期使炉缸温度降低，直至因煤气量和还原气体浓度（尤其是H_2量）改变而改善了矿石的加热和还原后，才开始提高炉缸温度。经过的时间称为“热滞后时间”。所以，用煤量调节炉温没有用风温或湿分来得快，热滞后时间大约为冶炼周期的70%（为3~4 h），煤的挥发分越高，热滞后时间越长。故必须准确判断，注意炉温的发展趋势，根据热滞后时间，尽早调整喷吹量。调整喷吹量的幅度不宜过大，以免影响气流分布和炉缸工作状态发生剧烈变化。当喷吹设备临时发生故障时，必须根据热滞后时间，准确地进行变料，以防炉温波动。

F 富氧鼓风

空气中的氧气含量在标准状态下为21%，采用不同方法，提高鼓风中的氧含量就叫富氧鼓风。富氧鼓风减少煤气含氮量，使得单位生铁煤气生成量减少，因此富氧鼓风可以提高风口前理论燃烧温度，有利于提高炉缸温度和冶炼强度及增加喷煤量。同时也增加了一个下部调剂手段。富氧后不仅能提高冶炼强度，而且能增加产量。理论上每提高鼓风含氧1%，可增产4.76%。实际上因受其他条件的影响，增产率难以达到该值。

应注意，富氧鼓风只有在炉况顺行的情况下才宜进行。一般情况，在炉况顺行不好，如发生悬料、塌料等情况及炉内压差高、不接受风量时，首先应减少氧量，并相应减少喷煤量。同样，低压或休风时，首先停氧，然后停煤。在料速过快而引起炉凉时，首先要减少氧量，调节幅度在500~1000 m^3/h，最多不超过1500 m^3/h。

G 风口面积和长度

在一定风量下，风口面积和长度对风口的进风状态起决定性的作用。生产实践表明，一定的冶炼强度必须与合适的鼓风动能相配合（见表7-3和表7-4）。在高强度冶炼时，由于风量、风温必须保持最高水平，通常采用改变风口进风面积的办法来调剂鼓风动能，有时也用改变风口长度的办法调节边缘与中心气流，所以调整风口直径和长度便成为下部调节的重要手段。

a 选择风口面积的依据

（1）原燃料条件改善时，如原燃料强度高、粒度均匀、粉末和渣量少时，炉料透气性改善，有可能接受较高的鼓风动能和压差操作，否则相反；

（2）喷吹燃料使炉缸煤气体积增大，促使煤气流向炉缸中心发展，为防止中心气流过吹，应适当扩大风口面积；

（3）高炉失常时，由于长期减风操作而造成炉缸中心堆积，炉缸工作状态出现异常。为尽快消除炉况失常，发展中心气流，活跃炉缸工作，应采取缩小风口面积或堵死部分风口的措施。

b 选择风口长度的依据

当高炉为低冶炼强度生产或炉墙侵蚀严重时，可采用长风口操作。因为使用长风口送风易使循环区向炉缸中心移动，有利于吹透中心和保护炉墙。风口长度一般为380~550 mm，大型高炉控制在上限或者更长，如宝钢高炉的风口长度达到700 mm左右。300 m^3高炉风口长度多在240~260 mm。

生产实践表明，风口向下倾斜，可使煤气直接冲向渣铁层，缩短风口与渣铁层之间的距离，有利于提高渣铁温度，而且有助于消除炉缸堆积和提高炉渣的脱硫能力。一般高炉的风口向下倾斜角度为5°~11°，小型高炉的向下倾斜角度可以稍大一些。

7.1.4 装料制度

装料制度是高炉上部调剂的基本手段。高炉上部气流分布调节是通过变更装料制度，即装入顺序、装入方法、旋转溜槽倾角、料线和批重等手段，调整炉料在炉喉的分布状态，从而使气流分布更合理，以充分利用煤气能量，达到高炉稳定顺行、高效生产的目的。炉料装入炉内的设备有钟式装料设备和无钟装料设备。

7.1.4.1　装入顺序

焦炭和矿石入炉的先后次序称为装料顺序。先矿后焦的装入顺序称为正装，先焦后矿的装入顺序称为倒装。一般规律是正装用于压制边缘气流并有提高炉温的作用。当炉温急剧转热时不可改正装，以免悬料，一般是逐渐增加正装比例。倒装主要用于疏松边缘气流，促进炉况顺行，但有降低炉温的作用，所以在炉凉时不宜采用，一定采用时要考虑减轻焦炭负荷。按加重边缘的作用，由重到轻的装料顺序（钟式炉顶）如表 7-5 所示。

表 7-5　钟式炉顶的装料顺序

加重等级	装入名称	装 入 顺 序	装 入 方 法
1	正同装	KKJJ↓	$mA+nB$ A 表示：KKJJ↓KJKJ↓KKKK↓ B 表示：JJKK↓JKJK↓JKKJ↓ JJJJ↓
2	正分装	KK↓JJ↓	
3	混同装	JKKJ↓KJKJ↓JKJK↓KJJK↓	
4	倒分装	JJ↓KK↓	
5	倒同装	JJKK↓	
6	双　装	JJJJ↓KKKK↓	

注：K—矿石；J—焦炭；KK—两批矿石；JJ—两批焦炭。

高炉均采用综合装入炉料，使煤气流合理分布。表 7-5 中，A、B 分别代表不同的装入顺序；m、n 分别代表批数；加重边缘的程度取决于 $m/(m+n)$ 的比值，比值增大则加重边缘，反之则疏松边缘。随着正装比例的增加，煤气利用得到改善，综合煤气 CO_2 含量会进一步提高。

装料顺序所以能调节布料，是由于矿石、焦炭在炉内堆角不同。如果所有炉料堆角一样，装料顺序将不起作用。高炉操作者必须掌握自己所用炉料在炉内的堆角及其变化（一般在开炉装料时亲自到炉内测定），否则会出现反常情况，因为同一种炉料粒度和含粉末多少会影响堆角的变化。

无钟炉顶克服了钟式炉顶的缺点，使炉料在炉喉分布更加合理，操作更加灵活。无钟炉顶的布料形式有定点、环形、扇形和螺旋等，参看第 3 章第 3 节有关内容。目前国内外广泛采用无钟炉顶布料。

7.1.4.2　批重大小

批重对炉料在炉喉分布影响很大。批重小时布料不均匀，小到一定程度，将使边缘和中心出现无矿区。批重增大，则矿石分布均匀，相对加重中心而疏松边缘；而且软熔带气窗增大，料柱界面效应减小，有利于改善料柱的透气性。对于料钟式高炉，一般情况下，小矿批加重边缘，大矿批加重中心，如批重过大，不仅加重中心，而且也有加重边缘的趋势。对于无料钟炉顶高炉，调整煤气流分布主要是靠调整布料角度。扩大矿批有利于矿石均匀分布，软熔带透气性改善，从而可以促进顺行，降低焦比。但矿石批重过大会造成料柱透气性变坏，不利于顺行。生产实践表明，合理批重大小与下列因素有关：

（1）矿石批重与原料的关系。入炉料含铁越高，粉末越少，料柱的透气性越好，批重可以扩大。

（2）批重与喷吹燃料的关系。当喷吹燃料量增加时，矿石批重随之扩大。喷吹的燃料在风口前燃烧分解，使炉缸煤气体积和炉腹煤气体积速度增加，促使中心气流发展，需适当扩大批重，来抑制中心气流。

（3）批重与炉容的关系。随着炉容的增加，炉喉直径也增加，炉喉面积相应加大，为保证煤气流合理分布，必须相应扩大矿石批重。

（4）批重与冶炼强度的关系。随着冶炼强度的提高，风量就逐渐增加，中心气流加大，需适当扩大批重，来抑制中心气流。

7.1.4.3 料线

在钟式高炉上，调整料线的高低，可以改变炉料堆尖位置与炉墙的距离。料线在炉料与炉喉碰撞点以上时，提高料线，炉料堆尖逐步离开炉墙向中心移动，有疏松边缘的作用；反之，当料线降低时，有加重边缘的作用。料线在炉喉碰撞点位置时，边缘最重；在碰撞点以下时，将使布料混乱。生产经验表明，料线过高或过低不仅对炉顶设备不利，而且对炉况和炉温也有很大影响。因此每座高炉必须有自己合适的料线。

变更料线属于钟式高炉装料制度中的一种调剂方法。因此对高炉料线的零位，每次检修时都要进行校正。禁止过长时间（如 2 h）用单料尺工作。作为一种防止装料过满的措施，高炉如发生偏料时，以高料尺为装料标准。禁止低料线作业。若发生低料线情况时，应设法在最短的时间内赶上正常料线，杜绝长时间的低料线作业。

对于无钟炉顶，高炉料线调整的作用不大，因为可以用布料溜槽角度来调堆尖位置，而且钟式炉顶上堆尖只能在炉喉间隙范围内调整，无钟炉顶高炉上可在炉喉半径的任何点上调整。

7.1.5 高炉冷却制度

高炉冷却制度是一个大的系统管理项目，主要是冷却水参数的管理，冷却器破损的检查与处理。目的在于保障高炉各部位的合理冷却，以维护正常的操作炉型，延长高炉寿命。

合理的冷却制度要满足三方面的要求：

（1）高炉各部位的冷却水量与其热流强度相适应；

（2）高炉每个冷却器内的水速、水量和水质要相适应；

（3）保证足够的水压和合理的进出水温差。

水压：一般规定水压应比炉内压力高出 50%，若达不到规定，必须立即处理。

进出水温差：各厂根据本厂的情况，制定详细规定。对水温差必须严密注视，当其超标时必须立即向上汇报，并立即减风、提高水压，或采用高压水泵加强冷却等措施。休风时间超过 4 h，应适当关小进水，使水温差保持上限值。进出水温差过高，会使水失去稳定性而产生碳酸盐沉淀结垢，故应以水稳定温度 $t_{稳}$ 作为出水温度界限，一般为 50～60℃。为保证热流强度升到最高值时出水温度不超过 $t_{稳}$，设安全系数为 φ（见表 7-6）。因此进出水温差 $\Delta t=\varphi(t_{稳}-t_{进})$。

表 7-6　对于高炉热流强度激变部位的 φ 值

部　位	炉　腰	风 口 带	渣 口 以 下	风 口 小 套
φ	0.1~0.6	0.15~0.3	0.08~0.15	0.30~0.40

水速：应从两个层次上考虑，一是保证水中悬浮物不沉降的最小水速 $v_{沉}$；二是保证水在冷却器内不产生局部沸腾的临界水速 $v_{沸}$。$v_{沉}$ 值如下：

悬浮物粒度/mm	0.1	0.3	0.5	1.0	3.0	4.0	5.0
$v_{沉}$/m · s^{-1}	0.02	0.06	0.1	0.2	0.3	0.6	0.8

$v_{沸}$ 可用下式确定：

$$v_{沸} = 4.2q \cdot d^{0.2}/10^5 \quad \text{m/s} \tag{7-4}$$

式中　q——热流强度，kJ/(m^2 · h)；

　　　d——冷却器内水管当量直径，m。

7.2　高炉炉况的直接判断

高炉炉况的直接判断法是高炉操作者获得高炉信息的方法之一，虽然所观察到的往往是高炉的变化结果，但在炉况波动较大时，仍显示出它的重要性。要掌握这种方法，就必须勤观察，细对比，日积月累，才能达到熟练辨识的程度。

7.2.1　看风口

风口窥视孔是唯一可以随时观察炉内情况的地方。高炉操作者必须经常观察风口，从风口得到的信息要比看渣、铁及时得多。焦炭在风口区进行燃烧，这里是高炉内温度最高区域，是与煤气流初始分布有直接关系的部位。因此，通过观察焦炭在风口前运动状态及明亮程度，可以判断沿炉缸周围各点工作情况、温度和高炉顺行情况。为了便于对比分析，可设立一个风口现象记录表，以明亮与暗红，活跃与呆滞，升降、挂渣等现象作记录，这样风口带情况便一目了然。另外，还可以记入喷煤停煤、风口堵塞、捅开和破损更换的时间。积累多了，将是一份宝贵的技术档案。勤观察风口可使我们能够及时进行调剂，把炉况波动解决在萌芽阶段，确保高炉长期稳定顺行。

7.2.1.1　判断炉缸温度

高炉炉况正常，炉温充沛时，风口工作均匀、活跃。风口明亮但不耀眼，无升降，不挂渣。炉温过热，风口明亮耀眼，活跃程度差。炉温下行时，风口明亮程度下降，有升降，个别风口出现轻微挂渣；高炉大凉时，风口挂渣严重，个别风口出现涌渣，甚至灌渣。在这里应注意区别因炉渣碱度过高和风口破损漏水使风口挂渣的现象。

7.2.1.2　判断炉缸沿圆周工作状况

炉缸工作全面均匀、活跃，是保证生铁质量和高炉顺行的一个主要标志。各风口亮度均匀；说明炉缸圆周温度分布均匀。各风口焦炭运动活跃均匀，说明各风口进风量、鼓风动能相近。这些表明炉缸圆周工作正常。

炉缸圆周工作均匀与否和炉料在炉喉内分布均匀有直接关系。对于没有炉顶布料器的小高炉，在用料车上料造成偏料（斜桥一侧矿石多，斜桥对侧焦炭多）现象时，会使风口明亮程度不均。在观察风口时应注意这一点。

7.2.1.3 判断炉缸径向的工作状况

高炉炉缸工作均匀、活跃，不单指沿圆周各点，而且炉缸中心也要活跃。由于高炉稳定顺行时要有边缘与中心适当发展的两股煤气流，如果炉缸中心不活跃，就标志着中心气流发展不充分，而且中心气流发展程度可以从风口前焦炭运动状态来判断。

由于高炉的风速不同，焦炭在风口前的运动状态也不同。中型高炉一般呈循环状态运动，而小高炉则呈跳跃状态运动。有些中小高炉由于受原燃料条件或风机能力的限制，会出现风口普遍活跃程度不好，而且风口活跃程度很不均匀。如果焦炭在风口前只是缓慢滑动，不能在风口前形成回旋区，这就是所谓的没有吹透炉缸中心。随着精料方针的落实，原燃料条件不断得到改善，允许中小高炉进一步强化冶炼。目前多数中小高炉解决了吹透中心问题，从而达到沿炉缸半径方向工作趋于均匀，其主要标志就是炉缸工作均匀、活跃，明显地改善了中小高炉的各项经济技术指标。

7.2.1.4 判断顺行情况

高炉顺行时，风口工作均匀、活跃，明亮但不耀眼，风口无升降，不挂渣，风口破损很少。高炉难行时，风口前焦炭运动呆滞。例如，悬料时，风口前焦炭运动微弱，严重时停滞。当高炉崩料时，如果属于上部崩料，风口没有什么反应。若在下部成渣区，崩料很深时，在崩料前，风口表现非常活跃；而崩料后，焦炭运动呆滞。在高炉发生管道时，正对管道方向的风口，在管道形成期很活跃，但风口不明亮。在管道崩溃后，焦炭运动呆滞，有生料在风口前堆积。有经验的高炉操作者对观察风口十分重视，并且对所操作的高炉都摸索出自己认为判断炉况最灵敏和最准确的风口。

7.2.2 看出渣

炉缸中熔渣体积量多于铁水，位置更靠近风口热源区，在放上渣的高炉，上出渣时间比出铁早，次数也多，因此要重视对出渣情况的观察。尽管炉渣反映的是冶炼过程的结果，但对小型高炉来说，看渣对及早调剂炉况仍然重要。在不设渣口或不放上渣的大中型高炉，通过观察铁口放出的下渣温度、流动情况和渣样断面等来判断炉缸温度及炉渣碱度，用以调剂焦炭负荷及炉渣碱度。因此，高炉操作者观察每次渣的变化情况是十分必要的。

7.2.2.1 从炉渣温度判断炉缸温度

炉热时，渣水温度充沛，光亮夺目，流动性良好，不易粘沟；上下渣温度基本一致，渣中不带铁，渣沟不结厚壳，渣口烧损少，渣水流动时表面有小火焰。

炉凉时，渣水颜色变为暗红，流动性变差，易粘沟，严重时黏稠变黑；上渣带铁多，渣口易被凝渣堵塞，渣沟难清理，放渣困难，炉前劳动强度大。

7.2.2.2 看渣样判断炉渣碱度

炉渣碱度高时，熔渣样勺倾倒时成粒状滴下，渣样断口粗糙呈石头状，称为石头渣，在空气中存放一定时间后产生粉化现象。炉渣碱度低时,碱度低的酸性熔渣成丝状滴下,断口亮平滑呈玻璃状,称为玻璃渣。石头渣和玻璃渣又分别称为碱性渣和酸性渣。用样勺取样时,酸性渣易于拉长丝,碱性渣特别是碱度高的渣不能拉长丝而呈滴状。当渣中 MgO 含量升高时,炉渣就会失去玻璃光泽而转变为淡黄色石状渣;如果 MgO 含量高于 10%,炉渣断口即变为蛋黄色石头状。

7.2.3　看出铁

在配料不变的情况下,生铁中含硅和硫的变化,反映着炉缸热制度的变化。生铁含硅量的高低,可以从铁水在铁沟中流动情况、铁水凝固情况及铁样断面看出。

7.2.3.1　看铁流

炉温高时,铁水光亮耀眼,流动性较差,易挂沟。炉温低的铁水颜色暗红,流动性好。铁沟里火花多而密集,跳得低。含硫较高的铁水,铁流表面有一层“油皮”。随着含硅量的升高,火花逐渐稀少,当铁水含硅 1.0%以上时,铁沟中几乎看不到火花而出现小火球。

7.2.3.2　看铁样

铁水在样模中凝固得快慢可以反映生铁含硫的高低。含硫高时,铁样表面多纹并发生颤动,冷却后表面粗糙,铁样较脆易断,表面中心凹进,四周有飞边,凝固时间长。硅高硫低的铁样,铁水凝固较快,表面凸起而光滑。从断口看,含硅高的铁样呈灰色,晶粒粗大。随着含硅量的降低,断面逐渐由灰口转为白口,断面边缘时白色放射状结晶,中心处有石墨细结晶粒。以致完全消失。

7.2.3.3　看铁水成分的变化

出铁前期和后期铁水成分变化不大,说明炉缸工作均匀,炉况正常。如果出铁前后期铁水成分相差较大,说明炉温向某个方向变化,据此可以掌握炉况发展的趋势。

主要是看铁中含硅与含硫情况,其变化反映着炉缸热制度的变化。生铁中硅硫含量的高低,可从铁水的流动情况、铁样凝固情况和断口状况反映出来。含硅量低时,铁流的火花矮、密、细,流动性好,不粘铁沟,铁样断口色泽呈白色,晶粒呈放射形针状。随着含硅量的提高,火花也逐渐变大而少,流动性也越来越差,粘铁沟现象也越来越严重,铁样断口逐渐由白变灰,晶粒颗粒加粗。当铁水含硅量高于 3.0%以上后,基本无火星。$w[Si]$高表示炉温高。看铁水含硫情况是以铁水表面“油皮”多少和凝固时表面形状来判断的。当生铁含硫高时,铁水表面的“油皮”多,凝固后,铁样的表面凹下,断口有白色结晶状,铁样质脆易断,难以钻动;反之,含硫低时,铁水表面的“油皮”薄而稀少,铁水明亮,凝固后表面凸起,断口呈灰色,铁样易钻动。高硅高硫时,铁样断口虽然是灰色的,但布满了白色星点。

7.2.4　看料速和料尺的运动状态

料速的快慢与风量的大小、炉料的性质等因素有关。料速正常是高炉顺行的一个重要标志。观察料速主要看料速的快慢和均匀程度,两个料尺下降速度是否一致,料尺有无停滞和突然塌陷等现象。

从料尺下降情况可判断料速的决慢，以及时间上、方位上下料的均匀程度。料速与风口现象相结合可提供不少炉况信息，尤其是来自料速的信息比风口现象又要超前不少时间，因此这也是一个值得重视的信息源。炉况正常时，料尺均匀下降，没有停滞和陷落现象；炉温由凉转热时，料速由快变慢，每小时料批数减少；反之，料批数增快预示炉温由热转凉。炉况难行时，料尺呆滞；料线停止不动（时间超过两批正常料的间隔时间）是悬料；料线突然陷落深度超过 300 mm 以上，称为崩料；两个料线下降不均衡，经常性的相差 300 mm 以上时，称为偏料。若两料尺相差很大，但装完一批料后，差距缩小很多时，一般是管道行程。

7.3　高炉炉况的间接判断

随着检测技术的不断发展，高炉检测手段也越来越多，检测精度也在不断提高，高炉自动化程度也越来越高，这些都大大方便了操作者对炉况的掌握，为准确判断和调剂炉况奠定了良好的基础。

7.3.1　利用 CO_2 曲线判断炉况

通过对炉喉煤气取样分析，分别按所在半径上的位置描成曲线，煤气通过多的地方 CO_2 含量低，相反，煤气通过少的地方 CO_2 含量多。炉喉 CO_2 分布曲线以及混合煤气中 CO_2 值反映了高炉煤气化学能利用情况。炉喉 CO_2 分布曲线见图 7-1。

A　由炉喉煤气 CO_2 分布判断炉况

现代高炉正常的煤气曲线是中心比边缘低 3%，最高点在 3 点或 3~4 点之间或 3、4 点相同，这就是所谓的喇叭花形曲线。而平坦形曲线是最好的煤气曲线，它的中心比边缘低 2%，2、3、4 点 CO_2 相同。世界先进高炉包括宝钢等国内先进高炉都是平坦形曲线。

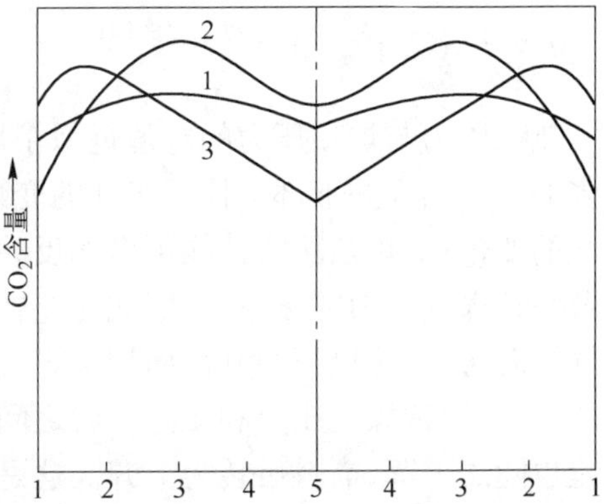

图 7-1　炉喉 CO_2 分布曲线

炉缸边缘气流不足，而中心气流过分发展时，由于中心气流过多，而使中心气流的 CO_2 值为曲线的最低点，而最高点移向第二点，严重时移向第一点，边缘与中心 CO_2 差值大，其曲线呈“V”形。

炉缸中心堆积时，中心气流微弱，边缘气流发展，这时边缘第一点与中心点 CO_2 差值大，有时边缘很低，最高点移向第四点，严重时移向中心，其 CO_2 曲线呈馒头状。

高炉结瘤时，使第一点的 CO_2 值升高，炉瘤越大，CO_2 值越高，甚至第二点、第三点也升高，而炉瘤表面上方的那一点 CO_2 值最低。如果一侧结瘤时，则一侧煤气曲线失常；圆周结瘤时，CO_2 曲线全部失常。

高炉产生管道行程时，管道方向第一、第二点 CO_2 值下降，其他点则正常，管道方向最高点移向第四点。

高炉崩料、悬料时，曲线紊乱，无一定规则形式，曲线多数平坦，边缘与中心气流都不发展。

B　利用混合煤气成分判断炉况

一般在焦炭负荷一定、冶炼条件基本不变的情况下，高炉又比较顺行，混合煤气中 CO_2 升高，预示高炉顺行；CO_2 降低，预示炉温下行。通常采用 CO_2/CO 比值衡量高炉煤气能量利用好坏。在高炉顺行情况下，间接还原改善，CO_2 增加，有利于降低焦比。

7.3.2　利用热风压力、煤气压力、压差判断炉况

7.3.2.1　热风压力

热风压力可反映出炉内煤气压力与炉料相适应的情况，并能准确及时地说明炉况的稳定程度，是判断炉况最重要的参数之一。炉况正常时，热风压力曲线平稳、波动微小，并与风量相对应；炉温向热时，风压升高，风量减少；炉温向凉时，风压降低，风量增加；炉况失常时，风压剧烈波动。

7.3.2.2　炉顶煤气压力

煤气压力曲线有一基准线，它代表煤气上升过程中克服料柱阻力而到达炉顶时的煤气压力。若基准线升高时，表示炉内边缘或中心气流过分发展，或产生管道（煤气压力值升高幅度偏大）；若基准线降低时，表示炉内料柱的透气性变差。当高炉发生悬料时，基准线降低甚至趋近于零；当高炉发生崩料时，基准线剧烈波动。因此，在操作过程中，应将炉顶煤气压力与风压相对照，对判断炉况很有益。

7.3.2.3　压差

热风压力与炉顶压力的差值近似于煤气在料柱中的压力损失，称为压差。热风压力计更多的反映出高炉下部料柱透气性的变化，在炉顶煤气压力变化不大时，也表示整个料柱透气性的变化；而炉顶压力计能更多的反映高炉上部料柱透气性的变化。高炉顺行时，热风压力及炉顶煤气压力变化不大，因此压差在一个较小的范围内波动。高炉难行时，由于料柱的透气性恶化，使热风压力升高而炉顶煤气压力降低，因此压差也升高。当炉温发生波动时，热风压力、炉顶煤气压力和压差三者之间也随之发生变化。高炉在崩料前，热风压力下降，压差也随之下降，崩料后转为上升。这是由于崩料前高炉料柱产生明显的管道，而崩料后料柱压紧，透气性变差。高炉悬料时，料柱透气性恶化，热风压力升高，压差升高，炉顶压力锐减。

7.3.3　利用冷风流量计判断炉况

在一定的冶炼条件下，入炉风量的大小是强化冶炼的重要标志。在判断炉况时，适宜的风量必须与其风压相适应。增加风量，风压也随之上升。当高炉料柱的透气性恶化时，风压升高而风量却缓慢下降，甚至风量下降至零；当料柱的透气性得到改善时，风压降低而风量增加。当高炉发生悬料时，风压急剧上升，风量大幅度减小。当发生管道行程时，将出现风量突增、风压锐减的相互交替的锯齿状波动。一般情况下，炉温升高时，风压升高，风量减少；反之，炉温降低时，则风压降低，风量增加。在高炉正常作业时，应尽量保持高炉的全风作业。在处理失常炉况时，要抓住时机尽快恢复风量，但要密切注意高炉料柱接受风量的

能力。

7.3.4 利用炉内温度和炉身压力判断炉况

7.3.4.1 利用炉顶、炉喉、炉身温度判断炉况

炉顶温度测定的是上升管的煤气温度。从顶温的差别可以判断炉内煤气流的分布，从顶温的变化可以判断煤气利用的好坏。正常炉况时，煤气分布均匀，利用程度好，炉顶温度较低。当边缘煤气过分发展时，炉顶温度升高，温度带变宽。当中心发展时，炉顶温度比正常炉况时的炉顶温度升高，温度带变窄。在悬料、低料线时，炉顶温度升高。管道行程时，各上升管温差增大，且管道方位的温差较高。炉喉及炉身温度可以间接地反映边缘煤气流的强弱和温度，并能反映出炉墙的侵蚀程度。在煤气流较发展的地方，炉身温度和炉喉温度较高。当炉身温度从各个方向都升高时，很可能是炉温上行或边缘煤气流发展。当炉料分布不均、偏行、管道行程或结瘤时，炉喉四周各点温度差偏大，温度高的方向气流较强。

7.3.4.2 利用炉身压力判断高炉顺行情况

炉身压力可反映炉内煤气压力的变化情况。当压力升高而风压尚无变化时，说明该处上部炉料的透气性变坏；若风压也升高，说明该处上、下部的透气性都变坏。通过炉身压力可提前发现透气性变化而引起的炉缸变化，而且还能推测方位和程度。

7.3.5 高炉炉况的综合判断

高炉冶炼过程受到许许多多主观和客观因素的影响，操作者必须善于掌握各种反映现象中的主次，进行综合判断和分析。

(1) 掌握各种炉况、各种反映现象中的主次，综合判断炉况。分析清楚反映各种炉况的主要表现是什么，次要表现是什么，找出炉况失常的主要原因是什么，次要原因是什么。每种失常炉况，都有一个或几个反映现象是主要的，有了这种反映，就能基本决定失常炉况的性质。例如，判断是否悬料，主要的反映是料尺停滞不动，其他如风压升高，风量降低，透气性指数下降等都是次要条件。其原因是有些失常炉况也会风压升高、风量降低、透气性指数下降，但不一定是悬料，如炉热、严重炉冷等。这样就能基本确定炉况失常的性质，从而弄清其方向、幅度和作用时间，采取相应的措施，及早扭转炉况的被动局面。

(2) 要重视对日报表的分析，它对预测高炉变化有很大作用。因为高炉的变化是循序渐进的，一般情况下不会突然和无规则地变化，所以必须用冶炼原理来分析推断近日报表内的数据，通过对数据的分析，科学地推测某炉铁的炉温是何时配料冶炼的结果，以及现在的炉渣碱度与当时配料的炉渣碱度有无差异等。这对于指导以后的变料具有重要的意义。由于原燃料成分分析有时会不准确、不及时，造成配料计算的碱度和实际炉渣碱度的差异。因此，要明确知道变料后炉料何时能下达炉缸，何时能起作用？这样操作者在调节炉况时，才能做到早动、少动，使炉况稳定顺行。

在分析炉况时，应注意风量与风压是否对称，是偏高还是偏低，必须记住一些经验数据。昼夜温差 Δp 对炉况也是有影响的，还有风量与料速的对应关系，再结合 Δp、CO_2 曲线、风口状况、出渣出铁情况，来分析炉缸工作是否均匀、活跃。

在分析炉温时，要从总体来看炉温变化的趋势，而不要片面地被某炉铁的特殊值所迷惑；要注意 $w[Si]$ 与 $w[S]$ 有明显的相反关系；分析炉温时还要注意原燃料成分、配比、附加料等因素的变化；同时还要注意下料速度对炉温的影响；了解风温与负荷的配合：长时间热风温度过低或过高都会引起炉温大的波动。除此之外，还应注意混合煤气中的 CO_2 含量，它是煤气化学能利用好坏的标志。其他如装料制度、炉顶温度和 CO_2 曲线，都需要了解。

7.4　高炉失常炉况的处理

7.4.1　正常炉况与失常炉况

7.4.1.1　正常炉况

正常炉况的标志能够反映炉缸工作、下料和煤气流分布的特征，即炉缸工作均匀活跃，炉温充沛稳定，煤气分布合理。其具体标志如下：

(1) 风口明亮，焦炭活跃，风口前无生料、不挂渣，风口破损极少；

(2) 炉温充足，炉渣流动性好，上渣不带铁，渣沟不结厚壳，渣口烧损极少；

(3) 铁水白亮，物理热高，成分相对稳定；

(4) 炉顶温度有规律波动；

(5) 风压平稳，风量微微波动，曲线画圆，透气性指数变化平稳，无锯齿状；

(6) 顶压稳定，没有频繁的上下尖峰；

(7) 下料均匀，不停滞、不塌落，没有时快时慢的现象，双探尺位置基本一致，料尺曲线整齐，倾角稳定；

(8) 炉喉 CO_2 曲线接近于对称的双峰形，中心峰谷较为开阔，尖峰位置在第 2 点或第 3 点；边缘与中心数值相近或稍高一些，且 CO_2 含量平均值较高；

(9) 炉喉、炉身、炉基温度变化不大；

(10) 炉喉、炉腰和炉身等处冷却水温差符合规定要求。

7.4.1.2　炉况失常的原因

炉况失常的具体表现如下：

(1) 炉况不顺行即煤气流与炉料相对运动失常方面

1) 边缘过轻。表示边缘煤气过分发展，热能化学能利用不好，焦比高，铁水质量不好。

2) 边缘过重。即边缘煤气量不够，下料慢，炉况难行，炉墙结厚等可能发生。

3) 管道与偏行。局部煤气流过大，形成“管道现象”，或某一方向布料不均而煤气流过大等。

4) 连续崩料。由于某种原因，崩料现象连续不断。

5) 悬料。悬料产生后，风压升高，风量降低，料尺不动，料柱停滞不下降。

(2) 炉缸工作失常方面

1) 炉况热行。炉温偏高，风压上升，风量减少，下料变慢，炉况不稳。

2) 炉况冷行。炉温过低，风压下降，风量增加，下料变快，炉况不稳。

3) 炉缸堆积。炉缸工作不均匀，从部位上有边缘堆积，局部堆积和中心堆积三种。从原因上可分为成渣性堆积，石墨性堆积和炉温性堆积三种。

(3) 炉型失常方面

1) 炉墙结厚。局部炉墙变厚,影响炉料下降和煤气流的正常分布,使炉况受到影响而失常。

2) 炉墙结瘤。从实质上看,炉墙结厚与炉墙结瘤无本质区别,结厚部位局部突出后形成所谓炉瘤。

(4) 设备失常方面

1) 风口大量烧坏。由于焦炭不好,导致炉缸堆积以及原料成分等因素可能导致高炉风口大量破损,以致使炉况失常。

2) 渣口大量烧坏。由于造渣制度不当等原因,使渣口严重破损而使炉况失常。

3) 炉底严重侵蚀。炉缸烧穿等原因也能导致炉况失常。

7.4.2 炉况初步失常的预防与处理

该阶段的表现首先是煤气流分布的失常,而后才会引发其他的失常。

7.4.2.1 由于煤气流分布不合理引起的失常

在高炉冶炼过程中,由于原燃料质量、送风制度、装料制度和其他设备等方面而导致的煤气流分布不合理,这样就产生了边缘煤气或中心煤气流过分发展、管道行程。通过对炉喉 CO_2 曲线变化情况进行分析,是判断煤气流失常的主要手段。

A 边缘煤气流过分发展

由于上下部调节不当,使高炉边缘气流过分发展,大量的煤气流沿边缘流动,热能和化学能利用不好,会使炉墙侵蚀,同时也会导致中心过重。

边缘煤气流过分发展的主要表现:

(1) 炉喉 CO_2 曲线呈馒头形,煤气利用率 $\varphi(CO_2)/\varphi(CO)$ 值下降;

(2) 风量、风压和料速三者关系失调。初期风压平稳,但示值明显偏低;风量自动增大;下料转快。严重时风压曲线呈锯齿状波动,有崩料现象:顶压常出现向上尖峰;

(3) 炉喉温度、炉身温度以及炉腹以上冷却器水温差均上升,炉顶温度亦升高,且波动幅度加宽;

(4) 风口在出渣出铁时有向凉的趋势,风口工作迟钝,个别风口有升降,炉温下行,生铁含硫量上升,上下渣温差趋大。

煤气流过分发展的直接后果往往导致炉温急速下行,故采取措施应充分考虑防冷问题。处理方法如下:

(1) 首先计算风速和鼓风动能是否在正常范围内,如偏离正常范围,可适当缩小风口直径,或调整风口长度,使风速合理,并保证吹向中心;

(2) 采取适当抑制边缘气流的装料制度,如降料线,增加正装比例,批重偏大时可以缩小矿批,但不可操之过急,以免边缘和中心同时受堵,造成悬料;

(3) 若炉温不足而顺行程度尚好时,可提高风温或增加喷煤量,炉温偏低时应适当减风,若下行之势已成,顺行已被破坏时,则以减风措施,同时减轻负荷或加入空焦,以便为以后较快地恢复风量创造条件;

(4) 改善原燃料质量,特别是降低原料的含粉率,从而降低中心处粉末的沉积,促使中心气流的发展。

B　中心气流过分发展

随着高炉冶炼强度的提高及喷煤量的增加，由于鼓风动能增加，如果上下部调节不协调，将导致中心气流的过分发展。CO_2 曲线呈漏斗形，边缘过重，中心发展，下料变得不稳定，边缘气流不足可视为炉况难行的信号，其表现为：

(1) 风压偏高易波动，透气性指数下降，风量自动减少，崩料后风量下跌过多，且不宜恢复，顶压相对降低，不稳定，并有向上尖峰；

(2) 料速明显不均，风口工作极不均匀，出铁前料速变慢，出铁后加快，伴随有崩料现象，严重时，崩料后容易悬料；

(3) 上下渣温差大，上渣凉，下渣热，渣中易带铁，放渣较难，铁水先凉后热。

形成中心气流过分发展的原因：

(1) 风口截面积过小或风口过长，引起鼓风动能过高或风速过大，超过实际需要水平；

(2) 装料制度不合理，长期采用加重边缘的装料制度；

(3) 使用的原燃料粉末过多，使得料柱的透气性指数下降；

(4) 长期堵风口操作；

(5) 风口、渣口及部分冷却设备大量漏水；

(6) 喷吹燃料鼓风动能增加后，上下部没有做相应的改变；

(7) 长期采用高碱度炉渣操作。

处理中心气流过分发展的基本方针是改善透气性，防止转为悬料，采用疏松边缘的装料制度，扩大批重时务必谨慎：

(1) 当上部调剂无效时，应考虑扩大风口直径；

(2) 长期炉况不顺，炉墙结厚时应采取洗炉措施；

(3) 当炉温充足时，可减风温或煤量，当风压急剧上升或炉温不足时应减风量降风压。

C　管道行程

料柱透气性和风量不相适应，在炉内断面上出现局部煤气流的剧烈发展，其他区域的煤气流相对减弱，称为管道行程。管道产生后，煤气能量利用明显恶化，易引起炉凉，同时料柱结构也会变得不稳定，极易引起悬料。

管道行程的表现：

(1) 煤气曲线不规则，在管道方向上的 CO_2 值很低，管道处明显下凹。

(2) 风量、风压及顶压波动大，管道严重时，风压下降，风量增加，“风量大，风压低，不是炉凉是管道”，说的就是这种情形。当管道被堵后，风压直线上升，风量锐减；管道方向炉喉煤气温度升高，圆周各点的温差增大。

(3) 风口工作不均匀，管道方向忽明忽暗，有时有升降，下料快，管道堵塞后出现升降，其他风口比较呆滞，但较明亮。

(4) 渣温不匀，上下渣温差大，铁水温度波动大，生铁 $w[S]$ 增加。

(5) 管道行程严重时，煤气上升管内有炉料的撞击声或有小焦丁被吹出，更严重时该部位的上升管被烧红。

(6) 管道形成后，其最大的特点是“偏”，在下料方面，风口工作方面及各温差方面都会反映出来；其次是高炉行程不稳定，如风量、风压和料速的不稳定，甚至在同一炉炉渣温度也不稳定。

管道行程是一种较易发生的，且后果较难预测的炉况。发现管道后要及时处理，力争主动。处理的方针是以疏为主，堵塞为辅。具体方法是：

(1) 发现管道，最常用的是适当疏松边缘，减轻边缘负荷；

(2) 适当的减少风量，使风量与风压相适应。如果炉温许可的话，可适当减风温或加湿分；

(3) 管道严重时要加适当空焦，这样既可以疏松料柱，又可防止炉凉，并为最后坐料，强行破坏管道作准备；

(4) 通过布料器，在管道方向上多布矿石或小粒度原料；

(5) 在坐料破坏管道后，复风时要注意控制风压和风量水平，一般要低于原来水平然后再逐步恢复；

(6) 常有管道气流方位的风口，可考虑缩小风口直径或临时堵上风口。

7.4.2.2　炉温失常

A　炉热

炉热是由热量收入大于热量支出而造成的。它与其他失常炉况相比，炉热的先兆不明显，处理也较容易，一般不会导致严重失常，故常被人忽略，往往调剂迟缓，丧失时机。

炉热的原因：

(1) 燃料负荷过轻，原料的质量改善；

(2) 原燃料称量误差大或操作错误；

(3) 焦炭含水补偿太多；

(4) 煤气热能和化学能的变化。

炉热的征兆：

(1) 风压逐步上升，接受风量困难；炉喉、炉身、炉顶温度普遍上升；

(2) 下料缓慢，风口明亮耀眼，无升降，各风口工作均匀；

(3) 渣铁温度升高。炉渣断口由褐玻璃状变为白石头状断口；生铁 $w[Si]$ 升高，并超过规定范围，生铁 $w[S]$ 下降；铁量少，流动性差。

处理方法：

(1) 首先分析清楚造成炉热的原因，是因为操作因素，还是客观因素引起的；

(2) 对初期炉热可减喷吹量或降风温；如炉热是长期性因素引起的应加负荷；

(3) 当出现难行时，可将风温一次减到适宜程度，并临时减风量，缩小煤气体积，但减风时间不宜过长；

(4) 应注意热惯性，防止降温过猛，引起炉温大波动。

B　炉凉

炉凉是高炉操作的大忌，绝大多数严重炉况失常都是由于炉凉未得到及时制止而形成的，所以它的危害极大，尤其是小高炉应特别注意，严防炉凉。

炉凉的原因：

(1) 原燃料性能有较大变化，或称量不准，误差超过规定的范围，使实际的负荷过重；

(2) 冷却设备严重漏水，未及时制止；

（3）连续两小时以上，料速超过正常批数，而未进行调节；

（4）长时间空料线作业或空料线时补加焦量不足，而重负荷料下达炉缸；

（5）长时间无计划休风，或无准备而过久的停煤；

（6）严重崩料、管道、偏料、炉瘤或炉墙大片黏结物脱落，导致炉缸剧冷；

（7）长期减风作业，使边缘煤气过分发展，炉缸中心堆积，或负荷过重而引起的边缘行程或管道行程；

（8）在雨季水分焦未能及时补足。

炉凉的表现：

大致分为炉温向凉、大凉和炉缸冻结三个阶段。其表现如下：

（1）风压下降，风量增加，下料转快且顺，容易接受风温；

（2）风口向凉，颜色发暗、发红，有升降，个别风口挂渣、涌渣，甚至自动灌死；

（3）渣铁温度下降，渣沟结壳，渣色变深，转为玻璃渣，渣中 FeO 升高，生铁 $w[Si]$ 大幅度下降，$w[S]$ 迅速升高；

（4）炉顶、炉喉、炉身各部位温度趋低，冷却器温差普遍下降。

炉凉的处理方法：

（1）要迅速分析制冷原因，应该区别它是由于风量、风温调节不及时或客观条件变化所引起的炉凉，还是由于操作或称量不准等因素引起的炉凉。

（2）初期炉冷，应着力控制料速，可采取增加喷煤量，提高风温，减氧或停氧，直到减风。

（3）如果是长期性炉凉，应加入适当的空焦，并减轻焦炭负荷，着力使空焦、轻料顺利下达，换取冷料柱。

（4）剧烈炉冷时，可将风量减到风口不灌渣为限的最低水平，在下部调节上可加风温，加富氧等。

（5）炉凉时应防止悬料，要适当的采用发展边缘的装料制度。一旦悬料要谨慎处理，在有风口灌渣危险时，不要急于坐料，只有当出尽渣铁并适当喷吹铁口后，才能坐料。坐料时，要随时准备打开风口窥视孔，以防弯头灌渣，必要时在风口外面打水，以防直吹管烧穿。

（6）当炉况急剧炉冷又发生悬料时，应以处理炉冷为主。

（7）当炉冷且渣碱度高时，应降碱度或加适当批数的酸料。

7.4.2.3　炉料分布失常

A　偏料

高炉截面上两料线下降不均匀，呈现一边高一边低的固定性炉况现象，小高炉两料线的差值为 300 mm，大高炉为 500 mm，就称为偏料。

偏料的原因：

（1）由于高炉炉衬的侵蚀不一致，侵蚀严重的一侧，边缘的气流较强，其他地方的煤气较弱，这样就造成炉料的下降不均；

（2）边缘管道行程或炉墙结厚、结瘤致使下料不均，造成偏料；

（3）大钟中心线偏离高炉中心线，或炉喉钢砖损坏脱落，造成炉料沿炉喉截面的圆周方向分布不均；

（4）布料器长期不转，或根本就没有布料器的小高炉容易发生偏料。

偏料的征兆：

(1) 两料线经常相差 300~500 mm，容易发生料满或大钟关不严的现象；

(2) 风口工作不均匀，低料面的一侧风口发暗，有升降，易挂渣、涌渣；

(3) 炉缸脱硫效果差，炉温稍一下行，生铁 $w[S]$ 就会升高，炉渣的流动性也会变差；

(4) 风压波动且不稳定，炉顶压力经常出现向上的尖峰，炉顶温度各点的差值也较大，在料面低的一侧温度高，料面高的一侧温度低；

(5) CO_2 曲线歪斜不规则，最高点移向中心。

偏料的处理方法：

(1) 凡能修复校正的设备缺陷（如不同心、布料器不转、风口内有残渣堵结），应及时修复校正；

(2) 在设备缺陷一时难以修复时，在上部调剂无效时，可在低料线的一侧改小风口或长风口，以减少该处的进风量，在高料面侧改用大风口；

(3) 由于炉型变化而造成的偏料，可适当降低冶炼强度，结合洗炉或控制冷却水温差来消除；

(4) 如果是非永久性原因造成的偏料，在上部可设法采取向低料线的一侧集中布料，以减轻偏料程度，把料面找平；

(5) 管道行程造成的偏料，要首先消除产生管道行程的因素，采取坐料的方法来破坏管道，同时在赶料线时可找平料线。

案例：

某厂 1620 m^3 高炉因设备故障突然无计划休风 31 个小时，复风后炉况不顺，时有崩料、悬料发生，经过 3 天多的处理后炉况仍不见好转，并出现偏料现象，两尺相差 1 m 以上。根据计器仪表反映的煤气 CO_2 曲线、炉皮温度测定，都表明因单侧炉墙结厚或炉瘤造成偏料，形成高 1.6~1.7 m 的单侧炉瘤，遂决定降料线，待料线降到炉腰处时，炉瘤全露出后休风，在炉瘤部位将炉瘤炸掉后复风，炉况很快走向正常，偏料现象消除。

B 低料线

在生产中，往往由于崩料、悬坐料或设备故障等不能正常上料，造成低料线作业。在操作料线低于规定料线 0.5 m 以上时，就称低料线。

低料线作业对高炉的危害很大。低料线作业时，矿石得不到正常的预热和还原，布料紊乱，造成煤气流分布失常，大大降低了煤气能量的利用；同时使炉顶温度升高，易于损坏炉顶设备。某些高炉的炉缸冻结、炉墙结厚或结瘤等事故多是由于长期低料线作业造成的。因此，在日常操作中要严禁低料线作业。

发生低料线时，可作如下处理：

(1) 因原燃料供应中断或上料设备故障，估计 1 h 内不能恢复时，应立即减风，待上料系统正常后再恢复风量。如果只是断矿，可以先上几批焦炭（批数不宜大于 3 批），而后补回矿石。当减风到 50%以上时，料线仍探不明（>3 m），且亏料原因仍未排除，应立即组织出渣出铁，出尽渣铁后休风；

(2) 由于炉况失常造成的低料线，可适当减风赶料线。在赶料线时，应考虑到炉温是否有基础，如炉温不足，可适当减负荷或加空焦来补充炉缸热量或疏松料柱，防止因赶料线过快而导致悬料。待料线赶至正常、炉况稳定后，再逐步把风量恢复上去。

案例：

某厂 1513 m^3 高炉，因设备事故造成低料线深达 4m。高炉复风后因对低料线危害认识不足，未加处理，当低料线部分的炉料到达炉腹时，产生崩料，又未进行减风调剂，导致转入悬料。由于对于悬料处理不当，以后又转入顽固悬料，最后导致炉缸冻结，经过十多天的处理才恢复正常炉况。

7.5　高炉严重失常炉况的预防与处理

当一般失常炉况得不到有效制止，炉况的进一步恶化就发展到严重的失常阶段，给生产造成巨大损失。

7.5.1　崩料和连续崩料

炉料突然塌落的现象叫崩料，接连不止一次的崩料叫连续崩料。崩料时，高炉内煤气流和炉料有相对运动激化的表现。连续崩料会影响矿石的预热和还原，特别是下部的连续崩料，会直接吸收炉缸大量的热量，使炉缸急剧向凉，甚至会造成其他的恶性事故。

7.5.1.1　崩料

（1）崩料的原因

1）原燃料质量恶化，强度变差造成粉末增多，使料柱的透气性变差；

2）边缘过重或管道行程；

3）偏料和长期低料线作业而导致的煤气流分布紊乱和炉温的大幅度波动；

4）在炉温不足时，炉渣碱度偏高。

（2）崩料的主要征兆

1）料线出现停滞、塌落现象，其曲线极不规则；

2）风压、风量不稳，剧烈波动，接受风量能力变差；

3）顶压剧烈波动，出现向上尖峰，并逐渐变小；

4）炉温波动，严重时铁水温度显著下降，风口工作不均匀，有挂渣、涌渣现象，放渣困难。

（3）崩料的处理方法

1）炉热引起的，可减煤直至停煤，也可以撤风温或减氧；

2）炉凉引起的，可酌情减风，在崩料消除前切忌加风温，要适当的加入一些空焦，以疏松料柱，防止炉冷；

3）临时可以缩小料批，减轻焦炭负荷，采取疏松边缘的装料制度，严重时可加入适量净焦。

7.5.1.2　连续崩料

（1）连续崩料的原因

1）中心或边缘煤气流过分发展或产生管道而没有及时调剂；

2）炉热或炉凉的进一步发展；

3）严重偏料和长期低料线作业所引起的煤气流分布紊乱和炉温的大幅度波动；

4）炉衬严重结厚或高炉结瘤造成高炉操作炉型不规则，又得不到及时处理；

5）原燃料质量恶化，强度变差造成粉末增多，严重恶化了高炉料柱的透气性；

6）炉渣碱度偏高（>1.4），而炉温又偏低，甚至出现炉凉。

（2）连续崩料的征兆

1）料线出现连续的停滞和塌落现象；

2）风压、风量曲线急剧波动，呈锯齿状；顶压也剧烈波动，出现向上尖峰；

3）崩料严重时料面塌落很深，使炉缸温度降低，生铁质量下降，渣流动性变差，风口工作不均，部分风口挂渣、涌渣甚至灌渣；

4）上部管道崩料时，上部静压力波动大；下部管道崩料时，下部静压力波动大；

5）如因边缘负荷过重或管道行程引起的崩料，则风口不宜接受喷吹物。

（3）连续崩料的处理方法

1）立即减风到能够制止崩料的程度，使风压、风量均达到平稳；

2）对于煤气分布失常引起的崩料，可视炉温酌情处理。炉温充足时可撤风温 30～50℃；炉温不足时，可补加适当的轻料或焦炭，既能起到提炉温的作用，又能疏松料柱的透气性；

3）对于炉温过低引起的崩料，不容许加风温或减风温，只能减风量来使风压降到正常水平；

4）对于炉墙结厚或结瘤而引起的崩料，可采用疏松边缘的装料制度，以保证炉况顺行，同时使大量的煤气流冲刷结厚或结瘤部位；

5）对于原燃料质量差引起的崩料，可加强原燃料的筛分，降低入炉粉末量，改善料柱的透气性；

6）连续崩料现象消除前，严禁加大喷煤量或提高风温；崩料现象消除后，炉温回升，下料正常，再逐步恢复风量，不能操之过急。

案例

首钢 4 号高炉 1993 年 11 月 22 日由于连续崩料，给生产造成很大损失。

11 月 21 日中班后期炉温偏高，风量关系偏紧。风量由 5145 m^3/min 逐步降到 4916 m^3/min，透气性指数由 3481 降到 3076。

23:35 减压崩料一次，料线 3.8 m。

11 月 22 日 0:55 赶上料线，风量、风压分别由 3600 m^3/min、0.252 MPa 加到 4500 m^3/min、0.296 MPa时又悬料。

1:05 时放风坐料，料线深 3.8 m。

2:55 又崩料一次，尺深 4.5m。

5:10 又悬料、坐料一次。由于风量关系紧张，炉况难于恢复导致 23 日一天炉况不顺，并导致出格铁一炉，损失很大。

当高炉出现第一次崩料后，一定要控制好风量，待料尺走好后稳步向上加风。风量与料速要对应，否则还要把风量减回，防止连续崩料。

7.5.2 悬料

炉料停止下降即为悬料。悬料也是炉况失常过程中的一种中断性现象，是高炉由顺行转为难行的标志。它可以按部位分为上部悬料、下部悬料；还可以按形成原因分为原燃料粉末大、炉凉、炉热、煤气流失常等引起的悬料。

7.5.2.1　悬料的征兆

（1）炉料停止下降，风口前焦炭呆滞甚至不动。

（2）悬料前风压慢慢上升，风量逐步减少，顶压也相应减少；悬料后风压急剧上升，风量和顶压随之自动减少，严重时两者趋近于零。

（3）顶温和炉喉温度上升且波动范围小，严重悬料时，顶压趋近于零，炉喉温度下降很快。

（4）上部悬料时上部压差过高，下部悬料时下部压差过高。

7.5.2.2　悬料的原因

（1）上部悬料的原因

1）煤气流分布失常，气流通道突然被炉料堵塞；

2）原燃料粉末大，料柱的透气性差，高炉的冶炼强度与透气性不相适应；

3）炉墙结厚或结瘤；

4）高炉偏料或连续崩料而炉温向热时。

（2）下部悬料的原因

1）焦炭强度差粉末多、大量的焦粉进入成渣带引起炉渣黏度的增大；

2）送风制度不合理，炉缸工作不均匀，初始气流分布不合理，加减风温不适当，造成高温区的软熔带上下波动或成渣带的下移；

3）渣碱度偏高，渣的流动性差，成分不稳定，$w(MgO)<3\%$，$w(Al_2O_3)>20\%$；

4）出铁出渣时间延迟，炉缸内积存的渣铁量过多，造成炉缸的透气性变坏；

5）高炉长时间慢风或休风后送风，也容易造成悬料；

6）当燃料比很低，软熔带位置过分下移，其下缘与炉芯之间的活动焦炭区太窄，妨碍了向风口燃烧区顺利地供应焦炭，由此而引起的悬料。

7.5.2.3　悬料的处理

（1）悬料初期可减风10%～20%，如果炉温有基础，可适当减少喷吹量，降低风温，增加湿分，停止富氧，争取炉料不坐而下。

（2）如果是上部悬料时，可立即改高压为常压；如果是下部悬料时，应立即减风。

（3）由于炉温高而造成热悬料时，立即停氧、停喷煤或降风温（一次性降风温50～100℃），使煤气体积减小，但要注意适时地恢复风温；如果是炉凉引起的，可适当减风。

（4）如果是由于原燃料粉末大而造成的悬料，可适当发展边缘，改善料柱的透气性，也可采取降低冶炼强度的方法来解除悬料，待炉况转顺后再恢复风量和正常料制。

（5）坐料后料线仍不能自由活动，可把料线赶到正常后进行二次坐料，但送风的风压要较前次低些，严禁用“大风顶”的蛮干操作，两次坐料的时间间隔在20～30 min。

（6）在多次坐料无效时，可采用高炉与鼓风机同时放风；或将风放到底，开启热风炉废气阀；或休风、倒流休风坐料；或打开渣口、铁口，进行适当喷吹后再放风坐料。

(7) 对于炉温过低且炉渣碱度又偏高而造成的悬料,应谨慎处理。绝不能采取盲目提高风温的办法来解决。如此时提高风温,将使煤气体积增大,进一步促使悬料。应采用减风的办法以谋求不坐自塌。如果仍不能塌下,就应该采取坐料的方法来消除悬料,但必须在出尽渣铁后再坐料,严防风口灌渣。坐料时一定要密切注意风口变化,如有风口涌渣应及早回风。

(8) 悬料消除后,复风应按风压操作,不可超过透气性指数的极限范围。

案例:

首钢3号高炉1993年投产,有效容积2536 m^3。随着生产水平的不断提高,炉体设备老化比较严重,2006年8月,通过降料面喷补炉壁以后,取得了很好的生产指标。但是随着冶炼强度的提高,煤气流对炉墙的冲刷造成操作炉型不规则,边缘气流不稳。同时从2007年2月底开始,外围原料紧张,焦炭质量明显下降,以及设备故障造成炉况波动,气流及管道频繁出现,综合负荷波动大,炉温不好做,高炉长期处于慢风状态。3月23日,炉温难做,加集中焦提温,炉温上来后难行悬料,被迫停风堵风口恢复,焦炭负荷退至3.94。3月24日,炉况恢复过程中受主控设备影响停风3小时20分钟,料线深达6 m左右,复风后炉况失常。炉况失常后,通过采取调整焦炭负荷、装料制度、炉温、加洗炉剂、加强炉外出铁等措施,历时一周,基本恢复了高炉正常生产。

7.5.3 炉缸大凉与炉缸冻结

当炉温向凉而未能及时制止,炉温继续向凉发展,这时不仅炉温很低,炉渣的流动性极差,炉况的顺行也遭到破坏,炉况变成大凉。大凉进一步发展,炉缸处于凝固或半凝固状态、渣铁不分,从渣口和铁口均不能放出渣铁,称为炉缸冻结。处理以上炉况难度大,耗时长,给生产带来严重的损失。

7.5.3.1 大凉及炉缸冻结的征兆

(1) 渣铁温度急剧下降,生铁 $w[Si]$ 明显下降,$w[S]$ 明显上升,炉渣变黑,铁水火花多而密集,跳跃低,最后放不出渣、铁;

(2) 大凉时渣温、铁温虽低,但仍可以流动;而炉缸冻结时,渣铁不分,已呈凝固或半凝固状态,难以从渣口和铁口流出;

(3) 风口暗红,工作不均,出现大量升降,个别风口挂渣和涌渣,甚至自动灌死;

(4) 风量、风压不稳,风压升高,风量减少,风量和风压曲线呈锯齿状。当发展到炉缸冻结时,高炉不进风,顶压、顶温极低,高炉的冷却水温度普遍降低。

7.5.3.2 大凉及炉缸冻结的原因

(1) 原燃料质量恶化、粉末增多,焦炭负荷较重,未及时调节,导致炉温急剧向凉;

(2) 连续崩料或严重管道行程未能及时制止,使得大量的未还原矿甚至是生矿直接进入炉缸,吸收炉缸大量的热量;

(3) 长期的低料线作业处理不当,炉料分布失常,煤气的热能和化学能未能充分利用;

(4) 冷却设备大量漏水,未能及时发现和隔断漏水源;

(5) 在炉温较低的情况下,无计划的长时间休风,造成了炉缸内的渣铁冷凝;

（6）炉瘤及炉墙黏结物脱落进入炉缸，吸收炉缸大量的热量，造成炉缸热量的额外支出；

（7）炉渣碱度偏高，稳定性差，熔化性温度高，在炉缸温度不足时，已熔化的渣铁二次凝结，形成炉缸冻结。

7.5.3.3　大凉及炉缸冻结的处理方法

处理大凉及炉缸冻结的关键，在于使高炉能够接受风量，以便使净焦和轻负荷料下达炉缸后能提高炉缸温度，将凝固的渣铁熔化。如果是由于漏水原因造成的，应及时处理和更换冷却设备。

（1）要及早加入足够数量的焦炭和轻负荷料，其数量应等于或大于炉缸体积。

（2）停煤、停氧，必要时将风量减到以风口不灌渣为限的最低水平。

（3）当渣口、铁口被凝结时，可用氧气由渣、铁口向上烧开其上方的凝结物，并使其与风口相通，将熔化下来的冷渣铁从渣口、铁口排出。

（4）若渣铁口及部分风口均被冻结，可选择一个渣口或风口作为临时排放口，形成一个“小活区”，然后逐步向外扩展。打开离此最近的一个或几个相邻的风口，并与排放口沟通，使燃烧、熔化、出渣铁的过程能连续稳定地进行下去。正确选择临时排放口，是处理冻结的关键。首先应以铁口为主，铁口不行，则改用渣口或风口。用渣口或风口出铁时，要将它们的小套、二套卸下，装上砖套。渣口区域要用氧气烧出一个大空间，使渣口和风口相连通，必要时填入一些焦炭、铝块或食盐等发热剂和助熔剂，然后送入较小风量，一点点地熔化凝结的渣铁。此时一定要组织好炉前力量，尽可能快、尽可能多地排放渣铁。

（5）随着“活区”的逐步扩大，应适量恢复风口和风量。当一个或两个风口工作一段时间后，随着冷凝渣铁向铁口方向的逐步熔化，优先扩展铁口方向上的风口，使风口能和铁口熔化连通，渣铁能从铁口流出。这是一个重要的突破。在此过程中，一定要谨慎，杜绝盲目性扩风口。开风口时只能在工作风口的相邻两侧；每次开 1~2 个风口；待所开风口工作正常，无涌渣、挂渣和烧坏风口的危险后，再考虑开新风口。

（6）随着风口的增多，加强出渣、出铁的工作更为关键，不能因炉外工作而影响到炉内，否则将会前功尽弃。

（7）随着炉内冶炼空间的逐步扩大，适当增加风量，加快对凝结物的熔化，待全部风口都能正常工作，炉况顺行，全风作业，炉温充沛后，将炉渣碱度降至下限，采用清洗炉缸的必要措施，做到稳妥成功。

案例：

某厂 1080 m^3 高炉因称量设备误差过大，使负荷过重，而又处理不及时，造成炉缸冻结。后采取缩小风口直径，以利于吹透中心，同时加净焦 30 批，然后装入负荷正常 3/4 的轻负荷料；同时将渣口及中套取下，改做泥套，从渣口放出凉渣。经过三昼夜后净焦下达炉缸，将凝固的渣铁熔化，使炉况转入正常。

7.5.4　高炉结瘤

高炉炉墙结厚或结瘤是已经熔化的液相又重新凝结的结果。它是高炉生产中严重的炉况失常，它严重地破坏了高炉的顺行，影响了高炉的生产技术指标。

7.5.4.1　炉墙结厚

炉墙结厚可视为结瘤的前期表现，也可以作为一种炉型畸变现象。它是粘结因素强于侵蚀因素，经长时间积累的结果。在炉温波动剧烈时，也可在较短的时间内形成。

（1）炉墙结厚的征兆

1）高炉不顺，不宜接受风量，应变能力差。当风压较低时，炉况尚算平稳；当风压偏高时，易出现崩料、管道和悬料。

2）煤气分布不稳定，煤气利用变差；改变装料制度后，达不到预期的目标；上部结厚时，结厚部位的 CO_2 曲线升高；下部结厚常出现边缘自动加重现象。

3）结厚部位的冷却水温差及炉皮表面温度均下降。

4）风口工作不均匀，风口前易挂渣。

（2）炉墙结厚的原因

1）原燃料质量低劣，粉末多，造成高炉料柱的透气性差。

2）长期的低料线作业；对崩料、悬料的处理不当；长期的堵风口作业，或长期休风后的复风处理不当。

3）炉顶布料不均，造成炉料在炉内的分布不均匀。

4）炉温的大幅度波动，造成软熔带根部的上下反复变化。

5）造渣制度失常，使炉渣碱度的大幅度波动。

6）冷却器大量漏水。

（3）炉墙结厚的处理

1）对初期结厚，可发展边缘气流来冲刷结厚部位，同时要减轻负荷，提高炉温。

2）对于渣碱度高引起的炉墙结厚，在保证炉况顺行的前提下，降低碱度或加一定数量的酸料。

3）控制结厚部位的冷却水，适当降低该部位的冷却强度，缩小其冷却水温差。

4）结厚部位较低时，可采用锰矿、萤石、均热炉渣、氧化铁皮或空焦洗炉。

案例

某厂 2 号高炉冷却壁漏水，又产生炉墙结厚，炉墙温度水平降至正常水平以下，送风后未及时发展边缘气流，结厚加重。5 天后调整装料制度及负荷以发展边缘，经过两天未见效；后除继续发展边缘外，还加萤石 400 kg/批洗炉，再经两日才消除结厚。

7.5.4.2　结瘤

炉墙结厚未能制止，或遇炉况严重失常时，便发展为炉瘤。

（1）炉瘤表现的征兆

1）炉况顺行程度大大恶化，高炉不宜接受风量，透气性变差，不断发生崩料、管道和悬料，煤气分布失常，生铁质量下降。

2）结瘤方位的料线下降慢，料线表面出现台阶，有偏料、停滞、崩料和埋住料线等现象。

3）结瘤方位的炉墙温度和冷却水温差明显下降，但在该部位下方的炉料疏松，煤气过多，炉墙温度反而升高。

4）炉缸工作不均匀，经常偏料，结瘤方位的风口显凉甚至涌渣。

5）炉尘吹出量大幅增加。

（2）炉瘤形成的原因

1）原燃料质量低劣，粉末多，软化温度低，或低温粉化严重时，在高炉操作中操作制度与原燃料条件不相适应。在炉料中粉末过大，炉料的透气性指数下降，应适当的控制冶强，防止过吹。但实际上操作者只为了片面地追求产量，强求加风，忽略顺行，造成悬料、崩料及管道行程。随之而来的便是送风制度和热制度的剧烈波动，造成成渣带的上下波动，使炉墙产生结厚，最后形成炉瘤。

2）高炉煤气流分布不合理，大量的熔剂落在边缘。

3）在炉渣碱度偏高时，炉温波动易将渣铁挂结在炉墙上。

4）冷却强度过大或冷却设备漏水，易将已软化的渣铁凝结到炉墙上。

5）碱金属在高炉上部炉墙上富集。

（3）炉瘤的处理

炉瘤一经确认后，一般采用"上炸下洗"的方法处理。

1）洗瘤。下部炉瘤或结瘤初期，可采用强烈发展边缘的装料制度和较大的风量，来促使其在高温和强气流作用下熔化。如果炉瘤较顽固，则应加入均热炉渣、萤石或集中加焦等来消除炉瘤。但要注意保证炉况顺行，炉温充沛，渣碱度放低，尽量全风作业。

2）炸瘤。上部或中上部结瘤，如靠洗炉除瘤效果不明显或无效时，应果断休风，炸除炉瘤。

炸瘤时须注意如下问题：

① 在炸瘤作业中，最关键的是弄清炉瘤的位置和体积，以便确定休风料的安排与降料线的深度。

② 装入适当的净焦、轻负荷料和洗炉料；然后降料线至瘤根下面，使瘤根能完全暴露出来，休风后用泥堵严风口。

③ 打开人孔，观察瘤体的位置、形状和大小，来决定安放炸药的数量和位置。

④ 炸瘤时应从下而上。常见的炉瘤一般是外壳硬，中间松，黏结最牢的是瘤根，应先炸除，逐渐上移。如果先炸上部，将会使炸落的瘤体覆盖住瘤根，不能彻底驱除瘤根。

⑤ 炸下的炉瘤在炉缸内要经过一段时间才能熔化，因此，在这段时间内，要保持足够的炉温，所以在复风后可根据所炸下的瘤量，补加足够的焦炭，以防炉凉；同时可加一些洗炉料，促使熔化物排出炉外。

（4）炉瘤的预防

1）严格贯彻"精料"方针，改善原燃料的理化性能及冶金性能，降低各种碱金属含量及有害杂质的入炉，降低渣铁比，减少入炉石灰石量。

2）加强入炉料的筛分工作，降低入炉粉末，改善料柱的透气性。

3）稳定高炉的操作制度，防止炉温、炉渣碱度的大起大落，减少或杜绝悬料、崩料、低料线及管道行程的发生。

4）要勤检查高炉冷却水的变化情况，发现漏水时要及时处理，以维护好合理的操作炉型。

5）尽量避免长时间的无计划休风，对长期的休风一定要加足焦炭，保证炉温，这样才能为快速复风创造条件。

6）当出现炉身温度降低，煤气曲线不正常，长时间低料线以及长期休风时，应强烈发展边缘气流，或以萤石、均热炉渣等及时洗炉。

7）要注意控制冷却强度，使水温差不超过允许值范围。

案例：

酒钢 2 号高炉（1000 m^3）自 2007 年 4 月中修以来，由于炉缸水温差多次上升，采取提高 $w[Si]$ 及 $w[Ti]$、堵风口、风口喂线、使用小风口等措施确保了高炉的安全运行。但下部送风制度长期不合理，导致高炉始终没有形成合理的操作炉型，炉况稳定性差，生产秩序不稳定，严重制约了 2 号高炉的强化冶炼和指标进步，高炉生产长期在强化冶炼与护炉之间徘徊。2008 年 1 月，炉缸水温差稳定后尝试降焦，悬料 4 次，2 月炉况稳定，1～2 月各项指标也与 2007 年接近，1 月指标甚至略好于 2007 年平均水平。但进入 3 月，炉况明显恶化，悬料次数增加，3 月悬料 5 次，4 月悬料 4 次，采取大幅度调轻焦炭负荷的措施后逐步趋于稳定，但也造成各项指标的明显退步。

6 月 5 日，2 号高炉计划检修，料面降至 8 m 左右，对钢砖下 2 m 范围进行喷补，钢砖背面灌自流料时发现炉身上部结厚严重。正南和正东方向炉喉钢砖下沿约 0.5 m 处，有不规则黏结物，最厚处约 1.5 m，最高处约 3.5 m，黏结物表面参差不齐。7 月 14 日，再次休风降料线，发现结瘤发展，已呈环形分布。炉内采取了大幅度发展边缘气流和降低冷却强度的措施以期消除结瘤。但经过近 15 天的处理，炉况没有改善，相反，由于边缘煤气流过分发展，7 月 25 日，炉缸 2 段 29 号冷却壁水温差再次急剧上升，高炉被迫休风。堵风口后水温差上升势头才得以抑制。炉身上部结瘤严重制约了高炉的进一步强化，为此 8 月 6 日休风 2590 min，降料线炸瘤。

复习思考题

7-1 高炉操作的任务是什么，通过什么方法实现高炉的操作任务？

7-2 高炉有哪几种基本操作制度，根据什么选择合理的操作制度？

7-3 什么叫炉况判断，通过哪些手段来判断炉况？

7-4 如何选择合理的热制度、造渣制度、送风制度和装料制度？

7-5 怎样保证炉缸热制度和造渣制度的长期稳定？

7-6 怎样用直接和间接方法来判断炉况？

7-7 失常炉况如何分类，采取什么措施可以预防炉况失常？

7-8 炉凉且炉渣碱度又偏高时，对高炉有什么危害，应如何处理？

7-9 低料线作业有何危害，应如何处理？

8 高炉冶炼渣铁处理

渣铁处理系统是高炉生产的重要环节，及时合理地处理好生铁和炉渣，是保证高炉按时正常出铁、出渣，确保高炉顺行，实现高产、优质、低耗和改善环境的重要手段。高炉冶炼渣铁处理系统包括风口平台及出铁场、炉前设备、铁水处理设备，炉渣处理设备和炉前操作等。

8.1 风口平台及出铁场

8.1.1 风口平台及出铁场的布置

8.1.1.1 风口平台

风口平台是在高炉下部，沿高炉炉缸四周风口前设置的工作平台。为了操作方便，风口平台一般比风口中心线低 1150 ~ 1250 mm，应该平坦并且还要留有排水坡度，其操作面积随炉容大小而异。操作人员在这里可以通过风口观察炉况、更换风口、渣口，维护渣口，检查冷却设备、操纵一些阀门等。

8.1.1.2 出铁场

出铁场与风口平台是紧密联系在一起的，一般比风口平台低约 1.5 m。出铁场是布置铁沟、安装炉前设备、进行出铁放渣操作的炉前工作平台。其布置形式有以下几种：一个出铁口一个矩形出铁场，双出铁口一个矩形出铁场，三个或四个出铁口两个矩形出铁场，四个出铁口圆形出铁场，出铁场的布置随具体条件而异。目前 1000 ~ 2000 m^3 高炉多数设两个出铁口，2000 ~ 3000 m^3 高炉设 2 ~ 3 个出铁口，对于 4000 m^3 以上的巨型高炉则设 4 个出铁口，轮流使用，基本上连续出铁。

图 8-1 为宝钢 1 号高炉出铁场的平面布置图。

宝钢 1 号高炉是 4063 m^3 巨型高炉，出铁场可以处理干、水两种炉渣，设有两个对称的出铁场，四个铁口，每个出铁场上布置两个出铁口。出铁场分为主跨和副跨，主跨跨度 28 m，铁沟及摆动溜嘴布置在主跨；副跨跨度 20 m，渣沟、残铁罐布置在副跨。每个出铁口都有两条专用的鱼雷罐车停放线，并且与出铁场垂直，这样可以缩短铁沟长度，减小铁沟维修工作量，减小铁水的温度降。

出铁场面积的大小，取决于渣铁沟的布置和炉前操作的需要。出铁场长度与铁沟流嘴数目及布置有关，而高度则要保证任何一个铁沟流嘴下沿不低于 4.8 m，以便机车能够通过。根据炉前工作的特点，出铁场在主铁沟区域应保持平坦，其余部分可做成由中心向两侧和由铁口向端部随渣铁沟走向一致的坡度。

风口平台和出铁场的结构有两种：一种是实心的，两侧用石块砌筑挡土墙，中间填充卵石和砂子以渗透表面积水，防止铁水流到潮湿地面上，造成“放炮”现象，这种结构主要用于炉前铸铁的小高炉；另一种是架空的，它是支持在钢筋混凝土柱子上的预制钢筋混凝土板或直接捣制成的钢筋混凝土平台，下面可做仓库和存放沟泥、炮泥，上面填充 1.0~1.5 m 厚的砂子。渣铁沟底面与楼板之间，为了绝热和防止渣铁沟下沉，一般要砌耐火砖或红砖基础层，最上面立砌一层红砖或废耐火砖。

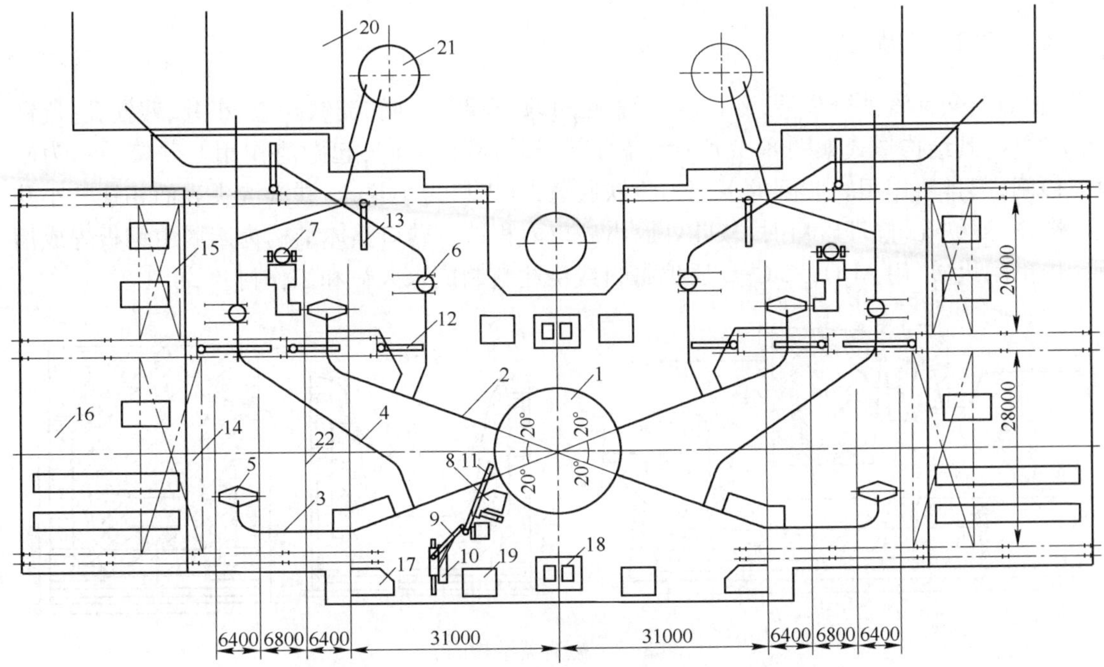

图 8-1 宝钢 1 号高炉出铁场的平面布置

1—高炉；2—活动主铁沟；3—支铁沟；4—渣沟；5—摆动溜嘴；6—残铁罐；7—残铁罐倾翻台；8—泥炮；9—开铁口机；10—换钎机；11—铁口前悬臂吊；12—出铁场间悬臂吊；13—摆渡悬臂吊；14—主跨吊车；15—副跨吊车；16—主沟、摆动溜嘴修补场；17—泥炮操作室；18—泥炮液压站；19—电磁流量计室；20—干渣坑；21—水渣粗粒分离槽；22—鱼雷罐车停放线

8.1.2 渣铁沟和撇渣器

8.1.2.1 主铁沟

从高炉出铁口到撇渣器之间的一段铁沟称为主铁沟，其构造是在 80 mm 厚的铸铁槽内，砌一层 115 mm 的黏土砖，上面捣以炭素耐火泥。

主沟的长度，取决于在一定出铁速度下渣铁能否在主沟内被很好地分离。当出铁速度为 3~4 t/min 时，主沟长 10 m 左右；大型高压高炉出铁速度 8~10 t/min 时，主沟长 14~19 m。主铁沟的宽度和深度是逐渐扩张的，这样可以减小渣铁流速，有利于渣铁分离。一般铁口附近宽度为 1 m，撇渣器处宽度为 1.4 m 左右，深度为 1 m。

对于主铁沟的坡度，一般大型高炉为 9%~12%，小型高炉为 8%~10%，坡度过小渣铁流速太慢，延长出铁时间；坡度过大流速太快，降低撇渣器的分离效果。为解决大型高压高炉在剧烈的喷射下渣铁难分离的问题，主铁沟加长到 15 m，加宽到 1.2 m，深度增大到

1.2 m，坡度可以减小到2%。国内有些大型高炉为了延长主沟寿命或缩短主沟的修补时间及减轻炉前劳动量，采用空冷主沟（宝钢）和整体吊装的活动主沟。坡度（slope）是地表单元陡缓的程度，通常把坡面的垂直高度 h 和水平宽度 l 的比称为坡度或坡比，用 i 表示（即坡角的正切值，可写作 $i=\tan$ 坡角 $=h/l\times100\%$）。

8.1.2.2　撇渣器

撇渣器又称渣铁分离器、砂口或小坑，由砂坝、砂闸、大闸、流铁孔道、小井、残铁孔、流铁沟头组成，其结构形式如图 8-2 所示。砂口中部为砂口大闸，起撇渣作用。砂口前部为砂坝、砂闸，起排渣作用。大闸的下部为流铁通道，其出口为小井，与铁沟沟头表面相连。小井底部有一残铁孔，修理砂口时，从此处放出砂口内积铁。砂口整体结构为四周由钢板焊成槽形，内砌耐火砖，用 Al_2O_3-SiC-C 质捣打料或浇注料制成永久衬和工作衬。

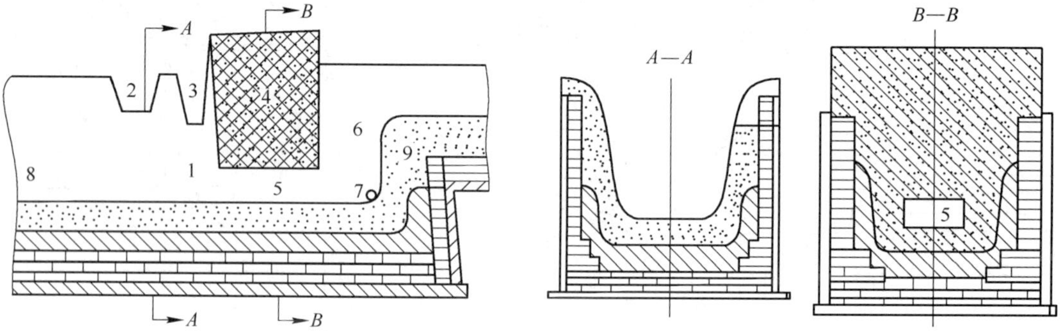

图 8-2　撇渣器结构图

1—前沟槽；2—下渣沟砂坝；3—砂闸；4—大闸；5—砂口眼（过道孔）；
6—小井；7—放残铁孔；8—主铁沟；9—铁沟沟头

撇渣器是利用渣铁的密度不同，用挡渣板把下渣挡住，只让铁水从砂口眼穿过，炉渣从砂坝流入下渣沟，从而达到铁沟不过渣、渣沟不过铁，实现炉渣与铁水的分离。

（1）砂口操作及注意事项

1）钻铁口前必须把铁水面上的残渣凝结盖打开。残渣凝铁从主沟两侧清除；

2）出铁过程中见少量下渣时，可适当往大闸前的渣面上撒焦粉保温；

3）当主沟铁水表面被熔渣覆盖后，熔渣将要外溢出主沟时，打开砂坝，使熔渣流入下渣沟（此时冲渣系统处于待工作状态）；

4）出铁作业结束并确认铁口堵塞时，将砂闸推开，用推耙推出砂口内铁水面上剩余熔渣，主沟砂口表面（包括小井的铁水面）撒碳化稻壳保温；

5）出铁 20~30 min 后，把砂坝处的残渣清理干净，将砂坝制作好并烘烤。

（2）砂口维护

1）确保砂口各部尺寸适宜，固定非贮铁式主沟为设计坡度，闸底部高于沟头表面 50 mm，砂坝底部高于砂间底 200~250 m；

2）对砂口进行定期检查和修补；

3）捣打或浇注砂口时，底部和周围残铁、残渣及变质层必须清净；

4）捣打或浇注衬体的料层厚度要大于 250 mm；

5）新砂口使用前应用木材或煤气火焰烘干；

6）新捣制砂口第一次铁后要放净积存铁水，第二次铁后闷铁水。

8.1.2.3 支铁钩和渣沟

支铁沟是从撇渣器后至铁水摆动溜槽或铁水流嘴的铁水沟，结构与主铁沟相同，坡度一般为5%～6%，在流嘴处可达10%，但宽度比主沟窄。

渣沟的结构是在80 mm厚的铸铁槽内捣一层垫沟料，铺上河沙即可，不必砌砖衬。这是因为渣液导热性差，遇冷会自动结壳，不会烧坏渣沟。渣沟的坡度在渣口附近较大，约为20%～30%，流嘴处为10%，其他地方为6%。这是因为炉渣的流动性比铁水差，所以渣沟的坡度比较大。大型高炉支沟和渣沟的参考尺寸见表8-1。

表8-1 大型高炉支沟和渣沟的参考尺寸

炉容/m^3	支沟尺寸/mm			渣沟尺寸/mm		
	沟上口宽度	沟下口宽度	沟的深度	沟上口宽度	沟下口宽度	沟的深度
2000～4000	600	300	350	600	300	350
>4000	800	450	550	800	450	550

8.1.2.4 摆动溜嘴

摆动溜嘴安装在出铁场下面，指铁水从出铁场的铁沟进入到铁水罐的末端那一段，作用是把经铁水沟流来的铁水注入出铁场平台下的任意一个铁水罐中。设置摆动溜嘴的优点是缩短了铁水沟长度，简化了出铁场布置，减轻了修补铁沟的作业强度。

摆动溜嘴由驱动装置、摆动溜嘴本体及支撑机构组成，如图8-3所示。溜槽是铸件或钢板焊接件，内衬捣打料或浇注料，溜槽嵌入耳轴，耳轴与传动连杆装置相连，传动连杆装置的另一端与装在减速机输出端的曲柄铰接。启动电动机，通过减速机、曲柄带动连杆，使摆动溜嘴本体摆动。在支架和摇台上设有限制开关。为减轻工作中出现的冲击，在连杆中部设有缓冲弹簧。摆动角度由主令控制器控制。

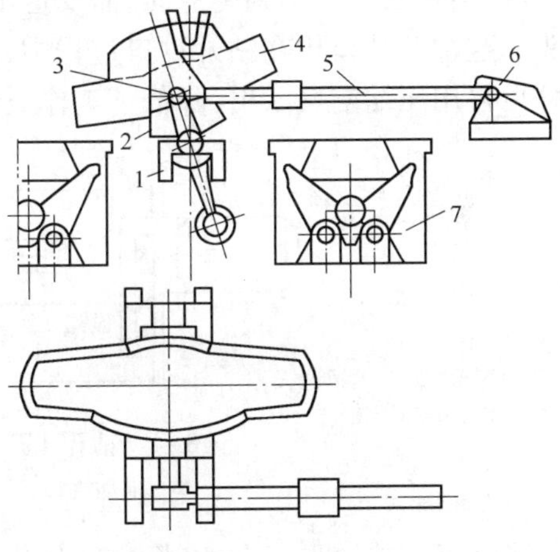

图8-3 摆动溜嘴

1—支架；2—摇台；3—摇臂；4—摆动溜嘴；5—曲柄—连杆传动装置；6—驱动装置；7—铁水罐车

在采用摆动溜嘴时，需要有两个铁水罐并列在铁轨上，可按主罐列和辅助罐列来区分。主罐列第一个铁水罐快装满时，设备摆动换向，让溜嘴倾向辅助罐列罐位，此时主罐列在绞车作用下移动一个罐位，然后摆动溜嘴又转向主罐列第二个空铁水罐装铁水，周期进行，直到出铁结束。

摆动溜嘴的维护：维护的项目包括定期检查设备各旋转运动部位有无异常声音；流槽壳体内的内衬侵蚀情况；流槽壳体及流槽托架外观侵蚀情况；流槽托架与支承回转轴铰接处的集灰清理；电路是否正常；各紧固件是否有松动；定期润滑部件是否加油润滑。定期维护能

保证设备的正常使用,延长设备的使用寿命。

8.2　炉前主要设备

炉前设备有开铁口机、堵铁口泥炮、堵渣机、换风口机、炉前吊车等。

8.2.1　开铁口机

开铁口机就是高炉出铁时打开出铁口的设备。开铁口机必须满足下列要求:

(1) 开铁口时不得破坏泥套和覆盖在铁口区域炉缸内壁上的泥包;

(2) 开出的出铁口孔道应为具有一定倾斜角度、满足出铁要求的直线孔道,孔径小于100 mm;

(3) 能远距离操作,工作安全可靠;

(4) 为了不妨碍炉前其他设备的操作,外形尺寸应尽可能小,并当打开出铁口后能很快撤离出铁口。

开铁口机按其动作原理分为钻孔式和冲钻式两种。目前高炉普遍采用气动冲钻式开铁口机。

8.2.1.1　钻孔式开铁口机

钻孔式开铁口机结构比较简单,它吊挂在可作回转运动的横梁上,送进和退出由人力或机械来完成。其旋转机构示意图见图 8-4。钻孔式开口机的特点是结构简单,制造安装方便,因而被中小高炉广泛采用。其主要缺点是钻杆在电动机驱动下只作旋转运动,而不能作冲击运动,当钻头快要钻到终点时,需要退出钻杆,用人工捅开铁口,这样既不安全又容易烧坏钻头。这种开铁口机在钻开铁口过程中,由于是无吹风钻孔,钻屑不能自动排除,需要退出钻杆后再用压缩空气吹出,降低了工作效率。

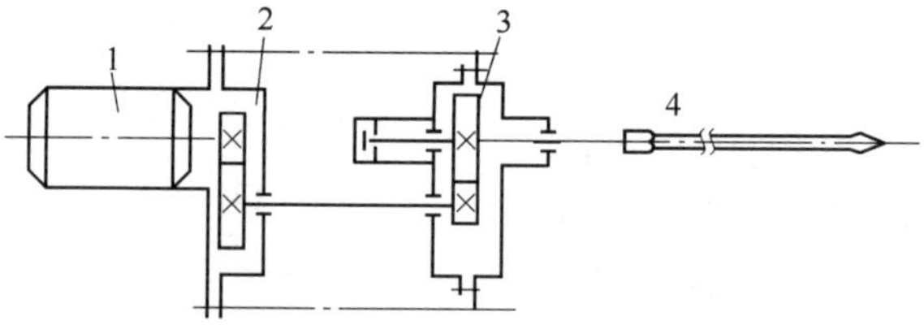

图 8-4　钻孔式开铁口机旋转机构示意图

1—电动机;2,3—齿轮减速器;4—钻杆

为了克服上述缺点,目前已将这种开铁口机改为带吹风机构的钻孔式开铁口机。带吹风结构的钻孔式开铁口机,钻杆、钻头是空心的,从空心部分鼓入压缩空气,这样能及时吹出钻屑,使钻孔作业顺利进行,并且钻头在钻进过程中得以由风冷却,还可根据吹出的钻屑颜色来判断钻进深度,防止钻透铁口。带吹风结构的钻孔式开铁口机工作效率高,安全可靠,结构紧凑,因此得到广泛应用。

8.2.1.2　冲钻式开铁口机

冲钻式开铁口机由起吊机构、旋转机构和开口机构组成。开口机构中钻头以冲击运动为主，同时通过旋转机构使钻头产生旋转运动，钻头既可以进行冲击运动又可以同时进行旋转运动。

开铁口时，通过转臂机构和起吊机构，使开口机构处于工作位置，先在开口机构上安装好带钻头的钻杆。开铁口过程中，钻杆先只做旋转运动，当钻杆以旋转方式钻到一定深度时，开动打击机，钻头旋转、正打击前进，直到钻头钻到规定深度时才退出钻杆，并利用开口机上的换钎装置卸下钻杆，再装上钎杆，将钎杆送进铁口通道内，开动打击机，进行正打击，钎杆被打入到铁口前端的堵泥中，直到钎杆的插入深度达到规定深度时停止打击，并松开钎杆连接机构，开口机便退回到原位，钎杆留在铁口内。到放铁时，开口机开到工作位置，钳住插在铁口中的钎杆，进行逆打击，将钎杆拔出，铁水便立即流出。

冲钻式开口机的特点是：钻出的铁口通道接近于直线，可减少泥炮的推泥阻力；开铁口速度快，时间短，自动化程度高。大型高炉多采用这种开铁口机。

8.2.1.3 开铁口机的维护检查

使用开铁口机之前，必须认真做以下各项检查，发现问题及时处理。

（1）电气设备操作运转是否正常；

（2）各减速机连接螺栓是否松动；

（3）各传动钢绳是否起刺，连接是否牢固；

（4）钻头、钻机是否损坏，钻杆是否弯曲，钻杆法兰连接螺栓是否齐全，是否拧紧；

（5）悬挂开铁口机大梁的支座转轴是否磨损，吊挂开铁口机大梁的吊挂钢绳是否磨损腐蚀；

（6）通风用的风管，接头是否牢固；

（7）钻开铁口时，严禁钻漏，烧坏开铁口机。

8.2.2 堵铁口泥炮

堵铁口泥炮是用来堵铁口的设备。泥炮按驱动方式可分为汽动泥炮、电动泥炮和液压泥炮三种。汽动泥炮采用蒸汽驱动，由于泥缸容积小，活塞推力不足，已被淘汰。随着高炉容积的大型化和无水炮泥的使用，要求泥炮的推力越来越大，电动泥炮已难以满足现代大型高炉的要求，只能用于中、小型常压高炉。现代大型高炉多采用液压矮泥炮。

对泥炮的要求是：泥炮工作缸应具有足够的容量，能供给需要的堵铁口泥量，有效地堵塞出铁口通道和修补炉缸前墙，使前墙厚度达到所要求的出铁口深度；活塞应有足够的推力，以克服较密实的堵铁口泥的最大运动阻力，并将堵铁口泥分布在炉缸内壁上；炮嘴应有合理的运动轨迹，泥炮到达工作位置时应有一定的倾角，而且炮嘴进入出铁口泥套时，应尽量沿直线运动，以免损坏泥套；工作可靠，能适应高炉炉前高温、多粉尘、多烟气的恶劣环境；结构紧凑，高度矮小，维修方便。

8.2.2.1 电动泥炮

电动泥炮主要由打泥机构、压紧机构、锁炮机构和转炮机构组成，见图 8-5。

电动泥炮打泥机构的主要作用是将炮筒中的炮泥按适宜的吐泥速度打入铁口，其结构见图 8–6。当电动机旋转时,通过齿轮减速器带动螺杆回转,螺杆推动螺母和固定在螺母上的活塞前进,将炮筒中的炮泥通过炮嘴打入铁口。

压紧机构的作用是将炮嘴按一定角度插入铁口,并在堵铁口时把泥炮压紧在工作位置上。

转炮机构要保证在堵铁口时能够回转到对准铁口的位置,并且在堵完铁口后退回原处,一般可以回转 180°。当转炮到打泥位置时,必须锁炮,否则在打泥时,由于反作用力作用泥炮会后退。电动泥炮虽然基本上能满足生产要求,在实际使用中还存在着不少问题,主要是:活塞推力不足,受到传动机构的限制,如果再提高打泥压力,会使炮身装置过于庞大;螺杆与螺母磨损快,维修工作量大;调速不方便,容易出现炮嘴冲击铁口泥套的现象,不利于泥套的维护。液压泥炮克服了上述电动泥炮的缺点。

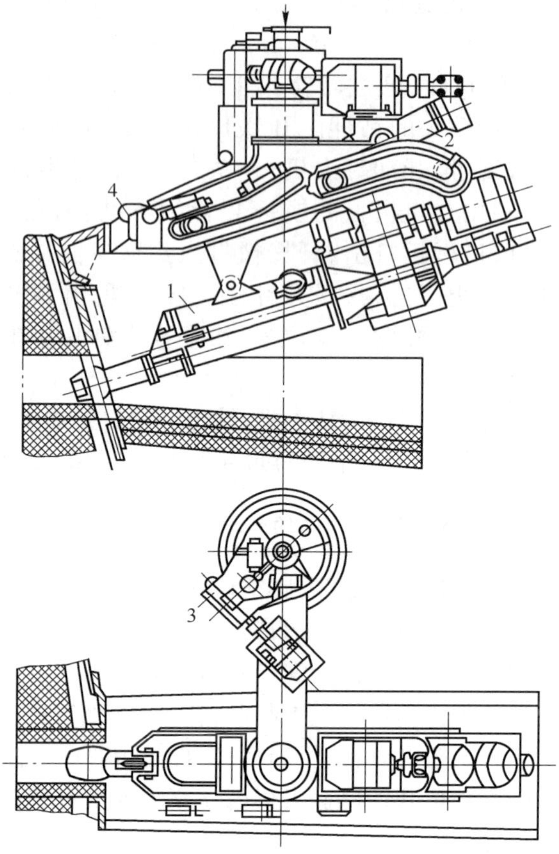

图 8–5　0.4 m^3 电动泥炮装置
1—打泥机构;2—压炮机构;
3—转炮机构;4—锁炮机构

8.2.2.2　液压泥炮

液压泥炮由液压驱动,转炮用液压马达,压炮和打泥用液压缸。它的特点是体积小,结构紧凑,传动平稳,工作稳定,活塞推力大,能适应现代高炉高压操作的要求。但是,液压泥炮的液压元件要求精度高,必须精心操作和维护,以避免液压油泄漏。

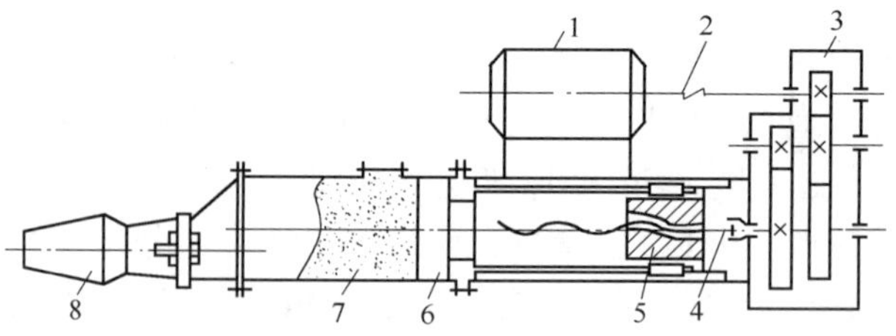

图 8–6　电动泥炮打泥机构
1—电动机;2—联轴器;3—齿轮减速器;4—螺杆;5—螺母;6—活塞;7—炮泥;8—炮嘴

现代大型高炉多采用液压矮泥炮。所谓矮泥炮,是指泥炮在非堵铁口和堵铁口位置时,均处于风口平台以下,不影响风口平台的平整性。

液压泥炮由打泥、压炮、转炮、锁炮和液压装置等机构组成。

液压泥炮的打泥机构是通过双向油缸的活塞推动泥缸活塞前进，来完成打泥工作的。打泥机构根据液压打泥的方法不同分为两种：一种机构是固定的液压活塞杆，而打泥活塞往复运动，在泥腔和后空腔装有固定括环，可以保证没有炮泥窜到液压缸的活塞杆区域内，油通过固定活塞杆进入液压缸。这种结构有利于保护油缸，减少维修，延长油缸的使用寿命。另一种机构是采用固定的液压缸，而打泥活塞直接固定在活塞杆上一同作往复运动，因此，活塞杆要进入泥腔内，在那里容易被炮泥弄脏，影响到液压密封的寿命。

锁炮装置是把锚钩机构固定在转炮装置的架子上，锚钩座固定在基础上。在泥炮旋转至铁口位置后，锚钩背的斜坡在前进中从挡板上滑起，炮转正后落下，通过弹簧作用，将锚钩锁紧在锚钩座上，然后才可以打泥。在打完泥后转炮之前，先将高压油通入泥炮油缸，使活塞缸前进，推动锚钩转起，即可摘钩。

过去转炮是通过油压马达使小齿轮转动，从而带动大齿轮和整个炮架旋转，而现在我国2800 kN(280t)液压泥炮上使用了回转油缸(或叫摆动油缸)，原理如图8-7所示。油缸给油之后，转动块1通过键和回转缸体5一起转动，缸体的转角小于230°，大于180°，回转缸体可以带动炮架旋转。表8-2为液压泥炮的性能。

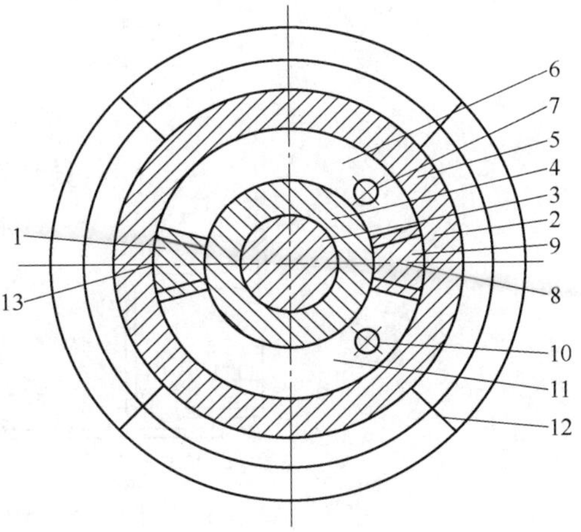

图8-7 液压泥炮的回转油缸工作原理
1—转动块；2—密封块；3—固定的中心轴；4—固定轴套；5—回转缸体；6—油腔①；7—进(回)油口；8—联结键；9—固定块；10—进(回)油口；11—油腔②；12—联结螺栓；13—联结键

表8-2 液压泥炮的性能

适用高炉容积 /m^3	型 号	泥炮推力 /kN(t)	泥缸有效容积 /m^3	泥缸直径 /mm	泥缸压力 /Pa	打泥油压 /MPa
550		1280(128)	0.215	500	63743226.5	15
1200		2350(235)	0.25	550	980665010	20
4197		3000(300)	0.25	480	163771056.7	30
4080	IHI	4000(400)	0.25			30
5070	MHG60	6000(600)	0.4			34

液压泥炮的液压传动系统包括动力、执行、控制等机构及其他辅助部分。液压泥炮的安全保护装置有溢流阀、电接点压力表。溢流阀为压力控制阀，当液压回路的压力达到该阀之调定值时，将部分或全部液压油溢回油箱，使回路的压力保持为调定值；电接点压力表在液压系统因某种原因压力继续升高时，发出信号并发出事故铃声，同时停泵。

宝钢1号高炉采用的是MHG60型液压矮泥炮，如图8-8所示。这是当今世界上打泥能力最大(6000 kN)、工作油压最高(35 MPa)、自动化程度最高(可手动、自动、无线电遥控)的液压泥炮。生产实践证明，这种泥炮工作可靠，故障很少，适合于大型高炉。

8.2.2.3 泥炮的检查维护

(1) 电动泥炮的检查维护

1) 电动泥炮操作必须严格执行操作规程，杜绝各安全装置运转时超过极限；

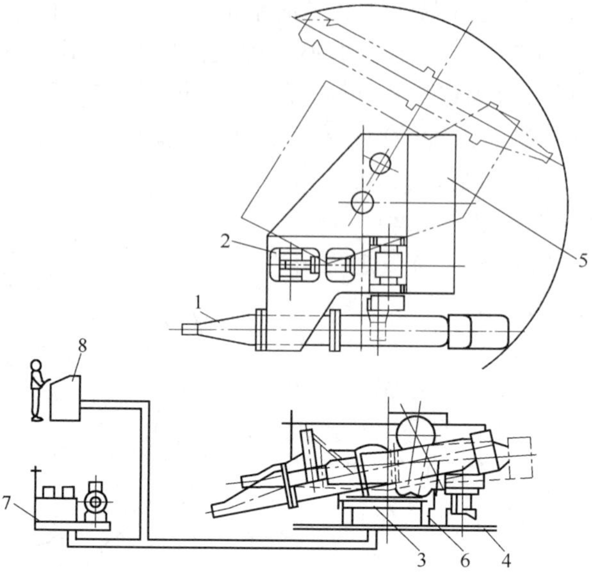

图 8-8　MHG60 型液压矮泥炮
1—打泥机构;2—压炮机构;3—旋转机构;4—锁紧机构;5—润滑机构;
6—隔热装置;7—液压站;8—操作台

2）严禁将冻泥块或干硬泥块装入泥筒内,清理干净活塞后面的残渣及硬泥以防止打泥时拉坏传动螺母或顶弯拉杆;

3）应保持炮嘴完整炮头内壁光滑,发现炮泥结焦黏结时要及时抠掉;

4）严禁用凉炮嘴堵铁口,防止发生爆炸,应用之前应先烘烤炮嘴;

5）泥筒内定期加油润滑,压炮和打泥机构的传动螺杆及丝母定期注油,各装置机械部分定期检修更换。特别是压炮丝母要定期更换;

6）电气线路要保持干燥,定期检查、维护更换。

（2）液压泥炮的检查维护

1）定期检查维护液压系统的各阀门、仪表,保证完好;

2）操作液压泥炮时必须保证油压,不得低于规定压力,液压油管路、接头处不得漏油,保证电气线路畅通,油泵工作正常;

3）液压系统内液压油应保持清洁干净,滤油设备要定期清扫,确保洁净无异物、污垢;

4）注意检查泥缸中活塞是否倒泥,倒泥严重时应及时处理;

5）液压油温不许超过 60℃;

6）其他检查维护方法与电动泥炮相同。

8.2.3　堵渣口机

堵渣口机是用来堵塞渣口的设备。对堵渣口机的要求是:工作可靠,能远距离操作;塞头进入渣口的轨迹应近似于一条直线;结构简单、紧凑;能实现自动放渣。

堵渣口机常用铰接的平行四连杆机构,如图 8-9 所示。老式堵渣机的塞杆和塞头均为空心的,其内通水冷却。塞头堵入渣口,在冷却水的作用下熔渣凝固,起封堵作用。放渣时,堵渣机塞头离开渣口后，人工用钢钎捅开渣壳，熔渣就会流出。这样操作很不方便，且不安全，因此，这种水冷式的堵渣机已逐渐淘汰，由吹风式的堵渣机所代替。

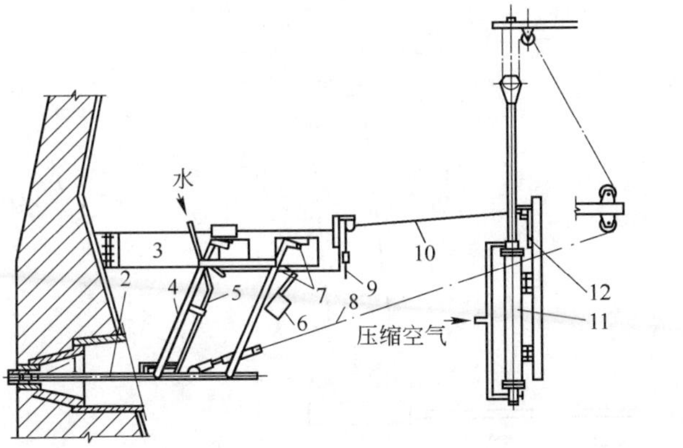

图 8-9 四连杆式堵渣机

1—塞头；2—塞杆；3—框架；4—平行四连杆；5—塞头冷却水管；6—平衡重锤；7—固定心轴；8—操纵钢绳；9—钩子；10—操纵钩子的钢绳；11—气缸；12 一钩子的操纵端

吹风式堵渣机，其构造与水冷式堵渣机相同，只是塞杆变成一个空腔的吹管，在塞头上也钻了孔，中心有一个孔道。堵渣时，高压空气通过孔道吹入高炉炉缸内，由于塞头中心孔在连续不断地吹入压缩空气，这样，渣口就不会结壳。放渣时拔出塞头，熔渣就会自动放出，无须再用人工捅穿渣口。塞头内通压缩空气不仅起冷却塞头的作用，而且压缩空气吹入炉内，还能消除渣口周围的死区，延长渣口寿命。如果需将渣口堵死结壳，只需缓缓关闭压缩空气即可。为了防止炉渣倒灌，通风口端面上设有逆止阀，通风堵头和焊接在风管上的挡板将逆止阀压紧。一旦逆止阀被渣灌死，可以拧下更换，操作简单又安全。吹风式堵渣机头部如图 8-10 所示。

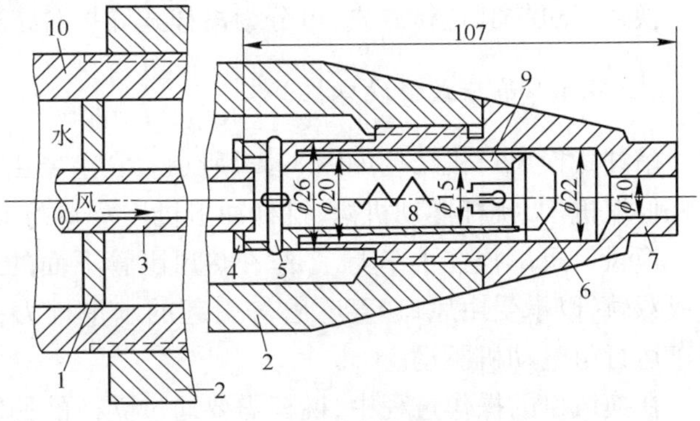

图 8-10 通风式堵渣机头部

1—挡水板；2—机塞；3—风管；4—挡风管；5—销子；6—逆止阀；7—塞头；8—弹簧；9—逆止阀座；10—堵渣机杆

四连杆式堵渣口机的优点是可以远距离操作，易于制造，比较安全。其缺点是：外尺寸太大，机构受渣液辐射加热，容易变形；铰接点比较多，容易磨损；操纵堵渣口机的钢绳和三杆等妨碍炉前操作机械化；使用时塞杆不能断冷却水，堵口时塞口不能断风等。基于连杆式堵渣口机的上述缺点，现在国内已开始逐步淘汰而用液压折叠式结构来代替。

液压折叠式堵渣机（图 8-11）由摆动油缸 1、连杆 2、堵渣机杆 3、连杆 4、滚轮 5 和弹簧 6 组成。液压折叠式堵渣机堵渣杆也可安装通风堵头，即为液压通风式堵渣机。

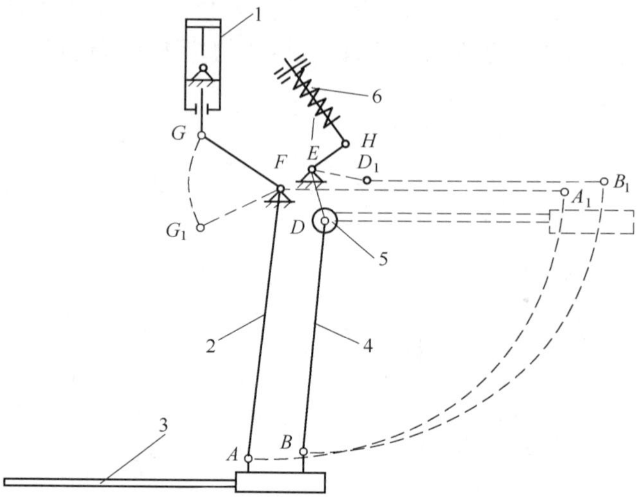

图 8-11　折叠式堵渣机

1—摆动油缸;2,4—连杆;3—堵渣机杆;5—滚轮;6—弹簧

8.2.4　换风口机

炉前换风口的作业,由于温度高,场地窄,风口装置部件质量大,更换工作十分困难。人工换风口既不安全又影响生产率,所以采用机械更换风口,既可减轻劳动强度,又能提高更换速度。对换风口机的要求是:操作简单方便,灵活可靠,运转迅速、适应性强,耐高温性能与耐冲击性能好。

换风口机按其走行方式,可分为吊挂式和炉台走行式两类。

8.2.4.1　吊挂式换风口机

吊挂式换风口机结构如图 8-12 所示。它主要由小车运行机构、立柱回转及升降机构、挑杆伸缩机构、挑杆摆动机构、挑杆冲击机构及卷扬机构等组成。

换风口机吊挂在小车上,小车在热风围管下面的工字梁环形轨道上运行。环形轨道设计成双轨,以承受由风口、直吹管等引起的水平推力;也有的换风口机轨道设计成单轨道。小车运行由电动机驱动。

在换风口的操作过程中,挑杆需要通过立柱的回转机构和升降机构来完成回转和升降运动。立柱的回转运动为手动,其升降运动用液压缸来完成。在取装风口及直吹管时,挑杆还需要做伸缩移动。在取下风口时,伸缩臂完全伸出,同时带有挑杆的小车借助卷扬钢绳的牵引,走到伸缩臂头部,使拉钩伸入到炉内勾住风口,然后利用液压锤冲击挑杆以冲击风口,使风口松动,再用挑杆将风口拉出。此时,要求伸缩臂缩回,带有挑杆的小车退回到伸缩臂的尾部,最后将风口从挑杆上取下。利用挑杆挑起或放下风口及直吹管时,均要求挑杆做上下摆动,挑杆的摆动是用两个油缸来完成的。卸风口时,需要用卷扬机先将弯头吊起,再卸下直吹管和风口。

装风口时,需要用液压锤给挑杆以相反方向的冲击力,使新装的风口紧固。装卸风口的液压锤分为装风口锤和卸风口锤。两锤安装在同一根轴上,且结构相同,只是活塞冲程不

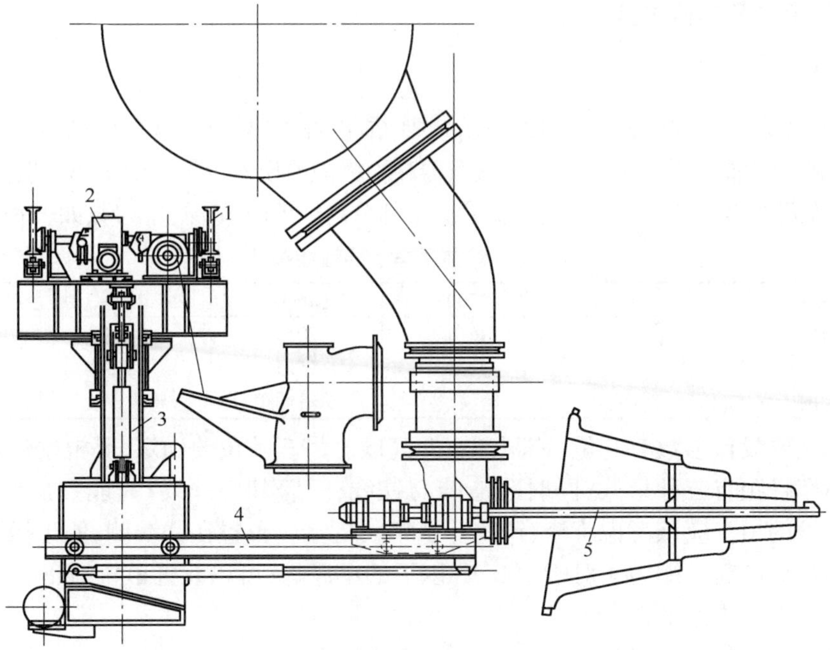

图 8-12 吊挂式换风口机

1—吊挂梁;2—吊挂小车;3—立柱;4—伸缩臂;5—挑杆

同,安装方向相反。

8.2.4.2 炉台走行式换风口机

炉台走行式换风口机可自行在风口平台上行走,可以更换弯管、直吹管及风口。图 8-13 为 IHI 型换风口装置结构图。

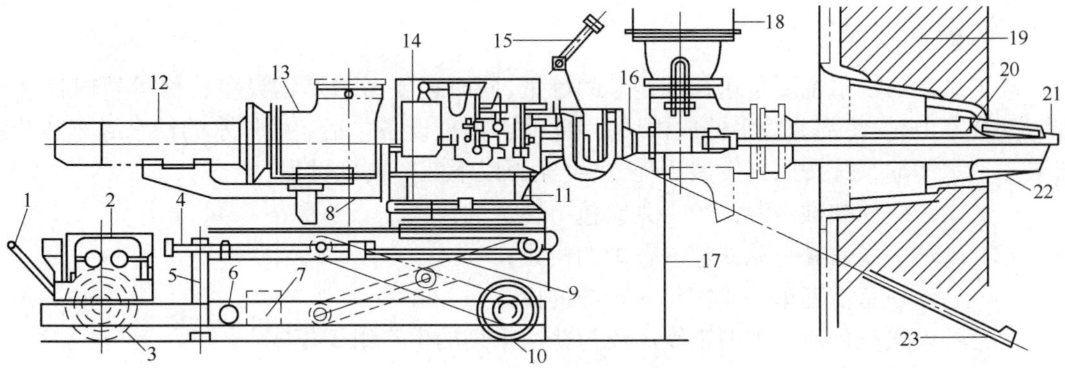

图 8-13 IHI 更换风口装置(炉台走行式)

1—操纵柄;2—驱动机构;3—驱动轮;4—前后移动油缸;5—液压千斤顶;6—液压泵(P_g = 7 MPa,电动机 1.5 kW);7—油箱;8—换风口装置的连杆;9—机构前后移动的行程;10—轮子(两个);11—左右移动油缸(行程 ±100 mm);12—直吹管;13—进风弯管;14—旋转台;15—钩子倾斜油缸;16—空气锤气缸;17—旋转台提升高度;18—进风支管;19—高炉内衬;20—安装风口时钩子的位置;21—更换风口时钩子的位置;22—风口;23—取新风口时钩子的位置

8.2.5　炉前吊车及其他工具

8.2.5.1　炉前吊车

为了减轻炉前劳动强度,250 m³ 以上的高炉均应设置炉前吊车。炉前吊车主要用于吊运炉前的各种材料,清理渣铁沟,更换主铁沟、撇渣器和检修炉前设备等。炉前吊车一般为桥式吊车,其走行轨道设置在出铁场厂房两侧支柱上。我国部分高炉炉前吊车性能参数如表 8-3 所示。

表 8-3　炉前吊车主要性能参数

高炉容积/m³	620	1000	1500	2000	2500
吊车吨位/t	10	15/3	20/5	20/5	20/5
吊车跨距/m	19.5	22.5	25.5	25.5	25.5
工作范围	跨铁线	跨铁线	跨渣铁线	跨渣铁线	跨渣铁线

吊车的主要设计参数有吨位、跨距和起升高度。吊车吨位的确定,要根据炉前最重设备来考虑。吊车跨距有三种形式:同时跨渣线与铁线;只跨其中一线;只能在出铁场内运行。一般大型高炉的吊车应该考虑跨渣、铁线。吊车司机室应布置在铁线侧,便于操作。吊车起升高度应满足最高起升能力。对于 100 m³ 以下的小高炉,可以设置单轨吊车。

炉前吊车的检查维护:

(1) 经常检查吊车钢绳是否起刺、磨损、定期更换;

(2) 定期注油,定期清扫灰尘;

(3) 吊物时严禁斜吊斜拽;

(4) 炉前吊车应有专人按规程负责操作;

(5) 吊车不使用时,必须将电源切断,不准带电停放。

8.2.5.2　炉前其他使用工具

炉前清理、修理渣铁沟及更换冷却设备的常用工具有:铁锹、夹钳、大锤、手砣、扁铲、堵耙、钢钎、楔子、手钻、长短大钩、链式起重机(电葫芦)等。

8.3　铁水处理设备

高炉生产的铁水主要是送往炼钢车间炼钢,同时还要考虑炼钢设备检修等暂时性生产能力配合不上时,将部分铁水铸成铁块,因此铁水处理设备包括运送铁水的铁水罐车和铸铁机等。铁水运输系统按照其发展历程,主要经历以下三个典型过程:

(1) 高炉→受铁罐→混铁炉→兑铁包→转炉的模式;

(2) 高炉→受铁罐→兑铁包→转炉的模式;

(3) 高炉→鱼雷罐车→兑铁包→转炉的模式。

第三种模式是目前大中型钢铁厂较为普遍采用的生产组织模式。

8.3.1　铁水罐车

8.3.1.1　对铁水罐车的要求

铁水罐车是用来盛装和运送铁水的设备。它应满足下列要求:

(1) 单位长度上有最大的容量,以保证最大的装入量;

(2) 足够的稳定性,重心要低于枢轴,保证运行平稳,同时应容易翻罐;

（3）外形合理，适合保温，热损失小，便于承受应力且维修方便；

（4）有足够的强度，安全可靠，结构紧凑合理，本身质量愈轻愈好。

8.3.1.2 铁水罐车的种类与结构

铁水罐车由铁水罐、车架、连接缓冲装置及转向架四部分组成。铁水罐车可以分为两种类型：敞开式铁水罐车和混铁炉式铁水罐车。敞开式铁水罐车又称作铁水包，其散热量大，但修理铁水罐比较容易；混铁炉式铁水罐车又分为圆筒式和鱼雷式铁水罐车，其保温性能好、残铁形成小，有利于进行铁水预处理，是目前铁水罐车中最好的一种。在国外大中型钢铁企业中普遍采用鱼雷式铁水罐车。

A 敞开式铁水罐车

敞开式铁水罐车结构如图 8-14（a）所示，它由罐帽、中部圆柱体、罐底三部分组成，罐帽是个不正规的截头圆锥，口部是椭圆形的，罐底呈半球形。罐外壳由钢板与铸钢的吊架焊接，内衬耐火砖。在砖衬和罐壳之间填石棉板绝热。在吊架上铸有起吊用的耳轴及供铁水罐坐于车架上的支轴，与吊架铸在一起的还有供铁水罐在铸铁机前方支柱上倾翻回转的支爪。罐下部铆有（或焊接）吊耳座，吊耳座上装有销轴，供铁水罐翻转时卷扬机吊钩提升用。罐嘴用螺钉联结在铁水罐口上。

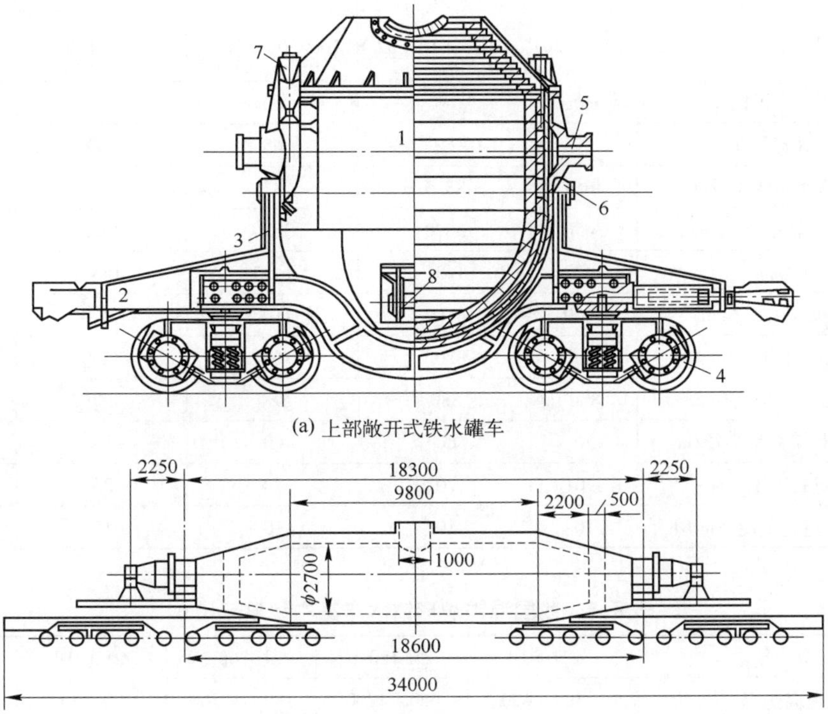

(a) 上部敞开式铁水罐车

(b) 420吨混铁炉式铁水罐车

图 8-14 铁水罐车

1—罐体；2—车架；3—吊架；4—车轮；5—吊轴；6—支轴；7—支爪；8—吊耳座销轴

车架由两个向下弯曲的梁连接起来的平台组成，它与铸钢支座用螺栓连接起来，能承受全部载荷。中部箱形梁用厚钢板焊接而成，它应具有足够的强度和刚度。转向架是用竖直的铰链把车架和四轮双轴小车连在一起的导框式结构，双轴小车为滚动轴承式轴箱无制动式。连接缓冲装置是常用的上开车钩和缓冲器。

B　混铁炉式铁水罐车

混铁炉式铁水罐车的车体由两段圆锥体中间夹圆柱体组成（图 8-14b），在两端有耳轴，分别由轴承支承，轴承安装在轴承座的支架上，而支架是通过圆心盘的平衡梁坐落在复式转向架上。为了装入和倒出铁水，车体中部设有流铁嘴，整个车体为全焊接结构。罐内砌保温砖衬，厚度在 300 ~ 400 mm，直接受铁水冲刷的部位厚度可达到 500 ~ 600 mm，有时在圆筒的上部采用较薄的炉衬以节约耐火材料。倒出铁水时，最大倾翻角度为 120° ~ 145°，倾翻速度为两级，高速用于炼钢车间倒铁水，用交流电动机驱动；低速用于铸铁机铸铁块，可用直流电动机驱动。为了防止停电事故，铁水车安装有从倾翻位置到复原位置的手动或自动装置。在厂内运行的铁水车，采用大轴压、低速，所以可不设制动装置，单靠机车制动；有些铁水车惯性较大，可在一部分轴上设制动装置。表 8-4 和表 8-5 分别是国产 ZT 系列铁水罐车的主要技术性能和混铁炉形铁水车基本参数与尺寸。

表 8-4　国产 ZT 系列铁水罐车的主要技术性能

型　号	ZT-35-1	ZT-65-1	ZT-65-2	ZT-100-1	ZT-140-1
配用高炉/m^3	100 ~ 255	255 ~ 620	255 ~ 620	620 ~ 1513	1513 ~ 2516
配用起重机/t	50，75/20	100/30，125/32	100/30，125/32	125/32，140/32	180/90/16，255/75/16
配用倾翻卷扬机/t	30	60	60	60	80
铁水罐容量/t	35	65	65	100	140
满载时铁水与罐总重/t	46.4	85.5	87	127.94	170.8
铁水罐两吊轴中心距/mm	3050	3620	3620	3620	4250
轨距/mm	1435	1435	1435	1435	1435
两转向架中心距/mm	3700	4160	4100	4200	5380
两车钩舌内侧距/mm	6580	8200	7000	8200	9550
车钩中心至轨面高/mm	880	880	880	880	880
通过轨道最小曲率半径/m	50	60	60	75	100
负载的最大运行速度/$km \cdot h^{-1}$	20	20	20	20	20
在道岔处最大运行速度/$km \cdot h^{-1}$	10	10	10	10	10

表 8-5　我国混铁炉形铁水车基本参数与尺寸

型　号		ZH-80-1	ZH-180-1	ZH-260-1	ZH-320-1	ZH-420-1
配用高炉/m^3		300 ~ 620	620 ~ 1200	1800 ~ 2500	2500 ~ 4000	4000 以上
容量/t	新砖衬时	80	180	260	320	420
	旧砖衬时	95	206	306	373	488
自重/t		74	160	220	272	370
轨距/mm		1435	1435	1435	1435	1435
轴向架台数/台		2	4	4	8	8

续表 8-5

型 号	ZH-80-1	ZH-180-1	ZH-260-1	ZH-320-1	ZH-420-1
轴数/根	6	12	12	16	20
最大轴压/t	30	30	40	40	40
走行速度/km·h^{-1}	30	30	30	30	30
通过轨道最小曲率半径/m	100	120	120	120	150

8.3.2 铸铁机

铸铁机是把铁水连续铸成铁块的机械化设备。

8.3.2.1 铸铁机的构造

铸铁机是一台倾斜向上的装有许多铁模和链板的循环链带,如图 8-15 所示。它环绕着上下两端的星形大齿轮运转,上端的星形大齿轮为传动轮,由电动机带动;下端的星形大齿轮为导向轮,其轴承位置可以移动,以便调节链带的松紧度。铸铁机按辊轮固定的形式,可分为两类:一类是辊轮安装在链带两侧,链带运行时,辊轮沿着固定轨道前进,称为辊轮移动式铸铁机;另一类是把辊轮安装在链带下面的固定支座上,以支撑链带,称为固定辊轮式铸铁机。

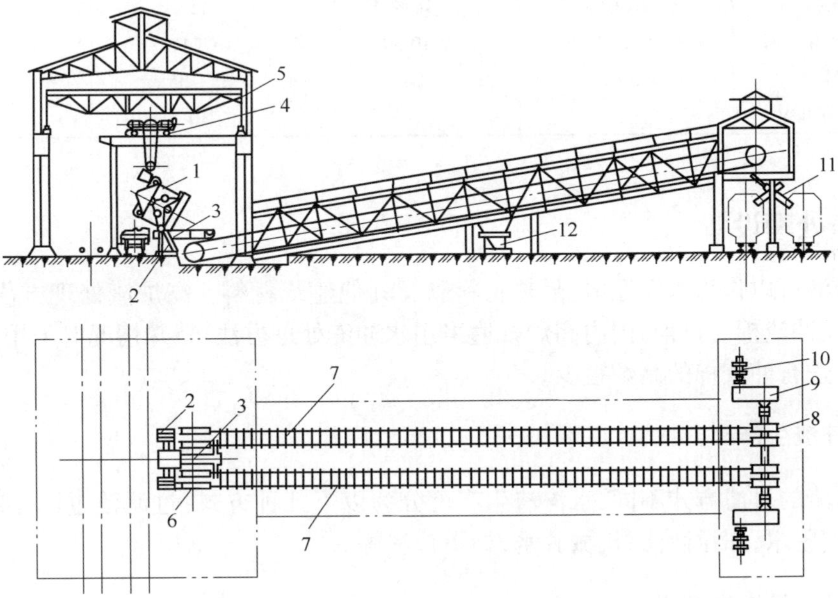

图 8-15 铸铁机

1—铁水罐;2—前方支柱;3—流铁槽;4—倾翻机构;5—厂房;6—星形轮;7—运输带;8—卸铁机构;9—减速器;10—电动机;11—导向槽;12—喷灰装置

铸铁机配备的辅助设施包括铁罐倾翻装置,铁水罐车牵引装置,铁水流槽,铁块冷却装置,铁块敲打脱模装置,铁模清扫干燥预热装置,灰浆制备与喷涂装置等。

装满铁水的铁模在向上运行一段距离后(一般为全长的三分之一),铁水表面冷凝,开始喷水冷却。冷却水耗量为1~1.5 t/t 铁。当链带绕过上端的星形大齿轮时,已经完全凝固的铁块便脱离铁模,沿着铁槽落到车皮上。空链带从铸铁机下面返回,途中向铁模内喷一层1~2 mm 厚的石灰与煤泥的混合泥浆,以防止铁块与铁模粘结。

铸铁机的生产能力,取决于链带的速度和倾翻卷扬速度及设备作业率等因素。链带速度一般为5~15 m/min,过慢会降低生产能力,过快则冷却时间不够,易造成"淌稀"现象,使铁损增加,铁块质量变差,同时也加速铸铁机设备零件的磨损。链带速度还应与链带长度配合考虑,链带长度短时不利于冷却,太长会使设备庞大,在铁模的预热等措施跟不上时,模子温度不够,喷浆效果就差,可能造成粘模子。

8.3.2.2 铸铁机的性能

国内外应用的部分铸铁机性能见表8-6。

表8-6 铸铁机特性

项　目	君津厂	和歌山厂	LZ-60-2 型	LZ-44-1 型
铸铁机类型	滚轮固定式	滚轮固定式	滚轮移动式	滚轮固定式
生产能力/$t \cdot d^{-1}$	7200	3600	2900	2500
链条带数/条	2	2	2	2
链条长度/m	64.8	46.2	60.4	44.4
链条速度/$m \cdot min^{-1}$	15.0	14.4	15	12.8
链条斜角	8°10′	9°10′30″	6°54′	6°54′
铁块重量/kg	30	26	25~35	25~35
电动机功率/kW			30	22

8.4 炉渣处理设备

高炉炉渣可以作为水泥原料、隔热材料以及其他建筑材料。高炉渣处理方法有炉渣水淬、放干渣及冲渣棉。目前,国内高炉普遍采用水冲渣处理方法,特殊情况时采用干渣生产,在炉前直接进行冲渣棉的高炉很少。

8.4.1 水淬渣生产

根据水渣的过滤方式不同,水淬渣生产可分为以下几种方式:过滤池过滤,如沉渣池沉渣法;脱水槽脱水,如拉萨法;机械脱水,如图拉法等。

8.4.1.1 沉渣池沉渣法

沉渣池沉渣法见图8-16。

熔渣流入水渣沟时,被设置在渣沟底部的喷嘴喷出的高压水淬成渣粒,经冲渣沟流入沉淀池沉淀。水渣用抓斗吊车吊到水渣堆场,等待装车运走,过滤后的冲渣水循环使用。这种方法的优点是工艺简单,但沉淀池的占地面积大,需要大型吊车捞渣和装车,蒸汽烟雾大,侵蚀设备、危害人身,特别是冬季吊车作业困难,容易发生事故。

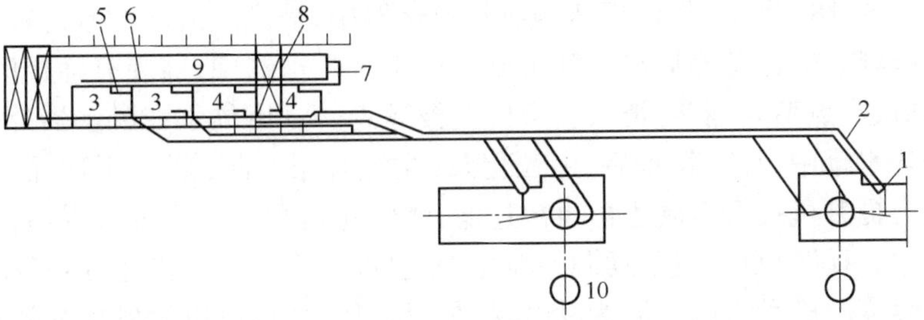

图 8-16 两座 1000 m^3 高炉水冲渣工艺布置

1—熔渣沟；2—冲渣沟；3—1 号高炉沉渣池；4—2 号高炉沉渣池；5—挡渣墙；6—溢流沟；7—沉淀池；8—10 t 桥式抓斗吊车；9—水渣堆场；10—除尘器

8.4.1.2 拉萨法水淬渣(RASA)

拉萨法是由英国 RASA 公司和日本钢管公司共同研究开发的，于 1967 年开始在日本高炉上采用。其工艺流程如图 8-17 所示，熔渣经熔渣沟进入水冲渣槽，在槽中用水冲渣制箱的高压喷嘴喷射淬成水渣；渣水混合物一起流入搅拌槽，经搅拌被破碎成细小颗粒(1 ~ 3 mm)，再用输渣泵送入分配槽中；分配槽将渣浆分配到各脱水槽中，分离出来的水经脱水槽的金属网汇集到集水管流入沉降槽；在沉降槽里排除水中的细粒渣后，再返回循环水槽。其中一部分水进入冷却塔冷却后返回循环水槽，用循环水槽的搅拌泵将水搅拌均匀，然后作为给水直接送给水渣冲制箱；另一部分水用搅拌槽的搅拌泵打入搅拌槽进行搅拌，用以防止水渣沉降。在沉降槽里沉淀的细粒水渣用排污泵送给脱水槽，进入再脱水处理。

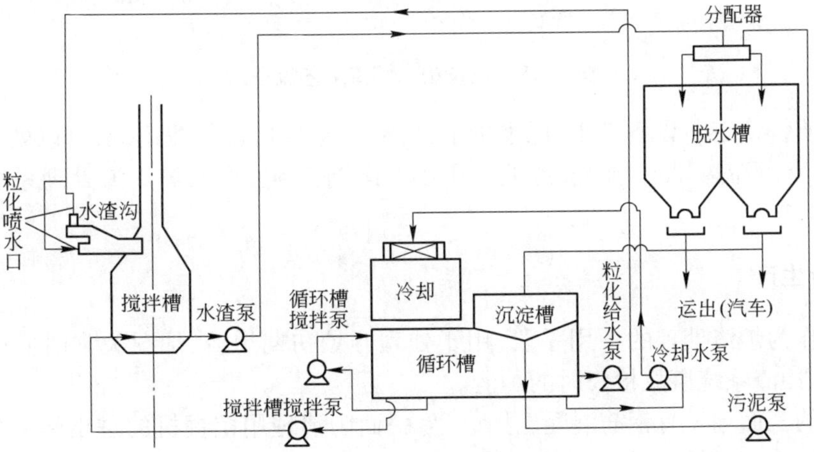

图 8-17 拉萨法冲制水渣流程

该法优点是：工艺布置灵活，炉渣粒化充分，成品渣含水量低，质量高，冲渣时产生的大量有害气体经过处理后排空，避免了有害气体污染车间环境。其缺点是设备复杂，耗电量大，渣泵及运输管道容易磨损等。拉萨法在我国宝钢 1 号高炉上得到应用。

8.4.1.3 图拉法水淬渣

图拉法水淬渣工艺的原理是用高速旋转的机械粒化轮配合低转速脱水转鼓处理熔渣，

其工艺流程如图 8-18 所示。熔渣经渣沟流到粒化器中,被高速旋转的水冷粒化轮击碎,同时,从四周向碎渣喷水,经急冷后渣粒和水沿护罩流入脱水器中,被装有筛板的脱水转筒过滤并提升,转到最高点落入漏斗,滑入皮带机上被运走。滤出的水在脱水器外壳下部,经溢流装置流入循环水罐中,补充新水后,由粒化泵(主循环泵)抽出进入下次循环。循环水罐中的沉渣由气力提升机提升至脱水器再次过滤,渣粒化过程中产生的大量蒸汽经烟囱排入大气。在生产中,可随时自动或手动调整粒化轮、脱水转筒和溢流装置的工作状态来控制成品渣的质量和温度。成品渣的温度为 95℃ 左右,利用此余热可以蒸发成品渣中的水分,生产实践证明可以将水分降到 10% 以下。

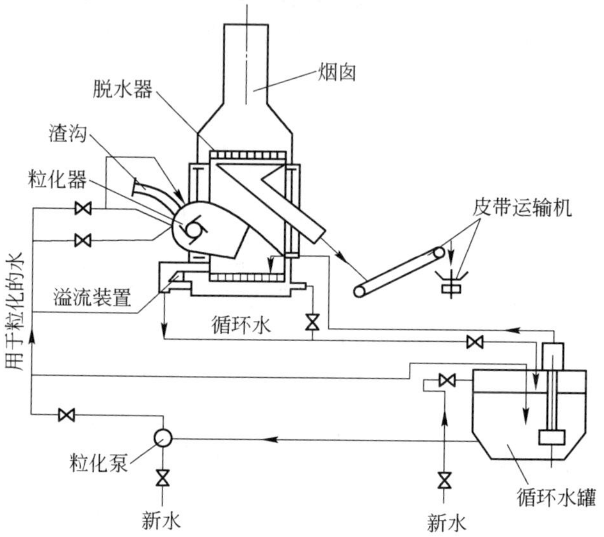

图 8-18　图拉法水淬渣工艺流程图

图拉法水淬渣工艺设备简单,耗水量小,渣水比为 1∶1,运行费用低,可以处理含铁量小于 40% 的熔渣,不需要设干渣坑,占地面积小。唐钢 2560 m^3 高炉炉渣处理系统采用了该工艺。

8.4.2　干渣生产

干渣坑作为炉渣处理的备用手段,用于处理开炉初期炉渣、炉况失常时渣中带铁的炉渣,以及在水冲渣系统事故检修时的炉渣。

干渣坑的三面均设有钢筋混凝土挡墙,另一面为清理用挖掘机的进出端。为防止喷水冷却时坑内的水蒸气进入出铁场厂房内,靠出铁场一侧的挡墙应尽可能高些。为使冷却水易于渗透,坑底为 120 mm 厚的钢筋混凝土板,板上铺 1200 ~ 1500 mm 厚的卵石层。考虑到冷却水的排集,干渣坑的坑底纵向做成 1∶50 的坡度,横向从中间向两侧为 1∶30 的坡度。底板上横向铺设三排 ϕ300 mm 的钢筋混凝土排水管,排水管朝上的 240°范围内设有冷却水渗入孔,冷却水经排水管及坑底两侧的集水井和排水沟流入循环水系统的回水池。

干渣采用喷水冷却,由设在干渣坑两侧挡墙上的喷水头向干渣坑内喷水。宝钢 1 号高炉的干渣坑在近出铁场的头部采用 ϕ32 mm 的喷嘴,中间部分采用 ϕ25 mm 喷嘴,尾部采用双层 ϕ25 mm 喷嘴,喷嘴间距为 2 m,耗水量为 3 m^3/t。

干渣生产时，将高炉熔渣直接排入干渣坑，在渣面上喷水，使炉渣充分粒化，然后用挖掘机将干渣挖出运走。为使渣能迅速粒化和渣中的气体顺利排出，一般采取薄层放渣和多层放渣，一次放出的熔渣层厚度以 10 mm 左右为宜。干渣坑的容量大小，取决于高炉容积大小和挖掘机的形式。

8.4.3 渣棉和膨渣

8.4.3.1 渣棉

在渣流嘴处引出一股渣液，以高压蒸汽喷吹，将渣液吹成微小飞散的颗粒；每一个小颗粒都牵有一条渣丝，用网笼将其捕获后，再将小颗粒筛掉，即成渣棉。

渣棉容积密度小，导热系数低，耐火度较高（约 800℃左右），可制作隔热、隔音材料。

8.4.3.2 膨渣

膨胀的高炉渣渣珠，简称膨渣。它具有质轻、强度高、保温性能良好的特点，是理想的建筑材料，目前已用于高层建筑。

膨渣生产工艺见图 8-19。高炉渣由渣罐倒入或直接流入接渣槽，再由接渣槽流入膨胀槽。在接渣槽和膨胀槽之间设有高压水喷嘴，熔渣被高压水喷射、混合后立即膨胀，沿膨胀槽向下流到滚筒上。滚筒以一定速度旋转，使膨胀渣破碎并以一定角度抛出，在空中快速冷却，然后落入集渣坑中，再用抓斗抓至堆料场堆放或装车运走。

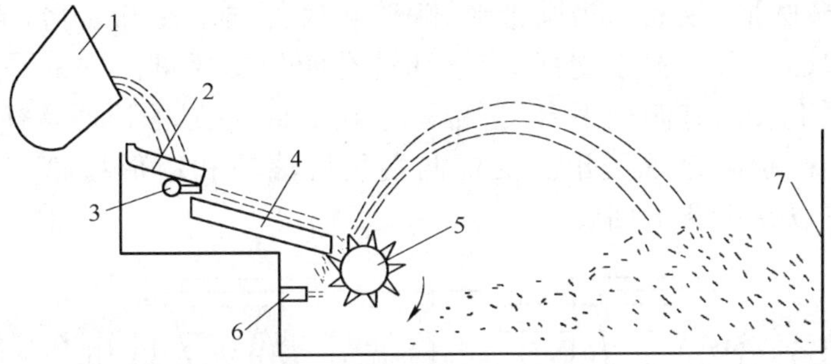

图 8-19 膨渣生产工艺示意图

1—渣罐；2—接渣槽；3—高压喷水管；4—膨胀槽；5—滚筒；6—冷却水管；7—集渣坑

8.4.4 冲渣设备

8.4.4.1 喷嘴

喷嘴也称冲渣嘴、粒化头，是高炉水力冲渣的主要设备。喷嘴一般用钢管或异径钢管做成扁口形式。冲渣时，水流方向和熔渣方向应一致，喷嘴结构应能使喷出的高压水呈带状，并大于渣流宽度，喷嘴上沿与熔渣下沿有 200～300 mm 的距离，用耐火砖砌成挡墙。

8.4.4.2 冲渣沟

冲渣沟是将水淬后的炉渣，借助于冲水使其输送到沉渣池的装置。为了顺利输送，应保证冲渣沟具有一定的坡度，同时保证具有足够的水量、水压。当冲渣沟必须拐弯时，要有足够大的曲率半径，一般不小于 10 m。若曲率半径过小，渣水混合物在拐弯处呈螺旋运动，产生涡流，水速变小，渣粒将在此处沉积堵塞通路，造成跑渣事故。冲渣沟设在靠近喷嘴 10 ~ 15 m 处，一般为钢板结构，钢板厚度 8 ~ 12 mm，其余部位为钢筋混凝土结构。

大型高炉冲渣沟通常采用铸铁衬板做内衬，也有采用铸石板的，以提高渣沟的耐磨性和寿命。冲渣沟的断面形状一般为 U 形。

8.4.4.3　渣水比

熔渣水淬处理主要包括水淬、输送、脱水过滤三个环节。水的作用是冲击熔渣并使熔渣击碎急冷而粒化为水渣以及在水力的作用下将水渣送往沉渣池。所以合适的渣水比与水量、水压以及渣沟坡度等因素有关。实践表明，高炉渣水比为 1∶(8 ~ 10)时比较合理。当采用全部循环供水时，每吨熔渣需补充 1 t 以下的水量。

为了水渣粒化与安全防爆，冲嘴处水压应保证在 0.2 ~ 0.4 MPa。

8.4.5　渣罐车

有的企业由于高炉附近场地窄小，所以使用渣罐车（见图 8-20）把熔渣运到远离高炉的矿渣场或冲制成水渣。渣罐车的结构与铁水罐车大致相似，渣罐用铸钢铸成，内部不砌耐火砖。为了便于清除罐内凝结的炉渣和受热时不致膨胀破裂，渣罐做成上大下小的圆形或椭圆形，纵断面为圆锥形，罐壁从底部向上逐渐变薄，罐壁外表面有支承环，四处有凸起的平台座置于支框上，下部铸有四处支撑爪。支框是个铸钢环，断面呈斜槽形，在支框上表面有四处平台，渣罐即坐在上面。支框下面焊有四处叉形吊架，各有销板，以防止倾翻时渣罐脱出。支框两端装有滚轮和扇形齿轮，坐于焊有车架上的齿条上，因而可以在齿条上回转。

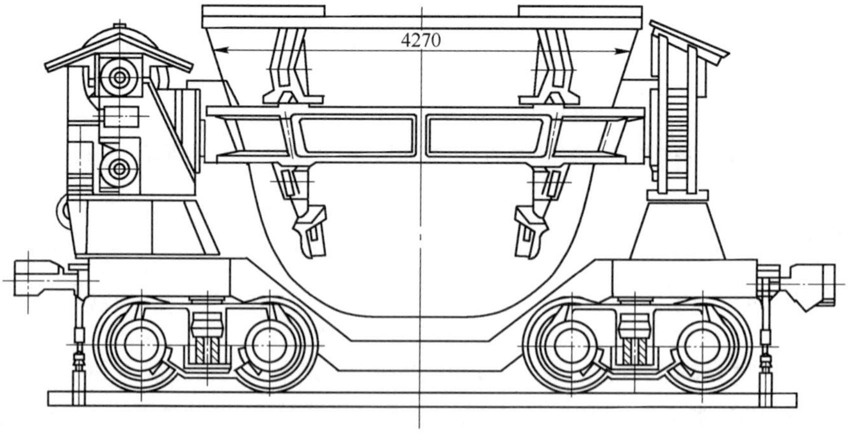

图 8-20　容积 16.5 m^3 渣罐车

使用渣罐前，应将内表面涂上一层石灰水，倒渣前要把抓轨器抓牢，以防翻车。渣罐通常倾翻 116°即可将渣倒净。

8.5 炉前操作

炉前操作的基本任务是同炉内操作相互配合，搞好铁口、渣口、砂口的操作与维护，做到按时出净渣铁，以利炉况顺行，保证安全生产。

高炉炉前操作的好坏，直接影响到高炉的正常生产。如不能准时出铁，炉缸中积存的过多铁水，将会造成烧坏渣口和风口小套的事故。如出铁口维护不好，铁口长期过浅，会导致炉缸烧穿事故。因此，炉前操作在高炉生产中占有十分重要的地位。

8.5.1 炉前操作指标

炉前操作指标主要有出铁正点率、铁口合格率、铁量差和上下渣比。它们是衡量和评价炉前操作水平的主要标志。

8.5.1.1 出铁正点率

出铁正点率是指正点的出铁次数和总出铁次数之比值。即

$$出铁正点率=\frac{正点出铁次数}{实际出铁次数}\times 100\% \tag{8-1}$$

正点出铁一般是指按规定的出铁时间出铁，并在规定的时间内出完铁，堵上铁口。规定的出铁时间随高炉容积大小而异。

考核出铁正点率时，应将渣铁罐调配运输等外部原因造成的出铁晚点扣除。

8.5.1.2 铁口合格率

铁口合格率是指铁口深度合格次数与总出铁次数之比值。即：

$$铁口合格率=\frac{铁口深度合格的出铁次数}{实际出铁次数}\times 100\% \tag{8-2}$$

铁口合格率是衡量铁口维护好坏的标志，数值越大，表示铁口越正常；反之，铁口深度长期不合格，铁口过深将导致出渣铁时间过长，过浅则使铁口炮泥破坏严重，易发生出铁事故，或酿成炉缸烧穿或出铁“跑大流”、卡焦、喷焦等事故。

铁口深度是指从铁口保护板到红点（与液态渣铁接触的硬壳）间的长度。根据铁口的构造，正常的铁口深度应稍大于铁口区炉衬的厚度。不同炉容的高炉，要求的铁口正常深度范围见表8–7。

表8–7 铁口深度与高炉有效容积的关系

高炉有效容积/m^3	≤350	500～1000	1000～2000	2000～4000	4000
铁口深度/m	0.7～1.5	1.5～2.0	2.0～2.5	2.5～3.2	3.0～3.5

8.5.1.3 铁量差

铁量差是指按下料批数计算的理论出铁量与实际出铁量之差，是衡量铁水是否出净的标志。由于出铁量的不均匀，可能出现铁量高于理论出铁量的现象。一般要求铁量差不大于理论出铁量的15%。

$$铁量差 = nP_{理} - P_{实} \tag{8-3}$$

式中　n——两次铁间的料批数；

$P_{理}$——每批炉料的理论出铁量，t；

$P_{实}$——实际出铁量，t。

8.5.1.4　上下渣比

上下渣比是指每一次铁的上渣量（从渣口放出的渣量）与下渣量（从铁口放出的渣量）之比，是衡量上渣放得好坏的指标。

$$上下渣比 = \frac{上渣量}{下渣量} \tag{8-4}$$

提高上下渣比不仅可减轻铁口负担，利于铁口维护，而且有利于稳定风压和料速，从而有利于炉况的顺行。没有设渣口的高炉没有上下渣比指标。

8.5.2　出铁操作与维护

铁口是高炉炉体最薄弱的部位，铁口操作是炉前操作的关键。生产中铁口状况如图8-21所示。由于铁口受铁、渣冲刷频繁，周围砖衬很快被侵蚀，而被侵蚀掉的炉墙砖衬，全靠堵铁口时打进的炮泥形成的泥包所填补，维护好铁口主要是维护好泥包。

铁口部位易于受侵蚀的原因主要是：熔渣（含 CaO）对泥包（含 SiO_2、Fe_2O_3）的化学侵蚀和强烈冲刷；铁水和高温煤气对泥包的巨大冲击；风口循环区对铁口的磨损；炉缸内焦炭的沉浮对铁口炮泥的磨损；潮湿泥包在高温作用下，其中所含水分与挥发物的剧烈挥发，使泥包崩裂和塌落；炮泥太软或质量不好时，使铁口孔道断裂等。

铁口破损的根本原因是由于"刷、塌、断、蚀"造成的。

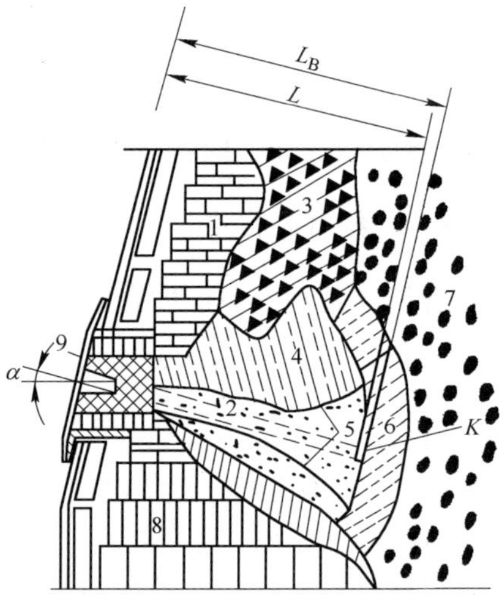

图8-21　出铁口构造示意图

1—残存的炉墙砌砖；2—铁口孔道；3—炉墙渣皮保护层；4—旧堵泥；5—出铁泥包被渣铁冲刷侵蚀情况；6—新堵泥形成的泥包层；7—炉缸焦炭；8—炉底砌砖；9—铁口泥套；L—铁口深度；L_B—铁口的全深；K—泥包前硬壳（红点）

8.5.2.1　出铁操作

A　打开出铁口时间

高炉出铁时间必须正点，出铁次数根据产量及炉缸容积而定，一般为10～16次。在具有多个出铁口连续出铁的大型高炉上，随炮泥质量的改善，每个铁口出铁次数有减少的趋势。打开出铁口时间与如下情况有关：

（1）有渣口高炉铁口堵塞后，经过6批料放上渣，直至炉前出铁。

（2）大型高炉一个出铁口出完铁后堵塞，再间隔一段时间，打开另一个出铁口出铁，鞍钢10号高炉属于这种情况。

(3) 大型高炉多个出铁口轮流出铁时,在一个铁口堵塞后,马上按对角线原则打开另一个铁口出铁。

(4) 现代大高炉(炉容 >4000 m^3)为保证渣铁出净及炉况稳定,采用连续出铁,即一个出铁口尚未堵上即打开另一个铁口,两个铁口有重叠出铁时间。各口出铁量的波动不宜过大,出铁量相差不应超过 15%。

B 打开出铁口方法

打开出铁口方法有多种形式,可根据铁口的工作状态确定合理的出铁方法。

(1) 用开口机钻到赤热层(出现红点),然后人工用钎子捅开铁口,赤热层有凝铁时,可用氧气烧开。此法应用较为广泛。

(2) 用开口机将铁口钻漏,然后将开口机迅速退出,以免将钻头和钻杆烧坏。此法不宜提倡,特别是铁口潮时不能使用。

(3) 采用双杆或可换杆的开口机,用一杆钻到赤热层,另一杆将赤热层捅开。

(4) 埋置钢棒法,即出铁口堵上后 20 ~ 30 min 拔炮,然后用开口机钻进铁口深度的 2/3,此时将一个长 5 m 的圆钢棒(ϕ50 ~ 60 mm)打入铁口内。出铁时用开口机拔出,铁水随即流出。这种方法要求炮泥质量好,炉缸铁水液面较低,否则会出现钢棒熔化、渣铁流出,而发生事故。此法一般应用于开口机具有正打和逆打功能的大型高炉上。

(5) "闷炮"开铁口,即在开出铁口作业中出现通道中间断裂,有小股铁水流出时打入少量炮泥(可在炮头内用少量有水炮泥填塞),然后快速退炮,铁水随即跟出来。此法比较危险,易流到地下和造成风管烧穿,炉缸内积存铁量大时不得使用。特殊情况下采用,要做好安保工作,加高渣铁沟两侧壁高,不允许冲水渣。闷炮前,须向有关领导请示批准。

(6) 氧枪吹氧烧铁口。高炉无准备的长期休风后的送风出铁困难,或炉缸冻结,可采用一种特制的氧枪烧铁口。事先将送风风口和铁口区域烧通,通过风口填塞新焦炭、盐及金属铝块之物。从铁口插入富氧枪吹氧,在送风状态下依铁口前渣铁熔化的数量定期拔出氧枪排放渣铁,最终使铁口区域与风口区域形成局部通道,从而加快炉况的恢复。此法常用于无渣口高炉炉缸冻结时出铁口的处理。

C 堵铁口及拔炮作业程序

铁口见喷时进行堵前试炮,检查打泥油压或电动机电流,确认打泥活塞靠位(活塞与堵泥接触贴紧),铁口前残渣铁清理干净,铁口泥套完好,再进行堵铁口操作。程序如下:

(1) 启动转炮对正铁口,并完成锁炮动作。

(2) 启动压炮将铁口压严,做到不喷火、不冒渣。

(3) 启动打泥机构打泥,打泥量多少取决于铁口深度和出铁终了情况。

(4) 用推耙推出砂口内残渣(禁止推铁)。

(5) 堵铁口后拔炮时间有水炮泥 5 ~ 10 min,无水炮泥 40 ~ 50 min。当铁口深度浅,炮泥质量差时,打泥电流小或压力低时可延长 10 ~ 15 min。拔炮时要确认铁口正面无人后方可作业。

(6) 抽回打泥活塞 200 ~ 300 mm,无异常再向前推进 100 ~ 150 mm。

(7) 启动压炮,缓慢间歇地使炮头从铁口退出抬起。

(8) 保持挂钩在炉上 2 ~ 3 min(或自锁同样时间)。

(9) 泥炮脱钩后,启动转炮,退回停放处。

（10）堵炮后渣铁流停止（是否放尽砂口内积铁取决于生产需要），通过相应的联系手段和加以确认，可以调罐。

8.5.2.2　铁口维护

维护好铁口是确保按时出净渣铁的基础，保持铁口正常深度是铁口维护的关键，而出净渣铁又是保持铁口正常深度的中心环节。

正常的铁口深度应该是铁口区炉墙厚度加炉皮的1.2～1.5倍。在实际生产中，铁口深度是指从铁口保护板到红点的长度。

维护好铁口的主要措施有下列几个方面：

（1）提高炮泥质量。要求炮泥有一定的可塑性，较高的耐火度，良好的抗渣性，耐机械冲刷磨损和化学侵蚀，具有快干性和干燥后不产生裂纹。

（2）保持铁口泥套完好。泥套能使炮嘴准确地对准和插入铁口，不跑泥，保证铁口的打泥量，从而保证铁口的深度。泥套要进行经常性的修补。

（3）稳定打泥量。打泥量要稳定适当，打泥不足，铁口深度难以维持；打泥过多，可能使铁口过深、潮湿，不易烤干。1000～2000 m^3 高炉通常每次泥炮打泥量在150～250 kg，炮泥单耗0.5～0.8 kg/t。

（4）按时出净渣铁，全风堵口。出尽渣铁后，铁口区域内无液态渣铁，在全风状态下使打进铁口的泥受到一定的阻力向四周扩展，较均匀的附着在铁口四周炉墙上，能形成坚固的泥包，填补被侵蚀的部位。

（5）保持正常的铁口直径。铁口孔道直径变化直接影响到渣铁流速，孔径过大易造成流量过大，引起渣铁溢出主沟（非贮铁式主沟）或下渣过铁等事故。另外，由于过早地结束出铁工序，造成下一次出铁的时间间隔延长，也影响到炉况的稳定。

铁口直径大小的确定方法有下列几种：1）根据炉容及炉内压力来确定，炉容大，压力高的铁口直径应小些，反之亦然；2）根据炉温高低来确定，炉温高时，铁水流动性差，铁口应大些；反之亦然；3）根据铁口深度来确定，铁口浅时，铁口小些；铁口深时，铁口大些。

（6）确定适宜的出铁次数。每次最大出铁量不应超过炉缸的安全容铁量。炉缸的安全容铁量，是指铁口至渣口高度间炉缸容积60%所能容纳的铁量，随着炉缸、炉底的侵蚀，安全容铁量会不断增加。此外，还应照顾到全厂高炉渣铁罐调度运转的方便。

（7）固定适宜的铁口角度。铁口角度是指出铁时铁口中心线与水平线之间的角度。保持一定的铁口角度，有利于维护死铁层厚度，保护炉底并出净渣铁。适宜的铁口角度取决于炉缸和炉底的侵蚀程度，随着炉龄的增加，铁口角度也随之增大。高炉在一代炉役中铁口角度的变化如表8-8所示。

表8-8　一代高炉炉役铁口角度的变化

炉龄期	开炉	一年以内	中期	后期	停炉
铁口角度	0°～2°	5°～7°	10°～12°	15°～17°	18°

8.5.2.3　出铁口事故处理

出铁口事故原因及处理措施见表8-9。

表8-9 高炉出铁事故原因及采取的措施

项 目	原 因	采取的措施
出铁口难开	1. 炮泥耐压,抗折强度过大; 2. 铁口泥芯内夹有凝铁; 3. 开口机钻头老化	1. 加强炮泥制备工艺管理,改变炮泥配料组成; 2. 出净渣铁,铁口适当喷射; 3. 钻头老化时更新; 4. 打不开时,用氧气烧开出铁
铁口连续过浅	1. 渣铁未出净,炉缸内积存大量渣铁; 2. 开口操作不当,铁口孔道过大; 3. “闷炮”开口操作; 4. 潮铁口出铁; 5. 炮泥质量差	1. 出净渣铁后堵铁口,必要时减风; 2. 正确使用开口设备; 3. 减小开铁口孔径; 4. 改进炮泥质量; 5. 适当增加每次打泥量; 6. 堵死铁口上方1 ~2 个风口
铁口过深	1. 打泥量过多; 2. 高炉小风操作或铁口上方风口的堵塞	1. 依铁口深度控制打泥量; 2. 铁口过深时,开口操作勿使钻杆损伤泥套上沿;
铁水流出后又凝结	1. 炉温低; 2. 铁口深、开口孔径小,没有完全打开出铁口; 3. 捅铁口时,钢钎将铁口凝结	1. 提高炉温; 2. 铁口过深应控制打泥量; 3. 开口孔径适宜,有小流铁及时用软铁棍捅开铁口; 4. 凝结后及时用氧气烧穿
出铁放炮	1. 铁口堵泥没有烘干、潮湿; 2. 冷却设备漏水	1. 烤干后出铁; 2. 使用无水炮泥; 3. 加强设备检查,发现漏水及时堵炮,休风更换冷却设备
出铁跑大流、跑焦炭	1. 上次未出净,或本次晚点出铁,渣铁量多; 2. 铁口深度过浅; 3. 钻漏铁口,铁口孔径大; 4. 潮铁口出铁; 5. 炉况不顺,铁前憋压或悬料; 6. 炮泥质量差与泥包的脱落; 7. 冶炼强度高,焦炭质量差、块度小、炉热	1. 铁口浅时,开口孔径小,严禁钻漏; 2. 炉前做好各种准备工作出铁; 3. 抓好正点出铁率,出铁流大,适当减风; 4. 改善炮泥质量,加强对铁口泥包的维护
封不住铁口	1. 泥套破损,烧坏炮头; 2. 泥炮故障,不能顺利打泥; 3. 堵口时,铁口前凝渣抗炮	1. 开口时钻头应对准出铁口中心; 2. 捅出铁口时,于铁口前架横梁; 3. 堵口前清理铁口前凝渣; 4. 时刻保持铁口泥套完好,出铁中发现泥套损坏,应减风或休风堵铁口
退炮时渣铁跟出	1. 铁口过浅,渣铁又未出净; 2. 退炮时间早; 3. 炮泥结焦性能差	1. 退炮勿过早,当铁口浅而渣铁又未出净时更要延迟退炮时间; 2. 堵泥应软硬适宜,不装冻泥; 3. 液压泥炮打泥时不得漏油; 4. 堵口时,泥炮内应留有备用泥量
铁口自行漏铁	1. 铁口过浅渣铁未出净; 2. 炮泥质量差; 3. 炉内风压高,炉缸工作活跃; 4. 上次铁未出净即堵铁口	1. 在渣铁未出净,铁口浅情况下延迟退炮时间; 2. 出铁口不得三次不吹,如渣铁出不净可减风控制料批,待下一次铁出净; 3. 提高炮泥质量,保持铁口泥套完好; 4. 发现铁口漏铁,及时堵上,具备出铁条件及时出铁,出铁中可适当减风
出铁口冷却壁烧坏	1. 铁口长期过浅; 2. 铁口中心线长期偏斜; 3. 出铁口角度过大; 4. 大中修高炉开炉时出铁口来水; 5. 铁口泥套制作质量差	1. 执行出铁口维护管理制度; 2. 执行烘炉规程; 3. 出铁口附近留排气孔; 4. 中修开炉前应将炉缸内残存焦炭拔净,并砌保护砖; 5. 出铁过程中发现铁口内有不正常响声,及时堵口,防止泥套炸坏堵不住铁口,铁后休风检查及针对性处理

8.5.3　放渣与渣口维护

8.5.3.1　渣口结构

大中型高炉的渣口装置通常由4个套组成:大套、二套、三套和渣口,见图8-22。渣口装置分成4个套的优点是:结构尺寸相对变小,便于加工制造;更换时便于拆卸和安装,减少休风时间;依各个套工作条件的不同,便于选择不同的材质和不同的结构形式。基于渣口大套和二套有砖衬保护,且不直接与渣铁接触,热负荷较低,所以两者选用中间镶嵌有循环水冷却水管的铸铁结构。而三套和渣口直接与渣铁接触,热负荷比较大,所以选用导热性好的铜制空腔水冷结构。

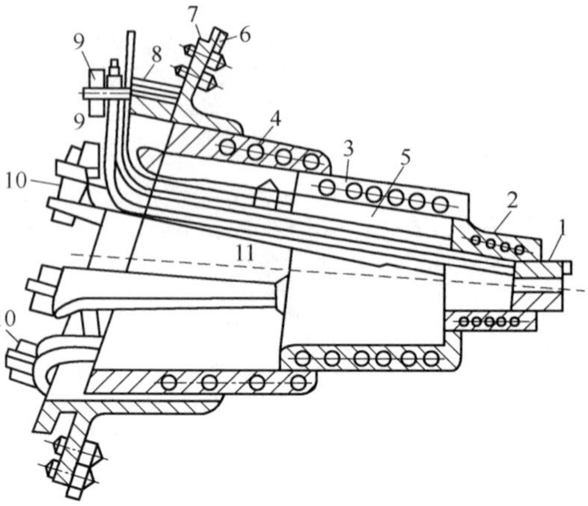

图8-22　渣口装置

1—渣口;2—渣口三套;3—渣口二套;4—渣口大套;5—冷却水管;6—炉壳;7,8—大套法兰;9,10—固定楔;11—栏杆

大套安装固定在炉壳上的大套法兰内。各套之间的接触面均匀加工成圆锥面,使之彼此接触严密,便于更换。为了保持各套位置固定及良好的密封性,二套用两根挡杆顶紧,三套用通水的顶管固定,渣口小套的外侧与三套内侧加工面呈锥形接触,进、排水管用固定楔紧固。

8.5.3.2　放渣操作

(1) 放渣时间的确定

确切的放渣时间应该是熔渣面已达到或超过渣口中心线时开始打开渣口放渣。如有两个不同高度的渣口,先放低渣口,然后放高渣口。通常是出铁后上6批料左右,出铁40～50 min后放渣。如果上次铁没出净,放渣时间应提前。

(2) 放渣前的准备工作

1) 清理渣沟内的残渣,叠好各道拨流闸板。

2) 检查各个罐位的渣罐是否配正、罐内有无盖罐、积水、潮湿杂物及可燃物等。如有上述物质应采取相应安全措施,否则不许放渣。

3) 对冲水渣高炉应检查冲渣水量和水压是否达到规定水平,否则不许放渣。

4) 检查放渣工具是否齐全,堵渣机是否灵活好用。

5) 检查渣口是否漏水,各套固定楔子紧固状态、泥套是否完好。

(3) 放渣操作和注意事项

1) 拔堵渣机时应先轻拔,拔不动时用大锤敲打堵渣机后放铁。防止渣口松动带活,造成冒渣事故。若渣口有凝铁打不开时,可用氧气烧开。

2) 出渣时应注意观察渣流及渣口情况,渣流小时要勤透渣口。渣中带铁多时,应堵片刻后再放渣,避免烧坏渣口。渣流带铁多时,渣流表面呈现很多细小火星,并且在渣沟流嘴处有小火星下滴。

3) 当炉缸内积存熔渣数量较大时,可两个渣口同时出渣。

4）出铁口打开后，上渣流仍较大，可坚持片刻后再堵渣口。

5）如果人工用钢钎打渣口时，打钢钎的人严禁站在渣沟内或渣口的正面，以防熔渣突然喷出后伤人。

6）当渣口堵不上时，应酌情减风或人工用堵耙封堵渣口。

8.5.3.3 渣口维护

（1）按高炉规定的料批及时打开渣口放渣，要求上下渣比的合格率达到70%以上，渣中带铁多时，应勤透、勤堵、勤放。

（2）渣口泥套必须完整无缺，做新泥套时一定要抠净残渣铁，泥套与渣口接触严密，且与渣口孔下沿平齐，不得偏高或偏低。新泥套应烤干后使用。

（3）保持渣口大套和二套表面的砌砖完好，三套的顶辊和小套的固定销子要牢固，做到定时检查。

（4）长期休风和中修开炉，在铁口角度尚未达到正常及炉温水平未达到正常水平（$w[Si]$为2%左右）时，不许渣口放渣。

（5）渣铁连续出不净，铁面上升到渣口水平，严禁放上渣。

（6）对于新换的渣口放第一次渣时，原则上用堵耙堵渣口。

（7）发现渣口损坏应及时堵上，避免事态扩大。

渣口损坏的征兆：破损时，堵渣机塞头退出后，塞头上有水迹；渣口火焰正常为蓝色，漏水时呈红色；用长钢钎伸至渣口孔内探查，钎头有水迹，渣口泥套潮湿；漏水时渣流面上有一条黑色水线和气泡，严重时产生泡状水渣；漏水多时，渣口小套处发生爆炸声。

8.5.3.4 渣口事故处理

出渣口事故及处理措施见表8-10。

表8-10 出渣口事故及处理措施

项 目	原 因	采取的措施
渣口堵不住	1. 堵渣机塞头运行轨迹偏； 2. 泥套破损或不正，塞头不能正常入内； 3. 渣口小套与泥套接合处有凝铁； 4. 塞头老化、不规则，上面粘有渣铁	1. 加强设备的检查，接班后试堵； 2. 保持泥套的完好，不用泥套损坏的渣口放渣； 3. 塞头应保持完好； 4. 对用氧气烧开的渣口，放渣时应勤透，堵口前适当喷射后再堵； 5. 渣口堵不上、酌情减风或用堵耙堵
渣口冒渣	1. 更换渣口时没上严； 2. 拔堵渣机时用力过猛； 3. 小套固定销松动	1. 换渣口时，抠净周围凝结物，上严拧紧； 2. 堵渣口时适当慢堵； 3. 拔堵渣机时先用大锤打活塞头，再拔； 4. 保持塞头完好； 5. 冒渣严重，应打开另一渣口放渣，酌情减风，及时出铁，铁后休风时更换
渣口自行流渣	1. 炉热边沿煤气流发展； 2. 塞头或堵耙拔出过早，熔渣在渣口前凝渣太薄； 3. 熔渣流动性特好	1. 非放渣时间内，渣口用楼耙堵塞； 2. 不要过早的拔堵渣机，发现壳薄应堵上； 3. 洗炉料下达后要及时放渣，拔堵渣机应慎重； 4. 发现自行流渣，立即堵上

续表 8-10

项　目	原　因	采取的措施
渣口爆炸	1. 铁口面升高超过渣口水平； 2. 炉缸堆积严重，渣口附近有铁积存； 3. 小套破损未及时发现，放渣时带铁多，发生爆炸； 4. 高炉中修开炉初期，炉底升高； 5. 放渣操作时，炉渣大量带铁	1. 严禁坏渣口放渣； 2. 发现渣中带铁严重时，立即堵上渣口，渣流小时应勤透； 3. 不能正点出铁时，应适当减风控制炉缸内渣铁数量； 4. 炉缸冻结时，采用特制的碳砖套制成渣口放渣； 5. 中修开炉可不放上渣，大修开炉放上渣以疏通为主； 6. 发生爆炸要立即减风或休风，尽快出铁，组织抢修
渣口三套、二套或大套烧坏	1. 泥套做高、放渣时渣流反溅二套上部； 2. 泥套损坏仍继续出渣，渣中带铁渗漏或穿过砌砖烧坏三、二套； 3. 在处理炉缸冻结时，上好石墨三套，用渣口做临时出铁口。当出铁次数 > 10 次，热负荷过大，会烧坏二套及大套	1. 泥套制作合格，经常保持完好； 2. 用渣口作临时出铁口处理炉缸冻结时，使用次数一般不超过 15 次； 3. 发现烧坏时根据情况停止此渣口出渣，并闭水，然后组织休风更换

复习思考题

8-1　简述风口工作平台和出铁场的布置情况。

8-2　如何进行摆动溜嘴的维护？

8-3　开口机有哪几种类型，开口机的维护检查内容包括哪几方面？

8-4　对堵铁口泥炮的基本要求是什么，泥炮的检查维护内容包括哪几方面？

8-5　撇渣器的构造，工作原理和要求分别是什么？

8-6　对铁水罐车的要求是什么，铁水罐车有哪几种形式，各有何特点？

8-7　如何处理高炉炉渣？试阐述各种处理方法。

8-8　炉前操作的指标有哪些？

8-9　怎样维护好铁口？

8-10　打开出铁口有哪些方法？

8-11　放渣操作是怎样进行的？

8-12　常见出铁口事故及处理措施有哪些？

9 高炉煤气净化

高炉煤气中含有 CO、H_2、CH_4 等可燃气体，是钢铁企业宝贵的气体燃料。但它不能直接由高炉送往用户，因为它含有 10 ~ 30 g/m^3 的炉尘。这些炉尘会堵塞管道，渣化设备的耐火材料，降低设备的使用寿命，降低传热效率等，所以高炉煤气必须经过清洗炉尘后，才能达到用户的使用要求。

通过高炉煤气净化，一方面可以得到纯净的煤气，其用户主要是焦炉、热风炉和加热炉，也有用于发电锅炉。焦炉对煤气含尘量要求严格，需低于 8 mg/m^3。热风炉的要求与其格孔大小有关，一般要求为 10 mg/m^3 以下；在一些中小高炉的热风炉上使用 60 mm × 60 mm 格孔或 ϕ60 mm 球时，含尘量要求在 20 mg/m^3 以下。

另一方面，通过净化可以回收煤气中的高炉炉尘。炉尘是随高速上升的煤气被带离高炉的细颗粒炉料，一般含铁 30% ~ 50%，含碳 10% ~ 20%，经煤气除尘器回收后，可用作烧结矿原料。

此外，还可以通过高炉煤气透平发电回收能量。炼铁余能发电主要是利用炼铁产生的高炉煤气的余能(压力能和热能)，既回收高炉煤气、减少煤气排放，又创造效益，是钢铁企业二次能源利用最重要的技术。

9.1 高炉净化主要设备

9.1.1 评价除尘设备的主要指标

用来评价煤气除尘设备的指标，主要有生产能力，除尘效率，压力降，水的消耗和电能消耗。

(1) 生产能力。生产能力是指单位时间处理的煤气量，一般用每小时所通过的标准状态的煤气体积流量来表示。

(2) 除尘效率。除尘效率是指标准状态下单位体积的煤气通过除尘设备后所捕集下来的灰尘重量占除尘前所含灰尘重量的百分数。可用下式计算：

$$\eta = \frac{m_1 - m_2}{m_1} \times 100\% \tag{9-1}$$

式中 η——除尘效率，%；

m_1，m_2——分别为入口和出口煤气标态含尘量，g/m^3 或 mg/m^3。

(3) 压力降。压力降是指煤气压力能在除尘设备内的损失，以入口和出口的压力差表示。

(4) 水的消耗和电能消耗。水、电消耗一般以每处理 1000 m^3 标态煤气所消耗的水量和电量表示。

9.1.2　煤气除尘工艺

所有煤气的清洗除尘都要靠外力（如惯性力、加速变力和束缚力）来完成，为此要消耗能量和增加清洗费用。高炉煤气清洗采用能量消耗低、费用少的三段式除尘，即粗除尘、半精除尘和精除尘。一般尘粒粒度在100～60 μm及其以上的颗粒除尘设备称为粗除尘设备，粒度在60～20 μm的颗粒除尘设备称为半精细除尘设备，粒度小于20 μm的颗粒除尘设备称为精细除尘设备。

按照上述三段式除尘组合成的高炉煤气除尘系统主要有湿法和干法两大类：湿法除尘效果稳定，清洗后的煤气质量好；缺点是会产生污水，既消耗大量的水，还要进行污水处理。干法除尘的最大优点是消除了污水，有利于环保，节约投资，简化工艺流程；可以提高余压透平发电系统入口煤气的温度和压力，提高了能量的回收率；可合理利用煤气显热，提高煤气燃烧热效率，高炉煤气温度按180℃计，每1 t铁可回收煤气约300 MJ的显热，相当于10 kg标准煤。

常用的煤气除尘系统有以下几种。

9.1.2.1　双文氏管系统

双文氏管除尘系统由重力除尘器和双文氏管组成（见图9-1），属全湿法除尘，日本新日铁采用较多，我国宝钢1号高炉、包钢4号高炉等曾经采用。文氏管阻力损失较大，耗水量较低；二级文氏管之后的重力式灰泥捕集器内设有塑料环脱水器，煤气中水分含量可降至7 g/m³以下；透平发电机组入口煤气温度为55～60℃；系统中设有消声器，工作区噪声小，系统占地面积较大。

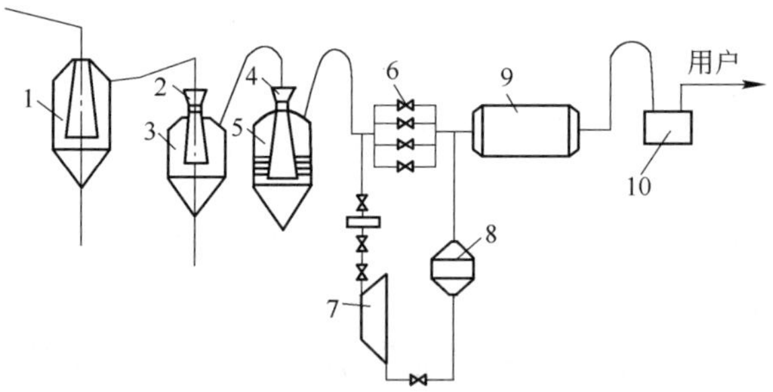

图9-1　双文氏管串联清洗系统

1—重力除尘器；2——一级文氏管；3—灰泥捕集器；4—二级文氏管；5—填料式灰泥捕集器；6—调压阀组；7—余压透平；8—脱水器；9—消声器；10—煤气切断水封

9.1.2.2　塔后文氏管系统

系统由重力除尘器、洗涤塔和文氏管组成（见图9-2），属湿法除尘。过去我国炼铁厂多采用此种除尘系统。该系统技术成熟，结构简单，造价低，除尘效果良好，基本可以满足工业燃烧器的技术要求。

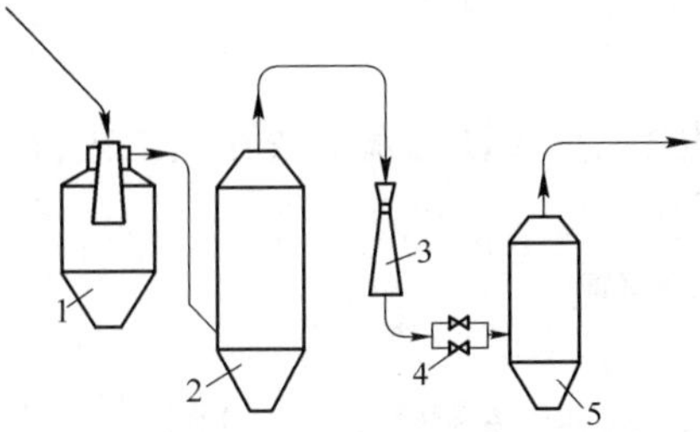

图 9-2　塔后文氏管系统

1—重力除尘器;2—洗涤塔;3—文氏管;4—调压阀组;5—脱水器

9.1.2.3　塔后文氏管加电除尘器系统

系统由重力除尘器、洗涤塔、文氏管和电除尘器等组成(见图 9-3)。该系统耗水量大,清洗后煤气温度较低,阻力损失小;系统设有余压透平机组,故在机组入口处设有煤气预热器。俄罗斯采用此系统较多。

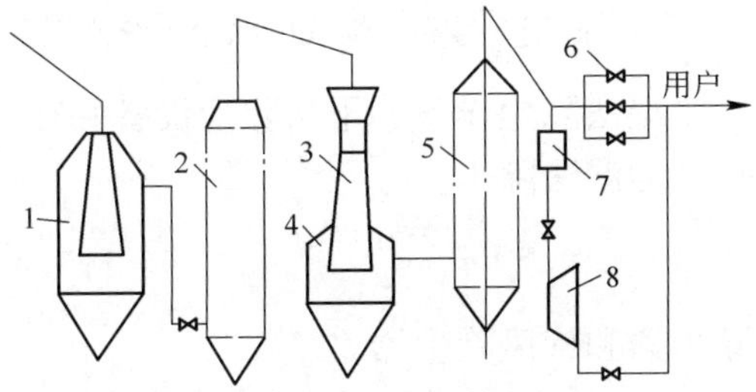

图 9-3　塔后文氏管加电除尘器系统

1—重力除尘器;2—洗涤塔;3—文氏管;4—灰泥捕集器;5—电除尘器;
6—调压阀组;7—预热器;8—余压透平机组

9.1.2.4　滤袋除尘器系统

系统由重力除尘器和滤袋除尘器组成(见图 9-4),属干法除尘。现在新建大型和巨型高炉多采用此工艺,原有大高炉亦增加干法除尘装置,例如包钢六座高炉均已采用干法除尘。

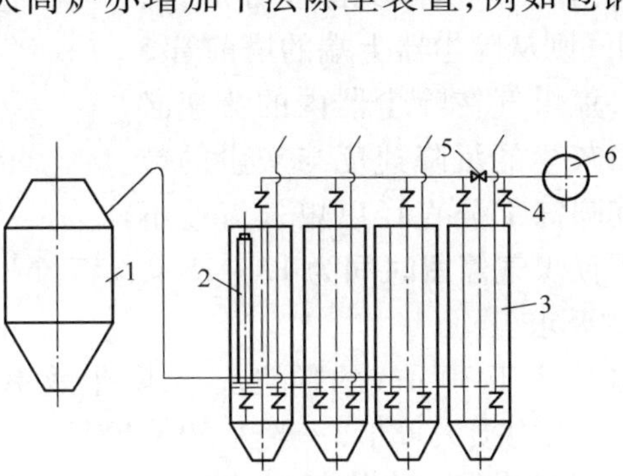

图 9-4　滤袋除尘器系统

1—重力除尘器;2—1 次滤袋除尘;3—2 次滤袋除尘;4—蝶阀;5—闸阀;6—净煤气管道

9.1.2.5　电除尘系统

系统由重力除尘器和静电除尘器组成，属干法除尘工艺，也有采用湿法静电除尘的。武钢5号高炉采用此流程（见图9-5）。

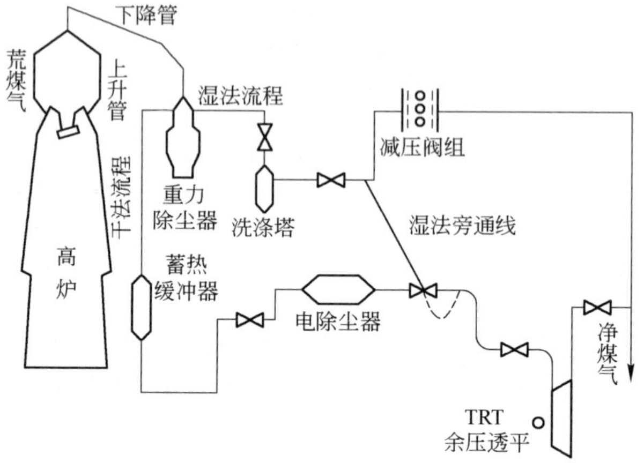

图9-5　武钢5号高炉煤气电除尘系统流程

目前国内大型高炉一般是湿法除尘设备和干法除尘设备并存。通常是正常工作用干法除尘，干法除尘发生故障时，转为湿法除尘。

9.1.3　粗除尘设备

粗除尘设备包括重力除尘器和旋风除尘器。

9.1.3.1　重力除尘器

重力除尘器为应用最广泛的干法除尘设备，是对荒煤气首先进行粗除尘的装置（见图9-6）。其工作原理是荒煤气自高炉顶部煤气下降管1进入重力除尘器的中心导入管4，当到达中心管下端出口处时，由于气流突然转向180°向上流动，流速因截面增大而突然降低，荒煤气中的灰尘颗粒在惯性力和重力作用下沉降到除尘器底部，从清灰口3定期排除，而烟气则从除尘器上端的塔前管5导出。欲达到除尘的目的，荒煤气在除尘器内的流速必须低于灰尘的沉降速度，而灰尘的沉降速度与灰尘的粒度有关。设计除尘器时，其圆筒部分直径以煤气流速不超过0.6～1.0 m/s为准，保证煤气停留时间为12～15 s，贮灰体积能满足三天灰量的要求。

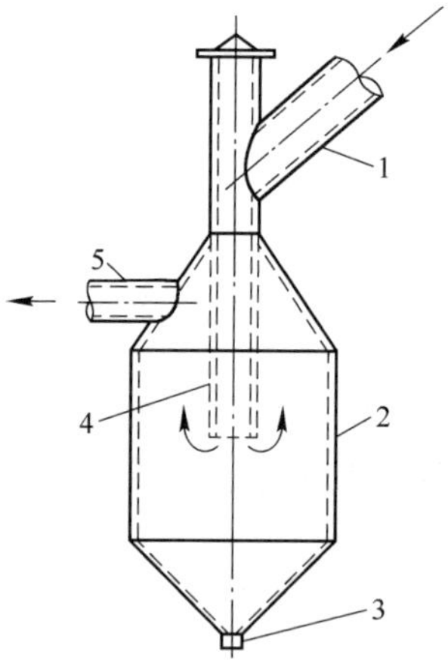

图9-6　重力除尘器
1—煤气下降管；2—除尘器；3—清灰口；4—中心导入管；5—塔前管

重力除尘器可以除去粒度大于30 μm的颗粒灰尘，除尘效率可达80%～85%，出口煤气含尘量可降到2～10 g/m³；阻力损失较小，一般为50～200 Pa。

除尘器的底部清灰口处通常设置一个清灰阀，当灰尘积至一定数量时，打开清灰阀将灰尘放出。除尘器中的灰尘又细又干，由于除尘器内压力大，当在高压操作时，消灰时灰尘飞扬，不仅劳动环境恶劣，而且运输也困难，故多数高炉均采用螺旋清灰器清灰（见图9-7）。

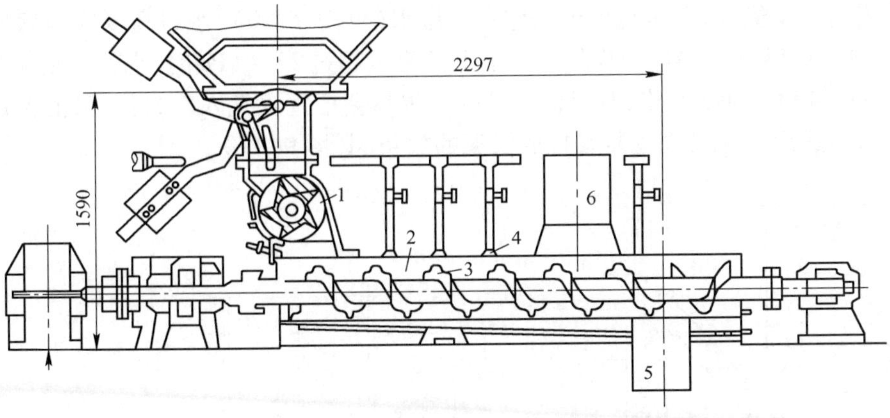

图9-7 螺旋清灰器

1—筒形给料器;2—出灰槽;3—螺旋推进器;4—喷嘴;5—加水后灰泥的出口;6—排气管

9.1.3.2 旋风除尘器

旋风除尘器(见图9-8)的工作原理同旋风分离器,含尘煤气以10~20 m/s的流速从切线方向进入后,在煤气压力能的作用下产生回旋运动。灰尘颗粒在离心力作用下,被抛向器壁积集,并向下运动进入积灰器。

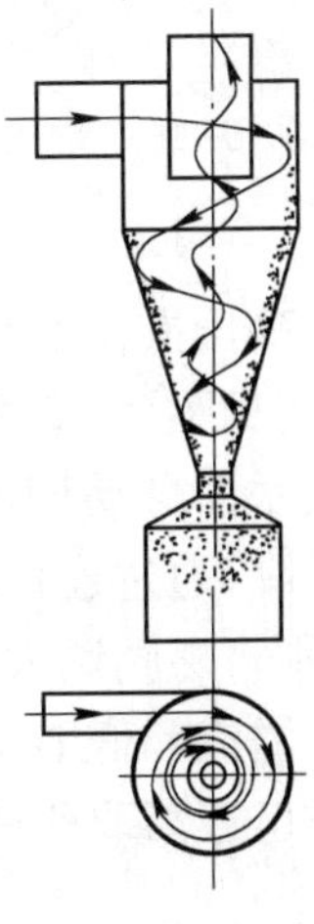

图9-8 旋风除尘器

9.1.4 半精细除尘设备

半精细除尘设备设在粗除尘设备之后,用来除去粗除尘设备不能沉降的细颗粒粉尘。主要由洗涤塔和溢流文氏管组成,一般可将煤气含尘量降至800 mg/m^3以下。

9.1.4.1 洗涤塔

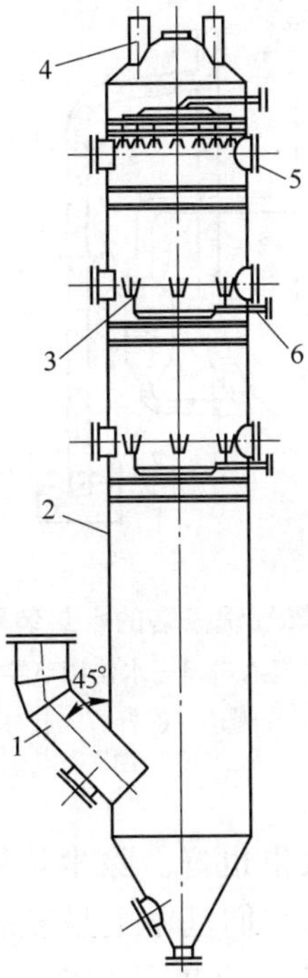

图9-9 洗涤塔

1—煤气导入管;2—洗涤塔外壳;3—喷嘴;4—煤气导出管;5—人孔;6—给水管

洗涤塔属于湿法除尘,空心洗涤塔的结构见图9-9。它是直立的圆柱体或方柱体,塔内设置三层喷水管,上层向下喷水,喷水量占总水量的60%;中、下层向上喷水。其工作原理是:煤气自洗涤塔下部入口进入,自下而上流动。塔内喷淋的水滴和灰粒碰撞将灰粒吸收,同时,除尘过程中形成的蒸汽以灰粒为中心冷藏,促使灰粒凝聚成大颗粒,在其重力的作用下,这些大颗粒灰尘离开煤气流随水一起流向洗涤塔下部,与污水一起经塔底水封排走。在水与煤气进行热交换的同时,降低煤气温度到30~40℃。经冷却和洗涤后的煤气由塔顶导管导出。所以,洗涤塔具有除尘和降温的双重作用。

空心洗涤塔具有结构简单、投资小、建设速度快、不易堵塞、容易维修等特点。煤气在塔内流速为1.8~2.5 m/s,压力损失80~200 Pa,除尘效率达80%~90%,喷水压力为0.1~0.15 MPa。

洗涤塔的排水机构，常压高炉可采用水封排水（见图 9-10），水封高度应与煤气压力相适应，不低于29.4 kPa。当塔内煤气压力加上洗涤水超过 29.4 kPa 时，水就不断从排水管排出，当小于 29.4 kPa 时则停止，既保证了塔内水位不会把荒煤气入口封住，又能保证塔内煤气不会经水封逸出。在塔底还装有排放淤泥的放灰阀（图 9-11）。

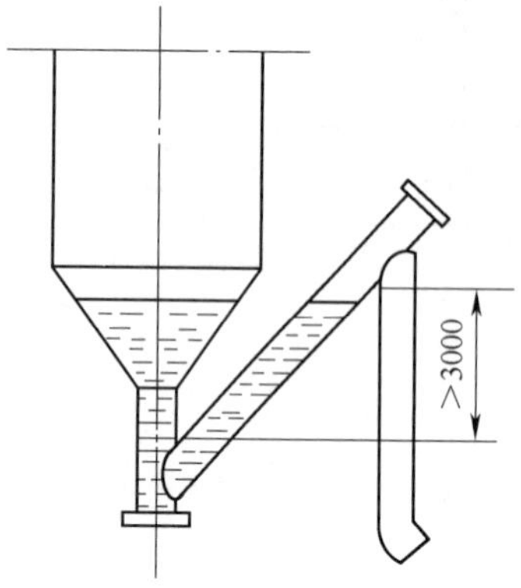

图 9-10　常压洗涤塔的水封装置

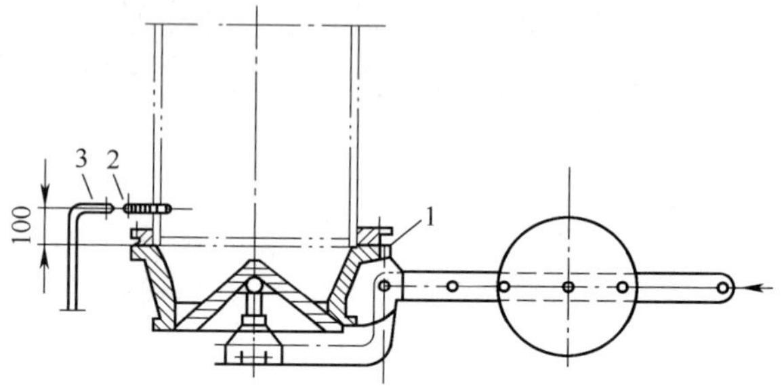

图 9-11　放灰阀

1—放灰阀；2—闸阀；3—排污管

高压操作的高炉洗涤塔上设有自动控制的排水设备，见图 9-12 所示。高压塔由于压力大，需采用浮标式水面自动调整机构，当塔内压力突然增加时，水面下降，通过连杆将蝶阀关小，则水面又逐步回升；反之，则将蝶阀调大。

溢流和低能文氏管因结构简单，体积小等优点，目前已逐渐取代洗涤塔。

9.1.4.2　溢流文氏管

溢流文氏管结构见图 9-13b，它由煤气入口管、溢流水箱、收缩管、喉口和扩张管等组成。工作时溢流水箱的水不断沿溢流口流入收缩段，保持收缩段至喉口连续地存在一层均匀水膜。当煤气和水以极大的速度（50 ~ 70 m/s）通过喉口时，流体呈紊流，水被高速煤气冲击而雾化。雾化水与煤气充分接触，使粉尘颗粒湿润聚合并随水排出，并起到降低煤气温度的作用。

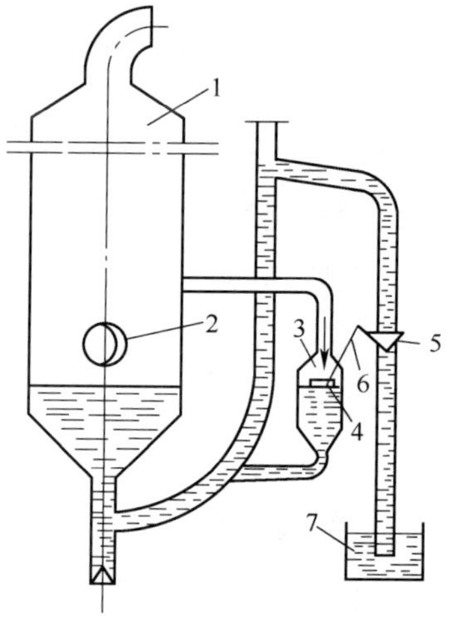

图 9-12　高压煤气洗涤塔的水封装置

1—洗涤塔；2—煤气入口；3—水位调节器；4—浮标；5—蝶式调节阀；6—连杆；7—排水沟

由于文氏管降温和湿润粉尘的效果比洗涤塔好，所以它的除尘效果也好。除尘效果与煤气流速和耗水量有关：耗水量一定，煤气流速越大，除尘效果越好，它们基本上呈直线关系；流速一定，耗水量越多，除尘效果也越好。流速大则耗能就高，一般溢流文氏管的压力能耗控制在 4 ~ 8 kPa。

9.1.5　精细除尘设备

高炉煤气经粗除尘和半精细除尘之后，尚含有少量粒度更细的粉尘，需经进一步精细除尘之后才可以使用。精细除尘的主要设备有文氏管、布袋除尘器和电除尘器等。精细除尘后煤气含尘量低于10 mg/m^3。

9.1.5.1　文氏管

文氏管(文丘里管的简称)是一种高效率的湿式除尘器,主要由收缩管、喉口、扩张管三部分组成。其种类按喉口有无溢流水膜可分为两类,喉口有均匀水膜的称为溢流文氏管(见图9-13b),无水膜的称为文氏管;按喉口有无调节装置也分为两类,有调节装置的称为调径文氏管(见图9-13c),无调节装置的称为定径文氏管(见图9-13d)。其中,定径或溢流调径文氏管多用于清洗高温的未饱和的荒煤气,属于半精细除尘设备。在湿法净化系统中常采用双文氏管串联,通常以溢流文氏管(见图9-13a)作为一级除尘装置,以调径文氏管作为二级除尘装置,可将煤气含尘量降到5 mg/m^{3}以下。

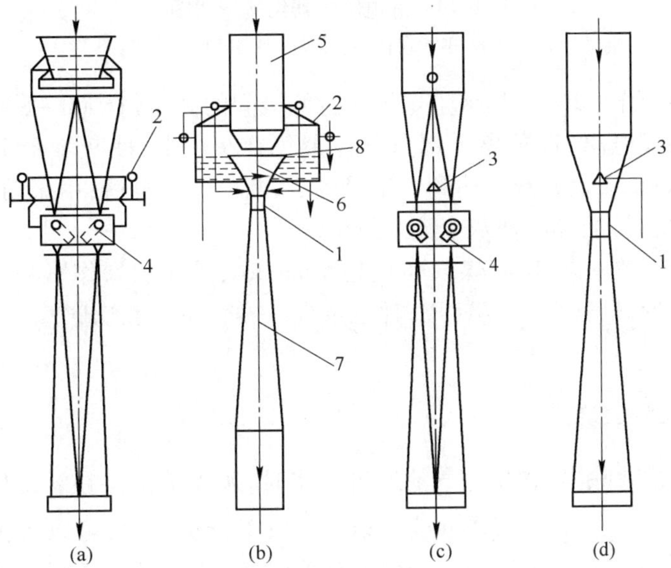

图9-13　文氏管的类型

(a) 溢流调径文氏管;(b) 溢流定径文氏管;(c) 调径文氏管;(d) 定径文氏管
1—喉口;2—溢流水箱;3—喷水嘴;4—调径机构;5—煤气入口;
6—收缩管;7—扩张管;8—溢流口

文氏管除尘原理与溢流文氏管相同,只是通过喉口部位的煤气流速更高,气体对喷淋水的冲击更加剧烈,水的雾化更加充分,可以使更细的粉尘颗粒得以湿润凝聚并与煤气分离。

文氏管除尘器的除尘性能和袋式除尘相近,除尘率可达99%以上。如此高的效率和简单的结构,不仅能减少安装面积,而且还能脱出烟气中部分硫氧化物和氮氧化物,这是文氏管的优点。其缺点是压力损失大,动力消耗大,并需要有污水处理装置。

9.1.5.2　静电除尘器

静电除尘器是利用电晕放电,使含尘气体中的粉尘带电而通过静电作用进行分离的一种除尘设备。通常正极接地称为集尘极(沉积电极),负极称为放电极(电晕电极)。静电除尘器有管式、平板式和套筒式三种(见图9-14)。

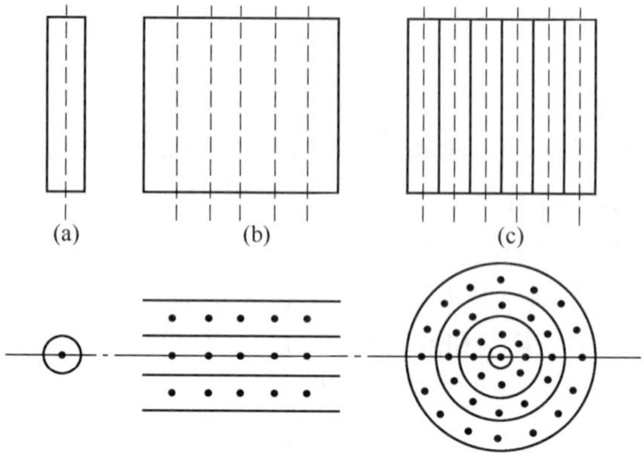

图9-14　静电除尘器结构形式图
(a) 单管式;(b) 板式;(c) 套筒式

静电除尘器的工作原理是:当带尘煤气通过两极间的高压(15000 ~ 80000 V)电场时,电晕放电的作用使煤气电离,带负离子部分气体聚集在灰尘上,使灰尘带负电被正极(集尘极)所吸收。沉积在正极上的灰尘达到一定厚度后,断电失去电荷,用振动(干式电除尘器)或水冲(湿式电除尘器)的办法使灰尘流下排出。

静电除尘器除尘效率高,可将煤气净化到5 mg/m^3;受高炉操作影响小;流经静电除尘器的煤气压头损失少,只有588 ~ 784 Pa;耗电量少,一般1 m^3 标态煤气为0.7 kW · h。但建设投资较高。

9.1.5.3　布袋除尘器

布袋除尘器是过滤除尘,含尘煤气流通过布袋时,灰尘被截留在纤维体上,而气体通过布袋继续运动。它属于干法除尘,可以省去脱水设备,投资较低。特别是对采用余压透平发电系统的高炉,干法布袋除尘的优点就更为突出,可以提高余压透平发电系统入口煤气温度和压力,提高能源回收效率。

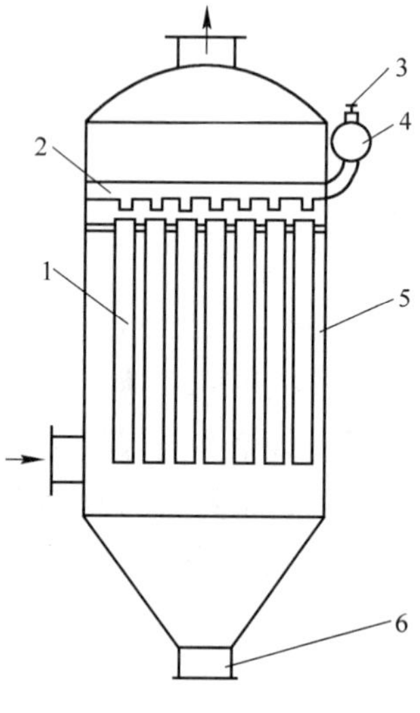

图9-15　布袋除尘器示意图
1—布袋;2—反吹管;3—脉冲阀;4—脉冲气包;5—箱体;6—排灰口

布袋除尘器主要由箱体、布袋、清灰设备及反吹设备等构成,见图9-15。布袋除尘器的工作原理是含尘煤气经支管进入袋式除尘器的下箱体,首先进行机械分离之后,含尘煤气向上到达布袋进行过滤,微细粉尘经过滤附着在滤袋外表面。净化后煤气通过滤袋汇集到上箱体,经净煤气支管、总管送出。过滤时,滤袋内陷,在框架的阻挡下呈梅花状。当过滤到一定时间后,滤袋表面的粉尘增加,导致除尘器阻力上升,此时需要清灰。清灰有两种方式:一种是定压差方式,即当阻力上升到设定数值时,程序控制系统自动发出清灰信号,脉冲阀开启,气包中的气体经喷吹管从袋口喷入,滤袋急速向外扩张,附在滤袋外面的粉尘被抖落下来,落入灰斗。喷吹结束,除尘器进入正常过滤状态;另一种是定时方式,根据操作过程摸索的经验,设定好清灰周期。各筒体清灰依次进行,周而复始。

布袋除尘器一般都有若干个箱体,它们轮流进行除尘和反吹,连续完成煤气除尘任务。箱体为圆柱形,按煤气的进气方式分为上进气与下进气两种,上进气的是气流方向和灰尘降落的方向一致,反吹时有利于灰尘沉降,但灰斗部分易形成煤气死区,温度低,易结露,卸灰困难。下进气的反吹效果差,但灰斗部分温度高,易卸灰。

布袋除尘的特点是:除尘效率高,一般在 99.8% 以上;煤气质量好,净煤气含尘量一般在 6 mg/m^3 以下,而且比较稳定。

布袋的材质是布袋除尘器的关键,目前我国自行研制的布袋材质有两种。一种是玻璃纤维滤袋,可耐高温(280 ~ 300℃),使用寿命一般在 1.5 年以上,价格便宜;缺点是抗折性能较差,广泛应用在中小型高炉上。另一种是合成纤维滤袋,其特点是过滤风速高,是玻璃纤维的 2 倍,抗折性能好;但耐温低,一般为 204℃,瞬间可达 270℃,而且价格较高,是玻璃纤维滤袋的 3 ~4 倍,目前仅在大型高炉上使用。

9.1.6 布袋除尘设备的检修、维护和保养

布袋除尘设备检修、维护和保养的基本内容包括:炉顶煤气温度控制,清灰和卸灰,煤气切断和检修,检漏,箱体内检修和安全注意事项等。

9.1.6.1 布袋除尘器煤气进口温度控制

当发现布袋入口煤气温度达到 230℃时,应通知高炉降低炉顶煤气温度;当其温度高于 280℃时,应通知高炉并切断煤气操作。

9.1.6.2 清灰和卸灰的检修

A 清灰前的准备及安全操作

清灰前的准备工作包括:检查除尘系统的设备、电器、信号显示器等是否完好,如发现缺陷应及时通知有关人员检修。清灰的操作可分自动和手动清灰。自动清灰,可将控制操作手柄、出口蝶阀打到自动位置。当自动失灵时,将出口蝶阀打到手动位置操作。根据各箱体工作程序,依次操作脉冲及出口蝶阀。当主管压力大于炉顶压力时,及时通知切断煤气,全关出口蝶阀。煤气压力大于 10 kPa 时,打开各放散阀。规定箱体煤气流量达到 1200 m^3/h,布袋入口温度达到 100 ~280℃。如果出现中高料位,即将卸灰球阀打开,向中间灰斗卸灰。

B 卸灰前的准备及安全操作

卸灰前的准备工作包括:检查中间灰斗料位,打开中间灰斗上部气动球阀卸灰,完成卸灰,开清堵氮气阀,关中间灰斗。卸灰操作:用气动螺旋卸灰机、斗式提升机、加湿搅拌机将灰逐个箱体输送并集中到大灰仓,开加湿搅拌机水管阀门,开叶轮给料机。根据下灰量、湿度、扬尘程度,微调加湿水量。卸灰仓空 15 min 后,停加湿水,并关闭机器。

9.1.6.3 煤气切断和检修

图 9-16 是高炉煤气布袋除尘基本流程图。当高炉休风时,关闭煤气总管进出口眼镜阀,这时煤气管道和设备用氮气吹扫,不能用蒸汽。在不影响其他除尘器的正常运转情况

下，当某一个布袋除尘器需检修时，关闭除尘器进出口管的眼镜阀。在没有湿式清洗系统作备用的情况下，应留两个布袋除尘器作备用，一个清灰，另一个检修。

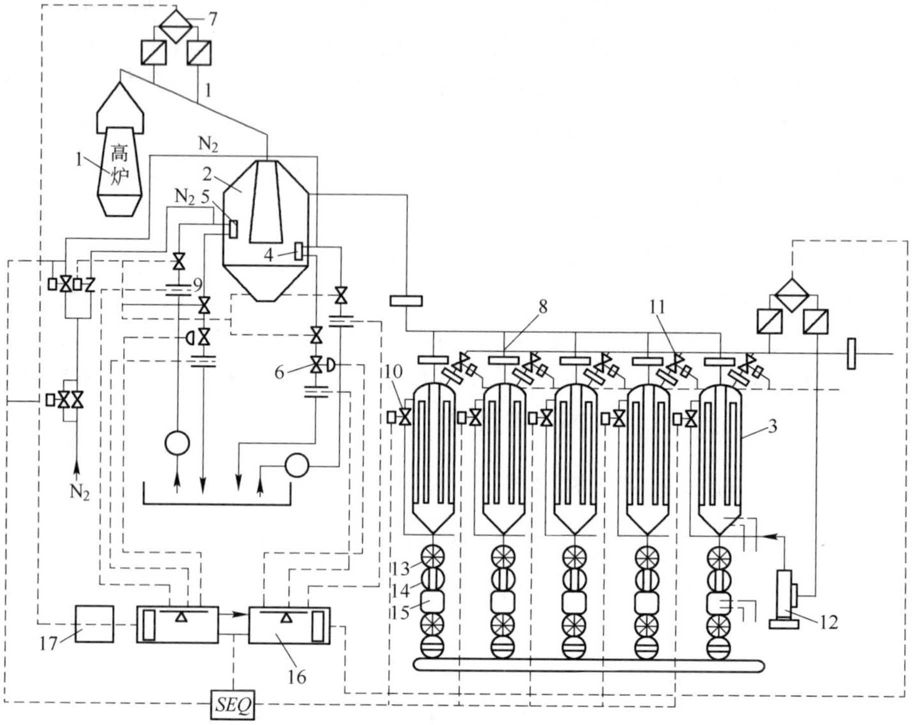

图 9-16　干式布袋除尘流程图

1—高炉；2—重力除尘器；3—布袋除尘器；4—第 1 段喷嘴；5—第 2 段喷嘴；6—回流量调节阀；7—高位选择器；8—布袋除尘器入口眼镜阀；9—布袋除尘器出口眼镜阀；10—反吹清灰入口阀；11—布袋除尘器出口切断阀；12—反吹风机；13—叶轮阀；14—球阀；15—中间贮灰槽；16—温度调节器；17—时间延迟器

要重视布袋除尘器的安全可靠性，采用微机处理进行控制和运算，布袋除尘器装置不能影响高炉生产，可在重力除尘器后的荒煤气管道上设煤气放散装置。为加强对布袋除尘器维护检修的安全，煤气切断设备应采用密封性能好和操作方便的阀门。

9.1.6.4　检漏

检漏工作很重要，它关系着煤气质量的好坏。检漏方法可分两种：一种是根据含尘量的变化，当对布袋除尘器一个一个清灰时，总管出口煤气含尘量增高，而在只对一个布袋除尘器清灰时，含尘量较低，据此就可判定此除尘器的布袋有损漏；另一种是利用自动检漏仪检漏。

除尘检漏仪的工作原理为：在流动粉体中，颗粒与颗粒，颗粒与布袋之间因摩擦碰撞产生静电荷，其电荷量的大小即反映粉尘含量的变化，检漏仪就是测量电荷量的大小变化，来判断布袋除尘系统是否有损漏的。

当出现下列情况之一时，就可判断该箱体布袋有破损：

（1）该箱体出口的自动检漏仪发出布袋破损声光报警信号；

（2）该箱体出口的流量显示值明显超出正常值。

操作人员必须认真详细记录检漏情况和时间，如果发现布袋有破损，应立即通知有关人员，停止该箱体运行。

9.1.6.5 进箱体内检修操作及安全事项

（1）停箱体操作

1）停箱体前，先按清灰操作程序前1、2步进行清灰，而后关闭该箱体进气管道上的切断蝶阀，盲板阀和出气管道上的盲板阀；

2）打开该箱体放散阀；

3）打开该箱体上下人孔，使其自然通风，凉箱；

4）经煤气防护人员测试CO含量合格后方可进入箱体内工作。

（2）进箱体内检修应注意事项

1）检修箱体，必须可靠地切断煤气，经煤气检测人员确认安全后方可工作；

2）进入箱体内，必须两人以上，由专人指挥；

3）检修未完任何人不得关箱体人孔；

4）关闭箱体人孔必须在检修工作完毕后，再检查箱体内是否有人或工具杂物，无误后方可关闭人孔；

5）多箱体检修时必须分工明确，检修完毕时要清点人数；

6）在箱体平台上从事一小时以上工作时，必须对平台空气作CO含量测定并携带氧气呼吸器备用；严禁单人在平台上作业。

9.2 高炉煤气净化附属设备及其维护保养

9.2.1 煤气净化附属设备

煤气净化附属设备包括脱水器、喷水嘴、煤气遮断阀、煤气放散阀、煤气切断阀、煤气压力调节阀组和荒煤气管道等。

9.2.1.1 脱水器

清洗除尘后的煤气含有大量细颗粒水滴，而且水滴吸附有尘泥，这些水滴必须除去，否则会降低净煤气的发热值，腐蚀和堵塞煤气管道，降低除尘效果。因此，在煤气除尘系统精细除尘设备之后设有脱水器，又称灰泥捕集器，达到水气分离的目的。

高炉煤气除尘系统常用的脱水器有重力式脱水器、挡板式脱水器、旋风式脱水器和填料式脱水器等。

（1）重力式脱水器（见图9-17a）的工作原理和重力除尘器相同，是利用煤气流流速和方向的改变使水滴和沉泥沉降下来。煤气在脱水器的流速为4～6 m/s。

（2）旋风式脱水器（见图9-17b）是煤气沿切线方向引入在桶内回旋运动，在离心力作用下水泥与器壁碰撞，使水失去动能而与煤气分离。多安装在文氏管之后，用于中、小型高炉。

（3）填料式脱水器（见图9-17c），煤气由文氏管流出后经填料层脱水器脱水，一般设二层填料，填料层内填充塑料杯。

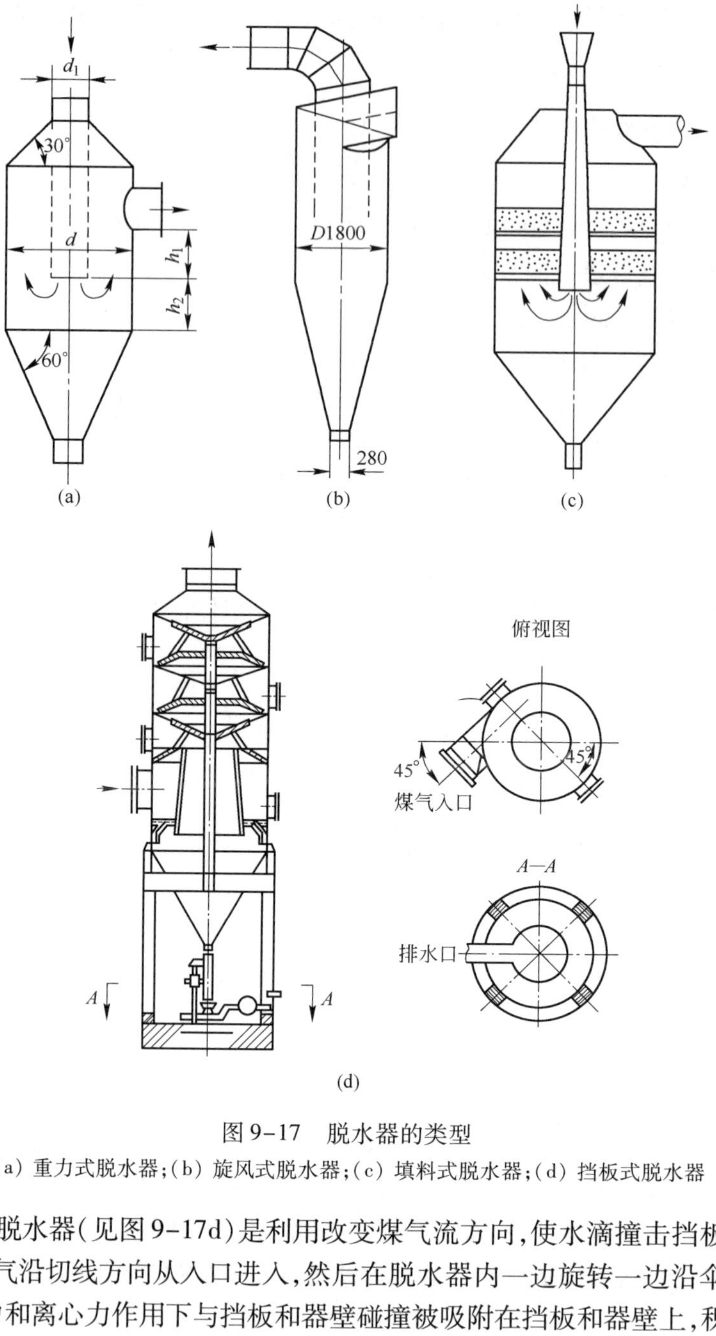

图 9-17　脱水器的类型

(a) 重力式脱水器;(b) 旋风式脱水器;(c) 填料式脱水器;(d) 挡板式脱水器

(4) 挡板式脱水器(见图 9-17d)是利用改变煤气流方向,使水滴撞击挡板而与气体分离的脱水设备。煤气沿切线方向从入口进入,然后在脱水器内一边旋转一边沿伞形挡板曲折上升,泥水滴在重力和离心力作用下与挡板和器壁碰撞被吸附在挡板和器壁上,积聚并向下流动而被除去。入口煤气流速不低于 12 m/s,筒体内流速为 4 ~ 5 m/s,产生的压力降为 490 ~ 980 Pa,脱水效率为 80%。一般安装在高压调节阀组之后,应用于高压操作的高炉煤气系统中。

9.2.1.2　喷水嘴

(1) 渐开线形喷水嘴(图 9-18a)。又名蜗形喷水嘴或螺旋形喷水嘴,其特点是结构简单,不易堵塞;但喷淋中心密度小,周围密度大,不均匀,供水压力愈高愈明显,流量系数小。喷射角 68°,它适用于洗涤塔。

（2）碗形喷水嘴（图9-18b）。其特点是雾化性能好，水滴细，喷射角大（67°～97°）；但结构复杂，易堵塞，对水质要求高，喷淋密度不均。常用于静电除尘器和文氏管。

（3）辐射形喷水嘴（图9-18c）。其特点是结构简单，其中心圆柱体是空心的，沿圆周钻有ϕ6 mm的1～2排水孔，在前端圆头部分沿中心线钻一个ϕ6 mm的小孔或3个ϕ6 mm的斜孔，以减少堵塞。它适用于文氏管喉口处。

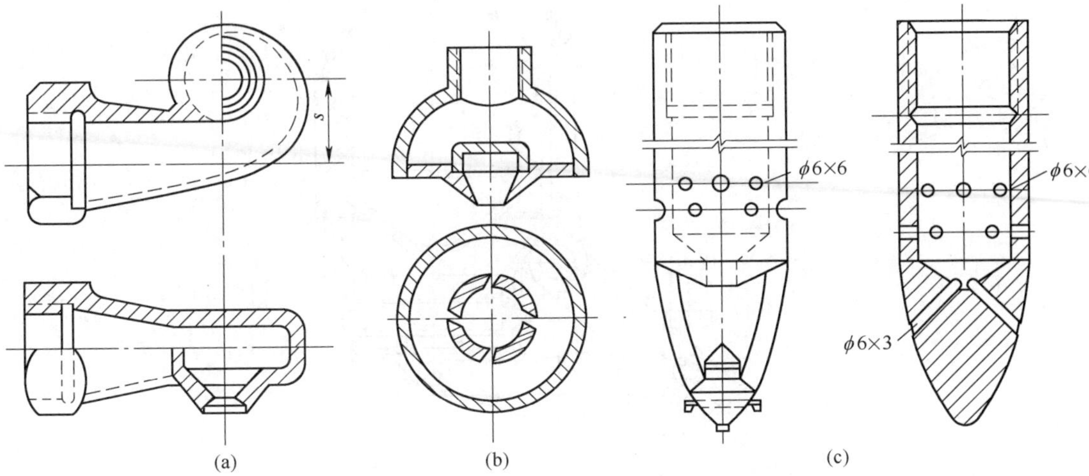

图9-18　喷水嘴

（a）渐开线形喷水嘴；（b）碗形喷水嘴；（c）辐射形喷水嘴

9.2.1.3　煤气遮断阀

煤气遮断阀是当高炉休风时，迅速将煤气系统和高炉系统隔开的装置，属双锥形盘式阀，如图9-19所示。它安装在高炉炉顶煤气下降管与重力除尘器上部圆管相交处的下方。

高炉正常生产时处于常通状态，阀体提到双点划线位置，其开闭方向与气流方向一致，煤气入口与重力除尘器的中心导管相通，落下时遮断，将高炉与煤气除尘系统隔开。操纵煤气遮断阀的装置可手动或者电动，通过卷扬钢绳传动进行开关。开关灵活，不怕积灰。要求遮断阀的密封性能良好，开启时压力降要小。为了避免冲击，阀的运动速度控制在0.1～0.2 m/s。

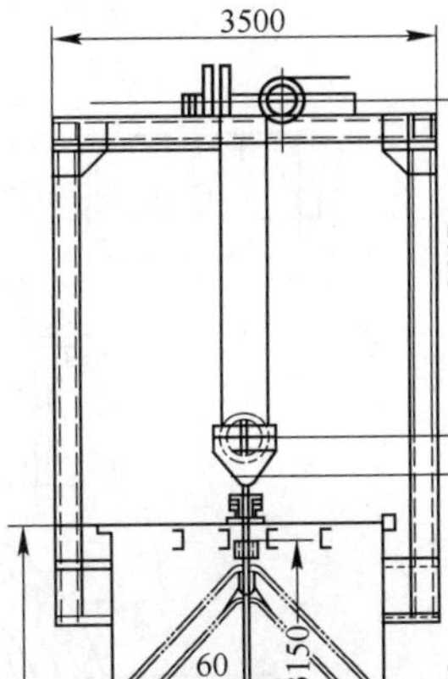

图9-19　煤气遮断阀

9.2.1.4　煤气放散阀

煤气放散阀是当高炉休风时，迅速地将煤气排放于大气中的设备，属于安全装置。在高炉炉顶煤气上升管的顶端，小料钟均压放散管的顶端，除尘器的上圆锥体及煤气切断阀圆管的顶端，均装有直径不同的煤气放散阀。当高炉休风时，打开放散阀并通入水蒸气，将煤气驱入大气。操作时应注意不同位置的放散阀不能同时打开。对煤气放散阀的要求是密封性能良好，工作可靠，放散时噪声小。

大、中型高炉采用揭盖式的盘式阀，如图 9-20 所示。高压操作时需加平衡重压住，阀座和阀盖接触处加焊硬质合金，在阀壳中有防料块飞击的挡帽。一些流量不大压力较低的煤气管上，一般用构造简单的普通盘式放散阀，如图 9-21 所示。

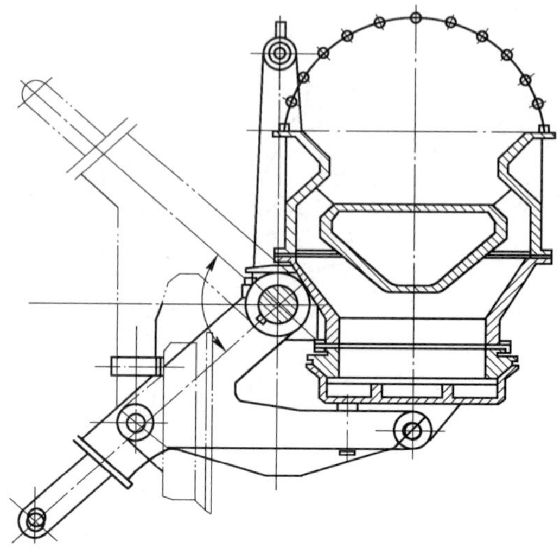

图 9-20　煤气放散阀

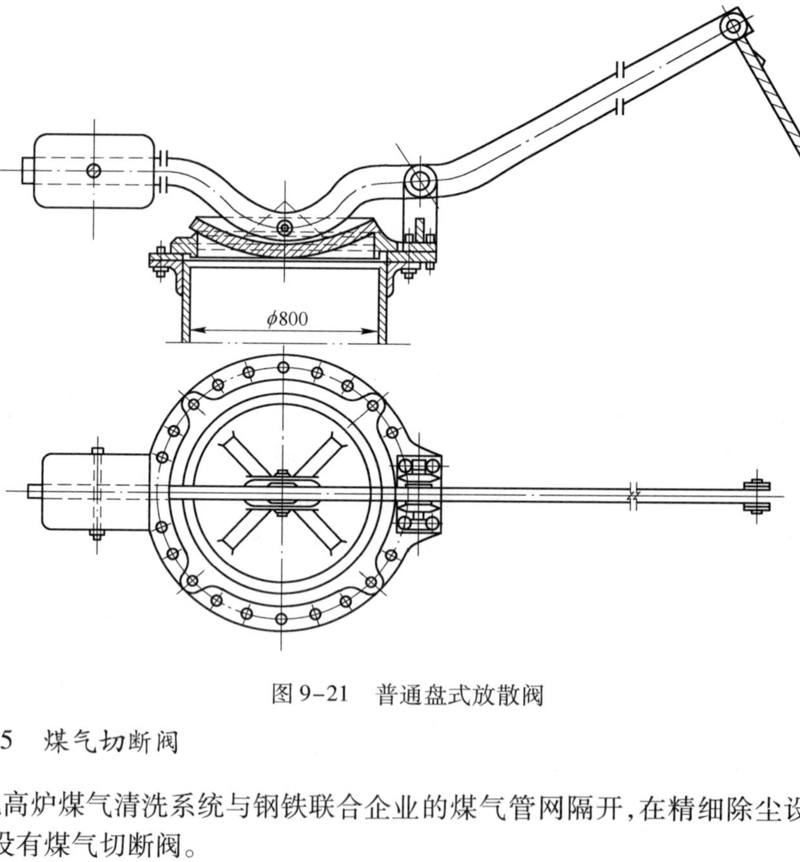

图 9-21　普通盘式放散阀

9.2.1.5　煤气切断阀

为了把高炉煤气清洗系统与钢铁联合企业的煤气管网隔开，在精细除尘设备后的净煤气管道上，设有煤气切断阀。

9.2.1.6　调压阀组

调压阀组又称高压阀组,也称减压阀组,是高压操作的高炉炉顶用于调节煤气压力的一种装置。高压操作的高炉,从鼓风机开始到除尘装置,全程处于高压状态。因此在通入煤气总管之前,应设置减压装置。其作用是既控制高炉炉顶压力,又确保净煤气总管压力为设定值,且具有降温除尘的作用:一是绝热状态下的节流降温,但温降不大,一般为 3～5℃;二是向本阀组入口喷雾时,可起到一定的除尘作用,可使清洗后的煤气含尘量从 10～20 mg/m^3 降至 5～10 mg/m^3。

调压阀组的构造如图 9-22 所示,阀组配置情况与煤气管道直径有关,详见表 9-1。现

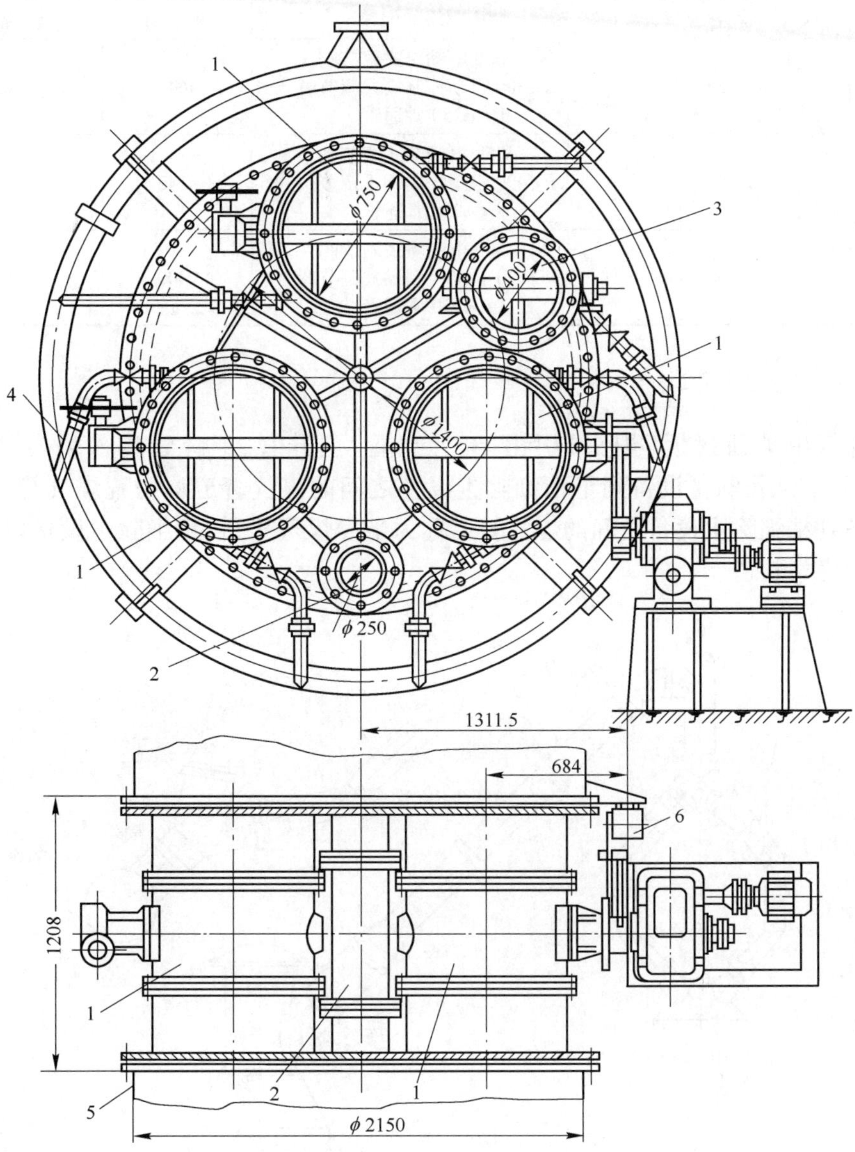

图 9-22　煤气调压阀组

1—电动蝶式调节阀;2—常通管;3—自动控制蝶式调节阀;4—给水管;5—煤气主管;6—终点开关

以 ϕ2150 mm 的煤气主管为例来说明调压阀组的组成。它有四个调节阀和一个常通管道，在断开的净煤气管道上用五根支管连通，其中三根内径为 ϕ750 mm 的支管中设有电动蝶式调节阀，一根内径为 ϕ400 mm 的支管中设有自动控制的电动蝶式调节阀，另一根内径为 ϕ250 mm 的支管常通。当三个 ϕ750 mm 的电动蝶式调节阀逐次关闭后，高炉进入高压操作，这时 ϕ400 mm 的自动控制电动蝶式调节阀则不断变动其开启程度，来维持稳定的炉顶压力。ϕ400 mm 自动控制蝶式调节阀用于细调，ϕ750 mm 电动蝶式调节阀用于粗调或分档调节，以实现不同的炉顶压力和高压、常压之间的转换，ϕ250 mm 的常通管起安全保护作用。调压阀组后的煤气压力一般为 20 ~ 35 kPa，管道中煤气流速为 15 ~ 20 m/s。

表 9-1　调压阀组配置情况

序　号	煤气主管直径/ mm	调压阀组的配置	重量/kg	高炉容积/m^3
1	ϕ1720	3 × ϕ600 电动蝶式调节阀 1 × ϕ300 自动控制蝶式调节阀 1 × ϕ250 常通管	4642	620
2	ϕ2150	3 × ϕ750 电动蝶式调节阀 1 × ϕ400 自动控制蝶式调节阀 1 × ϕ250 常通管	6142	1000 ~ 1500
3	ϕ2300	4 × ϕ600 电动蝶式调节阀 1 × ϕ500 自动控制蝶式调节阀 1 × ϕ250 常通管	9400	2516

9. 2. 1. 7　荒煤气管道

高炉煤气由炉顶封板（炉头）引出，经导出管、上升管、下降管进入重力除尘器，如图 9-23 所示。从粗除尘设备到半精细除尘设备之间的煤气管道称为荒煤气管道，从半精细除尘设备到精细除尘设备之间的煤气管道称为半净煤气管道，精细除尘设备以后的煤气管道称为净煤气管道。

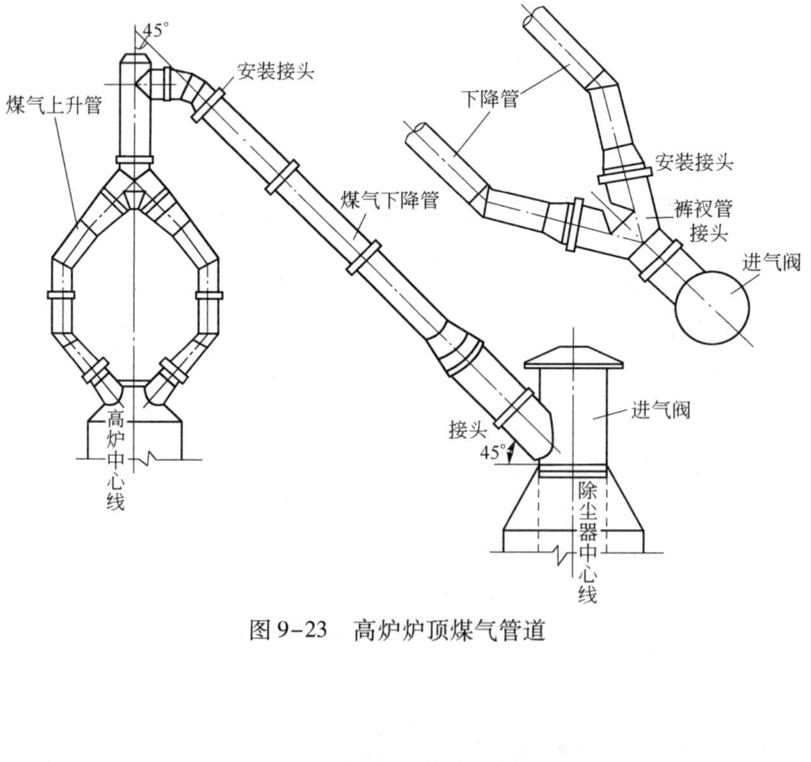

图 9-23　高炉炉顶煤气管道

（1）煤气导出管。其设置应有利于煤气在炉喉截面上均匀分布，减少炉尘携出量。小型高炉设置两根导出管，大型高炉设置四根导出管，均匀分布在炉头处，总截面积大于炉喉截面积的40%。导出管与水平面的倾角应大于50°，一般为53°，以防止灰尘沉积堵塞管道。为减少炉尘携出量，煤气在导出管内的流速不宜过大，通常为3～4 m/s。

（2）煤气上升管。它是导出管上部（成对地合并在一起）的垂直部分，总截面积为炉喉截面积的25%～35%。上升管内煤气流速为5～7 m/s。上升管的高度应能保证下降管有足够大的坡度。

（3）煤气下降管。系指由上升管通向重力除尘器的一段。为了防止煤气灰尘在下降管内沉积堵塞管道，下降管内煤气流速应大于上升管内煤气流速，一般为6～9 m/s（下降总管内为7～11 m/s），或按下降管总截面积为上升管总截面积的80%考虑，同时应保证下降管倾角大于40°。

9.2.2　煤气净化附属设备的检修和维护

对煤气管道及附属设施，每班至少巡查一次，并做好记录，发现破损及时检修及维护。

9.2.2.1　检查及维护内容

（1）管道是否漏气（包括人孔、膨胀器、法兰、水槽），清除周围杂物和冻结。

（2）排水器是否有堵塞现象，如堵塞，应立即检修和维修。要保持排水器溢流，外壳无锈蚀。

（3）检查开闭器、放散管是否有变化。

（4）管道及支架是否接触，支架无倾斜和下沉，接地线是否良好。

（5）检查管道周围是否堆放有易燃物、易爆物及违章建筑物（包括敷设电线），是否有利用管道吊装物件及拴拉网绳的情况。

（6）检查平台走梯是否完整，危险警告牌是否挂好。

（7）所有煤气放散阀每月应打开放散1～2 min，放掉存水，保持灵活好用。

（8）排水器每半年清扫一次。

（9）巡回检查时应同时检查动火许可证，发现无动火证者在煤气区域动火，要立即制止。

（10）煤气管道伴随敷设的管道，应遵守以下规定：水管、蒸汽管冷凝液体、压缩空气管、氮气管、氢气管、天然气管、油管及氧气管可与煤气管伴随敷设；禁止在煤气管道上敷设有腐蚀性液体的管道；禁止在煤气管道上或支架上设暂时性或永久性的电线（供煤气管道本身使用的电线除外）；在现有煤气管道上或支架上增设管道时，必须取得煤气设备主管单位的同意，并经过计算，有审批手续；煤气管道外表面至增设管道保温层外表面的距离不小于300 mm，若管道直径大于300 mm时，其间距可等于管道的直径；油管和氧气管道不准敷设在同一侧，应分别敷设在煤气管道的两侧。

9.2.2.2　煤气管道上阀门的检查维护和保养

（1）所有D_g100 mm以上的新阀门，安装前要检查拆洗保养，要换盘根；D_g150 mm以上的阀门要打加油孔，拧上丝堵。

（2）所有地下的 D_g50 mm 以上的阀门，都应建立阀门登记卡，卡片上应标明阀门所处位置，投入运行日期，口径大小，明杆还是暗杆，正转还是反转，立式还是卧式，转数多少等。

（3）所有 D_g150 mm 以上的阀门应定期加油保养，一般是半年一次；有特殊情况需要时，每季度加油一次。保养后需保持原来的开启或关闭状态，并在阀门登记卡上注明加油保养日期。明杆阀门应加涂黄油，并采取保护措施。

（4）阀门加油时，先向阀板和丝杆加一次柴油进行清洗，然后加一次机油润滑。

（5）每周检漏一次（查漏时严禁使用明火），发现漏气或损坏应及时检修或维护。

9.3　煤气透平发电

为强化高炉冶炼，炉顶高压操作是主要的技术措施之一。在采用炉顶高压操作的早期，炉顶煤气的压力能是不利用的，全部高压煤气在通过减压阀组时被减压，而这部分压力能是由风机提供的。风机为了提高风压以满足炉顶压力的要求，消耗了很多能量（由电动机提供）。为了不浪费炉顶煤气的压力能和热能，从 20 世纪 60 年代开始，开发了利用炉顶煤气的能量发电的技术，即高炉炉顶煤气余压透平发电装置（简称 TRT）。世界上第一套煤气加热的 TRT 于 1962 年 12 月在苏联马格尼托哥尔斯克厂投产。

TRT 是通过透平膨胀机做功将高炉炉顶煤气具有的压力能及热能转化为机械能，再通过发电机组将机械能转化为电能输送给电网用户加以利用的装置。这种发电方式既不消耗任何燃料，也不产生环境污染，发电成本又低，是高炉冶炼工序的重大节能项目，经济效益十分显著，可以回收高炉鼓风机所需能量的 30% 左右。以一座 4000 m^3 高炉为例，每年可回收电能 1.0 亿 kW · h，年节约资金 2000 万元，基建投资 2 ~ 2.5 年即可回收。

自 1962 年第一套轴流冲击式透平投产以来，其发展趋势为：透平从冲击式发展到反动式，煤气调节从调速阀到静叶自调；随着煤气净化从湿式到干式，余压透平亦从湿式发展到干式。

9.3.1　煤气透平发电的工艺特点

TRT 工艺可分为湿式和干式两种：湿式适用于湿法除尘净化的煤气，干式则适用于干法除尘净化的煤气。

9.3.1.1　湿式 TRT 工艺

湿式 TRT 工艺是使用水来降低煤气温度和除尘并设置 TRT 装置的。TRT 装在洗涤塔后面的工艺流程见图 9-24。从高炉排出的高炉煤气，经重力除尘器后，送到文氏管洗涤器，在文氏管中对煤气进行湿法除尘净化处理。煤气从文氏管出来后分为两路，一路是当 TRT 不工作时，煤气通过减压阀组减压后进入煤气管网；另一路是 TRT 运转时，煤气经入口蝶阀、眼镜阀、紧急切断阀、调压阀进入 TRT，然后经可以完全隔断的水封截止阀，最后从除雾器进入煤气管网。

湿式 TRT 的特点是：煤气比较干净，被水气所饱和，其内部装设有专门的喷水装置，可以使透平内发生很强的冷凝效果，同时可以清洗叶片，以防叶片积垢和磨损。煤气系统比较简单,通常煤气通过一级或二级文氏管洗涤器后,进入透平的煤气中的粉尘被及时用水冲洗除去,不会使透平造成腐蚀和堵塞。

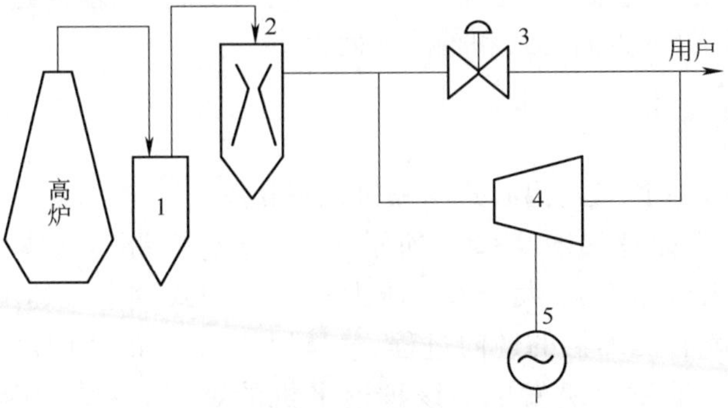

图 9-24 湿法 TRT 工艺流程图

1—重力除尘器;2—文氏管洗涤器;3—调压阀组;4—煤气透平;5—发电机

9.3.1.2 干式 TRT 工艺

干式 TRT 工艺是采用干式除尘(旋风除尘、布袋或电除尘)并设置 TRT 装置的工艺。如图 9-25 所示,透平机装在重力除尘器和旋风除尘器之后,要求进入透平的煤气温度比较高(170℃左右),以免因煤气在绝热膨胀时温度下降而冷凝,使煤气中的粉尘在叶片上粘结。如果煤气温度达不到 170℃,则应把部分煤气燃烧后混入,这会使煤气的发热量降低。

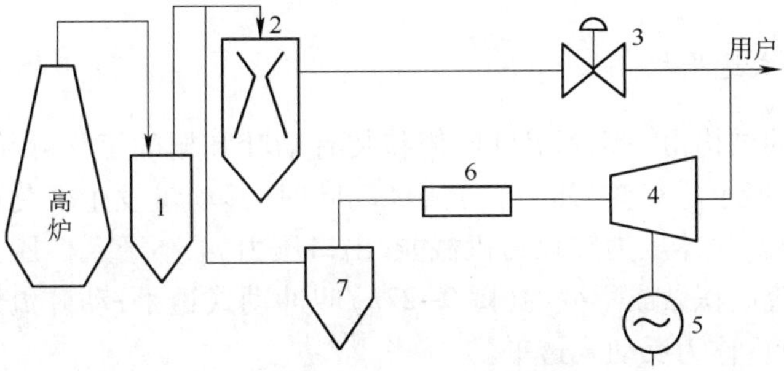

图 9-25 干式 TRT 工艺流程

1—重力除尘器;2—文氏管洗涤器;3—调压阀组;4—煤气透平;5—发电机;6—燃烧器;7—旋风除尘器

干式除尘的特点是:不用水洗和冷却,生产每吨铁节水约 9 t,其中节约新水 2 t;发电功率比湿式高 30% ~50%;干式 TRT 系统排出的煤气温度高,所含热量多、水分低,煤气的理论燃烧温度高,可用于烧热风炉,可提高高炉热风温度 40 ~90℃,相应降低炼铁焦比 8 ~16 kg/t,生产吨铁回收电量约 50 kW · h。

由于干式和湿式透平设施均并联在半精细除尘和精除尘装置之后,透平机因定期检修或其他原因必须停产时,只要关闭其设备入口和出口处的相关切断阀,对高炉生产不会产生任何影响。

9.3.2　煤气透平发电机的类型及工作原理

煤气透平发电机是利用煤气产生膨胀并把能量转化为机械能来进行发电的一种装置，按其结构类型的不同，可分为向心式和轴流式两大类。

9.3.2.1　向心式透平机

向心式透平机的工作原理与离心式压缩机正好相反。

离心压缩机的工作原理如图 9-26a 所示，它由电动机带动气体由中部轴向进入，然后沿径向离心流出，出口压力 p_1 大于入口压力 p_2。向心式透平机的工作原理如图 9-26b 所示，其工作过程是离心压缩机的逆向过程，气体以压力 p_2 沿径向流入透平的动叶，推动工作叶轮转动，然后带动发电机发电。该种透平机的特点是：结构简单，运行可靠，但效率较低。

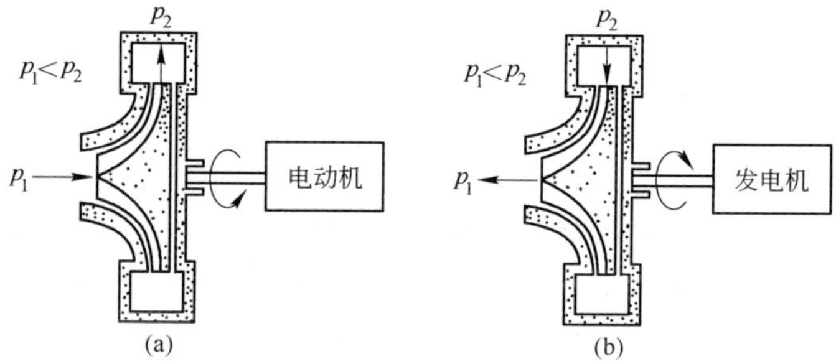

图 9-26　离心压缩机和向心式透平的工作原理

9.3.2.2　轴流式透平机

轴流式透平机的结构由一系列静叶叶栅和装有动叶叶栅的工作叶轮彼此串联而成，其工作原理如图 9-27 所示。气体（压力 p_2）流经动叶时，其动量发生变化而产生一个气动力 F，推动工作叶轮旋转，气体压力转化为机械能，出口压力 p_1 小于入口压力 p_2。若轴流式透平的动叶流道的通流面积做成不变的（图 9-27a）叫冲动式透平；动叶流道的通流面积是逐渐收缩的（图 9-27b），称为反动式透平。

轴流式透平的特点是：结构上便于做成多级形式，允许流量大，效率高。

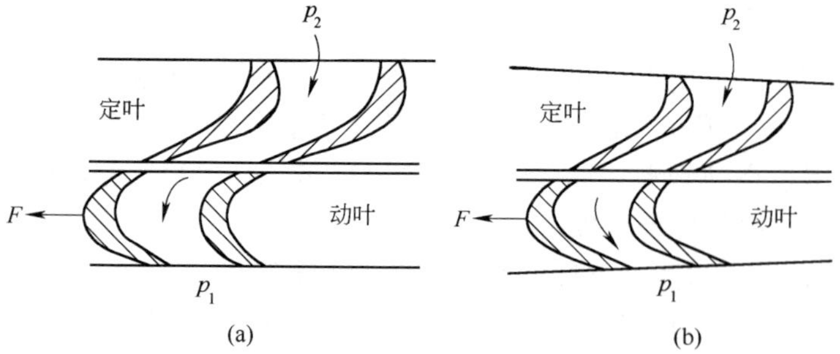

图 9-27　轴流式透平的叶栅

从透平机的能力和对炉顶压力控制两方面考虑,炉顶余压透平回收方式有三种,见图 9-28。

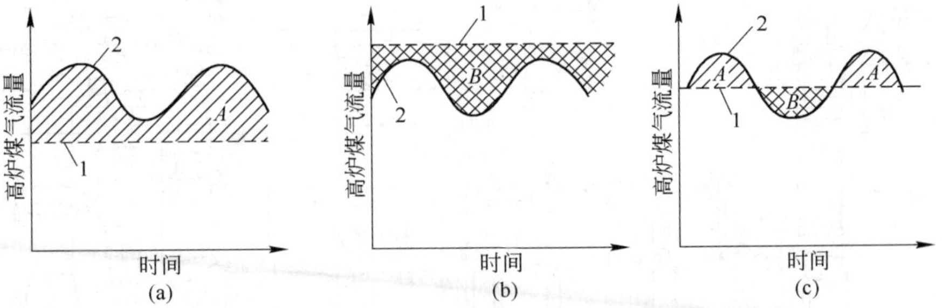

图 9-28 炉顶余压透平回收方式

(a) 部分回收方式;(b) 全部回收方式;(c) 平均回收方式

1—透平机最大设计流量;2—高炉产生的煤气量

A—由调压阀组控制煤气流量; *B*—由透平机控制煤气流量

平均回收方式的发电能力较高,设备投资低,投资回收期最短,而且又能保证高炉炉顶压力的稳定。

宝钢 1 号高炉 TRT 采用平均回收方式,工艺设计参数如下:

通过最大煤气量(标态)	670000 m^3/(h · 台)
入口管交接点煤气压力	0.22 MPa(表压)
出口管交接点煤气压力	0.13 MPa(表压)
入口煤气温度	55℃
高炉煤气相对湿度	100%
煤气中机械水含量	小于 7 g/m^3
入口煤气含尘量	小于 10 mg/m^3
出口煤气含尘量	小于 3 mg/m^3
额定发电能力	17440 kW

TRT 煤气入口从二级文氏管后的煤气管道接出,TRT 煤气出口管道与调压阀组后的高炉煤气主管相连,其平面布置见图 9-29。在 TRT 的入口煤气管道上,依次设有入口电动蝶阀、眼镜阀、紧急切断阀、调速阀等。在 TRT 的出口煤气管道上,依次设有 NK 阀(球蝶式煤气切断阀)及除雾器。

眼镜阀的作用是在透平机停止运行时完全切断高炉煤气。当 TRT 需要与煤气系统切断时,首先关闭入口电动蝶阀,降低眼镜阀前后的压差,这样有利于眼镜阀的关闭。紧急切断阀用于在 TRT 系统出故障时迅速切断高炉煤气,是保证高炉正常生产的重要设备。此外,在紧急切断阀的旁通管道上,设置一个电动蝶阀作为均压阀,在开启紧急切断阀前,先打开均压阀,使紧急切断阀在均压状态下开启。在紧急切断阀后设置调速阀,用于控制炉顶压力,调速阀的动作由电气调节器控制。这样既能保持透平机最高的发电效率,又不影响高炉炉顶压力的稳定。

TRT 设施与高炉煤气净化系统有密切关系,因此,在平面布置设计时,应尽量缩短两者间的距离。

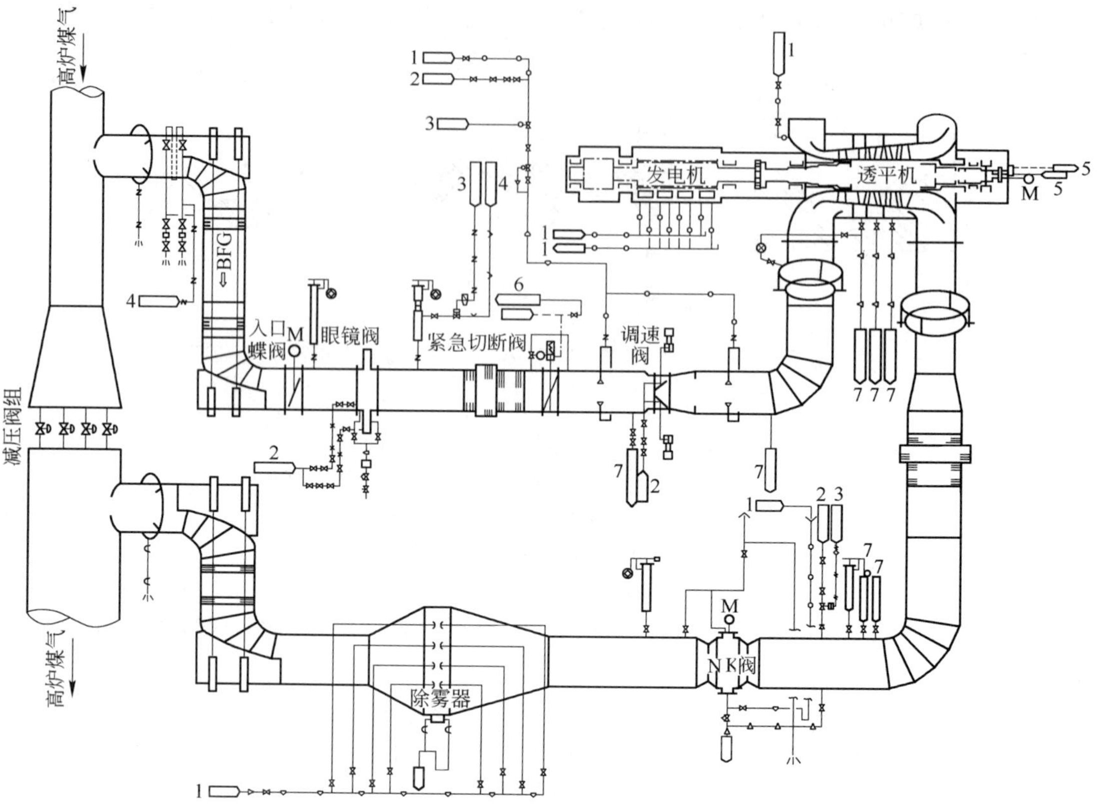

图 9-29　宝钢 TRT 系统平面布置图
1—工业用水;2—氮气;3—仪表氮气;4—蒸汽;5—润滑油;6—控制油;7—回收水

9.3.3　煤气透平发电设施的检修与能效

（1）进行 TRT 设施的检修工作,除考虑检修场地外,还需在透平机的隔音防雨罩内设置单轨电动葫芦,在大型阀门处设置悬臂中吊;透平机与发电机则采用坦克吊。

（2）设置 TRT 的目的,就是大力利用高炉煤气物理能——压力能和热能,进行能源回收。高炉车间设置 TRT 后,回收的电能完全能满足车间本身需电量(鼓风机耗电除外)。

我国是产铁大国,现有 1000 m^3 以上大高炉近 50 座。这些高炉安装 TRT 装置后,其总装机容量可达到 120 MW,预计年发电 7.7 亿度,相当于节能约 31 万吨标煤;若采用干式 TRT 系统,年回收电力将提高到 10 亿度,较湿式 TRT 系统增加 2.3 亿度,同时年节约煤气除尘用电 0.25 亿度,节水 3.5 亿吨,减少了污水排放,改善了环境质量。

大型高炉装备 TRT,以宝钢为例,年发电量约 1.42 亿度;中型高炉装备 TRT,以梅山铁厂为例,年发电量约 1200 万度,折合标准煤可节约 5000 吨。

复习思考题

9-1　高炉煤气为什么要进行除尘?

9-2　评价除尘设备的主要指标是什么？
9-3　重力除尘器的结构、工作原理和特点是什么？
9-4　洗涤塔的作用、构造和工作原理是什么？
9-5　文氏管的构造和工作原理是什么？
9-6　静电除尘器的结构、工作原理和特点是什么？
9-7　干式布袋除尘器的工作原理是什么？
9-8　煤气净化附属设备有哪些，各有什么作用？
9-9　煤气透平发电的意义是什么，煤气透平发电的工作原理是什么？

10 高炉炼铁工艺计算

10.1 配料计算

10.1.1 配料计算方法及所需资料

10.1.1.1 配料计算方法

高炉配料计算是根据冶炼条件、生铁品种等原始数据,通过计算确定单位生铁所需的矿石、熔剂、焦炭、喷吹物和其他附加物数量,以保证高炉合理的造渣制度和热制度,从而使高炉冶炼获得合格的生铁和良好的技术经济指标。它是高炉物料平衡与热平衡计算的基础。配料计算的方法很多,但其基本原则是一样的,即加入炉内的炉料中各种元素和化合物的总和应等于高炉产品中各元素和化合物的总和。下面介绍简易配料计算。

10.1.1.2 简易配料计算所需资料

在简易配料计算中,焦比和喷吹物数量是根据冶炼条件直接选定的,矿石和熔剂数量需通过计算确定。如果对生铁中的含锰量有特殊要求,而所用矿石不能满足要求时,还要通过计算确定锰矿需要量。如果要求炉渣中含有一定数量的 MgO,则须通过计算确定白云石需要量。为了进行配料计算,需要收集、整理一些资料:

(1) 原料和燃料的全分析数据,并将各成分之和折算成 100%。

(2) 生铁品种及其成分。参照国家标准,根据生产计划和冶炼条件确定生铁品种及其主要成分含量。

(3) 确定矿石配比。根据矿石供应情况和造渣制度的要求选定适宜的配矿比。

(4) 确定焦比。可根据实际冶炼焦比来确定,在喷吹条件下,还应结合选定的喷吹燃料量。

(5) 各种元素在生铁炉渣和煤气间的分配率。可按实际生产经验来确定。

(6) 根据所炼铁种选定合适的炉渣碱度。

10.1.2 计算实例

10.1.2.1 确定原始条件

原始条件包括:

(1) 原料主要成分见表 10-1。

表 10-1 原料主要成分 (%)

原料 \ 成分	TFe	FeO	CaO	SiO_2	MgO	Al_2O_3	MnO	S	P	Fe_2O_3	烧损
烧结矿	53.46	9.69	11.86	8.61	2.02	1.70	0.62	0.023	0.041		
球团矿	62.52	0.50	0.49	3.54	0.12	0.43	2.39	0.010	0.035		
天然矿	59.40	7.13	1.91	7.12	0.52	1.18	1.05	0.210	0.023		
混合矿	55.87	7.60	8.59	7.45	1.49	1.39	1.02	0.039	0.038	66.20	1.15
石灰石	0.63	0.814	54.02	1.38	0.37	0.27		0.01	0.004		45.43

矿石分析现场一般只给出铁、锰、磷、硫、FeO、CaO、SiO_2、MgO、Al_2O_3 和烧损等，配成全分析要通过换算。原料成分的换算，一要确定存在形态，二要掌握元素量与化合物量之间的换算关系，换算之后各成分之和应平衡成 100%。可以根据化验室对某种化学成分的分析误差范围，人为地调成 100%，也可以用均衡扩大或缩小的方法配成 100%。

（2）焦炭成分及焦炭灰分、挥发分和有机物组成，见表 10-2 ~ 表 10-4。

表 10-2 焦炭成分 (%)

灰　分	水　分	挥发分	有机物	硫	固定碳	TFe
14.61	4.00	0.92	0.70	0.48	83.77	1.06

表 10-3 焦炭灰分 (%)

Fe_2O_3	SiO_2	CaO	MgO	Al_2O_3	MnO	P_2O_5
9.28	54.01	4.34	1.11	25.64	0.39	3.68

表 10-4 焦炭挥发分和有机物含量 (%)

成　分	CO_2	CO	CH_4	H_2	N_2	S
挥发分	0.34	0.34	0.03	0.06	0.15	
有机物				0.3	0.3	0.1

（3）煤粉成分见表 10-5。

表 10-5 煤粉成分 (%)

C	H_2	N_2	O_2	H_2O	S	灰分 16.23				
						SiO_2	Al_2O_3	CaO	MgO	FeO
74.47	4.21	0.42	3.37	0.8	0.50	8.76	4.06	0.62	0.35	2.44

（4）炼钢生铁成分见表 10-6。

表 10-6 炼钢生铁成分 (%)

Si	Mn	S	P	C	Fe
0.30	0.80	0.03	0.10	4.00	94.77

(5) 配矿比：烧结矿 70%，球团矿 20%，天然矿 10%。

(6) 元素分配率见表 10-7。

表 10-7　各种元素的分配率　　(%)

项目＼元素	Fe	Mn	P	S
生　铁	99.5	60	100	3
炉　渣	0.5	40	0	82
煤　气	0	0	0	15

(7) 炉渣碱度 $R = w(CaO)/w(SiO_2) = 1.05$。

(8) 焦比为 420 kg/t，煤比为 100 kg/t。

10.1.2.2　计算

以 1000 kg 生铁作为计算单位，进行计算：

(1) 根据铁平衡求铁矿石需要量：

焦炭带入的铁量：$420 \times 0.0106 = 4.45$ kg

煤粉带入的铁量：$100 \times 0.0244 \times 56/72 = 1.90$ kg

进入炉渣铁量：$947.7 \times 0.005/0.995 = 4.76$ kg(相当于 $m(FeO) = 6.12$ kg)

需要混合矿量：$(947.7 - 4.45 - 1.90 + 4.76)/0.5587 = 1693.41$ kg

(2) 根据碱度平衡求石灰石用量：

混合矿带入的 CaO 量：$1693.41 \times 0.0859 = 145.46$ kg

焦炭带入的 CaO 量：$420 \times 0.1461 \times 0.0434 = 2.66$ kg

煤粉带入的 CaO 量：$100 \times 0.0062 = 0.62$ kg

总共带入的 CaO 量：$145.46 + 2.66 + 0.62 = 148.74$ kg

混合矿带入的 SiO_2 量：$1693.41 \times 0.0745 = 126.16$ kg

焦炭带入的 SiO_2 量：$420 \times 0.1461 \times 0.5401 = 33.14$ kg

煤粉带入的 SiO_2 量：$100 \times 0.0876 = 8.16$ kg

总共带入的 SiO_2 量：$126.16 + 31.14 + 8.76 = 168.06$ kg

还原硅消耗的 SiO_2 量：$3 \times 60/28 = 6.43$ kg

石灰石用量：$[(168.06 - 6.43) \times 1.05 - 148.74]/(0.5402 - 0.0138 \times 1.05) = 39.89$ kg

考虑到机械损失及水分，则每吨生铁的原料实际用量列于表 10-8。

表 10-8　每吨生铁的实际用量

名　称	干料用量/kg	机械损失/%	水分/%	实际用量/kg
混合料	1693.41	3		1744.21
石灰石	39.89	1		40.29
焦　炭	420.00	2	4	445.20
合　计	2153.30			2229.70

(3) 终渣成分

1）终渣硫量

炉料全部含硫量：1693.41 ×0.00039 +420 ×0.0048 +100 ×0.005 +39.89 ×0.0001 = 3.18 kg

进入生铁硫量：0.3 kg

进入煤气硫量：3.18 ×0.15 =0.48 kg

进入炉渣硫量：3.18 −0.3 −0.48 =2.40 kg

由于分析得到的 Ca^{2+} 都折算成 CaO，而其中一部分 Ca^{2+} 以 CaS 形式存在，CaS 与 CaO 之重量差为 $m(S)/2$，为了重量平衡，Ca^{2+} 仍以 CaO 存在计算，而硫则只算 $m(S)/2$。

2）终渣 FeO 量：6.12 kg

3）终渣 MnO 量：1693.41 ×0.0102 ×0.4 =6.91 kg

4）终渣 SiO_2 量：168.06 −6.43 +39.89 ×0.0138 =162.18 kg

5）终渣 CaO 量：148.74 +39.89 ×0.5402 =170.29 kg

6）终渣 Al_2O_3 量：

1693.41 ×0.0139 +420 ×0.1461 ×0.2564 +100 ×0.0406 +39.89 ×0.0027 =43.44 kg

7）终渣 MgO 量：

1693.41 ×0.0149 +420 ×0.1461 ×0.0111 +100 ×0.0035 +39.89 ×0.0037 =26.41 kg

终渣成分见表 10-9。

表 10-9 终渣成分

成 分	SiO_2	Al_2O_3	CaO	MgO	MnO	FeO	S/2	Σ	R
m/kg	161.63	43.44	170.29	26.41	6.91	6.12	1.20	416.00	
w/%	38.85	10.44	40.94	6.35	1.66	1.47	0.29		1.05

（4）生铁成分校核

1）生铁含磷量：1693.41 ×0.00038 +420 ×0.1461 ×3.68 ×62/142 +39.89 ×0.00004 = 1.63 kg

1.63/1000 =0.163%

2）生铁含硫量：0.03%

3）生铁含硅量：0.3%

4）生铁含锰量：6.91 ×0.6/0.4 ×55/71 ×100/1000 =0.80%

5）生铁含铁量：94.77%

6）生铁含碳量：100% −0.03% −0.3% −0.80% −94.77% −0.163% =3.94%

最终生铁成分列于表 10-10。

表 10-10 最终生铁成分 （%）

Si	Mn	S	P	C	Fe	Σ
0.30	0.80	0.03	0.10	3.94	94.77	100.00

校验结果与原设生铁成分相符合。若计算中生铁成分不符合时，可在铁种合理范围之内变更碳量，否则需重新给定生铁成分，再算一遍。

10.2　物料平衡计算

10.2.1　物料平衡计算方法

高炉物料平衡是在配料计算的基础上编算的，内容包括风量和煤气量的计算，然后根据加入高炉的物料与高炉出来的物料应收支平衡的原则，编算物料平衡表。该表能帮助我们了解高炉冶炼的物理化学反应，检查配料计算是否正确，校核高炉冷风流量表的数据，核定煤量和煤气成分，并能帮助检查现场称量的准确性，进一步为高炉的热平衡计算作准备。

高炉物料平衡的计算方法有两种：一般物料平衡计算法与现场物料平衡计算法。一般物料平衡计算用于高炉配料计算的设计阶段的工艺计算；现场物料平衡计算用实际的生产数据作物料平衡，用来检查和校核入炉物料和产品称量的准确性等。以下我们以前面配料计算的原始数据为基础，用实例计算介绍现场物料平衡计算方法。

10.2.2　原始条件的确定

物料平衡计算的原始条件为：

（1）选择确定直接还原度 γ_d：可根据煤气成分计算，但较繁杂。也可根据操作水平、原料条件、喷吹物多少及其利用程度等因素来选择确定。本例选定直接还原度 $\gamma_d=0.45$。

（2）鼓风湿度 f：本例取大自然湿度为 0.012 kg/m^3，$f=1.5\%$。

（3）假定入炉碳量的 0.5% 与氢反应生成 CH_4（纯焦冶炼时可取 0.5% ~1.0%，喷吹燃料时可取 1.2%）。

10.2.3　计算实例

物料平衡计算步骤如下。

（1）风口前燃烧的碳量

焦炭带入固定碳量：$420\times0.8377=351.83$ kg

煤粉带入固定碳量：$100\times0.7447=74.47$ kg

共计燃料碳量：$351.83+74.47=426.30$ kg

生成 CH_4 的碳量：$426.30\times0.012=5.12$ kg

熔于生铁的碳量：$0.04\times1000=40.00$ kg

还原锰消耗的碳量：$0.008\times1000\times12/55=1.38$ kg

还原硅消耗的碳量：$0.003\times1000\times24/28=2.57$ kg

还原磷消耗的碳量：$0.001\times1000\times60/62=0.97$ kg

还原铁消耗的碳量：$0.9477\times1000\times0.45\times12/56=91.39$ kg

直接还原消耗的碳量：$1.38+2.57+0.97+91.39=96.31$ kg

风口前燃烧碳量：$m(C)_{风}=426.30-5.12-40.00-96.31=284.87$ kg

$m(C)_{风}$占入炉总碳量的百分数：$284.87/426.3\times100\%=66.82\%$

（2）根据碳平衡计算风量

鼓风中氧的浓度：$0.21\times0.985+0.5\times0.015=0.2144$ m^3/m^3

风口前燃烧碳素需要氧量：$(284.87\times22.4)/(2\times12)=265.884$ m^3

煤粉可供给：$100 \times (0.0337/32 + 0.008/36) \times 22.4 = 2.86\ m^3$

则每吨生铁鼓风量 $V_{风} = (265.88 - 2.86)/0.2144 = 1226.77\ m^3$

(3) 计算煤气各组分的体积和成分

1) CH_4 体积：

由燃烧碳素生成量 CH_4：$5.12 \times 22.4/12 = 9.56\ m^3$

焦炭挥发分含量 CH_4：$420 \times 0.0003 \times 22.4/16 = 0.18\ m^3$

进入煤气的量 CH_4：$9.56 + 0.18 = 9.74\ m^3$

2) H_2 体积：

由鼓风中水分分解出的 H_2 量：$1226.77 \times 0.015 = 18.40\ m^3$

焦炭挥发分及有机物的 H_2 量：$420 \times (0.0006 + 0.003) \times 22.4/2 = 16.93\ m^3$

煤粉分解出的 H_2 量：$100 \times (0.0421 + 0.008/18) \times 22.4/2 = 47.65\ m^3$

入炉总 H_2 量：$18.40 + 16.93 + 47.65 = 82.98\ m^3$

在喷吹条件下，参加还原反应的 H_2 量为入炉总 H_2 量40%，即：$82.98 \times 0.4 = 33.19\ m^3$

生成 CH_4 的 H_2 量：$9.56 \times 2 = 19.12\ m^3$

进入煤气的 H_2 量：$82.98 - 33.19 - 19.12 = 30.67\ m^3$

3) CO_2 体积：

由 Fe_2O_3 还原 FeO 所生成的 CO_2 量：$1693.41 \times 0.662 \times 22.4/160 = 156.95\ m^3$

由 FeO 还原 Fe 所生成的 CO_2 量：$947.70 \times (1 - 0.45) \times 22.4/56 = 208.49\ m^3$

另外，H_2 还参加还原反应，即相当于同体积的 CO 参加反应，所以 CO_2 生成量中应减去 $33.19\ m^3$。

总计间接还原生成 CO_2 量：$156.95 + 208.49 - 33.19 = 332.25\ m^3$

石灰石分解出的 CO_2 量：$39.89 \times 0.4543 \times 22.4/44 = 9.23\ m^3$

焦炭挥发分的 CO_2 量：$420 \times 0.0034 \times 22.4/44 = 0.73\ m^3$

混合矿分解出的 CO_2 量：$1693.41 \times 0.0115 \times 22.4/44 = 9.91\ m^3$

煤气中总 CO_2 量：$332.25 + 9.23 + 0.73 + 9.91 = 352.18\ m^3$

4) CO 体积：

风口前碳燃烧生成的 CO 量：$284.87 \times 22.4/12 = 531.16\ m^3$

各种元素直接还原生成的 CO 量：$96.31 \times 22.4/12 = 179.79\ m^3$

焦炭挥发分中的 CO 量：$420 \times 0.0034 \times 22.4/12 = 2.67 m^3$

间接还原消耗 CO 量为 $332.25\ m^3$，则煤气中总 CO 量：

$531.16 + 179.19 + 2.61 - 332.25 = 380.71\ m^3$

5) N_2 体积：

鼓风中带入的 N_2 量：$1226.77 \times (1 - 0.015) \times 0.79 = 954.61\ m^3$

焦炭带入的 N_2 量：$420 \times 0.0045 \times 22.4/28 = 1.51\ m^3$

煤粉带入的 N_2 量：$100 \times 0.0042 \times 22.4/28 = 0.34\ m^3$

煤气中总 N_2 量：$954.61 + 1.51 + 0.34 = 956.46\ m^3$

根据计算，列出煤气成分表10-11。

表 10-11　煤气成分

成　分	CO_2	CO	N_2	H_2	CH_4	总　计
体积/m^3	352. 12	380. 71	956. 46	30. 67	9. 74	1729. 70
体积分数/%	20. 36	22. 01	55. 30	1. 77	0. 56	100. 00

（4）计算物料重量和编制物料平衡表

1）计算鼓风重量：

1 m^3 鼓风重量：

$$(0.21\times0.985\times32+0.79\times0.985\times28+0.015\times18)/22.4=1.28\ \mathrm{kg/m^3}$$

全部鼓风重量：

$$1226.77\times1.28=1570.27\ \mathrm{kg}$$

2）计算煤气的重量：

1 m^3 的重量：

$$(0.2056\times44+0.2185\times28+0.5526\times28+0.0177\times2+0.0056\times16)/22.4=1.37\ \mathrm{kg}$$

全部煤气重量：$1730.96\times1.37=2371.42$ kg

3）计算水分重量：

炉料带入的水分：

$$420\times0.04=16.80\ \mathrm{kg}$$

H_2 还原生成的水分：

$$33.19\times18/22.4=26.67\ \mathrm{kg}$$

总计水分重量：

$$16.80+26.67=43.47\ \mathrm{kg}$$

4）计算炉料机械损失：

$$2229.7-2153.3-16.80=59.60\ \mathrm{kg}$$

根据上述计算，列出物料平衡表 10-12。

表 10-12　物料平衡

序　号	收入项/kg		支出项/kg		绝对误差/kg	相对误差项/%
1	原料	2229. 70	生铁	1000. 00	0. 23	0. 006
2	鼓风	1570. 26	炉渣	416. 00		
3	煤粉	100. 00	煤气	2371. 42		
4			水分	43. 47		
5			炉料机械损失	59. 60		
合　计		3899. 86		3890. 49		

一般平衡计算相对误差允许在 0. 3% 以下，所以计算是正确的。

10. 3　常用工艺计算

在实际生产中，人们常常需要通过各种计算来分析和调整炉况，与操作经验相结合，确定调整的时间与幅度。

10.3.1 每批料的出铁量计算

根据物料平衡，我们知道，一批料中炉料带入的铁量应等于冶炼生铁的铁量和炉渣中的铁量之和。其具体计算如下：

计算是净炉料用量，不考虑炉尘的影响，炉渣中的铁一般以入炉总铁量的 0.2% ~ 0.5% 来计算，由收入项与支出项的平衡得：

$$Q_{铁} \times w[\mathrm{Fe}] = 0.995Q_{料}$$

则：

$$Q_{铁} = 0.995Q_{料}/w[\mathrm{Fe}] \tag{10-1}$$

式中 $Q_{铁}$——每批料的出铁量；

$w[\mathrm{Fe}]$——生铁含铁量；

$Q_{料}$——原燃料带入炉内的铁量。

在现场计算中，因为焦炭灰分带入的铁量较小，而且与进入炉渣的铁量具有相同的数量级，故两者可以抵消，所以上式简化为：

$$Q_{铁} = Q_{矿}/w[\mathrm{Fe}] \tag{10-2}$$

式中 $Q_{矿}$——矿石带入的铁量。

又由：

$$Q_{矿} = P_{矿} \times w(\mathrm{Fe})_{矿} \tag{10-3}$$

将式 10-3 带入式 10-2，得：

$$Q_{铁} = P_{矿} \times w(\mathrm{Fe})_{矿}/w[\mathrm{Fe}] \tag{10-4}$$

式中 $P_{矿}$——每批料的重量；

$w(\mathrm{Fe})_{矿}$——入炉矿石的含铁量。

了解每批料的出铁量，便可掌握要完成一定产量，每昼夜、每班、每小时应下几批料；了解两次铁间炉缸积聚的铁水量，判断所需铁罐数量，判断炉内铁水是否出净；由于每吨铁的渣量不变，可算出每批料的渣量，确定打渣口的时间，判断上渣是否放净。

实例 1：已知料批组成及成分见表 10-13，矿批重为 27000 kg，焦批重为 9900 kg。炼钢生铁中含铁量 $w[\mathrm{Fe}] = 94\%$，试计算每批炉料的出铁量。

表 10-13 料批组成及成分 (%)

料批组成	烧结矿	球团矿	生矿	焦炭
配比	70	20	10	
含铁量	53.46	62.52	59.40	1.06

解：$Q_{料} = 27000 \times (0.5346 \times 0.7 + 0.6252 \times 0.2 + 0.594 \times 0.1) + 9900 \times 0.0106$

$= 15188.76\ \mathrm{kg}$

$Q_{铁} = 0.995 \times 15188.76/0.94 = 16077\ \mathrm{kg}$

10.3.2 石灰石用量的计算

石灰石的用量取决于原、燃料的成分，取决于炉渣的碱度。配好石灰石的用量，也就是配好炉渣的碱度，从而得到合格的生铁。

石灰石用量的计算依据就是碱度平衡，即炉料收入的 CaO 与 SiO_2 扣去还原进入生铁的 [Si] 的 SiO_2 量后，其余全部进入炉渣，而它们的比例符合碱度要求，即：

$$w(CaO)_{收入}/w(SiO_{2收入}-SiO_{2铁})=R \tag{10-5}$$

式中　R——炉渣碱度。

为了简化石灰石用量的计算，引入石灰石有效氧化钙含量的概念，即有效 $w(CaO)_{有效}=w(CaO)_{石}-w(SiO_2)_{石}\times R$，这样在计算时可省去石灰石中的 SiO_2 项。因此，石灰石用量为：

$$\Phi=\frac{(\sum m(SiO_2)-60/28\ w[Si])\times R-\sum m(CaO)_{收入}}{w(CaO)_{有效}} \tag{10-6}$$

式中　Φ——石灰石用量；

$\sum m(SiO_2)$——炉料带入的 SiO_2 量；

[Si]——生铁含硅（还原进入生铁的硅）；

R——炉渣碱度；

$w(CaO)_{有效}$——有效氧化钙含量。

实例 2：已知料批组成及其成分见表 8-14，矿石批重 27000 kg，焦炭批重 9900 kg。炼钢生铁中含铁量 $w[Fe]=94\%$，$w[Si]=0.7\%$，$R=1.05$。求每批料的石灰石用量。

表 10-14　料批组成及其成分　　（%）

炉料名称		烧结矿	球团矿	生　矿	焦　炭	石灰石
配　比		70	20	10		
成　分	CaO	11.86	0.49	1.91	0.63	54.02
	SiO_2	8.61	3.54	7.12	7.90	1.38
	Fe	53.46	62.52	59.40	1.06	0.63

解：$\sum m(SiO_2)=27000\times(8.61\%\times0.7+3.54\%\times0.2+7.12\%\times0.1)+9900\times7.9\%$

$=2792.79$ kg

$\sum m(CaO)_{入}=27000\times(11.86\%\times0.7+0.49\%\times0.2+1.91\%\times0.1)+9900\times0.63\%$

$=2381.91$ kg

批出铁量 $Q_{铁}=16077$ kg

$$m[Si]=16077\times0.7\%=112.54\ kg$$

$$w(CaO)_{有效}=0.5402-0.0138\times1.05=0.5257$$

石灰石用量：

$$\Phi=[(2792.79-60/28\times112.54)\times1.05-2381.91]/0.5257=565.54\ kg$$

10.3.3　渣量的计算

渣量计算时根据 CaO 在冶炼中全部进入炉渣的特点，用 CaO 平衡求出每批料的出渣量：

$$Q_{渣}\times w(CaO)=\sum m(CaO)_{料}$$

$$Q_{渣}=\sum m(CaO)_{料}/w(CaO) \tag{10-7}$$

式中 $Q_{渣}$——每批料的出渣量；
$\sum m(CaO)_{料}$——入炉 CaO 总量；
$w(CaO)$——渣中 CaO 的含量。

实例3：石灰石批重为 560 kg，$w(CaO)=39.79\%$。其他条件同实例2。求每批料的出渣量。

解：
$$\sum m(CaO)_{料}=2381.91+560\times0.5402=2684.42\ kg$$
$$Q_{渣}=2684.42/39.79\%=6746.47\ kg$$

10.3.4 常用定量调剂

影响高炉炉温变化的因素很多。虽然每个因素在不同条件下对炉温影响不一样，但大致波动在较小的区间。在实际生产中，人们根据经验，把这些因素看作常量，进行适时的定量调剂。

以下是几个定量调剂的方法：

（1）矿石品位变化时的调剂。我们知道，矿石品位波动1%，影响燃料比2%左右。在矿石批重不变的情况下，可按下式计算调整后的焦炭批重：

$$K=\frac{K_{原}}{w(TFe)_{原}}\cdot\frac{1\pm\Delta w(TFe)\times0.02}{w(TFe)_{现}} \tag{10-8}$$

式中 K——调整后的焦炭批重；
$K_{原}$——原来的焦炭批重；
$w(TFe)_{原}$——原来的矿石品位；
$w(TFe)_{现}$——现在的矿石品位；
$\Delta w(TFe)$——矿石品位的变化量。

（2）生铁含硅量变化时的调剂。生铁含硅量变化1%，影响燃料比40~60 kg/t。因此，当生铁含硅量大幅度变化时，应按下式进行适当调剂：

$$每批料增减的燃料量(焦炭+喷吹燃料)=(40\sim60)\times\Delta w[Si]\times 矿石批重\times w(TFe)/w[Fe] \tag{10-9}$$

式中 $\Delta w[Si]$——生铁含硅变化量；
$w(TFe)$——矿石品位，%；
$w[Fe]$——生铁中铁的含量，%。

（3）风温大幅度变化时的调剂。风温大幅度变化时，应根据风温水平和风温影响燃料比的经验值，相应地调整负荷。不同的风温水平有不同的影响系数。风温变化100℃影响燃料比的经验值见表10-15。

表10-15 风温变化100℃影响燃料比的经验值

干风温度/℃	500~600	600~700	700~800	800~900	900~1000	1000~1100	1100~1200	>1200
影响燃料比的系数 β	0.073	0.06	0.05	0.043	0.0385	0.035	0.032	0.03

根据表10-15的经验数据，在风温大幅度变化时，可按下式调整负荷：

$$每批燃料增减量=\beta\times\Delta t/100\times 燃料批重 \tag{10-10}$$

（4）增减喷吹量时的调剂。改变喷吹量时，应根据喷吹物与焦炭的置换比、焦炭负荷和每小时上料批数，及时调整负荷：

每批增减焦炭量 =（增减喷吹物（kg/h）/每小时上料批数（批/h））× 置换比（kg/批）　（10-11）

（5）按炉渣碱度的需要调整石灰石量。当需要提高和降低炉渣碱度时，必须相应调整石灰石量，调整量与每吨铁的渣量和渣中 SiO_2 含量有关：

$$每吨铁变动的石灰石量 = \mu \times w(SiO_2)\Delta R_0 / w(CaO)_{有效} \quad (10-12)$$

式中　μ——渣量，kg/t；

$w(SiO_2)$——渣中 SiO_2 含量，%；

ΔR_0——炉渣碱度变化值。

每批料石灰石的变动量 = 每吨铁石灰石的变动量 × 每批料的出铁量

（6）根据烧结矿碱度变化调整石灰石。当其他条件不变时，烧结矿碱度变化直接引起炉渣碱度的变化。为了稳定造渣制度，需调整石灰石用量。调整的量可通过烧结矿中的 $w(SiO_2)$ 和碱度变化值来计算，并按石灰石变动量相应调整负荷：

$$1000\ kg\ 烧结矿需加石灰石量 = (1000 \times 烧结矿中\ w(SiO_2) \times \Delta R_{烧}) / w(CaO)_{有效} \quad (10-13)$$

10.3.5　冶炼周期

炉料在炉内停留的时间称为冶炼周期。这个指标可以充分说明炉料下降的速度。冶炼周期长，则炉料下降速度慢，否则相反。其计算方法为：

$$T = \frac{24V_u}{PV_{料}(1-\varepsilon)} \quad (10-14)$$

式中　T——冶炼周期，h；

V_u——高炉有效容积，m^3；

P——日产生铁量，t；

$V_{料}$——每吨生铁所需要的炉料的体积，m^3；

ε——炉料在炉内的平均压缩率，在大、中型高炉中，此值为 11% ~ 13%。

另外，实际生产中常用炉料由料线到达风口时所需的下料批数来表示冶炼周期：

$$N = \frac{V_u - (V_{喉} + V_{风口})}{V_{批}(1-\varepsilon)} \quad (10-15)$$

式中　N——1 个冶炼周期的料批数；

V_u——高炉有效容积，m^3；

$V_{喉}$——炉喉料面上的空间体积，m^3；

$V_{风口}$——炉缸风口中心线以下空间体积，m^3；

$V_{批}$——每批料的体积，m^3。

复习思考题

10-1　根据实习所在铁厂的原燃料条件，进行以下综合计算：

(1) 配料计算;

(2) 物料平衡计算。

10-2 某炉每批料配比为:矿石 5500 kg,焦炭 1610 kg,废铁 100 kg。其中矿石含铁为 61%,焦炭灰分 14.22%,灰中含铁 5%。求每批料的出铁量。

10-3 已知某炉吨铁原料消耗及炉料 CaO 含量为:矿批 1900 kg,矿中 CaO 含量为 11.0%,焦比 460 kg/t,焦灰分 16%,灰分中含 CaO 5%,石灰石含 CaO 52%,渣中含 CaO 44%。求渣量。

10-4 已知矿石新旧成分的变化如下表所示,矿石批重 1000 kg,焦比 729 kg/t,石灰石有效 CaO 为 50%,渣碱度 1.15,生铁中含铁 93%。试作变料计算。

矿石新旧成分的变化表 (%)

成分	TFe	SiO_2	CaO
变化前	49.59	10.87	11.00
变化后	46.42	12.82	10.30

11 高炉强化冶炼

11.1 高炉强化冶炼概述

11.1.1 高炉强化冶炼的目的和技术进步

高炉强化冶炼技术是指采取一系列技术措施，创造优良的冶炼条件，使高炉内的各种物化反应尽可能加速进行，缩短冶炼周期，提高煤气热能和化学能的利用率，以达到高产、优质、低耗、长寿和环保的目的。高产是指高炉的有效利用系数高；优质是指生铁质量高；低耗主要是指焦比低和燃料比低，其次还指其他原料和辅助材料及动力消耗低；长寿是指高炉寿命长；环保是指高炉生产污染小。因此可以说，高炉强化的目的，是为了使高炉生产获得最佳的经济效益。

由于现代炼铁技术的进步，高炉生产有了巨大的发展，单位容积的产量大幅度提高，单位生铁的消耗尤其是燃料的消耗大为减少，高炉生产的强化达到了一个新水平。我国高炉炼铁在近几年来取得了很大的进步，冶炼强度在中小型高炉上超过了 1.5 $t/(m^3 \cdot d)$，大高炉也达到了 1.1 $t/(m^3 \cdot d)$以上，利用系数相应达到 3.5 $t/(m^3 \cdot d)$以上和2.3 $t/(m^3 \cdot d)$以上，燃料比降低到530 kg/t 和500 kg/t 左右。这都是采取了高炉强化冶炼技术的结果。

11.1.2 高炉强化冶炼的基本方向

高炉的产量 P、有效容积利用系数 η_V、有效容积 $V_{有}$、焦比（或燃料比）K 和冶炼强度 I 五者之间存在着如下关系：

$$P = \eta_V V_{有} = \frac{I}{K} V_{有} \qquad (11-1)$$

式中 P——高炉日产生铁，t/d；

η_V——高炉有效容积利用系数，$t/(m^3 \cdot d)$；

$V_{有}$——高炉有效容积，m^3；

I——冶炼强度，$t/(m^3 \cdot d)$；

K——焦比（或燃料比），kg/t。

高炉强化在很大程度上意味着提高产量。从式(11-1)中可以看出，对于一定炉型的高炉来说，提高产量即是提高利用系数，要提高利用系数，就要提高冶炼强度和降低焦比。这是高炉冶炼强化的基本方向。因此，对于一定炉型的高炉来说，高炉冶炼强化的途径有两个：一是提高冶炼强度；二是降低焦比。

高炉强化冶炼的方针是：以精料为基础，以节能为中心，改善煤气能量利用，选择适宜的冶炼强度，最大限度地降低燃料比，有效地提高利用系数。

高炉强化冶炼的方向是:增产,节能,降耗。

11.1.3 冶炼强度与焦比的关系

生产实践表明,冶炼强度和焦比之间有如图11-1所示的关系。由图可见,在一定的冶炼条件(原料、设备和操作条件)下,高炉冶炼有一个适宜的冶炼强度,此时焦比最低。高于和低于这个适宜的冶炼强度,都要引起焦比升高。由图还可以看出,随着冶炼条件的改善(即冶炼条件由曲线1向着曲线5的方向改进,冶炼条件得到逐渐提高和不断优化),焦比最低、最适宜的冶炼强度将相应升高。这种关系是因为冶炼强度对高炉冶炼过程的影响是多方面的。当冶炼强度过低时,风量和煤气量很小,煤气流速低,炉缸不活跃,煤气分布不均匀(通常是中心煤气不足,而边缘煤气过分发展),煤气与矿石不能充分接触,矿石加热和还原不良,煤气热能和化学能利用不好,因而焦比升高。随着冶炼强度的提高,炉缸变得活跃,煤气分布趋于均匀合理,煤气与炉料的接触条件改善,传热、传质过程加速,煤气能量利用改善,故焦比逐渐降低。但是,冶炼强度过大,若超过适宜的值,将导致炉缸中心"过吹",中心煤气过分发展,煤气流速过大,与矿石接触时间过短,传质传热不充分,煤气把大量热量带出炉外,使焦比升高,甚至造成管道行程、液泛、崩料、难行和悬料等失常现象,所以焦比逐渐升高。由此可知,每座高炉应根据自身的冶炼条件,选择适宜的冶炼强度,以达到最大限度地降低焦比和提高产量的目的。

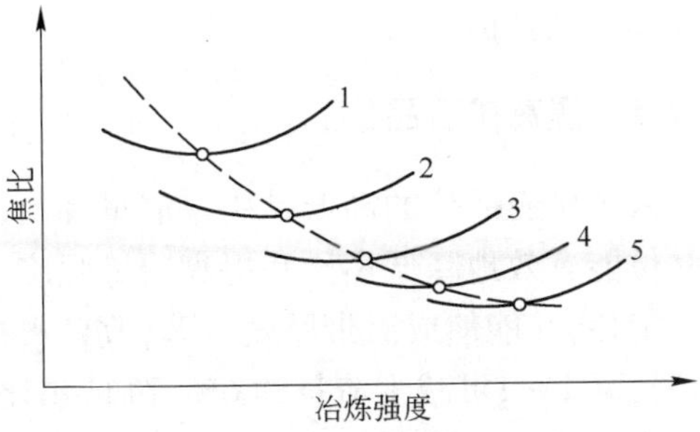

图11-1　冶炼强度和焦比的关系
1~5—分别表示不同的冶炼条件

从图11-1还可以看出,高炉冶炼强化的目的,就是要采取一系列技术措施,使高炉冶炼条件不断改善(使曲线1向曲线5方向改进),以获得较高的冶炼强度和较低的焦比,从而使高炉生产得到较好的经济效益。

11.1.4 高炉冶炼强化技术的主要措施

要在节能、降耗的同时实现增产,必须重视开发和采用高炉炼铁新技术。目前,国内外高炉强化冶炼的措施主要有:精料、高风温、高压操作、喷吹燃料、富氧、加湿或脱湿鼓风等。

根据世界高炉强化发展趋势,在相当长时期内要着重发展精料技术,为高炉冶炼创造好的原燃料条件,同时发展高风温(1250℃以上),高压操作(炉顶压力0.2~0.3 MPa),高燃料喷吹量(喷煤200 kg/t以上)及与之相适应的富氧量(如鼓风含氧量达25%以上),低硅($w[Si] \leq 0.3\%$)铁冶炼与钛护炉等技术,达到高一氧化碳利用率(η_{CO}52%~54%)和长寿命(一代炉龄10~15年以上无中修)。还要进一步发展布料控制,软熔带控制以及高炉过程计算机自动控制等技术,使高炉生产向更高的水平发展。

11.2 精料

精料是高炉炼铁的基础,国内外高炉的强化冶炼,都把精料放在首位。高炉炼铁工作者通过长期的生产实践,用"七分原料三分操作"或"四分原料三分设备三分操作",形象地说明了精料对高炉生产有着决定性影响。

所谓精料，是指高炉冶炼所使用的原料要达到“高、熟、净、匀、小、稳”的六字要求。“高”是指提高入炉矿石品位，提高焦炭强度和固定碳含量，提高熔剂的有效熔剂性；“熟”是指提高入炉料的熟料比，使高炉多用或全部使用人造富矿；“净”是指筛除入炉料的粉末，保持入炉料的干净；“匀”是指缩小入炉料粒度的上下限差距，保持其粒度均匀；“小”是指降低炉料粒度的上限，使入炉炉料的粒度不至于过大；“稳”则是指稳定入炉料的物理性能、化学性能和冶金性能。

11.2.1　提高矿石品位

入炉矿石品位的高低是决定渣量和冶炼过程热量消耗的决定性因素之一。提高入炉矿石品位能有效地降低焦比和提高冶炼强度，它既能减少渣量和熔剂使用量，降低冶炼过程的热量消耗，又能使成渣带厚度减薄，改善料柱透气性，促进高炉顺行。资料表明，入炉矿石品位每提高1%，可减少渣量约6%，降低焦比2%，提高产量3%。因此，各厂都把提高入炉品位作为提高冶炼强度和降低燃料消耗最有效的措施。

国内外一大批取得先进指标的高炉，矿石品位都比较高。如宝钢、福建三明、南昌等入炉品位在60%以上，大多高炉入炉品位都在57%以上，达到58.5%～59%。利用系数达到大高炉2.3 $t/(m^3 \cdot d)$，中小高炉达到3.0～3.5 $t/(m^3 \cdot d)$，少数高炉已达到4.0 $t/(m^3 \cdot d)$（例如唐山建龙、福建三明等），取得明显的经济效益。欧洲的一些企业，其烧结矿品位在60%左右，球团矿品位在64%以上，入炉品位是世界上最先进的。我国不同炉容高炉入炉原料含铁品位见表11-1。

表11-1　入炉原料含铁品位及熟料率的要求

炉容级别/m^3	1000	2000	3000	4000	5000
平均含铁/%	≥56	≥58	≥59	≥59	≥60
熟料率/%	≥85	≥85	≥85	≥85	≥85

11.2.2　增加熟料比

烧结矿和球团矿合称为熟料，也称人造富矿。高炉采用人造富矿冶炼时，由于孔隙度大，透气性和还原性好，有利于还原和炉况顺利。尤其是使用高碱度烧结矿时，高炉可少加或不加熔剂，从而可减少热量消耗、改善造渣过程和改善料柱透气性。因此，烧结矿和球团矿在还原性、透气性、造渣性等各方面都比生矿好。资料表明，提高熟料比1%，可降低焦比2～3 kg/t。目前我国各炼铁厂已大部分使用熟料，但由于各种条件所限，还不能全部使用熟料。因此，当前提高入炉原料中的熟料比，仍然是主要的努力方向。我国不同炉容高炉对熟料率的要求见表11-1。

冷烧结矿在运输和保护炉顶设备等方面比热烧结矿好，但因为受到原有条件的限制，及热烧结矿具有还原度比冷烧结矿高、可减少冷却过程中的粉化现象的优点，有些厂仍然使用热烧结矿。然而综合考虑，今后的方向是提倡使用冷烧结矿。

球团矿在还原性和强度等方面比烧结矿好，高炉使用球团矿以后，指标能得到进一步的改善。但球团矿也有一定缺点，如设备投资大，操作复杂，还有球团矿的高温还原膨胀问题。因此，球团矿目前仍不能完全取代烧结矿。

发展球团矿生产，为合理炉料结构提供优质的酸性炉料。我国铁矿资源主要是贫矿，通过磁选得到的精矿粉大多用于生产烧结矿，球团矿的生产一直没有得到重视。随着精料技术的发展，球团矿逐渐被人们认识到是一种优质的高炉炉料，一些厂都新建了球团矿车间以满足高炉炉料结构的要求。虽然这些球团矿生产设备绝大部分是竖炉（84%），球团矿的质量还不是太好，很难满足大型高炉对球团矿质量的要求，但为炉料结构的优化还是做出了贡献。首钢迁安矿山公司已经成功地建成和投产了国产100万吨/年的链箅机－回转窑生产线，并正在建设20万吨/年的新球团矿设备。

11.2.3 稳定炉料成分

性能稳定的炉料成分，特别是矿石成分的相对稳定，是稳定炉况、稳产高产、降低焦比、稳定操作和实现自动控制的先决条件。入炉炉料成分的波动，关系到炉温的稳定和生铁质量。入炉矿石成分波动对高炉增产节焦的影响程度如表11-2所示。

表11-2　入炉矿成分波动对高炉增产节焦的影响

入炉矿成分波动	高炉增产/%	焦比降低/%
w(TFe)波动减少±0.1%（从±0.1%降至±0.5%时）	前苏联5厂0.39～0.97	0.25～0.46
	中国7厂0.33～0.40	0.20～0.26
w(CaO)/w(SiO_2)波动减少±0.01（从±0.10降至±0.05时）	前苏联8厂0.20～0.40	0.12～0.20

生产实践表明，原料成分不稳定是引起高炉炉况波动的重要原因。为防止炉况失常，生产中常被迫维持较高的炉温，这就无形中增加了燃料消耗。这也是很多高炉尤其是中小型高炉炼钢生铁中的w[Si]降不下来的原因。例如，炼钢要求生铁中w[Si]在0.4%即可，但生产者考虑烧结矿中w(TFe)和碱度w(CaO)/w(SiO_2)的波动，w[Si]被迫维持在0.6%，甚至0.8%，而w[Si]每增加0.1%，焦比要上升4 kg/t。在生产中常常为了应付意外的炉温波动，留有一定的储备热，这就无形中增加了热消耗。如能通过均混的方法做到原料成分稳定，消除炉温波动，便可节省这部分热量。

稳定炉料成分的关键在于加强中和混匀工作，建立现代化的混匀料场，搞好炉料的中和混匀。很多厂包括地方骨干中型企业建成了中和混匀料场，取得了很好的效果。

11.2.4 优化入炉炉料的粒度组成

为改善矿石的还原性和炉料的透气性，要优化入炉炉料的粒度组成。大块要破碎，粉末要筛除。即通常所说的炉料要"净、小、匀"，也称整粒。炉料的粒度适当小，能缩短铁矿石的还原时间，改善还原过程，有利于降低焦比。但过小的炉料（指矿石小于5 mm，焦炭小于10 mm）将导致料柱透气性恶化、煤气流分布失常和炉尘量增高，对炉顶设备产生磨损等。通常，对入炉料可采用多次筛分（最重要的是槽下筛分），尽可能除去炉料中的粉末。然而，入炉料粒度过大对高炉冶炼也是不利的。因为炉料粒度过大，对加热、还原和造渣过程均不利，即需要更长的时间和消耗更多的热量，所以炉料中的大块料也应该除去。

现在厂家广泛地强化了筛分工作，不仅在烧结厂、球团矿厂进行，还普遍在高炉槽下进行，筛去粒度小于5 mm的粉末，与此同时，还限制烧结矿粒度的上限为40～50 mm。入炉的炉料粒度应有一个适宜的范围，如表11-3所示。

表 11-3　高炉炉料粒度控制范围　(mm)

炉　料	天然矿	烧结矿	球团矿	焦　炭
粒　度	8 ~ 25	5 ~ 50	9 ~ 16	10 ~ 40

表中所列粒度范围不是绝对的,还应根据矿石的特性、高炉类型、设备条件等具体选择。按“匀”的要求进行分级入炉,如焦炭可分为 25 ~ 40 mm 和 40 ~ 60 mm 两级。小于 25 mm 的还可分出 15 ~ 25 mm 一级供中小高炉使用,或者将这种 15 ~ 25 mm 的“焦丁”与矿石混装入炉,既代替了部分块焦,又可改善软熔层的透气性。

天然矿可分为 8 ~ 15 mm 和 15 ~ 30 mm 两级。烧结矿也可分为 5 ~ 25 mm 和 25 ~ 50 mm 两级使用。

11.2.5　改善人造富矿的高温冶金性能

改善人造富矿的质量,包括改善其冷态性能和热态性能两个方面。高炉解剖研究表明,人造富矿冷态性能固然重要,但热态性能对改善高炉冶炼过程更为重要。高温冶金性能主要包括还原性能(RI)、烧结矿低温还原粉化性能(RDI)、球团矿的还原膨胀、软熔特性等。人造富矿的还原强度对块状带料柱透气性有决定性的影响,而高温软熔特性影响着软熔带结构和气流分布。例如,球团矿高温强度变差,在高温还原条件下球团矿会产生膨胀、碎裂、粉化,使料柱透气性变坏,影响高炉顺行。一般在大型高炉上只部分使用球团矿,日本为 20% ~40%。美国曾在 2427 m^3 高炉上使用 100% 球团矿,冶炼试验结果较好。提高球团矿的高温强度和其他高温冶金性能,仍是国内外研究的主要课题,是当代高炉强化冶炼的迫切需要。

11.2.6　合理的炉料结构

合理的炉料结构是指炉料组成的合理搭配。它应当符合以下要求:具有优良的冶金性能;炉料成分能满足造渣需要,不另加生熔剂;在炉料中,人造富矿占大多数。

目前,我国高炉炉料结构的形式很多,但基本上可以分为:(1) 全部自熔性烧结矿;(2) 高碱度烧结矿加少部分天然富矿;(3) 高碱度烧结矿加少部分酸性球团矿;(4) 高碱度烧结矿配加低碱度烧结矿等几种。

上述炉料结构中,普遍认为第(3)种是较理想的炉料结构。但由于我国各地高炉冶炼原料不同,合理的炉料结构只能通过实验时选择“最佳”而产生。例如,柳钢近几年来根据本企业的原料条件所选择的合理炉料结构为:82% ~83% 的高碱度烧结矿 +7% ~8% 的混合矿 +3% ~4% 的越南矿 +4% ~5% 的澳矿(或南非矿) + 转炉钢渣(每座高炉每天 20 ~ 30 t),取得了较好的冶炼效果。然而,所谓的“最佳炉料结构”也会随条件的变化而变化。

采用低温烧结法生产高碱度低 FeO 高还原性的烧结矿,并向低 SiO_2 发展,是提高烧结矿冶金性能的重要措施。我国宝钢烧结矿中的 SiO_2 含量降到 4.5% 左右,达到世界先进水平,现已逐步推广。

11.2.7　提高焦炭质量

高炉冶炼主要燃料是焦炭和喷吹煤粉,焦炭在高炉冶炼中有还原剂、发热剂、料柱骨架和铁水渗碳作用。随着能源的短缺及高炉冶炼技术的进步，焦炭起的还原剂和发热剂作用可以被喷吹煤粉所代替，但是料柱骨架作用是不能代替的。喷吹量的增加必然使得高炉中焦炭的使用量相对减少，这样对焦炭起的骨架作用就有了更高的要求。焦炭质量的好坏，直接影响高炉冶炼顺行稳定情况、技术经济指标和高炉寿命。

高炉冶炼对焦炭质量的要求有下列4项。

（1）固定碳含量高、灰分低。固定碳和灰分是焦炭中的主要成分，固定碳含量高，焦炭所能提供的热量和还原剂就多，故可降低焦比。焦炭灰分大部分是由酸性氧化物 SiO_2、Al_2O_3 组成的，因此灰分多，势必要增加熔剂量，从而增加渣量，不仅恶化透气性，还增加焦比。经验表明，焦炭灰分降低1%，焦比降低1.5%～2.0%，渣量减少2.7%～2.9%，产量提高2.5%～3.0%。降低焦炭灰分的措施主要是洗煤和合理地配煤。

（2）挥发分适当、水分低。挥发分是炼焦过程中未分解挥发完的有机物质，当温度达到900℃以上，会以气体形态挥发出来，如 H_2、N_2、CH_4 等，挥发分本身对冶炼无害，其含量反映了焦炭的成熟程度。焦炭水分波动会引起称量不准，影响炉况稳定。

（3）降低硫、磷等有害杂质的含量。焦炭含硫量高，则为了提高炉渣脱硫能力，也需要增加熔剂量，从而增加渣量，增加焦比。焦炭含硫每升高0.1%，焦比升高1.2%～2.0%，产量降低2%以上。控制煤的含硫量和确定合适的配煤比是控制焦炭含硫量的根本途径，加强洗煤和选煤是根本措施。焦炭一般含磷很少，另外焦炭灰分还含有一定的碱金属，他们会在高炉内形成循环富集，影响高炉顺行和破坏炉衬。

（4）提高机械强度，改善粒度组成。高炉下部高温区，以固体状态存在的只有焦炭，上部料柱的全部有效重量压在焦炭上面，焦炭承受着很大的压力。这就要求焦炭具有一定的机械强度。焦炭冷态强度一般用 M_{10}、M_{40} 来表示。焦炭除了有较高的冷态强度外，还必须有较高的高温强度，即与 CO_2 的反应性（CRI）差以及反应后强度（CSR）要高。如果焦炭的机械强度不好，尤其是高温下的机械强度不好，那么由于受摩擦和挤压作用而碎裂，不仅恶化炉缸透气性，还会因焦末进入炉渣中而使其变黏，引起高炉难行、崩料、悬料等现象。

另外，炉缸煤气是通过焦炭块之间的空隙上升的，因此，要求焦炭在高温下具有良好的粒度组成，均匀的焦炭粒度能够使高炉透气性良好。不同容积高炉对应焦炭的粒度范围见表11-4。但粒度稳定与否取决于焦炭强度。焦炭强度低，应提高粒度下限；焦炭强度高，可适当放宽粒度下限。

我国对不同容积的高炉提出的焦炭质量要求如表11-4所示。

表11-4　不同容积高炉对焦炭质量的要求

炉容级别/m^3	1000	2000	3000	4000	5000
M_{40}/%	≥78	≥82	≥84	≥85	≥86
M_{10}/%	≤8.0	≤7.5	≤7.0	≤6.5	≤6.0
反应后强度 CSR/%	≥58	≥60	≥62	≥65	≥66
反应性指数 CRI/%	≤28	≤26	≤25	≤25	≤25
焦炭灰分/%	≤13	≤13	≤12.5	≤12	≤12
焦炭含硫/%	≤0.7	≤0.7	≤0.7	≤0.6	≤0.6
焦炭粒度范围/mm	75～20	75～25	75～25	75～25	75～30
高于上限/%	≤10	≤10	≤10	≤10	≤10
低于下限/%	≤8	≤8	≤8	≤8	≤8

11.3　高风温

古老的高炉采用冷风炼铁。1928 年,英国第一次使用 150℃ 的热风,节约燃料 30%。从此以后,加热鼓风技术在世界上得到迅速推广,高风温是高炉降低焦比强化冶炼的有效措施。采用喷吹技术之后,使用高风温更为迫切,高风温能为提高喷吹量和喷吹效率创造条件。目前风温的先进水平已达到 1300 ~ 1400℃。我国大型高炉平均风温在 1050 ~ 1100℃,先进高炉可达 1200℃ 以上。

11.3.1　提高风温对冶炼的影响

11.3.1.1　高风温对高炉燃烧带大小的影响

风温对于不同的焦炭燃烧状态下的燃烧带的影响是不同的。通常情况下,焦炭处于回旋运动燃烧,燃烧反应处于扩散范围。因此,随风温的提高,因鼓风动能的增大,燃烧带扩大。但是,当焦炭层状燃烧和炉凉时,燃烧反应处于动力学范围或过渡范围。因此,随风温的提高,由于燃烧速度加快,燃烧带有可能缩小。

11.3.1.2　高风温对高炉炉温的影响

高风温使高炉炉缸温度升高。随风温的提高,鼓风带入的物理热相应增加,于是风口前的燃烧温度升高。因此,提高风温有利于提高燃烧焦比、燃烧带和整个炉缸温度,这对于硅、锰等难还原元素的还原有利。

高风温使高炉上部温度降低。随着风温的提高,焦比必然相应降低,因而单位生铁的煤气量减少,煤气水当量($W_{气}$)降低,于是炉顶煤气温度下降,高温区和软熔带下移,减少了煤气带走的热量。这有利于间接还原的发展和保持炉况顺行。

由此认为,热风带入的物理热在高炉下部高温区能全部被利用,而焦炭燃烧后供给的热量(化学热)只有一部分被利用,另一部分被煤气带出炉外。

11.3.1.3　高风温对高炉顺行的影响

提高风温,对于高炉顺行,既有有利的一面,也有不利的一面。提高风温使鼓风动能增大,燃烧带扩大,炉缸活跃,同时高温区和软熔带下移,块状带扩大,高炉上部区域温度降低。这些因素均有利于高炉顺行。但是,随着风温的提高,高炉下部的温度升高,使得 SiO_2 还原的中间产物 SiO 挥发加剧,恶化了料柱的透气性,同时炉缸煤气体积因炉缸温度的提高而膨胀,煤气流速增大,于是高炉下部压差升高,易产生液泛。另外,焦比下降,使料柱的透气性相应变差。这些因素均不利于高炉顺行。因此,在一定的原料条件下,每座高炉都有一个适宜的风温水平,若盲目地追求高风温,将导致高炉不顺。

11.3.2　高风温与降低焦比的关系

高风温与降低焦比之间的关系如下:

(1) 高风温带入的物理热,减少了作为发热剂所消耗的焦炭。由热平衡计算可知,热风带入的热量已占总热量收入的 20% ~30%;

(2) 风温提高后焦比降低,使单位生铁产生的煤气量减少,炉顶煤气温度降低,煤气带走的热量减少;

(3) 提高风温后,因焦比降低,煤气量减少,高温区下移,中温区扩大,增加间接还原,减少直接还原;

(4) 由于风温提高焦比降低,产量相应提高,单位生铁热损失减少;

(5) 风温升高,炉缸温度升高,炉缸热量收入增多,可以加大喷吹燃料数量,更有利于降低焦比。

风温水平不同,提高风温的节焦效果也不相同。图11-2表示风温与焦比的关系。表11-5是鞍钢的统计数据。风温愈低,降低焦比的效果愈显著;反之,风温水平愈高,增加相同的风温所节约的焦炭减少。高风温需要高发热值的煤气,对热风炉结构及材质要求提高,热风阀等阀门和管道的设备必须耐受更高的风温。从能量的观点分析,如果加热冷风所需的热量多于热风给高炉节省的热量,就不经济了:一方面风温提高后,节能效果下降;另一方面热风炉效率影响能量消耗。所以风温水平应当有个限度,超过这个水平,再提高风温就无意义了。由此可以引出经济风温的概念,即在能够节能范围内的风温称为经济风温。经济风温与吨铁的耗风量有关。吨铁风量消耗越小,风温的效率越高。当风耗大于2000 m^3/t 铁时,高风温就不经济了。

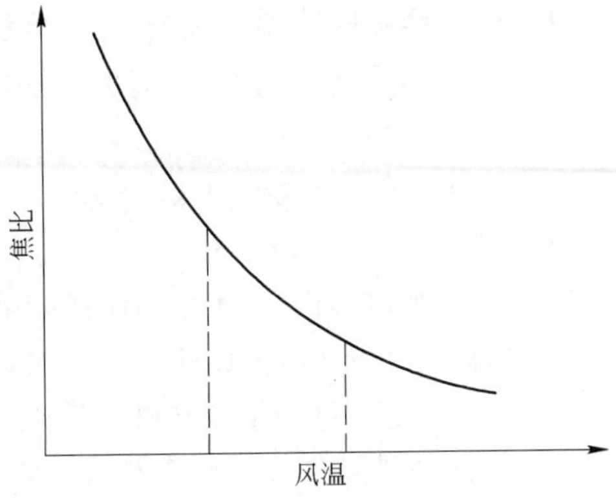

图11-2 风温与焦比的关系

表11-5 提高风温与降低焦比的关系

风温水平/℃		600~700	700~800	800~900	900~1000	1000~1100
焦比/$kg \cdot t^{-1}$		860~800	800~752	752~719	719~600	600~570
每提高100℃	降焦/$kg \cdot t^{-1}$	60	48	33	30	28
	降焦比/%	7	6	4.4	4.2	4.7

11.3.3 高炉接受高风温的条件

凡能降低炉缸燃烧温度和改善料柱透气性的措施,都有利于高炉接受高风温。

11.3.3.1 加强原燃料准备

精料是高炉接受高风温的基本条件,要提高矿石品位,降低焦炭灰分和焦炭含硫量,使渣量降低;提高矿石和焦炭强度,尤其是高温强度,加强整粒以改善料柱的透气性等,为高风温的使用创造条件。

11.3.3.2 喷吹燃料

喷吹燃料需要有高风温相配合,特别是随着喷吹量的加大,对风温的要求也提高到一个新的水平。由于喷吹的燃料是冷料,在风口前燃烧时分解吸热,使理论燃烧温度降低,补偿因风温提高而使理论燃烧温度升高带来的不利影响，因而可进一步提高风温。同时，喷吹燃料后，为了维持燃烧带具有足够温度来加速燃料的裂化与燃烧，也需要有更高的风温来进行补偿：

$$\Delta t = \frac{Q_{解} + Q_{1500}}{V_{风} \cdot c'_{风}} \tag{11-2}$$

式中　Δt——补偿温度，℃；

$Q_{解}$——喷吹物的分解吸热，kJ/t；

Q_{1500}——将喷吹物温度提高到1500℃所需的热量，kJ/t；

$c'_{风}$——喷吹物在温度 t℃时的比热容，kJ/(m³·℃)；

$V_{风}$——单位生铁的风量，m³/t。

风温在1000℃时，喷吹1 kg重油需补偿风温为1.6～2.3℃，喷吹1 kg煤粉需补偿风温1.3～1.8℃。

鞍钢某高炉风温由1031℃提高到1149℃（即提高118℃），油比增加35 kg/t，焦比降低55 kg/t，燃料比降低20 kg/t，日产量增加279 t；优质率上升1.06%，煤气中 CO_2 增加0.9%。经计算，扣除风温本身和生铁含硅量影响后，增加118℃风温，提高置换比0.3，降低焦比约6 kg。这是提高风温改善了喷吹效果的原因。

首钢高炉风温在1000℃以上时，喷吹燃料量大约为140～150 kg，相当于总燃料的30%左右；如果风温降到900℃左右时，喷吹量减少到总燃料量的20%左右；当风温低于900℃时，喷吹量将明显减少，效果也不好。

高风温是维持正常冶炼需要的最低理论燃烧温度和提高喷吹物置换比的有效措施。

11.3.3.3　加湿鼓风

在鼓风中加入水蒸气一起鼓入高炉的操作方法称为加湿鼓风。加湿鼓风时，因水的分解吸热要降低理论燃烧温度，需相应提高风温进行热补偿：

$$H_2O \longrightarrow H_2 + \frac{1}{2}O_2 \quad -242039\ \text{kJ（即13446 kJ/kg）} \tag{11-3}$$

鼓风在900℃时，比热容为1.4 kJ/(m³·℃)，因此，1 m³鼓风中加入1 g H_2O 需提高风温9.6℃(13.4/1.4)。考虑到分解出的 H_2，在高炉上部又还原变成 H_2O，放出相当于3℃热风的热量。故每增加1 g H_2O/m³，要提高风温6℃进行热补偿。

11.3.3.4　搞好上下部调剂

要搞好上下部的调剂，保证高炉顺行的情况下才可提高风温。根据各个高炉的实际状况，来确定合理的操作制度，以保证炉况的稳定与顺行。

11.3.4　提高风温的途径

11.3.4.1　采用新式热风炉和改造旧式热风炉

新建的大、中型高炉多采用外燃式热风炉，其提高风温的效果较好。例如宝钢1号高炉采用外燃式结构,风温能力大于1200℃。旧式热风炉可通过改造,采用改进型内燃式或顶燃式热风炉。例如冷水江钢铁厂将内燃式热风炉改为顶燃式后,热风炉效率由73%提高到80.1%,风温提高100℃,年经济效益79万元。

一些小高炉上采用的球式热风炉,也是一种好的结构。单位体积球床加热面积一般比格砖面积大3~5倍,传热系数大9倍,热效率高。在相同拱顶温度下,球式热风炉比内燃式热风炉风温高50℃。

11.3.4.2 采用干式除尘

目前我国大中型高炉多采用湿式除尘系统,煤气经过多次喷水洗涤,其温度低(45~50℃),含水量高(18%以上),严重影响着煤气的发热值,进而影响着烧炉的效果。而干式除尘的煤气含水量低(3%左右),温度可保持在150~200℃(显热210~270 kJ/m^3),而且除尘效果很好。若以某厂高炉煤气产量150×10^4 m^3/h计算,全用干式除尘,则可获得热量636 GJ/h,相当于19万吨标准煤/年。因此,高炉煤气采用布袋等干式除尘方法,是获得高风温的有效途径。

11.3.4.3 预热助燃空气

热风炉的烟道废气,其温度常在300℃以上,含有大量余热。利用废气余热来预热助燃空气,是提高风温和节能的廉价途径。若废气温度为300℃,可将助燃空气预热到200℃左右,则可提高热风炉理论燃烧温度70℃左右,从而可相应提高风温。

11.3.4.4 提高煤气发热值

热风炉烧炉使用的燃料主要是高炉自身产生的煤气,随着高炉炉内煤气利用率的提高,其发热值相应降低。若风温提高到1200℃以上,煤气发热值要提高到4.6~5.0 MJ/m^3以上,这需要煤气富化(最好用回收的转炉煤气(7.88~8.50 MJ/m^3)、焦炉煤气(发热值16.3~17.6 MJ/m^3))或采用高炉煤气和助燃空气双预热的办法,也有的厂采用天然气(发热值33.5~42.2 MJ/m^3)。如掺入焦炉煤气6%~12%,可保证混合煤气热值达到4.6~5.0 MJ/m^3。

11.4 高压操作

高压操作是通过安装在煤气除尘系统管道上的高压调节阀组(见第9章图9-22),改变煤气通道截面,进而改变炉顶煤气压力的一种操作。一般常压高炉炉顶压力低于0.03 MPa,凡炉顶压力超过0.03 MPa的,均称为高压操作。

11.4.1 高压操作对冶炼过程的影响

(1) 高压操作有利于降低压差,加大风量,提高冶炼强度。

在高炉的整个送风系统中,高炉和煤气除尘系统是一个连通器。高压调节阀组前的压力提高后,不仅使炉顶压力提高,而且炉内压力和整个送风系统的压力都将相应升高,所以高压操作对高炉冶炼过程会产生较大的影响。炉顶煤气压力与热风压力和炉内平均压力的关系见表11-6。

表 11-6　炉顶煤气压力与热风压力和炉内平均压力的关系　（MPa）

炉顶煤气压力	热风压力	炉内平均压力	Δp
0.02	0.12	0.07	0.10
0.05	0.13	0.09	0.08
0.10	0.16	0.13	0.06
0.15	0.20	0.18	0.05
0.20	0.24	0.22	0.04

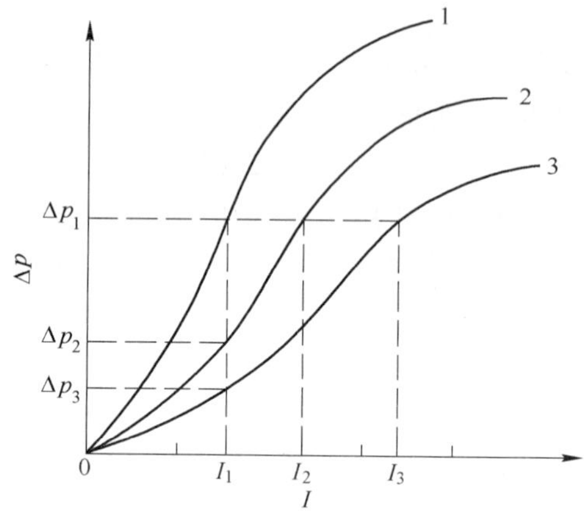

图 11-3　高压操作特性曲线

1—常压；2—高压；3—更高水平的顶压

高压操作可提高炉内煤气的平均压力，缩小煤气体积，降低煤气流速，从而减小煤气对料柱的阻力。因此，高压操作有利于高炉顺行。

高压操作可提高冶炼强度。如图 11-3 所示，在相同冶炼强度下（如 I_1），高压比常压具有较低的 Δp，而且顶压水平越高，Δp 越低（$\Delta p_3 < \Delta p_2 < \Delta p_1$）。若在高压下保持与常压相同的 Δp（如 Δp_1），则随着顶压水平的提高，冶炼强度 I 相应提高（$I_1 < I_2 < I_3$）。这样，在常压操作时不能接受的风量，在高压操作时却能有效地使用；常压时难以达到的冶炼强度，高压时却能顺利达到。这就是高压操作时强化冶炼的实质。

（2）高压操作有利于炉况顺行，减少管道行程，降低炉尘吹出量。

高压后由于 Δp 降低，煤气对料柱的支撑力减小，不易产生管道。同时因炉顶煤气流速降低，使炉尘吹出量减少，炉况变得稳定，减少了原料消耗量。原料含粉尘越多，降低炉尘的作用越显著。例如，煤气流速在 2.5～3.0 m/s 之间，每降低煤气流速 0.1 m/s 时，可降低焦比 2.5～3 kg/t，增产 0.55%。鞍钢某高炉顶压在 150～170 kPa 时，每 1 t 铁的炉尘量只有 12～22 kg，比常压操作时减少了 19%～35%。武钢高炉顶压 100～140 kPa 时，炉尘吹出量在 10 kg/t 以下。

（3）高压操作有利于降低焦比。

根据经验数据，炉顶压力每提高 0.01 MPa，焦比可降低 0.2%～1.5%。其原因是：1）高压后炉况顺行，煤气分布改善，煤气利用率提高；2）炉尘吹出量减少，实际焦炭负荷增加；3）产量提高，单位生铁的热耗减少；4）高压操作后，能使 $CO_2 + C = 2CO$ 反应向左进行，即有利于 CO_2 的存在，这就有利于间接还原的进行，故增大间接还原区，降低直接还原区，从而可降低焦比；5）同样，高压可抑制硅还原反应（$SiO_2 + 2C = Si + 2CO$），有利于降低生铁含硅量，促进焦比降低。

（4）高压操作利于提高产量和改善生铁质量。

高压操作可以提高冶炼强度和降低焦比，所以高压操作可使产量显著提高。根据经验统计，炉顶压力每提高 0.01 MPa，产量可提高 2%～3%。

高压操作后炉况顺行，炉温稳定，有利于生铁脱硫，生铁中的含硅量可以控制在下限水平。因此，高压操作有利于冶炼低硅低硫炼钢生铁，改善生铁质量。

11.4.2 高压操作的特点

11.4.2.1 常压转入高压操作的条件

高压操作作为强化高炉冶炼的手段，有时也作为调节手段，顺行是保证高炉不断强化的前提。因此，只有在炉况基本顺行，风量已达全风量的 70% 以上时，才可从常压转为高压操作。

11.4.2.2 高压操作时需加重边沿

由于风压升高，鼓风受到压缩，风速降低，鼓风动能和燃烧带缩小，促使边沿气流得到更大发展，如图 11-4 所示。由此可见，高压操作后煤气分布发生了很大的变化，如不相应地加大风量，或者采取加重边缘的装料制度，则煤气分布将失常，炉喉煤气 CO_2 曲线的最高点向中心移动，类似于慢风操作，煤气利用变差，甚至不顺。

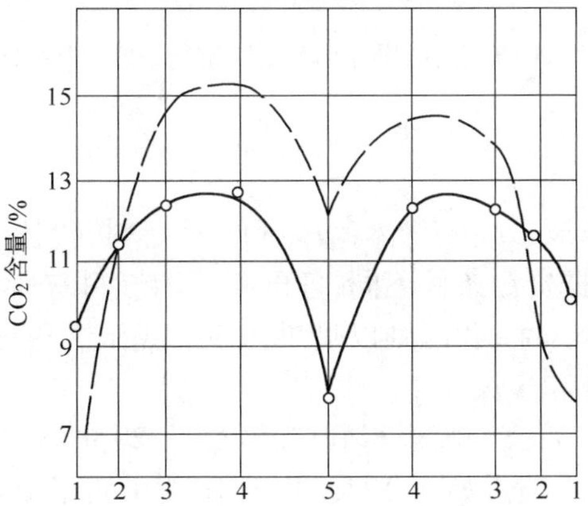

图 11-4 炉顶压力大小对煤气分布的影响

——0.01 MPa; --- 0.04 MPa

11.4.2.3 高压操作时炉内压差变化特点

高压操作后，在冶炼强度不变的情况下，总压头损失降低，但沿高度方向各部位降低幅度并不一致，如图 11-5 所示。高炉上部（块状带）的压差降低较多，下部压差降低较少。如某高炉顶压由 20 kPa 提高到 80 kPa 表压时，下部压差仅由 0.527 kPa 降至 0.517 kPa，而上部压差却由 0.589 kPa 降至 0.289 kPa，即降低了 50% 以上。因此，生产过程产生的难行或悬料多发生在炉子下部。故提高炉顶压力以后，如何采取措施减小下部压头损失，提高下部透气性，应给予高度重视。

11.4.2.4 高压高炉处理悬料的特点

高压操作还是一个有效的调剂炉况的手段。当炉温比较充分，原料条件较好，有时由于管道生成后风压突升，炉料不下时，立即从高压改为常压处理。此时由于炉内压力降低，风量会自动增加，煤气流速加快。上部煤气压力突减，煤气流对炉料产生一种"顶"的作用，使炉料被顶落。同时，应将风量减至常压时风量的90%左右，并停止上料，等风压稳定后可逐渐上料，待料线赶上即可改为高压全风量操作。如果悬料的部位发生在高炉下部时，也需要改高压为常压，但主要措施应该是减少风量（严禁高压放风坐料），使下部压差降低。这样有利于下部炉料的降落。

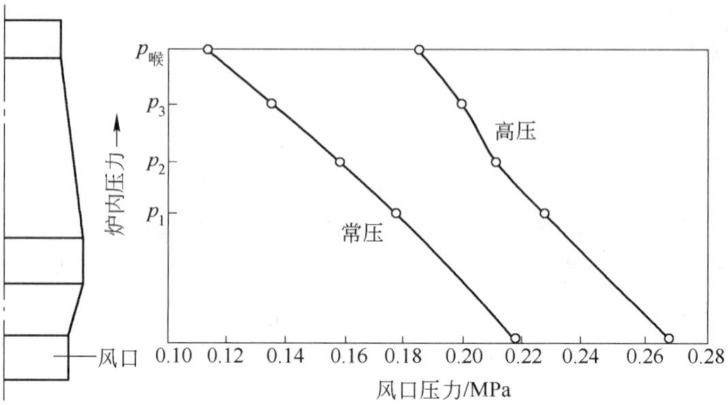

图 11-5　高压操作前后，沿高炉高度压力变化

11.5　喷吹燃料

高炉喷吹燃料，是指从风口喷入气体、液体和固体燃料，代替一部分焦炭，以降低焦比的一种强化冶炼的手段。根据资源条件不同，各国喷吹的燃料有所侧重。美国及俄罗斯主要喷吹天然气，而日本以重油为主，我国则以喷煤为主。我国主焦煤、肥煤资源少，气煤、瘦煤资源多，因此应以喷吹气煤和瘦煤为主。

1973 年石油危机发生后，高炉喷煤得到广泛重视。20 世纪 80 年代，形成了世界范围内的高炉喷煤建设高潮。日本喷煤始于 1980 年，英国喷煤始于 1983 年，德国喷煤始于 1985 年，都取得了良好的成绩。我国的喷煤技术在世界上处于领先地位，也是应用最普遍的国家，喷煤量最高已达 250 kg/t。

11.5.1　喷吹用燃料

喷吹所用燃料除无烟煤、焦粉外，大部分燃料的碳素都以碳氢化合物状态存在。

气体燃料有天然气、焦炉煤气等，其中以喷吹天然气最多。气体燃料输送方便，喷吹设备简单，效果良好，一些资源丰富的国家广泛采用。

液体燃料有重油、柴油、焦油等，都是液态烃的混合物。液体燃料发热值很高，喷吹效果好，置换比高，焦比降低幅度大，此外操作简便，炉况平稳，设备简单，工作可靠，所以也得到广泛应用。

固体燃料有无烟煤、肥煤、气煤和长焰煤等，用得最多的是无烟煤。煤粉价格低，喷吹量大，喷吹效果也好；但灰分较高，置换比低。

11.5.2　喷吹燃料对高炉冶炼过程的影响

（1）炉缸煤气量增加，煤气还原能力增强，燃烧带扩大。

由表11-7可见,喷吹用燃料与焦炭相比,含碳氢化合物在风口前汽化后产生大量的H_2,使炉缸煤气量增加。煤气量的增加与燃料的氢碳比有关,氢碳的比值越高,增加的煤气量越多。由于喷吹燃料的氢碳比值顺序是天然气>重油>煤粉>焦炭,因而燃烧生成的煤气量顺序也是天然气>重油>煤粉>焦炭。煤气量的增加,无疑将使燃烧带增大。

另外,煤气中含H_2量的增加也会扩大燃烧带,增强煤气还原能力。H_2的黏度和密度均小,其穿透能力大于CO(H_2的导热性是其他气体的7~10倍,黏度是其他气体的0.5倍,扩散速度是CO的3.7倍)。造成燃烧带扩大的另一原因是部分燃料在直吹管和风口内就开始燃烧,在管路内形成高温(高于鼓风温度400~800℃)的热风和燃烧产物的混合气流,它的流速和动能远大于全焦冶炼时的风速和燃烧产物的混合气流。

表11-7 风口前每公斤燃料燃烧产生的煤气体积

燃烧	炉缸煤气中各成分量/m^3			炉缸煤气生成量/m^3	$\varphi(CO+H_2)$/%	氢碳比
	CO	H_2	N_2			
焦炭	1.533	0.055	2.92	4.528	35.5	0.002~0.005
煤粉	1.408	0.41	2.64	4.458	40.8	0.02~0.03
重油	1.608	1.29	3.02	5.918	49.0	0.11~0.13
天然气	1.370	2.78	2.58	6.730	61.9	0.333

(2)煤气的分布得到改善,中心气流明显发展。

喷吹能使炉缸工作活跃,其原因主要是鼓风动能显著增大所致。由于煤粉一部分在直吹管和风口内与氧汇合而产生燃烧反应,结果极大地提高了鼓风动能,使中心气流发展。喷吹后,炉缸煤气体积增大(喷吹高灰分无烟煤时例外),煤气中H_2含量增多,渗透能力增强。

(3)炉缸冷化,炉顶温度升高、有热滞后现象。

炉缸冷化系指风口前的理论燃烧温度降低,其产生的原因是:喷入的煤粉是以冷态进入燃烧带,不似焦炭经预热已具有1500℃的高温;燃料中碳氧化合物在高温作用下,先分解再燃烧,分解反应吸收热量;燃烧生成的煤气体积大。据统计,喷吹100 kg煤粉大约降温150℃,喷吹100 kg重油约降温180℃。解决炉缸冷化的办法是进行热补偿,通常是指提高风温和富氧。

炉顶温度与单位生铁的煤气量有关,而煤气量变化又与置换比有关。置换比高时,产生的煤气量相对较少,炉顶温度上升则少;反之,置换比低时,炉顶温度上升则多。当喷吹之初,喷吹量少时,效果明显,置换比较高,炉顶温度有下降的可能。目前炉顶温度可增加50~60℃。当喷吹量过大,煤气分布失常时,炉顶温度剧升是必然现象。

燃料喷入高炉后,对炉温的影响要经过一段时间才能完全显示出来。这种现象称为"热滞后性"。喷吹燃料对炉缸温度增加的影响,要经过一段时间才能反映出来的这个时间,称为热滞后时间。产生热滞后的主要原因,是煤气中H_2和CO量增加,改善了还原过程,当还原性改善后的这部分炉料下到炉缸时,减轻了炉缸热负荷,喷吹燃料的效果才得以反映出来。热滞后的时间随高炉容积的大小、冶炼周期和喷吹用燃料种类的不同而异,一般为冶炼周期的70%左右。

热滞后时间可按下式进行粗略估算:

$$\tau = \frac{V_{总}}{V_{批}} \times \frac{1}{n} \tag{11-4}$$

式中　τ——热滞后时间,h;

$V_{总}$——H_2 参加反应区起点平面(炉身温度 1100～1200℃)至风口平面之间容积,m^3;

$V_{批}$——每批料的体积,m^3;

n——平均每小时下料批数,批/h。

当喷、停或大幅度增、减喷吹量时,由于热滞后性,炉缸热状态会出现所谓“先冷后热”和“先热后凉”现象,即开始喷吹或大幅度增加喷吹量时,炉缸先暂时变冷而后转热;相反,停止喷吹或大幅度减少喷吹量时,炉缸先变热而后转冷。因此,在高炉实际操作中,有计划的停喷或大幅度增、减喷吹量时,应按照热滞后时间,事先调整焦炭负荷使之适应,以免炉温剧烈波动。

(4) 压差升高。

高炉喷吹燃料后,炉内压差增加,且随喷吹量增加,压差有升高趋势,尤其是下部压差,如图 11-6、图 11-7 所示。主要原因是喷吹燃料后,煤气量增加,煤气流速变快,导致压差增加;另外,由于喷吹燃料代替了部分焦炭,炉料中矿石加多,焦炭负荷提高,料柱透气性相对变差,特别在高炉下部,渣、焦之比(渣量/焦炭量)升高,导致高炉下部压差增加更多。但实践表明,喷吹燃料后,由于炉缸活跃,中心气流发展,允许在较高压差的条件下操作,实际并不妨碍顺行,反而常常更易接受较大的风量和较高的风温。

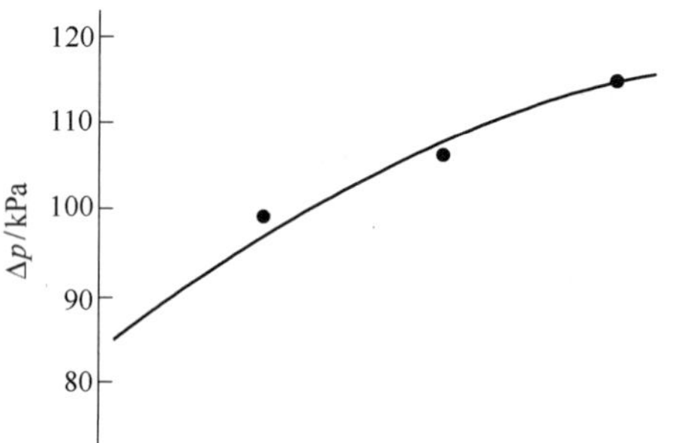

图 11-6　Δp 与喷吹量关系

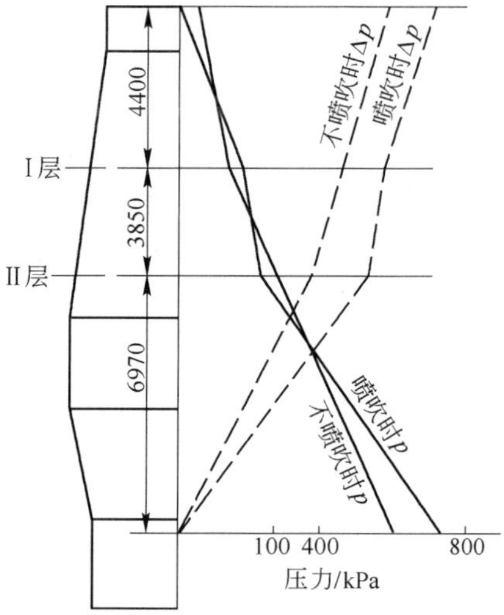

图 11-7　喷油前后 Δp 的变化

(5) 生铁质量提高。

喷吹燃料后生铁质量普遍提高,生铁含硫下降含硅更稳定,允许适当降低 w[Si],而铁水的温度却不下降,炉渣的脱硫效率 L_s 提高,因此,更适于冶炼低 w[Si] 和低 w[S] 生铁。其原因如下:

(1) 炉缸活跃,炉缸中心温度提高,炉缸内温度趋于均匀,渣、铁水的物理热有所提高,这些均有助于提高炉渣的脱硫能力;

(2) 喷油时其含硫低于焦炭,降低了硫负荷;

(3) 喷吹燃料后,高炉直接还原度降低,减轻了炉缸工作负荷,渣中 w(FeO) 比较低,有

利 L_s 的提高。

11.5.3 喷吹量与置换比

喷吹单位质量或单位体积的燃料在高炉内所能代替的焦炭的数量(千克数)称为置换比,即

$$置换比 = \frac{取代焦炭量}{喷吹燃料量} = \frac{K_0 - K}{Q} \tag{11-5}$$

式中 K_0,K——喷吹前后焦比,kg/t 铁;

Q——喷吹燃料量,kg/t 铁。

喷吹燃料的主要目的是用价格较低廉的燃料代替价格昂贵的焦炭,因此置换比是衡量喷吹效果的重要指标。置换比与喷吹燃料的种类、数量、质量、煤粉粒度、重油雾化、天然气裂化程度、风温水平以及鼓风含氧量等有关,并随冶炼条件和喷吹制度的变化而有所不同。据统计,通常喷吹燃料置换比数值:煤粉 0.7~1.0 kg/kg,重油 1.0~1.35 kg/kg,天然气 0.5~0.7 kg/m^3,焦炉煤气 0.4~0.5 kg/m^3。

喷吹效果如何,通常看喷吹物对焦炭的置换比(也称替换比),置换比高,喷吹效果就好。在其他条件不变的情况下,置换比随着喷吹燃料量的增加而降低。表 11-8 为鞍钢高炉喷油时的置换比。

表 11-8 重油置换比

油比/kg·t^{-1}	<40	40~60	60~80	>80
置换比	1.25~1.35	1.15~1.25	1.10~1.05	1.0~1.1

加大喷吹量后置换比降低的原因,主要是热补偿跟不上,理论燃烧温度降低;即使热补偿跟上,理论燃烧温度维持在合适的水平,随喷吹量增加,置换比也是递减的。同时,当煤气中 H_2 量增加到某一范围后,其利用率也下降了。

11.5.3.1 喷吹燃料能置换焦炭的原因

(1) 重油和煤粉中碳氢化合物和固定碳燃烧时,放出的热量和产生的气体产物,能够取代焦炭作为发热剂和还原剂的作用;发热值愈高,还原剂作用愈强的燃料,置换比愈高;

(2) 由于喷吹燃料后单位生铁的煤气量增加,尤其是 H_2 增多,富化了煤气,改善了间接还原,降低了直接还原度;

(3) 喷吹灰分少或不含灰分的燃料如重油,能够减少渣量,节约燃料;

(4) 由于热补偿的原因,允许高风温操作,使风口前碳素燃烧的有效热升高了。

总的说来,喷吹燃料的作用以置换焦炭为主,而降低燃料比的作用较小。所以喷吹燃料能大幅度降低焦比,而综合燃料比下降却不多。

11.5.3.2 极限喷吹量

为了获得最大的经济效益,要根据合适的置换比来确定喷吹量。这应从经济和技术两个方面来考虑。从经济方面看,当喷吹燃料的成本与节省的焦炭成本相等时,此时的喷吹量就是极限喷吹量,再增加喷吹量就会引起生铁成本升高。从技术方面看,极限喷吹量取决于

以下因素：

（1）喷吹的燃料在风口前能否完全燃烧？实践表明，喷吹量过大时，燃料的固定颗粒不能完全燃烧，炭粒（黑）将被气流带出回旋区，在成渣带黏附在初渣中，大大增加初渣黏度，恶化料柱透气性，导致炉况不顺。喷吹重油量过大时，可能还有部分未分解的重油被煤气带出炉外，不仅浪费能源，还可能堵塞洗涤塔格孔；此外，因重油不完全燃烧在风口前结焦，可能产生风管烧穿事故。

（2）必须保证不破坏炉况顺行。喷吹量过大，产生的煤气体积增加较多，加之没燃烧的炭黑使炉渣变稠，压差增大，顺行将受影响。

11.5.3.3　提高喷吹量的措施

（1）尽量缩小煤粉粒度，改善重油雾化程度，加强喷吹燃料与鼓风的混合，使喷吹燃料在燃烧带完全燃烧。

（2）尽量采用多风口均匀喷吹。均匀喷吹可以保证燃料需要的氧量，必要的燃烧温度，也可使煤气均匀分布，下料均匀，增大炉缸活跃面积，高炉容易稳定顺行。所以，均匀喷吹是充分利用燃料、增加喷吹量的重要方法。

（3）保证一定的燃烧温度，尽量提高风温，提高风口前的理论燃烧温度。

11.5.4　喷吹燃料的高炉操作特点

喷吹燃料后，高炉上部气流不稳定，下部炉缸中心气流发展，容易形成边缘堆积。所以要相应进行上下部调剂：

（1）抑制中心气流，适当疏松边缘。

上部调节措施：扩大矿石批重，增加倒装比例，适当提高料线，来抑制中心气流。

下部调节措施：扩大风口直径，缩短风口长度，以减小鼓风动能。另外，增加富氧率，提高炉顶压力等，对抑制中心气流也有一定效果。

（2）调节喷吹量以控制炉温。

高炉操作中，除可用前述的措施调节炉温外，还可用喷吹量来调节炉温。

调节喷吹量一方面改变了焦炭负荷，从而达到提高或降低炉温的目的；另一方面则相当于改变进风量的大小。这是因为，在风量不变的情况下增加喷吹量时，由于喷吹物中碳素燃烧消耗了风口前一部分氧，使参与焦炭燃烧的氧减少，从而使焦炭燃烧量减少，下料速度降低，炉温升高；反之，减少喷吹量，则炉温下降。

用喷吹量调节炉温需具备两个条件：一是计量应准确，操作应方便；二是操作者应掌握本高炉的热滞后时间。调剂方法是：向凉增加喷吹量，向热减少喷吹量，用调节量保持料速的稳定。但应注意，当炉温已凉时，则禁止增加喷吹量。

11.6　综合鼓风

在鼓风中实行喷吹燃料同富氧和高风温相结合的方法，统称为综合鼓风。喷吹燃料煤气量增大，炉缸温度可能降低，因而增加喷吹量受到限制。而富氧鼓风和高风温既可提高理论燃烧温度，又能减少炉缸煤气生成量。若单纯提高风温或富氧，又会使炉缸温度梯度增大，（燃烧焦点）温度超过一定界限，将有大量 SiO 挥发，导致难行、悬料。若配合喷吹就可避免这些问题，它们是相辅相成的。实践表明，采用综合鼓风，可有效地强化高炉冶炼，明显改善喷吹效果，大幅度降低焦比和燃料比。综合鼓风是获得高产、稳产的有效途径。

11.6.1 富氧鼓风

所谓富氧鼓风，是往高炉鼓风中加入工业氧，使鼓风含氧量超过大气含氧量，其目的是提高冶炼强度以增加高炉产量。随着高炉冶炼的技术进步，富氧可以提高理论燃烧温度，多喷吹燃料，降低焦比。富氧鼓风与喷吹燃料结合是高炉强化的有效措施。根据计算和生产统计的结果均表明，鼓风中含氧量每增加1%，可增产4%～5%，减少煤气量4%～5%，提高风口理论燃烧温度55℃，可相应增加喷吹重油9 kg/t，或者天然气8 m^3/t，或者煤粉15 kg/t。

以鞍钢高炉为例，富氧鼓风常用设备和流程如图11-8所示。高炉用工业氧气经氧气管（ϕ450 mm不锈钢管），从高炉放风阀和冷风总管上的冷风流量孔板之间接入冷风管道，因此冷风流量包含工业氧量。为了保证供氧安全，在接入冷风管道前的输氧管道上安装有两个截止阀。在两个截止阀间，装有电磁快速切断阀，可在骤然停氧时，防止冷风倒入氧气管引发爆炸事故。在电磁快速切断阀前，安有电动流量调节阀，以供调节氧量使用。由于P25Dg150截止阀经常开动，又距氧气出口较近，故其后采用一段（2.2 m）紫铜管路以保证安全。

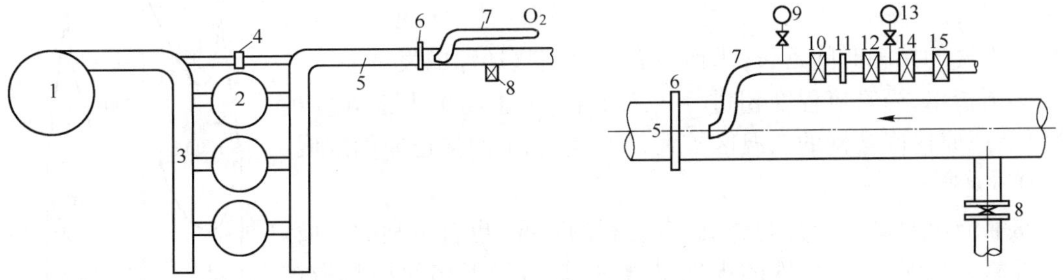

图11-8 富氧鼓风工艺流程示意图

1—高炉；2—热风炉；3—热风管；4—混风管；5—冷风管；6—冷风流量孔板；7—氧气管道；8—放风阀；9，13—压力表；10—P20Dg150截止阀；11—氧气流量孔板；12—电磁快速切断阀；14—P40Dg125电动流量调节阀；15—P16Dg100截止阀

11.6.1.1 富氧鼓风对冶炼过程的影响

A 对炉缸煤气的影响

（1）富氧鼓风可使炉缸煤气量减少。富氧鼓风时，由于鼓风中 O_2 的浓度提高，因而风口前燃烧单位碳素需要的风量减少，生成的煤气量相应减少，于是单位生铁的煤气量也自然减少。其减少程度见表11-9。

（2）富氧鼓风可使炉缸煤气中CO浓度升高。富氧鼓风时，由于所鼓风中的 O_2 浓度提高和 N_2 浓度下降，炉缸煤气成分发生变化，即炉缸煤气中CO浓度升高，其CO浓度升高程度见表11-9。

B 对高炉温度的影响

（1）提高理论燃烧温度（$t_{理}$）。从燃料在风口前的理论燃烧温度公式

$$t_{理}=\frac{Q_{碳}+Q_{风}+Q_{燃}-Q_{分}}{V_{煤}\times c_{煤}} \tag{11-6}$$

可以看出，理论燃烧温度($t_{理}$)与产生的煤气量($V_{煤}$)成反比，且与鼓风带入的热量 $Q_{风}$ 成正比。富氧鼓风时，风量和煤气量均减少，但由于风量减少 $t_{理}$ 的影响小于 $V_{煤}$ 减少 $t_{理}$ 的影响，因此，$t_{理}$ 将随鼓风中 O_2 浓度的提高而升高(见表 11-9)，从而有利于提高燃烧焦点、燃烧带和整个炉缸的温度。

表 11-9　鼓风中含氧量不同时的燃烧指标

干风中含氧量/%	燃烧 1 kg 碳的风量(湿度 1%)/m^3	燃烧 1 kg 碳产生的煤气量/m^3	炉缸煤气中 CO 含量/%	风温 1000℃时的 $t_{理}$/℃
21	4.38	5.33	35.0	2120
25	3.70	4.66	40.0	2280
30	3.09	4.04	46.2	2480

(2) 降低高炉上部温度。富氧鼓风时，由于单位生铁煤气量减少，因而煤气水当量($W_{气}$)降低，炉顶煤气温度下降，高温区和软熔带下移，中低温区扩大(见图 11-9)，高炉上部温度降低，从而减少了煤气带走的热量，有利于间接还原的发展和炉况顺行。

C　对还原度的影响

富氧鼓风可使直接还原度降低，有利于间接还原的发展。富氧鼓风后，首先由于煤气中 CO 浓度提高，煤气的还原能力提高，于是有利于间接还原的发展；其次，由于高温区下移，使中低温区扩大，炉料与煤气的接触时间延长，因而也有利于间接还原的发展。

必须指出，当富氧程度超过一定水平后，由于高炉上部温度过分降低，还原速度缓慢的低温区扩大，反而限制了间接还原的发展。

D　对高炉顺行的影响

富氧鼓风对高炉顺行的影响，有有利的一面，也有不利的一面。

富氧鼓风时，单位生铁的煤气量减少，软熔带下移而块状带扩大，高炉下部温度升高使炉缸活跃等。这些因素都有利于顺行。

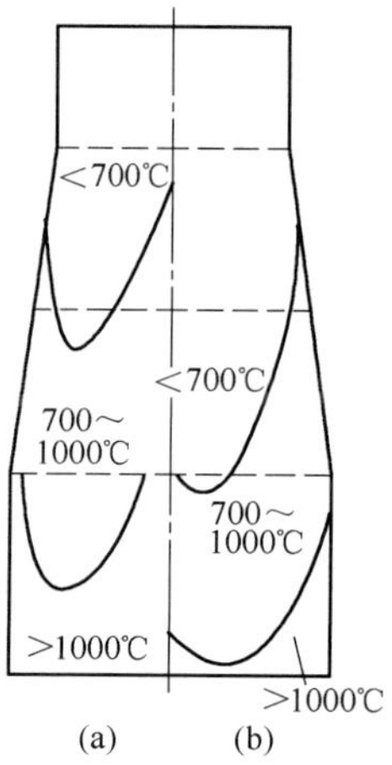

图 11-9　炉身温度
(a) 普通鼓风；(b) 富氧鼓风(含氧 27%～28%)

但当富氧程度超过一定的限度后，不利于顺行的因素将起主导作用，于是引起难行、悬料。其原因主要为：

(1) 当燃烧带温度超过 1900～2000℃时，将引起 SiO_2 的剧烈挥发，使料柱的透气性急剧变坏，从而导致难行、悬料；

(2) 炉缸温度升高，煤气体积因此而膨胀，使下部的煤气压差(Δp)增大；

(3) 由于煤气量减少和燃烧温度提高，促使燃烧带缩小，中心煤气流减弱，易造成炉缸中心堆积；

(4) 当软熔带下移到横断面比较小的炉腹时，将恶化高炉下部料柱的透气性。

生产实践表明，仅富氧而不喷吹燃料，在冶炼炼钢生铁时，当风中的氧含量超过 24%～25%后，就会引起炉况不顺。

11.6.1.2　富氧鼓风的效果

(1) 富氧鼓风可提高产量。富氧鼓风时，由于风中含氧量增加，单位生铁所需风量减少，因此，若保持风量不变，则冶炼强度提高，产量可得到增加(在焦比不变的条件下，产量可获得与冶炼强度相同的增加值；在焦比降低的条件下，产量可更多地增加)。同时，由于鼓风带入氮量减少，产生的煤气量减少，使得压差降低，有利于顺行，因而产量提高。

（2）富氧鼓风可降低焦比。这是因为：① 富氧鼓风时，由于单位生铁炉顶煤气量减少，炉顶煤气温度降低，因而炉顶煤气带走的热量减少；② 煤气中 CO 浓度提高，同时中低温区扩大，有利于间接还原的发展；③ 在一定的富氧率下，有利于炉况顺行，从而提高煤气利用率。生产实践表明，在一定的富氧率范围内，鼓风中 O_2 浓度每提高 1%，约降低焦比 1%。

（3）富氧鼓风能提高喷吹燃料的效果。富氧鼓风后，由于单位生铁生成的煤气量减少，炉顶煤气温度降低，高炉中低温区扩大，高温区下移，$t_{理}$ 升高，使高炉竖向温度发生变化——高炉上部变冷，下部变热。这种影响与喷吹燃料的影响正好相反，因而富氧鼓风与喷吹燃料相结合，能相互取长补短，从而使喷吹燃料和富氧鼓风达到最佳的效果。

11.6.2 加湿鼓风

1927～1928 年，苏联曾用加湿鼓风作为高炉炼铁的调节手段。1939 年，库兹涅茨克钢铁公司使用加湿鼓风量为 16～32 g/m³，高炉产量提高了 10%～15%，焦比降低了 1.45%～3.4%。以后加湿鼓风作为稳定风中湿分、增加风温和产量的一种强化手段而得到推广。

我国于 1952～1953 年在鞍钢使用加湿鼓风，产量增加了 4.15%，焦比降低了 2.16%，加湿鼓风随之得到普遍推行。但到 60 年代喷吹燃料技术兴起，高风温已作为必须的热补偿措施，加湿鼓风就逐渐停止使用了，并进而代之以脱湿鼓风。不过在无喷吹燃料的高炉上，加湿鼓风仍不失为一种调节和强化高炉冶炼的手段。

加湿鼓风是往鼓风中加入水蒸气，使鼓风中所含湿度超过自然湿度，用于调节炉况和强化冶炼。通常是在冷风放风阀前（鼓风机与放风阀之间）将水蒸气加入冷风总管中，进行鼓风加湿。

11.6.2.1 加湿鼓风对冶炼过程的影响

生产实践表明，加湿鼓风后炉况更顺行。这是由于炉缸中的水蒸气在炉缸燃烧带发生分解反应：

$$H_2O = H_2 + \frac{1}{2}O_2 \qquad -242039\ \text{kJ} \qquad (11\text{-}7)$$

或

$$H_2O + C = H_2 + CO \qquad -12447\ \text{kJ} \qquad (11\text{-}8)$$

反应过程中吸收大量热量，致使燃烧温度降低，炉缸温度发生变化。在燃烧焦点，水分分解进行得最剧烈，因而降低了燃烧焦点温度，消除了过热区，使 SiO 挥发减弱，于是有利于防止因高风温或炉热引起的难行和悬料；同时，使燃烧温度均有所降低，也就使炉缸煤气温度有所降低，因而煤气体积和煤气流速减小，从而有利于顺行。

此外，大气鼓风中含有一定的水分（自然湿度一般为 1%～3%），但大气湿度在不同季节或昼夜之间是波动的，这势必造成高炉热制度的波动。加湿鼓风可以使鼓风湿度稳定在一定水平，消除这种波动，显然也有利于稳定炉况。

随着鼓风湿度的提高，煤气中还原剂浓度将增加，于是煤气的还原能力提高，有利于间接还原的发展，降低直接还原度。

11.6.2.2 加湿鼓风的效果

由于加湿鼓风使鼓风的含氧量提高，可以认为，加湿鼓风实际上是富氧鼓风的一种形式。因此,鼓风在一定加湿程度下也可以提高冶炼强度,从而提高产量。

干风的含氧量为21%,水蒸气的含氧量为50%($2H_2O = 2H_2 + O_2$)。于是水蒸气与干风的含氧量之比为50%/21% =2.38。即1单位体积水蒸气的含氧量为1单位体积干风含氧量的2.38倍。因此,鼓风中湿度每增加1%,相当于增加干风1.38%,即可以使冶炼强度提高1.38%;在焦比不变的条件下,产量可提高1.38%。

鼓风在一定加湿程度下,可以降低焦比,其主要原因是:

(1)有利于炉况顺行,故有利于提高煤气的利用率;

(2)有利于高炉接受高风温,这样鼓风中 H_2O 消耗的热量可以由提高风温补偿,而 H_2O 分解产生的 H_2,一部分在上升过程中参加间接还原再度变成 H_2O,其放出的热量可以被高炉利用,相当于增加了热收入;

(3)直接还原度降低;

(4)产量提高,可以减少单位生铁的热耗。

由上述讨论可知,鼓风中水的含量不仅对高炉热制度有影响,而且对顺行和冶炼强度等也有影响。

11.6.3　脱湿鼓风

脱湿鼓风与加湿鼓风正好相反,它是将鼓风中湿分脱除到较低水平,使其鼓风湿度保持在低于大气湿度的稳定水平,以增加干风温度,从而稳定风中湿度,提高 $t_{理}$ 和增加喷吹量。显然,脱湿鼓风一方面降低了鼓风的水分,因而可减少水分分解耗热;另一方面又消除了大气湿度波动,对炉况稳定有利。因此,脱湿鼓风能取得很好的效益。

1904年,美国就在高炉上进行过脱湿鼓风试验,湿风含水由26 g/m³降到6 g/m³,风温由382℃提高到465℃,高炉产量增加25%,焦比下降20%。但因脱湿设备庞大,成本高,一度未得到发展。20世纪70年代以来,由于焦炭价格暴涨,脱湿设备已臻完善,脱湿鼓风才又被一些企业使用。

目前脱湿设备有干式、湿式、热交换式和冷冻式4种。

11.6.3.1　氯化锂干法脱湿

采用结晶LiCl石棉纸,过滤鼓风空气中的水分,吸附水分后生成 $LiCl_2 \cdot H_2O$,然后在将滤纸加热至140℃以上,使 $LiCl_2 \cdot H_2O$ 分解脱水,$LiCl_2$ 则再生循环使用。这种脱湿法平均脱湿量可达到7 g/m³。

11.6.3.2　氯化锂湿法脱湿

采用浓度为40% LiCl水溶液,吸收经冷却的水分,LiCl液则被稀释,然后送到再生塔,通蒸汽加热LiCl的稀释液,使之脱水再生以供使用。此法平均脱湿量可以达到5 g/m³。湿法脱湿鼓风工艺流程如图11-10所示。

11.6.3.3　冷冻法脱湿

冷冻法是随着深冷冻技术的发展而采用的一种方法。其原理是用大型螺杆式泵把冷媒(氨或氟利昂)压缩液化,然后在冷却器管道内气化膨胀,吸收热量,使冷却器表面的温度低于空气的露点温度,高炉鼓风温度降低(夏天可由32℃降到9℃,冬天可由16℃降到5℃),饱和水含量减少,湿分即凝结脱除。

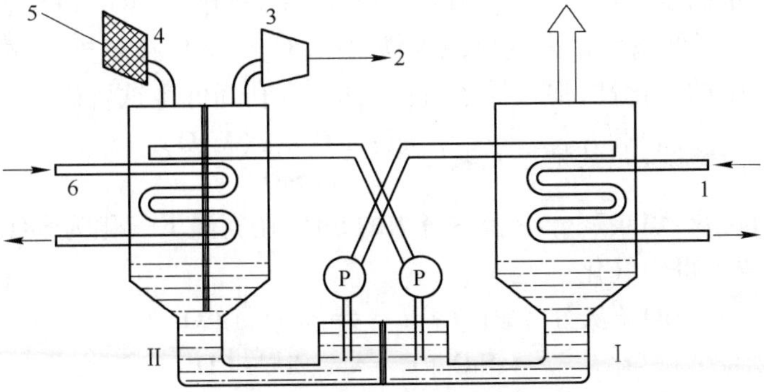

图11-10 湿法脱湿鼓风工艺流程

Ⅰ—再生塔;Ⅱ—脱湿塔(40% LiCl水溶液)

1—蒸汽加热蛇形管;2—高炉;3—风机;4—过滤器;5—处理空气;6—换热器

宝钢采用冷冻法脱湿装置,在鼓风机吸入侧管道上,安装大型冷冻机,作为脱湿主要装置。此法易于安装和调节,尤以节能和增加风量为最大优点。表11-10为宝钢脱湿装置的主要参数。

表11-10 宝钢脱湿装置主要参数

项目		工况	
		夏季平均最高(设计条件)	年平均
脱湿前	空气量/$m^3 \cdot min^{-1}$	7900	7900
	温度/℃	32	16
	相对湿度/%	83	80
	含湿量/$g \cdot m^{-3}$	32.5	12.9
脱湿后	温度/℃	8.5	2.5
	含湿量/$g \cdot m^{-3}$	9.0	6.0

11.7 其他强化措施

11.7.1 低硅生铁冶炼

冶炼低硅生铁是增铁节焦的一项技术措施,炼钢采用低硅铁水,可减少渣量和铁耗,缩短冶炼时间,获得显著经济效益。近20年来,国内外高炉冶炼低硅铁,每降低$w[Si]$ 0.1%,可降低焦比4~7 kg/t。

目前,日本生铁含硅量已降到0.2%~0.3%,名古屋3号高炉(3424 m^3)在1985年生铁中$w[Si]$就降到0.12%。我国大型高炉在1978年生铁含硅为0.78%,到1980年降至0.6%左右。我国大部分高炉,如武钢、杭钢、首钢、马钢等厂,生铁含硅一般为0.3%~0.4%,其中杭钢1983年9~11月,平均只有0.21%~0.22%。

控制生铁含硅量的方法有:

（1）控制硅源。设法减少从 SiO_2 中挥发的 SiO 量以降低生铁的含硅量，控制渣中 SiO_2 的活度，降低风口前的燃烧温度和提高炉渣的碱度。

（2）控制滴落带高度。因为生铁中的硅量是通过上升的 SiO 气体与滴落带铁水中的[C]作用而还原的。降低滴落带高度可减少铁水中[C]与 SiO 接触机会，故有利低硅冶炼。

（3）增加炉缸中的氧化性，促进铁水脱硅反应，有利降低生铁含硅量。

（4）控制好炉渣碱度，尤其是三元碱度$\frac{w(CaO)+w(MgO)}{w(SiO_2)}$。

硅在高炉中的反应：焦炭灰分中和炉渣中的 SiO_2 在高温下气化为 SiO，由于灰分中 SiO_2 的条件优于炉渣，故先得到气化：

$$SiO_2(\text{灰分、渣中}) + C = SiO_{\text{气}} + CO \tag{11-9}$$

$$SiO + C = [Si] + CO \tag{11-10}$$

$$SiO_2 + 2C = [Si] + 2CO \tag{11-11}$$

渣中的 MnO、FeO 等通过下列反应可消耗铁水中的[Si]，因而降低生铁含硅量：

$$[Si] + 2[MnO] = SiO_2 + 2[Mn] \tag{11-12}$$

$$[Si] + 2[FeO] = SiO_2 + 2[Fe] \tag{11-13}$$

$$[Si] + 2[CaO] + 2[S] = (SiO_2) + 2[CaS] \tag{11-14}$$

通过硅在高炉内的反应可以得出，实际生产中冶炼低硅生铁的具体操作如下：

（1）选择合适的炉渣碱度。国内外冶炼低硅生铁高炉的二元和三元碱度如表 11－11 所示。

表 11－11　冶炼低硅铁时的炉渣碱度

厂　名	$w[Si]$	$w(CaO)/w(SiO_2)$	$w(CaO+MgO)/w(SiO_2)$	$w(MgO)$
杭　钢	0.21	1.15～1.20	1.45～1.60	10.4～14.85
首　钢	0.29	1.06	1.37	11.10
马　钢	0.40	1.09	1.42	10.76
唐　钢	0.29	1.04	1.51	15～16
日本水岛 2 号炉	0.17～0.31	1.23	1.45	7.6
瑞典 SSAB	0.27～0.31	0.97	1.54	16.3
日本福山 3 号炉	0.27	1.28		7.3

（2）依靠良好高温冶金性能的原料降低软熔带和滴落带位置。

（3）采用较大的料批控制边缘与疏松中心的装料制度。

（4）稳定的炉料成分，改善焦炭质量，加强原料的混匀、过筛与分级，是冶炼低硅生铁的可靠基础。

（5）充分发挥渣中 MnO 的作用；或者从风口喷吹矿粉、轧钢皮等，利用其 FeO 在炉缸脱硅。

11.7.2　延长高炉寿命

近年来，大量强化措施和新技术使高炉生产能力得以提高，与此同时，高炉寿命也随之缩短，因此，延长高炉寿命十分重要。高炉一代寿命多取决于炉身寿命，炉身破损到一定程度就必须大修或改建，即为一代炉龄。日本 20 世纪 70 年代末期所建高炉，寿命都在 10 年以上。鹿岛3号高炉炉龄为13年5个月，每1 m^3 炉容一代炉役产铁量突破7000 t。80年代所建或改建的高炉寿命，设计目标都在15年。英、德等国高炉设计寿命都在13年以上。现在世界上寿命最长高炉炉龄已达20年以上，一代炉役每1 m^3 炉容产铁量达到13000 t。我国高炉炉龄参差不齐，大型高炉设计的一代炉龄一般为8～10年，目前寿命最高的炉龄已达13年以上，每1 m^3 炉容产铁量近10000 t。我国已有不少不中修的高炉炉龄达到10年以上，每1 m^3 炉容产铁9000 t以上；小高炉中也有长寿者，如苏州钢铁厂的94 m^3 高炉，寿命长达11年以上；有的炉龄则只有2～3年。炼铁高炉采取高强度冶炼的条件下，我国高炉炉龄大约在5、6年，与国外高炉炉龄相比，有一定的差距。

11.7.2.1 延长高炉寿命的措施

（1）合理的高炉设计，改善耐火材料材质。炭砖导热性好，设计炉底结构时，应将其放在炉底下部边沿，炉底周围强化冷却有助于形成渣皮，防止炉缸烧穿。目前广泛采用综合炉底，高铝砖在炉底中间，炭砖在炉底边沿。武钢4号高炉采用全炭砖薄炉底，实现了长寿。近年来有采用炭砖与石墨化炭砖设计的炉底，炉身下部与炉腹采用氮化硅砖与碳化硅砖。20世90年代，开始试用新开发的高铝炭砖高炉内衬。

（2）改善冷却方式。当前总的发展趋势是强化冷却，有的高炉曾采用汽化冷却，但效果不够理想，有待深入研究。首钢、太钢等厂采用软水密闭循环冷却水，使用软化水强制循环冷却，防止结垢损坏冷却壁与冷却板，效果较好。

（3）改进冷却器的材质与结构。使用铁素体球墨铸铁冷却壁或铜冷却板；改变冷却壁间的铁屑填料为碳素耐火材料；也有采用可锻铸铁镶入碳化硅－氮化硅砖；改善四个角等部位的冷却；用双层水管；在Γ形与鼻形冷却壁的凸缘部位另设水管等。

（4）调节布料与煤气流分布，防止冷却壁损坏，也起到延长炉衬寿命的作用。例如，日本使用布料分布控制技术，当冷却壁温度升高到一定程度时，即用细粒炉料压制边沿，发展中心。

（5）采用喷补技术，如喷浆与灌浆技术的应用，可延长寿命几个月至2年。有的高炉在炉喉与炉身上部采用光面冷却壁，可保持炉壁的光滑，免除喷补。

11.7.2.2 炉缸炉底用钛化物护炉

近年来，我国高炉有采用含钛物料补炉和护炉的，对延长炉底和炉缸寿命有明显效果。这种方法既可在炉底和炉缸侵蚀比较严重时使用，也可供正常生产的大型高炉与强化操作的高炉使用。湘钢、武钢、首钢、本钢等近年来采用钒钛矿护炉，均取得明显效果。日本高炉在正常生产时，炉渣含 TiO_2 大约在1.5%左右。

复习思考题

11-1 高炉强化冶炼的目的和途径是什么？

11-2 什么是精料，为什么说精料是高炉强化冶炼的基础？

11-3 提高风温对冶炼过程的影响有哪些？

11-4　高炉接受高风温的条件是什么？
11-5　提高风温的途径有哪些？
11-6　提高风温为什么能降低焦比，两者有何关系？
11-7　什么是高压操作，高压操作对生产过程的影响有哪几方面？
11-8　采用高压生产后，高炉的操作特点是什么？
11-9　高炉可喷吹的燃料有哪些，我国以哪种燃料喷吹为主？
11-10　喷吹燃料对高炉冶炼过程的影响？
11-11　喷吹燃料的高炉操作特点是什么？
11-12　什么是置换比，为什么说它是喷吹效果的重要标志？
11-13　什么是热滞后性，喷吹不同燃料时热滞后有何不同？
11-14　什么是富氧鼓风，它对高炉冶炼的影响有哪几方面？
11-15　高风温和富氧鼓风都可以提高炉缸温度，但有什么不同？
11-16　加湿鼓风对高炉冶炼有什么影响？
11-17　什么叫脱湿鼓风，脱湿鼓风的方法有哪几种？
11-18　为什么要提倡低硅生铁冶炼，怎样才能炼得低硅生铁？
11-19　为何强调延长高炉寿命，应采取什么措施？

12 高炉特殊操作

12.1 高炉开炉

12.1.1 概述

开炉是高炉一代寿命的开始，它直接影响着高炉投产后能否在短期内达产达效，同时也是影响高炉使用寿命的关键。新开高炉实际上是一个静态与动态相互转换的启动过程，它牵涉面很广，不容许有任何漏洞。

高炉开炉主要包括如下内容：

（1）设备联动试运转、负荷试运转；

（2）热风炉烘炉；

（3）高炉烘炉；

（4）高炉填充枕木；

（5）高炉装填充料和高炉开炉送风，并转入正常生产等各项工作。

高炉开炉能否快速高产，除了要掌握大型高炉日常强化冶炼操作技术外，还需要具备开炉装料组合精确计算、装料过程中的测量与调整、不同时间加风速度的确定、第一次出铁时间的正确计算、开炉初期操作特点的了解和开炉过程可能出现设备故障时的炉内操作应变等能力，才能确保高炉开炉按计划顺利进行。

宝钢炼铁工作者通过5次高炉的开炉实践，已经掌握了大型高炉开炉快速高产技术。2005年4月27日，4号高炉（有效容积4350 m^3）点火开炉。投产后第一炉铁是先见铁后见渣，渣铁畅流，炉渣碱度合理，炉温充沛，没有出现一般开炉时常见的炉渣凝结，堵满渣沟，需要大量人工清理的状况。高炉开炉加风过程完全按计划进行，加风速度比宝钢1号高炉还要快，软熔带形成期间没有减风。点火投产后经过6天，日产就达到9800 t（高炉利用系数2.253）。此后一个月的平均日产超过10000 t，从开炉快速平稳地过渡到了正常生产。

4号高炉开炉第一炉铁量达到212 t，在短时间内达到高产、高煤比和低燃料比的正常生产水平，炉内透气性指数和高炉顺行良好，并能够快速降低生铁含硅量。在一座新建大型高炉上能取得这些成绩，既是高炉建造高水平的体现，更是对高炉开炉、操作等综合技术掌控能力的体现。

12.1.2 设备验收及试车

试车的范围很广，凡是运转设备都须进行试车。试车的目的就是要把问题尽量暴露在投产之前，并加以解决。试车可分为单体试车、小联动试车及系统联动试车；又可分为空负荷试车和带负荷试车。试车顺序是由单体到系统联动，由空负荷联动试车到带负荷联动试车，只有带负荷联动试车成功后，才能开炉生产。试车项目有下列5项：

（1）鼓风机、水泵及电器设备在安装完毕后，应进行不少于 8 h 的试车，只有合乎规定要求后才能验收。

（2）试水。高炉整个冷却系统的各种冷却器、风口、渣口及管道、热风炉的热风阀及烟道阀均要按试水标准，即各部水量和水压是否达到规定标准；各进出水管网是否畅通，不向炉内漏水，也不向炉外漏水；各水槽是否畅通，不向外溢水等标准进行连续 8 h 的通水试验。如果各冷却器均达到标准，即可通过验收。试水时要求检查人员应按规定内容、顺序和方法进行检查，对每个水头的进出水状况都要查清，对检查项目、过程和结果都要有详细的记录。

试水方法是先将各冷却器阀门关闭，将水头接至配水器，并打开配水器下面的卸水阀门，先将管道内杂物冲洗干净，然后关上卸水阀门。从炉缸开始，逐个打开冷却器阀门，将水引入各个冷却器，直至最上层冷却器为止。逐层检查。全部通水后，再检查供水能力与总排水是否畅通。

（3）试风。开炉前试风，主要是检查送风系统的管道及阀门是否严密，各阀门是否灵活可靠。开动鼓风机使风压达到最高水平，先试冷风管道，再试每座热风炉的各阀门及炉壳，然后试冷风阀门、冷风调节阀及热风支管及直吹管，最后送入高炉。试风前应先将高炉各风口直吹管卸下，用钢板将各风口弯头封死，然后打开各风口窥视孔。试冷风及热风管道时，将各热风炉的热风阀和冷风阀关严，打开混风阀，通过风机控制一定的送风压力，然后检查管道，发现漏风处要做好标记，以便试风后进行修补。管道试风完毕后，将热风炉的废气阀打开，如发现有风，则说明冷风阀或热风阀可能漏风，需进入热风炉内检查漏风情况。最后试烟道阀，给热风炉送一定的风量，关冷风阀及热风阀，10 min 后，根据风压下降情况检查烟道阀是否漏风。同时可进行热风炉炉体的漏风检查。只有各管道、阀门、炉壳不漏风，各阀门开关灵活，能达到设计要求时，试风合格通过。

（4）试气。高炉使用蒸汽的地方不多，主要是煤气管网系统与保温系统。试气时，事先将蒸汽管阀门打开，然后再将蒸汽引入高炉汽包，以便将凝结水排除。再逐个打开通往煤气管道的蒸汽阀门，并打开相应的放散阀，检查蒸汽是否畅通，阀门是否灵活、严密，压力是否达到设计水平。

（5）试炉顶装料设备、卷扬及整个装料系统。对主卷扬机、探尺、炉顶液压系统、布料器、料车、称量秤斗及皮带运输机等设备进行不少于 8 h 的连续试车；对无料钟炉顶各阀门和旋转溜槽进行试车，各设备性能必须达到设计要求。

12.1.3　烘炉

烘炉包括两部分：热风炉烘炉和高炉本体烘炉。烘炉的作用是缓慢地除去耐火材料砌体内的水分，提高内衬的固结强度；避免开炉时因升温过快水汽快速逸出，致使砌体爆裂或砌体剧烈膨胀而损坏设备。高炉烘炉的重点是炉缸和炉底，烘炉升温的原则是前期慢、中期平稳、后期快。

12.1.3.1　*热风炉烘炉*

热风炉烘炉除有排除砖衬水分的目的外，还有使热风炉升温到工作温度的目的。热风炉的烘炉方法有两种：没有燃气或燃气量不足的固体燃料烘炉和利用煤气烘炉。

A 没有燃气或燃气量不足的固体燃料烘炉

在新建高炉没有燃气或燃气量不足时,只能用固体燃料烘炉。在热风炉外搭一个简单的炉灶,靠燃烧木柴、煤或焦炭来产生高温烟气,由热风炉燃烧口引入燃烧室,再进入蓄热室及烟道,最后由烟囱排出。烘烤必须按规定的程序和升温曲线进行,主要是通过抽入的高温烟气量来控制烘炉温度。采用此法,炉顶温度能升高到600~700℃,每1 m^2 加热面积需耗煤5~6 kg。

B 利用煤气烘炉

煤气烘炉法操作简单,但炉内温度低,须在燃烧室内加一些木柴等易燃物保持明火,以免煤气熄灭。此法能将顶温烘到900~1000℃,每1 m^2 加热面积要消耗高炉煤气35~40 m^3。

烘炉初期,先在燃烧室搭起木柴并点燃烘烤,利用烟道阀控制拱顶温度缓慢上升(不超过150℃),然后过渡到燃烧煤气,此时可按烘炉升温曲线进行。

热风炉的烘炉升温曲线如图12-1所示。

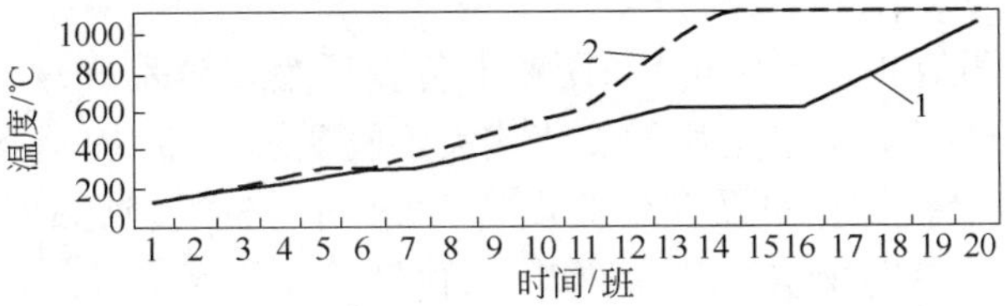

图12-1 热风炉烘炉升温曲线

(1) 新建和大修的热风炉按曲线1进行。先用木柴烘烤烟道和燃烧室,然后用高炉煤气烘炉。初期炉顶温度不应超过150℃,以后顶温每班(8 h)升温30℃;达到炉顶温度300℃时恒温两个班(16 h);然后炉顶温度再以每班50℃的速度升温至600℃,在600℃再恒温2~4个班(16~32 h);最后再以每班100℃的升温速度烘到900~1000℃以上,就可以供高炉使用了。

(2) 局部改建或中修的热风炉可按曲线2烘炉。先在火井内点燃木柴,然后用高炉煤气烘炉。初期炉顶温度不高于150℃,以后按40℃/班升温到300℃,保温8 h,然后以60℃/班升温到600℃,再以150℃/班的速度升温达到所规定的炉顶温度。

C 烘炉的要求

(1) 烘炉前要根据新建、局部改建或中修的不同情况,设计出不同的烘炉方案,画出各自的烘炉曲线图;

(2) 在烘炉期间,要连续进行,否则将会影响热风炉的寿命;

(3) 可利用烟道阀的开度和调节空气与煤气量的方法来控制升温速度,实现烘炉曲线;

(4) 烘炉期间应定期取样分析废气中的水分。

D 烘炉的注意事项

(1) 新建或大修后的热风炉,烘炉前应先烘烤烟道。在烘炉期间如发生中断烘炉时,应放入木柴保持明火,以防煤气爆炸;

(2) 利用煤气烘炉时,开始必须先点燃木柴,然后再向木柴火焰上送煤气,以防煤气爆炸;

(3) 烘炉前必须把热风炉的地脚螺栓松开；在烘炉期间，必须经常检查各螺栓的情况，发现炉壳上胀顶到螺母时，应及时将螺母松开，以防炉壳胀裂；

(4) 烘炉期间要严格按照烘炉计划温度曲线升温，严格执行烘炉制度，操作时应利用烟道阀、风量调节阀和煤气调节阀来控制加温速度；

(5) 在烘炉的低温段(低于150℃)要注意保持明火，以防火焰熄灭，发生煤气事故；

(6) 烘炉期间严禁一烘一停，以免砖墙破裂；因此必须经常检查煤气压力及火焰情况，并以焦炉煤气为辅助燃料，以防在高炉煤气不足时作为备用；

(7) 烘炉时烟道温度不得超过正常的规定值；

(8) 烘炉期间要定期取样分析废气成分和水分；

(9) 炉顶温度达到700～800℃时，可以烘高炉；达到900～1000℃时，可以送风。每次试通风后再次燃烧时，炉顶温度升高的数值应根据具体情况而定，一般控制在40～50℃。不允许一次送风后就转为正常的最高温度，而应通过几次送风后，方可达到正常规定的最高温度数值，以免发生烘炉事故。

案例：

首钢京唐公司1号高炉(5500 m^3)采用的卡鲁金顶燃式热风炉，是首次在5000 m^3 以上特大型高炉上应用。热风炉均采用喷射旋流式无焰陶瓷燃烧器，19孔×孔径30 mm的高效格子砖，高性能Mo合金铸铁炉箅及支柱等设备，每1 m^3 格子砖加热面积高达48.0 m^2。通过烟气余热回收装置预热助燃空气及高炉煤气，再经2座顶燃式预热炉预热助燃空气后，在全烧高炉煤气时，热风围管处送风，风温高达1300℃。高温阀门使用纯水密闭循环冷却，通过采用优质耐材和优化炉体结构，热风炉寿命达高炉两代炉役。2008年9月8日，热风炉开始用焦炉煤气进行烘炉。按照升温计划表，通过调节煤气量、助燃空气量和控制烟道阀开度的方法控制升温速度。温度波动范围不大于每小时的升温速度。热风炉烘炉持续到2008年10月9日，共计31天。根据硅砖热风炉的特性，热风炉烘炉温度控制见表12-1。

表12-1　京唐1号高炉热风炉烘炉温度控制

温度范围/℃	升温速度/℃·h^{-1}	时间/h	累计时间/h
40～100	2.0	30	30
100	0	84	114
100～300	0.5	400	514
300～400	1.5	67	581
400～700	4	75	656
700～1200	7	72	728

12.1.3.2　高炉烘炉

高炉烘炉主要目的是排除新砌炉衬中的水分，以防开炉时因急剧升温而损坏炉衬。烘炉的重点是炉缸和炉底。烘炉是开炉前一项重要工作，要保证必需的烘炉时间。烘炉时间不足，不仅损害炉衬，缩短高炉一代寿命，而且影响高炉开炉。

A　烘炉条件

(1) 热风炉烘炉完毕，已经具备正常生产的条件。

（2）高炉、热风炉、煤气系统试压、试漏均合格，存在的问题已得到解决。

（3）高炉、热风炉、上料系统已经过联动试车，具备开炉条件。

B 烘炉前的准备工作

（1）砌筑好铁口砖套，制作好铁口泥套。

（2）炉底铺设好保护砖，可根据高炉有效容积大小及炉底结构，制作并安装风口、铁口烘炉导管。烘炉导管为“Γ”形，下端为喇叭口，导管直径 ϕ108 mm。风口导管应伸到炉缸半径 2/3 处，距炉底 1 m 左右，一般有 1/3 ~ 2/3 的风口装上导管就可以了。铁口导管伸到炉底中心，伸入炉缸内的部分要钻些小孔，上面加一些防护罩，防止装料时炉料落入堵塞小孔。

（3）安装炉缸、炉底表面测温计。

（4）对于无料钟炉顶，要检查气密箱冷却水的水量、水压是否达到规定要求，检查气密箱中的 N_2，管路系统是否正常，压力是否能保证生产需要。

（5）烘炉前一个班，高炉炉体各冷却设备、风口、渣口通水，风口、渣口通水量为正常水量的 1/4，冷却壁水量为正常水量的 1/2。

C 烘炉方法

烘炉方法如表 12-2 所示。高炉采用热风炉烘炉示意图如图 12-2 所示。

表 12-2 高炉烘炉方法

热 源	使用条件	方 法	特 点
固体燃料（煤、木柴）	无煤气	在高炉外砌燃烧炉，利用高炉铁口、渣口作燃烧烟气入口，调节燃料量及高炉炉顶放散阀开度来控制烘炉温度；或直接将固体燃料通过铁口和渣口直接送入炉缸中，在炉缸内燃烧，调节燃料量来控制烘炉温度	烘炉时间长，温度不易控制
气体燃料（煤气）	无热风	在高炉内设煤气燃烧器，调节煤气燃烧量来控制	热量过于集中，并须注意煤气安全
热 风	通常采用	1. 风口安装烘炉导管，按单双号风口交叉布置，除一根可伸入炉缸中心外，其余相间伸入炉内炉缸半径的 1/2 处和 1/4 处（见图 12-2）； 2. 对 350 m^3 以下的高炉可不设烘炉导管，直接从风口吹入热风，但须在炉缸设一钢架，上置钢板，高度超过风口，该挡风钢板与炉墙的间隙约 300 mm 左右。对更小的高炉只用设铁口废气导出管即可	最方便，不用清灰，烘炉温度上升均匀，且易控制，烘炉比较安全

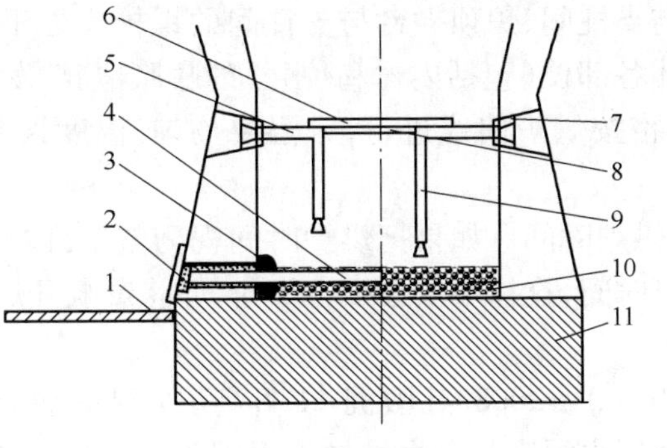

图 12-2 高炉采用热风炉烘炉示意图

1—主铁沟；2—铁口泥套；3—泥炮；4—铁口煤气导出管；5—短烘炉弯管；6—烘炉盖板；7—风口；8—固定弯管拉筋；9—长烘炉弯管；10—块状干渣；11—耐火砖

用热风炉烘炉一般有两个温度相对稳定区：一是黏土砖在300℃左右膨胀系数较大，在此应恒温2～3个班（16～24 h）；二是500℃左右稳定到烘炉结束开始降温为止。黏土砖或高铝砖砌筑的高炉，最高风温不超过600℃。炭砖砌筑的高炉，最高风温不超过400℃。为了保护炉顶设备，烘炉期间炉顶温度不超过400℃，无料钟炉顶不超过300℃。

烘炉升温速度在300℃以前为10～15℃/h，在300℃到600℃之间为15～30℃/h。利用热风炉烘炉初始风温一般为100℃左右，初始风温低时提高较快，初始风温高时提高较慢。

烘炉风量可以从正常风量的1/4开始，然后逐渐增大至3/4甚至大于正常风量。也可以开始稍大一些，然后减小。为了保护炭素砌体及炉顶设备，宜使用较低风温和较大风量。

烘炉终了时间应根据炉顶废气湿度来判断，当废气湿度等于大气湿度后，稳定两个班（16 h）以上，以保证达到烘干程度。达到烘干后，以40～50℃/h的速度降温至150℃以下，烘炉即可结束。一般烘炉时间应是5～10天，烘炉曲线见图12-3。

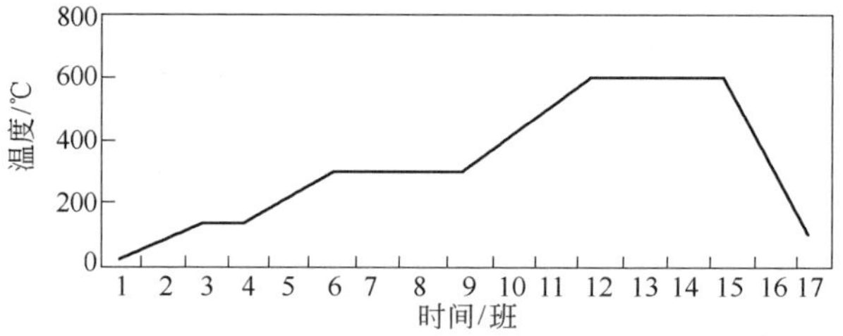

图12-3　高炉烘炉曲线

D　烘炉注意事项

（1）烘炉前要打开炉壳上的灌浆孔、探瘤孔等，以排出水汽，待烘炉完毕后再封闭；炉体冷却设备通水量要减少（通水量为正常水量1/4）。关闭煤气切断阀及大、小钟。炉顶放散阀轮流开启其中之一，每个开启时间约为4 h，以求升温均匀。

（2）炭捣和炭砖砌筑的炉缸炉底，烘炉前应在其表面砌筑一层黏土砖加以保护；铁口区用炭砖砌筑，烘炉前铁口通道应以不可燃物质堵严实；炉身用炭砖砌筑部分，烘炉前涂保护层，以防止烘炉过程中炭素炉衬氧化。

（3）烘炉中，托圈与支柱间、炉顶平台与支柱间的螺栓应处于松弛状态，以防胀断。要设置膨胀标志，检测炉体各部位（包括内衬和炉壳）的膨胀情况，发现问题及时处理。

（4）烘炉期间要严格按烘炉曲线进行，升温要均匀，温度误差不大于15℃，严禁一停一烘。

（5）烘炉必须保证烘炉时间。如果把烘炉时间视为整个开炉工作的缓冲段，哪一个环节拖后了，就从烘炉中挤时间，这样不仅会损害炉衬，亦将影响开炉。

案例：

京唐1号高炉（5500 m^3）。2008年10月11日高炉安装烘炉导管，烘炉导管外径略小于风口内径，与风口的间隙用水泥密封。烘炉导管下端为喇叭口。2008年10月18日高炉使用热风炉烘炉，烘炉曲线的温度控制以热风温度为准，以风量为调剂手段，以炉顶温度相制约，按烘炉曲线进行烘炉。烘炉风量控制在3000～6000 m^3/min。高炉烘炉到11月4日结束，共用时 410 h。高炉烘炉曲线如图 12-4 所示。

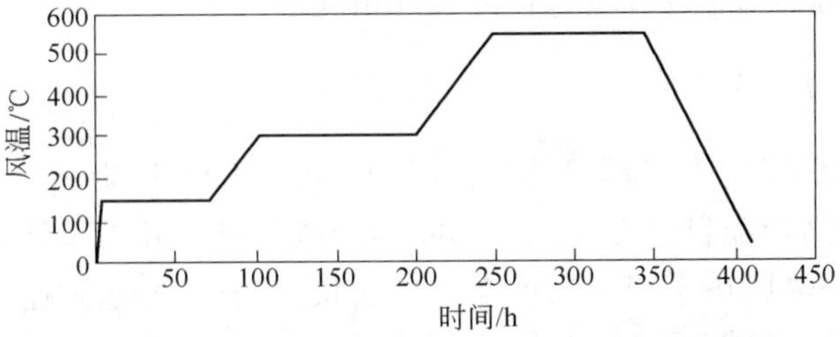

图 12-4 京唐 1 号高炉烘炉曲线

12.1.4 开炉前的准备工作

在高炉开炉前，必须对保证连续作业的相关条件进行仔细检查和确认。为实现顺利开炉，需要做好以下几方面的准备工作。

12.1.4.1 编制开炉工作网络图

为了保证开炉工作能够有条不紊地进行，应协调各部门之间的工作，努力做到工程用时少、速度快、质量高、达到最优配合。图 12-5 是一个仅供参考的原料、烧结、高炉三元生产准备阶段进度表。

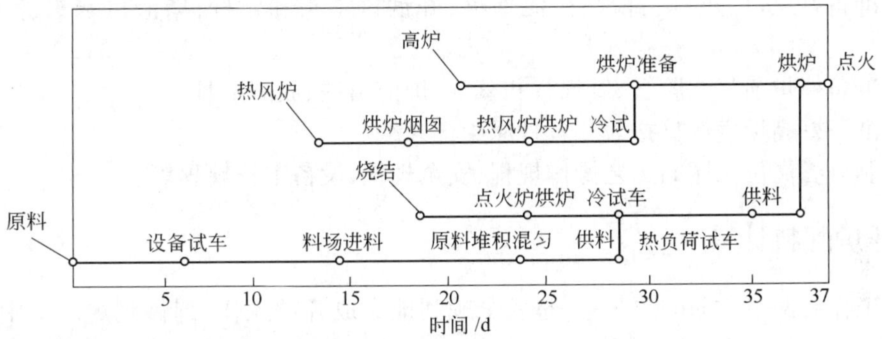

图 12-5 高炉系统投产进度表

应当指出，那种只想急于看到出铁，准备工作不充分，不具备开炉条件，匆忙开炉的做法，是极为有害的。

12.1.4.2 设备检查与试运转

无论大修或新建高炉，均应按技术标准要求对设备进行检查、安装和试运转。试运转包括单机、空负荷联动及带负荷联动试车等方式。试车时间要足够长，要尽量将问题解决在投产前。试运转期间发现的问题要作详细记录，以便逐项安排解决。

12.1.4.3 操作人员培训

在安装、检查和试运转过程中，要抓好对操作人员的培训，尤其是新建高炉，或有新设备、新工艺采用时，培训更有必要。操作人员不仅应该集中进行专业培训，而且应该参加整个安装、调试及试运转工作，有条件的还可以进行必要的操作演习和反事故训练，以确保高炉投产后各岗位人员能熟练操作，应付各种意外情况。

12.1.4.4　开炉的必要条件

（1）热风炉烘炉全部完毕，确保开炉送风温度达到850℃以上；

（2）新建或大修高炉项目已全部竣工，并验收合格，具备开炉条件；

（3）对上料系统、热风炉系统及高炉本体再次联合试车，要达到连续运转72 h无事故；

（4）液压传动系统经试车运行正常；

（5）原燃料按规定进入料仓，质量达到工艺要求；

（6）送风系统、供水系统、煤气系统、冲渣系统经试车运行正常无泄露；

（7）炉前设备：泥炮、开铁口机、堵渣机及行车等均运转正常、操作灵活、运转可靠；

（8）各岗位生产工具准备齐全，易耗备件准备充足。水、电、风、蒸汽、燃气、氧气等有足够供应。

12.1.4.5　开炉前准备工作

（1）按配料要求，从品种及数量上备足炉料，保证开炉后不能断料。为使开炉过程顺利，要求填充料、焦炭、矿石、熔剂等的水分低，粉末（粒度小于5 mm）及有害杂质少，粒度均匀（上限较小，必要时特殊加工过筛），强度及还原性好。

（2）准备好风口、渣口、直吹管、泥炮嘴、开铁口钻头和钻杆、堵渣机塞头等主要易损备件。

（3）准备好炉前打水胶管、氧气管和氧气、炉前出铁、放渣工具。

（4）准备好高炉生产日报表和各种原始记录纸。

（5）制订各岗位工序的工艺操作规程、安全规程、设备维护规程等。

12.2　开炉配料计算

开炉工作有两个方面的要求：一是安全顺利地完成开炉工作，即做到炉温适中，铁口易开，下料顺畅，并且无人身、设备事故；二是在开炉后能较快平稳地过渡到正常生产，以获得较好的经济效益。为此，开炉时应使炉内各区域适时地达到所需要的温度，故开炉料的选择、开炉焦比的确定以及料段的安排至关重要。

12.2.1　开炉焦比的选择

所谓开炉焦比（总焦比），是指开炉料的总焦量与理论出铁量之比。开炉时，由于高炉炉衬温度、料柱的温度都很低，炉料未经充分的预热和还原直接到达炉缸，直接还原增多，渣量大，需要消耗的热量也多，所以开炉焦比要比正常焦比高几倍。具体数值应根据高炉容积大小，原燃料条件、风温高低、设备状况及技术操作水平等因素进行选择。一般情况见表12-3。

表12-3　开炉焦比的选择

炉容/m^3	100以下	100~500	500~1000	1000以上
焦比/$t \cdot t铁^{-1}$	>4	3~4	2.5~3	<2.8

选择合适的开炉焦比，对开炉进程有决定性的影响。焦比选择过高，既不经济，又可能导致炉况不顺，即导致高温区上移，在炉身中上部容易产生炉墙结厚现象，更严重的是延长了开炉时间；焦比选得过低，会造成炉缸温度不足，出渣出铁困难，渣铁流动不畅，严重时会造成炉缸冻结。一般要求开炉的前几次出铁含硅量在3% ~3.5%之间。

12.2.2 开炉造渣制度的选择

为了改善渣铁的流动性能，冶炼合格生铁，加热炉缸，稀释渣中的 Al_2O_3（Al_2O_3 含量高于18%时，开炉配料中需增加低 Al_2O_3 的造渣剂），开炉时渣量要大一些，渣铁比一般为0.4 ~ 0.5。如渣量小，可加干渣调节。开炉的炉渣碱度 $w(CaO)/w(SiO_2)=0.90\sim1.05$。控制生铁中 $w[Mn]=0.8\%$。为了改善炉渣流动性，可提高渣中的 MgO 含量，使之维持在8% ~ 10%，也可适当加些萤石来稀释炉渣。小高炉在用全天然矿冷风开炉时，焦比特高，可在空料（即焦炭 + 石灰石）段加些硅石来调整炉渣成分。不用干渣，既可节约焦炭，而且铁口见渣较晚，可以延长喷吹铁口时间，有利于加热炉缸。开炉焦比高，硫负荷就会随之增大，此时炉渣碱度（CaO/SiO_2）不宜低于正常时的下限，同时还可选用含硫较低的开炉料。

12.2.3 开炉配料计算

12.2.3.1 计算条件

（1）高炉各部位的容积；
（2）开炉使用的原料、燃料、熔剂等的化学成分、体积密度；
（3）选定开炉焦比与正常料焦比；
（4）确定炉缸的填充方法；
（5）选定铁、锰、硫等元素在渣铁、煤气中的分配率；
（6）选定生铁成分与炉渣碱度，一般要求渣中 $w(Al_2O_3)\leqslant18\%$；
（7）确定开炉使用料种之间的比例；
（8）选定焦炭或矿石的批重。

12.2.3.2 料段安排

开炉料的料段安排，应根据不同时间、不同区域的需要，提供不等的热源，并且应符合高炉生产时炉料在炉内布置的模式。否则较高的全炉焦比将不能充分发挥作用，甚至有导致开炉失败的可能。

（1）净焦是骨架，是填充料。高炉生产的主要反应区是风口以上区域。在风口以下的炉内空间多为焦炭所填充。这里的焦炭，虽然以后将不断被替换更新，并也参与一些反应，但从整体讲只起简单的骨架作用。故全焦法开炉时，在装炉安排上就遵循这一模式，即炉缸和死铁层均应装入不带熔剂的净焦。同时由于软熔带之下有炉芯“死焦堆”存在，炉腹的一部分也应装净焦，焦层厚度一般以炉腹高度1/2左右为宜。

（2）空焦是提供开炉前期所需巨额热量的主要热源。如前述，炉腹1/2高度以下的净焦实际上只起填充高炉下部空间的作用，那么开炉前期的巨额热量只能由热风以及燃烧在此范围以外的焦炭来获得了。这就是确定空焦数量及其所处位置的依据。但因高炉开炉是个非稳态过程，影响因素复杂，目前只能根据经验来决定空焦数量，一般均加焦至炉腰上沿附近，这大约是点火送风以后 2～3 h 的焦炭消耗量。

空焦数量也不宜过多。空焦过多不仅增加燃料消耗，还会导致局部升温过快，危害炉衬。模拟实验表明，升温速度高于 5℃/min，将造成黏土砖砖衬剥落、断裂。

（3）矿料在可能条件下要装在较高位置，以尽量推迟第一批渣铁到达炉缸的时间。开炉时，炉底炉缸是逐渐被加热的，故应避免渣铁流进入尚未充分加热的炉缸。同时，矿料在抵达高炉下部之前，亦应得到较充分的预热和还原，至少不以块状生料进入炉缸。凡开炉炉缸温度过低，铁口难开或铁水高硫，原因往往是大量生矿过早进入尚未准备就绪的炉缸。因此，将矿料布置在距风口较高的位置上，是一个重要的原则。

矿料的位置，实际上是空焦高度的另一种表述。所以空焦除有提供热量的主要功能外，尚有间隔矿料的作用。

（4）空焦的熔剂宜晚加，用于焦炭灰分造渣的熔剂宜晚加，不要与空焦同步加入。有人提出，熔剂应加在风口 5～8 m 以上。这样做的理由是：既可减少石灰石在高温区分解耗热的可能性，又可推迟焦炭灰分成渣，可以延长渣铁口的喷吹时间。这对加热炉缸甚为重要。

（5）带负荷料的分段可从简。由于净焦和集中加入的空焦数量较大，余下供插于正常料间的空焦批数所剩不多，故空焦段上的带负荷料的分段可以简化。例如可采用两段或三段过渡。

计算举例：

（1）选定数据。全焦填充，炉缸装净焦（C），炉腹以上装空料（X），炉腰上部 1/3 容积开始过渡至装正常料（N）。料线 1.75 m。炉料压缩率 15%（炉缸净焦 19%，炉腹空料 16%，其余 13%）。

填充容积（已扣除料线以上空间及铁口泥包）如表 12-4 所示。

表 12-4　焦炭填充容积　　（m^3）

部　位	炉　喉	炉　身	炉　腰	炉　腹	炉　缸	死铁层	合　计
容　积	14.2	1219.7	189.9	259.8	274.7	49.2	2007.5

开炉料成分及其他数据如表 12-5 所示。

表 12-5　开炉成分数据　　（%）

名　称	Fe	SiO_2	CaO	MgO	Mn	Al_2O_3	S	P	堆密度/$g \cdot cm^{-3}$
烧结矿	52.55	11.04	11.09	1.09	0.16	0.95	0.03	0.01	1.6
锰　矿	16.9	19.21	0.55	0.32	25.24	2.01	0.17	0.42	1.9
石灰石		1.02	51.08	2.82		0.03		0.01	1.52
焦　炭	0.61	6.32	0.68	0.19		4.73	0.63	0.005	0.45

焦炭工业分析：灰分 14.18%，挥发分 0.94%，硫 0.63%，水分 4.4%

焦炭强度：M_{40} 78%，M_{10} 8%

预定生铁成分：Fe 92.67%，C 4.0%，Si 2.5%，Mn 0.5%，P 0.4%，S 0.05%

铁的回收率：99.6%

锰的回收率:60%

焦炭批重9000 kg/批,总焦比 2.5,正常料焦比 0.9(每批出铁 10000 kg)

炉渣碱度 $w(CaO)/w(SiO_2)=1.0$

(2) 铁和锰的平衡列方程解出正常的烧结矿和锰矿的批重。

设:x 为烧结矿批重,kg;y 为锰矿批重,kg;$w(Fe)_{烧}$、$w(Fe)_{锰}$、$w(Fe)_{焦}$分别为烧结矿、锰矿、焦炭的含铁量,%;$w(Mn)_{烧}$、$w(Mn)_{锰}$分别为烧结、锰矿的含锰量,%。

列方程

$$(x\cdot w(Fe)_{烧}+y\cdot w(Fe)_{锰})+焦炭批量\times w(Fe)_{焦}\times 铁的回收率/生铁含铁量=每批出铁量$$

$$(x\cdot w(Mn)_{烧}+y\cdot w(Mn)_{锰})\times 锰的回收率=每批出铁量\times 生铁含锰量$$

即

$$\begin{cases}(0.5255x+0.169y+9000\times 0.0061)\times\dfrac{99.6}{92.67}=10000\\(0.0016x+0.2524y)\times 0.6=10000\times 0.005\end{cases}$$

解方程组得 $x=17543$

$y=218.8$

取烧结矿批重为 17500 kg,锰矿批重为 220 kg。

(3) 每批正常料的石灰石用量:

已知原燃料带入	SiO_2	CaO
烧结矿带入	17500×0.1104=1983	17500×0.1109=1940.8
锰矿带入	220×0.1921=42.8	220×0.0055=1.2
焦炭带入	9000×0.0632=568.8	9000×0.0068=61.2
合计	2543.1 kg	2003.2 kg

生铁含 Si 消耗 SiO_2　　1000×0.025×60/80=535.7 kg

进入渣中的 SiO_2　　2543.1−535.7=2007.4 kg

渣碱度 1.0,尚需 CaO　　2007.4−2003.2=4.2 kg

石灰石有效 CaO　　51.08−1.02=50.05%

每批正常料需石灰石量　　4.2÷0.5006=8.4 kg

为取料方便,每 6 批正常料取石灰石 1 次,每次量 50 kg。

(4) 每批空料的石灰石用量:(568.8−61.2)÷0.5006=1014 kg

取值 1000 kg/批。

(5) 每批净焦、空料、正常料的体积:

净焦(炉缸)　　$\dfrac{9000}{450}\times 0.81=16.2\ m^3$

空料Ⅰ(炉缸)　　$\left(\dfrac{9000}{450}+\dfrac{1000}{1520}\right)\times 0.84=17.353\ m^3/批$

空料Ⅱ(炉腰上部以上)　　$\left(\dfrac{9000}{450}+\dfrac{1000}{1520}\right)\times 0.87=17.972\ m^3/批$

正常料　　$\left(\dfrac{9000}{450}+\dfrac{17500}{1600}+\dfrac{220}{1900}+\dfrac{8.4}{1520}\right)\times 0.87=27.021\ m^3/批$

(6) 炉缸(包括死铁层空间)填充用净焦批数:

$$\frac{49.3+274.7}{16.2}=19.99 \quad 取20批$$

（7）炉腹及炉腰下部$\frac{2}{3}$容积装空料批数：

$$\left(259.8+189.9\times\frac{2}{3}\right)\div 17.353=22.267 \quad 取20批$$

（8）按照总焦比和炉腹上部$\frac{1}{3}$以上至料线的容积来计算空料和正常料的批数：

设：x_1——正常料批数；

y_1——空料批数。

即
$$\begin{cases}27.021x_1+17.972y_1=14.2+1219.7+189.9\times\frac{1}{3}\\ \frac{9(20+22)+9(x_1+y_1)}{10x_1}=2.5\end{cases}$$

解方程得 $x_1=34.79$，$y_1=19.816$

取值：正常料为35批，空料为20批。其分配为：

1）炉腰上部1/3及炉身下部装空料12批及正常料9批，本段计算焦比为2.087；加上其下的空料22批，计算焦比达4.21。

2）炉身中部装空料8批及正常料16批，本段计算焦比为1.348。

3）炉身上部及炉喉装正常料，装料制度COOC↓，至料线1.75 m为止。

为使炉缸热量充沛，且经高炉解剖研究证实，正常生产时炉腰以下几乎全部被焦炭填充，不应有未还原矿石，所以开炉装料时含有矿石的正常料应装在炉腰以上。

（9）校核。根据以上计算列出校核表如表12-6所示。

表12-6　开炉料计算校核

进入生铁/t			进入炉渣/t						渣碱度 $\frac{m(CaO)}{m(SiO_2)}$	渣量/t
Si折成SiO_2	S	P	SiO_2	CaO	MgO	Al_2O_3	MnO	S		
0.069		0.012	12.669	12.584	0.997	9.372		1.247	0.993	36.869
4.851	0.045	0.035	24.985	24.931	2.423	10.479	0.388	1.221	0.998	64.427
8.528	0.08	0.062	36.74	36.695	3.703	12.95	0.69	1.371	0.999	92.149
5.348	0.05	0.031	20.083	20.074	2.088	5.964	0.431	0.573	0.999	49.213
18.85	0.175	0.14		94.284	9.211	38.765	1.509	4.421	0.998	242.66

注：1. 不计净焦的渣铁比：$\frac{242.658}{351.88}=0.690$；

2. 硫负荷：$\frac{0.175+4.412}{351.88}=13.03$ kg/t铁，炉渣含硫$\frac{4.412}{242.658}\times100\%=1.82\%$；

3. 生铁含磷：$\frac{0.14}{351.88}\times100\%=0.04\%$；

4. 炉渣含Al_2O_3：$\frac{38.765}{242.658}\times100\%=15.98\%$；

5. 总开炉焦比2.473，正常料焦比0.902。

12.3 开炉操作

12.3.1 开炉装料

开炉装料工作必须按照开炉配料计算的装料表执行。

12.3.1.1 全焦装炉

全焦装炉是指炉缸全部由净焦或净焦和空焦混合填充。全焦法开炉是一种可取的技术,现已在很多高炉上得以应用并获得成功。尽管全焦法开炉给高炉顺行带来一些困难,但在送风制度上作出相应的调整是可以克服的。

12.3.1.2 带风装料

带风装料是指在烘炉后期的凉炉阶段,将风温降到200~300℃时,此时如果一切开炉条件具备,即可在送风情况下装料。

带风装料优点:

(1) 缩短了凉炉时间,炉缸热状态良好,开炉进程可以加快;

(2) 带风装料能将炉料中的粉末吹出,降低了料柱的透气阻力,使炉料处于一个活动状态,料柱比较疏松,同时还由于鼓风浮力可减少炉料下落时的碎裂,提高料柱的透气性指数,有利于高炉顺行;

(3) 在送风过程中,可用鼓风的热量把炉料预热,排出炉料所带的水分,可减少装料过程中炉体热量损失,而且炉衬也保持了较高温度,有利于降低开炉总焦比,并有利于开炉后的出铁操作;

(4) 可以减少炉衬被炉料撞击而产生的冲击磨损。

带风装料缺点:

不能进入炉内对烘炉效果进行检查,也不能在炉喉处进行料面测量工作。

带风装料注意事项:

(1) 带风装料时,必须能可靠控制风温,否则会因炉内焦炭着火而被迫休风装料;

(2) 在带风装料时,要加强对炉料的检查,不得有木片、棉纱等易燃物夹杂其间,以免在未装至规定料线就发生自动点燃现象;

(3) 在带风装料时,其铁口内侧泥包和铁口喷吹管应在烘炉前安装完毕,从装炉到点火尽量减少休风,不休风效果更佳;

(4) 带风装料对设备的要求更加严格,系统所属设备必须达送风点火的要求。

12.3.1.3 全木柴、半木柴法装料

新建高炉无高温热风,或热风温度低(500~800℃),采用全木柴填充炉缸,然后人工点火。对于全木柴或半木柴法装炉,需要凉炉到50℃以下进行。当用木柴烘炉时,应将残灰清除后再装木柴。装木柴时,严禁带入火柴、打火机等火种及一切易燃物品,切断炉顶各设备电源,关闭炉喉人孔和大小钟之间人孔,并设专人监视。

严格按开炉配料计算的料段装料,炉料装满后,要测量大小料钟行程及速度,测定炉料

在炉喉内的堆角、堆尖位置,炉料的偏析程度,炉料与炉墙的碰撞点或碰撞带,料面情况等,并作好详细记录,以备在正常生产时参考。

12.3.2　开炉点火

对于炉缸添木柴的高炉开炉时,可采用人工点火。即当炉料装到规定位置时,可在风口前装木刨花或油棉纱之类的易燃物,点火前在炉台上砌好烧焦炭的炉灶或准备好火把,点火后用烧得赤红的铁棒或火把将各个风口的易燃物点着,而后逐步加风到规定开炉风量为止。

有煤气的新建或大修高炉均采用热风点火。焦炭着火温度在700℃以上,目前开炉风温已提高到这个温度水平,可用热风直接点燃焦炭。开炉点火温度均在800℃左右。

12.3.2.1　点火前的准备工作

(1) 对于炉缸添木柴的高炉,采用人工点火时,在各风口和渣口前装入一些刨花或油棉纱之类的易燃物,同时准备烧红的铁棒用来点火。

(2) 点火前应打开炉顶放散阀、小钟均压放散阀、除尘器上放散阀及冷风总管上的放风阀。

(3) 点火前应关闭煤气切断阀、高压高炉的煤气阀及热风炉混风阀。

(4) 将炉顶、除尘器及煤气管道通入蒸汽。

(5) 将高炉冷却水系统的水量控制在正常水量的2/3左右。

(6) 检查各人孔是否关好,风口直吹管是否通入蒸汽。

(7) 点火前2~4 h启动鼓风机,并由放风阀放风,送风系统各阀门处于长期休风状态。检查高炉风渣口及送风装置安装是否严密。

(8) 检查炉前设备是否能正常运行,炉前工具是否齐全。

12.3.2.2　点火

点火的方法有以下4种:

(1) 人工点火。对于热风温度很低或无高风温的高炉,开炉时最好用人工点火。如果是用木柴填充炉缸时,须在每个风口前添装一些木柴、刨花、油棉纱等引火物,在炉外把铁棒烧红,然后用烧红的铁棒插入各个风口、渣口,待木柴、刨花或棉纱点燃后,即可关闭风口盖开始送风。对于焦炭填充的炉缸点火,可采用氧气点燃。

(2) 热风点火。因为焦炭的着火温度为600~650℃,对于热风温度高于650℃的高炉,可采用热风点火。即将650℃以上的热风直接向高炉送风。送风时,最好使用蓄热较高的靠近高炉的热风炉送风。这样可以得到较高的风温,易将风口前的引燃物和焦炭点燃。这种点火方法很方便,但是风温不足的高炉不能采用。

(3) 使用烘炉导向管点火。有些高炉在大修开炉时,采用了点火时不撤掉烘炉时所设的风口炉底的导向管,使导向管变成烘炉与点火的两用装置。采用导向管点火,可向炉底吹送温度在700℃左右的热风,将炉底焦炭点燃,有利于炉底和炉缸的加热烘烤。同时,在长时间的装炉过程中,一直保持有近300℃的鼓风吹向炉底,并由此折而向上,对于炉缸的内衬和炉料加热也十分有利。

(4) 半炉点火。根据开炉的配料计算,当炉料装至炉腰上部,或即将装带负荷炉料时,如果高炉开炉进程顺利，无其他方面故障，即可将风温提高到650～700℃进行点火。这种点火称半炉点火。半炉点火能将开炉的点火时间大大缩短，使高炉较早进入冶炼状态，缩短了开炉进程。由于点火时炉内料柱较矮，料层中空隙度较大，有利于焦炭燃烧，点火后炉料易下降，此外还有利于上部炉衬的加热。

12.3.3 开炉送风制度

高炉开炉时，送风制度的选择不仅对高炉顺行起决定性作用，而且对高炉升温过程也有重大影响。

12.3.3.1 风量使用

开炉风量按高炉容积大小、炉缸填充方法、点火方式及设备运行情况而定。一般开炉使用的风量为高炉容积的0.8～1.2倍。为了使点火后炉料有足够的加热与还原时间，通常用正常风量的1/3左右，待各风口工作正常、出渣出铁及下料顺畅后，再逐步将风量加到全风量。

（1）木柴法开炉时，由于木柴会很快烧尽，迅速形成较大的空间，使炉料塌落，从而疏松料柱。所以木柴法点火的初期风量不能太大，但加风速度可适当加快。加风速度也与木柴的材质、在炉内的摆放有关系，若木柴不易燃烧、燃烧时间长或摆放密实、空隙度小，则加风速度就慢；反之加风速度就快。把握加风的时机对开炉进程至关重要。若加风过早，炉缸还没有形成一定的空间，在上部料段没有松动情况下易出现悬料；若加风过晚，炉缸形成的较大空间很快被开炉料所充满，也容易造成炉况难行。所以，加风时机要准确把握好。

（2）全焦法开炉适宜使用较大的风量，一般不应低于正常风量的60%。在风口全部点燃以后，加风不当容易造成悬料，因此要慎重加风。全焦法开炉不像木柴法开炉那样易形成较大的空间，在点火后必须有足够的风量，才能迅速地形成较大的空间，为松动料柱创造条件。尤其是在软熔带形成期，炉缸透液性差，稍一不慎就会造成炉况失常。

（3）开炉使用得当的风量是提高高炉下部温度的关键，因为风量是决定炉缸工作均匀活跃程度与初始煤气流分布状况的重要因素。风量大，单位时间产生的热量就多，可使燃烧温度升高，升温过程加快。但风量也不能过大，否则将使高炉的热效率下降，炉料未经必要的预热和还原就下达到炉缸，致使直接还原增加，会大量吸收炉缸热量，对开炉极为不利。因此，开炉初期炉底炉缸的升温主要是靠热煤气流进行热量传递的。

12.3.3.2 风温使用

开炉时最关键的是要给炉缸提供足够的热量，只要炉缸热量问题得以解决，开炉任务可算完成了一大半。仅从区域热平衡角度看，使用高风温最有利于提高炉缸温度，因此开炉时比任何时候都需要使用高风温。由于新开高炉的炉衬和炉料都是凉的，即便是使用较高的风温，也不会产生过高的理论燃烧温度，更不会因使用高风温而影响炉况的顺行。另外，开炉料负荷较轻，料柱的透气性好，也为使用较高风温提供了有利条件。一般情况下，开炉风温使用水平在700℃左右，高者甚至可到800℃以上。

12.3.3.3 风口面积选择

开炉时，由于使用风量较正常生产时所使用的风量小，为了保证炉内初始煤气流的合理分布和足够的鼓风动能，要相应缩小风口面积。通常以堵风口或风口加砖衬套的办法解决。随着风量的逐渐加大，可根据高炉实际需要来捅开风口或砖套。

12.4　高炉停炉

由于高炉炉衬严重侵蚀，或需要长期检修及更换某些设备而停止生产的过程，称为停炉。对要求处理炉缸缺陷、出净炉缸残铁的停炉，称为大修停炉；不要求出残铁的停炉，称为中修停炉。停炉的重点是抓好停炉准备和安全措施，做到安全、顺利停炉。

12.4.1　停炉要求

停炉的操作要求主要有如下三点：

（1）要确保人身、设备安全。在停炉过程中，由于煤气中 CO 含量增高，炉顶温度也逐渐升高，为了降低炉顶温度而喷入炉内的水分分解会产生大量蒸汽，使煤气中的 H_2 含量也增加，煤气爆炸的危险性也随之增大。因此，停炉时一定要把安全放在第一位。

（2）尽量出净渣铁，并将炉墙、炉缸内的残渣铁及残留的黏结物清理干净，为以后的拆卸和安装创造条件。

（3）要尽量迅速拆除残余炉衬和减少炉缸残余渣铁量，缩短停炉时间，减少经济损失。

12.4.2　停炉方法

停炉的方法可分为填充法和空料线法两种。

（1）填充法是在停炉过程中用碎焦、石灰石或砾石来代替正常料向炉内填充，当填充料下降到风口附近时进行休风。这种方法比较安全，但停炉后清除炉内物料工作量大，耗费许多人力、物力和时间，很不经济。

（2）空料线法即在停炉过程中不装料，采用炉顶喷水来控制炉顶温度，当料面降到风口附近时休风。此法停炉后炉内清除量较少，停炉进程加快，为大中修争取了时间。但停炉过程中危险性较大，须特别注意煤气安全。

停炉方法的选择，主要取决于具体条件即炉容大小、炉体结构、设备损坏情况。如果高炉炉壳损坏严重，或想保留炉体砖衬，可采用填充法停炉；如果高炉炉壳完整，结构强度高，多采用空料线法停炉。

12.4.3　停炉前的准备工作

停炉前的准备工作主要有下列七项：

（1）提前停止喷吹燃料，改为全焦冶炼。停炉前如炉况顺行，炉型较完整，没有结厚现象，可提前 2 ~ 3 个班改全焦冶炼；若炉况不顺，炉墙有黏结物，应适当早一些改全焦冶炼。

（2）停炉前可采取疏导边沿的装料制度，以清理炉墙。同时要降低炉渣碱度，减轻焦炭负荷，以改善渣铁的流动性和出净炉缸中的渣铁。如果炉缸有堆积现象时，还应加入少量锰矿或萤石，清洗炉缸。

（3）安装炉顶喷水设备和长探尺。停炉时，为了保证炉顶设备及高炉炉壳的安全，必须将炉顶温度控制在 400℃ 以下。可以安装两台高压水泵，把高压水引向炉顶平台，并插入炉喉喷水管；某些高炉还要求安装临时测料面的较长探尺，为停炉降料面作准备。

(4) 准备好清除炉内残留炉料,砖衬的工具,包括一定数量的钢钎、铁锤、耙子、钩子、铁锹、风镐、胶管及劳动安全防护用品等。

(5) 停炉前要用盲板将高炉炉顶与重力除尘器分开,也可以在关闭的煤气切断阀上加砂子来封严,防止煤气漏入煤气管道中去。同时,保证炉顶和大小料钟间蒸汽管道能安全使用。

(6) 安装和准备出残铁用的残铁沟、铁罐和连接沟槽,切断已坏的冷却设备水源,补焊开裂处的炉皮,更换破损的风口和渣口。

(7) 水量的计算。安装炉顶喷水管(从炉喉取煤气孔插入喷水管作为打水设备,原炉顶上升管中的四支喷水管作备用)和两台水泵。水泵性能(对1200 m^3 高炉):水量4050 t/h,扬程为70 m以上。炉顶喷水量按以下公式计算:

$$Q_{水} = \frac{60(t_{煤} \cdot c_{煤 \cdot t} - 400c_{煤 \cdot 400}) \times 1.22V_{风}}{c_{水}(100 - t_{水}) + c_{化} + \frac{22.4}{18}(400c_{汽 \cdot 400} - c_{水 \cdot 100}) \times 1000}$$

$$= \frac{(t_{煤} \cdot c_{煤 \cdot t} - 400c_{煤 \cdot 400}) \times 1.22V_{风} \times 6}{76800} \tag{12-1}$$

式中 $V_{风}$——风量,m/min;

$Q_{水}$——所需水量,t/h;

$t_{煤}$——煤气温度,℃;

$c_{水}$——水的比热容,kJ/(m^3·℃);

$c_{汽 \cdot 400}$——400℃时水蒸气的比热容,kJ/(m^3·℃);

$c_{水 \cdot 100}$——100℃时水的比热容,kJ/(m^3·℃);

$c_{煤 \cdot t}$——t℃煤气的比热容,kJ/(m^3·℃);

$c_{煤 \cdot 400}$——400℃时煤气的比热容,kJ/(m^3·℃);

$t_{水}$——水的温度,℃。

12.4.4 休风后的送风

在装完停炉料和盖焦后,要进行一次预休风。预休风主要是为停炉做一些准备工作,如安装炉顶喷水设备,安装临时探料尺,调整炉顶放散阀配重,补焊炉壳,处理损坏的冷却设备等。休风后的送风基本按长期休风后的送风程序进行,其不同之处为:

(1) 炉顶放散煤气的停炉方法,其风量维持的原则是在顺行的情况下,较正常风压低0.030~0.035 MPa;回收煤气的停炉方法是,在最大风量的情况下,可维持正常压差。应根据实际情况调节风温,但必须保证炉况顺行,防止大的崩料、悬料及风口破损,以利安全停炉。

(2) 为了缩短预休风时间,停炉送风均不加净焦。

(3) 检查炉顶和除尘器蒸汽管道,确保炉顶大小钟间和除尘器能在送风前皆通入蒸汽,无料钟炉顶气密箱和阀箱内通入 N_2。

12.4.5 空料线操作

空料线是整个停炉过程的关键,它分为不回收煤气和回收煤气两种。在停炉过程中,必须确保不出现大崩料、悬料、风口破损及炉顶煤气爆炸，达到安全、顺利停炉。

12.4.5.1　不回收煤气的空料线停炉方法

（1）在预休风送风后，将炉顶和除尘器通入蒸汽，无料钟高炉气密箱和阀箱通入 N_2。

（2）连续装入盖面净焦（停炉休风时到达炉缸起填充作用），其数量相当于炉缸及炉底死铁层容积的净焦，然后停止上料。

（3）随着料面下降，炉顶温度升高，当炉顶温度在400℃左右时，开始向炉内喷水，将炉顶温度控制在350～500℃范围内，无钟炉顶控制在250～300℃之间，最高点不高于350℃。炉顶温度过高将导致炉顶着火，损坏炉顶设备；炉顶温度过低则表明打水过量，会造成炉内料柱上段积水，引起爆炸；若炉顶温度长期过低，水可能渗入到高炉下部，甚至浇灭明火，产生更大的危险。同时必须注意煤气中 H_2 含量不能超过6%。若 H_2 超过6%，炉顶温度仍然偏高时，可适当减风以降低炉顶温度。

（4）停炉过程中不可休风。必要时应先停止打水，并且在炉顶煤气放散点燃后再休风。

（5）有条件时，可每隔半小时取煤气样及测量料线各一次，并认真记录。

（6）空料线过程中风量调节的基本原则，是在炉况顺行的基础上维持允许的最大风量操作，以加快空料的速度：

1）开始空料线时，应按能接受的压差使用风量；

2）当出现崩料的征兆时，应减风控制，防止发生大崩料，但必须维持该炉况下的最大风量；

3）料线接近风口水平时，应注意风压不能低于10 kPa，炉顶温度不能低于200℃。

（7）当料面降到炉身中、下部时，可将风量减到全风量的2/3；料面降到炉腰时，将风量减到全风量的1/2左右。

（8）当料面降到风口以上1～2 m处时，如需出残铁，此时可从铁口出最后一次铁，同时用氧气烧残铁口。如不必出残铁，可稍晚从铁口出最后一次铁。此外，出残铁也可在休风后进行。

（9）料面降到风口区时，其标志是：风口不见焦炭，风口没有亮度，同时炉顶煤气成分中 CO_2 浓度升高，煤气中出现过剩氧。为保证安全，风压不得低于20 kPa，切忌中途停止打水。

（10）在停炉过程中，若发现风口破损，漏水不严重时，可适当减少供水量，使之不向炉内大量漏水。如风口破损严重时，应迅速切断冷却水，从外部喷水冷却，直到休风为止。

（11）在停炉过程中，要特别注意顺行，如有悬料或崩料时，应及早减少风量或降低风温。在炉身下部区的崩料处理，当出现风压下降、风量自动增加的现象时，应减风，减风量以每次降低风压5 kPa为宜，或将料线降到炉身下部时先减风10%～15%；在炉腰区的崩料处理，如果炉顶压力缓慢升高，可以不减风；若顶压升高时，应减风到炉顶压力不升高为止。

（12）在停炉前几天就要将铁口角度逐步增大。对于需要大修的高炉停炉时，最后一次出铁将铁口角度加大到20°左右；中修前最后一次出铁时，铁口角度比大修时稍低，并尽量喷吹铁口，以利于减少残铁量。

（13）出完最后一次铁即可休风，可按短期休风进行。如需放残铁，应立即停止向炉内打水，用氧气烧残铁口。

（14）休风放完残铁后，迅速卸下直吹管，用炮泥将风口堵严，然后向炉内喷水凉炉。中修停炉时,风口有水流出,即说明炉缸内焦炭已经熄灭,可停止打水。大修停炉时,风口有水流出后要继续打水,直到铁口向外流水为止。休风后的打水量,大修打水时间要长一些,一般 8 ~12 h;中修打水较少,可间断打水,直至风口出水为止。

12.4.5.2 回收煤气的空料线停炉

回收煤气的空料线停炉和不回收煤气的空料线停炉基本相同。其不同之处是:

(1) 对炉顶蒸汽或氮气的压力要求较高(不低于 0.39 MPa)。

(2) 不需要关闭煤气切断阀和均压阀。

(3) 炉顶放散阀应保留,同时大、小钟均保持关闭。

(4) 开始打水时,因为炉顶大钟不可开启,故不能在大钟上方打水。

(5) 根据炉壳及煤气系统破旧情况控制炉顶压力,防止破裂。

(6) 每半小时取煤气样及测料线各一次。当煤气成分 $\varphi(H_2)>6\%$、$\varphi(O_2)>2\%$ 或炉顶压力剧烈波动时,为保证安全,即停止回收煤气,要全开炉顶放散阀,关闭煤气切断阀;往除尘器及洗涤塔系统通入大量蒸汽或氮气;关闭大钟均压阀,全开小钟均压阀。

(7) 休风停炉后,必须将荒煤气系统的残余煤气驱散后,才能施工、动火。

12.4.6 出残铁操作

高炉停炉大修时,必须将留存于炉底被侵蚀部位的残铁放出。

12.4.6.1 确定残铁口的位置

选择好残铁口位置是保证放好残铁的关键。其选择原则是:应选择在炉缸水温差和炉底温度较高的方向,同时又要考虑出残铁时铁罐配备及操作方便。确定炉底侵蚀深度的方法有两种:

A 计算法

计算法又分理论计算法与经验计算。

拉姆热工计算公式:

$$Z=(t_0-\theta)\lambda/Q-\alpha \qquad (12\text{-}2)$$

式中 Z——炉底最大侵蚀深度,m;

Q——炉底中心的垂直热流,kJ/(m^2·h);

t_0——铁口中心线附近的铁水温度,一般取 1450℃;

θ——铁水凝固温度,一般取 1100 ~1150℃;

λ——铁水向炉底的导热系数,kJ/(m·h·℃);

α——设计的死铁层深度,m。

莫依森科公式:

$$h=d/K\cdot 1/\mu\cdot \lg(t_0/t),\qquad 1/\mu=1/\lg e=2.3026 \qquad (12\text{-}3)$$

式中 h——炉底中心剩余厚度,m;

d——炉缸直径,m;

t_0——炉内铁口中心线铁水温度(1400℃);

t——炉底中心温度,℃;

K——系数，参见莫氏曲线，$t \geqslant 0.5t_0$ 以后为渐近线，其极限值为 2.36。

开勒公式：

$$h = 1.2d \cdot \lg[(t_0 - t_a)/(t - t_0)] \tag{12-4}$$

式中　h——炉底中心剩余厚度，m；

d——炉缸直径，m；

t_0——铁口中心线铁水温度，℃；

t_a——大气温度，℃；

t——炉底中心温度，℃。

原冶金部炉体调查组提出的公式（对黏土砖无风冷炉底的高炉）：

$$h = K \cdot d \cdot \lg(t_1/t) \tag{12-5}$$

式中　h——炉底中心剩余厚度，m；

d——炉缸直径，m；

t_1——炉底侵蚀面上铁水温度，℃；

t——炉底中心温度，℃；

K——系数，$t < 1000$℃时，$K = 0.0022t + 0.2$；$t = 1000 \sim 1100$℃时，$K = 2.5 \sim 4.0$。

鞍钢经验公式：

$$h = (1350 - t) \cdot 1/N \tag{12-6}$$

式中　h——炉底剩余厚度，m；

t——炉底底面的温度，℃；

N——温度系数，$N = 24 \sim 27$，炉役中期、炉底温度稳定时，取上限；炉役末期，炉底温度上升，取下限。

以上五个公式除第一个外，其他四个都属于经验公式。由于炉底耐火材料的改进，加上炉底进行了冷却，以及炉底的综合结构，计算时不仅复杂而且误差大。用拉姆热工计算式计算时，停炉前一周炉底就应停止冷却，测出准确的炉基温度。

B　直接测量法

直接测量炉缸下部炉皮的表面温度，温度最高处是炉缸侵蚀最严重的地方。以该处为基点再往下 300 mm 左右（有炉底冷却的）或 500 ~ 800 mm（无炉底冷却的）处，即为炉底侵蚀最深、开残铁口的位置。

12.4.6.2　出残铁操作

放残铁前要安排好时间，迅速完成放出残铁的全部工作：

（1）开始降料面时，切开残铁口处的炉缸围板；

（2）当料面降至炉腰时，立即关闭残铁口位置所在冷却壁的冷却水，并拆除该冷却壁；

（3）当料面降到炉腹时，制作残铁口的砖套；

（4）当料面降至风口区时，可一边从铁口正常出铁，一边烧残铁口。

在安装残铁口时，残铁沟与冷却壁、炉皮的接口一定要牢靠，以保证大量残铁顺利流出，杜绝漏铁、放炮及爆炸事故的发生。具体做法是用砖伸入炉底砖墙内 200 mm 以上，使从冷却壁、炉皮到残铁沟的砖套成为一个整体，并用耐火泥料垫好、烤干，才能安全顺利地出好残铁。

12.5 高炉封炉

封炉是长期休风的一种特殊形式，它是比长期休风时间还要长的休风。休风期间为防止空气进入炉内或水漏入炉内，要对高炉严格密封。封炉操作正确与否，直接影响开炉炉温和顺行，以及能否恢复到正常生产水平。为了能便于以后顺利恢复生产，封炉前必须使炉况顺行，炉缸活跃，否则会使复风很困难。

12.5.1 封炉前的准备工作

(1) 为了防止焦炭烧损和炉料粉化，封炉前必须严格检查高炉设备尤其是冷却设备，发现问题及时处理，以确保高炉封炉的密封性。

(2) 封炉料的选择：

1) 选用粉末少、还原性好及强度高的原燃料，质量要求等同于或高于大中修开炉原燃料标准；

2) 由于烧结矿易粉化，短期封炉还可使用，对长期(4 个月以上)封炉一般采用还原性好的天然矿或人造富矿；

3) 长期封炉时，为了保证料柱有良好的透气性，应使用灰分低、含硫少、强度高和水分少的焦炭。

(3) 封炉前采取发展边缘等一系列措施来保证炉况稳定顺行，务使炉缸活跃、炉温充沛，避免发生崩料和悬料。

12.5.2 封炉料的确定

12.5.2.1 封炉料的确定

正确确定封炉料，选定总焦比，是封炉成败的关键，亦是保证开炉后炉缸温度充足、取得合格产品以及顺利而迅速恢复正常生产的基础。由于封炉后炉内热量散失大，开炉后直接还原较高等因素的影响，送风后炉缸温度将降低，如封炉前不加足够的焦炭，开炉后将导致炉缸大凉或冻结。但加入过多焦炭，不仅增加了焦炭损耗，而且送风后还会使炉子过热不顺。

12.5.2.2 影响封炉总焦比的因素

影响封炉总焦比的主要因素有：封炉时间的长短、炉容大小、炉料状况及炉体破损状况等。

A 封炉时间

在封炉期间，炉内积蓄的热量会随着时间的延长而逐渐散失，渣、铁冷凝，所以封炉总焦比应选择合适。封炉总焦比随时间的延长而增加，其关系见表 12-7。

表 12-7 封炉总焦比与时间的关系

封炉时间/d	10~30	30~60	60~90	90~120	120~150	150~180	180~210
总焦比	1.0~1.2	1.2~1.6	1.6~1.9	1.9~2.2	2.2~2.5	2.5~2.8	2.8~3.1

以 1000 m^3 高炉为例，封炉焦比可分四个阶段：

第一阶段：封炉 10 天以内，炉缸内的渣铁尚未完全凝固，复风较容易；封炉 20 天以内，渣铁虽已凝固，但复风及出渣铁尚不致很困难。这一阶段的封炉焦比较低。

第二阶段：停产 20～60 天，炉缸冷凝，蓄热散失，复风操作随封炉时间延长而困难增大，封炉焦比大幅度增高。

第三阶段：停产 60～150 天，炉内蓄热散尽，且炉料发生质变，封炉焦比增至相同或略高于大修或中修后开炉的焦比。

第四阶段：停产 150 天以上，考虑炉内炉料更多质变，但封炉焦比较第三阶段增加得不多。

B　炉容大小

小高炉比大高炉热损失多，封炉料总焦比应相应提高。一般 600～1000 m^3 高炉的总焦比比大于 1000 m^3 的高炉高 10% 左右。中、小高炉炉容、封炉时间与总焦比的关系如表 12-8 所示。

表 12-8　中、小高炉炉容、封炉时间与总焦比的关系

项　目	10～30d	30～60d	60～90d	90～120d	120～150d	150～180d
13 m^3	4.2～4.8	4.8～6.1				
28 m^3	3.7～4.3	4.3～5.4	5.4～6.2			
55 m^3	2.0～3.0	3.0～3.8	3.8～4.4	4.4～5.0	5.0～5.5	5.5～6.0
100 m^3	1.6～1.9	1.9～2.3	2.3～2.7	2.7～3.0	3.0～3.3	3.3～3.6
300 m^3	1.3～1.5	1.5～1.9	1.9～2.2	2.2～2.5	2.5～2.8	2.8～3.1

C　冷却设备及炉料状况

高炉炉役后期，冷却设备及炉壳等都已严重损坏，密封程度变差，容易漏水、漏风；高炉使用强度低、还原性差及易粉化破碎的原料。这些高炉一般不允许长期封炉。如果因特殊情况非封炉不可，也必须彻底查出漏水、漏风点，确保不向炉内漏水和漏风，且封炉焦比应额外增高。

12.5.3　封炉操作

12.5.3.1　停风前的操作

（1）封炉前炉渣碱度不宜偏高，可适当减少石灰石用量，同时还可配加少量锰矿，维持炉渣碱度 $w(CaO)/w(SiO_2)=1.00\sim1.05$，渣中 $w(MnO)$ 在 1.0%～2.0% 之间，以保证炉渣有足够的流动性。

（2）在封炉前应加萤石清洗炉缸，消除炉缸堆积。

（3）对损坏的风、渣口要及时进行更换，对烧损的冷却壁要关闭其进出水，杜绝向炉内漏水。

（4）封炉料也由净焦、空料和正常轻料等组成，炉缸、炉腹全装焦炭，炉腰及炉身下部可根据封炉时间长短装入空焦和正常轻料，封炉时间越长，轻料负荷越轻。

（5）封炉前应适当增大铁口角度，特别是在最后一次铁时要把铁口角度加大到 14°，全风喷吹后再堵口，以保证休风前渣铁出净，最大限度地减少炉缸中的剩余渣铁。

（6）当封炉料到达风口平面时，可按长期休风程序休风。

（7）炉顶料面加装水渣（或矿粉）封盖，以防料面焦炭燃烧。

12.5.3.2 停风后的操作

（1）休风后进行炉体密封，即把各个风口堵泥，外部砌砖，并用泥浆封严；卸下渣口小套，将三套堵泥后，砌砖封严；对有裂缝的炉壳进行补焊，大缝焊死，小缝刷沥青密封。

（2）封炉期间损坏的冷却设备要及时更换；在冬季，要对关闭的冷却设备吹空水管内的积水，防止水管冻裂。

（3）封炉期间减少冷却水量。

（4）封炉两天后，为减少炉内抽力，应关闭一个炉顶放散阀。

（5）炉顶压料后，火焰逐渐减小，三天后基本熄灭。如果火焰仍很旺盛且颜色呈蓝色，表明高炉密封不严，应迅速采取密封弥补；若颜色呈黄色且时有爆裂声，表明是冷却器漏水，应立即检查处理冷却设备和其他水源。

12.5.4 高炉封炉后的送风操作

封炉后的开炉难度较大，特别在封炉时间很长时，炉缸温度逐渐下降，炉缸内积存的残余渣铁会逐渐凝结，并且随时间的延长而加重。当开炉送风后，风口以上炉料受高温煤气流预热和还原，逐步产生的渣铁流向炉缸。此时炉缸加热较慢，凝结的渣铁熔化迟缓，炉缸渣铁不断增加，不但有碍于炉况恢复，而且极易造成风口灌渣或烧坏风口。因此，应尽快从铁口放出铁水和熔渣，是炉前操作的关键。

12.5.4.1 遇风前的准备工作

（1）加强热风炉烘炉工作，保证在开炉期间有较高的风温，应尽量使开炉期间热风温度接近停炉前的水平。热风温度高，有利于加热炉缸。一般情况下，热风炉应能达到800℃以上的风温。

（2）送风前对所有设备进行试运转，认真检查冷却系统、蒸汽系统及煤气系统，确认各系统能正常运行。

（3）以零度角将铁口水平钻开，然后清出铁口前已经熄灭的黑焦炭，直到露出红焦炭为止。

（4）把风口、渣口前面已经熄灭的黑焦炭清理出来，补入新焦炭。如果风、渣口前有渣铁凝结物时，要用氧气把渣铁凝结物烧掉。

（5）送风前用氧气把铁口上方两侧的风口与铁口烧通，如果准备临时出铁口时，还应把临时出铁口上方两侧的风口烧通。在烧出的通道里放入一定量的食盐和铝铁，前者可增加炉渣的流动性，后者在氧化时可放出大量的热量，有利于凝渣的熔化，可有效地防止新生成的铁水聚集在凝渣铁上将风口烧坏。

（6）送风时工作风口数量的选择，可根据封炉时间的长短来决定。封炉时间越长，送风工作风口越少；反之，封炉时间越短，就应增加风口工作的数量。一般情况下，封炉3个月以上时，选2～4个工作风口为宜。工作风口的位置应集中在铁口附近。送风前将工作的风口之间用氧气烧通，不送风的风口用硬泥堵死，保证送风后不能吹开。

（7）由于开炉的前几次出铁不正常，渣铁的流动性很差，为了防止堵塞撇渣器，要将撇渣器口用铁板和河沙堵好，让铁水改道通过下渣沟流入干渣坑内或带渣壳的渣罐内。

12.5.4.2　出渣出铁操作

高炉封炉后送风操作的关键，是送风到一定时间后，能及时打开铁口或临时出铁口，将渣、铁排出，否则炉缸渣铁会越积越多，不仅影响到高炉顺行，而且还会引发其他事故。因此，在开炉送风后的第一次出铁以前，应采取以下相应措施：

(1) 送风前用氧气将铁口与送风风口烧通。

(2) 将铁口钻开，从铁口喷出的煤气要用火点燃，同时要经常用钢钎子捅铁口，尽量喷吹铁口，加热炉缸。见渣铁后，用炮泥把铁口堵上，打泥量要少。

(3) 根据风量和下料情况来确定第一次开铁口时间，一般在送风 5 ~ 6 h 后出第一炉铁。烧铁口要集中力量，连续进行，及时烧开铁口。

(4) 如果烧进 3 m 以上仍未见渣铁时，根据送风风口情况，准备了临时铁口的，用临时铁口出铁；没有准备临时铁口的，可用炸药沟通风口和铁口出铁。

(5) 出铁顺畅后，可逐步恢复送风的风口数量，向渣口方向依次移动，不允许间隔开风口。

(6) 随着炉缸工作趋于正常，残铁熔化速度加快，铁口角度可逐渐加大。待风口全部工作后，铁口角度应恢复到正常水平。

12.6　休风、送风及事故处理

高炉在生产过程中因检修、处理事故或其他原因需要中断生产时，停止送风冶炼，就称作休风。根据休风时间的长短，休风 4 h 以下，称为短期休风；休风 4 h 以上，则称为长期休风。

12.6.1　短期休风与送风

12.6.1.1　短期休风程序

(1) 休风前应与有关单位联系，通知调度室、鼓风机、热风炉、上料系统及煤气系统等岗位做好休风准备。

(2) 在休风前，可根据高炉实际适当减风（一般减风到 50% 左右），并将高压操作转为常压操作，同时停止富氧鼓风和喷吹燃料。

(3) 有炉顶喷水降温设施的高炉，要停止炉顶喷水，并向炉顶通入蒸汽，使高炉在休风期间能始终保持正压。

(4) 在休风前，热风炉应停止燃烧。

(5) 打开炉顶放散，关闭煤气切断阀，停止回收煤气。

(6) 关冷风大闸、冷风调节阀及鼓风蒸汽，风温调节阀由自动改为手动。

(7) 继续减风到 5 Pa 时，应停止上料，并提起料线。

(8) 检查各风口，没有危险时，再减风到零，然后发出休风信号，热风炉关闭热风阀和冷风阀，放尽废气。

(9) 如需倒流休风时，通知热风炉进行倒流，并均匀打开 1/3 以上风口窥视孔。

12.6.1.2 短期休风注意事项

（1）当风压减到 5 Pa 时，要认真观察风口，避免因判断不准贸然休风造成的风口灌渣。在判断不准时，应该盯住该风口，缓慢放风，一旦有熔渣流入直吹管，立即回风，就可以避免灌渣。

（2）休风前如果慢风作业时间过长，即使炉温不低，也会造成炉缸活跃程度变差，在休风时风口易灌渣，所以一定要谨慎操作。

（3）一般情况下，倒流休风应用倒流阀进行。如遇事故需要热风炉倒流时，所用热风炉炉顶温度不得低于 1000℃，倒流时间不得超过 40 min，否则应更换热风炉。

（4）休风期间炉顶应保持正压，要求炉顶蒸汽压力不得低于 0.3 MPa。

12.6.1.3 复风操作程序

（1）在复风前，要与热风炉、上料系统、煤气系统及调度等有关岗位取得联系。

（2）通知热风炉停止倒流，并把风口窥视孔盖上。

（3）发出送风信号，通知热风炉送风，逐步关闭放风阀复风。

（4）开风以后应检查风口、渣口及直吹管是否严密可靠，确认不漏风时，方可加风。

（5）当风量加至全风的 1/3 时，开始引煤气，开启煤气切断阀，关闭炉顶放散阀和炉顶蒸汽。

（6）由常压操作转为高压操作时，必须打开混风大闸，风温调节阀由手动改为自动，根据情况实施富氧和喷吹燃料。

12.6.2 长期休风

长期休风分计划休风和非计划休风，计划休风又分降料面休风和不降料面休风。非计划休风一般为事故休风。为弥补休风期间高炉的热量损失和顺利复风，休风前应做到炉况顺行，清洗炉缸堆积和炉墙结厚，适当提高炉温等。长期休风要求高炉与送风系统断开，即用关上热风炉的冷风阀、热风阀、卸下风管来实现。高炉与煤气系统断开，即关闭煤气切断阀和与煤气管网联络的叶形插板，切断煤气管网和高炉煤气系统。

12.6.2.1 长期休风的准备

（1）休风前将干式除尘器内的煤气灰放净，防止留存炽热的煤气灰。

（2）准备好点火用的点火枪、红焦、木柴及油棉纱等引燃物。

（3）认真检查通往炉顶各部位和除尘器蒸汽管道。

（4）按休风长短适当减轻负荷，当休风料下达炉腹部位时，出最后一次铁后休风。休风前适当提高炉温。

（5）出净渣铁。如渣铁未出净，应重新配罐再出，出净后才能休风。

（6）检查风口、渣口、冷却壁等冷却设备，如发现损坏，要适当关水，休风后立即更换，严禁向炉内漏水。

（7）休风前要保持炉况顺行，避免管道、崩料、悬料。如遇悬料，必须把料坐下，才能休风。最好将炉况调整顺行后再休风。

12.6.2.2　长期休风操作程序

长期休风分炉顶点火休风和炉顶不点火休风两种方式，前者适用于炉顶检修工作。

A　炉顶点火休风程序

（1）通知厂调度、鼓风机、热风炉、煤气系统等，并向炉顶通蒸汽。

（2）高压操作的高炉按程序改为常压，先放风50%，开炉顶放散阀。

（3）将热风自动调节改为手动，关冷风大闸及冷风调节阀，关鼓风蒸汽。

（4）当风压减到0.05 MPa时，应停止上料、并把料线提起。

（5）通知煤气系统将煤气切断阀关闭。

（6）放风到0.05 MPa时，钟式炉顶可按下列程序进行炉顶点火：

1）上料系统将大钟、小钟、料车及料斗内的料全部放净；

2）关大钟均压阀，开小钟均压阀；

3）将炉顶蒸汽全部关闭，并把炉顶压力调到300～500 Pa，维持炉顶温度不低于250℃；

4）关闭大、小钟间人孔，上红焦或木柴；

5）开小钟将红焦放入大钟后，将小钟关闭；

6）开大钟将红焦放入炉内，禁止关大钟；

7）打开炉喉人孔，若煤气未燃，可投入着火的油棉纱；

8）着火正常后，通知高炉休风。

B　无料钟炉顶的点火程序

（1）准备好点火的引燃物；

（2）将炉顶放散阀、除尘器放散阀打开，关闭煤气切断阀，向炉顶和除尘器通入蒸汽，关闭上下密封阀和截流阀；

（3）打开炉顶人孔；

（4）关气密箱和下密封阀的氮气；

（5）关闭炉喉及炉顶蒸汽；

（6）用点燃的油棉纱或其他引燃物点火；

（7）休风按短期休风程序进行；

（8）着火正常后，通知高炉休风。

C　炉顶不点火程序

与炉顶点火休风程序相同，但无需准备点火物和点火操作，并应注意：

（1）炉顶及煤气系统应不间断地通入蒸汽；

（2）大、小钟间应装入密封料；

（3）休风1 h后才能驱赶煤气系统残余煤气，这时煤气切断阀处于关闭状态。

12.6.2.3　长期休风的注意事项

（1）在炉顶未点火之前，严禁工作人员在炉顶工作。

（2）炉顶点火后，如需更换风口、渣口及风口堵泥时，可通知热风炉进行倒流。

（3）要保持炉顶火焰不灭，当火焰熄灭时，应立即点火。点火前要将大、小钟和炉喉人孔打开，通入蒸汽，驱尽残余煤气后再点火。

(4) 休风期间要仔细检查冷却设备,发现损坏的要断水并组织修理,严禁向高炉内漏水。

12.6.2.4 长期休风的送风程序

(1) 送风前检查放风阀是否全开,在送风前4 h通知鼓风机启动,提前1 ~2 h提高水压,使各部通水正常。

(2) 封闭炉顶、热风炉、除尘器、煤气管道上的所有人孔。

(3) 把炉顶放散和除尘器放散全部打开,除尘器清灰口小开1/3,关闭煤气切断阀,并将炉顶、除尘器及煤气管道通入蒸汽。

(4) 按复风的装料程序,将料线加到4 m以上。

(5) 检查送风管道、煤气管道的各个阀门是否处于停风状态。

(6) 送风前要装好风管,捅开送风的风口。

(7) 各岗位准备就绪后,可按短期送风程序送风。

案例:

邯钢老区现有2座2000 m^3 高炉(5号高炉和7号高炉)。自2008年下半年以来,通过不断优化操作参数,炉况均实现了长期稳定顺行,强化冶炼水平不断提高,技术经济指标明显改善,目前利用系数均在2.5以上。但是,随着设备保障能力的增强,5、7号高炉定修周期由1.5月延长为3个月,定修时间由12 h延长至20 h以上。由于休风时间长,送风后炉缸不活,透气性差,炉料下降不均,还伴有崩料,风温用不上,导致加风速度缓慢,渣铁温度上升慢,流动性差,炉缸渣铁出不净,极易烧坏风口,炉况恢复时间长。针对以上情况,自2008年底,不断优化、完善休复风方案,通过合理控制休风前末次铁水 $w[Si]$ 与物理热、合理添加休风料,合理控制复风后炉料综合负荷、风速与加风速度、适当增加鼓风湿分、全用风温,强化炉前出铁等措施,实现了炉况的快速恢复。

12.6.3 高炉事故及处理

12.6.3.1 鼓风机突然停风

鼓风机突然停风的主要危害如下:

(1) 煤气向送风系统倒流,造成送风系统管道甚至风机爆炸;

(2) 因煤气管道产生负压,吸入空气而引起爆炸;

(3) 因突然停风机,可能造成全部风口、直吹管甚至弯头灌渣。

所以,发生风机突然停风时,应立即进行如下处理:

(1) 风口前无风后,将放风阀打开,发信号通知热风炉休风,并打开一座废气温度较低的热风炉的冷风阀、烟道阀,将送风管道内的煤气抽出;

(2) 立即关闭混风阀,将高炉与鼓风机隔开,停止喷煤与富氧,同时打开炉顶放散阀,关闭煤气切断阀;

(3) 向炉顶、除尘器、切断阀通入蒸汽;

(4) 检查各风口,如果发现风口灌渣可打开窥视孔盖排出部分渣液,并立即组织人员处理;

（5）立即组织出渣、出铁；

（6）如休风时间超过 2 h，应堵严全部风口，并按长期休风操作控制冷却水量，对漏水冷却壁，休风后立即关闭进水。

12.6.3.2　突然停电

发生停电时，要根据停电的性质和范围，进行分析和处理。若因突然停电引起鼓风机停风时，则应按鼓风机突然停风处理；若因突然停电引起水泵停水，则应按突然停水处理；若仅是上料系统不能上料，应减风按低料线处理。

12.6.3.3　突然停水

因水泵、管道破裂、停电等原因而导致高炉供水系统水压降低或停水时，应采取如下措施：

（1）减少炉身各部的冷却水，以保持风口、渣口冷却用水；

（2）停止喷吹、富氧，改高压为常压，放风到风口不灌渣的最低风压；

（3）迅速组织出渣、出铁，力争早停风，避免或减轻风口灌渣危险。

恢复正常水压的操作，应按以下程序进行：

（1）把来水的总阀门关小；

（2）先通风口冷却水，如发现风口冷却水已尽或产生蒸汽，则应逐个或分区缓慢通水，以防蒸汽爆炸；

（3）风、渣口通水正常后，由炉缸向上分段缓慢恢复通水，注意防止蒸汽爆炸；

（4）检查全部冷却水出水正常后，然后逐步恢复正常水压，待水量、水压都正常后再送风。

突然停水时的注意事项：

（1）高炉突然停水，不管在出渣铁之前或之后都要立即休风。抢在高炉冷却水管出水为零之前休风，就能避免和减少风口、热风阀等冷却设备烧坏；

（2）高炉断水后，在冷却设备出水为零时，要将进出水总阀门关小，目的是防止突然来水，使风口急剧生成大量蒸汽而造成风口突然爆炸；

（3）在炉缸内有渣铁情况下休风时，要迅速将风口窥视孔打开，防止弯管灌死；

（4）高炉突然停水的操作必须果断、谨慎，严格按照操作程序操作，保证人身、设备安全。

复习思考题

12-1　高炉开炉前要做哪些准备工作？

12-2　如何确定开炉焦比？

12-3　高炉开炉前为什么要烘炉？

12-4　高炉开炉过程容易出现哪些事故，为什么？

12-5　决定开炉的条件是什么？

12-6 为什么高炉停炉过程要打水？
12-7 为什么开炉时，煤气不能马上引入除尘器？
12-8 如何做到安全、快速降料线停炉？
12-9 停炉过程容易出现哪些事故，为什么？
12-10 什么叫封炉，怎样选择封炉焦比？
12-11 停炉时如何放出残铁？
12-12 如何处理高炉突然停风、停电和停水？

13 非高炉炼铁

当今世界，传统的高炉炼铁工业，无论是工艺技术，还是现代化生产管理，都已达到趋于成熟和完善的阶段。但它也存在着固有的不足，即对冶金焦的强烈依赖。与此相反，蕴藏丰富的廉价非焦煤资源在炼铁生产中则得不到充分利用。为了降低炼铁成本，人们一直在孜孜不倦地寻求节焦途径，其中高炉煤粉喷吹、重油喷吹、天然气喷吹等都是较为有效的措施，但这些措施的效果毕竟是有限的，不可能从根本上解决问题。随着焦煤资源的日益紧缺和费用昂贵等原因，迫使人们重新认识现代炼铁工业结构的合理性及其适应竞争的能力，并积极探索新工艺、新方法，于是形式多样的非高炉炼铁法应运而生。这些方法可概括为两大类，即铁矿石直接还原和熔融还原，这是炼铁冶金技术的新工艺、新流程。

非高炉炼铁与高炉炼铁最大的区别在于主体燃料，高炉炼铁使用冶金焦，非高炉炼铁则使用非焦煤。虽然直接还原和熔融还原同属非高炉炼铁，但它们的产品不同，因此在钢铁冶金工艺中所处的位置是不同的。直接还原的产品是固态的海绵铁，它可代替废钢作为电炉炼钢原料；熔融还原的产品相当于高炉生铁，因此它在转炉炼钢工艺链中可替代高炉炼铁。

13.1 直接还原法

13.1.1 直接还原法的定义

直接还原法限于以气体燃料、液体燃料或非焦煤为能源，是在铁矿石（或含铁团块）呈固态的软化温度以下进行还原获得金属铁的方法。由于还原温度低，产品未经熔化仍保持矿石外形，但由于还原失氧形成大量气孔，在显微镜下观察形似海绵，这种含碳低、未排除脉石杂质的金属铁产品，叫直接还原铁（DRI，direct reduction iron），或称海绵铁（sponge iron）。

13.1.2 直接还原法的分类

13.1.2.1 直接还原法的一级分类

一般根据主体能源的不同，将流程划分为：煤基直接还原、气基直接还原和电热直接还原三大类，如表 13-1 所示。气基直接还原中使用气体做还原剂，在这种方法中煤气兼做还原剂和热载体，但需要另外补加能源加热煤气；煤基直接还原是使用固体还原剂的直接还原法，碳先用作还原剂，产生的 CO 燃烧可提供反应过程需要的部分热量，过程需要热量不足部分则另外补充；电热直接还原以电力为主要能源，是使用电热竖炉或使用电热制气的直接还原流程。

表 13-1　直接还原法分类

分　类	一级分类	二级分类	三级分类
直接还原	气　基	竖　炉	MIDREX
			ARMCO
			FUROFER
			HYL-Ⅲ
		反应罐	HYL-Ⅰ
			HYL-Ⅱ
		流化床	FIOR
			HIB
			H-IRON
			NOAVLFER
直接还原	煤　基	回转窑	SL-RN
			CODIR
			DRC
			ACCAR
		转体炉	FASTMET
		竖　炉	FINSIDER
		外热反应炉	HOGANAS
	电　热	竖　炉	WIBERG
			PLASMARED
		电热竖炉	EDR

在气体直接还原反应过程中，能源消耗于两个方面，一是夺取矿石氧量的还原剂；二是提供热量的燃料。在气体还原法中，煤气兼有两者的作用，对还原煤气有一定的要求，符合要求的天然气体燃料是没有的。用天然气、石油气、石油及煤炭都可以制造这种冶金还原煤气，但以天然气转化法最方便最容易。因此天然气就成为直接还原法最重要的一次能源。但由于石油及天然气缺乏，用煤炭制造还原煤气供竖炉使用则成为当前国内外研究的重要课题。对于固体还原剂的直接还原法，还原剂与供热燃料是可以分开的，对它们也有一定要求。电热直接还原的主要能源是电力，还原剂是煤或自制煤气。能否提供合乎要求而且价廉的能源是直接还原能否被采用的关键。

13.1.2.2　直接还原的二级分类

一般依据主体设备的不同，将主要直接还原流程分类如表 10-3 所示。

目前运行中的气基直接还原设备有三种。第一种是竖炉，其特点是炉料与煤气在炉内逆向运动，下降的炉料逐渐被煤气加热和还原，以 MIDREX 流程为代表。竖炉流程占了大部分直接还原生产能力；第二种是反应罐，反应罐采用落后的固定床非连续生产方式，因此正处于逐渐被淘汰的过程中；第三种是流化床，流态化系指某物质在气体介质中呈悬浮状态。所谓流态化直接还原则是指在流态化床中用煤气还原铁矿粉的方法。在该法中煤气除用作还原剂和热载体外，还作为散料层的流态化介质，细粒矿层被穿过的气流流态化，并依次加热、还原和冷却。在流态化法中，流态化所需要的煤气量大大超过还原所需要的煤气量，故煤气的一次利用率低；另外由于矿粉极易黏结引起“失常”或矿粉沉积而失去流态化状态，因而一般要求在 600 ~ 700℃条件下操作，这个条件不仅减慢了还原速度，而且极易促成 CO 的分解反应。目前的唯一代表是 FIOR 法。

煤基直接还原中只有回转窑流程拥有可观的生产能力，具有代表性的回转窑流程是 SL-RN 法；电热直接还原要消耗大量的电力，目前都已停产。

13.1.3　直接还原法典型流程介绍

13.1.3.1　MIDREX 流程

MIDREX 属于气基直接还原流程，如图 13-1 所示。该工艺使用的还原气用天然气经催化裂化制取，裂化剂采用炉顶煤气。炉顶煤气（300 ~ 400℃）含 CO 与 H_2 约 70%，经冷却净化后，将 60% ~ 70% 用气体压缩机加压送入混合室与当量天然气混合均匀。混合气体首先进入一个换热器进行预热。换热器热源是转化炉尾气。预热后的混合气送入转化炉中的镍质催化反应管组，进行催化裂化反应，转换成还原气。重整转化反应在 900 ~ 950℃下进行，反应如下：

$$CH_4 + H_2O = CO + 3H_2 \qquad +9203\ kJ/m^3 - CH_4 \tag{13-1}$$

$$CH_4 + CO_2 = 2CO + 2H_2 \qquad +11040.59\ kJ/m^3 - CH_4 \tag{13-2}$$

转化后获得 CO + H_2 占 95% 左右、温度为 850 ~ 900℃的还原气，恰符合竖炉还原工艺的要求，直接送入竖炉。有的设备在转化炉与竖炉间还设有冷却器，可将少量还原气冷却用以调节入炉还原气温度。

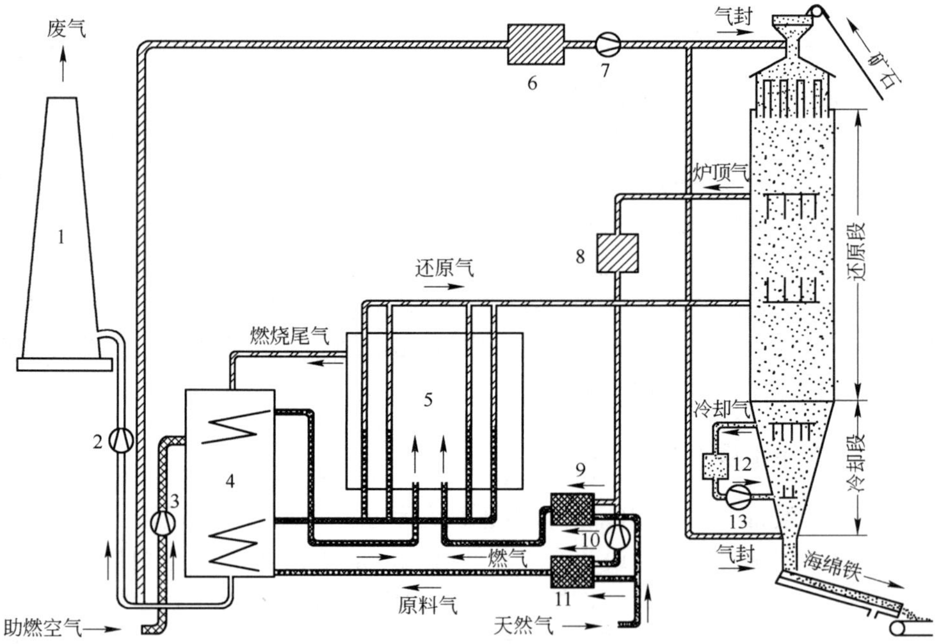

图 13-1　MIDREX 基础流程图

1—烟囱；2，3，7，10，13—加压机；4—换热器；5—转化炉；6，8，12—洗涤器；9，11—混合室

13.1.3.2　SL-RN 流程

图 13-2 示出了南非 Iscor 公司 SL-RN 流程的工艺流程。该直接还原厂使用非焦煤生产高金属化率海绵铁。回转窑长度为 80 m，直径 4.8 m。窑头（卸料端）较窑尾（加料端）稍低，坡度为 2.5%。作业时，窑体转速通常为 0.5 r/min，物料在窑内停留 10～12 h。

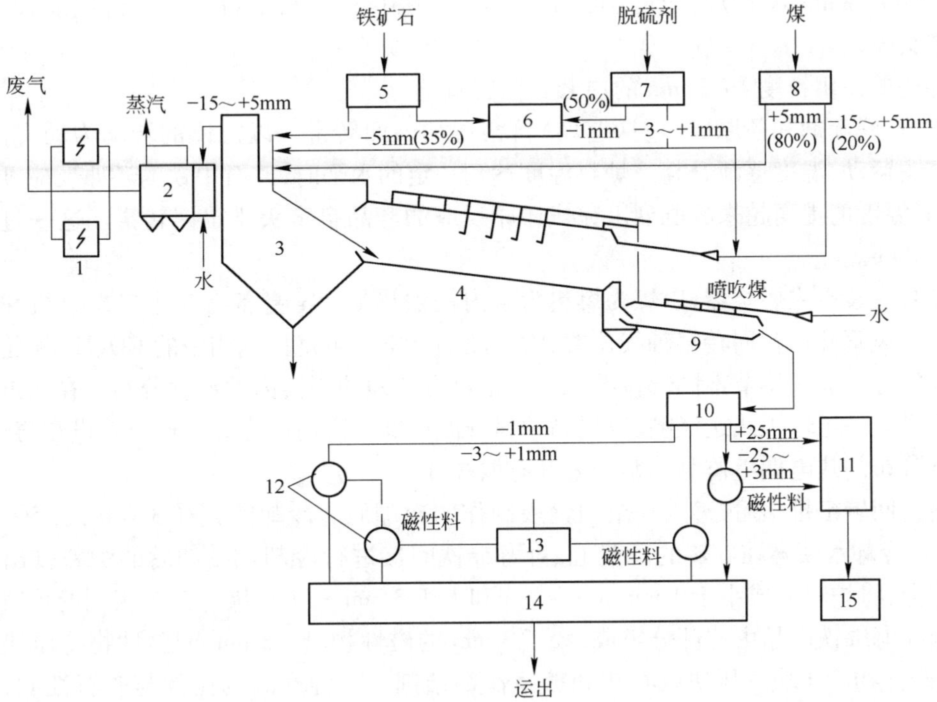

图 13-2　SL-RN 流程

1—除尘；2—锅炉；3—沉降室；4—回转窑；5，7，8，10—筛分；6—运出；
9—冷却筒；11—成品；12—磁选机；13—压块；14—尾渣仓；15—电炉

剩余的炉顶煤气作为燃料与适量的天然气在混合室混合后送入转化炉反应管外的燃烧空间。助燃用的空气也要在换热器中预热，以提高燃烧温度。

转化炉燃烧尾气含 O_2 小于 1%。高温尾气首先排入一个换热器，依次对助燃空气和混合原料气进行预热。烟气排出换热器后，一部分经洗涤加压作为密封气送入炉顶和炉底的气封装置。其余部分通过一个排烟机送入烟囱，排入大气。

还原过程在一个竖炉中完成。MIDREX 竖炉属于对流移动床反应器，分为预热段、还原段和冷却段三部分，断面为圆形。预热段和还原段之间没有明确的界限，一般统称还原段。

矿石装入炉顶料仓，经下料管均匀进入竖炉后在下降运动中首先进入还原段，炉料在还原段停留的时间大约 6 h，还原气从竖炉中部周边入口送入，参加反应后从炉顶排出。还原段温度主要由还原气温度决定，大部分区域在 800℃ 以上，接近炉顶的小段区域（预热段）内，床层温度才迅速降低。在还原段内，矿石与上升的还原气作用，迅速升温，完成预热过程。随着温度的升高，矿石的还原反应逐渐加速，形成海绵铁后进入冷却段。

冷却段内,海绵铁被底部气体分配器送入的冷却气冷却至接近环境温度用底部排料机排出炉外。冷却段装有 3 ~ 5 个弧形断路器,调节弧形断路器和盘式排料设备可改变海绵铁排出速度。冷却气由冷却段上部的集气管抽出炉外,经冷却器净化后再用风机送入炉内。

回转窑既可处理块矿,又可处理粉矿。Iscor 的回转窑使用粒度为 5 ~ 15 mm 的 Sishen 天然块矿。

还原煤为 Witbank 烟煤,粒度小于 12.5 mm。其中 80% 与矿石一起自窑尾加入,其余 20% 自窑头喷入。

此外还要使用粒度 1 ~ 3 mm 的白云石作脱硫剂。

铁矿石、脱硫剂和还原煤(包括返煤)自窑尾加入回转窑。以窑体的转动为动力,炉料缓慢向窑头运动,温度逐渐升高。炉料温度达到一定的水平时,矿石中铁的还原反应开始发生,并随着温度的提高越来越剧烈。完成还原反应的产品自窑头排出回转窑。这一过程约需要 10 ~ 20 h。

回转窑头装有主燃烧器,以煤为燃料为窑内提供热量。窑身备有 8 个二次风机和二次风管。二次风管开口在回转窑轴线位置,吹入的助燃空气可烧掉气相中的 CO、H_2 和还原煤放出的挥发分。通过调节不同部位的二次风量可方便地控制窑内的温度分布。在接近窑尾的部位还设有一组埋入式送风嘴,以提高炉料升温速度。窑内温度分布通过装设在窑壁、按窑身长度分布的热电偶组监测。窑身还开有取样孔。

炉料自回转窑排出后,进入一个用钢板制作的冷却筒。冷却筒直径 3.6 m,长 50 m,坡度 2.5%。冷却水喷淋在旋转的筒壁上,对海绵铁间接进行冷却。冷却后的炉料排出后首先进行筛分,将炉料分成小于 1 mm、1 ~ 3 mm 和大于 3 mm 三个粒级。三个级别的炉料分别进行磁选。海绵铁产品由三部分组成,大于 3 mm 的磁性物、1 ~ 3 mm 的磁性物冷压块和小于 1 mm 磁性物冷压块。压块以石灰和糖浆作黏结剂。三种产品的比例与矿石性质,特别是低温还原粉化率有关。使用 Sishen 矿时,大于 3 mm 部分的比例接近 90%,金属化率在 95% 左右。

回转窑废气中的剩余化学热和物理热通过余热锅炉进行回收。废气首先通过一个沉降室进行除尘,然后通入空气烧掉残余可燃性气体。高温燃气通入一个余热锅炉回收物理热生产蒸汽。最后,再经过进一步净化排入大气。

每吨海绵铁约消耗还原煤 800 kg,回收蒸汽 2.3 t,净能耗在 13.4 GJ/t 左右。

13.2　熔融还原法

13.2.1　熔融还原法的定义

液态生铁除含有大量的物理热外,还含有较高的 C(2% ~ 4%)以及 Si、Mn 等发热元素,虽然冶炼液态生铁要消耗更多的能量,但是它便于用高效率的转炉炼钢法处理。在转炉炼钢中,以 C、Si、Mn 等成分储存的能量又可被利用,此外生产液态生铁的过程可以把脉石成分排除也是一个优点。因此冶炼液态生铁的熔融还原法的研究历来被人们重视。

熔融还原法是以非焦煤为能源,在高温熔态下进行铁氧化物还原,渣铁能完全分离,得到类似高炉的含碳铁水。其目的在于不用焦炭,取代高炉炼铁法。

13.2.2　熔融还原法的分类

13.2.2.1　按工艺阶段分类

此方法可分为一步法和两步法。

一步法是用一个反应器完成矿石的高温还原及渣铁熔化,生成的 CO 排出反应器以后再加以回收利用。如 Dored 法、Eketorp 法、CIP 法、Eketorp-Vallak 法等。一步法工艺流程短,设备简单,实际生产中却存在着能耗高及高 FeO 渣严重侵蚀炉衬的问题;

两步法是先利用 CO 能量在第一个反应器内把矿石预还原,而在第二个反应器内补充还原和熔化。两步法将熔融还原过程分为固相预还原及熔态终还原并分别在两个容器中完成,改善了熔融还原过程的能量利用,降低了渣中 FeO 浓度,使熔融还原有了突破性的进展。主要的工艺流程有 COREX 法、川崎法、SC 法、Plasmasmelt 法、COIN 法、Elred 法、Inred 法、CIG 法等。

13.2.2.2　按使用能源分为氧煤法和电煤法

氧煤法是靠氧煤在高温熔池或风口区燃烧提供过程的热量,用煤作还原剂。该方法需要大型制氧机。目前开发的多数工艺为氧煤法。

电煤法是利用电提供熔融还原过程所需的热量,煤作还原剂。该工艺电耗很高电热转换方式有电弧放热和等离子技术,该方法只适用于电力充足、电价低廉的地区。

13.2.2.3　按设备分类

可按终还原设备分类:竖炉法、转炉法、电炉法和旋转炉法等。

可按预还原设备分类:流化床法、竖炉法、回转窑法、闪速炉法等。

13.2.3　熔融还原法典型流程——COREX 法流程(KR 法)

COREX 流程是熔融还原的重点流程,与传统高炉工艺不同,COREX 流程中的铁的还原和熔炼过程是在两个不同的容器中完成的。这两个容器分别是上部的预还原竖炉和下部的熔炼造气炉,组成所谓的 COREX 塔。COREX 工艺流程如图 13-3 所示。

COREX 法的预还原竖炉采用高架式结构,位于熔炼造气炉上面。熔炼造气炉产生的高温还原气经环管送入预还原竖炉,逆流穿过下降的矿石层。预还原竖炉顶部排出的煤气含 CO 约 30% ~40%,发热值约 8400 kJ/m^3,煤气量约 2000 m^3/t 铁水。经湿法除尘、冷却后作为燃料供给其他单位。

COREX 流程可使用天然矿、球团矿和烧结矿等块状含铁料。燃料为非焦煤。熔剂主要是石灰石和白云石。原燃料经备料系统处理后,分别装入矿仓和辅助原料仓,等待上料。

矿石和部分熔剂按预定料批由还原竖炉顶部的双钟式装料器加入炉内,在下降运动中完成预热和还原过程。降至竖炉底部的是金属化率平均为 95% 的海绵铁,料温为 800 ~900℃,海绵铁通过海绵铁螺旋加入下部的熔炼造气炉。

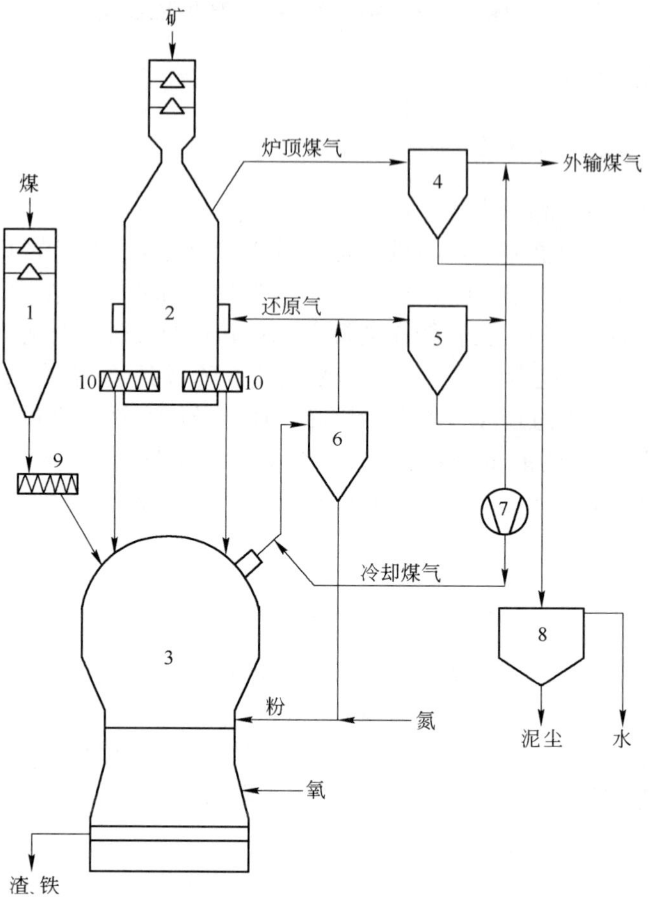

图 13-3　COREX 工艺流程图

1—加煤料斗；2—还原竖炉；3—熔炼造气炉；4—炉顶煤气清洗；5—冷却煤气清洗；6—热旋风除尘器；7—煤气加压泵；8—沉淀池；9—熔炼煤螺旋给料机；10—海绵铁螺旋给料机

COREX 的熔炼造气炉（melter gasifier）上部为扩大的半球形，下部为圆柱形。它有两个作用，将海绵铁熔炼成生铁及产生还原竖炉需要的还原气。熔炼造气炉的燃料是非焦煤，由密封料斗送入加压料仓，再用速度可调的螺旋给料机加入熔炼造气炉。从炉顶加入的煤与 900～1100℃的高温煤气相遇，立即被干燥、分解和干馏焦化。焦粒在下降过程中受上升流股的作用，在风口区上部形成了松散的悬浮床层。床层下部的焦粒遇氧气燃烧放热，生成的 CO_2 上升时又与床层的焦粒反应生成 CO。悬浮床层的温度为 1600～1700℃。熔炼造气炉产生的还原煤气含 CO 65%～70%，H_2 20%～25%，CO_2 2%～4%。在熔炼造气炉中形成的煤气自炉顶排出时温度在 1100℃以上，兑入净化冷煤气调温到 850～900℃后再经热旋风除尘器进行粗除尘。粗除尘收得的粉尘用高压氮气重新吹入煤炭流化床回收利用。为了调节炉顶温度，可使用少量氧气烧掉粉尘中的可燃物。半净煤气分为两路。一路作为还原气经还原竖炉的环气管送入炉内。还原气入炉温度在 850℃左右，温度可通过兑入的冷却煤气量进行调节；另一路经进一步清洗形成冷却煤气。冷却煤气的一部分经加压后返回熔炼造气炉炉顶煤气管道，用于调整还原煤气温度。冷却煤气的过剩部分则向外输送给煤气用户。还原气进入竖炉后向上流动,对矿石进行还原,然后自竖炉炉顶排出。经过清洗的竖炉炉顶煤气与过剩冷却煤气一起作为外输煤气输送给用户。

熔炼造气炉的助燃剂使用工业纯氧。煤与氧燃烧放出熔炼和造气所需的热量。熔炼过程形成的渣铁积存于炉缸底部,等待排放。燃烧和气化过程形成的煤气自炉顶连续排出,进入煤气处理系统。

COREX 的煤气处理系统较复杂,它主要由煤炭流化床炉顶煤气热除尘、清洗冷却和还原竖炉炉顶煤气清洗三部分组成。

COREX 的渣铁处理与高炉类似。熔炼造气炉不设渣口,渣铁分离后铁水装入铁水罐,由罐车运走。炉渣则流入渣坑。

COREX 的冷却系统主要针对煤炭流化床。冷却形式分为三种。风口采用冷却套水冷。煤炭流化床中部采用冷却壁。下部采用喷水冷却。

COREX 在煤的干燥、煤的运输、矿仓和煤仓四个多尘点设有专门的除尘系统,以净化空气和回收粉尘。

13.3 直接还原铁的性质与应用

13.3.1 直接还原铁的性质

由于直接还原铁的原料多用还原性好的球团矿,还原后的产品也能保持球团矿的外形,所以也称直接还原铁为金属化球团(metallized pellets)。

直接还原铁的化学成分特点是含碳低,根据其还原温度和工艺过程(使用的还原剂)的不同,一般直接还原铁含碳在 0.2% ~1.2% 之间,HYL 法可高达 1.2% ~2.0%。生产过程中未经软熔的直接还原铁的另一特点是具有高的孔隙率,这是由于还原失氧而形成的。

低碳含量和高孔隙率造成直接还原铁具有很高的反应活性,暴露于大气中时易于再氧化,即直接还原产品中的金属铁与大气中的氧及水蒸气发生反应。大部分再氧化反应是放热反应,最重要的再氧化反应是:

$$3Fe + 2O_2 \xlongequal{} Fe_3O_4 \qquad +114.61\ kJ/mol \tag{13-3}$$

$$2Fe + 2H_2O + O_2 \xlongequal{} 2Fe(OH)_2 \qquad +56814\ kJ/mol \tag{13-4}$$

这两个大量放热的反应,在大气温度下反应速度很慢,当温度升高到 200℃ 以上时,反应速度明显加快。环境中湿度增大或有水分存在时,也能促进再氧化反应。当放热反应的再氧化作用激烈进行时,氧化-升温连锁效应可导致直接还原铁发生"自燃"现象,即可使铁料迅速变成红色的 Fe_2O_3,并升温到 600℃ 以上。

由于直接还原铁的活性与孔隙度和含碳量有关,孔隙度大和含碳量低可促进铁的反应活性,各种直接还原法制出的产品其活性有很大差别。流态化法制出的直接还原铁粉因还原温度低,还原铁中还原形成的气孔被封闭的程度最小,又因使用高 H_2 气体还原其含碳量也最低。再加上产品呈粉末状态,因而这种直接还原铁粉具有最大的活性,在热状态下出炉即可立即自燃,因而这种产品必须经过钝化处理。竖炉及回转窑法制出的直接还原产品具有中等的化学活性,反应罐法因操作温度高,产品含碳达 2% 以上,其化学反应活性最低。直接还原铁的物理性质见表 13-2。

表 13-2　直接还原铁的物理性质　（kg/cm^3）

项　目	真 密 度	假 密 度	体 积 密 度
DRI 压块	5.5	5	2.7
金属化球团	5.5	3.5	1.84

13.3.2　直接还原铁的处理与储运

为了避免再氧化，直接还原铁应在还原气氛下至少冷却到 200℃以下再排出反应器，实际上为了更保险，大部分直接还原反应器的设计把排料温度降低到 50℃以下。原则上直接还原铁也应在生产出来后直接入炉使用，应当避免长期储存和长途运输。

但是实践证明，只要是措施得当，直接还原产品的安全储运是可以解决的。

流态化法制出的细粒直接还原铁由于活性太强，必须经过钝化处理才便于储运。竖炉及回转窑法制出的块状直接还原铁或金属化球团，如需要长期运输或长期储放也需要钝化处理。钝化处理直接还原铁有两种方法：

（1）制成大块：在氮气气氛中升温至 900℃，再用压力机直接还原铁压制成块，可以有效地改善直接还原铁的抗氧化能力，这是因为加热后气孔被封闭，而加压后减少了气孔率。

（2）喷涂覆盖层：在直接还原铁上喷涂上一层能隔离空气的物质，也可以有效地防止再氧化。喷涂物有焦油、木质素（一种有机物）及水玻璃等。但是这种方法以喷涂在大堆储放的直接还原铁的料堆上较为经济和有效，而不便于应用到运输过程中的直接还原铁上。

上述两种方法都是有效的抗氧化措施，但费用都较高，约为直接还原铁生产成本的 10% ~20%。

13.3.3　直接还原铁的使用

95%的直接还原铁是代替废钢用于电炉的，但也可搭配用于氧气转炉、高炉和化铁炉。

直接还原铁用于电炉有以下特点：

（1）化学成分合适而且成分稳定，能准确地控制钢的成分；

（2）有害金属杂质的含量较少；

（3）可以与价格低的轻废钢配合使用；

（4）能自动连续加料，有利于节电和增产；

（5）熔化期噪声较小；

（6）供应稳定、价格平稳。

与废钢比较直接还原铁也有两个缺点：

（1）还原不充分，炉料中含 FeO 高，电炉熔池中的下列反应将大量吸热而导致能耗损失：

$$FeO + C \xlongequal{} Fe + CO \tag{13-5}$$

（2）含酸性脉石（$SiO_2 + Al_2O_3$）高，从而使电炉的渣量增加。

这是两个缺点，严重影响电炉作业指标，是影响直接还原质量的主要因素。

在氧气转炉中的应用：直接还原铁作为冷却剂使用，因反应 $FeO + C = Fe + CO$ 吸热增加了冷却效果，其冷却效果比返回废钢好，但约为铁矿石的 1/3。直接还原铁的冷却效果因金属化率降低而增大。因为氧气转炉的炉渣碱度为 3.5 左右，直接还原铁用于冷却剂时，其

SiO_2 含量要求低于3%。

在炼铁中应用:在高炉炉料中配加直接还原铁以增加高炉入炉料的金属化程度,则对降低焦比增加高炉产量有一定的效果。

13.4　非高炉炼铁的发展

据统计,世界燃料总储量约为9000 Gt标准煤。其中2.3%是天然气,石油约为4.3%,92%是煤,其余为油页岩。从总的能源结构看,发展气基直接还原的条件不如煤基直接还原和熔融还原优越,但是天然气分布非常集中,且运输困难的地区存在发展气基直接还原的优越条件。

煤的储量很大。其中大部分是非焦煤,而且其价格低,分布广。世界范围大部分地区都具备发展煤基直接还原和熔融还原的能源条件。且煤的运输较天然气方便得多,地域性也远低于天然气。

我国可开发水电资源达370 GW,但目前已开发的装机容量不足10%。这种状况对我国钢铁冶金工业具有两种影响。首先,丰富的水电资源为海绵铁后续电炉炼钢工业的发展提供了可靠的远景能源资源。廉价的电力供应是发展海绵铁生产的前提条件之一。在水电供应丰富的地区,适量发展电热熔融还原也是可能的。其次,由于水电资源开发不足,致使电力供应紧张,电价昂贵:这会限制电炉钢生产能力的提高或导致电炉开工率不足,从而掩盖了对废钢和海绵铁的实际需求量。

我国铁矿资源丰富,矿石中金属铁总储量居世界第七位。我国铁矿石的特点主要有三点:

(1) 品位低。我国铁矿资源中绝大多数是贫矿。这一特点决定了我国的铁矿供应以精矿为主。

(2) 难选。难选的结果是精矿粒度偏小。

(3) 多金属共生矿多。在以铁为主的矿山往往伴生着具有回收价值的共生元素,例如攀枝花矿中的钒、钛以及包钢中的稀土和铌。

很明显,我国的铁矿资源不适用于直接还原。因此,如果我国的直接还原工业得以大规模发展的话,原料应以进口矿为主。不过直接还原有一个重要特点,即它的还原势比较容易控制。这一特点可以用来有选择的还原矿石中的某些元素,而使另一些元素保持其氧化状态。选择性还原可以用于某些共生矿的综合回收,例如包头高铁铌精矿。在我国开发一些处理多金属共生矿的直接还原流程应当是一件极有意义的工作。

自1976年开始,在世界范围内海绵铁生产得到了飞速发展。在此之前海绵铁生产能力微不足道。表13-3给出了1977~1997年之间的海绵铁生产能力和实际产量的对比情况。

表13-3　1977~1997海绵铁生产能力与实际产量的对比

年　份	生产能力①/Mt	实际产量/Mt	开工率②/%
1977	3.49	3.52	100
1978	5.05	5.00	99
1979	6.73	6.64	99
1980	8.64	7.14	83
1981	10.23	7.92	77

续表 13-3

年　份	生产能力①/Mt	实际产量/Mt	开工率②/%
1982	11.75	7.28	62
1983	13.79	7.90	57
1984	15.45	9.34	60
1985	16.48	11.17	68
1986	17.24	12.53	73
1987	17.66	13.52	77
1988	18.57	14.09	76
1989	19.96	15.63	78
1990	22.48	17.68	79
1991	24.52	19.32	79
1992	26.32	20.51	78
1993	29.98	23.65	79
1994	33.86	27.37	81
1995	36.51	30.67	84
1996	37.68	33.25	88
1997	39.96	36.18	91

①当年投产的生产能力按 50% 计算；②由实际产量与生产能力之比近似求出。

该期间海绵铁的生产状况典型地体现了该工业的特点。首先可以看到，直接还原生产能力呈加速的上升趋势。21 年间生产能力增加了 10 倍。这一情况说明钢铁工业对海绵铁的需求量在稳步上升，市场形势看好。

直接还原的另一特点是设备开工率波动较大，造成这种情况的直接原因是某些大型气基直接还原厂的减产和停产。影响来自两个方面，一方面是废钢市场的变化，在废钢供应充足的年代，廉价的废钢对海绵铁市场造成巨大的冲击，迫使某些直接还原厂降低生产量，甚至停产，在废钢供应不足的年代，电炉炼钢工业原料供不应求，这种需求又会刺激海绵铁工业的发展，促使闲置装置的重新投产和新装置的兴建。另一方面的影响来自天然气供应，大型油气田的开发往往会导致直接还原厂的建立，而天然气价格的上升则容易造成直接还原工业的减产和倒闭。1980 年前后开始的开工率突降就体现了天然气价格上涨造成的影响。

参考文献

[1] 贾艳,李文兴主编.高炉炼铁基础知识(第2版)[M].北京:冶金工业出版社,2010
[2] 卢宇飞,杨桂生主编.炼铁技术[M].北京:冶金工业出版社,2010
[3] 卢宇飞主编.炼铁工艺[M].北京:冶金工业出版社,2006
[4] 王筱留主编.钢铁冶金学(炼铁部分)(第2版)[M].北京:冶金工业出版社,2000
[5] 刘敏丽主编.高炉炼铁操作[M].北京:化学工业出版社, 2010
[6] 林万明,宋秀安编著.高炉炼铁生产工艺[M].北京:化学工业出版社,2010
[7] 梁中渝主编.炼铁学[M].北京:冶金工业出版社,2009
[8] 王明海主编.炼铁原理与工艺[M].北京:冶金工业出版社,2006
[9] 刘竹林等.炼铁理论与工艺[M].北京:化学工业出版社,2009
[10] 中国冶金设备总公司.现代大型高炉设备及制造技术[M].北京:冶金工业出版社,1996
[11] 王庆春主编.冶金通用机械与冶炼设备[M].北京:冶金工业出版社,2004
[12] 金艳娟主编.高炉喷煤技术[M].北京:冶金工业出版社,2005
[13] 周传典主编.高炉炼铁生产技术手册[M].北京:冶金工业出版社,2005
[14] 范广泉.高炉炼铁操作[M].北京:冶金工业出版社,2008

冶金工业出版社部分图书推荐

书　　名	作　者	定价(元)
钢铁冶金原理(第4版)	黄希祜　编	82.00
冶金热工基础	朱光俊　主编	49.00
钢铁冶金原燃料及辅助材料	储满生　主编	59.00
钢铁冶金学(炼铁部分)(第4版)	吴胜利　主编	65.00
现代冶金工艺学(钢铁冶金卷)(第2版)	朱苗勇　主编	75.00
炉外精炼教程	高泽平　主编	40.00
连续铸钢(第2版)	贺道中　主编	38.00
冶金设备及自动化	王立萍　等编	29.00
炼铁厂设计原理	万　新　主编	49.00
炼钢厂设计原理	王令福　主编	29.00
轧钢厂设计原理	阳　辉　主编	46.00
物理化学(第2版)	邓基芹　主编	36.00
无机化学	邓基芹　主编	36.00
煤化学	邓基芹　主编	25.00
冶金专业英语(第2版)	侯向东　主编	36.00
冶金原理(第2版)	卢宇飞　主编	45.00
冶金基础知识	丁亚茹　等编	36.00
金属材料及热处理	王悦祥　等编	35.00
高炉冶炼操作与控制	侯向东　主编	49.00
转炉炼钢操作与控制(第2版)	李　荣　等编	58.00
炼钢工艺及设备	郑金星　等编	69.00
转炉炼钢生产仿真实训	陈　炜　等编	21.00
炉外精炼操作与控制	高泽平　主编	38.00
连续铸钢操作与控制	冯　捷　等编	39.00
矿热炉控制与操作(第2版)	石　富　主编	39.00
稀土冶金技术(第2版)	石　富　主编	39.00
金属热处理生产技术	张文莉　等编	35.00
金属塑性加工生产技术	胡　新　等编	32.00